"十二五"普通高等教育本科国家级规划教材
普通高等教育"十一五"国家级规划教材
"十三五"江苏省高等学校重点教材
国家一流学科教材
新工科电子信息科学与工程类专业一流精品教材

激光原理及应用
（第4版）

Principles and Applications of Laser
Fourth Edition

◎ 陈鹤鸣　赵新彦　汪静丽　编著

U0094438

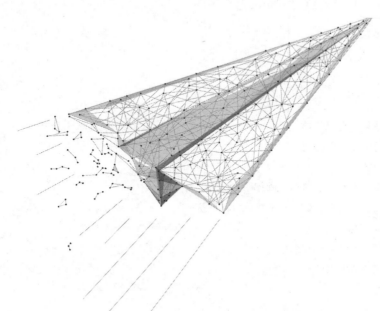

电子工业出版社
Publishing House of Electronics Industry
北京·BEIJING

内 容 简 介

本书是"十二五"普通高等教育本科国家级规划教材、"十三五"江苏省高等学校重点教材和江苏省本科优秀培育教材。主要内容包括：激光发展简史及激光的特性，激光产生的基本原理，光学谐振腔与激光模式，高斯光束，激光工作物质的增益特性，激光器的工作特性，激光特性的控制与改善，典型激光器，半导体激光器，光通信系统中的激光器和放大器，激光全息技术，激光与物质的相互作用，以及激光在其他领域的应用。

本书可作为高等学校电子信息类专业和应用物理等专业本科生的教材，也可供高校相关专业的师生及从事光电子技术和光通信技术的科技人员学习参考。

图书在版编目（CIP）数据

激光原理及应用 / 陈鹤鸣，赵新彦，汪静丽编著. —4 版. —北京：电子工业出版社，2022.5

ISBN 978-7-121-43340-5

Ⅰ. ①激… Ⅱ. ①陈… ②赵… ③汪… Ⅲ. ①激光理论—高等学校—教材 ②激光应用—高等学校—教材
Ⅳ. ①TN24

中国版本图书馆 CIP 数据核字（2022）第 070102 号

责任编辑：王羽佳
印　　刷：三河市鑫金马印装有限公司
装　　订：三河市鑫金马印装有限公司
出版发行：电子工业出版社
　　　　　北京市海淀区万寿路 173 信箱　邮编　100036
开　　本：787×1 092　1/16　印张：23.5　字数：711 千字
版　　次：2009 年 4 月第 1 版
　　　　　2022 年 5 月第 4 版
印　　次：2022 年 5 月第 1 次印刷
定　　价：79.00 元

凡所购买电子工业出版社图书有缺损问题，请向购买书店调换。若书店售缺，请与本社发行部联系，联系及邮购电话：（010）88254888，88258888。

质量投诉请发邮件至 zlts@phei.com.cn，盗版侵权举报请发邮件至 dbqq@phei.com.cn。

本书咨询联系方式：（010）88254535，wyj@phei.com.cn。

序

1917 年爱因斯坦提出了受激辐射理论，即光可以激发分子使其放出能量。随着量子力学和微波光谱学的发展，汤斯和肖洛于 1958 年发表了关于激光产生方法的论文，提出根据受激辐射，当光照射处于高能级的分子时，分子将跃迁到低能级并将能量传给光，从而得到放大的光，即激光。1960 年，美国工程师梅曼制造出了世界上第一台激光器。如今，各种新型激光器层出不穷，如紧凑的异质集成激光器可集成在芯片上，作为芯片光源；激子激光器的激光材料可以薄到单层分子级别；在纳米薄片上制作的同一台激光器可以发射红、绿、蓝三原色并形成白色激光输出；利用一个细胞内的脂肪滴或油滴反射和放大光，可以使单个细胞产生激光。

激光发明以来，光学的应用领域发生了巨大变化，出现了许多传统光学无法实现的新应用和新技术。激光可作为高强度的光源，而且可以聚焦在一微米大小的尺度上，形成极大的能量聚集。激光可以是非常短的脉冲，最短可以到飞秒（10^{-15}）甚至阿秒（10^{-18}）级别，这些非常短的脉冲可以蒸发掉物体或人体上的一小块面积而不影响其他部位，这在工业加工和医学界都非常重要。在医学领域，激光可以被用作外科手术刀，用于切割和缝合血管，以及做视网膜手术等。以单细胞为基础的细胞生物激光器，不仅能够成为医学诊断的新方法，而且有望成为治疗疾病的新技术。利用高性能彩色激光在互不干扰的情况下衍射出复杂的颜色，可制作出 360° 彩色全息图，从而有望实现彩色全息显示。在科学研究方面，激光是非常好的工具，激光可以测量极短的时间，可用于观察分子的反应过程，并在极短的时间内对其进行测量。德国物理学家海因茨利用激光光谱学测量了氢原子的频率，精确度可以达到千兆分之一。激光器也可以产生出非常微弱的受控光，它可以聚集在一个细胞上，把这个细胞完整地取出来放在另外一个地方，这就是激光镊子。在天文学中可用激光测量星体的大小。从汤斯第一个因激光研究获诺贝尔奖以来，目前为止，已有 12 个诺贝尔奖授予给了把微波激射器和激光器用作科学工具的科学家。

把光学和电子学结合在一起，光学和电子学的用途都会大大拓展。通信便是光学和电子学结合的最重要的用途之一，以激光器为光源、光波为信息载体的光通信技术，开创了通信领域的新时代，已成为有线信道最重要的通信方式。激光在记录和读取信息方面也非常重要，理论上，我们可以把全世界所有的电视、电话和无线电信息放在一束激光中。激光存储和激光全息技术的相关产品，已成为现代信息社会中重要的信息载体。光通信和光信息技术必将在 21 世纪的信息化时代得到蓬勃发展并发挥更加重要的作用。

当前，激光的应用还处在发展阶段，不断拓展新的应用领域，发明新的激光光源，提高和改善激光的性能，是光学、电子学和信息领域的学者和科研人员面临的新课题。激光原理已成为光通信、光信息技术和光电信息工程等电子信息类专业学生的重要专业基础课程。本教材针对通信和信息类专业的学生和专业技术人员，在深入浅出地阐明基本原理和物理概念的基础上，较详细地介绍激光在光通信和信息领域的新技术、新知识及应用实例，既保证激光原理的系统性、完整性，又兼顾可读性和实用性。目的在于使通信、信息类专业的学生掌握激光的基本原理、主要技术，以及激光在通信、信息和其他领域的最新应用。

本教材的第 1 版完稿于 2008 年，第 2 版完稿于 2013 年，内容反映了当时激光领域最新的技术和应用。作为"十一五"国家级规划教材和"十二五"国家级规划教材，本教材在出版之后被许多高校选用为激光原理相关课程的教材和参考书，得到广泛认可。近年来，随着材料、信息和通信等领域的迅速发展，新的激光光源不断涌现，激光在各领域的应用不断拓展，此次修订的版本（第 4 版）旨在及时追踪和反映激光科学的前沿内容，希望通过本教材能够更好地向读者介绍当前激光理论、技术和应用领域的前沿知识。

姚建铨

中国科学院院士、天津大学教授

前　言

本书第 1 版于 2009 年出版，被评为普通高等教育"十一五"国家级规划教材；2013 年出版的第 2 版被评为"十二五"普通高等教育本科国家级规划教材；2016 年出版的第 3 版被评为"十三五"江苏省高等学校重点教材、2020 年江苏省本科优秀培育教材。本书可作为高等学校电子信息类专业（电子科学与技术、光电信息科学与工程、电子信息工程、微电子科学与工程等）、应用物理和测控技术与仪器等专业本科生的教材，也可供高校相关专业的师生及从事光电子技术和光通信技术的科技人员参考。

本书编写时参考了《工程教育认证标准（2017）》《工程教育认证专业类补充标准（2020、电子信息与电气工程类专业补充标准）》中对电子信息类专业学生的能力要求以及《电子信息类专业教学质量国家标准》《普通高等学校电子科学与技术本科指导性专业规范（征求意见稿）》《普通高等学校光电信息科学与工程本科指导性专业规范（征求意见稿）》中激光原理和光电子技术知识领域的要求。力求深入浅出地阐明激光的基本理论，侧重于激光在光通信和光电信息领域的技术和应用，同时注重对科学技术前沿内容的引入。本书内容力图保证相关理论知识的系统性、完整性和对学生能力的培养，又兼顾可读性和实用性。

本教材的参考学时为 48～64。本书主要内容包括：激光发展简史及激光特性；激光产生的基本原理；光学谐振腔与激光模式；高斯光束；激光工作物质的增益特性；激光器的工作特性；激光特性的控制与改善；典型激光器；半导体激光器；光通信系统中的激光器和放大器；激光全息技术；激光与物质的相互作用；激光在其他领域的应用等。其中第 1 章是激光基本知识的介绍，第 2～6 章是激光理论基础，第 7 章是激光技术，第 8 章介绍典型激光器的原理和特性，第 9～10 章重点介绍用于光通信的激光器和光通信系统，第 11～13 章主要介绍激光在光电信息、工业、生物医学、国防科技及科学前沿领域的应用。

为更好地阐释理论体系，本书在第 3 版的基础上对理论部分的内容和文字错误进行了修订，对部分表述进行了更新。根据近年来激光器和激光应用的最新发展，本书增加和修订完善了新型激光器，如生物激光器、纳米激光器、有机半导体激光器等的原理及其在信息领域的应用。同时，更新并增加了激光在光通信、信息及科学前沿领域的应用，还增加了相关实例分析。本书注重学生的能力培养，可以支撑问题分析、设计/开发解决方案、研究和使用现代工具等方面的能力培养。本书配套电子课件和习题参考答案，需要的读者可从华信教育资源网（www.hxedu.com.cn）免费注册下载。

本书第 1～8 章、第 12、第 13 章由赵新彦（南方科技大学）编写，第 9～11 章由陈鹤鸣（南京邮电大学）编写，第 8 章和第 10～13 章由汪静丽（南京邮电大学）修订。全书由陈鹤鸣审定。天津大学姚建铨院士提出了许多宝贵意见并为本书作序。南京邮电大学光电工程学院研究生季珂、庄煜阳等同学在本书修订过程中为文献查找和资料搜集提供了帮助。本书在编写过程中得到了2013—2017 年教育部高等学校电子信息类专业教学指导委员会、南京邮电大学电子与光学工程学院和贝尔英才学院的大力支持，并且得到了南京邮电大学教务处的关心和帮助。在此一并谨向他们表示诚挚的感谢。

鉴于当前光通信、光电信息及激光技术和应用的飞速发展，要全面、系统地介绍激光应用的最新知识实属不易，由于编者学识与水平所限，书中难免有缺点和错误，恳请读者批评指正。

编　者
2022 年 1 月

目 录

第1章 概　　述

我们生活的这个世界充满了光，光是人类赖以生存的基本条件之一。人类最初懂得利用的光是自然界的太阳光。激光是 20 世纪最重要的发明之一，激光的出现为人类带来了地球上从未见过的高质量光源，从而开拓了新的研究领域，开创了光应用的新途径，使许多过去不能实现的事情不断地成为现实。激光技术是一门既属于光学又属于电子学的光电子技术。激光技术最显著的特征是它对其他技术具有广泛的渗透性。激光技术的飞速发展必将在通信、信息处理、计量、工业加工、土木建筑、能源、生物、医疗等广阔领域带来革命性的变革。

本章首先回顾激光产生与发展的历程，并简要介绍激光不同于普通光源的显著特性和激光在现代社会中的广泛应用。

1.1　激光发展简史

1. 爱因斯坦的理论贡献

世界上第一台激光器出现于 1960 年，然而导致激光发明的理论基础可以追溯到 1917 年，爱因斯坦（Albert Einstein）在研究光辐射与原子相互作用时，提出光的受激辐射的概念，从理论上预见了激光产生的可能性。20 世纪 30 年代，理论物理学家又证明受激辐射产生的光子的振动频率、偏振方向和传播方向都和引发产生受激辐射的激励光子完全相同。

如果光源的发光主要是受激辐射，就可以实现光放大效应，也就是说能够得到激光。但是，普通光源产生的光辐射以自发辐射为主，受激辐射的成分非常少，没有实际应用的价值，因此，爱因斯坦当初提出的受激辐射概念并没有受到重视。

2. 激光的发明与发展

20 世纪 50 年代，电子学、微波技术的应用提出了将无线电技术从微波（波长为厘米量级）推向光波（波长为微米量级）的需求。这就需要一种能像微波振荡器一样，产生可以被控制的光波的振荡器，这就是当时光学技术迫切需要的强相干光源，即激光器。当时利用微波振荡器产生微波的方法，是在一个尺度与波长可比拟的封闭的谐振腔中，利用自由电子与电磁场的相互作用实现电磁波的放大和振荡。由于光波波长极短，很难用这种方法实现光波振荡。美国科学家汤斯（Charles H. Townes）、苏联的科学家巴索夫（Nikolai G. Basov）和普罗克霍洛夫（Aleksander M. Prokhorov）创造性地继承和发展爱因斯坦的理论，提出利用原子、分子的受激辐射来放大电磁波的新方法，并于 1954 年发明了氨分子微波振荡器——一种在微波波段的受激辐射放大器（Microwave amplification by stimulated emission of radiation，Maser）。

Maser 的成功，证明了受激辐射原理技术应用的可能性。由此，许多科学家设想把微波激射器的原理推广到波长更短的光波波段，从而制成受激辐射光放大器（Light amplification by stimulated emission of radiation，Laser）。汤斯和贝尔实验室（Bell Laboratory）的肖洛（Arthnr L. Schawlow）在合作研究的基础上，于 1958 年在《物理评论》（Phys.Rev.1958，vol.112，1940）杂志上发表了题为《红外和光学激射器》（Infrared and Optical Maser）的论文，讨论并概括了光波段受激辐射放大器的主要问题和困难，给出了实现光受激辐射放大需要满足的必要条件，提出了利用尺度远大于波长的开放式光学谐振腔（借用传统光学中 F-P 干涉仪的概念）实现激光器的新思想。这篇文章标志着激光时代的开端，从此，激光研究领域翻开了新的篇章，全世界许多研究小组纷纷提出各种实验方案，竞相投入到研制第一台激光器的竞赛中。

1960 年 5 月，美国休斯公司（Hughes）实验室从事红宝石荧光研究的年轻人梅曼（Theodore H. Maiman）经过两年时间的努力，制成了世界上第一台红宝石固体激光器（波长为 694.3nm）。梅曼的方案是利用掺铬的红宝石晶体做发光材料，用发光强度很高的脉冲氙灯做激发光源，如图 1-1 所示。同年 7 月，休斯公司召开新闻发布会，隆重宣布激光器的诞生，从此开创了激光技术的历史。

随后，各种类型的激光器层出不穷，激光技术迅速发展。1960 年 12 月，贝尔实验室的贾范（Javan）、海利特（Herriot）、贝纳特（Bennett）等人利用高频放电激励氦氖（He-Ne）气体，制成世界上第一台氦氖激光器，可输出波长约为 1150 nm 的几种波长的连续光，在其影响下产生了一系列气体激光器。1962 年出现了半导体激光器；1964 年帕特尔（C.Patel）发明了第一台二氧化碳（CO_2）激光器；1965 年发明了第一台钇铝石榴石（YAG）激光器；1967 年第一台 X 射线激光器研制成功；1968 年开始发展高功率 CO_2 激光器；1971 年出现了第一台商用 1kW CO_2 激光器，高功率激光器的研制成功，推动了激光应用技术的迅速发展；1997 年，美国麻省理工学院的研究人员研制出第一台原子激光器。

与此同时，选频、稳频、调制、调 Q、锁模等各种激光技术也相继出现。各种科学和技术领域纷纷应用激光并形成了一系列新的交叉学科和应用技术领域。

现在已在几千种介质中实现了光放大或制成了激光器，如气体激光器、液体激光器、固体激光器、化学激光器、准分子激光器和半导体激光器等。激光的应用遍及通信、信息处理、工业、农业、医学、军事、科学研究等许多领域。

3. 中国激光技术的发展

在国际上热烈开展激光研究的同时，我国也在积极开展这项研究。我国第一台激光器于 1961 年 8 月研制成功，是中国科学院长春光学精密机械研究所王之江领导设计并和邓锡铭、汤星里、杜继禄等共同实验研制的，所以中国光学界尊称王之江为"中国激光之父"。他研制的激光器也是红宝石固体激光器，但在结构上与梅曼的有所不同，最明显之处是，泵浦灯不是螺旋氙灯，而是直管式氙灯，灯和红宝石棒并排放在球形聚光器的附近，如图 1-2 所示。这是因为经过王之江的计算，这样会比螺旋氙灯获得的效果更好。实践证明，这种设想和计算是正确的，如今世界上的固体激光器大都是采用这种方式。

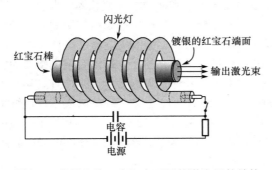

图 1-1　世界上第一台红宝石固体激光器的结构

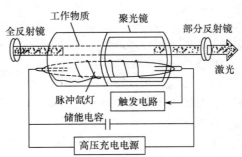

图 1-2　改进后的红宝石固体激光器结构

此后短短几年内，激光技术迅速发展，各种类型的固体、气体、半导体和化学激光器相继研制成功。在基础研究和关键技术方面，一系列新概念、新方法和新技术（如腔的 Q 值突变及转镜调 Q、行波放大、镱系离子的利用、自由电子振荡辐射等）纷纷提出并获得实施，其中不少具有独创性。

同时，作为具有高亮度、高质量、高方向性等优异特性的新光源，激光很快应用于各个技术领域，显示出强大的生命力和竞争力。通信方面,1964 年 9 月用激光演示传送电视图像,1964 年 11 月实现 3～

30 km 的通话。工业方面，1965 年 5 月激光打孔机成功地用于拉丝模打孔生产，获得显著经济效益。医学方面，1965 年 6 月激光视网膜焊接器进行了动物和临床实验。国防方面，1965 年 12 月研制成功激光漫反射测距机（精度为 10 m/10 km），1966 年 4 月研制出遥控脉冲激光多普勒测速仪。

目前，以激光器为基础的激光技术在我国得到了迅速的发展。激光已渗透到各个学科领域，极大地促进了这些领域的技术进步和发展。激光产业正在我国逐步形成，其中包括激光音像、激光通信、激光加工、激光医疗、激光检测、激光印刷设备及激光全息等。

4．"激光"名称的由来

"激光"在英文中是 Laser，即 Light Amplification by Stimulated Emission of Radiation 一词的缩写，意译为"受激辐射引起的光放大"，一直到 1964 年年底，还没有一个统一的、大家认同的中文名称。1964 年 10 月，钱学森致信《受激光发射译文集》（即现《国外激光》）编辑部，建议称为"激光"，同年 12 月，在全国第三届光受激辐射学术会议上，正式采纳了钱学森的这个建议，从此，"Laser"的中文译名统一称为"激光"。

1.2 激光的特性

激光也是光，与普通光没有本质上的区别，但是激光又是一种特殊的光，具有许多独特而优异的性能。普通光（太阳光或灯光等）是物质随机发出的光，通常包含多种波长，向四面八方辐射，从光源发出的不同波列之间不具有相干性。而激光是可控制的电磁波，具有普通光源望尘莫及的显著特性，可概括为：高方向性、单色性、相干性和高亮度。

1.2.1 方向性

光束的方向性用平面发散角 θ 评价，平面发散角的含义如图 1-3 所示。θ 角越小光束发散越小，方向性越好，若 θ 角趋于零，就可以近似地称为"平行光"。

各种普通光源发出的光都是非定向的，向空间四面八方辐射，如图 1-4 所示的灯光，即发散角差不多达 360°（或者说，分布在 4π 立体角内），无所谓方向性，不能集中在确定的方向上发射到较远的地方。为了改善光束的方向性，需要借助于光学系统，如探照灯、汽车前灯等，采用定向聚光反射镜的探照灯，其光束的平面发散角约为 10 rad。

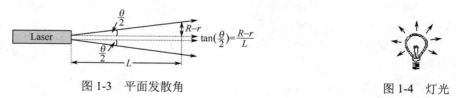

图 1-3 平面发散角   图 1-4 灯光

由于谐振腔对光振荡方向的限制，激光只有沿腔轴方向受激辐射才能振荡放大，所以，激光束具有很高的方向性。激光所能达到的最小光束发散角要受到衍射效应的限制，即它不能小于激光通过输出孔径时的衍射角，通常称为衍射极限 θ_m。

$$\theta_m \approx 1.22 \frac{\lambda}{D} \tag{1-1}$$

式中，λ 为波长；D 为光束直径。

激光的发散角一般在毫弧度（mrad）数量级。不同类型的激光器方向性差别很大，通常，气体激光器方向性最好，发散角较小，很接近衍射极限；固体激光介质的不均匀性比气体差，因此固体激光器的发射角比衍射极限 θ_m 大些；半导体激光器的方向性最差，发散角偏大。此外，光束发散角还随激光功率及模数的增加而增大。借助于光学系统，可使激光器的方向性进一步提高，接近于平行光束。常用激光束的发散角如表 1-1 所示。

$$1\ \mathrm{rad}=57.3°，\ 1\ \mathrm{mrad}=0.057°$$

由于激光的高方向性，使其能有效地传输较长的距离。1969 年的阿波罗计划，人们将激光束投射到距地球 38.6 万千米的月球上，光斑直径也只有约 1000 m，通过宇航员设置在月球上的反射镜，利用激光，首次精确地测量了地球到月球之间的距离，精度约为 ±15 cm。

激光的高方向性还能够保证聚焦后得到极高的功率密度。可以证明，当一束发散角为 θ 的单色光被焦距为 F 的透镜聚焦时，焦面光斑直径为 $D=F\theta$，在 θ 等于衍射极限 θ_m 的情况下，则有 $D_m \approx \dfrac{F}{2a}\lambda$（其中光腔输出孔径为 $2a$），这说明，在理想情况下，可将激光的能量聚焦到直径为光波波长量级的光斑上，形成极高的能量密度。

表 1-1 常用激光束的发散角

激光束	发散角（mrad）
He-Ne	0.5
Ar^+	0.8
CO_2	2
红宝石	5
Nd^{3+}：玻璃	5
Nd^{3+}：YAG	5
染料	2

1.2.2 单色性

在可见光范围内，光波的颜色与"频率"有关，一个光源发射的光所包含的波长范围越窄，它的颜色就越单纯，即光源的单色性越好。单色性常用 $\Delta\lambda/\lambda$（或 $\Delta\nu/\nu$）来衡量，其中，λ 和 ν 分别为辐射波的中心波长和频率，$\Delta\lambda$ 和 $\Delta\nu$ 为谱线的宽度。

自然光是由波长范围较宽的光构成的，比如，太阳光经棱镜分光后，可以观察到由多种颜色组成的光谱带，如图 1-5 所示。激光是由原子受激辐射而产生，因而谱线极窄，如图 1-6 所示。

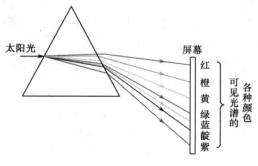

图 1-5 太阳光通过棱镜分光

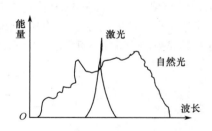

图 1-6 激光与自然光谱线的比较

单色光又叫"光谱线"，理论上来说，单色意味着光波中只含有一个波长。实际上，激光的谱线也不是理想的光谱线，而是在中心波长附近有一定的宽度，即具有有限的谱线宽度 $\Delta\lambda$，如图 1-7 所示。

在普通光源中，单色性最好的是氪同位素 86（Kr^{86}）灯发出的波长为 $\lambda=605.7$ nm 的光谱线，在低温下，其谱线半宽度为 $\Delta\lambda=0.47\times10^{-6}$ μm，单色性程度为 $\Delta\lambda/\lambda=10^{-6}$ 量级。而单模稳频的氦氖激光器发出的波长为 $\lambda=632.8$ nm 的光谱线，其谱线半宽度为 $\Delta\lambda<10^{-12}$ μm，输出激光的单色性可达 $\Delta\lambda/\lambda=10^{-10}\sim10^{-13}$ 量级。可以说，激光是世界上发光颜色最单纯的光源。一般来讲，单模稳频气体激光器的单色性最好；固体激光器的单色性较差，主要是因为介质增益曲线很宽，难以保证单纵模工作；而半导体激光器的单色性最差。

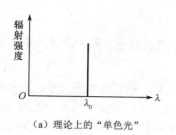
（a）理论上的"单色光"

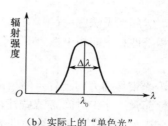
（b）实际上的"单色光"

图 1-7　理论与实际的激光带宽

利用激光的高单色性，可以极大地提高各种光学干涉测量方向的精度和测量长度。如果测量长度的精密度要求很高，用米尺、游标卡尺、千分尺等都无法满足要求时，就需要用光波的波长作单位来测量长度，由于光波波长很短，精密测量就很准确。这种"光尺"能够准确测量的最大长度取决于光的单色性，单色性越好，准确测量的最大长度就越大。用激光作为标准的长度、时间和频率标准的稳定性也大大提高。在激光单色性基础上发展起来的"拍频技术"，可以极精密地测定各种移动、转动和振动速度。此外，利用激光的单色性还可对各种物理、化学、生物等过程进行高选择性的光学激发，达到对某些过程进行深入研究和控制的目的。

1.2.3　相干性

电磁辐射具有波动性，任何电磁波都可以看作是正弦波的叠加。根据波动理论，每列波都可以用一个波动方程来描述，即

$$y = A\cos(\omega t + \varphi) \tag{1-2}$$

式中，A 为振幅；$\omega = 2\pi\nu$ 为角频率；φ 为初始相位；$(\omega t + \varphi)$ 为波的相位。

相干波意味着各子波之间有确定的相位关系。如果两列波满足振动方向相同，频率相同，相位差恒定的相干条件，它们就是相干的。图 1-8 给出了三列波 y_1，y_2，y_3 及它们相干叠加的结果，在图 1-8（a）中，三列波相位完全相同；在图 1-8（b）中，三列波具有不同的相位。

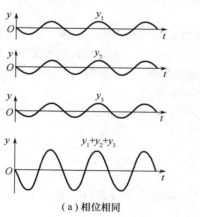
（a）相位相同

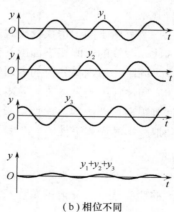
（b）相位不同

图 1-8　光的相干叠加

对于普通光源而言，其发光机制是发光中心（原子、分子或电子）的自发辐射过程，不同发光中心发出的波列，或同一发光中心在不同时刻发出的波列相位都是随机的，因此光的相干性极差，或者说是非相干光。而激光是通过受激辐射过程形成的，其中每个光子的运动状态（频率、相位、偏振态、传播方向）都相同，因而是最好的相干光源。激光是一种相干光，这是激光与普通光源最重要的区别。对普通光源采用单色仪分光，通过狭缝后可得到单色性很好的光，其相干性也很好，但是，这样获得

的相干光强度非常弱，实际上无法应用。

相干性包括时间相干性和空间相干性，下面分别从这两个方面来讨论激光的相干性。

1．时间相干性

时间相干性描述沿光束传播方向上各点的相位关系，指光场中同一空间点在不同时刻光波场之间的相干性。时间相干性通常用相干时间 t_c 来描述，相干时间指光传播方向上某点处，可以使两个不同时刻的光波场之间有相干性的最大时间间隔，即光源所发出的有限长波列的持续时间。相干时间和单色性之间存在简单关系，即

$$t_c = \frac{1}{\Delta\nu} \tag{1-3}$$

可见，光源单色性越高，则相干时间也越长。

有时用相干长度 L_c 来表示相干时间，相干长度指可以使光传播方向上两个不同点处的光波场具有相干性的最大空间间隔，即光源发出的光波列长度。相干长度可表示为

$$L_c = t_c \cdot c = \frac{c}{\Delta\nu} \tag{1-4}$$

式（1-4）说明，相干长度实质上与相干时间是相同的，都与光源单色性的好坏密切相关。

普通光源中，相干性最好的 Kr^{86} 灯的相干长度为 800 mm，而 He-Ne 激光的相干长度为 1.5×10^{11} mm。

2．空间相干性

空间相干性描述垂直于光束传播方向的平面上各点之间的相位关系，指光场中不同的空间点在同一时刻光场的相干性，可以用相干面积来描述，即

$$S = \left(\frac{\Delta\lambda}{\theta}\right)^2 \tag{1-5}$$

式中，θ 为光束平面发散角。由式（1-5）可以看出，光束方向性越好，则其空间相干性也越好。

对于普通光源，只有当光束发散角小于某一限度，即 $\Delta\theta \leqslant \frac{\lambda}{\Delta x}$ 时，光束才具有明显的空间相干性，Δx 为光源的线度。

对于激光来说，所有属于同一个横模模式的光子都是空间相干的，不属于同一个横模模式的光子则是不相干的。因此，激光的空间相干性由其横模结构所决定，单横模的激光是完全相干的，多横模光束的相干性变差。同时，单横模光束的方向性最好，横模阶次越高方向性越差，由此可见，光束的空间相干性和它的方向性（用光束发散角描述）是紧密联系的。

激光的相干性有很多重要应用，如使用激光干涉仪进行检测，比普通干涉仪速度快、精度高。全息照相也正是成功地应用激光相干性的一个例子。

1.2.4 高亮度

亮度表征光源的明亮程度。光源的单色亮度定义为光源在单位面积、单位频带宽度和单位立体角内发射的光功率，即

$$B_\nu = \frac{P}{\Delta S \Delta\nu \Delta\Omega} \tag{1-6}$$

式中，P 为光功率；ΔS 为发光表面的面积；$\Delta\nu$ 为频带宽度；$\Delta\Omega$ 为立体角；B_ν 的单位为 W/（cm^2·sr·Hz）。

普通光源如太阳、日光灯等的发散角都很大（通常在 4π 立体角内传播），光谱范围很宽，能量分散，所以，尽管某些光源如太阳发出的光总功率很高，但单色亮度仍很小，太阳辐射在波长 500 nm 附近的单色亮度 $B_\nu \approx 2.6\times10^{-12}$ W/(cm^2·sr·Hz)。

激光的高方向性、单色性等特点，决定了它具有极高的单色定向亮度。一般气体激光器的单色亮

度 $B_\nu = 10^{-2} \sim 10^2$ W/(cm^2·sr·Hz)，固体激光器的单色亮度 $B_\nu = 10 \sim 10^3$ W/(cm^2·sr·Hz)，调 Q 大功率激光器的单色亮度 $B_\nu = 10^4 \sim 10^7$ W/(cm^2·sr·Hz)，都比太阳表面的单色亮度高几亿倍。

具有高亮度的激光束经透镜聚焦后，能产生数千度乃至上万度的高温，这就使其可能加工几乎所有的材料，甚至可以用来引发热核聚变。

从以上讨论可以看出，激光的四大特性之间不是相互独立的，而是相互联系的。此外，由以上四种特性也决定了激光具有其他许多显著特点。如激光是超稳定的光，频率稳定度比电波高出 15 个数量级；激光可以产生超短光脉冲，超短光脉冲持续的时间最短可达 4.5 fs（1 fs $= 10^{-15}$ s）；激光是超高强度的光，通过激光放大器放大超短脉冲光，能够产生太瓦（1 TW $= 10^{12}$ W）级的激光，原子在这样的高强度光的作用下，很容易激发、加热、加速，因此可以作为激光核聚变、等离子体物理、高能物理等领域的新的研究手段；激光具有明显的光压效应，可利用激光辐射所产生的力来移动或俘获细胞、病毒、细菌等微小粒子；此外，激光还可以直接进行高速调制，调制速度可高达几万兆赫兹，特别适合信息领域的需要。

但应注意，对某一个具体的激光器而言，不可能同时具备所有这些特点，如脉冲激光器的脉冲宽度 t_p 和激光谱线宽度 $\Delta\nu$ 之间具有关系为：$t_p = \dfrac{1}{\Delta\nu}$。可见，对于脉冲工作的激光器，单色性并不是优点。实际应用中，无须对所有特性都提出很高的要求，应根据不同的应用目的，选用或研制不同特点的激光器。

1.3　激光应用简介

由于激光所具有的优异特性，已经在军事、工业、商业、科技、生活、医疗等各领域中得到越来越广泛的应用。本节仅对激光的应用进行归纳和简要介绍，并将在第 10～13 章中，对激光在通信、信息及其他领域的应用进行详细介绍。

1. 激光在通信领域的应用

现代社会中，人们需要传递的信息量越来越大，对通信的质量要求也越来越高。由于无线电通信容量小、保密性差，越来越不能满足社会发展的需要，而用激光进行通信成为人类通信史上的重大突破。利用激光进行通信方式有光纤通信和空间光通信两种。

光纤通信与以往的通信技术相比，具有以下 4 个显著特点：

（1）通信容量大。激光可用的频率范围为 $1 \times 10^7 \sim 1 \times 10^8$ MHz，比微波频率高 10～100 万倍，一束激光可容纳 100 亿路电话。如果全球人口按 60 亿计算，则全世界的人同时利用一束激光进行通信还绰绰有余。理论上，一支激光束可以携带此时此刻全世界所有人和计算机之间来回传送的信息。

（2）通信质量高。激光通信可以实现声音清晰地通电话，准确无误地传输数据，色彩逼真地传递图像。抗干扰性强，信噪比高，失真度小。

（3）保密性好。由于激光几乎是一束平行而准直的细线，在空间传播时发散角极小，加之用以传输信息的激光大多是不可见的红外光，所以想截获激光非常困难。

（4）成本低。制造光纤的原料是地球上取之不尽的石英，只要几克石英就能制出一千米长的光纤。因而用光纤代替普通金属导线可以节约大量宝贵的有色金属铜和铝。光纤的传输损耗低，因此中继站距离长。一般同轴电缆，每隔 3 km 就要设一个中继站，而光纤通信的中继站，距离可超出 30 km，因此采用光纤通信的投资可以大大降低。光纤通信已经成为信息社会的神经系统。

高速、长距离激光空间通信也已经实现，可用于地面上点对点的通信、飞机对飞机的通信、宇宙飞船之间的通信，以及它们之间的混合应用等。由于激光空间通信采用的是低功率激光，能在自由空间高速率传输数据，无须铺设电缆或光纤，不易被中断和窃听，所以特别适用于军事和航空领域应用，如无人驾驶飞机、低轨道卫星间协调等。

2．激光在信息领域的应用

激光在信息领域的应用，除了以激光为信息载体将声音、图像、数据等各种信息进行传输的激光通信，还包括通过激光将信息进行存储，以及通过激光将信息打印或显示出来，等等。

激光存储技术是光学、光电子学和计算机技术的一个重要交叉领域。由于激光的相干性极好，可以将光束聚焦到直径只有 0.6 μm 左右的焦斑上，使处于焦点微小区域内的记录介质受高功率密度光的烧灼而形成小孔，被烧蚀的小孔表示二进制的"1"，而未烧蚀处为"0"。这样，受到存储信息调制的光束在记录介质上产生光化学作用，记录下相应的信息，形成"1"和"0"等一系列编码就是信息的写入记录过程。激光存储中用于记录介质的基片称为光盘。由于光盘存储的信息容量大，保存时间长，已成为最重要的一种存储介质，广泛用于存储电子百科全书、计算机软件、音乐、MTV、电影和游戏等。

利用激光束聚焦性及扫描性好的特点，可将激光用于商品条形码扫描仪，广泛用于超市、商场等商业领域。

激光扫描和激光控制技术的发展，促进了激光打印技术的发展。激光打印机是综合了激光扫描技术和电子照相技术的一种非打击式打印机。计算机的输出信号对激光器的输出进行调制，带有字符和图形信息的激光束在涂有光导材料并均匀带电的鼓面上扫描，使光照部分电荷消失，未照部分电荷保留，即是曝光。再经过显影使光照部分吸附墨粉形成图像。经过定影、转让，就在纸上得到清晰的输出。品质较好的打印机的打印速度可达每分钟 200 页以上。与其他类型的打印机相比，激光打印机有着较为显著的几个优点，包括打印速度快、打印品质好、工作噪声小等。

3．激光在工业领域的应用

激光的高单色和高亮度，使它成为精密计量的一种十分有效的工具。又由于激光单色性好、发散角小，能够在透镜的焦点处聚焦成高功率的光斑，高功率激光集中在物体上的某一点，便可对被物体进行高温加热、切断、焊接及熔覆等加工。激光还可以对材料进行非接触式处理或探测。因为没有表面接触，不会产生由探测射线所引起的污染，也不会引起器具边缘的磨损，而扫描性好的特点又使其可在大面积范围内进行工作。

因此，激光技术已经广泛应用在工业领域的各个部门。例如，高功率激光被用来切割、钻孔或焊接钢铁，用高功率激光器作为切割、焊接的材料处理工艺，在汽车制造行业中已经成为常规方法；激光传感器用来实时检测化学处理过程；在半导体工业中采用光刻工艺来制造集成电路；在建筑工业中用激光来进行对准和控制，等等。

根据功能的不同，激光在工业中的应用可分为两大类：一是执行制造工艺，即光直接与产品相作用，以改变其物理性质，如光刻或材料处理；二是控制制造工艺，即用激光来提供有关制造过程的信息，或用来检验制造的产品，如激光计量技术可以控制关键尺寸及布局或定位。

4．激光在生物医学领域的应用

激光技术为生物学研究提供了新的思路和手段，为医学诊断提供了新的方法，为疾病治疗提供了新方式。

从激光基因测序到激光显微镜，激光技术的进步极大地推进了生物学基础研究。激光问世不久就进入细胞遗传学领域，利用激光可聚焦成微米或纳米级光斑的特点，可以进行显微细胞外科手术、测量人体 DNA 分布、基因转移、DNA 裁剪和基因定位、促进 DNA 合成、细胞融合等。在酶工程和发酵工程等生物技术中，激光也得到了重要应用。

1961 年，首次将红宝石激光用于眼科的视网膜凝固治疗，从此开始了激光在医学临床的应用。现在，激光技术已经为心脏病、癌症、肾结石、眼科、妇科、牙科、皮肤科等疾病提供了新疗法，由此对许多人的生命产生影响。利用激光和光纤，通过微损伤疗法取代开腔式外科手术，形成了治病的无损伤途径。作为外科应用，聚焦的激光束（常用 CO_2 激光器发出的红外光）被组织中的水分子强烈吸收，并使这些水分子快速蒸发，就可以将这些组织切除，这样的激光束被称为激光手术刀。激光在医学领域的应用大致可分为诊断和治疗两大类。

在现代生活中，激光还广泛应用于美容外科。例如，激光治疗系统利用皮肤中不同颜色的组织对激光波长的选择吸收的特点，在基本不破坏正常组织的情况下，对皮肤中的黑色素在极短的瞬间用极高峰值的脉冲激光进行照射，使之发生迅速的热膨胀和粉碎，最后由吞噬细胞运走并排出体外，疤痕和色斑就会慢慢消失。

现在，在世界各国，差不多所有的中等规模以上的医院都不同程度地拥有各种类型的激光医疗设备。全世界每年研究、生产的激光设备中，用于生命科学领域的数量最大、品种最多。

5．激光在国防科技领域的应用

激光因其高功率和好的光束质量，在国防科技领域应用很广，是未来高科技战争中不可缺少的技术。新技术在国防领域起着根本性作用，激光的出现，使光学系统成为全新的各类国防应用的基础，将再次改变战争的进行方式。目前，激光在国防系统中的应用已与电子学和微波处于同一水平，而且已经成为国防领域至关重要的全新系统与系统概念的核心。

当 1960 年世界上首台激光器问世时，随即开始发展激光武器，激光武器目前已逐渐实现实战阶段应用。激光作为武器在军事上应用的形式千变万化，但是基本上可以分为三个主要部分：追踪、寻的系统（即正确判定攻击目标的位置和性质的系统）；发射实施摧毁性打击的高能激光系统；辅助的控制和通信系统。

激光武器是利用高能量密度激光束替代常规子弹的新型武器，是武器装备发展历程中继冷兵器、火器和核武器等之后又一个重要的里程碑。这类武器以光束作战的迅速反应能力，以外科手术式杀伤的高效作战方式，以及特别适于反卫星和破坏敌方信息系统等阻止敌方获取信息的能力，使其成为适应信息化高技术战争的新一代主战兵器。目前发展和正在逐步投入部署的各种激光武器系统，用在战略和战术导弹防御、巡航导弹防御、反卫星、高分辨率图像、防空、舰船防御、地面作战和近距离支援及飞机自卫等各个方面。图 1-9 所示为利用激光武器摧毁洲际弹道导弹的示意图。

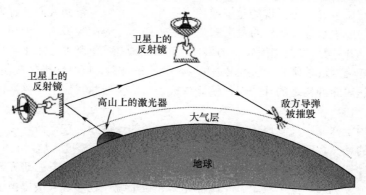

图 1-9　利用激光武器摧毁洲际弹道导弹的示意图[8]

除了激光武器，还有激光侦察（如激光测距、激光通信、激光雷达）、激光制导、激光陀螺、激光对抗等技术，都在现代战争中发挥着极其重要的作用。激光测距与坦克、大炮相结合构成的火控系统，首发命中率大大提高，已成为军队必备的武器装备。激光雷达与微波雷达相比，由于激光束方向性好，它的测量精度远优于微波雷达，距离精度可达厘米量级，角度精度可达万分之一度，甚至更小。利用激光制导炸弹攻击重要的点状目标，其命中率远高于常规的炮击和轰炸，费效比大为提高，图 1-10 所示为激光制导炸弹轰炸目标坦克的示意图。

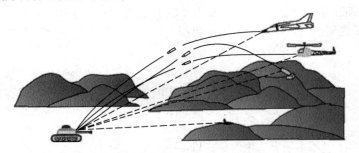

图 1-10　激光制导炸弹轰炸目标坦克的示意图[8]

6．激光在科学技术前沿问题中的应用

今天许多的实际技术是源于数年前或几十年前所做的基础科学研究，同样，现在对于激光在科学技术前沿问题中的研究和应用，潜藏着今后巨大的社会利益。

光谱分析是研究物质结构的重要手段，激光技术与经典光谱学相结合形成的激光光谱学，具有频率、空间和时间上的高分辨率，可以进一步揭示物质的微观结构，如原子能级的精细结构、高量子态的能级结构、分子的各种密集的谱带结构等；揭示物理、化学、生物学等宏观现象的微观动力学过程，如量子跃迁、能量转移、电子转移、输运与涨落、化学反应中间过程等瞬态行为。在天文学上，认为"大爆炸"或宇宙形成后留下的"外来"原子也可以用激光光谱研究，并且检验那些难以捉摸的亚原子，如中微子等。对这些问题的研究有助于解答宇宙是怎么诞生的，它由什么组成，以及它怎样表示等基础科学问题。

激光诱导的惯性约束核聚变是产生可控核聚变的一种途径。利用高功率激光照射聚变燃料，使之发生聚变反应，并人为地控制反应速度，使热核聚变按照需要缓慢而均匀地进行，连续地将聚变能量转换为热能和电能，从而建成热核动力反应堆和热核电站，是激光技术和核技术联合开发研究的热点。激光核聚变可以为人类找到一种用不完的清洁能源，可以研制真正的"干净"核武器，而且可以部分代替核试验。因此，激光核聚变在民用和军事上都具有十分重要的意义。

激光束照亮了超微世界，它呈现的超快或超窄脉冲（时间域）帮助人们了解微观世界中的原子、分子结构。在微小的原子水准，事件的发生都在 $10^{-9} \sim 10^{-12}$ s 时间尺度内，现在可以利用超短激光脉冲在飞秒（10^{-15} s）的时间尺度测出所发生的事件。超短（或超窄）脉冲被用于半导体材料中电子移动速度和发动机中燃烧化学过程研究。它不仅提供了激励光的测量，同时还提供皮秒（10^{-12} s）时间刻度的测量分辨率。用超短脉冲构造的开关器件使计算机、通信仪器和其他半导体器件速度大大提高、体积明显减小。

激光已经开始用于探测和控制原子、分子和微小粒子的速度和位置，激光冷却和原子捕陷的研究在科学上有很重要的意义。现在，气相原子可以用激光冷却到微开温度，这时它们的速度为 1 cm/s 的量级，原子一旦被冷却后就比较容易被操纵。被冷却的超冷原子为物理学的研究开辟了广阔的研究方向，特别是为原子分子物理、原子频率、非线性光学和量子统计物理等领域提出了新的研究对象。同时，激光冷却技术也为这些领域提供了最新的研究工具。

激光可以作为光学镊子应用于分子生物学领域中对微生物、染色体、细胞等微粒的操作。利用激光操纵微粒技术，可以非接触非破坏地对细胞和细胞小器官或生物分子聚合体进行捕捉和操作，从而做到以往机械操作方法所得不到的操作性和自由度。目前已经应用在细胞的选择识别、鞭毛的顺从性的测定，以及通过微小管输送细胞小器官时产生的力的测定上。若利用紫外光至可见光的激光，则可成为局部切断细胞组织的激光手术刀，或者是在细胞膜上开出引起细胞融合所需孔的激光钻头。

激光化学也是激光的重要应用领域，无论在研究所还是在工业界，化学产品要达到成功，必须做到两件事情：理解所用到的物质的化学结构；而且能够高速产生化学变化。在这两个方面，激光都能起到至关重要的作用。

习题与思考题一

1. 简述激光发明与发展的历史。
2. 激光具有哪些不同于普通光源的显著特性？分别如何来定量评价？
3. 什么是时间相干性和空间相干性？怎样定义相干时间和相干长度？
4. 为使 He-He 激光器的相干长度达到 1 km，它的单色性 $\Delta\lambda/\lambda_0$ 应是多少？
5. 你所了解的激光在社会生活各领域的应用有哪些？请举例。

第 2 章　激光产生的基本原理

激光之所以具有第 1 章所述的种种优异特性，是因为激光的产生过程不同于普通光源，在发光过程中各发光中心之间相关性的一面占了主导地位。

物质是由原子组成的，各种发光现象，都与光源内部原子的运动状态有关，并且在许多方面与从单个原子发出的光类似，因此，本章先简要介绍原子发光的过程，然后介绍自发辐射、受激辐射与受激吸收这三种与原发光机理有关的过程，在此基础上讨论激光的形成，以及形成激光所必要的条件。

2.1　原子发光的机理

2.1.1　原子的结构

根据玻尔理论，原子由带正电荷的原子核和带负电荷的电子组成，电子围绕着原子核做圆周运动。电子一方面由于绕核转动而有离开核的趋势，另一方面又受核的正电荷吸引而有靠近核的趋势，两者共同作用下使电子与核之间保持一定的距离，如果没有外界作用，这个距离保持不变。在不同的原子中，绕核运动的电子数目也不相同。

原子序号为 Z 的原子中，设电子沿以核为中心的圆形轨道运动，电子质量为 m，轨道半径为 r，绕轨道运动的速率为 V，则电子受到核的库仑力为

$$f = \frac{Ze^2}{4\pi\varepsilon_0 r^2} \tag{2-1}$$

由牛顿第二定律，电子受到核的库仑力等于电子绕核转动的向心力，即

$$f = \frac{Ze^2}{4\pi\varepsilon_0 r^2} = m\frac{V^2}{r} \tag{2-2}$$

玻尔引用量子理论，提出一个假设：电子的角动量 mVr 只能等于 $\frac{h}{2\pi}$ 的整数倍，即

$$mVr = n\frac{h}{2\pi} \tag{2-3}$$

式中，$h = 6.626176 \times 10^{-34} \text{J} \cdot \text{s}$，为普朗克（Planck）常数，$n(1,2,3\cdots)$ 为主量子数。

玻尔的这个假设意味着电子运动的轨道不是任意的，而只能是一些量子化的轨道。把式（2-2）和式（2-3）联立起来，可以解出玻尔模型中，原子序号为 Z，主量子数为 n 的电子轨道半径为

$$r_n = n^2 \frac{\varepsilon_0 h^2}{Z_{\pi m} e^2} \tag{2-4}$$

式（2-4）表明电子的轨道半径是不连续的，与量子数 n 平方成正比。原子结构的玻尔模型如图 2-1 所示。

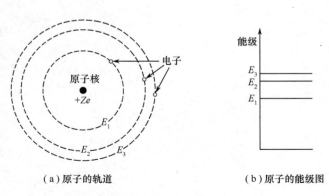

（a）原子的轨道　　　　（b）原子的能级图

图 2-1　原子结构的玻尔模型

2.1.2 原子的能级

根据玻尔的假设可以计算出电子在每一个玻尔轨道上的总能量，这个总能量是电子的动能与电子—原子核的静电势能之和。

静电势能

$$E_p = -\frac{Ze^2}{4\pi\varepsilon_0 r}$$

电子动能

$$E_k = \frac{1}{2}mV^2 = \frac{Ze^2}{8\pi\varepsilon_0 r}$$

所以整个原子的总能量

$$E = E_p + E_k = -\frac{Ze^2}{8\pi\varepsilon_0 r} = -\frac{1}{n^2} \cdot \frac{mZ^2 e^4}{8\varepsilon_0^2 h^2} \tag{2-5}$$

式（2-5）表明，原子的能量是量子化的，只能取一系列分立的值。电子所处的一系列确定的分立运动状态，对应原子的一系列分立的能量值，这些能量通常称作电子（或原子系统）的能级，依次用 E_1，E_2，E_3，$\cdots$，E_n 表示，能量单位一般采用电子伏（$1\,\mathrm{eV} = 1.602 \times 10^{-19}\,\mathrm{J}$）。由式（2-5）可知，只要知道电子处于哪个轨道，即知道 n 等于几，就可以求出原子的总能量。n 的数越大，即电子所处轨道离原子核越远，则能量就越大，能级越高。电子处于 $n=1$ 轨道上时，能量处于最低的状态，称之为基态，$n > 1$ 的状态统称为激发态。通常情况下，原子处于能量最低的基态（稳定状态）。

习惯上，可以画一条条水平线，用其高低来代表能量的大小，这样的图形称为能级图，如图 2-1（b）所示。

2.1.3 原子发光的机理

当电子在某一个固定的允许轨道上运动时，并不发射光子。通常情况下，原子处于能量最低的基态。当外界向原子提供能量时，原子由于吸收了外界能量，原子内部的电子可以从低轨道跃迁到某一高轨道，即原子跃迁到某一激发态。常见的激发方式之一是原子吸收一个光子而得到能量 $h\nu$。处于激发态的原子是不稳定的，经过或长或短的时间（典型的为 $10^{-8}\,\mathrm{s}$），它会跃迁到能量较低的状态，而以光子或其他方式放出能量。不论向上或向下跃迁，原子所吸收或放出的能量都必须等于相应的能级差。若吸收或放出光子，必须有 $h\nu = E_n - E_1$，其中，E_n 表示原子高能级的能量，E_1 表示基态能量。

以图 2-1 为例，当电子从 E_1 跃迁到 E_2 时，它的能量增加了 $E_2 - E_1$，因此它必须吸收能量，若该能量是光子提供的，则相应的光子能量为 $h\nu_{21} = E_2 - E_1$；如果电子从 E_3 跳回到 E_1，它的能量减少了 $E_3 - E_1$，因此它辐射出的能量 $h\nu_{31} = E_3 - E_1$，即辐射出能量为 $h\nu_{31}$ 的光子。

这种因发射或吸收光子而使原子造成能级间跃迁的现象称为辐射跃迁。除此之外，还有非辐射跃迁，非辐射跃迁表示原子在不同能级间跃迁时并不伴随光子的发射或吸收，而是把多余的能量传给了别的原子或吸收别的原子传给它的能量。比如，对气体激光器中放电的气体来说，非辐射跃迁是通过原子和其他原子或自由电子的碰撞、或原子与毛细管壁的碰撞来实现的。固体激光器中，非辐射跃迁的主要机制是激活离子与基质点阵的相互作用，结果使激活离子将自己的激发能量传给基质点阵，引起点阵的热振动，或者相反。总之，这时能量间的跃迁并不伴随光子的发射和吸收。

2.2 自发辐射、受激辐射和受激吸收

原子、分子或离子辐射光和吸收光的过程是与原子能级之间的跃迁联系在一起的。在普朗克（Max

Planck）于 1900 年提出的辐射量子化假设，以及玻尔（Niels Bohr）在 1913 年提出的原子中电子运动状态量子化假设的基础上，爱因斯坦从光与原子相互作用的量子论观点出发，提出光与原子的相互作用应包括原子的自发辐射跃迁、受激辐射跃迁和受激吸收跃迁三个过程。这三个过程同时存在并且相互关联。激光器的发光过程中，始终伴随着这三个跃迁过程，特别是其中的受激辐射跃迁过程是激光产生的物理基础。

下面以原子的两个能级 E_1 和 E_2 为例（$E_2 > E_1$），来讨论光与原子的相互作用过程中原子能级间的跃迁，其规律同样适用于多能级系统。

2.2.1 自发辐射

从经典力学的观点来讲，一个物体如果势能很高，它将是不稳定的。与此类似，当原子被激发到高能级 E_2 时，它在高能级上是不稳定的，总是力图使自己处于低的能量状态 E_1。处于高能级 E_2 的原子自发地向低能级跃迁，并发射出一个能量为 $h\nu = E_2 - E_1$ 的光子，这个过程称为自发辐射跃迁，如图 2-2 所示。

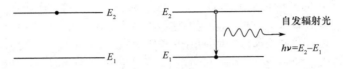

图 2-2　自发辐射示意图

自发辐射跃迁过程用自发辐射跃迁概率 A_{21} 描述。A_{21} 定义为单位时间内发生自发辐射跃迁的粒子数密度占处于 E_2 能级总粒子数密度的百分比为

$$A_{21} = (\frac{\mathrm{d}n_{21}}{\mathrm{d}t})_{sp} \frac{1}{n_2} = -\frac{1}{n_2}\frac{\mathrm{d}n_2}{\mathrm{d}t} \tag{2-6}$$

式中，$\mathrm{d}n_{21}$ 为 $\mathrm{d}t$ 时间内自发辐射粒子数密度；n_2 为 E_2 能级总粒子数密度；下标 sp 表示自发辐射跃迁。也可以说，A_{21} 是每一个处于 E_2 能级的粒子在单位时间内发生自发辐射跃迁的概率。A_{21} 又称为自发辐射跃迁爱因斯坦系数。

由式（2-6）可得

$$n_2(t) = n_{20}\mathrm{e}^{-A_{21}t} \tag{2-7}$$

式中，n_{20} 为起始时刻 $t = 0$ 时的粒子数密度。

原子停留在高能级 E_2 的平均时间，称为原子在该能级的平均寿命，通常用 τ_s 表示，它等于粒子数密度由起始值 n_{20} 降到其 $\frac{1}{\mathrm{e}}$ 所用的时间，由式（2-7）可推出

$$\tau_s = \frac{1}{A_{21}} \tag{2-8}$$

可见自发辐射跃迁爱因斯坦系数 A_{21} 的大小与原子处在 E_2 能级上的平均寿命 τ_s 有关。原子处在高能级的时间是非常短的，一般为 10^{-8} 秒左右。由于原子以及离子、分子等内部结构的特殊性，各个能级的平均寿命是不一样的。例如，红宝石中铬离子的能级 E_3 的寿命很短，只有 10^{-9} 秒，而能级 E_2 的寿命却很长，为几个毫秒，这些寿命较长的能级称为亚稳态。在氦原子、氖原子、氮原子、氩离子、铬离子、钕离子、二氧化碳分子等粒子中都有这种亚稳态能级，这些亚稳态能级的存在，提供了形成激光的重要条件。

自发辐射过程只与原子本身性质有关，而与外界辐射的作用无关。各个原子的辐射都是自发地、独立地进行的，因而各光子的初始相位、光子的传播方向和光子的振动方向等都是随机的，因而是非

相干的。除激光器外，普通光源的发光都属于自发辐射，因为自发辐射光是由这样许许多多杂乱无章的光子组成，所以普通光源发出的光，包含许多种波长成分，向四面八方传播，如阳光、灯光、火光等。

2.2.2　受激辐射

在频率为 $\nu = (E_2 - E_1)/h$ 的光照射（激励）下，或在能量为 $h\nu = E_2 - E_1$ 的光子诱发下，处于高能级 E_2 上的原子有可能跃迁到低能级 E_1，同时辐射出一个与诱发光子的状态完全相同的光子，这个过程称为受激辐射跃迁，如图 2-3 所示。

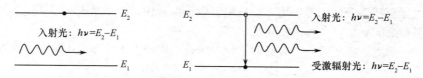

图 2-3　受激辐射示意图

受激辐射的特点是：

（1）只有外来光子能量 $h\nu = E_2 - E_1$ 时，才能引起受激辐射；

（2）受激辐射所发出的光子与外来光子的频率、传播方向、偏振方向、相位等性质完全相同。

受激辐射跃迁用受激辐射跃迁概率 W_{21} 来描述，其定义与自发辐射跃迁概率类似，即

$$W_{21} = \left(\frac{\mathrm{d}n_{21}}{\mathrm{d}t}\right)_{\mathrm{st}} \frac{1}{n_2} = -\frac{1}{n_2}\frac{\mathrm{d}n_2}{\mathrm{d}t} \tag{2-9}$$

式中，$\mathrm{d}n_{21}$ 是 $\mathrm{d}t$ 时间内受激辐射粒子数密度；下标 st 为受激辐射跃迁。

受激辐射跃迁与自发辐射跃迁的区别在于，它是在辐射场（光场）的激励下产生的，因此，其跃迁概率不仅与原子本身的性质有关，还与外来光场的单色能量密度 ρ_ν 成正比，即

$$W_{21} = B_{21}\rho_\nu \tag{2-10}$$

式中，B_{21} 为受激辐射跃迁爱因斯坦系数，它只与原子本身的性质有关，表征原子在外来光辐射作用下产生 E_2 到 E_1 受激辐射跃迁的本领。当 B_{21} 一定时，外来光场的单色能量密度越大，受激辐射跃迁概率就越大。

2.2.3　受激吸收

处于低能级 E_1 的原子，在频率为 ν 的光场作用（照射）下，吸收一个能量为 $h\nu_{21}$ 的光子后跃迁到高能级 E_2 的过程称为受激吸收跃迁，如图 2-4 所示。

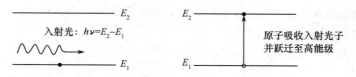

图 2-4　受激吸收跃迁示意图

受激吸收恰好是受激辐射的反过程。受激吸收跃迁用受激吸收跃迁概率 W_{12} 来描述

$$W_{12} = \left(\frac{\mathrm{d}n_{12}}{\mathrm{d}t}\right)_{\mathrm{st}} \frac{1}{n_2} = -\frac{1}{n_2}\frac{\mathrm{d}n_2}{\mathrm{d}t} \tag{2-11}$$

式中，$\mathrm{d}n_{12}$ 是 $\mathrm{d}t$ 时间内受激吸收粒子数密度；n_1 为 E_1 能级粒子数密度。

受激吸收跃迁过程也是在辐射场作用下产生的，故其跃迁概率 W_{12} 也与辐射场单色能量密度 ρ_ν 成

正比

$$W_{12} = B_{12}\rho_\nu \tag{2-12}$$

式中，B_{12}为受激吸收跃迁爱因斯坦系数，它也只与原子本身性质有关，表征原子在外来光场作用下产生从E_1到E_2受激吸收跃迁的本领。

2.2.4 三个爱因斯坦系数之间的关系

前面讨论了自发辐射、受激辐射和受激吸收三个过程，并分别介绍了表征这三个过程中跃迁本领强弱的三个爱因斯坦系数A_{21}、B_{21}、B_{12}。尽管这三个系数含义不同，但它们都是表征原子本身的特性，而且在光场和大量原子系统的相互作用下，自发辐射、受激辐射和受激吸收三个过程是同时发生的。因此，这三个系数之间必然存在着内在联系。

为了推导三个系数之间的关系，有必要了解一下热平衡状态下，物质中粒子数在各能级的分布规律。

当物体处于热平衡状态时，每个能级上都具有确定的粒子数，能级E_i上所具有的粒子数n_i也被称为集居数，其分布规律服从玻耳兹曼（Ludwig Boltzman）定律，即

$$n_i \propto f_i \mathrm{e}^{-\frac{E_i}{k_b T}} \tag{2-13}$$

式中，n_i为集居数（E_i能级上的粒子数）；f_i为E_i能级的统计权重（为常数）；k_b为玻耳兹曼常数，$k_b = 1.38 \times 10^{-23}$ J/K。

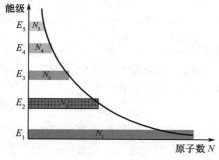

图 2-5　集居数按能级的玻耳兹曼分布

从式（2-13）可以看出：温度越高，粒子数也越多；能级越高，粒子数越少，集居数按能级的玻耳兹曼分布如图 2-5 所示。

两个能级的粒子数之比为

$$\frac{n_2}{n_1} = \frac{f_2}{f_1} \mathrm{e}^{-\frac{(E_2-E_1)}{k_b T}} \tag{2-14}$$

式中，f_1和f_2为E_1和E_2能级的统计权重；n_1为E_1能级粒子数密度；n_2为E_2能级粒子数密度；T为热平衡状态的温度。

从式（2-14）可以看出：两能级的粒子数之比$\dfrac{n_2}{n_1}$与能级的能量大小E_1、E_2无关，只与它们的能量差（E_2-E_1）有关；当两能级间能量差一定时，温度越高，粒子数之比也越大；比值在 0～1 之间。

【例 2-1】　氖原子的某一激发态和基态能级的能量差 ΔE 为 16.9eV，若该原子体系处于室温（$T = 300$ K），它处于激发态的原子数与处于基态的原子数之比是多少？（$f_1 = f_2$）

解：根据玻耳兹曼分布定律有

$$\frac{n_2}{n_1} = \mathrm{e}^{-\frac{(E_2-E_1)}{k_b T}} = \mathrm{e}^{-\frac{27.07 \times 10^{-19}}{1.38 \times 10^{-23} \times 300}} = \mathrm{e}^{-653} \ll 1$$

所以在正常情况下，处于基态的原子数量是最多的；能级越高，处于该能级的原子数就越少。

【例 2-2】　室温下（$T = 300$ K），某物质中E_1和E_2两个能级的能量差为 0.5 eV。计算E_2能级粒子数与E_1能级粒子数之比。当原子从E_2能级跃迁到E_1能级时，辐射出的光子波长为多少？

解：根据玻耳兹曼分布定律有

$$\frac{n_2}{n_1} = \mathrm{e}^{-\frac{(E_2-E_1)}{k_b T}} = \mathrm{e}^{-\frac{0.5 \times 1.6 \times 10^{-19}}{1.38 \times 10^{-23} \times 300}} = 4 \times 10^{-9}$$

计算结果表明，室温下，处于基态的粒子数是处于激发态 E_2 能级的粒子数的 2.5×10^8 倍。

计算波长：

$$\lambda = \frac{hc}{\Delta E} = \frac{6.626 \times 10^{-34} \times 3 \times 10^8}{0.5 \times 1.6 \times 10^{-19}} = 2.48 \; (\mu m)$$

此波长位于近红外波段。

光场与物质相互作用的结果应该使物质处于温度为 T 的热平衡状态。达到平衡时，单位体积单位时间内通过吸收过程从基态跃迁到激发态的原子数，等于从激发态通过自发辐射和受激辐射跃迁回基态的原子数，即

$$\left(\frac{dn_{21}}{dt} \right)_{sp} + \left(\frac{dn_{21}}{dt} \right)_{st} = \left(\frac{dn_{12}}{dt} \right)_{st} \tag{2-15}$$

或

$$n_2 A_{21} + n_2 B_{21} \rho_\nu = n_1 B_{12} \rho_\nu \tag{2-16}$$

将式（2-14）代入式（2-16）中，可得

$$(B_{21}\rho_\nu + A_{21}) \frac{f_2}{f_1} e^{-\frac{h\omega}{k_b T}} = B_{12}\rho_\nu \tag{2-17}$$

从式（2-17）可求出光场的单色辐射能量密度，即

$$\rho_\nu = \frac{f_2 A_{21}}{f_1 B_{12} e^{h\nu/k_b T} - f_2 B_{21}} \tag{2-18}$$

而根据黑体辐射的普朗克公式，热平衡状态下黑体单色辐射能量密度

$$\rho_\nu = \frac{8\pi h \nu^3}{c^3} \frac{1}{e^{h\nu/k_b T} - 1} \tag{2-19}$$

比较式（2-18）和式（2-19），可得到三个爱因斯坦系数之间的关系为

$$\left. \begin{array}{l} f_1 B_{12} = f_2 B_{21} \\[6pt] \dfrac{A_{21}}{B_{21}} = \dfrac{8\pi h \nu^3}{c^3} \end{array} \right\} \tag{2-20}$$

若 $f_1 = f_2$，则有 $B_{12} = B_{21}$。

2.3 激光产生的条件

2.3.1 受激辐射光放大

一个光子激发一个粒子产生受激辐射，可以使粒子产生一个与该光子状态完全相同的光子，这两个光子再去激发另外两个粒子产生受激辐射，就可以得到完全相同的 4 个光子，如此下去……这样，在一个入射光子的作用下，可引起大量发光粒子产生受激辐射，并产生大量运动状态完全相同的光子，这种现象称为受激辐射光放大，如图 2-6 所示。

由于受激辐射产生的光子都属于同一光子态，因此它们是相干的。在受激辐射过程中产生并被放大了的光，便是激光。

但是，光与原子体系相互作用时，总是同时存在自发辐射、受激辐射和受激吸收三种过程。一束光通过发光物质后，光强增大还是减弱，要看哪种跃迁过程占优势。

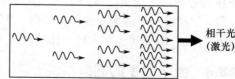

相干光（激光）

图 2-6　受激辐射光放大

通常情况下，原子体系总是处于热平衡状态，各能级粒子数服从玻耳兹曼统计分布

$$\frac{n_2}{n_1} = e^{-\frac{(E_2-E_1)}{k_b T}}$$

式中，已令 $f_1 = f_2$。因 $E_2 > E_1$，所以 $n_2 < n_1$，即高能级集居数恒小于低能级集居数。而爱因斯坦理论指出原子受激辐射的概率和受激吸收的概率是相同的，即 $B_{21} = B_{12}$。因此，当频率 $\nu = (E_2 - E_1)/h$ 光通过物质时，受激吸收光子数 $n_1 W_{12}$ 恒大于受激辐射光子数 $n_2 W_{21}$。因此，处于热平衡状态下的物质只能吸收光子，故光强减弱。

由式（2-20）可知，受激辐射概率 W_{21} 与自发辐射概率 A_{21} 之比为

$$R = \frac{B_{21}\rho_\nu}{A_{21}} = \frac{c^3 \rho_\nu}{8\pi h \nu^3} = \frac{1}{e^{h\nu/k_b T} - 1}$$

当 $T = 300$ K 时，$R \approx 10^{-35}$。由此可见，通常情况下受激辐射的概率是微乎其微的，占主导优势的是自发辐射。普通光源的相干性差正是由于绝大部分原子做自发辐射造成的。

可见，在光与原子相互作用的三种基本过程中，存在着两种基本矛盾：受激辐射和受激吸收的矛盾，受激辐射和自发辐射的矛盾。而在正常情况下，受激辐射并不占优势。要想通过受激辐射光放大过程产生激光，就必须具备克服这两个矛盾的条件，从而确保受激辐射在三个过程中占主导地位。

2.3.2　集居数反转

形成集居数反转分布是克服受激辐射和受激吸收的矛盾的必要条件。

为了产生受激辐射，就必须改变粒子的常规分布状态。如果采取诸如用光照、放电等方法从外界不断地向发光物质输入能量，把处在低能级的发光粒子激发到高能级上去，便可使高能级 E_2 的粒子数密度超过低能级的粒子数密度，这种状态称为粒子数反转或集居数反转，如图 2-7 所示。由式（2-14）可知，只要 $T < 0$，就有 $n_2 > n_1$，因此，又称粒子数反转分布为负温度状态。由此可知，激光器是远离热平衡状态的系统。

只要使发光物质处于粒子数反转的状态，受激辐射就会大于受激吸收，当频率为 ν 的光束通过发光物质，光强就会得到放大，这便是激光放大器的基本原理。即便没有入射光，只要发光物质中有一个频率合适的光子存在，便可像连锁反应一样，迅速产生大量相同光子态的光子，形成激光，这就是激光器的基本原理。由此可见，形成粒子数反转是产生激光或激光放大的必要条件。

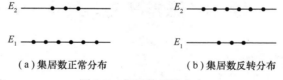

（a）集居数正常分布　　　　　　（b）集居数反转分布

图 2-7　集居数反转分布

一般来说，当物质处于热平衡状态时，集居数反转是不可能的。要想使处于正常状态的物质转化成反转分布状态，必须激发低能级的原子使之跃迁到高能级，且在高能级有较长的寿命，因而必须由外界向物质供给能量，从而使物质处于非热平衡状态时，集居数反转才可能实现。外界向物质供给能量，把原子从低能级激励到高能级，从而在两个能级之间实现集居数反转的过程称为泵浦（或激励、抽运）。现有的泵浦源有多种多样，如闪光灯、气体放电、化学反应热能、核能等。

2.3.3　激活粒子的能级系统

为了形成稳定的激光，首先必须有能够形成粒子数反转的发光粒子，称之为激活粒子。它们可以是分子、原子或离子。这些激活粒子有些可以独立存在，有些则必须依附于某些材料中。为激活粒子提供寄存场所的材料称为基质，基质可以是固体或是液体。基质与激活粒子统称为激光介质。

并非各种物质都能实现粒子数反转，在能实现粒子数反转的物质中，也并非是在该物质的任意两个能级间都能实现粒子数反转。要实现粒子数反转必须有合适的能级系统。首先必须要有激光上能级和激光下能级；除此之外，往往还需要有一些与产生激光有关的其他能级。通常的激光介质都是由包含有亚稳态的三能级结构或四能级结构的原子体系组成。

1．二能级系统

对于二能级系统，如图 2-8 所示，若原子体系受到强光的照射，处于低能级 E_1 上的原子会被激发到高能级 E_2 上。但是由于 $B_{12}=B_{21}$，所以，原子受激吸收概率 W_{12} 和受激辐射概率 W_{21} 也应相等，即 $W_{12}=W_{21}=W$。

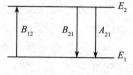

图 2-8　二能级系统

若 E_1 和 E_2 能级上粒子数密度分别为 n_1 和 n_2，则 n_2 的变化率为

$$\frac{\mathrm{d}n_2}{\mathrm{d}t}=W(n_1-n_2)-n_2A_{21}\qquad(2-21)$$

达到稳定时，粒子数密度 n_2 不再变化，即 $\dfrac{\mathrm{d}n_2}{\mathrm{d}t}=0$，由式（2-21）得到

$$\frac{n_2}{n_1}=\frac{W}{A_{21}+W}\qquad(2-22)$$

从式（2-22）可以看出，不论使用多强的光激励，n_2 总是小于 n_1，当 W 非常大时，上下能级的粒子数密度才能大致相等。所以，由两个能级构成的体系中，即使有很强的入射光也不能实现粒子数的反转分布。

2．三能级系统

图 2-9 是典型三能级系统的示意图。理论分析和实验结果都表明，三能级系统有可能实现粒子数反转。红宝石固体激光器就属于三能级系统。

图 2-9 所示的典型三能级系统中，受激辐射在 E_1 和 E_2 两个能级之间产生。其中，E_1 为基态，作为激光下能级，泵浦源将激活粒子从 E_1 能级抽运到 E_3 能级，E_3 能级的寿命很短（通常约为 10^{-8} s），激活粒子很快地经非辐射跃迁方式到达 E_2 能级。E_2 能级的寿命（几毫秒）比 E_3 长得多，为亚稳态，作为激光上能级。只要抽运速率达到一定程度，就可以实现 E_2 与 E_1 两个能级之间的粒子数反转，为受激辐射创造了条件。

固体激光器中红宝石固体激光器的激活粒子——铬离子就属于这类能级系统，它是用强的闪光灯作为泵浦源来激励激光介质。

从上面分析可以看出，三能级系统中实现粒子数反转的上能级是 E_2 能级，下能级是基态 E_1 能级，由于基态能级上总是聚集着大量粒子，因此，要实现 $n_2>n_1$，外界泵浦作用需要相当强，这是三能级系统的一个显著缺点。

3．四能级系统

一种典型四能级系统如图 2-10 所示。与三能级系统相比，此四能级系统是在基态能级之上多了一个能级（图中 E_2 能级）。该能级的平均寿命非常短。

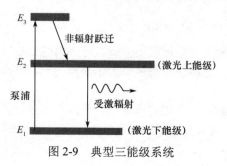

图 2-9　典型三能级系统

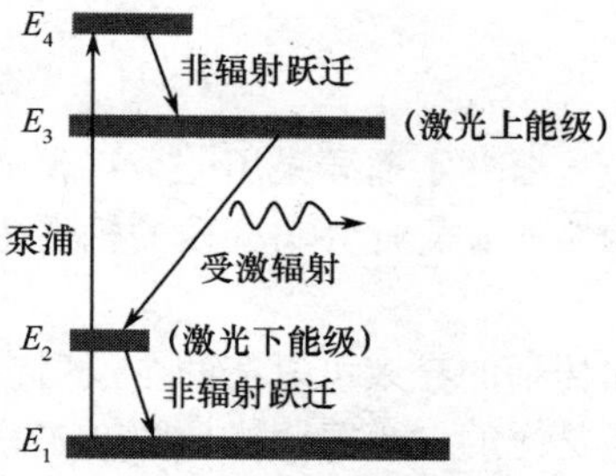

图 2-10　典型四能级系统

四能级系统的泵浦过程与三能级系统类似。其中 E_3 为激光上能级，E_2 为激光下能级，泵浦源将激活粒子从基态 E_1 抽运到 E_4 能级，E_4 能级的寿命很短，立即通过非辐射跃迁方式到达 E_3 能级。E_3 能级寿命较长，是亚稳态。而 E_2 能级寿命很短，热平衡时基本是空的，因此易于实现 E_3 与 E_2 两个能级之间的粒子数反转。

固体激光器中的钕玻璃激光器及掺钕钇铝石榴石激光器（Nd：YAG）中的激活粒子——钕粒子便属于这类能级系统。

由于四能级系统中激光下能级是 E_2 而不是基态，在室温下，E_2 能级上粒子会很快以非辐射跃迁方式回到基态 E_1，因此 E_2 能级粒子数非常少，甚至是空的，因而四能级系统比三能级系统更容易实现粒子数反转。

应注意，以上讨论的三能级系统和四能级系统都是指与激光的产生过程直接有关的能级，不是说该物质只具有三个能级或四个能级。对任何一种实际的介质，与激光有关的能级结构和能级间跃迁特性可能是很复杂的；对于不同的介质，彼此又可能有很大差异。尽管如此，为了便于定量地讨论，在归纳各类激光介质能级结构和跃迁行为的共同特性的基础上，可以提出一些经过简化但却具有代表性的激光介质系统模型来进行分析，也就是所谓的三能级系统和四能级系统。

2.3.4 光的自激振荡

根据前面的分析，受激辐射除了与受激吸收过程相矛盾，还与自发辐射过程相矛盾。处于激发态能级的原子，可以通过自发辐射或受激辐射回到基态，在这两种过程中，自发辐射是主要的。可见，即使介质已实现粒子数反转，也未必就能实现以受激辐射为主的辐射。要解决受激辐射与自发辐射的矛盾，使受激辐射占绝对优势，还需要利用光学谐振腔来实现光的自激振荡，即激光振荡。

1. 光学谐振腔

要使 n_2 个激发态的原子以受激辐射为主产生跃迁，则要 $B_{21}\rho_\nu > A_{21}$。在一台激光器中，我们希望加上泵浦源之后就能输出激光，在产生激光的初始时刻，并不另外输入激励光子，引起受激辐射最初的激励光子应来自自发辐射。

那么，方向性和单色性都很好的激光是如何产生的呢？设想有一粒子数反转的介质，其长度远远大于横向尺寸。起始时介质以自发辐射为主，而且凡是偏离轴向 l 的自发辐射光子很快地逸出介质。而沿着轴向传播的自发辐射光子会不断地引起受激辐射而得到加强，使相应的光场单色能量密度 ρ_ν 不断增大。如果增益介质足够长，就有可能使 ρ_ν 满足 $B_{21}\rho_\nu > A_{21}$，从而获得以受激辐射为主的输出。光在足够长增益介质中的受激辐射放大这一过程如图 2-11 所示。

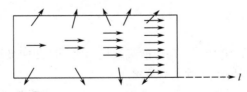

图 2-11　光在足够长增益介质中的受激辐射放大

通常激光器并不需要采用一个很长的介质，而是利用光学谐振腔来解决这个问题。在工作介质的两头放置两块相互平行并与介质的轴线垂直的反射镜，这两块反射镜与工作介质一起，就构成一个光学谐振腔。

沿轴向传播的光束可以在两个反射镜之间来回反射，被连锁式地放大，最后形成稳定的激光束，这一过程就是光的自激振荡，如图 2-12 所示。两个反射镜之一的反射率是 100%，另一个是部分反射镜，激光从部分反射镜输出。

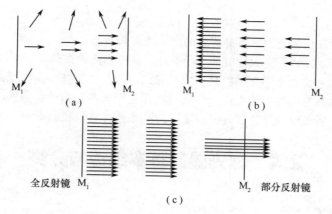

全反射镜 M_1 M_2 部分反射镜

（c）

图 2-12 光的自激振荡过程

反射镜可根据需要选择凹面镜、凸面镜、平面镜等，几种组合可构成各种各样的光学谐振腔。光学谐振腔对激光的形成及光束特性有多方面的影响，是激光器中最重要的部件之一。

2. 振荡条件

有了能实现粒子数反转的介质和光学谐振腔，还不一定能引起自激振荡而产生激光。因为介质在光学谐振腔内虽然能够引起光放大，但谐振腔内还存在着使光子减少的相反过程，称为损耗。损耗有多种原因，如反射镜的透射、吸收和衍射，介质不均匀所造成的折射或散射等。显然，只有当光在谐振腔内来回一次所得到的增益大于同一过程中的损耗时，才能维持光振荡。也就是说，要产生激光振荡，必须满足一定的条件，这个条件是激光器实现自激振荡所需要的最低条件，又称为阈值条件。

下面推导这个条件。

光通过激活介质时受到的放大作用的大小通常用增益（放大）系数 G 来描述。设在光传播方向上 z 处的光强为 $I(z)$，则增益系数定义为

$$G(z) = \frac{\mathrm{d}I(z)}{\mathrm{d}z} \cdot \frac{1}{I(z)} \tag{2-23}$$

即 $G(z)$ 表示光通过单位距离激活物质后光强增长的百分数。在光强 I 很小时，增益系数近似为常数，记为 G^0，称为小信号增益系数。

光放大的同时，还存在着光的损耗，用损耗系数 α 来描述，α 定义为

$$\alpha = -\frac{\mathrm{d}I(z)}{\mathrm{d}z} \cdot \frac{1}{I(z)} \tag{2-24}$$

即光通过单位距离后光强衰减的百分数。

同时考虑增益和损耗，则

$$\mathrm{d}I(z) = [G(I) - \alpha]I(z)\mathrm{d}z \tag{2-25}$$

起初，激光器中光强按小信号放大规律增长，设初始光强为 I_0

$$I(z) = I_0 \mathrm{e}^{(G^0 - \alpha)z}$$

要形成光放大，需满足

$$I_0 \mathrm{e}^{(G^0 - \alpha)z} \geqslant I_0$$

即

$$G^0 \geqslant \alpha \tag{2-26}$$

这就是激光器的振荡条件（阈值条件）。

综上所述，激光的产生需满足三个条件：

（1）有提供放大作用的增益介质作为激光介质，其激活粒子（原子、分子或离子）有适合于产生

受激辐射的能级结构。

（2）有外界激励源，使激光上、下能级之间产生集居数反转。

（3）有光学谐振腔，并且使受激辐射的光能够在谐振腔内维持振荡。

概括地说，集居数反转和光学谐振腔是形成激光的两个基本条件。由激励源的激发在介质能级间实现集居数反转是形成激光的内在依据；光学谐振腔则是形成激光的外部条件。前者是起决定性作用的，但在一定条件下，后者对激光的形成和激光束的特性也有着强烈的影响。

2.4　激光器的基本组成与分类

2.4.1　激光器的基本组成

根据激光产生的条件，通常激光器都是由三部分组成：激光介质、泵浦源和光学谐振腔，如图 2-13 所示。

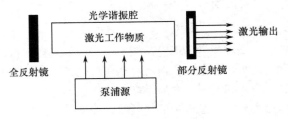

图 2-13　激光器的组成

由图 2-13 可见，激光器的结构与电子振荡器类似，包括放大元件、正反馈系统、谐振系统和输出系统。在激光器中，可以实现粒子数反转的介质就是放大元件，而光学谐振腔就起着正反馈、谐振和输出的作用。

2.4.2　激光介质

激光介质是指用来实现粒子数反转并产生光的受激辐射放大作用的物质体系，有时也称为激光增益介质。对激光介质的主要要求，是尽可能在其工作粒子的特定能级间实现较大程度的粒子数反转，并使这种反转在整个激光发射作用过程中尽可能有效地保持下去，为此，要求介质具有合适的能级结构和跃迁特性。亚稳态能级的存在，对实现粒子数反转是非常有利的。

激光介质可以是固体（晶体、玻璃）、气体（原子气体、离子气体、分子气体）、半导体和液体等介质。不同的激光器中，激活粒子可能是原子、分子、离子，各种物质产生激光的基本原理都是类似的。我们将实现了集居数反转的物质统称为激活介质或增益介质，它具有对光信号的放大能力。

激光介质决定了激光器能够辐射的激光波长，激光波长由物质中形成激光辐射的两个能级间的跃迁确定。当前，实验室条件下能够产生激光的物质已有上千种，可产生的激光波长包括从真空紫外到远红外，X 射线波段的激光器也正在研究中。

2.4.3　泵浦源

泵浦源的作用是对激光介质进行激励，将激活粒子从基态抽运到高能级，以实现粒子数反转。根据介质和激光器运转条件的不同，可以采取不同的激励方式和激励装置，常见的有以下四种：

（1）光学激励（光泵浦）。光泵浦是利用外界光源发出的光来辐照激光介质以实现粒子数反转的，整个激励装置，通常是由气体放电光源（如氙灯、氪灯）和聚光器组成。固体激光器一般采用普通光源（如脉冲氙灯）或半导体激光器作为泵浦源，对激光介质进行光照，如图1-2所示的改进后的红宝石固体激光器结构示意图。

（2）气体放电激励。对于气体激光介质，通常是将气体密封在细玻璃管内，在其两端加电压，通过气体放电的方法来进行激励，整个激励装置通常由放电电极和放电电源组成。图2-14所示为气体激光器气体放电激励示意图。

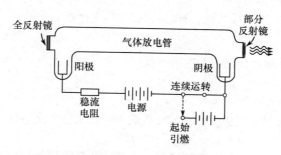

图2-14　气体激光器气体放电激励示意图

（3）化学激励。化学激励是利用在激光介质内部发生的化学反应过程来实现粒子数反转的，通常要求有适当的化学反应物和相应的引发措施。

（4）核能激励。核能激励是利用小型核裂变反应所产生的裂变碎片、高能粒子或放射线来激励激光介质并实现粒子数反转的。

半导体激光器虽说属于一种固体激光器，但它是使用注入电流的方法，依靠电流流经介质产生电子和空穴的复合过程形成光辐射，因此不需要外部的泵浦源。

从能量角度看，泵浦过程就是外界提供能量给粒子体系的过程。激光器中激光能量的来源，是由激励装置从其他形式的能量（如光、电、化学、热能等）转化而来。为了得到连续的激光输出，必然不断地进行泵浦以维持处于上能级的粒子数比下能级多。

2.4.4　光学谐振腔

光学谐振腔主要有以下两个方面的作用。

1. 产生与维持激光振荡

光学谐振腔的作用首先是增加激光工作介质的有效长度，使得受激辐射过程有可能超过自发辐射而成为主导；同时提供光学正反馈，使激活介质中产生的辐射能够多次通过介质，并且使光束在腔内往返一次过程中由受激辐射所提供的增益超过光束所受的损耗，从而使光束在腔内得到放大并维持自激振荡。

2. 控制输出激光束的质量

激光束的特性与谐振腔结构有着不可分割的联系，谐振腔可以对腔内振荡光束的方向和频率进行限制，以保证输出激光的高单色性和高方向性。通过调节光学谐振腔的几何参数，还可以直接控制光束的横向分布特性、光斑大小、振荡频率及光束发散角等。

光学谐振腔的构成、类型及其对激光束的影响等将在第3章中进行详细介绍。

除了三个基本组成部分，激光器还可以根据不同的使用目的，在谐振腔内或腔外加入对输出激光或光学谐振腔进行调节的光学元件。例如，实际上，激光发射的谱线并不是严格的单色光，而是具有一定的频率宽度，若要选取某一特定波长的光作为激光输出，可以在谐振腔中插入一对 F-P 标准具；为改变透过的光强，选择波长或光的偏振方向，可在谐振腔中加入滤光器；为降低反射损耗，可在谐振腔中加入布儒斯特窗；还可以在谐振腔内加入锁模装置或 Q 开关，对输出激光的能量进行控制；此外，还有棱镜、偏振器、波片、光隔离器等光学元件，可根据不同的使用目的进行添加。

2.4.5 激光器的分类

激光器种类繁多，习惯上主要按照两种方式分类：一种是按照激光介质的不同来分类，另一种是按照激光器工作方式来分类。本节简要介绍激光器的主要种类，第 9 章至第 11 章将对几种典型激光器、半导体激光器，以及光通信系统中常用的激光器和放大器进行详细介绍。

1. 按照激光介质分类

根据激光介质的不同，激光器可分为以下几类。

（1）气体激光器

气体激光器以气体和金属蒸气作为介质。

根据气体中产生受激辐射作用的工作粒子性质的不同，气体激光器又可进一步分为原子气体激光器、离子气体激光器、分子气体激光器、准分子气体激光器等。

原子激光器中产生激光作用的是未电离的气体原子，激光跃迁发生在气体原子的不同激发态之间。采用的气体主要是氦、氖、氩、氪、氙等惰性气体和镉、铜、锰、锌、铅等金属原子蒸气。原子激光器的典型代表是 He-Ne 激光器。由于氦氖激光器发出的光束方向性和单色性好，可以连续工作，所以这种激光器是当今使用最多的激光器。

分子激光器中产生激光作用的是未电离的气体分子，激光跃迁发生在气体分子不同的振-转能级之间。采用的气体主要有 CO_2、CO、N_2、O_2、N_2O、H_2O 和 H_2 等分子气体。分子激光器的典型代表是 CO_2 激光器。

分子激光器中还有一类叫作准分子激光器。所谓准分子，是一种在基态离解为原子而在激发态暂时结合成分子（寿命很短）的不稳定结合物，激光跃迁产生于其束缚态和自由态之间。采用的准分子气体主要有 XeF^*、KrF^*、ArF^*、$XeCl^*$、$XeBr^*$ 等。其典型代表为 XeF^*准分子激光器。

离子激光器中产生激光作用的是已电离的气体离子，激光跃迁发生在气体离子的不同激发态之间。采用的离子气体主要有惰性气体离子、分子气体离子和金属蒸气离子三类。其典型代表为氩离子（Ar^+）激光器。

气体激光器波长覆盖范围主要位于真空紫外—远红外波段，激光谱线上万条。气体激光器具有结构简单、造价低、光束质量高（方向性及单色性好）、连续输出功率大（如 CO_2 激光器）等优点，是目前品种最多、应用最广泛的一类激光器。

（2）固体激光器

固体激光器以固体激活介质作为介质。固体激光介质通常是在基质材料（如晶体或玻璃）中掺入少量的金属离子（称为激活离子），粒子跃迁发生在激活离子的不同工作能级之间。用作激活离子的元素可分为四类：三价稀土金属离子、二价稀土金属离子、过渡金属离子和锕系金属离子。固体激光器的典型代表是红宝石（Cr^{3+}：Al_2O_3）激光器、掺钕钇铝石榴石（Nd^{3+}：YAG）激光器、钕玻璃激光器和掺钛蓝宝石（Ti^{3+}：Al_2O_3）激光器。

固体激光器的波长覆盖范围主要位于可见光到近红外波段，激光谱线数千条，具有输出能量大（多级钕玻璃脉冲激光器，单脉冲输出能量可达数万焦耳）、运转方式多样等特点。器件结构紧凑、牢固耐用。

（3）液体激光器

液体激光器的介质分为两类：一类为有机化合物液体（染料），另一类为无机化合物液体。其中，染料激光器是液体激光器的典型代表。常用的有机染料有四类：吡啶类染料、香豆素类激光染料、恶嗪激光染料和花青类染料。无机化合物液体通常是含有稀土金属离子的无机化合物溶液，其中金属离子（如 Nd）起介质作用，而无机化合物液体（如 SeOCl）则起基质的作用。

染料激光器的覆盖范围为紫外到近红外波段（300 nm～1.3 μm），通过混频等技术还可将波长范围扩展至真空紫外到中红外波段。激光波长连续可调是染料激光器最重要的输出特性。染料激光器结构简单、价格低廉。但是染料溶液的稳定性较差，这是染料激光器的主要不足。

（4）自由电子激光器

自由电子激光器是一种特殊类型的新型激光器，介质为在空间周期变化磁场中高速运动的定向自由电子束。

自由电子激光器的介质是相对论电子束。所谓相对论电子束是指通过电子加速器加速的高能电子。自由电子激光器将相对论电子束的动能转变为激光辐射能。其泵浦源为空间周期磁场或电磁场。只要改变自由电子束的速度就可产生可调谐的相干电磁辐射，原则上其相干辐射谱可从 X 射线波段过渡到微波区域，因此具有很好的前景。

具有非常高的能量转换效率、输出激光波长连续可调谐是自由电子激光器两个最显著的特点。

（5）半导体激光器

半导体激光器也称为半导体激光二极管，或简称激光二极管（Laser Diode，LD）。半导体激光器以半导体材料为介质。其原理是通过电注入进行激励，在半导体物质的能带之间或能带与杂质能级之间，通过激发非平衡载流子而实现粒子数反转，从而产生光的受激辐射放大。

由于半导体材料本身物质结构的特异性，以及半导体材料中电子运动规律的特殊性，使半导体激光器的工作特性有其特殊性。

常用的半导体材料主要有三类：（1）III_A-V_A族化合物半导体，如砷化镓（GaAs）、磷化铟（InP）等。（2）III_B-VI_A族化合物半导体，如硫化镉（CdS）等。（3）IV_A-VI_A族化合物半导体，如碲锡铅（PbSnTe）等。根据生成 PN 结所用材料和结构的不同，半导体激光器有同质结、异质结（单、双）、量子阱等多种类型。

半导体激光器波长覆盖范围一般在近红外波段（920 nm～1.65 μm），其中 1.3 μm 与 1.55 μm 为光纤传输的两个窗口，且半导体激光器易于与光纤耦合、易于进行高速电流调制，因此广泛应用于光纤通信系统。

半导体激光器具有能量转换效率高、超小型化、结构简单、使用寿命长（一般可达数十万至百万小时以上）等优点。广泛应用于光纤通信、光存储、光信息处理、科研、医疗等领域。

（6）光纤激光器

光纤激光器是以掺入某些激活离子的光纤为介质，或者利用光纤自身的非线性光学效应制成的激光器。光纤激光器可分为晶体光纤激光器、稀土掺杂光纤激光器、塑料光纤激光器和非线性光学效应光纤激光器。

光纤激光器主要采用半导体激光二极管泵浦。

光纤激光器具有总增益高、阈值低、能量转换效率高、很宽的波长调谐范围，以及器件结构紧凑等优点。在远距离光纤通信等领域显示出了广阔的应用前景。

2．按照激光器工作方式分类

由于激光器所采用的介质、激励方式及应用目的的不同，其运转方式和工作状态亦相应有所不同。按照工作方式，激光器可分为连续输出和脉冲输出两种方式，分别称为连续激光器和脉冲激光器。

连续激光器的工作特点是介质的激励和相应的激光输出，可以在一段较长的时间范围内以连续方式持续进行。以连续光源激励的固体激光器和以连续电激励方式工作的气体激光器，以及半导体激光器均属此类。由于连续运转过程中往往不可避免地产生器件的过热效应，因此多数需采取适当的冷却措施。另外，还有一种准连续激光器，这种激光器在工作过程中，每隔一段时间会关断泵浦源以减小热效应，避免过热损坏激光器，但是其泵浦持续的时间仍足以维持激光器的稳定工作状态，工作特性类似于连续激光器，所以称为准连续激光器。

脉冲激光器又包括单次脉冲激光器和重复脉冲激光器。单次脉冲激光器的泵浦时间和相应的激光发射时间，都是一个单次脉冲过程。一般的固体激光器、液体激光器以及某些特殊的气体激光器，均采用此方式运转。此时器件的热效应可以忽略，故可以不采取特殊的冷却措施。重复脉冲激光器的输出为一系列的重复激光脉冲，因此器件相应地以重复脉冲的方式激励，或以连续方式进行激励但以一定方式调制激光振荡过程，以获得重复脉冲激光输出，通常也要求对器件采取有效的冷却措施。

除了上述两种常用的分类方式，还可以按照激光技术的应用分为调 Q 激光器、锁模激光器、稳频激光器、可调谐激光器等。也可以按照谐振腔腔型的不同分为平面腔激光器、球面腔激光器、非稳腔激光器等类型。

习题与思考题二

1．爱因斯坦提出的光与物质相互作用的三个过程是什么？激光运转属于哪个过程？该过程是如何实现的？

2．证明：当每个模式内的平均光子数（光子简并度）大于 1 时，以受激辐射为主。

3．如果激光器和微波激射器分别在 $\lambda = 10\ \mu m$、$\lambda = 500\ nm$ 和 $\nu = 3000\ MHz$ 输出 1 W 连续功率，问每秒从激光上能级向下能级跃迁的粒子数是多少？

4．设一对激光能级能量分别为 E_2 和 E_1（$f_2 = f_1$），相应的频率为 ν（波长为 λ），能级上的粒子数密度分别为 n_2 和 n_1，求：

（1）当 $\nu = 3000\ MHz$，$T = 300\ K$ 时，$n_2/n_1 = ?$

（2）当 $\lambda = 1\ \mu m$，$T = 300\ K$ 时，$n_2/n_1 = ?$

（3）当 $\lambda = 1\ \mu m$，$n_2/n_1 = 0.1$ 时，温度 $T = ?$

5．激发态的原子从能级 E_2 跃迁到 E_1 时，释放出 $\lambda = 5\ \mu m$ 的光子，试求这两个能级间的能量差。若能级 E_1 和 E_2 上的原子数分别为 N_1 和 N_2，试计算室温（$T = 300\ K$）时的 N_2/N_1 值。

6．已知氢原子第一激发态 E_2 与基态 E_1 之间的能量差为 $1.64 \times 10^{-18}\ J$，火焰（$T = 2700\ K$）中含有 10^{20} 个氢原子。设原子数服从玻耳兹曼分布，且 $4f_1 = f_2$。求：

（1）能级 E_2 上的原子数 n_2 为多少？

（2）设火焰中每秒发射的光子数为 $10^8 n_2$，光的功率为多少瓦？

7．如果介质的某一跃迁是波长为 100 nm 的远紫外光，自发辐射跃迁概率 $A_{21} = 10^6\ s^{-1}$，试问：

（1）该跃迁的受激辐射爱因斯坦系数 B_{21} 是多少？

（2）为使受激辐射跃迁概率比自发辐射跃迁概率大三倍，腔内的单色能量密度 ρ_ν 应为多少？

8．如果受激辐射爱因斯坦系数 $B_{21} = 10^{19}\ m^3 s^{-3} W^{-1}$，试计算在（1）$\lambda = 6\ \mu m$（红外光）；（2）$\lambda = 600\ nm$（可见光）；（3）$\lambda = 60\ nm$（远紫外光）；（4）$\lambda = 0.6\ nm$（X 射线时），自发辐射跃迁概率 A_{21} 和自发辐射寿命。又如果光强 $I = 10\ W/mm^2$，试求受激辐射跃迁概率 W_{21}。

9．某一物质受光照射，光沿物质传播 1 mm 的距离时被吸收了 1%，如果该物质的厚度为 0.1 m，那么入射光中有百分之几能通过物质？并计算该物质的吸收系数 α。

10．激光在 0.2 m 长的增益介质中往复运动过程中，其强度增加了 30%。试求该介质的小信号增益系数 G^0。假设激光在往复运动中没有损耗。

11．简述激光产生的基本原理。

12．简述激光器的基本结构。

13．试从物理本质上阐明激光与普通光的差别。

14．如何提高激光器输出激光的相干性和亮度？

第 3 章　光学谐振腔与激光模式

光学谐振腔是激光器的核心部分之一，具有正反馈、谐振、容纳介质和输出激光的作用。

本章首先介绍光学谐振腔的构成和分类，然后对开放式光腔进行讨论，接着讨论在激光技术中具有重要理论和实践意义的激光模式问题和损耗，然后分析光学谐振腔的基本理论。光学谐振腔以下或简称谐振腔。

光学谐振腔理论研究的基本问题是光频电磁场在腔内的传输规律，从数学上讲是求解电磁场方程的本征函数和本征值。由于开放式光腔侧面不具有确定的边界，一般情况下不能在给定边界条件下对经典电磁场理论中的波动方程严格求解。因此，常采用一些近似方法来处理开放式光腔问题。常用的近似研究方法包括如下几种。

1．几何光学分析方法

在几何光学近似下，光的波动性不起主要作用，可将光看成光线用几何光学方法来处理。对于光学谐振腔来说，当腔的菲涅耳数远大于 1 时，光在其中往返传播时横向逸出腔外的几何损耗远大于由于腔镜的有限尺寸引起的衍射损耗，此时可以用几何光学的方法来处理腔的模式问题。这种方法的优点是简便、直观，主要缺点在于不能得到腔的衍射损耗和对腔模式特性进行深入分析。

2．矩阵光学分析方法

矩阵光学使用矩阵代数的方法研究光学问题，将几何光线和激光束在光腔内的往返传播行为用一个变换矩阵来描述，从而推导出谐振腔的稳定性条件。此外，利用高斯光束的 ABCD 定律和模的自再现条件，能够推导出用矩阵元形式表示的光腔本征方程的模参数公式，便于光腔的设计和计算。这种方法的优点在于处理问题简明、规范，便于用计算机求解。

3．波动光学分析方法

从波动光学的菲涅耳—基尔霍夫衍射积分理论出发，可以建立一个描述光学谐振腔模式特性的本征积分方程。利用该方程原则上可以求得任意光腔的模式，从而得到场的振幅、相位分布、谐振频率，以及衍射损耗等腔模式特性。虽然数学上已严格证明了本征方程解的存在性，但只有在腔镜几何尺寸趋于无穷大的情况下，该积分方程的解析求解才是可能的。对于腔镜几何尺寸有限的情况，迄今只对对称共焦腔求出了解析解。多数情况下，需要使用近似方法求数值解。虽然衍射积分方程理论使用了标量场近似，也不涉及电磁波的偏振特性，但与其他理论相比，仍可认为是一种比较普遍和严格的理论。

本章中采用矩阵光学方法来讨论谐振腔的稳定性；用衍射积分方程理论处理谐振腔的模式问题，从菲涅耳—基尔霍夫衍射积分公式出发，建立起谐振腔自再现模所满足的积分方程，通过求解积分方程讨论各类谐振腔的模式特点。光学谐振腔中的光场分布，以及输出到腔外的光束都是高斯光束形式的，其特性和谐振腔密切相关，因此也在本章中讨论。本章的最后采用几何光学分析方法对非稳腔进行简单讨论。

3.1　光学谐振腔的构成和分类

最简单的光学谐振腔是在激活介质两端恰当地放置两个高反射率的反射镜构成的。其中一块是全反射镜，将光全部反射回介质中继续放大；另一块是部分反射、部分透射的反射镜，作为输出镜。两个反射镜的中心位于激光器的光轴上，且镜面与光轴垂直。两反射镜之间的距离就是激光器的腔长，通常用 L 表示，两反射镜的曲率半径也是决定谐振腔类型和性质的重要参数，通常用 R_1、R_2 表示。

3.1.1 构成和分类

根据结构、性能和机理等方面的不同，谐振腔有不同的分类方式。

通常按能否忽略侧面边界，将谐振腔分为开腔、闭腔及气体波导腔。

光学谐振腔大都是开放式光学谐振腔，简称开腔。这种谐振腔的两个相对的面由反射镜组成，而其余的 4 个侧面是开放的，从理论上分析这类腔时，通常认为其侧面没有光学边界，因此称为开腔。

固体材料通常都具有比较高的折射率（如红宝石的折射率为 1.76），那些与轴线交角不太大的光线将在侧壁上发生全内反射。因此，如果光学谐振腔的反射镜紧贴着激光棒的两端，则将形成类似于微波技术中所采用的封闭腔。但是，通常固体激光器的激光棒与光学谐振腔的反射镜往往是分离的，如果棒的直径远比激光波长大，而棒的长度又远比两腔镜之间的距离短，则这种光学谐振腔的特性基本上与开腔类似。

近年来，由于半导体激光器和气体波导激光器的迅速发展，固体介质波导腔和气体空心波导腔日益受到人们的重视。气体波导腔的典型结构是在一段空心介质波导管两端适当位置处放置两块适当曲率的反射镜片。这样，在空心介质波导管内，光束服从波导管中的传输规律；而在波导管与腔镜之间的空间中，光按开腔中类似的规律传播，因此称为半封闭。半导体谐振腔是波导腔的另一种形式，这种腔与开腔的差别在于：波导管的孔径或半导体介质腔的横向尺寸往往较小，以至于不能忽略侧面边界的影响。

几种典型的光学谐振腔结构如图 3-1 所示。

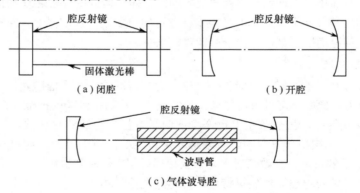

图 3-1　几种典型的光学谐振腔结构

本章所讨论的谐振腔是开腔。就开腔而言，根据腔内近轴光线几何逸出损耗的高低，又可分为稳定腔和非稳腔，我们将在 3.4 节中具体讨论开腔的稳定性条件。

按照腔镜的形状和结构，谐振腔可分为球面腔和非球面腔；就腔内是否插入透镜之类的光学元件，或者是否考虑腔镜以外的反射表面，谐振腔可分为简单腔和复合腔；根据腔中辐射场的特点，可分为驻波腔和行波腔；从反馈机理的不同，可分为端面反馈腔和分布反馈腔；根据构成谐振腔反射镜的个数，可分为两镜腔和多镜腔等。其中许多类又可细分成若干小类。

在所有的谐振腔中，最简单和最常用的是由两个球面镜构成的开放式光学谐振腔，本章的讨论仅限于这种腔。平行平面腔是球面腔的一个特例，而其他比较复杂的开腔可以化为等效的两镜腔来处理。

需要指出的是，本章只研究无源谐振腔无激活介质存在的腔，称为无源腔（又称为非激活腔或被动腔）。处于运转状态的激光器的谐振腔都是存在增益介质的有源腔（又称为激活腔或主动腔），但理论和实验表明，对于低增益或中等增益的激光器，无源腔的模式理论可以作为有源腔的良好近似，但对于高增益激光器，必须对无源腔的模式理论适当加以修正。激活介质的作用主要在于补偿腔内电磁场在振荡过程中的能量损耗，使之满足阈值条件，而激活介质对光束的空间分布和振荡频率的影响是次要的，不会使模发生本质的变化。至于激活介质存在引起的某些效应，如增益介质中的模式竞争，增益介质在跃迁中心频率附近的反常色散引起的频率牵引等，将在第 6 章中进行介绍。

3.1.2 典型开放式光学谐振腔

1. 平行平面腔

平行平面腔由两块互相平行且垂直于激光器光轴的平面镜（$R_1 = \infty$，$R_2 = \infty$）组成，如图 3-2（a）所示。这是激光技术发展历史上最早提出的光学谐振腔，这种装置在光学上称为法布里（Fabry）—珀罗（Perot）干涉仪，简记为 F-P 腔。

这种谐振腔的优点是可以很充分地利用激活介质，使光束在整个激活介质体积内振荡，因此可用于需要大功率输出的脉冲激光器；此外，激光束在平行平面腔内没有聚焦，在高功率激光器中，激光束在腔内的聚焦可能会引起电击穿或损伤光学元件。其缺点是衍射损耗大；对准精度要求高，装调困难。

2. 对称共焦腔

对称共焦腔由两块相距为 L、曲率半径分别为 R_1 和 R_2 的凹球面反射镜组成，且 $R_1 = R_2 = L$，即两凹面镜曲率半径相同且焦点在腔中心处重合。如图 3-2（b）所示，这种结构的谐振腔在腔中心对光束有弱聚焦作用。

对称共焦腔具有对准灵敏度低，易于装调，衍射损耗低，腔内对光束没有强聚焦，能充分地利用激活介质等优点。

3. 共心腔

共心腔由两块相距为 L、曲率半径分别为 R_1 和 R_2 的凹球面反射镜组成，且 $R_1 + R_2 = L$，即两凹面镜曲率中心在腔内重合。若两凹面镜曲率半径相等，即 $R_1 = R_2 = L/2$，则两凹面镜曲率中心在腔中心重合，此腔为对称共心腔，分别如图 3-2（c）、（d）所示。对称共心腔中，光束在腔的中心聚焦。

共心腔的特点与平行平面腔刚好相反，其优点是对准精度要求低，装调容易；衍射损耗低。缺点是不能充分利用激活介质；在腔内对激光束形成聚焦，有可能引起电击穿或损伤光学元件。

对称共焦腔与对称共心腔的主要差别在于，对称共焦腔中，两球面镜的焦点重合于腔的中心，而在对称共心腔中，两球面镜的曲率中心重合于腔的中心。

4. 平凹腔

平凹腔由相距为 L 的一块平面反射镜和一块曲率半径为 R 的凹面反射镜构成，如图 3-2（e）所示。当 $R = 2L$，这种特殊的平凹腔称为半共焦腔，如图 3-2（f）所示。

半共焦腔的性质与共焦腔类似，衍射损耗低，易于装调，而且由于采用了一块平面镜，成本更低。大多数氦氖激光器都采用这种谐振腔。

此外，还有由凸面反射镜构成的双凸腔、平凸腔、凹凸腔等。除了由两块共轴球面镜构成的谐振腔，还有由两个或多个反射镜构成的折叠腔和环形腔，由两个或多个反射镜构成的开腔内插入透镜一类光学元件而构成的复合腔等。反射镜的形状也还有抛物面、双曲面、柱面等。在某些特殊激光器中，需要使用这类谐振腔。

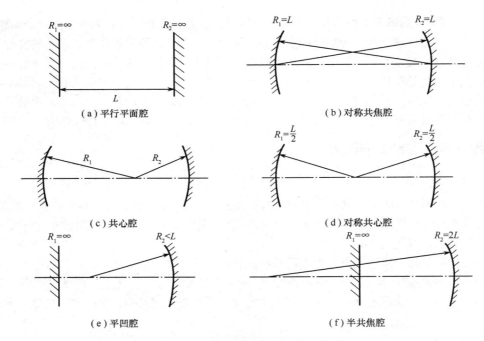

图 3-2　典型开放式光学谐振腔

3.2　激 光 模 式

对于一个给定的光学谐振腔，并不是任意频率、任意形式的激光振荡都可以存在于其中，无论是开腔还是闭腔，都对腔内的激光场产生约束作用。电磁场理论表明，在具有一定边界条件的腔内，电磁场只能存在于一系列分立的本征状态。激光场的每种本征状态具有一定的振荡频率和空间分布，称为一种激光模式。从光子的角度看，每一种激光模式就是腔内可以区分的一种光子态。

在讨论光波的传输时，通常将波的传播方向称为纵向，而与波的传播方向相垂直的方向称为横向。相应地，激光模式分为纵模和横模，分别表示谐振腔内沿纵向的电磁场分布和在垂直于光轴的横截面上的电磁场分布。

腔内电磁场的本征态由麦克斯韦方程组及腔的边界条件决定。不同类型和结构的谐振腔的边界条件各不相同，因此在谐振腔内振荡的激光模式也各不相同。一旦给定了腔的具体结构，就可以唯一地确定在其中振荡的激光模式的特征，这就是模式与腔的结构之间的具体依赖关系。

3.2.1　驻波与谐振频率

当激光器处于振荡状态时，激光器内部的光为满足一定相位条件的驻波。

根据波动理论，当两列频率、振动方向和振幅都相同的波在同一直线上沿相反方向传播时就叠加形成驻波。相邻两个波节和相邻两个波腹之间的距离都是原来两列行波波长的一半。

考虑均匀平面波在 F-P 腔中沿轴线方向往返传播的情形。激光束在谐振腔中振荡时，一列光波从谐振腔的左端传播到右端，被右端的反射镜反射回来，又向左传播，再被左端反射镜反射回来，不断往返。因此，在谐振腔中就存在两列频率、振动方向和振幅都相同的波在同一直线上沿相反方向传播，满足形成驻波的条件。谐振腔中形成的驻波如图 3-3（a）所示。

要在腔内形成稳定的振荡，入射光波和反射光波必须因干涉而得到加强，即发生相长干涉。相长干涉的条件是：光波在腔内沿轴线方向传播一周，如图 3-3（b）中 A→A′→B 所示，所产生的相位差 $\Delta\varphi$ 为 2π 的整数倍，即相长干涉条件可以表示为

$$\Delta\varphi = 2\pi \cdot \frac{2L'}{\lambda} = 2\pi \cdot \frac{2\eta L}{\lambda} = 2\pi \cdot q \tag{3-1}$$

式中，L 为谐振腔长度；λ 为光在真空中的波长；L' 为谐振腔的光学长度；η 为谐振腔内介质的折射率；q 是整数。

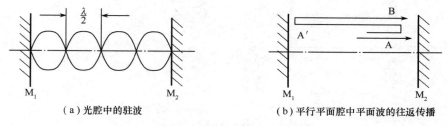

（a）光腔中的驻波　　　　　　　　　（b）平行平面腔中平面波的往返传播

图 3-3　谐振腔中驻波的形成

当整个光腔内充满折射率为 η 的均匀介质时，有

$$L' = \eta L$$

对于腔内介质分段均匀的情况，例如，腔内除激光介质外其余部分为空气，则有

$$L' = \sum_i \eta_i L_i$$

式中，L_i 为每一段均匀介质的长度；η_i 为相应的折射率。

对于腔内介质沿轴线非均匀分布的一般情况，应有

$$L' = \int dL' = \int_0^L \eta(z)dz$$

式中，z 轴为腔轴。

将整数 q 所对应的波长用 λ_q 表示，由式（3-1）可得

$$\lambda_q = \frac{2L'}{q} \tag{3-2}$$

相应的谐振频率为

$$\nu_q = q \cdot \frac{c}{2L'} = q \cdot \frac{c}{2\eta L} \tag{3-3}$$

式（3-1）称为谐振腔的驻波条件，因为当光的波长和腔的光学长度满足该关系式时，腔内将形成驻波。由式（3-2）推得：$L' = q \cdot \dfrac{\lambda_q}{2}$，即达到谐振时，腔的光学长度为半波长的整数倍，这正是腔内驻波的特征。

由以上讨论可知，长度为 L 的腔只有波长满足式（3-2）或频率满足式（3-3）的光波能够形成稳定振荡，因此式（3-2）和式（3-3）称为平行平面腔中沿轴向传播的平面波的谐振条件，λ_q 称为腔的谐振波长，ν_q 称为谐振频率。驻波条件式（3-1）与谐振条件式（3-2）、式（3-3）是等价的。

3.2.2　纵模

式（3-1）中不同的 q 值对应于不同的驻波，这些驻波的电磁场在沿轴线方向（纵向）上的分布是不一样的，由整数 q 所表征的腔内纵向的稳定场分布称为激光的纵模。q 称为纵模的序数，不同纵模相应于不同的 q 值，对应不同的谐振频率。图 3-4 所示为腔长 L 的谐振腔中几种不同的纵模模式。

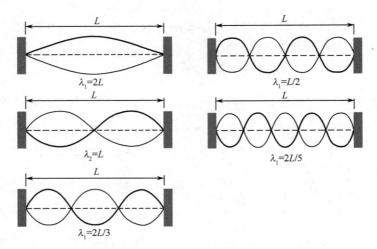

图 3-4　腔长为 L 的谐振腔中几种不同的纵模模式

由于光学谐振腔的腔长远大于光波波长，整数 q 通常具有 $10^4 \sim 10^6$ 数量级，如例 3-1 题、例 3-2 题所求得的结果所示。

腔内两个相邻纵模频率之差 $\Delta \nu_q$ 称为纵模间隔。由式（3-3）可得

$$\Delta \nu_q = \nu_{q+1} - \nu_q = \frac{c}{2L'} = \frac{c}{2\eta L} \tag{3-4}$$

由式（3-4）可以看出，$\Delta \nu_q$ 与 q 无关，对一定的腔为一常数，因而腔的纵模在频率尺度上是等距离排列的，如图 3-5 所示。腔长 L 越小，纵模间隔越大。理想情况下，一个纵模对应一个谐振频率值，实际上每一个纵模都具有一定宽度 $\Delta \nu_c$，F-P 腔的频谱如图 3-5 所示。并非其中每一个频率都能形成激光输出，还将受到其他条件的限制，详见 6.3 节的介绍。

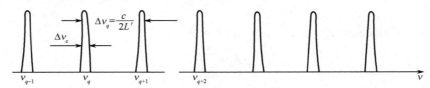

图 3-5　F-P 腔的频谱

【例 3-1】　一个光学谐振腔腔长为 25 cm，腔内介质折射率为 1。分别计算当 $q=1,10,100,10^6$ 时所对应的谐振频率 ν_q 和谐振波长 λ_q。

解：　由 $\lambda_q = \dfrac{2L}{q}$，$\nu_q = q \cdot \dfrac{c}{2\eta L}$ 推得

当 $q=1$ 时，有 $\lambda_1 = \dfrac{2 \times 0.25}{1} = 0.5 \, \text{m}$，$\nu_1 = 6 \times 10^8 \, \text{Hz}$（无线电波）

当 $q=10$ 时，有 $\lambda_{10} = \dfrac{2 \times 0.25}{10} = 0.05 \, \text{m}$，$\nu_{10} = 6 \times 10^9 \, \text{Hz}$（通信短波）

当 $q=100$ 时，有 $\lambda_{100} = \dfrac{2 \times 0.25}{100} = 5 \times 10^{-3} \, \text{m}$，$\nu_{100} = 6 \times 10^{10}$（Hz 微波）

当 $q=10^6$ 时，有 $\lambda_{106} = \dfrac{2 \times 0.25}{10^6} = 5 \times 10^{-6} \, \text{m}$，$\nu_{106} = 6 \times 10^{14}$（Hz 绿光）

可以看出，可见光所对应的纵模序数 q 的值非常大，在 10^6 量级。

【例 3-2】　He-Ne 激光器谐振腔长为 30 cm，产生的激光波长为 0.6328 μm。计算：（1）相邻纵模

间的纵模间隔；（2）激光波长所对应的纵模序数。

解：（1）
$$\Delta\nu = \frac{c}{2\eta L} = \frac{3\times10^8}{2\times1\times0.3} = 0.5\times10^9 \text{ Hz}$$

（2）由 $\lambda_q = \dfrac{2L}{q}$ 推得

$$q = \frac{2L}{\lambda_q} = \frac{2\times0.3}{0.6328\times10^{-6}} = 9.48\times10^5$$

3.2.3 横模

除了纵向，谐振腔内电磁场在垂直于传播方向的横向截面内也存在稳定的场分布，称为横模。每一种横模对应一种横向的稳定场分布。将一块观察屏插入激光器的输出镜前，即可观察到激光输出的横模图形，即光束横截面上的光强分布情况。横模光斑可能是轴对称的，如图 3-6（a）、（b）、（c）、（d）所示；也可能是旋转对称的，如图 3-6（e）、（f）、（g）所示；有时还会观察到如图 3-6（h）所示的图样，这不是旋转对称模，而是两个轴对称模 TEM$_{10}$ 和 TEM$_{01}$ 叠加的结果，这种模称为简并模，记作 TEM$_{01}^*$。

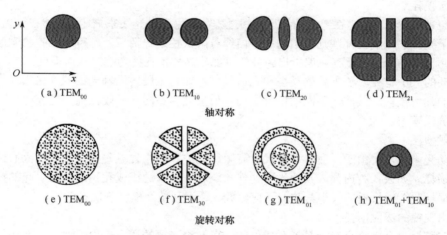

图 3-6 横模光斑示意图

激光模式一般用符号 TEM$_{mnq}$ 来标记，TEM 表示横向电磁场。q 代表纵模序数，即纵向驻波波节数，q 值通常很大，且只有 q 值不同的模式相互之间除了有频率差，几乎没有什么差别，因此，通常就不写出来。m、n 代表横模序数，为正整数，m、n 取值越大，光斑图形越复杂。m、n 取值的规定为，对于轴对称图形，它们描述镜面上光场的节线数：m 表示沿腔镜面直角坐标系的水平方向光场节线数，n 表示垂直方向光场节线数；对于旋转对称图形，m、n 分别表示沿腔镜面极坐标系的角向和径向的光场节线数：m 表示沿辐角向的节线数，即暗直径数，n 表示沿径向节线圆数，即暗环数。若 $m=0$，$n=0$，则 TEM$_{00q}$ 称为基模，是光斑的最简单形式，m、n 取其他值的横模称为高阶横模。

通常激活介质的横截面是圆形的，横模图形应该是旋转对称的。但实际上，激光器常出现轴对称横模，这是由于激活介质的不均匀性，或是由于在谐振腔内插入光学元件（如布儒斯特窗、透镜等）而破坏了腔的旋转对称性。

关于横模的形成过程将在本章的 3.5 节进行介绍。

对激光模式的理解可总结为：

（1）纵模和横模各从一个侧面反映了谐振腔内稳定的光场分布，只有同时运用纵模和横模概念，才能全面反映腔内光场分布。

（2）不同纵模和不同横模都各自对应着不同的光场分布和频率，但不同纵模光场分布之间差异很小，不能用肉眼观察到，只能从频率的差异区分它们；不同的横模，由于其光场分布差异较大，很容易从光斑图形来区分。应当注意，不同横模之间，也有频率差异，这一点常被人们忽视。

3.3　光学谐振腔的损耗

光学谐振腔具有光学正反馈作用，但同时也存在各种损耗。损耗的大小是评价谐振腔的重要指标，在激光振荡过程中，光腔损耗的大小决定了激光振荡的阈值、达到稳定振荡状态腔内的光强，以及激光的输出能量等。本节将分析无源开腔的损耗，并由此讨论表征无源腔质量的品质因数 Q 值。

3.3.1　光腔的损耗

1. 损耗的种类

无源开腔的损耗大致包括如下几个方面。

（1）几何损耗

根据几何光线观点，激光在腔内的往返传播过程可以用近轴光线来描述。光线在腔内往返传播时，一些不平行于光轴的光线在某些几何结构的腔内经有限次往返传播后，有可能从腔的侧面偏折出去，即使平行于光轴的光线也仍然存在偏折出腔外的可能，这种损耗称为腔的几何损耗。

几何损耗的大小首先取决于腔的类型和几何尺寸，如稳定腔内近轴光线的几何损耗为零，而非稳腔则有较高的几何损耗。其次，不同横模阶次的几何损耗也不同，一般在同一光腔内，高阶横模的几何损耗比低阶横模大。

（2）衍射损耗

根据波动光学观点，由于反射镜几何尺寸有限，光波在腔内往返传播时，必然因腔镜边缘的衍射效应而产生损耗。如果在腔内插入其他光学元件，还应考虑其边缘或孔径的衍射引起的损耗。这类损耗称为衍射损耗。衍射损耗的大小与腔的几何参数、菲涅耳数及横模阶次有关系。

（3）输出腔镜的透射损耗

通常稳定腔至少有一个反射镜是部分透射的，以获得必要的激光输出，这部分有用损耗称为光腔的透射损耗，它与输出镜的透射率有关。这种损耗又称为输出损耗。

（4）非激活吸收损耗、散射损耗

激光通过腔内光学元件及到达反射镜表面时，会发生吸收、散射而引起损耗。此外，激活介质材料会对光造成非激活吸收损耗，介质的不均匀性和缺陷会造成散射损耗。

根据损耗是否与激光横模模式有关，可分为选择性损耗和非选择性损耗两大类。上述前两种损耗为选择性损耗，其大小随不同横模模式而异；后两种损耗为非选择性损耗，与光波模式无关，通常情况下它们对各个模式来说基本相同。

2. 平均单程损耗因子

不论损耗由哪种原因引起，都可以用"平均单程损耗因子"来定量描述。

如果初始光强 I_0 在腔内往返一周后，光强衰减为 I_1（见图 3-7），则有

$$I_1 = I_0 \mathrm{e}^{-2\delta} \tag{3-5}$$

由此可得，平均单程损耗因子 δ 为

$$\delta = \frac{1}{2} \ln \frac{I_0}{I_1} \tag{3-6}$$

如果腔内存在由多种因素引起的损耗，每一种原因引起的损耗以相应的损耗因子 δ_i 描述，则有

$$I_1 = I_0 \mathrm{e}^{-2\delta_1} \cdot \mathrm{e}^{-2\delta_2} \cdot \mathrm{e}^{-2\delta_3} \cdots = I_0 \mathrm{e}^{-2\delta} \tag{3-7}$$

其中

$$\delta = \sum_i \delta_i = \delta_1 + \delta_2 + \delta_3 + \cdots \tag{3-8}$$

式（3-8）表示，由各种原因引起的总损耗因子，为腔中各个损耗因子的总和。

3. 损耗举例

下面举例分析几种不同类型的损耗，推导出相应的单程损耗因子。

（1）腔镜倾斜引起的几何损耗

实际平行平面腔的两个镜面很难调整到完全平行，当两镜面构成小夹角 β 时，光在两镜面间往返有限次后，必然会逸出腔外。

如图 3-8 所示，设开始时光线与一个镜面 M_1 垂直，当它在两镜面间多次反射后，入射光与反射光之间的夹角依次为 $2\beta, 4\beta, 6\beta, \cdots$，光线每往返一次，在镜面上移动的距离为 $L\theta_i$，其中 L 为腔长。设光线在腔内往返 m 次后逸出腔外，则有

$$L \cdot 2\beta + L \cdot 6\beta + \cdots + L \cdot 2(2m-1)\beta \approx D$$
$$2\beta L[1 + 3 + \cdots + (2m-1)] \approx D \tag{3-9}$$

式中，D 为镜面横向尺寸。由式（3-9）可求得

$$m = \sqrt{\frac{D}{2\beta L}} \tag{3-10}$$

由于光在腔内往返 m 次后逸出腔外，故往返一次的损耗为 $1/m$，因此，可求得平均单程损耗因子为

$$\delta_\beta = \frac{1}{2m} = \sqrt{\frac{\beta L}{2D}} \tag{3-11}$$

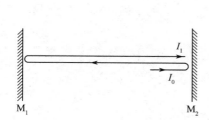

图 3-7　光强在腔内衰减的示意图

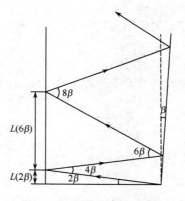

图 3-8　腔镜倾斜时的损耗

（2）衍射损耗

衍射损耗随腔的类型、几何参数及激光振荡模式的不同而不同，是一个很复杂的问题，可通过求解腔的衍射积分方程得出。这里只以均匀平面波在平面孔径上的夫琅禾费衍射为例，对腔的单程衍射损耗因子进行粗略的估算。

均匀平面波在腔长为 L、横向尺寸（反射镜直径）为 $2a$ 的平面开腔中往返传播，可等效为图 3-9 所示的

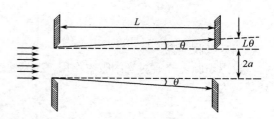

图 3-9　平面波的夫琅禾费衍射损耗

孔阑传输线中的单向传播。当光波入射到第一个圆孔上，穿过孔径时将发生衍射，由于衍射的作用，一部分光将偏离原来的传播方向，射到第二个圆孔之外，从而造成光能的损失。

根据夫琅禾费衍射公式，衍射光斑的第一极小值出现在

$$\theta \approx 1.22 \frac{\lambda}{2a} = 0.61 \frac{\lambda}{a} \tag{3-12}$$

方向。如果忽略第一暗环以外的光，并假设在中央亮斑内光强均匀分布，则射到第二个圆孔以外损耗掉的光能与到达第二个圆孔的总光能之比，应该等于被中央亮斑照亮的孔外面积与中央亮斑总面积之比，即单程衍射损耗为

$$\delta'_{\mathrm{d}} = \frac{\pi(\theta L + a)^2 - \pi a^2}{\pi(\theta L + a)^2} \approx \frac{2\theta L}{a} = \frac{2L}{a} \cdot \frac{0.61\lambda}{a} = \frac{1.22}{\dfrac{a^2}{\lambda L}} \approx \frac{1}{\dfrac{a^2}{\lambda L}} \tag{3-13}$$

当衍射损耗 δ'_{d} 较小时，δ'_{d} 与平均单程衍射损耗因子 δ_{d} 相等，即

$$\delta_{\mathrm{d}} \approx \delta'_{\mathrm{d}} \approx \frac{1}{\dfrac{a^2}{\lambda L}} = \frac{1}{N} \tag{3-14}$$

式中

$$N = \frac{a^2}{\lambda L} \tag{3-15}$$

称为腔的菲涅耳数。在描述光学谐振腔的工作特性时，经常用到菲涅耳数这个概念，它表明衍射光在腔内的最大往返次数，也表示从一面镜子的中心看到另一面镜子上可划分的菲涅耳半波带数（对平面波阵面而言）。

以上简化分析表明，衍射损耗随腔的菲涅耳数的减小而增大，这一点对各开腔都具有普遍的意义。至于 δ_{d} 与 N 的定量依赖关系，需要借助严格的衍射理论分析。

（3）透射损耗

设两个反射镜的反射率分别为 r_1 和 r_2，则初始光强为 I_0 的光在腔内往返一周，经两个镜面反射后，光强变为

$$I_1 = I_0 r_1 r_2 \tag{3-16}$$

根据单程损耗因子的定义式（3-6），设由镜面反射不完全引起的平均单程损耗因子为 δ_{r}，则有

$$I_1 = I_0 r_1 r_2 = I_0 \mathrm{e}^{-2\delta_{\mathrm{r}}} \tag{3-17}$$

因此

$$\delta_{\mathrm{r}} = -\frac{1}{2} \ln r_1 r_2 \tag{3-18}$$

当 $r_1 \approx 1$，$r_2 \approx 1$ 时，有

$$\delta_{\mathrm{r}} \approx \frac{1}{2}[(1 - r_1) + (1 - r_2)] \tag{3-19}$$

在实际使用中，两个反射镜中的一个为全反镜（即反射率 $r_1 = 1$），另一个为透过率 $T \ll 1$（即 $r_2 = r \approx 1$）的输出镜。此时，单程透射损耗因子为

$$\delta_{\mathrm{r}} = -\frac{1}{2} \ln r \approx \frac{1}{2}(1 - r) = \frac{T}{2} \tag{3-20}$$

（4）吸收损耗

设由于腔内介质对光的吸收作用，当光通过一段长度为 $\mathrm{d}z$ 的介质后，光强由初始光强 I 衰减为 I'，衰减量为

$$\mathrm{d}I = I - I' \tag{3-21}$$

一般常用吸收系数 α 来定量描述介质对光的吸收作用，其定义为通过单位长度介质后光强衰减的百分数

$$\alpha = -\frac{\mathrm{d}I}{I\mathrm{d}z} \tag{3-22}$$

从而可得到介质中不同位置处的光强为

$$I(z) = I_0 \mathrm{e}^{-\alpha z} \tag{3-23}$$

若腔内介质的吸收系数是均匀的，则光在腔内往返一次后光强衰减为

$$I_1 = I_0 \mathrm{e}^{-2\alpha l} \tag{3-24}$$

由此可得，由介质吸收引起的单程损耗因子为

$$\delta_{吸} = \alpha l \tag{3-25}$$

式中，l 为介质的长度。

谐振腔的损耗特性除了用平均单程损耗因子定量表述，还经常用腔内光子的平均寿命及谐振腔的品质因数等参量描述。

3.3.2 光子在腔内的平均寿命

由式（3-5），初始光强为 I_0 的光束在腔内往返 m 次后光强变为

$$I_m = I_0 (\mathrm{e}^{-2\delta})^m = I_0 \mathrm{e}^{-2\delta m} \tag{3-26}$$

若取 $t=0$ 时刻的光强为 I_0，则到 t 时刻，光在腔内往返的次数为

$$m = \frac{t}{\dfrac{2L'}{c}} \tag{3-27}$$

将式（3-27）代入式（3-26），可得出 t 时刻的光强为

$$I(t) = I_0 \mathrm{e}^{-\frac{t}{\tau_R}} \tag{3-28}$$

式中

$$\tau_R = \frac{L'}{\delta c} \tag{3-29}$$

τ_R 称为腔的时间常数，是描述光腔性质的一个重要参数。

由式（3-28）可知，当 $t=\tau_R$ 时

$$I(t) = \frac{I_0}{\mathrm{e}} \tag{3-30}$$

式（3-30）表明了时间常数 τ_R 的物理意义：光强从初始值 I_0 衰减到 I_0 的 $\frac{1}{\mathrm{e}}$ 所用的时间。由式（3-29）所示 τ_R 与 δ 的关系可知，δ 越大，τ_R 越小，即腔的损耗越大，腔内光强衰减得越快。

τ_R 也可以理解为"光子在腔内的平均寿命"，下面对此加以证明。设 t 时刻腔内光子数密度为 $n(t)$，它与光强 $I(t)$ 的关系为

$$I(t) = n(t) h\nu \upsilon \tag{3-31}$$

式中，υ 为光在腔内的传播速度；ν 为光波频率。

将式（3-31）代入式（3-28），可得

$$n(t) = n_0 \mathrm{e}^{-\frac{t}{\tau_R}} \tag{3-32}$$

式中，n_0 是在 $t=0$ 时刻腔内光子数密度。

式（3-32）表明，由于损耗的存在，腔内光子数密度将随时间按指数规律衰减，到 $t=\tau_R$ 时刻，衰减为 n_0 的 1/e。在 $t\sim(t+\mathrm{d}t)$ 时间内减少的光子数密度为

$$-\mathrm{d}n = \frac{n_0}{\tau_R} \mathrm{e}^{-\frac{t}{\tau_R}} \mathrm{d}t \tag{3-33}$$

这（$-\mathrm{d}n$）个光子在 $0 \sim t$ 时间内存在于腔内，再经过无限小的时间间隔 $\mathrm{d}t$ 后，就不存在了，因此，其寿命为 t。由此可计算出所有在 $t=0$ 时刻就存在于腔内的光子的平均寿命为

$$\bar{t} = \frac{1}{n_0} \int_0^\infty t(-\mathrm{d}n) = \frac{1}{n_0} \int_0^\infty t \frac{n_0}{\tau_R} \mathrm{e}^{-\frac{t}{\tau_R}} \mathrm{d}t = \tau_R \tag{3-34}$$

因此，腔的时间常数 τ_R 即是腔内光子的平均寿命。腔的损耗越小，τ_R 越大，腔内光子的平均寿命就越长。

3.3.3 无源腔的品质因数——Q值

光学谐振腔中，也可以用品质因数 Q 来描述它的损耗特性。谐振腔 Q 值的普遍定义为

$$Q = 2\pi\nu \frac{\text{腔内储存的总能量}\varepsilon}{\text{单位时间内损耗的能量}P} \tag{3-35}$$

设腔内振荡光束的体积为 V，当光子在腔内均匀分布时，腔内储存的总能量 ε 为

$$\varepsilon = nh\nu V \tag{3-36}$$

单位时间内损耗的光能为

$$P = -\frac{\mathrm{d}\varepsilon}{\mathrm{d}t} = -\frac{\mathrm{d}n}{\mathrm{d}t} \cdot h\nu V = \frac{n_0}{\tau_R} \mathrm{e}^{-\frac{t}{\tau_R}} \cdot h\nu V \tag{3-37}$$

将式（3-36）和式（3-37）代入式（3-35），可得

$$Q = 2\pi\nu\tau_R = 2\pi\nu \frac{L'}{\delta c} \tag{3-38}$$

式（3-38）是光学谐振腔 Q 值的一般表达式。由此式可以看出，腔的损耗越小，Q 值越高。Q 值高，表示腔的储能性好，光子在腔内的平均寿命长。

根据以上讨论，δ、τ_R 和 Q 三个物理量都可以描述无源腔的损耗大小，且它们相互之间存在确定的关系，腔内损耗 δ 值越大，腔内光子平均寿命 τ_R 越短，腔 Q 值也越小。在实际应用中，可根据需要选择合适的物理量。

【例 3-3】 一激光器谐振腔腔长 $L=100\ \mathrm{cm}$，平均单程损耗 $\delta=10^{-2}$，激光频率 $\nu=4.8\times10^{14}\ \mathrm{Hz}$。计算腔内光子的平均寿命及腔的 Q 值。（腔内折射率 $\eta=1$）

解：
$$\tau_R = \frac{L'}{\delta c} = \frac{100\times10^{-2}}{10^{-2}\times3\times10^8} = 3.33\times10^{-7}\ (\mathrm{s})$$
$$Q = 2\pi\nu\tau_R = 2\times3.14\times4.8\times10^{14}\times3.33\times10^{-7} = 10^9$$

3.4 光学谐振腔的稳定性条件

如果光线在谐振腔内往返任意多次也不会横向逸出腔外，这样的谐振腔就称为稳定腔。反之，如果任一束光线都不可能永远存在于腔内，经过有限次往返后必将横向逸出腔外，则称为非稳腔。此外，如果腔内存在某些特定的近轴光线可以往返传播而不逸出，即介于稳定腔与非稳腔之间，则称为介稳腔。可见，分析光学谐振腔的稳定性条件，其实质是研究光线在腔内往返传播而不逸出腔外的条件。

那么，谐振腔的几何参数满足什么样的条件时为稳定腔或非稳腔呢？本节将利用矩阵光学分析方法，讨论共轴球面腔中光线往返传播的规律，在此基础上，推导谐振腔的稳定性条件，然后介绍稳区

图及其应用，最后讨论几种具有代表性的临界腔的性质。

3.4.1 腔内光线往返传播的矩阵表示

1. 光线传播矩阵

光线传播矩阵是一种用矩阵的形式表示光线传播和变换的方法，它以几何光学为基础，主要用于描述几何光线通过近轴光学元件（如透镜、球面反射镜）及波导的传播和变换规律，可以非常方便地处理激光束在谐振腔内的传播问题。

在轴对称光学系统中，任何一条近轴光线在某一给定横截面内，其光线矢量都可以由两个参量来表征：光线到光轴的距离 r，光线与光轴的夹角 θ（通常取锐角）。近轴光线示意图如图 3-10 所示，图中 z 轴表示光轴。

将这两个参数构成一个列矩阵 $\begin{bmatrix} r \\ \theta \end{bmatrix}$，称为光线在某一截面处的光线矩阵。规定光线位置在光轴上方时 r 取正，下方时 r 取负；光线的出射方向在轴线上方时 θ 取正，反之取负。

2. 光线变换矩阵

光线变换矩阵是用矩阵表达式来表示近轴光线通过一个光学系统后光线参数的变换规律的。近轴光线通过光学系统传播的示意图如图 3-11 所示，近轴光线 r 在光学系统入射面 $z=z_1$ 处的光线矩阵为 $\begin{bmatrix} r_1 \\ \theta_1 \end{bmatrix}$，通过光学系统后在出射面 $z=z_2$ 处光线矩阵为 $\begin{bmatrix} r_2 \\ \theta_2 \end{bmatrix}$，则出射光线矩阵与入射光线矩阵之间的关系为

$$\begin{bmatrix} r_2 \\ \theta_2 \end{bmatrix} = \begin{bmatrix} A & B \\ C & D \end{bmatrix} \begin{bmatrix} r_1 \\ \theta_1 \end{bmatrix} \tag{3-39}$$

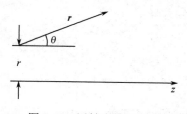

图 3-10　近轴光线示意图

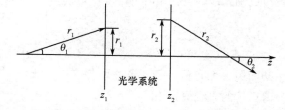

图 3-11　近轴光线通过光学系统传播的示意图

对于一个给定的光学系统，A、B、C、D 为常数。矩阵 $\begin{bmatrix} A & B \\ C & D \end{bmatrix}$ 为该光学系统的光线变换矩阵，它描述了光学系统对近轴光线的变换作用。

下面推导几种典型光学系统的光线变换矩阵。

（1）均匀介质层的光线变换矩阵

设光线出发时参数为 (r_1, θ_1)，在均匀介质层中传播 L 距离后，光线参数变为 (r_2, θ_2)，近轴光线通过自由空间传播的示意图如图 3-12 所示。显然有

$$\begin{cases} r_2 = r_1 + L \tan \theta_1 \\ \theta_2 = \theta_1 \end{cases} \tag{3-40}$$

对于近轴光线来说，θ_1 很小，$\tan \theta_1 \approx \theta_1$，故有

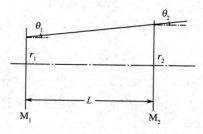

图 3-12　近轴光线通过自由空间传播的示意图

$$\begin{cases} r_2 = r_1 + L\theta_1 \\ \theta_2 = \theta_1 \end{cases} \tag{3-41}$$

写成矩阵表达式

$$\begin{bmatrix} r_2 \\ \theta_2 \end{bmatrix} = \begin{bmatrix} 1 & L \\ 0 & 1 \end{bmatrix} \begin{bmatrix} r_1 \\ \theta_1 \end{bmatrix} \tag{3-42}$$

因此，光线在均匀介质层中传播 L 距离的光线变换矩阵为

$$T_L = \begin{bmatrix} 1 & L \\ 0 & 1 \end{bmatrix}$$

光线在均匀介质层中传播的一种最常见情况，就是光线在自由空间中的传播。

（2）球面反射镜的光线变换矩阵

以凹面反射镜为例，设入射光线在镜面上的参数为 (r_1, θ_1)，出射光线在镜面上的参数为 (r_2, θ_2)，如图 3-13 所示。

图中 O 点为反射镜面曲率中心，A 为光线入射点，反射镜曲率半径 $OA = R$，α 为入射或反射光线与 A 点处镜面法线间夹角。由图及反射定律可知

$$\begin{cases} \theta_2 = -(2\alpha + \theta_1) \\ (\theta_1 + \alpha) R = r_1 \\ r_1 = r_2 \end{cases} \tag{3-43}$$

消去 α，可得

$$\begin{cases} r_2 = r_1 \\ \theta_2 = -2\dfrac{r_1}{R} + \theta_1 \end{cases} \tag{3-44}$$

故球面镜对近轴光线的变换矩阵为

$$T_R = \begin{bmatrix} 1 & 0 \\ -\dfrac{2}{R} & 1 \end{bmatrix} \tag{3-45}$$

对于凹面镜 R 取正值，凸面镜 R 取负值。

（3）薄透镜的光线变换矩阵

近轴光线通过一个焦距为 f 的薄透镜，如图 3-14 所示。薄透镜的两主平面（图中所示两参考面 P_1 和 P_2）间距可忽略，由几何光学规律，可写出如下关系式

$$\begin{cases} r_2 = r_1 \\ \theta_2 = -\dfrac{r_1}{f} + \theta_1 \end{cases} \tag{3-46}$$

故薄透镜对近轴光线的变换矩阵为

$$T_f = \begin{bmatrix} 1 & 0 \\ -\dfrac{1}{f} & 1 \end{bmatrix} \tag{3-47}$$

对于会聚透镜 $f > 0$，发散透镜 $f < 0$。

表 3-1 中列出了几种常用光学元件的光线变换矩阵。

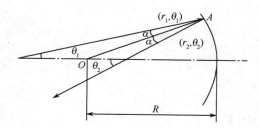

图 3-13　近轴光线在球面镜上的反射

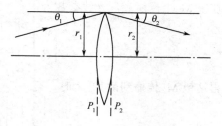

图 3-14　光线通过薄透镜的变换

表 3-1　常用光学元件的光线变换矩阵

光学元件	图例	光线变换矩阵
均匀介质层长度 L	入射光线　出射光线　z_1　L　z_2	$\begin{bmatrix} 1 & L \\ 0 & 1 \end{bmatrix}$
薄透镜焦距 f （正透镜 $f>0$；负透镜 $f<0$）	入射光线　出射光线	$\begin{bmatrix} 1 & 0 \\ -\dfrac{1}{f} & 1 \end{bmatrix}$
折射率不同的两介质分界面折射率：n_1，n_2	入射光线　出射光线　n_1　n_2	$\begin{bmatrix} 1 & 0 \\ 0 & \dfrac{n_1}{n_2} \end{bmatrix}$
球面反射镜曲率半径 R	入射光线　出射光线　R	$\begin{bmatrix} 1 & 0 \\ -\dfrac{2}{R} & 1 \end{bmatrix}$

3．光学谐振腔内光线往返传播矩阵

共轴球面腔如图 3-15 所示，下面来讨论光线在由两块球面反射镜组成的谐振腔内的往返传播过程。两反射镜 M_1 和 M_2 的曲率半径分别为 R_1 和 R_2，腔长为 L，两镜面曲率中心连线即为系统光轴。

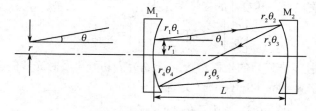

图 3-15　光线在共轴球面腔中的往返传播

设光线从镜 M_1 出发，向 M_2 方向传播，初始光线参数 $\begin{bmatrix} r_1 \\ \theta_1 \end{bmatrix}$，到达镜 M_2 时光线参数变为 $\begin{bmatrix} r_2 \\ \theta_2 \end{bmatrix}$。由式（3-42）可知

$$\begin{bmatrix} r_2 \\ \theta_2 \end{bmatrix} = \begin{bmatrix} 1 & L \\ 0 & 1 \end{bmatrix} \begin{bmatrix} r_1 \\ \theta_1 \end{bmatrix} = \boldsymbol{T}_L \begin{bmatrix} r_1 \\ \theta_1 \end{bmatrix} \tag{3-48}$$

当光线在镜 M_2 上反射后，光线参数为

$$\begin{bmatrix} r_3 \\ \theta_3 \end{bmatrix} = \begin{bmatrix} 1 & 0 \\ -\dfrac{2}{R_2} & 1 \end{bmatrix} \begin{bmatrix} r_2 \\ \theta_2 \end{bmatrix} = \boldsymbol{T}_{R_2} \begin{bmatrix} r_2 \\ \theta_2 \end{bmatrix} \qquad (3\text{-}49)$$

当光线再从镜 M_2 传播到镜 M_1 上时，有

$$\begin{bmatrix} r_4 \\ \theta_4 \end{bmatrix} = \begin{bmatrix} 1 & L \\ 0 & 1 \end{bmatrix} \begin{bmatrix} r_3 \\ \theta_3 \end{bmatrix} = \boldsymbol{T}_L \begin{bmatrix} r_3 \\ \theta_3 \end{bmatrix} \qquad (3\text{-}50)$$

然后，光线又在镜 M_1 上发生反射

$$\begin{bmatrix} r_5 \\ \theta_5 \end{bmatrix} = \begin{bmatrix} 1 & 0 \\ -\dfrac{2}{R_1} & 1 \end{bmatrix} \begin{bmatrix} r_4 \\ \theta_4 \end{bmatrix} = \boldsymbol{T}_{R_1} \begin{bmatrix} r_4 \\ \theta_4 \end{bmatrix} \qquad (3\text{-}51)$$

至此，光线在腔内完成一次往返，总的光线变换过程为

$$\begin{bmatrix} r_5 \\ \theta_5 \end{bmatrix} = \begin{bmatrix} 1 & 0 \\ -\dfrac{2}{R_1} & 1 \end{bmatrix} \begin{bmatrix} 1 & L \\ 0 & 1 \end{bmatrix}$$

$$\begin{bmatrix} 1 & 0 \\ R_2 & 1 \end{bmatrix} \begin{bmatrix} 1 & L \\ 0 & 1 \end{bmatrix} \begin{bmatrix} r_1 \\ \theta_1 \end{bmatrix} = \begin{bmatrix} A & B \\ C & D \end{bmatrix} \begin{bmatrix} r_1 \\ \theta_1 \end{bmatrix} = \boldsymbol{T} \begin{bmatrix} r_1 \\ \theta_1 \end{bmatrix} \qquad (3\text{-}52)$$

式中

$$\boldsymbol{T} = \begin{bmatrix} A & B \\ C & D \end{bmatrix} = \boldsymbol{T}_{R_1} \boldsymbol{T}_L \boldsymbol{T}_{R_2} \boldsymbol{T}_L \qquad (3\text{-}53)$$

为近轴光线在腔内往返一次的总变换矩阵，称为往返矩阵。其矩阵元分别为

$$\begin{cases} A = 1 - \dfrac{2L}{R_2} \\[2mm] B = 2L\left(1 - \dfrac{L}{R_2}\right) \\[2mm] C = -\left[\dfrac{2}{R_1} + \dfrac{2}{R_2}\left(1 - \dfrac{2L}{R_1}\right)\right] \\[2mm] D = -\left[\dfrac{2L}{R_1} - \left(1 - \dfrac{2L}{R_1}\right)\left(1 - \dfrac{2L}{R_2}\right)\right] \end{cases} \qquad (3\text{-}54)$$

若光线在腔内经 n 次往返，其参数的变换关系为

$$\begin{bmatrix} r_n \\ \theta_n \end{bmatrix} = \underbrace{\boldsymbol{TTTT}\cdots\boldsymbol{T}}_{n\text{个}\boldsymbol{T}} \begin{bmatrix} r_1 \\ \theta_1 \end{bmatrix} = \boldsymbol{T}^n \begin{bmatrix} r_1 \\ \theta_1 \end{bmatrix} \qquad (3\text{-}55)$$

式中，(r_n, θ_n) 为经 n 次往返光线后的坐标参数；(r_1, θ_1) 为初始出发时光线的坐标参数。

按照矩阵理论的薛尔凡斯特（Sylvester）定理，有

$$\boldsymbol{T}^n = \begin{bmatrix} A & B \\ C & D \end{bmatrix}^n = \begin{bmatrix} A_n & B_n \\ C_n & D_n \end{bmatrix}$$

$$= \frac{1}{\sin\varphi} \begin{bmatrix} A\sin n\varphi - \sin(n-1)\varphi & B\sin n\varphi \\ C\sin n\varphi & D\sin n\varphi - \sin(n-1)\varphi \end{bmatrix} \qquad (3\text{-}56)$$

式中

$$\varphi = \arccos \frac{1}{2}(A + D) \qquad (3\text{-}57)$$

经 n 次往返传播后光线参数为

$$\begin{cases} r_n = A_n r_1 + B_n \theta_1 \\ \theta_n = C_n r_1 + D_n \theta_1 \end{cases} \tag{3-58}$$

往返矩阵 T 和 T^n 均与光线的初始坐标参数（r_1, θ_1）无关，因此 T 和 T^n 可以描述腔内任意近轴光线在腔内往返传播的特性。

3.4.2　共轴球面腔的稳定性条件

1. 稳定性条件

若激光束在共轴球面腔内经多次往返传播后，其位置仍"紧靠"光轴，那么该光腔是稳定的；如果光束从腔镜面横向逸出腔外，那么该光腔是不稳定的。

由式（3-56）和式（3-58）可以看出，若对任意的 n 值，T^n 的矩阵元 A_n、B_n、C_n、D_n 均保持为有限大小，只要反射镜的镜面横向尺寸足够大，就可以保证近轴光线能在腔内往返无限次而不会从侧面横向逸出，该谐振腔为稳定腔。

要使 A_n、B_n、C_n、D_n 对任意大的 n 值都保持为有限大小，式（3-57）中的 φ 值必须为实数。因为，φ 为实数时，$\sin n\varphi$ 与 $\sin(n-1)\varphi$ 的值随 n 的增大只能在 +1 与 −1 之间变化，从而使 A_n、B_n、C_n、D_n 的值及 r_n 与 θ_n 的值随 n 的增大只能发生周期性的变化。反之，若 φ 值不是实数，由于有虚部，必然导致 $\sin n\varphi$ 与 $\sin(n-1)\varphi$ 的值随 n 值的增大按指数规律增加，从而导致 A_n、B_n、C_n、D_n 及 r_n、θ_n 的值都随 n 值的增大而按指数规律增大，这样，近轴光线在腔内往返有限次后便可逸出腔外。因此，由式（3-57）可推导出谐振腔的稳定性条件为

$$-1 < \frac{1}{2}(A+D) < 1 \tag{3-59}$$

将式（3-54）中 A、D 的值代入式（3-59），可得

$$0 < \left(1 - \frac{L}{R_1}\right)\left(1 - \frac{L}{R_2}\right) < 1 \tag{3-60}$$

为了得到稳定性条件的更为简明的形式，引入几何参数——g 参数，且令

$$\begin{cases} g_1 = 1 - \dfrac{L}{R_1} \\ g_2 = 1 - \dfrac{L}{R_2} \end{cases} \tag{3-61}$$

式中，当凹面镜向着腔内时，R 取正值；当凸面镜向着腔内时，R 取负值。由 g 参数表示的稳定性条件为

$$0 < g_1 g_2 < 1 \tag{3-62}$$

从以上分析可知，当腔的几何参数满足式（3-59）、式（3-60）或式（3-62）时，腔内近轴光束不会横向逸出腔外，谐振腔处于稳定工作状态，称为稳定腔。反之，如果满足条件

或

$$\begin{cases} \dfrac{1}{2}(A+D) > 1, \quad 即 g_1 g_2 > 1 \\ \dfrac{1}{2}(A+D) < -1, \ 即 g_1 g_2 < 0 \end{cases} \tag{3-63}$$

则腔内任何近轴光束在往返有限多次后，都会横向偏折出腔外，这种谐振腔处于非稳定状态，称为非稳定腔。这里"非稳定"不是说这类腔不能稳定工作，而是仅指其几何损耗大。非稳腔同样能够稳定地工作，在有些高增益激光器中通常需要用这种谐振腔。

若满足上述条件，或

$$\begin{cases} \dfrac{1}{2}(A+D)=1, \quad 即 g_1 g_2 > 1 \\[2mm] \dfrac{1}{2}(A+D)=-1, \quad 即 g_1 g_2 < 0 \end{cases} \tag{3-64}$$

此时，$\varphi = k\pi(k=0,1,2,\cdots)$，$\sin n\varphi = \sin(n-1)\varphi = 0$，故 A_n、B_n、C_n、D_n 为不定式。这种谐振腔为临界腔，其稳定性不可一概而论，需根据具体腔具体分析。

可以证明，对于一定结构的球面腔来说，$\dfrac{1}{2}(A+D)$ 是一个不变量，与光线的初始坐标，出发位置及往返行进次序都无关，因此，以上所讨论的共轴球面腔的稳定性条件式（3-59）是普遍适用的。

2. 稳区图

根据稳定性条件 $0 < g_1 g_2 < 1$，可作图来表示谐振腔的稳定性，就是谐振腔的稳区图，如图 3-16 所示。

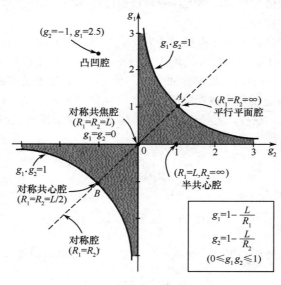

图 3-16　谐振腔的稳区图

图中以 g_1 和 g_2 为坐标轴，则 $g_1 g_2 = 1$ 为两条双曲线，这两条双曲线为谐振腔稳定性分界线。以坐标轴 $g_1 = 0$，$g_2 = 0$ 和 $g_1 g_2 = 1$ 的两支双曲线所围成的区域为稳定区（图中阴影区）；其他区域为非稳区；两区域的边界线为临界线。

任意一个球面腔可以由腔参数 R_1、R_2 和 L 所决定，只要给定了这三个腔参数，便可唯一地确定 g_1 和 g_2 的数值，也就可以在稳区图上唯一地对应一个点。若该点落在稳定区内，则此腔为稳定腔；若落在非稳区内，此腔为非稳腔；落在临界线上，则为临界腔。

例如，对称共焦腔在点（0,0）处，对称共心腔在点（−1,−1）处，平行平面腔在点（1,1）处。通过共心腔的坐标（−1,−1）（图中 B 点），共焦腔的坐标（0,0），平行平面腔坐标（1,1）（图中 A 点）三点连成直线（图中直线 AB），所有对称结构的谐振腔都在这一直线上。

任何一个球面腔的参数 (R_1, R_2, L) 唯一地对应稳区图上一个点，但稳区图上的任意一点，并不能单值地确定谐振腔的参数 R_1、R_2 和 L 的数值。

【**例 3-4**】　某激光器腔长为 1 m，其一端反射镜为凹面镜，曲率半径为 $R_1 = 1.5\ \text{m}$，另一端反射镜为凸面镜，曲率半径为 $R_2 = 10\ \text{cm}$。问此谐振腔是否稳定？

解： 已知 $R_1 = 1.5\ \text{m}$，$R_2 = -0.1\ \text{m}$，所以有

$$g_1 = 1 - \frac{L}{R_1} = 1 - \frac{1}{1.5} = 0.33$$

$$g_2 = 1 - \frac{L}{R_2} = 1 + \frac{1}{0.1} = 11$$

$$g_1 g_2 = 11 \times 0.33 > 1$$

因此，此腔为非稳腔。

利用稳区图，可以方便地选取光学谐振腔的腔长或反射镜的曲率半径，现举例如下。

①制作一个腔长为 L 的对称稳定腔，确定反射镜曲率半径的取值范围。

在稳区图中，对称稳定腔位于线段 AB 上。由线段 AB 所对应的坐标值范围，可得到反射镜曲率半径的取值范围为：$L/2 \leqslant R < \infty$。最大曲率半径可以取 $R_1 = R_2 = \infty$，为平行平面腔；最小曲率半径取 $R_1 = R_2 = \frac{1}{2}$，即共心腔。

②有两块反射镜，曲率半径分别为 R_1，R_2，用它们组成稳定腔，确定腔长范围。

设 $k = \frac{R_2}{R_1}$，由

$$g_2 = 1 - \frac{L}{R_2} = 1 - \frac{L}{kR_1} = \frac{1}{k}(k - 1 + g_1) = \frac{1}{k}g_1 + \frac{k-1}{k}$$

上式是斜率为 $\frac{1}{k}$、截距为 $\frac{k-1}{k}$ 的直线方程，根据此直线落在稳定区中的线段范围，即可求出所对应的腔长取值范围。

例如，若取 $k = 2$，则 $g_2 = 0.5g_1 + 0.5$，此直线落在稳定区中的线段为 AE，DF，如图 3-17 所示。易求出线段 AE 所对应的腔长取值为 $0 < L \leqslant R_1$；线段 DF 所对应的腔长取值为 $2R_1 \leqslant L \leqslant 3R_1$。

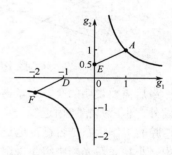

图 3-17　由稳区图求稳定腔腔长范围

3.4.3　临界腔

临界腔属于一种极限情况，其稳定性视不同的腔而不同。下面讨论几种具有代表性的临界腔。

1. 对称共焦腔

两个反射镜曲率半径相等且焦点重合的共轴球面腔为对称共焦腔。腔参数具有关系 $R_1 = R_2 = L$，腔中心即为两镜面的公共焦点，对称共焦腔如图 3-18 所示。此腔 $g_1 = g_2 = 0$，$g_1 g_2 = 0$，故对称共焦腔为临界腔。

可以证明，在对称共焦腔内，任意近轴光线可无限多次往返而不横向逸出腔外，而且经两次往返后可形成闭合回路，因此，对称共焦腔是一种稳定腔。

本章后面几节中将讨论的稳定球面腔的模式理论，都可建立在对称共焦腔振荡理论的基础上，因此，对称共焦腔是最重要和最具代表性的一种稳定腔。

2. 平行平面腔

由两个平面反射镜组成的共轴谐振腔为平行平面腔。此腔 $R_1 = R_2 = \infty$，$g_1 = g_2 = 1$，$g_1 g_2 = 1$，因此为临界腔。

平行平面腔内与轴线平行的光线能往返无限多次而不逸出腔外，且一次往返即自行闭合，这一点类似稳定腔。但所有沿非轴向传播的光线则在有限次往返后必然会逸出腔外，平行平面腔中的光线如图 3-19 所示，这一点又类似非稳腔。故平行平面腔是介于稳定腔与非稳腔之间的一种介稳腔。

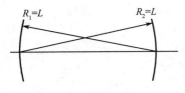

图 3-18　对称共焦腔

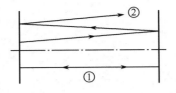

图 3-19　平行平面腔中的光线

3．共心腔

两个球面反射镜的曲率中心重合的共轴球面腔为共心腔。腔参数具有关系 $R_1 + R_2 = L$，$g_1 g_2 = 1$。

共心腔内，通过公共中心的光束能在腔内往返无限多次，且一次往返即自行闭合（见图 3-20 中光线①）；所有不通过公共中心的光线在腔内往返有限多次后，必然横向逸出腔外（见图 3-20 中光线②）。所以共心腔也是一种介于稳定腔与非稳腔之间的介稳腔。

共心腔的凹面镜与放在中心的平面镜所组成的平凹腔称为半共心腔，腔参数具有关系 $R = L$，$g_1 = 1$，$g_2 = 0$（或 $g_1 = 0$，$g_2 = 1$），$g_1 g_2 = 0$，故它也是临界腔。腔内凡通过凹面镜曲率中心的光线一次往返即自行闭合，不会逸出腔外，其余光线将横向逸出腔外，半共心腔中的光线如图 3-21 中光线①、②所示。

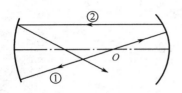

图 3-20　共心腔中的光线

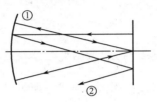

图 3-21　半共心腔中的光线

最后需要说明的是，所谓谐振腔的稳定性，只是指近轴光线能否在腔内往返无限多次而不横向逸出腔外，也就是指腔内近轴光束几何损耗的高低，并不涉及在能产生振荡（即满足阈值条件）的条件下，腔的工作状态是否稳定这一问题。稳定腔的几何损耗小，容易产生振荡。而非稳腔的几何损耗大，在中、小功率激光器中很少采用。但对增益较高的介质，它同样可以起振，并且也能稳定地工作。

3.5　光学谐振腔的衍射理论基础

在 3.4 节，我们根据几何光学理论，利用"光线"概念分析了谐振腔内光的传播，以及谐振腔的稳定性问题。而有关谐振腔内振荡模式的形成，光场的振幅和相位分布、衍射损耗等问题，必须用物理光学的方法来解决。

这种分析方法的具体步骤是根据光的衍射理论来建立一个描述谐振腔性质的积分方程，称为腔的本征方程，由此方程出发可求得任意谐振腔的性质，即不同模式的场振幅分布、相位分布、衍射损耗、附加相移等。谐振腔模式理论是建立在菲涅耳—基尔霍夫衍射积分和模式自再现概念的基础上。

本节先分析开腔中自再现模（横模）的形成过程，然后从菲涅耳—基尔霍夫衍射积分公式出发，建立谐振腔自再现模所满足的积分方程，并讨论该方程解的物理意义。

3.5.1　自再现模

设平行平面腔理想开腔如图 3-22（a）所示，两块反射镜的直径均为 $2a$，腔长为 L。以此腔为例，来分析光波在腔内的往返传播对横向光场分布的影响。

为了更形象地理解在这种开腔内如何形成稳定的光场分布，可用孔阑传输线来模拟谐振腔。如

图 3-22（b）所示，孔阑传输线是由一系列间距等于腔长，孔径等于反射镜直径的同轴圆孔构成，这些圆孔开在平行放置的无限大的、完全吸收屏上。光波在谐振腔内的往返传播，可等效于光波在孔阑传输线上的单方向传播，开腔中稳定光场分布的形成，可用光在孔阑传输线上的传播来说明。

设初始时刻有一均匀平面波垂直入射到第 1 个圆孔上，此时，该孔径内的场分布是均匀的。穿过第 1 个圆孔后，由于衍射作用，部分光将偏离原来的传播方向，光场分布将产生衍射旁瓣而不再是均匀平面波了，使光波的振幅和相位分布均发生一些变化。到达第 2 个圆孔时，射到圆孔以外的光将被屏完全吸收，因此光波边缘部分的能量将比中心部分弱。当穿过第 2 个孔时，再发生衍射作用，到达第 3 个圆孔处，又有部分光场能量由于扩展到孔外而被吸收，使得边缘处的光场更弱。顺次通过第 3、第 4……个圆孔时将继续发生上述过程。每通过一次圆孔，光场的振幅和相位就发生一次改变，这样，在通过足够多的圆孔后，光波的振幅和相位分布受衍射的影响越来越小，以至于形成一种稳定的分布而不再变化。图 3-22（c）表示了开腔中自再现模的形成过程。

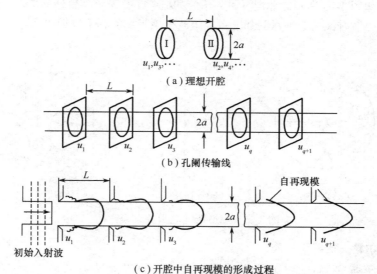

（a）理想开腔

（b）孔阑传输线

（c）开腔中自再现模的形成过程

图 3-22　开腔中自再现模的形成

光在腔内的往返传播过程与此类似。设初始时刻在镜面 M_1 上有某一个光场分布 u_1，到达镜 M_2 上时由于衍射，损失一部分能量而变成新的光场分布 u_2，经 M_2 镜反射再传播回到 M_1 镜时又将形成新的场分布 u_3，u_3 又将产生 u_4……如此不断进行下去。每经过一次传播，光波因衍射而损失一部分能量，并且衍射还将引起能量分布的变化。只要经过足够多次的往返渡越后，所生成的场分布都将明显地带有衍射的痕迹，也就是在镜面边缘处的场振幅比镜面中心部分的场振幅要小得多，这几乎是一切开腔模的场分布的共同特点。

理论分析表明，经过足够多次的往返传播之后，腔内能形成一种稳定场，其光场的相对分布将不再受衍射作用的影响，经一次往返后，唯一可能的变化，只是镜面上各点的场振幅按同样的比例衰减，各点的相位发生同样大小的滞后。这种存在于腔反射镜面处，且往返传播后仍能再现的稳定场分布称为自再现模，也就是横模。

不同的初始场分布 u_1 可得到不同的稳态场分布，这说明开腔的横模模式有多种。因此，激光的横模，实际上就是谐振腔所允许的光场的各种横向稳定分布。

开腔中的任何振荡都是从某种偶然的自发辐射开始的，故可以提供各种不同的初始场分布。衍射作用在此起到一种"筛子"的作用，它将所有可能存在的各种自再现模筛选出来。光场在谐振腔内形成稳定分布主要是光的衍射作用所致，谐振腔的其他损耗，如光的吸收、散射等只是使横截面上各点的场按同样比例衰减，对场的空间分布不产生什么影响。

3.5.2 菲涅耳–基尔霍夫衍射积分

要建立开腔中自再现模所满足的积分方程，首先需要解决的问题是，如果已知某一镜面上的场分布 $u_1(x',y')$，如何求出在衍射作用下，经腔内单程传播而在另一镜面上生成的场 $u_1(x,y)$，这里，(x',y')、(x,y)分别表示两个镜面上光场点的坐标。这一问题可以利用菲涅耳—基尔霍夫衍射积分公式来解决。

1. 惠更斯-菲涅耳原理

光学中著名的惠更斯-菲涅耳（Huygens-Fresnel）原理是从理论上分析衍射问题的基础，因而也必然是开腔模式问题的理论基础。惠更斯为了描述波的传播过程，提出了关于子波的概念，认为波面上每一点可看作是新的波源，从这些点发出子波，下一时刻新的波阵面就是这些子波的包络面，惠更斯-菲涅耳原理示意图如图 3-23 所示。菲涅耳引入干涉的概念，补充了惠更斯的原理，认为各子波源所发出的波是相干的，衍射时波场中各点的强度由各子波在该带点的相干叠加决定。

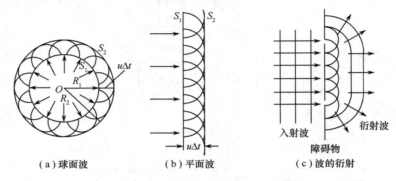

（a）球面波　　　　（b）平面波　　　　（c）波的衍射

图 3-23　惠更斯-菲涅耳原理示意图

2. 菲涅耳-基尔霍夫衍射积分公式

基尔霍夫将惠更斯-菲涅耳原理用数学公式表述出来，即菲涅耳-基尔霍夫衍射积分公式。该积分公式表明，如果知道了光波场在其所到达的任意空间曲面上的振幅和相位分布，就可以求出该光波场在空间其他任意位置处的振幅和相位分布。

如图 3-24 所示，设已知空间任一曲面 S 上光波场的振幅和相位分布函数为 $u(x',y')$，求它在空间任一观察点 P 处所产生的光场分布 $u(x,y)$。根据菲涅耳—基尔霍夫衍射积分公式，P 处的场 $u(x,y)$可看作 S 上各子波源所发出的非均匀球面子波在 P 点振动的叠加，即

$$u(x,y) = \frac{\mathrm{i}k}{4\pi} \iint_S u(x',y') \frac{\mathrm{e}^{-\mathrm{i}k\rho}}{\rho} (1+\cos\theta)\mathrm{d}s' \qquad (3-65)$$

式中，ρ 为源点 P' 与观察点 P 之间的距离；θ 为源点 P' 处的法线 n 与 $P'P$ 线的夹角；k 为光波矢，$k = \dfrac{2\pi}{\lambda}$，$\lambda$ 为光波长；$\mathrm{d}s'$为源点 P'处的面元。

式（3-65）中，积分号下的因子 $u(x',y')\mathrm{d}s'$ 比例于子波源的强弱；因子 $\dfrac{\mathrm{e}^{-\mathrm{i}k\rho}}{\rho}$ 表明所发出的子波为球面波；因子（$1+\cos\theta$）称为倾斜因子，它表示球面子波是非均匀的。

3. 衍射积分方程在谐振腔中的应用

对于激光器开腔来说，若给定某一镜面上的光场分布函数，如何计算当光波渡越到另一镜面处时所形成的新光场分布函数呢？将上述积分公式应用于图 3-25 所示的谐振腔中。

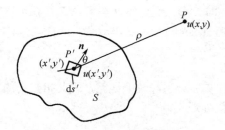 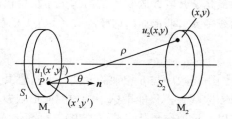

图 3-24　菲涅耳-基尔霍夫衍射积分　　　　图 3-25　求解衍射积分方程的谐振腔

设镜面 M_1 上的光场分布已知，也就是镜面 M_1 上任一源点 $P'(x', y')$ 的光场强度 $u_1(x', y')$ 为已知。利用衍射积分公式（3-65），$u_1(x', y')$ 经腔内一次渡越后在镜面 M_2 上生成的光场 $u_2(x, y)$ 为

$$u_2(x, y) = \frac{\mathrm{i}k}{4\pi} \iint_{S_1} u_1(x', y') \frac{\mathrm{e}^{-\mathrm{i}k\rho}}{\rho} (1 + \cos\theta) \mathrm{d}s' \tag{3-66}$$

积分沿镜 M_1 的整个镜面 S_1 进行。这样，若给定某一镜面上的光场分布函数，通过菲涅耳—基尔霍夫积分，就可以计算出当光波渡越到另一镜面处所形成的新光场分布函数。

若 $u_j(x', y')$ 为经过 j 次渡越后在某一镜面上所形成的场分布，$u_{j+1}(x, y)$ 表示光波 $u_j(x', y')$ 再渡越一次腔长距离后，到达另一镜面所形成的光场分布，则它们之间应满足类似的迭代关系

$$u_{j+1}(x, y) = \frac{\mathrm{i}k}{4\pi} \iint_{S} u_j(x', y') \frac{\mathrm{e}^{-\mathrm{i}k\rho}}{\rho} (1 + \cos\theta) \mathrm{d}s' \tag{3-67}$$

3.5.3　自再现模积分方程

为简化问题，这里只考虑对称开腔的情况。按照自再现模的概念，其在腔内渡越一次后，除振幅衰减和相位滞后外，场的相对分布保持不变。也就是说，当式（3-67）中 j 足够大时，除了一个表示振幅衰减和相位移动的常数因子，u_{j+1} 应能将 u_j 再现出来，两者之间的关系为

$$\left.\begin{array}{l} u_{j+1} = \dfrac{1}{\gamma} u_j \\[2mm] u_{j+2} = \dfrac{1}{\gamma} u_{j+1} \\[2mm] \cdots \end{array}\right\}, \quad 当 j 足够大时 \tag{3-68}$$

式（3-68）就是模式自再现概念的数学表述，式中，γ 是一个与坐标无关的复常数。将式（3-68）代入式（3-67），可得

$$\left\{\begin{array}{l} u_j(x, y) = \gamma \dfrac{\mathrm{i}k}{4\pi} \iint_{S} u_j(x', y') \dfrac{\mathrm{e}^{-\mathrm{i}k\rho}}{\rho} (1 + \cos\theta) \mathrm{d}s' \\[4mm] u_{j+1}(x, y) = \gamma \dfrac{\mathrm{i}k}{4\pi} \iint_{S} u_{j+1}(x', y') \dfrac{\mathrm{e}^{-\mathrm{i}k\rho}}{\rho} (1 + \cos\theta) \mathrm{d}s' \end{array}\right. \tag{3-69}$$

以 $v(x, y)$ 表示开腔中不受衍射影响的稳定场分布函数，可将式（3-69）进一步简写为如下的标准形式

$$\left\{\begin{array}{l} v(x, y) = \gamma \iint_{S} K(x, y, x', y') v(x', y') \mathrm{d}s' \\[4mm] K(x, y, x', y') = \dfrac{\mathrm{i}k \mathrm{e}^{-\mathrm{i}k\rho(x, y, x', y')}}{4\pi\rho(x, y, x', y')} (1 + \cos\theta) \end{array}\right. \tag{3-70}$$

由于光学开腔的腔长 L 通常远大于反射镜的线度 a，即 $L \gg a$；反射镜曲率半径 R 往往也远大于反射镜的线度 a，即 $R \gg a$，这样，式（3-70）的被积函数中，$\cos\theta \approx 1$，$\rho \approx L$，故有

$$\frac{1+\cos\theta}{\rho} \approx \frac{2}{L}$$

但是，由于指数中与 ρ 相乘的光波矢 k 的值很大，用 L 代替 ρ 会引起较大误差，因此指数中的 ρ 一般不能用 L 来代替，只能根据不同的腔面形状做不同的近似处理。

将以上近似结果代入式（3-70），可简化为

$$\begin{cases} \upsilon(x,y) = \gamma \iint\limits_{S} K(x,y,x',y')\upsilon(x',y')\mathrm{d}s' \\ K(x,y,x',y') = \dfrac{\mathrm{i}}{\lambda L}\mathrm{e}^{-\mathrm{i}kp(x,y,x',y')} \end{cases} \tag{3-71}$$

式（3-71）是开腔自再现模所满足的积分方程式，满足该方程的任意一个场分布函数 $\upsilon(x,y)$ 就描述腔的一个自再现模式横模。式中，$K(x,y,x',y')$ 称为积分方程的核。方程式（3-71）对于由两个相同的反射镜所组成的任何光学谐振腔均适用，只是对于不同的谐振腔（如平行平面腔、共焦腔、一般球面腔等），积分核中的 $\rho(x,y,x',y')$ 具有不同的表示形式。

满足积分方程式（3-71）的函数 $\upsilon(x,y)$ 称为本征函数，常数 γ 称为本征值。

3.5.4　自再现模积分方程解的物理意义

积分方程（3-71）存在一系列不连续的本征函数解与本征值解，表示腔中存在的不同自再现模（横模）。通常以 $\upsilon_{mn}(x,y)$ 表示其第 mn 个本征函数解，γ_{mn} 表示相应的本征值，其中 mn 为横模序数。

本征函数一般为复函数，其模 $|\upsilon_{mn}(x,y)|$ 描述镜面上场的振幅分布；而其辐角 $\arg[\upsilon_{mn}(x,y)]$ 描述镜面上场的相位分布。本征值 γ_{mn} 一般也是复数，它的模反映了自再现模在腔内单程渡越所引起的功率损耗。

在对称开腔情况下，模的平均单程损耗为

$$\delta = \frac{\left|u_j\right|^2 - \left|u_{j+1}\right|^2}{\left|u_j\right|^2} \tag{3-72}$$

将式（3-68）代入式（3-72），可得 γ_{mn} 所对应的单程损耗为

$$\delta_{mn} = 1 - \left|\frac{1}{\gamma_{mn}}\right|^2 \tag{3-73}$$

此式表明单程损耗随横模模式不同而不同，且 $|\gamma_{mn}|$ 越大，模的单程损耗 δ_{mn} 就越大。

δ_{mn} 表示了自再现模在开腔中完成单程渡越时的总功率损耗，此损耗包括衍射损耗和几何损耗，但主要是衍射损耗，为叙述方便，今后就将其统称为单程衍射损耗。

自再现模在腔内经单程渡越的总相移 $\Delta\Phi$ 定义为

$$\Delta\Phi = \arg u_{j+1} - \arg u_j \tag{3-74}$$

将式（3-68）代入式（3-74），可得 γ_{mn} 所对应的单程总相移为

$$\Delta\Phi = \arg\frac{1}{\gamma_{mn}} \tag{3-75}$$

为使自再现模在腔内能形成稳定振荡，必须满足多光束相长干涉条件，即要求自再现模在腔内往返一次的总相移为 2π 的整数倍。这就是对称开腔自再现模的谐振条件，即

$$2\Delta\Phi = 2q\pi$$

$$\Delta \Phi = \arg \frac{1}{\gamma_{mn}} = q\pi \tag{3-76}$$

因此，在方程式（3-71）中一旦解得 γ_{mn} 的表达式，由式（3-76）即可确定模的谐振频率。

此外，自再现模在对称开腔中的单程总相移一般并不等于由腔长 L 所决定的几何相移 $\frac{2\pi}{\lambda}L$，而是有如下关系

$$\Delta \Phi = -\frac{2\pi}{\lambda}L + \Delta\varphi \tag{3-77}$$

其中，$\Delta\varphi$ 表示腔内单程渡越时相对于几何相移有一个附加的单程相移，称为单程附加相移。$\Delta\varphi>0$ 时，表示附加相移超前；$\Delta\varphi<0$ 时，表示附加相位滞后。几何相移由反射镜的几何尺寸决定，而附加相移是由于衍射使得波阵面发生了畸变而引起的。由于附加相移的存在，使得谐振腔的共振频率偏离于由驻波条件所确定的频率，这一点也是开放式谐振腔的一个特点。

由式（3-77）与式（3-76）可写出

$$\Delta\varphi_{mn} = -\frac{2\pi}{\lambda}L + \arg \frac{1}{\gamma_{mn}} \tag{3-78}$$

这说明单程附加相移与本征值 γ_{mn} 的辐角有关，且不同横模的单程附加相移也不同。

综上所述，对于对称开腔来说，自再现模积分方程的本征函数决定了镜面上不同横模光场的振幅和相位分布。本征值决定了不同横模的单程损耗、单程相移及谐振频率。

以上所讨论的都是对称开腔的情况。对于非对称开腔，应按光波场在腔内往返一次写出模式自再现条件及相应的积分方程。其中方程的本征函数解只能确定某一个镜面上的稳态场分布；本征值 γ 的模确定的是自再现模在腔内往返一次的功率损耗，辐角确定的是往返总相移，并决定模的谐振频率。

本节推导了对称开腔中的自再现模积分方程，并讨论了方程解的物理意义。至此，要求解开腔中振荡模式的特征，归结为求解积分方程（3-71）这样一个数学问题。该方程在积分方程理论中被称为第二类弗里德霍姆齐次积分方程，数学上可以证明，这种方程的解析解是存在的。但是，至今仍未找到一般的解析求解方法，只能针对不同结构的腔采用不同的方法。如对于平行平面腔，可采用迭代法进行数值计算，结果只能以图或表的形式给出。对于对称共焦腔，则可用解析法求出方程的精确解及近似解的解析表达式。

3.6 平行平面镜腔的自再现模

平行平面腔是历史上最早被采用的谐振腔，由梅曼发明的第一台红宝石固体激光器就采用了平行平面腔。至今尚未得到平行平面腔自再现模积分方程的精确的解析解，只能用近似方法求得其数值解。福克斯和厉鼎毅（Fox-Li）首先提出用迭代法进行数值计算，并用这种方法求得了很多种类型谐振腔（如条形、方行、圆形镜面的平行平面腔等）的数值解，给出了自再现模的各种特征，包括场的振幅和相位分布曲线、单程损耗和单程附加相移曲线等，这种方法也称为福克斯—厉鼎毅（Fox-Li）迭代方法。

本节首先讨论矩形平行平面镜腔自再现模积分方程的具体形式，然后介绍条形镜平行平面镜腔自再现模积分方程的 Fox-Li 迭代解法，并根据计算结果分析条形镜平行平面镜腔自再现模的特征。条形镜是指在 x 坐标方向上镜的尺寸有限，而 y 坐标方向的尺寸无限，或反之，y 方向有限而 x 方向无限。其自再现模积分方程实际上变成一维的。

3.6.1 平行平面镜腔的自再现模积分方程

下面以图 3-26 所示的矩形平面镜腔为例，写出积分方程式（3-71）的具体形式。

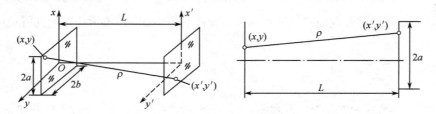

图 3-26 对称矩形平面镜腔

设矩形平面镜的边长为 $2a \times 2b$，腔长为 L。a、b、L、λ 之间满足关系

$$L \gg a, \quad b \gg \lambda \tag{3-79}$$

在图示坐标中，有

$$\rho(x, y, x', y') = \sqrt{(x-x')^2 + (y-y')^2 + L^2} \tag{3-80}$$

将 ρ 按照 $\dfrac{x-x'}{L}$，$\dfrac{y-y'}{L}$ 的幂级数展开，在满足式（3-79）的条件下，忽略高阶小量，近似为

$$\rho(x, y, x', y') = L\left[1 + \frac{1}{2}\left(\frac{x-x'}{L}\right)^2 + \frac{1}{2}\left(\frac{y-y'}{L}\right)^2\right] \tag{3-81}$$

$$= L + \frac{1}{2}\frac{(x-x')^2}{L} + \frac{1}{2}\frac{(y-y')^2}{L}$$

将式（3-81）代入式（3-71）中，可得积分方程的核为

$$K(x, y, x', y') = \frac{\mathrm{i}}{\lambda L} \mathrm{e}^{-\mathrm{i}kL} \mathrm{e}^{-\mathrm{i}k\left[\frac{(x-x')^2}{2L} + \frac{(y-y')^2}{2L}\right]} \tag{3-82}$$

从而得出积分方程式（3-71）的具体形式为

$$v_{mn}(x, y) = \gamma_{mn} \frac{\mathrm{i}}{\lambda L} \mathrm{e}^{-\mathrm{i}kL} \int_{-a}^{+a} \int_{-b}^{+b} v_{mn}(x', y') \mathrm{e}^{-\mathrm{i}k\left[\frac{(x-x')^2}{2L} + \frac{(y-y')^2}{2L}\right]} \mathrm{d}x' \mathrm{d}y' \tag{3-83}$$

方程式（3-83）对 x 和 y 两个坐标是对称的，可对其进行变量分离，令

$$\begin{cases} v_{mn}(x, y) = v_m(x)v_n(y) \\ \gamma_{mn} = \gamma_m \gamma_n \end{cases} \tag{3-84}$$

将式（3-84）代入式（3-83），得

$$\begin{cases} v_m(x) = \gamma_m \sqrt{\dfrac{\mathrm{i}}{\lambda L}} \mathrm{e}^{-\mathrm{i}kL} \displaystyle\int_{-a}^{+a} v_m(x') \, \mathrm{e}^{-\mathrm{i}k\frac{(x-x')^2}{2L}} \mathrm{d}x' \\[4mm] v_n(x) = \gamma_n \sqrt{\dfrac{\mathrm{i}}{\lambda L}} \mathrm{e}^{-\mathrm{i}kL} \displaystyle\int_{-b}^{+b} v_n(y') \, \mathrm{e}^{-\mathrm{i}k\frac{(y-y')^2}{2L}} \mathrm{d}y' \end{cases} \tag{3-85}$$

上面两个方程的形式完全一样，只需求解其中之一。其中任意一个方程就是条形镜腔的积分方程。方形镜腔与条形镜腔的区别仅仅是维数的不同，求解方程的方法及求解的结果都是相同的。

3.6.2 平行平面腔模的数值迭代解法

1. Fox-Li 数值迭代法

所谓迭代法是指，利用迭代公式（3-67）或其简化形式

$$u_{j+1} = \iint K u_j \, \mathrm{d}s' \tag{3-86}$$

式中，K 为积分方程的核。

首先假设在某一镜面上存在一个初始场分布 u_1，将它代入迭代公式中，计算在腔内经第一次渡越而在第二个镜面上生成的场 u_2，$u_2 = \iint K u_1 \mathrm{d}s'$；然后将 u_2 归一化，即取 $|u_2|_{\max} = 1$，再代入迭代公式，计算在腔内经第二次渡越后在第一个镜面上生成的场 $u_3 = \iint K u_2 \mathrm{d}s'$。如此反复运算，直到当 j 足够大时，u_j、u_{j+1}、u_{j+2}、能够满足自再现条件

$$\begin{cases} u_{j+1} = \dfrac{1}{\gamma} u_j \\[2mm] u_{j+2} = \dfrac{1}{\gamma} u_{j+1} \\[2mm] \cdots \end{cases} \tag{3-87}$$

式中，γ 为同一复常数。这说明场分布不再发生变化，形成了稳定的自再现模。

2. 自再现模形成过程实例

下面以对称条形镜腔为例，用迭代法来求解其自再现模积分方程，分析自再现模在其中如何形成。设镜的宽度为 $2a$，腔长为 L。由式（3-85）可知，该条形镜腔的模式迭代方程应为

$$\begin{cases} u_2(x) = \sqrt{\dfrac{\mathrm{i}}{\lambda L}} \, \mathrm{e}^{-\mathrm{i}kL} \displaystyle\int_{-a}^{+a} u_1(x') \mathrm{e}^{-\mathrm{i}k \frac{(x-x')^2}{2L}} \mathrm{d}x' \\[4mm] u_3(x') = \sqrt{\dfrac{\mathrm{i}}{\lambda L}} \, \mathrm{e}^{-\mathrm{i}kL} \displaystyle\int_{-a}^{+a} u_2(x) \mathrm{e}^{-\mathrm{i}k \frac{(y-y')^2}{2L}} \mathrm{d}x \\[4mm] \cdots \end{cases} \tag{3-88}$$

例如，设条形镜腔的具体尺寸是 $a = 25\lambda$，$L = 100\lambda$，$N = \dfrac{a^2}{L\lambda} = 6.25$，以一列均匀平面波作为第一个镜面上的初始激发波。由于重要的是振幅和相位的相对分布，因此，可以取 $u_1 = 1$，即认为整个镜面为等相面（$\arg u_1 = 0$），且整个镜面上各点的光场振幅均匀，均为 1。按 Fox-Li 迭代法进行数值计算，经过 1 次和 300 次渡越后所得到的振幅和相位的相对分布如图 3-27 所示。图 3-27 所示为条形镜腔中模的形成。

由图可见，均匀平面波经过第一次渡越后发生了很大的变化，场 u_2 的振幅与相位随腔面坐标的变化而急剧地起伏。对随后的几次渡越，情况也是一样，每一次渡越都将对场的分布发生明显的影响。但随着渡越次数的增加，每经一次渡越后场分布的变化越来越不明显，振幅与相位分布曲线上的起伏越来越小，场的相对分布逐渐趋向某一稳定状态。在经过 300 次渡越以后，归一化的振幅曲线和相位曲线实际上已不再发生变化，这样就得到了一个自再现模。

初始场分布函数假设的不同，最后得到的稳态自再现模分布函数也将不同，即得到不同的横模模式。如上所述，若用均匀平面波作为初始激发波，迭代计算后得到的稳态自再现模就是基模，记为 TEM_{00}。如果假设 $u_1 = \begin{cases} +1, & 0 < x' < a \\ -1, & -a < x' < 0 \end{cases}$，即条形镜腔的上半部分与下半部分的光场振幅相等，相位差为 π，由这种初始激发波迭代计算后得到的为一阶横模 TEM_{01}。

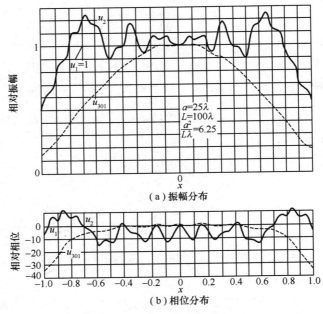

图 3-27　条形镜腔中模的形成

3．镜面上的光场分布特点

由以上曲线可以看出镜面上稳态光场分布的特点。对于基模，在镜面中心处振幅最大，从中心到边缘振幅逐渐减小，整个镜面上振幅分布具有偶对称性；基模的相位分布曲线不是直线，而是有起伏的曲线，说明镜面不是等相面，在镜面边缘处相位产生滞后。因此，严格来说，TEM_{00} 模已不仅不是均匀平面波，而且已经不再是平面波了。

对于高阶模，振幅分布曲线出现零点，也就是说在镜面上出现节线，节线数与模阶数一致。对于具有相同菲涅耳数的腔，高阶模在镜边缘的相对场振幅比基模大，且随横模阶数增高而增大，说明模阶数越高，在镜面上形成的光斑尺寸越大；高阶模的相位分布在越过节线时发生相位跃变。

迭代法的优点在于，能加深我们对自再现模形成过程的理解，因为其数学运算过程与光波在腔内往返传播形成自再现模的过程相对应，其结果使我们能形象、具体地认识模的各种特征。此外，迭代法具有普适性，原则上可以用来计算具有任意几何形状的开腔中的自再现模，而且还可以计算诸如平行平面腔中腔镜的倾斜、镜面的不平整等对模的扰动。迭代法的局限性在于，其计算相当繁杂，对腔的每一给定的几何尺寸和每一个可能的模式都必须进行具体的数值计算。特别是当菲涅耳数很大时，难以收敛，计算量很大。另外，此方法只对较低阶模有效，而对于高阶模一般是无效的。

3.6.3　单程衍射损耗、单程相移与谐振频率

在迭代法计算中，当达到稳定状态（求出自再现模）以后，就可以计算自再现模的单程衍射损耗和单程相移。在对称开腔情况下，只需对腔内单程传播进行计算就可以了。

1．单程衍射损耗

计算结果表明，对于 m、n 一定的横模，无论是条形镜腔或圆形镜平行平面腔，其单程功率损耗的大小都是菲涅耳数 $N=a^2/L\lambda$ 的函数。条形镜平面腔中基模与一阶模的单程损耗与菲涅耳数之间的关系曲线如图 3-28 所示。

由图 3-28 可知：

（1）对于同一横模，δ 唯一地由 N 值决定，且随 N 的增大而减小；

（2）菲涅耳数相同时（对于同一 N 值），随横模阶次的增大而增大，基模的 δ 最低。

2. 单程相移

单程相移的计算结果表明，当自再现模从一个镜面传播到另一个镜面时，单程总相移为
$$\Delta\Phi = -kL + \Delta\varphi \tag{3-89}$$

式中，$kL = \dfrac{2\pi}{\lambda}L$ 为单程几何相移，$\Delta\varphi$ 为单程附加相移，即相对于几何相移有一个附加的相位超前。

条形镜平面腔中基模与一阶模的单程附加相移与菲涅耳数之间的关系曲线如图 3-29 所示。

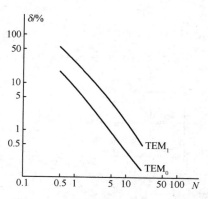

图 3-28 条形镜平面腔的 δ-N 曲线

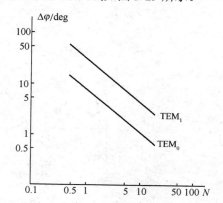

图 3-29 条形镜平面腔模的 $\Delta\varphi$-N 曲线

由图 3-29 可知：

（1）对于同一横模，$\Delta\varphi$ 唯一地由 N 值决定，且随 N 的增大而减小；

（2）菲涅耳数相同时（对于同一 N 值），$\Delta\varphi$ 随模阶次的增大而增大，基模的 $\Delta\varphi$ 最低。

3. 谐振频率

由上述单程相移的计算结果，利用式（3-76）可计算条形镜腔自再现模的谐振频率
$$\nu_{mnq} = \frac{c}{2\eta L}\left(q + \frac{\Delta\varphi_{mn}}{\pi}\right) \tag{3-90}$$

计算结果表明，$\Delta\varphi$ 的数值一般只有几度或十几度，$\dfrac{\Delta\varphi_{mn}}{\pi} \ll 1$，与 q 的值相比，完全可以忽略不计。因此，对于条形镜腔，自再现模的谐振频率采用公式
$$\nu_{mnq} = \nu_q = q\frac{c}{2\eta L} \tag{3-91}$$

3.7 对称共焦腔的自再现模

一般稳定球面腔的模式理论是以对称共焦腔的解析理论为基础的，因此对称共焦腔的解析解在开腔模式理论中占有重要位置。博伊德（Boyd）和戈登（Gordon）首先证明，方形镜共焦腔自再现模积分方程具有严格的解析函数解，它们是一组特殊定义的长椭球函数，并且当腔的菲涅耳数足够大时，可近似表示为厄米多项式与高斯函数乘积的形式。而圆形球面镜共焦腔本征函数的解为超椭球函数，在腔的菲涅耳数足够大时，可近似表示为拉盖尔多项式与高斯函数乘积的形式。

本节将分别介绍方形镜共焦腔与圆形镜共焦腔的自再现模积分方程的解析解，然后在此基础上讨论它们的自再现模及自再现模所激发的行波场的特征。

3.7.1 方形镜对称共焦腔

方形镜对称共焦腔的两个凹球面反射镜的孔径是方形的。首先将积分方程式（3-71）的积分核对于方形镜对称共焦腔进行简化，并推导方程的解析解，然后在此基础上讨论自再现模与行波场的特征。

1. 方形镜对称共焦腔的自再现模积分方程及其解析解

设方形镜对称共焦腔如图 3-30 所示，由线度为 $2a \times 2a$ 的两个曲率半径相同的正方形球面反射镜所构成的共焦腔。因镜面孔径是方形的，故镜面坐标采用直角坐标系。镜面的线度 a、曲率半径 R 和镜面间距离 L 及波长 λ 满足如下关系

$$L \gg a \gg \lambda, \quad \frac{a^2}{L\lambda} \ll \left(\frac{L}{a}\right)^2 \tag{3-92}$$

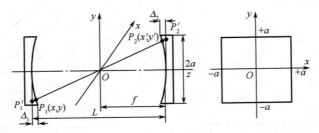

图 3-30   方形镜对称共焦腔

由图可见，两镜面上任意两点之间的连线长度为

$$\rho(x, y, x', y') = \overline{P_1 P_2} = \overline{P_1' P_2'} - \overline{P_1' P_1} - \overline{P_2' P_2} \tag{3-93}$$

满足式（3-92）时，根据球面镜的几何关系有

$$\begin{cases} \overline{P_1' P_2'} \approx L + \dfrac{(x-x')^2}{2L} + \dfrac{(y-y')^2}{2L} \\[2mm] \overline{P_1' P_1} \approx \Delta_1 = L - \sqrt{L^2 - (x^2 + y^2)} \approx \dfrac{x^2 + y^2}{2L} \\[2mm] \overline{P_2' P_2} \approx \Delta_2 \approx \dfrac{x'^2 + y'^2}{2L} \end{cases} \tag{3-94}$$

因此

$$\rho(x, y, x', y') = L + \frac{(x-x')^2}{2L} + \frac{(y-y')^2}{2L} - \frac{x^2+y^2}{2L} - \frac{x'^2+y'^2}{2L} = L - \frac{xx'+yy'}{L} \tag{3-95}$$

将式（3-95）代入式（3-71），可得到方形镜共焦腔自再现模 $v_{mn}(x, y)$ 所满足的积分方程

$$v_{mn}(x, y) = \gamma_{mn} \frac{\mathrm{i}}{\lambda L} \mathrm{e}^{-\mathrm{i}kL} \int_{-a}^{+a} \int_{-a}^{+a} v_{mn}(x', y') \mathrm{e}^{\mathrm{i}k \frac{xx'+yy'}{L}} \, \mathrm{d}x' \mathrm{d}y' \tag{3-96}$$

根据博伊德和戈登的方法对其进行无量纲变换，令

$$\begin{cases} X = x\dfrac{\sqrt{c}}{a}, Y = y\dfrac{\sqrt{c}}{a} \\[2mm] c = \dfrac{a^2 k}{L} = 2\pi \dfrac{a^2}{L\lambda} = 2\pi N \end{cases} \tag{3-97}$$

根据分离变量法

$$\begin{cases} \upsilon_{mn}(x,y) = F_m(X)G_n(Y) \\ \gamma_{mn} = \dfrac{1}{\sigma_m \sigma_n} \end{cases} \tag{3-98}$$

将以上变换代入式（3-96），可得

$$\sigma_m \sigma_n F_m(X)G_n(Y) = \frac{\mathrm{i}e^{-\mathrm{i}kL}}{2\pi} \int_{-\sqrt{c}}^{+\sqrt{c}} \int_{-\sqrt{c}}^{+\sqrt{c}} F_m(X')e^{\mathrm{i}XX'} G_n(Y')e^{\mathrm{i}YY'} \mathrm{d}X' \mathrm{d}Y' \tag{3-99}$$

式（3-99）可以转化为两个一维积分方程式

$$\begin{cases} \sigma_m F_m(X) = \sqrt{\dfrac{\mathrm{i}e^{-\mathrm{i}kL}}{2\pi}} \displaystyle\int_{-\sqrt{c}}^{+\sqrt{c}} F_m(X')e^{\mathrm{i}XX'} \mathrm{d}X' \\ \sigma_n G_n(Y) = \sqrt{\dfrac{\mathrm{i}e^{-\mathrm{i}kL}}{2\pi}} \displaystyle\int_{-\sqrt{c}}^{+\sqrt{c}} G_n(Y')e^{\mathrm{i}YY'} \mathrm{d}Y' \end{cases} \tag{3-100}$$

式（3-100）实际上是两个一维条形镜腔的自再现模积分方程。求这两个一维方程的解析解，代入式（3-98）即可得出方形镜共焦腔自再现模的解析解。方程式（3-99）的精确解已为博伊德和戈登求得，当 c 为有限值时，本征函数的精确解为

$$\upsilon_{mn}(x,y) = F_m(X)G_n(Y) = S_{0m}\left(c, \frac{X}{\sqrt{c}}\right) S_{0n}\left(c, \frac{Y}{\sqrt{c}}\right)$$

$$m,n = 0,1,2,\cdots \tag{3-101}$$

式中，$S_{0m}\left(c, \dfrac{X}{\sqrt{c}}\right)$、$S_{0n}\left(c, \dfrac{Y}{\sqrt{c}}\right)$ 为角向长椭球函数，相应的本征值为

$$\sigma_m \sigma_n = 4N R_{0m}^{(1)}(c,1) R_{0n}^{(1)}(c,1) e^{-\mathrm{i}[kL-(m+n+1)\frac{\pi}{2}]} \tag{3-102}$$

式中，$R_{0m}^{(1)}(c,1)$、$R_{0n}^{(1)}(c,1)$ 为径向长椭球函数。

由式（3-101）和式（3-102）可知，对任一给定的 c 值，当 m、n 取一系列不连续的整数时，即可得到一系列本征函数 $v_{mn}(x,y)$，其模和辐角分别描述共焦腔镜面上场的振幅和相位分布，同时得到一系列相应的本征值，它们决定模的相移和损耗。

由于角向长椭球函数是较复杂的特殊函数，直接使用式（3-101）和式（3-102）很不方便，因此，常采用其在某些特殊情况下的近似表达式。

可以证明，在共焦腔镜面中心附近，即在 $x \ll a$，$y \ll a$ 的区域内，角向长椭球函数可以表示为厄米多项式和高斯函数的乘积，称为厄米—高斯函数

$$\begin{cases} F_m(X) = S_{\mathrm{om}}\left(c, \dfrac{X}{\sqrt{c}}\right) = C_m H_m(X) e^{-\frac{x^2}{2}} \\ G_n(Y) = S_{\mathrm{om}}\left(c, \dfrac{Y}{\sqrt{c}}\right) = C_n H_n(Y) e^{-\frac{y^2}{2}} \end{cases} \tag{3-103}$$

式中，C_m、C_n 为常系数，$H_m(X)$ 为 m 阶厄米多项式

$$H_m(X) = (-1)^m e^{X^2} \frac{\mathrm{d}^m}{\mathrm{d}X^m} e^{-X^2} = \sum_{k=0}^{\left[\frac{m}{2}\right]} \frac{(-1)^k m!}{k!(m-2k)!} (2X)^{m-2k}$$

$$m,n = 0,1,2,\cdots \tag{3-104}$$

式中，$\left[\dfrac{m}{2}\right]$ 表示 $\dfrac{m}{2}$ 的整数部分。最初几阶厄米多项式为

$$\begin{cases} H_0(X) = 1 \\ H_1(X) = 2X \\ H_2(X) = 4X^2 - 2 \\ H_3(X) = 8X^3 - 12X \\ H_4(X) = 16X^4 - 48X^2 + 12 \\ \cdots \end{cases} \tag{3-105}$$

将式（3-103）代入式（3-101），并将 X、Y 换回镜面上的直角坐标 x、y 可得到本征函数的近似解为

$$\upsilon_{mn}(x,y) = C_{mn}H_m\left(\frac{\sqrt{c}}{a}x\right)H_n\left(\frac{\sqrt{c}}{a}y\right)e^{-\frac{c(x^2+y^2)}{2a^2}} = C_{mn}H_m\left(\frac{\sqrt{2\pi}}{L\lambda}x\right)H_n\left(\frac{\sqrt{2\pi}}{L\lambda}y\right)e^{-\frac{(x^2+y^2)}{L\lambda/\pi}} \tag{3-106}$$

式中，C_{mn} 为常系数。本征值的近似解为 $\sigma_m\sigma_n = e^{-i\left[kL-(m+n+1)\frac{\pi}{2}\right]}$。

下面来讨论在厄米—高斯近似下共焦腔自再现模及其行波场的各种特征。

2．方形镜对称共焦腔自再现模的特征

（1）镜面上光场分布特征

积分方程的本征函数式（3-106）决定了镜面上的光场分布，其中，本征函数的模决定振幅分布，辐角决定相位分布。

① 振幅分布

式（3-106）为实函数，因此它实际上就是镜面上场的振幅分布函数。

（i）基模

式（3-106）中取 $m = n = 0$，则得到基模 TEM_{00} 的振幅分布函数为

$$\upsilon_{00}(x,y) = C_{00}e^{-\frac{(x^2+y^2)}{L/\pi}} \tag{3-107}$$

可见，基模的振幅是高斯型分布，相应的分布曲线如图 3-31 所示。镜面中心（$x=y=0$）处振幅值最大，向边缘平滑地衰减。由此可见，基模在镜面上是个圆形亮斑，中心部分最亮，向外逐渐减弱，无清晰的锐边。

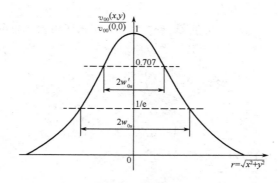

图 3-31　基模振幅的高斯分布与光斑半径

当距离中心为

$$r = \sqrt{x^2 + y^2} = \sqrt{\frac{L\lambda}{\pi}} \tag{3-108}$$

时，振幅降至中心处的 $1/e$，通常就用半径为 $r = \sqrt{L\lambda/\pi}$ 的圆来规定基模光斑的大小，并定义共焦腔基模在镜面上的"光斑半径"或"光斑尺寸" ω_{0s} 为

$$\omega_{0s} = \sqrt{L\lambda / \pi} \qquad (3-109)$$

光波场并非局限在 $r \leqslant \omega_{0s}$ 的范围内，从理论上说，光场应横向延伸到无穷远处，但基模光斑的大部分能量集中在这个区域中，在 $r > \omega_{0s}$ 区域内，光强实际上已经很弱。

基模的总功率为

$$P = \int_0^\infty I_0 e^{-2\frac{r^2}{\omega_{0s}^2}} 2\pi r \mathrm{d}r = \frac{1}{2}\pi\omega_{0s}^2 I_0 \qquad (3-110)$$

式中，I_0 为镜面中心处的峰值光强。包含在 ω_{0s} 内的功率为

$$P_{0s} = \int_0^{\omega_{0s}} I_0 e^{-2\frac{r^2}{\omega_{0s}^2}} 2\pi r \mathrm{d}r = \frac{1}{2}\pi\omega_{0s}^2 I_0(1-e^{-2}) = (1-e^{-2})P \approx 86.5\% P \qquad (3-111)$$

即在光斑半径的范围内，集中了总功率的 86.5%。

式（3-109）表明，共焦腔基模在镜面上的光斑大小与镜的横向几何尺寸无关，只决定于腔长 L（或共焦腔反射镜的焦距 $f = L/2$），这是共焦腔的一个重要特征，与平行平面腔的情况是不同的。当然，这一结论只有在用厄米—高斯函数近似表述的情况下才是正确的。

共焦腔的光斑半径通常是很小的，例如，使用共焦腔的氦氖激光器（$\lambda = 632.8$ nm），当腔长 $L = 30$ cm 时，$\omega_{0s} \approx 0.5$ mm，远比实际上使用的反射镜的横向尺寸小得多。因此，共焦腔基模的场主要集中在镜面中心附近。

（ii）高阶横模

利用 ω_{0s} 可将式（3-106）表示为

$$v_{mn}(x \cdot y) = C_{mn} H_m\left(\frac{\sqrt{2}}{\omega_{0s}}x\right) H_n\left(\frac{\sqrt{2}}{\omega_{0s}}y\right) e^{-\frac{x^2+y^2}{\omega_{0s}^2}} \qquad (3-112)$$

当 m、n 取不同时为 0 的一系列整数时，由式（3-106）可得到镜面上各高阶横模的振幅分布。

最初几个高阶横模的振幅分布函数为

$$\begin{cases} v_{10}(x,y) = C_{10}\dfrac{2\sqrt{2}}{\omega_{0s}}x e^{-\dfrac{x^2+y^2}{\omega_{0s}^2}} \\[3mm] v_{01}(x,y) = C_{01}\dfrac{2\sqrt{2}}{\omega_{0s}}y e^{-\dfrac{x^2+y^2}{\omega_{0s}^2}} \\[3mm] v_{11}(x,y) = C_{11}\dfrac{8}{\omega_{0s}^2}xy e^{-\dfrac{x^2+y^2}{\omega_{0s}^2}} \\[3mm] v_{20}(x,y) = C_{20}\left(\dfrac{8x^2}{\omega_{0s}^2}-2\right)e^{-\dfrac{x^2+y^2}{\omega_{0s}^2}} \\[3mm] \cdots \end{cases} \qquad (3-113)$$

可见，横模在镜面上的振幅分布取决于厄米—高斯函数的乘积。几个高阶横模在镜面上的振幅分布曲线和强度（光斑）分布图样如图 3-32 所示。

厄米多项式的零点决定了场的节线，厄米多项式的正负交替变化及高斯函数随 x、y 的增大而单调下降的特性，决定了场分布的外形轮廓。由于 m 阶厄米多项式有 m 个零点（即方程 $H_m(X) = 0$ 有 m 个根），因此 TEM$_{mn}$ 模沿 x 方向有 m 条节线，有 $m+1$ 个峰值，沿 y 方向有 n 条节线和 $n+1$ 个峰值。

例如，TEM$_{00}$ 模在整个镜面上没有节线；TEM$_{10}$ 模在 $x = 0$ 处有一条节线，在 x 方向出现两个峰值，因此光斑分裂成两瓣；TEM$_{11}$ 模在 $x = 0$，$y = 0$ 处各有一条节线，因此光斑分裂成四瓣。对其他的横模可做类似分析。

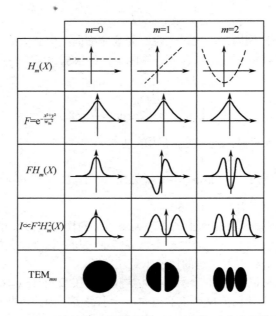

图 3-32　方形镜共焦腔横模在镜面上的振幅分布和强度花样

高阶模的光斑半径须沿 x、y 方向分别进行计算，通常定义沿 x、y 方向的光斑半径分别为

$$\begin{cases} \omega_{ms} = \omega_{0s}\sqrt{2m+1} \\ \omega_{ns} = \omega_{0s}\sqrt{2n+1} \end{cases}$$ （3-114）

可见，由镜面上基模的光斑半径即可求得高阶横模的光斑半径。横模阶次越高，光斑半径就越大。

②相位分布

镜面上场的相位分布由自再现模的 $\upsilon_{mn}(x,y)$ 的辐角决定。无论是精确解，还是厄米—高斯近似，方形镜共焦腔的 $\upsilon_{mn}(x,y)$ 都是实数，$\arg[\upsilon_{mn}(x,y)]=0$。这说明镜面上各点相位相同，共焦腔反射镜本身构成光场的一个等相位面。无论对于基模或高阶模，情况都一样。

（2）单程损耗

共焦腔自再现模 TEM_{mn} 的单程能量损耗由本征值决定

$$\delta_{mn} = 1-|\frac{1}{\gamma_{mn}}|^2 = 1-|\sigma_m\sigma_n|^2$$ （3-115）

若将 $\sigma_m\sigma_n$ 的近似解式（3-106）代入式（3-115），则有 $\delta_{mn}=0$。因此，要讨论单程损耗，$\sigma_m\sigma_n$ 必须用精确解式（3-102），即

$$\delta_{mn} = 1-|\frac{1}{\gamma_{mn}}|^2 = 1-|\sigma_m\sigma_n|^2 = 1-[4NR_{0m}^{(1)}(c,1)R_{0n}^{(1)}(c,1)]^2$$ （3-116）

$\sigma_m\sigma_n$ 与菲涅耳数有关，因此 δ_{mn} 也与菲涅耳数有关，图 3-33 中绘出了 δ_{mn} 随菲涅耳数的变化关系。

为便于比较，图中还给出了平行平面腔衍射损耗的数值计算结果，右上角的曲线表示均匀平面波在线度为 $2a$ 的镜面上的夫琅禾费衍射损耗，它由 $\delta \approx \frac{1}{N}$ 给出。

从图中可以看出，方形镜共焦腔自再现模的单程损耗具有以下特点：

①与平行平面腔相比，共焦腔的单程损耗要小好几个数量级。这是由于共焦腔的反射镜有会聚作用，平行平面腔的反射镜没有会聚作用；且共焦腔中近轴光线无几何损耗，而平行平面腔除衍射损耗外还包括几何损耗。

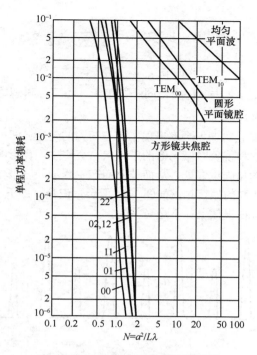

图 3-33　方形镜共焦腔的单程损耗

②共焦腔各模式的损耗与腔的具体几何尺寸无关，单值地由菲涅耳数 N 确定。对于同一模式，δ_{mn} 随 N 增大而迅速减小。

③在菲涅耳数相同时，基模的损耗最小，模阶次越高，损耗越大。这是由于基模能量集中在镜中心，高阶模阶次越高，则光斑越大，能量分布越偏离中心，故衍射损耗越大。

此外，方形镜共焦腔基模的单程衍射损耗可用下述经验公式做近似计算

$$\delta_{00} = 10.9 \times 10^{-4.94N} \tag{3-117}$$

（3）单程相移和谐振频率

由式（3-106）可得，方形镜共焦腔中 TEM_{mn} 模在腔内单程渡越的总相移为

$$\Delta \Phi_{mn} = \arg \frac{1}{\gamma_{mn}} = \arg \sigma_m \sigma_n = -kL + (m+n+1)\frac{\pi}{2} \tag{3-118}$$

其中，kL 为几何相移；单程附加相移为

$$\Delta \varphi_{mn} = (m+n+1)\frac{\pi}{2} \tag{3-119}$$

可见附加相移随横模阶次而变化，但与菲涅耳数无关，这一点与平面腔有所不同。

共焦腔横模的谐振条件为

$$2\Delta \Phi_{mn} = -q \times 2\pi \tag{3-120}$$

式中，q 为整数，将式（3-118）代入式（3-120），可得出各阶横模的谐振频率

$$\nu_{mmq} = \frac{c}{2L'}\left[q + \frac{1}{2}(m+n+1) \right] \tag{3-121}$$

属于同一横模的相邻两个纵模之间的频率间隔为

$$\Delta \nu_q = \nu_{mn(q+1)} - \nu_{mnq} = \frac{c}{2L'} \tag{3-122}$$

而属于同一纵模的相邻两个横模之间的频率间隔为

$$\begin{cases} \Delta\nu_m = \nu_{(m+1)mq} - \nu_{mmq} = \frac{1}{2} \times \frac{c}{2L'} = \frac{1}{2}\Delta\nu_q \\ \Delta\nu_n = \nu_{m(n+1)q} - \nu_{mmq} = \frac{1}{2} \times \frac{c}{2L'} = \frac{1}{2}\Delta\nu_q \end{cases} \tag{3-123}$$

式（3-123）表明，$\Delta\nu_m$、$\Delta\nu_n$ 与 $\Delta\nu_q$ 属于同一数量级，不可以再忽略。这说明共焦腔横模序数对频率的影响要比平面腔大得多。

由式（3-121）可见，共焦腔对谐振频率出现了高度简并的现象，即所有（$2q+m+n$）相等的模式都将具有相同的谐振频率。这种现象对激光器的工作状态会产生不良影响，因为所有频率相等的模式都处在激活介质的增益曲线的相同位置处，从而彼此间产生强烈的竞争作用，导致多模振荡，使输出激光束质量变坏。方形镜共焦腔的振荡频谱如图 3-34 所示。但是，由于不同的横模具有不同的损耗，因此，上述在频率上简并的模在损耗上并不是简并的。

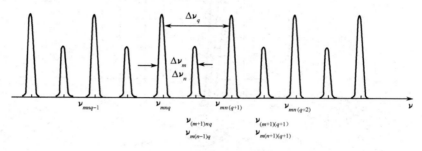

图 3-34　方形镜共焦腔的振荡频谱

3．方形镜共焦腔行波场的特征

通过上面的分析，我们已经知道了自再现模在镜面上的场分布，因此，即可利用菲涅耳—基尔霍夫衍射积分公式求出共焦腔内或腔外任意一点的场分布。腔内任何一点的场实质上是一个驻波场，腔外场是一个振幅被反射镜的透射系数减少了的行波场。

博伊得和戈登证明，在镜面上的场用厄米—高斯函数描述的情况下，方形镜共焦腔内任一点的场分布可以表示为（坐标原点选在腔的中心）

$$E_{mn}(x,y,z) = A_{mn}E_0 \frac{\omega_0}{\omega(z)} H_m\left[\frac{\sqrt{2}}{\omega(z)}x\right] H_n\left[\frac{\sqrt{2}}{\omega(z)}y\right] e^{-\frac{r^2}{\omega^2(z)}} e^{-i\Phi_{mn}(x,y,z)} \tag{3-124}$$

式中
$$\begin{cases} \omega(z) = \omega_0\sqrt{1+\left(\frac{z}{f}\right)^2} = \omega_0\sqrt{1+\left(\frac{2z}{L}\right)^2} \\ \omega_0 = \sqrt{\frac{L\lambda}{2\pi}} = \sqrt{\frac{f\lambda}{\pi}} \\ \Phi_{mn}(x,y,z) = k[f+z+\frac{z(x^2+y^2)}{2(f^2+z^2)}] - (m+n+1)(\frac{\pi}{4}+\arctan\frac{z}{f}) \end{cases} \tag{3-125}$$

式中，$E_{mn}(x,y,z)$ 为 TEM$_{mn}$ 模在腔内任意点 (x,y,z) 处的电场强度；A_{mn} 为与模的阶次有关的归一化常数；E_0 为与坐标无关的常量；$f=L/2$ 为反射镜的焦距，又称为共焦腔的焦参数；$\Phi_{mn}(x,y,z)$ 为场的相位分布。

式（3-124）表示的是由腔的一个镜面上的场所产生的，沿着腔的轴线方向传播的行波场。对于腔外的场，只要乘以输出镜的透射率，该式也是适用的。这种行波场称为厄米—高斯光束或简称共焦场。

下面讨论方形镜共焦腔行波场的特征。

（1）振幅分布

共焦场的振幅分布为

$$| E_{mn}(x,y,z)| = A_{mn}E_0 \frac{\omega_0}{\omega(z)} H_m[\frac{\sqrt{2}}{\omega(z)}x]H_n[\frac{\sqrt{2}}{\omega(z)}y]\mathrm{e}^{-\frac{r^2}{\omega^2(z)}} \tag{3-126}$$

其中，基模的振幅分布为

$$| E_{00}(x,y,z)| = A_{00}E_0 \frac{\omega_0}{\omega(z)}\mathrm{e}^{-\frac{x^2+v^2}{\omega^2(\varepsilon)}} \tag{3-127}$$

可见，基模共焦场在任一 z 坐标处的横截面内都是高斯分布的。同样，定义在 z 坐标处横截面内振幅下降到最大值的 1/e 处到中心的距离，为 z 坐标处的基模光斑尺寸或光斑半径。由式（3-125）和式（3-127）可知，基模光斑半径为

$$\omega(z) = \omega_0 \sqrt{1+(\frac{z}{f})^2} = \frac{\omega_{0s}}{\sqrt{2}}\sqrt{1+(\frac{z}{f})^2} \tag{3-128}$$

由式（3-128）可知，不同 z 处的基模光斑半径不同，且 $\omega(z)$ 随坐标 z 按如下双曲线规律变化

$$\frac{\omega^2(z)}{\omega_0^2} - \frac{z^2}{f^2} = 1 \tag{3-129}$$

$\omega(z)$ 与 z 的关系曲线如图 3-35 所示。

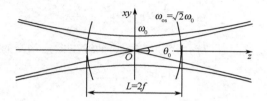

图 3-35　基模光斑半径随 z 按双曲线规律的变化

在 $z=0$ 处（即共焦腔的中心，两镜面的公共焦点），$\omega(z)$ 达到极小值

$$\omega(0) = \sqrt{\frac{L\lambda}{2\pi}} = \frac{\omega_{0s}}{\sqrt{2}} = \omega_0 \tag{3-130}$$

在共焦场中，$z=0$ 处光斑半径 ω_0 最小，因此，通常将 ω_0 称为共焦场的基模腰斑半径，或简称"光腰""束腰"。

在共焦腔镜面上，$z = \pm\frac{L}{2} = \pm f$，此时

$$\omega(\pm f) = \omega_{0s} = \sqrt{\frac{L\lambda}{\pi}} \tag{3-131}$$

与前面的分析结果一致。

（2）模体积

模体积是指某一模式在腔内所能扩展的空间范围。模体积越大，说明对该模式的振荡有贡献的激活粒子就越多，从而可获得较大的输出功率。由共焦腔基模的空间分布式（3-127）可知，基模往往集中在轴线附近，模的阶次越高，展布的范围越宽，模体积就越大。

由于基模光斑大小随 z 的变化而变，通常采用式（3-132）估算共焦腔基模的模体积，即

$$V_{00}^0 = \frac{1}{2}L\pi\omega_{0s}^2 = \frac{L^2\lambda}{2} \tag{3-132}$$

高阶模的模体积为

$$V_{mn}^0 = \frac{1}{2}L\pi\omega_{ms}\omega_{ns} = \sqrt{(2m+1)(2n+1)}V_{00}^0 \tag{3-133}$$

例如，腔长 $L=1$ m，放电管直径为 $2a=2$ cm 的共焦腔二氧化碳激光器（$\lambda=10.6$ μm），其介质体积为 $V=314$ cm³，而基模体积为

$$V_{00}^0 = \frac{L^2\lambda}{2} = 5.3(\text{cm}^3), \quad \frac{V_{00}^0}{V} = 1.7\%$$

可见共焦腔基模体积比整个激活介质的体积小得多，仅占其 1.7%，这将不利于获得高功率的基模输出，因此，要获得高功率的基模输出，不宜采用共焦腔。

（3）等相位面分布

共焦腔行波场（共焦场）的相位分布由式（3-125）中的相位函数 $\Phi(x,y,z)$ 决定。与腔轴线相交于 z_0 点处的等相位面方程由

$$\Phi(x,y,z) = \Phi(0,0,z_0) \tag{3-134}$$

给出。忽略由于 z 坐标的微小变化所引起的 $\arctan\dfrac{z}{f}$ 的变化，可得到 z_0 处等相位面方程为

$$z - z_0 = -\frac{x^2 + y^2}{2R(z_0)} \tag{3-135}$$

式（3-135）为抛物面方程，抛物面顶点在 $z=z_0$ 处，抛物面的焦距为

$$f'(z) = \frac{1}{2}R(z_0) = \left| \frac{z_0}{2} + \frac{f^2}{2z_0} \right| \tag{3-136}$$

在近轴区，共焦场的等相位面近似为球面，与腔的轴线在 z_0 点相交的等相位面的曲率半径为

$$R(z_0) = \left| z_0 + \frac{f^2}{z_0} \right| \tag{3-137}$$

由式（3-135）可知，$z_0>0$ 时 $z-z_0<0$；$z_0<0$ 时，$z-z_0>0$。这就表示，共焦场的等相位面都是凹面向着腔中心的球面。在共焦腔两个反射镜面处，等相位面的曲率半径为

$$R(\pm f) = 2f = L = R \tag{3-138}$$

这说明共焦腔反射镜面本身与共焦场的两个等相位面重合。

当 $z_0=0$ 时，$R(z_0)\to\infty$；当 $z_0\to\infty$ 时，$R(\infty)\to\infty$。可见通过共焦腔中心的等相位面是与腔轴垂直的平面，距腔中心无限远处的等相位面也是平面。可以证明，共焦腔反射镜面是共焦场中曲率半径最小的等相位面。

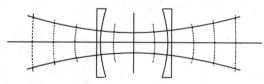

图 3-36　共焦场等相位面的分布图

应注意，$R(z)$ 表示等相位面曲率半径；R 表示谐振腔球面反射镜的曲率半径。

共焦场等相位面的分布如图 3-36 所示。

4．远场发散角

前面已经指出，共焦腔的基模光束按双曲线规律从腔中心向外扩展。定义双曲线两条渐近线之间的夹角为基模远场发散角，通常用这个角度来表征基模光束的方向性（如图 3-35 所示）。

$$\theta_0 = \lim_{z\to\infty} \frac{2\omega(z)}{z} = 2\sqrt{\frac{2\lambda}{L\pi}} = 2\sqrt{\frac{\lambda}{f\pi}} = \frac{2\lambda}{\pi\omega_0} \tag{3-139}$$

高阶模的远场发散角可由基模的发散角求出

$$\begin{cases} \theta_m = \sqrt{2m+1}\,\theta_0 \\ \theta_n = \sqrt{2n+1}\,\theta_0 \end{cases} \tag{3-140}$$

可见，发散角随模阶次增大而增大，所以多模振荡时，光束的方向性比单基模振荡差。

例如，共焦腔氦氖激光器（$\lambda = 0.6328\ \mu m$），腔长 $L = 30\ cm$，由式（3-139），则 $\theta_0 \approx 2.3 \times 10^{-3}\ rad$；共焦腔二氧化碳激光器（$\lambda = 10.6\ \mu m$），腔长 $L = 1\ m$，则 $\theta_0 \approx 5.2 \times 10^{-3}\ rad$。可见，共焦腔基模光束的理论发散角具有毫弧度的数量级，说明其方向性非常好。

3.7.2　圆形镜对称共焦腔

圆形镜对称共焦腔是由两块相同的圆形球面镜组成。圆形镜对称共焦腔的处理方法与方形镜相似，只是由于反射镜的孔径为圆形，因此采用极坐标系统 (r, φ) 来讨论其光场分布和传播。其模式积分方程的精确解析解是超椭球函数，本节我们只分析其解析解近似表达式。

1. 拉盖尔—高斯近似

可以证明，当腔的菲涅耳数足够大时，圆形镜共焦腔的自再现模为拉盖尔多项式和高斯函数的乘积。

$$v_{mn}(r, \varphi) = C_{mn} \left(\sqrt{2} \frac{r}{\omega_{0s}} \right)^m L_n^m \left(2 \frac{r^2}{\omega_{0s}^2} \right) e^{-\frac{r^2}{\omega_{0s}^2}} \begin{cases} \cos m\varphi \\ \sin m\varphi \end{cases} \qquad (3\text{-}141)$$

式中，C_{mn} 为与模式有关的归一化常数；$\omega_{0s} = \sqrt{\dfrac{L\lambda}{\pi}}$ 为镜面上基模光斑半径。$\cos m\varphi$ 和 $\sin m\varphi$ 因子任选一个，但当 $m = 0$ 时，只能取 $\cos m\varphi$ 因子，否则将导致整个式子为零。

$L_n^m(\xi)$ 为拉盖尔多项式

$$\begin{cases} L_0^m(\xi) = 1 \\ L_1^m(\xi) = 1 + m - \xi \\ L_2^m(\xi) = \dfrac{1}{2} \left[(1+m)(2+m) - 2(2+m)\xi + \xi^2 \right] \\ \cdots \\ L_n^m(\xi) = \displaystyle\sum_{k=0}^{n} \dfrac{(n+m)!(-\xi)^k}{(m+k)!k!(n-k)!} \quad (n = 0, 1, 2, \cdots) \end{cases} \qquad (3\text{-}142)$$

与 $v_{mn}(r, \varphi)$ 相应的本征值为

$$\gamma_{mn} = e^{i\left[kL - (m+2n+1)\frac{\pi}{2} \right]} \qquad (3\text{-}143)$$

下面分别介绍圆形镜共焦腔的自再现模及行波场的特征。

2. 圆形镜对称共焦腔自再现模的特征

（1）镜面上的光场分布

①振幅分布

式（3-141）为实函数，因此它实际上就是镜面上光场振幅的分布函数。

基模振幅分布为

$$v_{00}(r, \varphi) = C_{00} e^{-\frac{r^2}{\omega_{0s}^2}} \qquad (3\text{-}144)$$

可见，基模在镜面上的振幅分布也是高斯型的，整个镜面上没有场的节线，在镜中心处振幅最大，当基模振幅下降到中心值的 $1/e$ 处与镜面中心的距离为镜面上基模光斑半径

$$\omega_{0s} = \sqrt{\frac{L\lambda}{\pi}} \qquad (3\text{-}145)$$

与方形镜共焦腔完全一样。

高阶模的振幅分布出现节线或节圆，场分布具有圆对称形式，高阶模 TEM_{mn} 的 m 表示沿辐角 φ 方

向的节线数，n 表示沿半径 r 方向的节圆数。各节圆沿 r 方向并不是等距分布的。其几个低阶横模的强度花样如图 3-37 所示。

与方形镜的情况相似，高阶模的光斑随着 m、n 的增加而增大，但在圆形镜系统中，光斑随 n 的增大比随 m 的增大更快些。其光斑半径无解析表达式。表 3-2 列出了几个圆形境共焦腔高阶模镜面的光斑半径 ω_{mns} 的计算结果。

表 3-2　圆形镜共焦腔高阶模镜面的光斑半径

横模阶次	TEM$_{00}$	TEM$_{10}$	TEM$_{20}$	TEM$_{01}$	TEM$_{11}$	TEM$_{21}$
ω_{mns}	ω_{0s}	$1.5\omega_{0s}$	$1.77\omega_{0s}$	$1.92\omega_{0s}$	$2.21\omega_{0s}$	$2.38\omega_{0s}$

②相位分布

由于 $\upsilon_{mn}(r,\varphi)$ 为实函数，因此圆形镜共焦腔的镜面本身也是等相位面。

（2）单程损耗

模的单程损耗由下式给出

$$\delta_{mn} = 1 - |\frac{1}{\gamma_{mn}}|^2 = 1 - |\sigma_m \sigma_n|^2 \tag{3-146}$$

将 $\sigma_m \sigma_n$ 的近似解代入式（3-146）也将得出 $\delta_{00}=0$，这显然与实际情况不符。因此，要分析模的损耗，仍须用精确解。福克斯和厉鼎毅用迭代法对圆形镜对称共焦腔模进行了数值求解，其中几个最低阶模的损耗随菲涅耳数变化的曲线如图 3-38 所示。

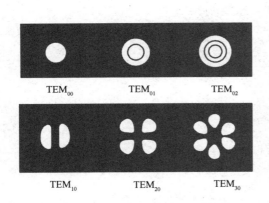

图 3-37　圆形镜共焦腔横模强度花样

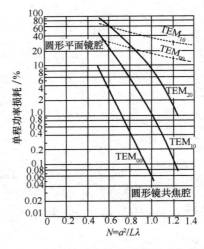

图 3-38　圆形镜共焦腔模的单程功率损耗

由图 3-38 可知：

①所有模式的 δ 均随菲涅耳数 N 的增大而急剧减小。

②同一菲涅耳数情况下，基模的 δ 最小，模阶次越高，δ 越大。

③当菲涅耳数相同时，圆形镜共焦腔的损耗比平面腔低得多，但比方形镜共焦腔类似横模的损耗要大几倍。这是由于一方面线度相同时方形镜孔径面积比圆形镜大，另一方面阶数相同时方形镜共焦腔光斑比圆形镜共焦腔小。

（3）单程相移和谐振频率

由式（3-143）可写出圆形镜共焦腔中自再现模在腔内单程渡越的总相移为

$$\Delta\phi_{mn} = \arg\frac{1}{\gamma_{mn}} = -kL + (m+2n+1)\frac{\pi}{2} \tag{3-147}$$

其中，kL 为几何相移，附加相移为

$$\Delta\phi_{mn} = (m+2n+1)\frac{\pi}{2} \tag{3-148}$$

由此可求出圆形镜共焦腔模的谐振频率为

$$\nu_{mnq} = \frac{c}{2L'}[q + \frac{1}{2}(m+2n+1)] \tag{3-149}$$

可见，圆形镜共焦腔模在频率上也是高度简并的，如 TEM_{mnq}、$\text{TEM}_{(m+2)n(q-1)}$、$\text{TEM}_{(m+2)(n+1)(q-2)}$ 等模式的谐振频率都相同。

属于同一横模的两相邻纵模的频率间隔为

$$\Delta\nu_q = \nu_{mn(q+1)} - \nu_{mnq} = \frac{c}{2L'} \tag{3-150}$$

属于同一纵模的两相邻横模的频率间隔为

$$\begin{cases} \Delta\nu_m = \nu_{(m+1)nq} - \nu_{mnq} = \frac{c}{4L'} = \frac{1}{2}\Delta\nu_q \\ \Delta\nu_n = \nu_{m(n+1)q} - \nu_{mnq} = \frac{c}{2L'} = \Delta\nu_q \end{cases} \tag{3-151}$$

这说明横模参数对频率的影响不可忽略。

3. 圆形镜共焦腔行波场的特征

在拉盖尔－高斯近似下，利用菲涅耳－基尔霍夫衍射积分可求出由一个镜面上的场所产生的圆形镜共焦腔的行波场为

$$E_{mn}(x,y,z) = A_{mn}E_0\frac{\omega_0}{\omega(z)}\left[\sqrt{2}\frac{r}{\omega(z)}\right]^m L_n^m\left[2\frac{r^2}{\omega^2(z)}\right]e^{-\frac{t^2}{\omega^2(z)}}e^{-i\Phi(r,\varphi,z)}\begin{cases}\cos m\varphi \\ \sin m\varphi\end{cases} \tag{3-152}$$

式中，A_{mn}、E_0 为常数；

$$\begin{cases} \omega(z) = \omega_0\sqrt{1+\left(\dfrac{z}{f}\right)^2} \\ \omega_0 = \sqrt{\dfrac{L\lambda}{2\pi}} = \sqrt{\dfrac{f\lambda}{\pi}} \\ \Phi_{mn}(x,y,z) = k\left[f+z+\dfrac{zr^2}{2(f^2+z^2)}\right] - (m+2n+1)\left(\dfrac{\pi}{4} + \arctan\dfrac{z}{f}\right) \end{cases} \tag{3-153}$$

圆形镜共焦腔行波场特性的分析方法与方形镜共焦腔相同，两者的基模光束的振幅分布、光斑尺寸、等相位面的曲率半径以及光束发散角都完全相同，这里不再赘述。

3.8　一般稳定球面腔的模式理论

由两个曲率半径不同的球面镜按任意间距组成的腔称为一般球面腔，当它们满足条件 $0 < g_1 g_2 < 1$ 时，称为一般稳定球面腔。一般稳定球面腔的自再现模可以通过直接求解其模式积分方程得到，但与共焦腔相比，其运算非常繁杂。在实际应用中，通常采用以共焦腔模式理论为基础的等价共焦腔方法，这种方法是将共焦腔的模式理论推广到整个稳定球面腔系统，其优点是简明，当然不够严格。

本节首先讨论一般稳定球面腔与共焦腔的等价性，在此基础上得出一般稳定球面腔的模式特征。

3.8.1　一般稳定球面腔与共焦腔的等价性

下面将证明，任何一个共焦腔与无穷多个稳定球面腔等价；而任何一个稳定球面腔唯一地等价于一个共焦腔。这里所说的"等价"，是指它们具有相同的行波场。

1. 任意一个共焦腔与无穷多个稳定腔等价

通过 3.7 节的分析可知，共焦腔行波场的等相位面近似为曲率半径为 $R(z)$ 的球面。共焦腔中与腔的轴线相交于任意一点 z 的等相位面曲率半径为

$$R(z) = \left| z + \frac{f^2}{z} \right| \tag{3-154}$$

如果在共焦腔的任意两处放置两个与该处等相位面曲率半径相同的反射镜，则从每个反射镜反射出去的场将准确地沿原入射方向返回，整个共焦场不受任何扰动。这样，就构成一个新的谐振腔，其行波场与原共焦腔的行波场完全相同。即此球面腔与原共焦腔等价。由于任何一个共焦腔所激发的共焦场有无穷多个等相位面，因而可用这种方法构成无穷多个等价球面腔。下面证明所有这些球面腔都是稳定腔。

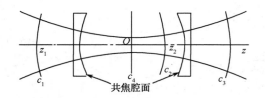

图 3-39　共焦腔与稳定球面腔的等价性

如图 3-39 所示，c_1、c_2、c_3…是共焦腔的一系列等相位面。其中任意两个等相位面以相同曲率半径的反射镜代替都可以构成一个新的谐振腔。例如，等相位面 c_1、c_2 的曲率半径分别为 $R(z_1)$ 和 $R(z_2)$，用曲率半径为 R_1 与 R_2 的反射镜分别替换等相位面。考虑到关于球面镜曲率半径的符号规定，应有

$$\begin{cases} R_1 = -R(z_1) = -\left(z_1 + \dfrac{f^2}{z_1} \right) \\[2mm] R_2 = R(z_2) = z_2 + \dfrac{f^2}{z_2} \\[2mm] L = z_2 - z_1 \end{cases} \tag{3-155}$$

可以证明，上述 R_1、R_2 和 L 组成的球面腔满足稳定性条件

$$0 < \left(1 - \frac{L}{R_1} \right) \left(1 - \frac{L}{R_2} \right) < 1 \tag{3-156}$$

同样可以证明，由共焦腔的任意两个等相面 c_1, c_2, c_3, c_4…构成的球面腔都是稳定的。

2. 任一稳定球面腔唯一地等价于一个共焦腔

这一结论的意思是，若一个球面腔满足稳定性条件，则必定可以找到而且只能找到一个共焦腔，其行波场的某两个等相位面与给定球面腔的两个反射镜面重合，这个共焦腔即为此稳定球面腔的等价共焦腔。

以图 3-40 所示的双凹腔为例，两反射镜 M_1 与 M_2 的曲率半径分别为 R_1 和 R_2，腔长为 L。假设其等价共焦腔是图中 c-c'，其焦距为 f，腔的中心为 O，以 O 点作为沿腔轴线的坐标 z 的原点，则所给球面腔两反射镜 M_1 和 M_2 中心坐标分别为 z_1、z_2。

由等相位面曲率半径公式，镜面 M_1 和 M_2 构成的稳定双凹腔满足式（3-155）所示的联立方程组。由此方程组可唯一地解出一组 z_1、z_2 和 f^2 的值

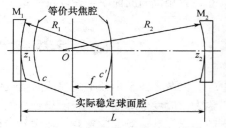

图 3-40　稳定球面腔以及等价共焦腔

$$\begin{cases} z_1 = \dfrac{L(R_2 - L)}{(L - R_1) + (L - R_2)} = \dfrac{Lg_2(g_1 - 1)}{g_1 + g_2 - 2g_1 g_2} \\[3mm] z_2 = \dfrac{-L(R_1 - L)}{(L - R_1) + (L - R_2)} = \dfrac{-Lg_1(g_2 - 1)}{g_1 + g_2 - 2g_1 g_2} \\[3mm] f^2 = \dfrac{L(R_2 - L)(R_1 - L)(R_1 + R_2 - L)}{[(L - R_1) + (L - R_2)]^2} = \dfrac{g_1 g_2(1 - g_1 g_2)L^2}{(g_1 + g_2 - 2g_1 g_2)^2} \end{cases} \quad (3\text{-}157)$$

当满足稳定性条件 $0 < g_1 g_2 < 1$ 时，有 $z_1 < 0$，$z_2 > 0$，$f^2 > 0$，这就证明了对于任意一个满足稳定性条件的球面腔，确实存在着等价共焦腔。当 z_1、z_2、f^2 求出后，等价共焦腔就唯一地确定下来。

根据以上证明，一般稳定球面腔与共焦腔具有等价性，稳定球面腔与其等价共焦腔的行波场相同。因此，可利用共焦腔的自再现模、行波场的特征来讨论一般稳定球面腔的自再现模与行波场的特征。

3.8.2　一般稳定球面腔的模式特征

1．镜面上的光斑半径

一般稳定球面腔镜面上的光斑半径等于它的等价共焦腔行波场在球面腔镜面处的光斑半径。由式（3-128）共焦场基模光斑半径为

$$\omega(z) = \omega_0 \sqrt{1 + \left(\frac{z}{f}\right)^2} \quad (3\text{-}158)$$

式中，ω_0 为共焦场的基模腰斑半径。

将式（3-157）中求出的 f 代入式（3-158），可得一般稳定球面腔由 R_1、R_2 和 L 确定的行波场的基模光斑半径为

$$\omega(z) = \omega_0 \sqrt{1 + \frac{z^2[(L - R_1) + (L - R_2)]^2}{L(R_1 - L)(R_2 - L)(R_1 + R_2 - L)}} \quad (3\text{-}159)$$

再将式（3-157）中 z_1、z_2 代入式（3-159），便分别得到镜 M_1 和镜 M_2 上的基模光斑半径

$$\begin{cases} \omega_{s1} = \sqrt{\dfrac{L\lambda}{\pi}} \left[\dfrac{R_1^2(R_2 - L)}{L(R_1 - L)(R_1 + R_2 - L)} \right]^{1/4} = \sqrt{\dfrac{L\lambda}{\pi}} \left[\dfrac{g_2}{g_1(1 - g_1 g_2)} \right]^{1/4} = \omega_{0s} \left[\dfrac{g_2}{g_1(1 - g_1 g_2)} \right]^{1/4} \\[4mm] \omega_{s2} = \sqrt{\dfrac{L\lambda}{\pi}} \left[\dfrac{R_2^2(R_1 - L)}{L(R_2 - L)(R_1 + R_2 - L)} \right]^{1/4} = \sqrt{\dfrac{L\lambda}{\pi}} \left[\dfrac{g_1}{g_2(1 - g_1 g_2)} \right]^{1/4} = \omega_{0s} \left[\dfrac{g_1}{g_2(1 - g_1 g_2)} \right]^{1/4} \end{cases} \quad (3\text{-}160)$$

其中，$\omega_{0s} = \sqrt{\dfrac{L\lambda}{\pi}}$，表示腔长为 L 的共焦腔镜面上的光斑半径。

2．模体积

仿照共焦腔模体积的计算公式，一般稳定球面腔的基模模体积可以定义为

$$V_{00} = \frac{1}{2} L_\pi \left(\frac{\omega_{s1} + \omega_{s2}}{2} \right)^2 \quad (3\text{-}161)$$

在一般稳定腔中 TEM_{mn} 模的模体积 V_{mn} 与 TEM_{00} 模的模体积之比为

$$\frac{V_{mn}}{V_{00}} = \frac{V_{mn}^0}{V_{00}^0} = \sqrt{(2m + 1)(2n + 1)} \quad (3\text{-}162)$$

3．单程损耗

由共焦腔模式理论可知，横模的单程衍射损耗由腔的菲涅耳数决定。由菲涅耳数定义 $N = a^2/L\lambda$ 与共焦腔镜面上基模光斑半径公式 $\omega_{0s} = \sqrt{L\lambda/\pi}$，共焦腔的菲涅耳数可表示为

$$N = \frac{a^2}{L\lambda} = \frac{a^2}{\pi\omega_{0_0}^2} \qquad (3-163)$$

即腔的菲涅耳数等于镜面面积与镜面上基模光斑面积之比，这一比值越大，则菲涅耳数越大，衍射损耗就越小。

由于一般稳定球面腔与其等价共焦腔所激发的行波场结构完全一样，且反射镜与相应位置处等相位面重合，所以，可以认为它们的衍射损耗遵循相同的规律。当

$$\frac{a_i^2}{\pi\omega_{is}^2} = \frac{a_0^2}{\pi\omega_{0s}^2} \qquad (3-164)$$

时，两个腔的单程损耗应该相等。式中 a_i 和 a_0 分别为稳定球面腔及其等价共焦腔的反射镜线度；ω_{is} 和 ω_{0s} 分别为稳定球面腔及其等价共焦腔镜面上的基模光斑半径。将

$$N_{efi} = \frac{a_i^2}{\pi\omega_{is}^2} \qquad (3-165)$$

定义为一般稳定球面腔的等效菲涅耳数。对非对称稳定腔来说，两个镜的参数不一定相等，故下标 $i=1,2$ 可取两个值。将式（3-160）代入式（3-165），可得两反射镜的等效菲涅耳数分别为

$$\begin{cases} N_{ef1} = \dfrac{a_1^2}{\pi\omega_{s_1}^2} = \dfrac{a_1^2}{|R_1|\lambda}\sqrt{\dfrac{(R_1-L)(R_1+R_2-L)}{L(R_2-L)}} = \dfrac{a_1^2}{L\lambda}\sqrt{\dfrac{g_1}{g_2}(1-g_1g_2)} \\[4mm] N_{ef2} = \dfrac{a_2^2}{\pi\omega_{s_2}^2} = \dfrac{a_2^2}{|R_2|\lambda}\sqrt{\dfrac{(R_2-L)(R_1+R_2-L)}{L(R_1-L)}} = \dfrac{a_2^2}{L\lambda}\sqrt{\dfrac{g_2}{g_1}(1-g_1g_2)} \end{cases} \qquad (3-166)$$

求出两个等效菲涅耳数后，根据共焦腔衍射损耗曲线（图 3-33 和图 3-38），可查出球面腔两镜面处的损耗值 δ_{mn}^1 和 δ_{mn}^2。则平均单程损耗为

$$\delta_{mn} = \frac{1}{2}(\delta_{mn}^1 + \delta_{mn}^2) \qquad (3-167)$$

4. 谐振频率

由式（3-126）中方形镜共焦腔行波场的相位函数，可写出方形镜一般稳定腔的两个反射镜面中心位置处的相位因子为

$$\begin{cases} \Phi_{mn}(0,0,z_1) = k(f+z_1) - (m+n+1)\left(\dfrac{\pi}{4} + \arctan\dfrac{z_1}{f}\right) \\[4mm] \Phi_{mn}(0,0,z_2) = k(f+z_2) - (m+n+1)\left(\dfrac{\pi}{4} + \arctan\dfrac{z_2}{f}\right) \end{cases} \qquad (3-168)$$

由谐振条件

$$\Delta\Phi_{mn} = \Phi_{mn}(0,0,z_2) - \Phi_{mn}(0,0,z_1) = q\pi \qquad (3-169)$$

可得方形镜稳定腔的谐振频率为

$$\nu_{mmq} = \frac{c}{2L'}\left[q + \frac{1}{\pi}(m+n+1)\left(\arctan\frac{z_2}{f} - \arctan\frac{z_1}{f}\right)\right] \qquad (3-170)$$

将式（3-157）中的 z_1、z_2 和 f 代入式（3-170），化简后可得方形镜一般稳定球面腔的谐振频率为

$$\begin{aligned} \nu_{mnq} &= \frac{c}{2L'}\left[q + \frac{1}{\pi}(m+n+1)\arccos\sqrt{g_1g_2}\right] \\ &= \frac{c}{2L'}\left[q + \frac{1}{\pi}(m+n+1)\arccos\sqrt{\left(1-\frac{L}{R_1}\right)\left(1-\frac{L}{R_2}\right)}\right] \end{aligned} \qquad (3-171)$$

同理，圆形镜一般稳定球面腔的谐振频率为

$$\nu_{mnq} = \frac{c}{2L'}\left[q + \frac{1}{\pi}(m + 2n + 1)\arccos\sqrt{g_1 g_2}\right]$$

$$= \frac{c}{2L'}\left[q + \frac{1}{\pi}(m + 2n + 1)\arccos\sqrt{\left(1 - \frac{L}{R_1}\right)\left(1 - \frac{L}{R_2}\right)}\right] \qquad (3\text{-}172)$$

5. 基模远场发散角

将式（3-157）中的 f 代入共焦腔的基模发散角公式（3-139）中，即可得到一般稳定球面腔的基模远场发散角（全角）为

$$\theta_0 = 2\left[\frac{\lambda^2(2L - R_1 - R_2)^2}{\pi^2 L(R_1 - L)(R_2 - L)(R_1 + R_2 - L)}\right]^{1/4}$$

$$= 2\sqrt{\frac{\lambda}{\pi L}}\left[\frac{(g_1 + g_2 - 2g_1 g_2)^2}{g_1 g_2(1 - g_1 g_2)}\right]^{1/4} \qquad (3\text{-}173)$$

通过以上分析，我们借助于等价共焦腔行波场的模式特征，讨论了一般稳定球面腔的模式特征。在此基础上，若令 $R_1 = R$，$R_2 \to \infty$，即可得到平凹腔的模式特征；若令 $R_1 = 2L$，$R_2 \to \infty$，可以得到半共焦腔的模式特征；若令 $R_1 = R_2 = R$，则可得到对称非共焦腔的模式特征等在应用中有重要意义的特殊情形。

3.9　非稳定谐振腔

所有满足非稳定条件 $g_1 g_2 < 0$，或 $g_1 g_2 > 1$ 的光学谐振腔都称为非稳腔。其中，满足 $g_1 g_2 < 0$ 的腔称为负支非稳腔；满足 $g_1 g_2 > 1$ 的腔称为正支非稳腔。

一般稳定腔损耗小，阈值低，易于实现激光振荡，适用于低增益，小功率激光器。其缺点是激光束在腔内的模体积小，利用的反转粒子数少，因此单模输出功率不高。非稳腔中光在腔内经过有限次往返后就会逸出腔外，也就是存在着固有的横向逸出损耗，腔的损耗很大，因此也称为高损耗腔，一般不适用于中、小功率的激光器中。但当介质的增益较高时，采用非稳腔也可形成稳定的激光振荡，而且，与稳定腔相比，非稳腔模体积大，容易鉴别和控制横模，可实现高功率单模运转，易得到单端输出的准直的平行光束。由于这些特性，高功率激光器多采用非稳腔，如连续运转的高功率 CO_2 激光器。

3.9.1　非稳腔的基本结构

非稳腔的结构形式多种多样如图 3-41 所示，典型的结构形式主要有以下几类。

1. 双凸非稳腔

由两个凸球面镜按任意间距构成，如图 3-41（a）所示。因为 $R_1 < 0$，$R_2 < 0$，根据式（3-61），有

$$g_1 > 1, \quad g_2 > 1, \quad g_1 g_2 > 1 \qquad (3\text{-}174)$$

由稳定性判据知，所有双凸腔均为非稳腔。

2. 平—凸非稳腔

由一个平面镜和一个凸球面镜按任意间距构成，如图 3-41（b）所示。因为 $R_1 \to \infty$，$R_2 < 0$，根据式（3-62），有

$$g_1 = 1, \quad g_2 > 1, \quad g_1 g_2 > 1 \tag{3-175}$$

式（3-175）满足非稳条件，故所有平凸腔均为非稳腔。根据平面镜成像原理，一个平凸腔等价于一个腔长为其二倍的对称双凸腔。

3. 平—凹非稳腔

由一个平面镜和一个凸球面镜构成，如图 3-41（c）所示。由 $R_1 \to \infty$，$R_2 > 0$，仅当满足条件

$$R_2 < L \tag{3-176}$$

即当凹面镜的曲率半径小于腔长时，平—凹腔才是非稳腔。

4. 双凹非稳腔

由两个曲率半径不同的凹面镜构成，其中 $R_1 > 0$，$R_2 > 0$。

①根据 $g_1 g_2 < 0$ 的非稳条件，双凹非稳腔的腔参数应满足

$$R_1 > L, \quad R_2 < L \tag{3-177}$$

$$或 \quad R_1 < L, \quad R_2 > L \tag{3-178}$$

满足式（3-177）和式（3-178）条件的双凹腔结构如图 3-41（d）所示。

②根据 $g_1 g_2 > 1$ 的非稳条件，双凹非稳腔的腔参数应满足

$$R_1 + R_2 < L \tag{3-179}$$

满足式（3-179）的双稳腔结构如图 3-41（e）所示。

双凹非稳腔中有一种特殊的腔型——非对称实共焦腔。因腔内存在一个实焦点，易损坏介质且模体积不够大，实际工作中不常采用。这种腔的结构如图 3-41（f）所示，其腔参数满足

$$\begin{cases} R_1 + R_2 = 2L \\ 2g_1 g_2 = g_1 + g_2 \end{cases} \tag{3-180}$$

由于这种谐振腔内有一实焦点，构成望远镜系统，且满足 $g_1 g_2 < 0$，因而非对称实共焦腔又称为负支望远镜型非稳腔。

5. 凹—凸非稳腔

由一个凹面镜和一个凸面镜，既可构成非稳腔，也可构成稳定腔。其中 $R_1 > 0$，$R_2 < 0$。

根据 $g_1 g_2 < 0$ 的非稳条件，应有

$$R_1 < L \tag{3-181}$$

根据 $g_1 g_2 > 1$ 的非稳条件，应有

$$R_1 + R_2 = R_1 - |R_2| > L \tag{3-182}$$

满足式（3-181）与式（3-182）的凹—凸非稳腔结构如图 3-41（g）所示。

满足式（3-182）的虚共焦非稳腔是这类腔型中的一个特例，其腔参数满足

$$\begin{cases} R_1 + R_2 = 2L \\ 2g_1 g_2 = g_1 + g_2 \end{cases} \tag{3-183}$$

此时，凹面镜的实焦点与凸面镜的虚焦点在腔外重合，组成一个虚共焦望远镜系统，称为正支望远镜型非稳腔，其结构如图 3-41（h）所示。因这种腔型可直接输出平行光束，故较常采用。

图 3-42 中画出了连续输出高功率 CO_2 激光器所采用的凹—凸非稳腔及其输出光束。从图中可以看出，输出光束是超出线度较小的凸面镜的边缘部分的光，输出光束的形状与稳定腔中基模（TEM_{00} 模）光束相似，但是其中心处有一圆孔（暗斑），呈环状，且强度分布也不均匀，在远场处（透镜在其焦平面上形成的光强分布）暗斑将消失。

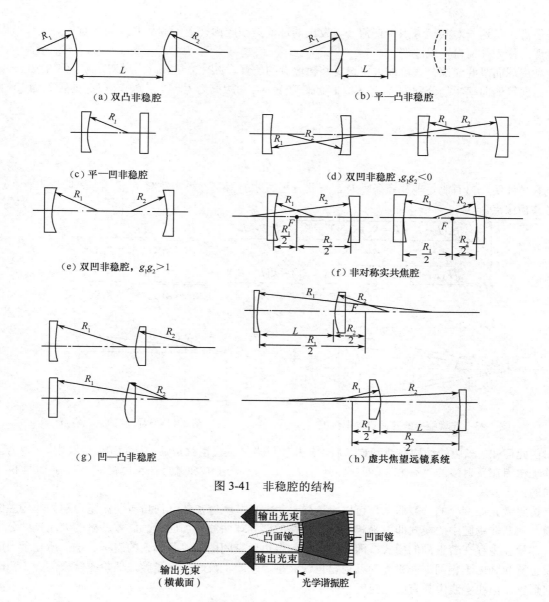

图 3-41　非稳腔的结构

（a）双凸非稳腔　　（b）平—凸非稳腔

（c）平—凹非稳腔　　（d）双凹非稳腔，$g_1g_2<0$

（e）双凹非稳腔，$g_1g_2>1$　　（f）非对称实共焦腔

（g）凹—凸非稳腔　　（h）虚共焦望远镜系统

图 3-42　凹—凸型非稳腔

输出光束

凸面镜　　凹面镜

输出光束

输出光束
（横截面）

光学谐振腔

3.9.2　非稳腔的几何自再现波型

由于非稳腔对光线有发散作用，其模式的振幅也不是高斯分布。作为一级近似可假定在腔的整个横截面内模的振幅是均匀分布的，其波面仍然是球面。

非稳腔对腔内光束具有发散作用，几何损耗非常大，衍射损耗不起主要作用，所以可以利用几何光学方法进行分析。对非稳腔的成像性质的深入分析表明，如果把非稳腔看成是一种光学多次成像系统，则系统中总存在一对轴上共轭像点 P_1 和 P_2，由这一对像点发出的球面波满足在腔内往返一次的自再现条件。

如图 3-43 所示的非稳腔的几何自再现波型中的双凸腔为例。也就是说，从 P_1 点发出的球面波经谐振腔镜面 M_2 反射后成像于 P_2 点，这时反射光就像是从点 P_2 发出的球面波一样。这一球面波再经过镜 M_1 反射，又必成像在最初的源点 P_1 上。因此，对腔的两个反射镜而言，P_1 和 P_2 互为源和像，是一对共轭像点。从这一对共轭像点中任何一点发出的球面波在腔内往返一周后其波面形状保持不变，即能自再现，称为几何自再现波型。

利用球面镜的成像公式可以求出这对共轭像点的位置，如图 3-44 所示。设双凸非稳腔的腔长为 L，两个凸面镜的曲率半径分别为 R_1 和 R_2，P_1 点距腔镜 M_1 的距离为 l_2，P_2 点距腔镜 M_2 的距离为 l_2，则

$$\begin{cases} \dfrac{1}{l_1+L}-\dfrac{1}{l_2}=\dfrac{2}{R_2} \\ \dfrac{1}{l_2+L}-\dfrac{1}{l_1}=\dfrac{2}{R_1} \end{cases} \tag{3-184}$$

容易证明，只有满足非稳定条件时，解此方程组才能得到一组实数解 l_1 和 l_2，表明轴上存在这样一对共轭像点。

$$\begin{cases} l_1=\dfrac{\sqrt{L(L-R_1)(L-R_2)(L-R_1-R_2)}-L(L-R_2)}{2L-R_1-R_2}=\dfrac{Lg_2}{\sqrt{g_1g_2(g_1g_2-1)}+g_1g_2-g_2} \\ l_2=\dfrac{\sqrt{L(L-R_1)(L-R_2)(L-R_1-R_2)}-L(L-R_1)}{2L-R_1-R_2}=\dfrac{Lg_1}{\sqrt{g_1g_2(g_1g_2-1)}+g_1g_2-g_1} \end{cases} \tag{3-185}$$

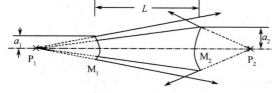
图 3-43　非稳腔中的几何自再现波型

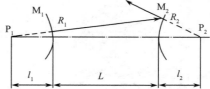
图 3-44　双凸腔的共轭像点

由此可知，当腔的结构参数确定以后，其共轭像点的位置也就是唯一地确定了。其中 l_1，l_2 为正表示共轭像点在反射镜的"后方"（即在腔外）；l_1，l_2 为负表示共轭像点在反射镜的"前方"（即位于反射面的一方）。

按照激光振荡模的一般概念，可以将这样一对发自共轭像点的几何自再现波型理解为非稳腔的共振模。双凸非稳腔中的模式即由沿相反方向传播的两列球面波叠加而成。比较严格的波动光学分析表明，非稳腔中存在着不同的模式，即存在不同的自再现空间图样。各模式的差别在于，所显示出的环数及位置和强度不相同。非稳腔的几何自再现波型，基本上反映了非稳腔最低阶振荡模的一个粗略的几何形象，但在实践中具有广泛应用。

3.9.3　非稳腔的几何放大率

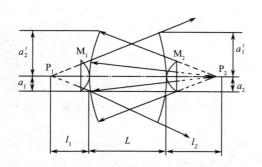
图 3-45　双凸非稳腔对几何自再现波型的放大率

非稳腔中，从共轭像点发出的自再现波面在腔内反复反射时，其波面横向尺寸将不断扩展，导致一部分波面经反射镜侧面直接逸出谐振腔之外。下面从简单的几何关系求得往返反射一次后的波面几何放大率。

如图 3-45 所示的双凸非稳腔，两反射镜 M_1 和 M_2 的线度分别为 a_1 和 a_2。设相当于从共轭像点 P_1 发出的腔内球面波在镜 M_1 处时，其波面恰能完全覆盖镜 M_1，即波面线度为 a_1；当此球面波经镜 M_1 反射到达 M_2 镜后，其波面尺寸扩展为 a_1'，则几何自再现球面波在腔内行时，镜 M_1 对其波面尺寸的单程放大率为

$$m_1 = \frac{a'_1}{a_1} = \frac{l_1 + L}{l_1} \tag{3-186}$$

称 m_1 为镜 M_1 的单程放大率。

同理，可得镜 M_2 的单程放大率为

$$m_2 = \frac{a'_2}{a_2} = \frac{l_2 + L}{l_2} \tag{3-187}$$

因此，几何自再现波型在非稳腔内往返一次的放大率为

$$M = m_1 m_2 \tag{3-188}$$

由式（3-185）解得 l_1 和 l_2 的值后，将式（3-186）代入式（3-188），即可获得 m_1、m_2 和 M 的值。

对于望远镜腔，如图 3-46 所示，其共轭像点 P_1 位于无穷远处，$l_1 = \infty$；共轭像点 P_2 位于反射镜的公共焦点，$|l_2| = |R_2 / 2|$，因此

$$\begin{cases} m_1 = \dfrac{a'_1}{a_1} = 1 \\[2mm] m_2 = \dfrac{a'_2}{a_2} = \dfrac{|R_1 / 2|}{|R_2 / 2|} = |R_1 / R_2| \\[2mm] M = m_1 m_2 = |R_1 / R_2| \end{cases} \tag{3-189}$$

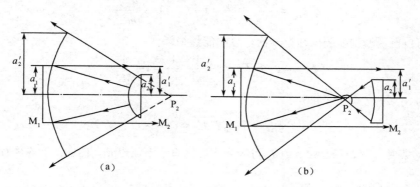

图 3-46　望远镜非稳腔的几何放大率

此式无论对实共焦腔还是虚共焦腔都是正确的，因此望远镜型非稳腔内对应的自再现波形一个是平面波，另一个是以公共焦点为虚中心的发散球面波。能获得一个平面波输出，这是虚共焦腔的突出优点，通常采用平面波输出方式。

可见，非稳腔的几何放大率仅与非稳腔的几何参数 L、R_1 和 R_2 有关，而与腔镜的横向尺寸 a_1 和 a_2 无关。

3.9.4　非稳腔的能量损耗

非稳腔中由于逸出腔外而损耗掉的能量份额，是由超出镜面的那部分波面的面积与整个波面面积之比所决定的，而该比值又直接与几何放大率有关，因此，非稳腔的能量损耗率由几何放大率所决定。

仍以图 3-45 所示的双凸腔为例，讨论能量损耗的大小。相当于从像点 P_1 发出并恰能全部覆盖住镜 M_1 的球面波到达镜 M_2 后，其波面尺寸扩展为 a'_1，已超出了 M_2 的范围，其中只有在镜 M_2 范围以内的那一部分被镜 M_2 截住并反射回来，超出镜 M_2 范围的那一部分波面将逸出腔外，造成能量损耗。被镜 M_2 所截住并反射回腔内的能量份额为

$$\Gamma_1 = \frac{a_2^2}{a_1'^2} = \frac{\left(\dfrac{a_2}{a_1}\right)^2}{m_1^2} \tag{3-190}$$

逸出腔外的能量份额为

$$\xi_{1\text{单程}} = \frac{\pi a_1'^2 - \pi a_2^2}{\pi a_1'^2} = 1 - \Gamma_1 = 1 - \frac{\left(\dfrac{a_2}{a_1}\right)^2}{m_1^2} \tag{3-191}$$

$\xi_{1\text{单程}}$的意义是，每当几何自再现波型在腔内从镜 M_1 单程行进到 M_2 时，其能量的相对损耗为 $\xi_{1\text{单程}}$。

同理，相当于从点 P_2 发出的球面波从镜 M_2 单程传播到 M_1 时，被 M_1 截住并反射回腔内的能量份额为

$$\Gamma_2 = \frac{a_1^2}{a_2'^2} = \frac{\left(\dfrac{a_1}{a_2}\right)^2}{m_2^2} \tag{3-192}$$

其能量的相对损耗为

$$\xi_{2\text{单程}} = \frac{\pi a_2'^2 - \pi a_1^2}{\pi a_2'^2} = 1 - \Gamma_2 = 1 - \frac{\left(\dfrac{a_1}{a_2}\right)^2}{m_2^2} \tag{3-193}$$

因此，几何自再现波型在腔内往返一次，总的能量损耗为

$$\xi_{\text{往返}} = 1 - \Gamma_1\Gamma_2 = 1 - \frac{1}{m_1^2} \cdot \frac{1}{m_2^2} = 1 - \frac{1}{M^2} \tag{3-194}$$

平均单程损耗为

$$\xi_{\text{单程}} = 1 - \sqrt{\Gamma_1\Gamma_2} = 1 - \frac{1}{M} \tag{3-195}$$

【例 3-5】 某对称双凸腔，腔长为 $L = 1\,\text{m}$，反射镜曲率半径为 $|R| = 10\,\text{m}$，求其单程和往返能量损耗分别为多大。

解：
$$g_1 = g_2 = g = 1 - \frac{L}{R} = 1 + \frac{L}{|R|} = 1.1$$

$$m_1 = m_2 = m = g + \sqrt{g_1 g_2 - 1} = g + \sqrt{g^2 - 1} = 1.558$$

$$M = m_1 m_2 = m^2 = 2.428$$

由此，可得

$$\xi_{\text{单程}} = 1 - \frac{1}{m^2} \approx 59\%$$

$$\xi_{\text{往返}} = 1 - \frac{1}{m^2} \approx 83\%$$

可见，即使凸面镜曲率半径很小，由它们组成的非稳腔的损耗仍然非常大。

3.9.5 非稳腔的输出耦合方式

实际上，通常的非稳腔就是利用这部分从边缘逸出的能量作为激光器的激光输出，因此非稳腔的每一次往返的平均能量损耗就是它的往返耦合输出。通过改变非稳腔的几何参数即可调节能量的大小。

非稳腔的输出耦合方式与一般的稳定腔不同。在稳定腔中，输出镜一般是部分反射镜，腔内光束

经输出镜以透射方式耦合至腔外。非稳腔中，两个反射镜通常都是全反射镜，只要使其中一个反射镜的尺寸比另一个大得多，就可以获得单端输出。边缘耦合与选光镜耦合输出是其中常用的两种方法，输出光束形状均为环形。

常见的非稳腔输出耦合方式如图 3-47 所示。图（a）为边缘耦合输出，将输出端小尺寸的全反射镜安装在对激光"透明"的材料上，腔内输出光束通过小反射镜的四周耦合至腔外；图（b）是利用辐射形支架将输出端反射镜支撑在输出光束中心；图（c）为选光镜耦合输出，选光镜为中心有孔的反射镜，与非稳腔轴线成 45° 放入腔内，光束穿过选光镜上的圆孔在腔内往返振荡，输出光束则通过选光镜镜面反射从腔侧面耦合出去。选光镜上孔的半径与介质的横向尺寸和选光镜在腔内的位置有关。

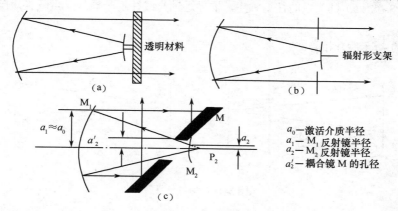

图 3-47　非稳腔的输出耦合方式

3.9.6　非稳腔的主要特点

由以上分析可知，与稳定腔相比，非稳腔主要具有以下三个特点。

1. 具有大的模体积

稳定腔中建立起来的高斯光束的光场分布不随光波在腔内的传播次数而改变，光束主要集中在腔轴或其附近。但在非稳腔中，光波每往返传播一次，其横向尺寸将扩大 M 倍。M 为非稳腔对几何自再现波型在腔内往返一次的放大率。由于非稳腔的几何放大率 M 仅与非稳腔的几何参数 L、R_1 和 R_2 有关，而与腔镜的横向尺寸 a_1 和 a_2 无关，只要非稳腔腔镜的横向尺寸合适，总可以使腔内光束的模体积充满整个介质，充分利用介质的体积，从根本上克服了稳定腔模体积较小的缺陷。因此，在要求高功率输出的气体或固体激光器中，如 CO_2 激光器、钕玻璃激光器等，谐振腔常采用非稳腔结构。

2. 易实现单横模振荡

非稳腔中，在几何光学近似下，腔内只存在一组球面波型或球面—平面波型，因而可以获得单一的球面或平面波基模输出。当腔的菲涅耳数不太大时，采用衍射理论的分析表明，腔内存在着多种衍射模式。但不同模式之间损耗差异很大，因而易获得单横模振荡。

3. 可控制的衍射耦合输出

对非稳腔而言，从反射镜边缘衍射出去的光波是一种有用损耗，即从腔内提取的有用衍射耦合输出。因非稳腔的能量损耗只与腔的几何参数有关，因此可以通过调节腔的几何参数来得到所需要的耦合输出。反射镜的几何尺寸可根据所要求的模体积来确定。输出耦合率应根据介质增益的大小、泵浦水平及输出功率等方面的具体要求进行设计。

习题与思考题三

1．简述光学谐振腔的作用。

2．CO_2 激光器的腔长为 $L = 100$ cm，反射镜直径为 $D = 1.5$ cm，两镜的光强反射系数分别为 $r_1 = 0.985$，$r_2 = 0.8$。求由衍射损耗及输出损耗所分别引起的 δ、τ。

3．利用往返矩阵证明共焦腔为稳定腔，即任意近轴光线在其中可以往返无限多次，而且两次往返即自行闭合。

4．分别按图 3-48（a）（b）中的往返顺序，推导近轴光线往返一周的光学变换矩阵 $\begin{bmatrix} A & B \\ C & D \end{bmatrix}$，并证明这两种情况下的 $\frac{1}{2}(A+D)$ 相等。

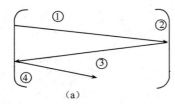 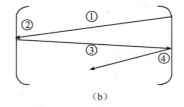

（a）　　　　　　　　　　　　（b）

图 3-48　习题 4 图

5．激光器的谐振腔由一面曲率半径为 1 m 的凸面镜和曲率半径为 2 m 的凹面镜组成，介质长为 0.5 m，其折射率为 1.52，求腔长 L 在什么范围内是稳定腔？

6．设光学谐振腔两镜面曲率半径为 $R_1 = -1$ m，$R_2 = 1.5$ m，试问：腔长 L 在什么范围内变化时该腔为稳定腔？

7．$R = 100$ cm，$L = 40$ cm 的对称腔，相邻纵模的频率差为多少？

8．腔长为 0.5 m 的氩离子激光器，发射中心频率为 $\nu_0 = 5.85 \times 10^{14}$ Hz，荧光线宽为 $\Delta\nu = 6 \times 10^8$ Hz。问可能存在几个纵模？相应的 q 值为多少？

9．He-Ne 激光器的中心频率为 $\Delta\nu = 4.74 \times 10^{14}$ Hz，荧光线宽为 $\Delta\nu = 1.5 \times 10^9$ Hz，腔长为 $L = 1$ m。问可能输出的纵模数为多少？为获得单纵模输出，腔长最长为多少？

10．有一个谐振腔，腔长为 $L = 1$ m，两个反射镜中，一个全反，一个半反。半反镜反射系数为 $r = 0.99$。求在 1500 MHz 的范围内所包含的纵模个数，及每个纵模的线宽（不考虑其他损耗）。

11．求方形镜共焦腔镜面上的 TEM_{30} 模的节线位置，这些节线是等距分布的吗？（可以 ω_{0s} 为参数）。

12．试写出圆形镜共焦腔 TEM_{20} 和 TEM_{02} 模在镜面上场的分布函数为 $v_{02}(r, \varphi)$ 和 $v_{20}(r, \varphi)$ $v_{20}(r, \varphi)$，并计算各节线的位置。

13．从镜面上的光斑大小来分析，当它超过镜子的线度时，这样的横模就不可能存在。试估算在腔长为 $L = 30$ cm，镜面线度为 $2a = 0.2$ cm 的 He-Ne 激光方形镜共焦腔中所可能出现的最高阶横模的阶次是多大？

14．稳定双凹球面腔腔长为 $L = 1$ m，两个反射镜的曲率半径分别为 $R_1 = 1.5$ m，$R_2 = 3$ m。求它的等价共焦腔腔长，并画出它的位置。

15．对称双凹球面腔腔长为 L，反射镜曲率半径为 $R = 2.5L$，光波长为 λ，求镜面上的基模光斑半径。

16．有一凹凸腔 He-Ne 激光器，腔长为 $L = 30$ cm，凹面镜的曲率半径为 $R_1 = 50$ cm，凸面镜的曲率半径为 $R_2 = 30$ cm。

（1）利用稳定性条件证明此腔为稳定腔；

（2）求此腔产生的基模高斯光束的腰斑半径及束腰位置；

（3）求此腔产生的基模高斯光束的远场发散角。

17. 有一平凹腔，凹面镜曲率半径为 $R=5$ m，腔长为 $L=1$ m，光波长为 $\lambda=0.5$ m。求：

（1）两镜面上的基模光斑半径；

（2）基模高斯光束的腰斑半径及束腰位置；

（3）基模高斯光束的远场发散角。

18. 设计一对称光学谐振腔，波长为 $\lambda=10.6$ μm，腔长为 $L=2$ m，如选择凹面镜曲率半径为 $R=L$，试求镜面上光斑尺寸。若保持 L 不变，选择 $R\gg L$，并使镜面上光斑尺寸 $\omega_{0s}=0.3$ cm，问此时镜的曲率半径和腔中心光斑尺寸多大？

19. 某共焦腔 He-Ne 激光器，波长为 $\lambda=0.6328$ μm，若镜面上基模光斑尺寸为 0.5 mm，试求共焦腔的腔长，若腔长保持不变，而波长为 $\lambda=3.39$ μm，此时镜面上光斑尺寸为多大？

20. 图 3-49 为 4 个平面反射镜（$M_1 \sim M_4$）构成的环形腔，在 M_1 和 M_4 之间放置一个薄透镜，其焦距为 f（>0）。整个腔长为 $L=2(2L_1+L_2)$。

（1）确定该腔的稳定性区间；

（2）画出该腔的双球面镜等价腔，并标出腔参数；

（3）若 $f=20$ cm，$L_1=5$ cm，$L_2=10$ cm，$\lambda=514.5$ nm，求该腔束腰的大小、位置和谐振频率。

21. 一台激光器如图 3-50 所示，一个长度为 d 的激光介质置于腔长为 L 的平凹腔中，平面镜 M_1 为全反镜（$R_1=\infty$，反射系数 $r_1=1$），球面镜 M_2 的曲率半径为 R_2，透射系数为 r_2。不考虑增益介质。

（1）确定该激光器的稳定性条件；

（2）求束腰的大小及位置；

（3）求输出镜处的光束曲率半径。

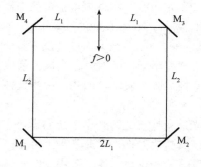

图 3-49 习题 20 图

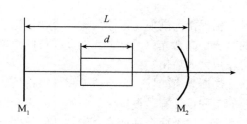

图 3-50 习题 21 图

22. 一虚共焦非稳定腔，工作波长为 $\lambda=1.06$ μm，腔长为 $L=0.3$ m，有效菲涅耳数为 $N_{ef}=0.5$，往返损耗率为 $\delta=0.5$，试求单端输出时，镜 M_1 和 M_2 的线度和曲率半径。

23. 试计算 $R_1=1$ m，$L=0.25$ m，$a_1=2.5$ cm，$a_2=1$ cm 的虚共焦腔的 $\xi_{单程}$ 和 $\xi_{往返}$。若想保持 a_1 不变并从凹面镜 M_1 端单端输出，应如何选择 a_2？反之，若想保持 a_2 不变，并从凸面镜 M_2 端单端输出，应如何选择 a_1？在这两种单端输出的条件下，$\xi_{单程}$ 和 $\xi_{往返}$ 各为多大？题中 a_1 为镜 M_1 的横截面半径，R_1 为其曲率半径，a_2、R_2 的意义类似。

第4章 高斯光束

　　激光的特殊产生方法导致出现了一种新型光波,其特性和传播规律与普通球面光波(平面光波可看作波面曲率半径为无限大的球面波)完全不同。我们把所有可能存在的激光波型统称为激光束或高斯光束。

　　理论和实践已证明,在可能存在的激光束形式中,最重要、最具典型意义的就是基模高斯光束。若激光器发射的激光为单横模,即只有一种横模模式,通常就是基横模 TEM_{00}。无论是方形镜腔还是圆形镜腔,它们所激发基模行波场都一样,基模在横截面上的光强分布为一圆斑,中心处光强最强,向边缘方向光强逐渐减弱,呈高斯型分布,基模光束的高斯型分布如图 4-1 所示。因此,将基模激光束称为"高斯光束"。

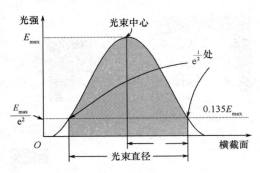

图 4-1　基模光束的高斯型分布

　　高阶模激光束的强度花样中虽然存在节线或节圆,但其横截面上光强包络从中心向边缘也是按高斯衰减分布,且当横模阶数确定时,高阶模的光斑半径 $\omega_m(z)$ 和基模高斯光束光斑半径 $\omega_0(z)$ 之间有确定的比值关系,因此,认为高阶模激光束的传输变换规律和基模高斯光束一致,称为高阶模高斯光束。

　　稳定腔输出的激光束属于各种类型的高斯光束,非稳腔输出的基模光束经准直后在远场的强度分布也是接近高斯型的,因此,可以认为高斯光束是可能存在的各种激光模式的总称。高斯光束与平面波和球面波一样,也是麦克斯韦方程组的解。当高斯光束通过透镜或其他光学元件传输时,仍保持为高斯光束的形式。也就是说,当高斯光束被光学元件衍射时,它被变换成具有不同参数的另一个高斯光束。这个变换过程可以简单地由一个变换矩阵来表示,因此,激光束各种应用的分析可以被大大简化。

　　研究高斯光束的场分布及传输和变换特性,对于与激光束变换有关的光学系统的设计,以及光学谐振腔的工程设计都是很重要的。本章着重介绍高斯光束及其传输变换,在此基础上讨论高斯光束的聚焦、准直,以及两个高斯模之间的匹配问题,这些问题都是激光理论与实际应用中经常遇到的具有重要意义的问题。本章中"高斯光束"均指基模高斯光束。

4.1　高斯光束的基本性质和特征参数

4.1.1　高斯光束

　　为了便于比较,我们先介绍均匀平面波和均匀球面波。

1. 均匀平面波

　　沿某方向(如 z 轴)传播的均匀平面波(即均匀的平行光束),其电矢量为

$$E(x,y,z) = A_0 \mathrm{e}^{-\mathrm{i}kz} \tag{4-1}$$

式中,$k = 2\pi/\lambda$ 为波数;A_0 为振幅。

这种平面波的特点是振幅 A_0 与 x、y 无关，即在与光束传播方向垂直的平面上光强是均匀的。已知，由于反射镜的衍射作用，谐振腔中形成的激光光束的边缘部分的光强比中心弱，所以激光光束与均匀平行光束不同。

2. 均匀球面波

由某一点光源（位于坐标原点）向外发射的均匀球面光波，其电矢量为

$$E(x,y,z) = \frac{A_0}{\sqrt{x^2+y^2+z^2}}\exp(-ik\sqrt{x^2+y^2+z^2}) = \frac{A_0}{R}\exp(-ikR) \tag{4-2}$$

式中，$R = \sqrt{x^2+y^2+z^2}$ 为光源到点 (x,y,z) 的距离；k 为波数；A_0 为振幅。

由式（4-2）可见，与坐标原点距离为常数（即 $R=$ 常数）的点的轨迹，是以原点为球心的一个球面，在这个球面上各点的位相相等，即该球面是一个等相位面。在这个等相球面上，各点的振幅都为 A_0/R，也就是说球面上各点的强度是一致的。显然，这样的球面波在凹面镜腔内传播时，由于衍射效应，边缘部分振幅逐渐减弱。所以，均匀的球面波是不能在凹面镜腔中稳定存在下去的。

对于近 z 轴（即 x，$y \ll z$；$z \approx R$ 时）的球面波，可近似有

$$R = \sqrt{x^2+y^2+z^2} = z\sqrt{1+\frac{x^2+y^2}{z^2}} \approx z(1+\frac{x^2+y^2}{2z^2}) \approx z + \frac{x^2+y^2}{2R}$$

代入式（4-2），得近 z 轴均匀球面波的电矢量为

$$E(x,y,z) \approx \frac{A_0}{R}\exp[-ik(z+\frac{x^2+y^2}{2R})] \tag{4-3}$$

3. 高斯光束

在稳定球面腔中产生的激光束，既不是均匀的平面光波，也不是均匀的球面光波，而是一种比较特殊的高斯光束（也称为高斯球面波），如图 4-2 所示。

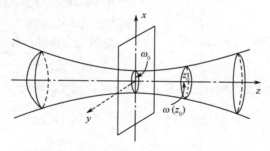

图 4-2　高斯光束

沿 z 轴方向传播的基模高斯光束，不管它是由何种结构的稳定腔所产生的，其电矢量均可表示为如下形式

$$E(x,y,z) = \underbrace{\frac{A_0}{\omega(z)}\exp\left[\frac{-(x^2+y^2)}{\omega^2(z)}\right]}_{振喷因子} \times \underbrace{\exp\left\{-ik\left[\frac{x^2+y^2}{2R(z)}+z\right]+i\varphi(z)\right\}}_{相位因子} \tag{4-4}$$

式中，$E(x,y,z)$ 为点 (x,y,z) 处的电矢量；$A_0/\omega(z)$ 为 z 轴上 $(x=y=0)$ 各点的电矢量振幅。

$\omega(z)$ 为 z 点处的光斑半径，它是距离 z 的函数，即

$$\omega(z) = \omega_0\sqrt{1+(\frac{\lambda z}{\pi \omega_0^2})^2} \tag{4-5}$$

式中，ω_0 是 $z=0$ 处的 $\omega(z)$ 值，即高斯光束的"束腰"半径。

式（4-4）中 $R(z)$ 是在 z 点处波阵面的曲率半径，它也是 z 的函数，即

$$R(z) = z[1+(\frac{\pi\omega_0^2}{\lambda z})^2] \tag{4-6}$$

$\varphi(z)$ 是与 z 有关的位相因子，且

$$\varphi(z) = \arctan\frac{\lambda z}{\pi\omega_0^2} \tag{4-7}$$

4.1.2　高斯光束的基本性质

第 3 章中对稳定球面腔行波场的衍射理论分析表明，沿 z 轴方向传播的基模高斯光束，不论是哪种结构的稳定腔所产生的，都具有下列基本性质。

1．振幅分布及光斑半径

基模高斯光束在横截面内的场振幅分布按高斯函数的规律从中心（即传播轴线）到振幅下降到中心值的 $1/e$ 处的距离定义为光斑半径，光斑半径随 z 坐标而变，即

$$\omega(z) = \omega_0\sqrt{1+(\frac{\lambda z}{\pi\omega_0^2})^2} = \omega_0\sqrt{1+(\frac{z}{f})^2} \tag{4-8}$$

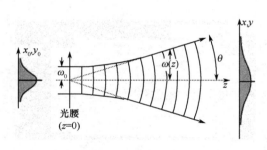

图 4-3　高斯光束

式中，$f = \dfrac{\pi\omega_0^2}{\lambda}$ 为共焦腔反射镜的焦距（$f = \dfrac{L}{2}$），也称为高斯光束的共焦参数；$\omega_0 = \sqrt{\dfrac{\lambda f}{\pi}}$ 为基模高斯光束的腰斑半径。

光斑半径 $\omega(z)$ 随坐标 z 按双曲线规律扩展，如图 4-3 所示。在 $z=0$ 处，$\omega(0)=\omega_0$，达到极小值，即为腰斑半径。在传播过程中高斯光束的振幅和强度在横截面内始终保持高斯分布特性，强度集中在轴线附近。

2．等相位面分布

高斯光束的等相位面是球面，其曲率半径 $R(z)$ 随 z 坐标而变，即

$$R(z) = z[1+(\frac{\pi\omega_0^2}{\lambda z})^2] = z[1+(\frac{f}{z})^2] \tag{4-9}$$

由式（4-9）可知：

当 $z=0$ 时，$R(z)\to\infty$，表明束腰所在处的等相位面为平面。

当 $z=\pm\infty$ 时，$R(z)=z\to\infty$，表明离束腰无限远处的等相位面亦为平面，且其曲率中心就在束腰处。

当 $z=\pm f$ 时，$|R(\pm f)|=2f$，这是等相位面曲率半径的极小值。

当 $0<z<f$ 时，$R(z)>2f$，表明等相位面曲率中心在 $[-f\sim\infty)$ 区间内。

当 $z>f$ 时，$z<R(z)<z+f$，表明等相位面曲率中心在 $[-f\sim0)$ 区间内。

图 4-4 中画出了几个等相位面的示意图。在传播过程中，高斯光束等相位面的曲率中心和曲率半径都在不断改变，但其振幅和强度在横截面内始终保持高斯分布。

高斯光束在 $z=0$ 处的波前是一平面，这一点与平面波相同；但其光强分布是高斯分布，这一点又不同于均匀平面波。正是由于这一差别，决定了它向 z 方向传播时，不再保持其平面波的特性，而是以高斯球面波的形式传播。

综上所述，高斯光束既不是平面波，也不是一般的球面波，在其传输轴线附近可以看作是一种非均匀球面波。它在共焦腔中心处是强度为高斯分布的平面波，在其他地方则是强度为高斯分布的球面

波。概括地说，高斯光束为幅度非均匀的变曲率中心球面波。

3．远场发散角

从式（4-8）可见，在 $z=0$ 附近的光斑尺寸 ω_0 最小，$\omega(z)$ 随 z 的增大而增大，即光束逐渐发散。通常以发散角来描述高斯光束的发散度。定义高斯光束的光斑半径随传播距离的变化率为其发散角（全角），以 θ_B 表示

$$\theta_B = 2\frac{\mathrm{d}\omega(z)}{\mathrm{d}z} = \frac{2\dfrac{\lambda z}{\pi\omega_0}}{\sqrt{(\dfrac{\pi\omega_0^2}{\lambda})^2 + z^2}} \tag{4-10}$$

当 z 趋向无穷大时（$z\to\infty$），高斯光束的发散角即为双曲线两条渐近线之间的夹角，将其定义为高斯激光束的远场发散角，通常用 θ_0 来表示，即

$$\theta_0 = \lim_{z\to\infty}\frac{2\omega(z)}{z} = \frac{2\lambda}{\pi\omega_0} \tag{4-11}$$

如图 4-5 所示。

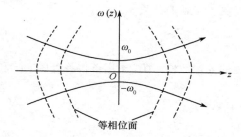

图 4-4　高斯光束等相位面的分布示意图

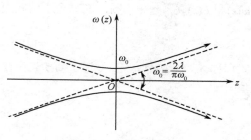

图 4-5　高斯光束的发散角

理论计算表明，基模高斯光束的发散角具有毫弧度的数量级，因此其方向性相当好。由于高阶模的发散角是随模阶次而增大，所以多模振荡时，光束的方向性要比单基模振荡差。

4．瑞利长度

若在 $z=z_\mathrm{R}$ 处，高斯光束光斑面积为束腰处最小光斑面积的两倍，则从束腰处算起的这个长度 z_R 称为瑞利长度，如图 4-6 所示。

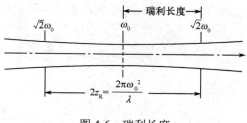

图 4-6　瑞利长度

在瑞利长度 z_R 位置处，其光斑半径 $\omega(z_\mathrm{R})$ 为腰斑半径 ω_0 的 $\sqrt{2}$ 倍，即

$$\omega(z_\mathrm{R}) = \sqrt{2}\,\omega_0 \tag{4-12}$$

在实用上，常取 $[-z_\mathrm{R},\ z_\mathrm{R}]$ 的范围，即 $2z_\mathrm{R}$ 这段长度，为高斯光束的准直距离，表示在这段长度内，高斯光束可近似认为是平行的。所以瑞利长度越长，意味着高斯光束准直性越好。

4.1.3　高斯光束的特征参数

为了描述高斯光束，需要用到一些特征参数，这些参数的数值一旦给定，高斯光束的结构及位置就确定下来了。如下三组特征参量，每组都可以确定高斯光束的具体结构和特征。

1. 束腰半径 ω_0（或共焦参数 f）与束腰位置

由式（4-8）到式（4-11）可见，对一定的高斯光束，只要给定高斯光束腰斑半径 ω_0 及其位置，便可确定与束腰相距 z 处的光斑大小 $\omega(z)$，等相位面的曲率半径 $R(z)$，以及光束远场发散角 θ_0。由此，整个光束的结构也就随之确定。

共焦参数 f 与束腰半径 ω_0 之间有确定的关系，所以用 f 与束腰位置同样也可以用来表征高斯光束。

2. 任一 z 坐标处的光斑半径 $\omega(z)$ 及等相位面曲率半径 $R(z)$

若已知坐标 z 处的 $\omega(z)$ 及 $R(z)$，则可由此求出高斯光束的束腰半径 ω_0 及其位置，即

$$\begin{cases} \omega_0 = \omega(z)\left[1+\left(\dfrac{\pi\omega^2(z)}{\lambda R(z)}\right)^2\right]^{-\frac{1}{2}} \\[3mm] z = R(z)\left[1+\left(\dfrac{\lambda R(z)}{\pi\omega^2(z)}\right)^2\right]^{-1} \end{cases} \tag{4-13}$$

因此，也可以用任一位置 z 处的 $\omega(z)$ 和 $R(z)$ 表征高斯光束。

3. 高斯光束的 q 参数

$\omega(z)$ 和 $R(z)$ 联系起来，统一在一个表达式中，可以定义一个新的参数 $q(z)$，即

$$\frac{1}{q(z)} = \frac{1}{R(z)} - \mathrm{i}\frac{\lambda}{\pi\omega^2(z)} \tag{4-14}$$

我们称其为 q 参数。一旦知道了高斯光束在某位置处的 q 参数值，则可求出该位置处的 $\omega(z)$ 和 $R(z)$ 的数值

$$\begin{cases} \dfrac{1}{R(z)} = \mathrm{Re}\left\{\dfrac{1}{q(z)}\right\} \\[3mm] \dfrac{1}{\omega^2(z)} = -\dfrac{\pi}{\lambda}\mathrm{Im}\left\{\dfrac{1}{q(z)}\right\} \end{cases} \tag{4-15}$$

因此，q 参数也可以用来表征高斯光束。

将式（4-4）改写为如下形式

$$E(x,y,z) = \frac{A_0}{\omega(z)}\exp\left\{-\mathrm{i}k\left[z+\frac{x^2+y^2}{2}\left(\frac{1}{R(z)}-\frac{2\mathrm{i}}{k\omega^2(z)}\right)\right]+\mathrm{i}\varphi(z)\right\} \tag{4-16}$$

将式（4-14）代入式（4-16）得

$$E(x,y,z) = \frac{A_0}{\omega(z)}\exp\left\{-\mathrm{i}k\left[z+\frac{x^2+y^2}{2q(z)}\right]+\mathrm{i}\varphi(z)\right\} \tag{4-17}$$

比较基模高斯光束的表达式（4-17）与均匀球面波的表达式（4-3）可以看出，高斯光束的 q 参数相当于均匀球面波的曲率半径 R，因此也称 q 参数为高斯光束的复曲率半径。

以 q_0 表示束腰处（即 $z=0$ 处）的 q 参数值，由式（4-14）可得

$$\frac{1}{q_0} = \frac{1}{q(0)} = \frac{1}{R(0)} - \frac{\mathrm{i}\lambda}{\pi\omega^2(0)} \qquad q_0 = \mathrm{i}\frac{\pi\omega_0^2}{\lambda} = \mathrm{i}f \tag{4-18}$$

以上三组参数中的任何一组都可以确定基模高斯光束的具体结构，当然，这些特征参数是互相联系的。

用 ω_0（或 f）与腰位置，$\omega(z)$ 与 $R(z)$ 来描述高斯光束比较直观，而用 q 参数来研究高斯光束的传输变换规律则更为简便。

4.2 高斯光束的传输、变换规律及实例分析

绝大多数激光器输出的光束，在投入使用之前，都要通过一定的光学系统变换成所需要的形式，因此高斯光束在自由空间中的传输，以及其通过光学系统的变换规律是激光应用的一个基本问题。从激光器输出的激光束在光学谐振腔之外仍为高斯光束，这一点很重要，因为这样，激光束通过透镜等不同光学元件的传输过程就可以按照高斯光束参数的矩阵变换来处理，而不需要精确地计算出每步的基尔霍夫积分。

利用高斯光束的 q 参数，根据矩阵光学的方法来研究其传输与变换规律是非常方便的，而且可以用一个统一的规律——ABCD 定律来描述高斯光束通过自由空间及光学系统的行为。

高斯光束的 q 参数相当于球面波的曲率半径 R，因此，本节先讨论普通球面波的传输与变换规律，然后在此基础上引出高斯光束的传输与变换规律，最后通过一个实例分析来具体应用这一规律。

1. 普通球面波的传输与变换规律

这里讨论普通球面波在自由空间的传输规律。考察在自由空间沿 z 轴方向传播的普通球面波，如图 4-7 所示。可见，其波阵面曲率半径 $R(z)$ 随 z 坐标的变换规律为

$$\begin{cases} R(z_1) = R_1 = z_1 \\ R(z_2) = R_2 = z_2 = R_1 + L \end{cases} \tag{4-19}$$

2. 普通球面波经过薄透镜的变换规律

以图 4-8 所示的普通球面波经过凸薄透镜的变换为例，设薄透镜焦距为 F，R_1 表示入射到透镜表面上的球面波的曲率半径，R_2 表示经过透镜出射的球面波的曲率半径。按照凸向 z 轴正向的等相位面曲率半径取正的符号规律：$R_1>0$，$R_2<0$。设 R_1 的曲率中心在 O 点，R_2 的曲率中心在 O' 点，则球面波通过此凸薄透镜的变换，可看作是从 O 点发出的球面波经过凸薄透镜后汇聚在 O' 点，即 O' 点可看作是物点 O 通过透镜所成的像，物距 $l=R_1$，像距 $l'=R_2$，根据透镜的成像公式，有

$$\frac{1}{R_2} = \frac{1}{R_1} - \frac{1}{F} \tag{4-20}$$

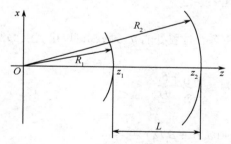

图 4-7 普通球面波在自由空间的传播

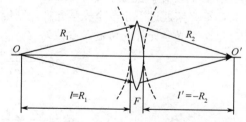

图 4-8 普通球面波经过凸薄透镜的变换

3. 普通球面波的 ABCD 定律

如图 4-9 所示，假设从 P_1 点发出的球面波经过任一光学系统后会聚到 P_2 点。(r_1, θ_1) 和 (r_2, θ_2) 分别为入射球面波和出射球面波的一对共轭光线（互为物像关系），若此光学系统的光线变换矩阵为 $\begin{bmatrix} A & B \\ C & D \end{bmatrix}$，根据光线通过光学系统的变换规律，则它们之间应满足关系式

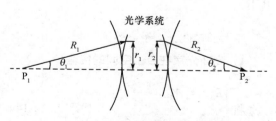

图 4-9 普通球面波经过光学系统的变换

$$\begin{cases} r_2 = Ar_1 + B\theta_1 \\ \theta_2 = Cr_1 + D\theta_1 \end{cases} \tag{4-21}$$

上、下两式相除，有

$$\frac{r_2}{\theta_2} = (A\frac{r_1}{\theta_1} + B)/(C\frac{r_1}{\theta_1} + D) \tag{4-22}$$

我们只考虑近轴光线，采用一级近似，有

$$R_1 = \frac{r_1}{\theta_1}, R_2 = \frac{r_2}{\theta_2} \tag{4-23}$$

代入式（4-22），有

$$R_2 = \frac{AR_1 + B}{CR_1 + D} \tag{4-24}$$

式（4-24）是一个普遍适用的公式，它描述球面波曲率半径 R 在通过光学系统时的变换规律，称为 ABCD 定律。将描述普通球面波在自由空间传输规律的式（4-19），和描述其经薄透镜的变换规律的式（4-20），以及相应的光线变换矩阵，分别代入式（4-24），易验证普通球面波在这两种情况下的传输与变换均符合 ABCD 定律。

4.2.1 高斯光束的传输与变换规律

由于高斯光束的 q 参数相当于普通球面波的曲率半径 R，因此，其传输和变换规律与 R 完全类似。可以证明，当高斯光束在自由空间传输或通过一个光学系统时，其 q 参数也遵循与式（4-24）相同的规律，即

$$q_2 = \frac{Aq_1 + B}{Cq_1 + D} \tag{4-25}$$

式（4-25）称为高斯光束 q 参数的 ABCD 定律，它描述了高斯光束在传输与变换过程中遵从的一般规律，其中 A、B、C、D 为光学系统的光线变换矩阵 $\begin{bmatrix} A & B \\ C & D \end{bmatrix}$ 的 4 个矩阵元。一些常用光学元件和媒质的 ABCD 传输矩阵见第 3 章中表 3-1。

如果高斯光束通过不止一个光学元件，则传输过程中各个位置处的 q 参数都可以由 ABCD 定律求出。如经过两个光学元件的传输 q 参数为

$$q_3 = \frac{A_2 q_2 + B_2}{C_2 q_2 + D_2}, \quad q_2 = \frac{A_1 q_1 + B_1}{C_1 q_1 + D_1}$$

因此

$$q_3 = \frac{(A_1 A_2 + B_2 C_1)q_1 + (A_2 B_1 + B_1 D_1)}{(A_1 C_2 + C_1 D_2)q_1 + (B_1 C_2 + D_1 D_2)}$$

其中

$$\begin{vmatrix} A & B \\ C & D \end{vmatrix} = \begin{vmatrix} A_2 & B_2 \\ C_2 & D_2 \end{vmatrix} \cdot \begin{vmatrix} A_1 & B_1 \\ C_1 & D_1 \end{vmatrix}$$

下面通过两个例子来验证。

1. 高斯光束在自由空间的传输

将 $\begin{cases} R(z) = z[1 + (\frac{\pi\omega_0^2}{\lambda z})^2] \\ \omega^2(z) = \omega_0^2[1 + (\frac{\lambda z}{\pi\omega_0^2})^2] \end{cases}$ 代入式（4-14），运算后可得

$$q(z) = i\frac{\pi \omega_0^2}{\lambda} + z = q_0 + z \tag{4-26}$$

式（4-26）描述了 q 参数在自由空间的传输规律。设 z_1 处的 q 参数为 q_1，传输到 z_2 处的 q 参数为 q_2，则

$$q_2 = q(z_2) = q_0 + z_2 = q_1 + (z_2 - z_1) = q_1 + L \tag{4-27}$$

式（4-27）与普通球面波的式（4-19）形式完全一样。

将自由空间光线变换矩阵 $\begin{bmatrix} 1 & L \\ 0 & 1 \end{bmatrix}$ 代入 ABCD 定律，可得

$$q_2 = q_1 + L \tag{4-28}$$

可见，利用 ABCD 定律得到的结果与从 q 参数定义推导出的结果完全相同。因此，高斯光束在自由空间的传输遵从 ABCD 定律。

2. 高斯光束经过薄透镜的变换

如图 4-10 所示，M_1 为高斯光束入射到透镜表面上时的等相位面，它是曲率半径为 R_1 的球面，通过透镜后，变换成曲率半径为 R_2 的另一球面波 M_2 出射，M_2 也是等相位面。R_1、R_2 与透镜焦距 F 满足球面波变换公式（4-20），即 $\dfrac{1}{R_2} = \dfrac{1}{R_1} - \dfrac{1}{F}$。

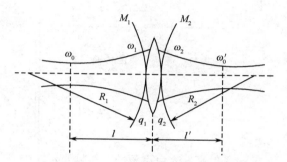

图 4-10　高斯光束经过薄透镜的变换

由于是薄透镜，可以认为紧挨着透镜两侧的等相位面 M_1 与 M_2 上的光斑大小及光强分布都完全一样，即

$$\omega_1 = \omega_2 \tag{4-29}$$

式中，ω_1 为入射在透镜表面上的高斯光束光斑半径；ω_2 为出射高斯光束光斑半径。

综上所述，高斯光束经过薄透镜之后，出射光波的等相位面变成另一个球面形状，且等相位面上仍具有高斯型强度分布。这样，在透镜像方继续传输的光束仍为高斯光束。

设 q_1 表示入射光束在透镜表面处的 q 参数，q_2 为出射光束在透镜表面处的 q 参数，考虑到式（4-20）与式（4-29），有

$$\frac{1}{q_2} = \frac{1}{R_2} - i\frac{\lambda}{\pi \omega_2^2} = \frac{1}{R_1} - \frac{1}{F} - i\frac{\lambda}{\pi \omega_1^2} = \left(\frac{1}{R_1} - i\frac{\lambda}{\pi \omega_1^2}\right) - \frac{1}{F} = \frac{1}{q_1} - \frac{1}{F} \tag{4-30}$$

将焦距为 F 的薄透镜的光线变换矩阵

$$\begin{bmatrix} A & B \\ C & D \end{bmatrix} = \begin{bmatrix} 1 & 0 \\ -\dfrac{1}{F} & 1 \end{bmatrix}$$

代入 ABCD 定律式（4-25），可得

$$q_2 = \frac{q_1}{-\dfrac{q_1}{F} + 1} \tag{4-31}$$

$$\frac{1}{q_2} = \frac{1}{q_1} - \frac{1}{F}$$

可见，利用 ABCD 定律推导出的结果与从 q 参数定义推导出的结果完全一致，因此，高斯光束通过薄透镜的变换也遵循 ABCD 定律。

ABCD 定律是高斯光束经过任何光学系统变换时所遵从的一般规律，只要我们知道了光学系统的光线变换矩阵 $\begin{bmatrix} A & B \\ C & D \end{bmatrix}$，就可以利用 ABCD 定律求出通过光学系统以后的高斯光束 q 参数，进而可以求出光束的光斑大小 $\omega(z)$ 及等相位面曲率半径 $R(z)$。下面通过一个例子来更清楚地认识如何利用 q 参数和 ABCD 定律研究高斯光束的传输变换过程。

4.2.2　实例分析

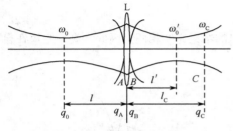

图 4-11　高斯光束的传输

如图 4-11 所示，已知：入射高斯光束束腰半径为 ω_0，束腰与透镜 L 的距离为 l，透镜焦距为 F。求：通过透镜 L 后在与透镜相距 l_C 处的高斯光束参数 ω_C 和 R_C。

解： 高斯光束从入射束腰处到 C 点处经历了自由传输 l、通过焦距为 F 的单透镜、自由传输 l_C 三个过程。相应的光学变换矩阵分别为 $\boldsymbol{T}_l$、$\boldsymbol{T}_F$、$\boldsymbol{T}_{l_C}$，则整个过程总的变换矩阵为

$$\boldsymbol{T} = \boldsymbol{T}_{l_C}\boldsymbol{T}_F\boldsymbol{T}_l = \begin{bmatrix} 1 & l_C \\ 0 & 1 \end{bmatrix}\begin{bmatrix} 1 & 0 \\ -\dfrac{1}{F} & 1 \end{bmatrix}\begin{bmatrix} 1 & l \\ 0 & 1 \end{bmatrix} = \begin{bmatrix} 1-\dfrac{l_C}{F} & \dfrac{Fl_C + Fl - ll_C}{F} \\ -\dfrac{1}{F} & 1-\dfrac{l}{F} \end{bmatrix} \tag{4-32}$$

设入射高斯光束束腰处 q 参数为 q_1，则

$$q_1 = \mathrm{i}\frac{\pi\omega_0^2}{\lambda} \tag{4-33}$$

设出射高斯光束在点 C 处 q 参数为 q_C，则

$$\frac{1}{q_C} = \frac{1}{R_C} - \mathrm{i}\frac{\lambda}{\pi\omega_C^2} \tag{4-34}$$

由 ABCD 定律可得

$$q_C = \frac{(1-\dfrac{l_C}{F})q_1 + \dfrac{Fl_C + Fl - ll_C}{F}}{-\dfrac{q_1}{F} + 1 - \dfrac{l}{F}} = l_C + F\frac{l(F-l) - (\dfrac{\pi\omega_0^2}{\lambda})^2}{(F-l)^2 + (\dfrac{\pi\omega_0^2}{\lambda})^2} + \mathrm{i}\frac{F^2(\dfrac{\pi\omega_0^2}{\lambda})^2}{(F-l)^2 + (\dfrac{\pi\omega_0^2}{\lambda})^2} \tag{4-35}$$

将式（4-33）和式（4-34）代入式（4-35）式，并令等式两边实部、虚部分别相等，可得

$$\frac{\pi\omega_C^2}{\lambda} = \frac{(1-\dfrac{l_C}{F})^2(\dfrac{\pi\omega_0^2}{\lambda})^2 + (l_C + l - \dfrac{ll_C}{F})^2}{\dfrac{\pi\omega_0^2}{\lambda}} \tag{4-36}$$

$$R_C = \frac{(1-\dfrac{l_C}{F})^2(\dfrac{\pi\omega_0^2}{\lambda})^2 + (l_C + l - \dfrac{ll_C}{F})^2}{-\dfrac{1}{F}(1-\dfrac{l_C}{F})(\dfrac{\pi\omega_0^2}{\lambda})^2 + (l_C + l - \dfrac{ll_C}{F})(1-\dfrac{l}{F})} \tag{4-37}$$

下面讨论两种实用中常见的特殊情况。

1. 高斯光束束腰的变换规律

此时，将 C 点取在像方束腰处，并令

$$l_C = l', \omega_c = \omega'_0 \tag{4-38}$$

在束腰处

$$R_C \to \infty \tag{4-39}$$

将式（4-38）和式（4-39）代入式（4-36）和式（4-37），可得出射高斯光束束腰处光斑半径为

$$\omega'^2_0 = \frac{F^2 \omega^2_0}{(F-l)^2 + (\frac{\pi \omega^2_0}{\lambda})^2} \tag{4-40}$$

出射高斯光束束腰到透镜 L 的距离为

$$l' = F + \frac{(l-F)F^2}{(l-F)^2 + (\frac{\pi \omega^2_0}{\lambda})^2} \tag{4-41}$$

式（4-40）及式（4-41）就是高斯光束束腰间的变换关系式，当已知物方高斯光束的腰斑大小及位置时，即可完全确定像方高斯光束腰斑的大小及位置。

2. 求透镜焦平面上的光斑大小

此时，将 C 点取在透镜物方焦点处，即

$$l_C = F \tag{4-42}$$

令 $\omega_C = \omega_F$，将式（4-42）代入式（4-36），可得

$$\omega_F = \frac{\lambda}{\pi \omega_0} F \tag{4-43}$$

4.3 高斯光束的聚焦和准直

在激光应用的许多场合，需要将高斯光束聚焦或准直。聚焦的目的是为了缩小腰斑半径，将激光束聚焦成极小的光斑，从而得到极高的功率密度和空间分辨率。聚焦后的激光可用于打孔、切割、焊接等加工，可以实现高密度信息存储如光盘读写，还可用于引发热核反应。

高斯光束准直的目的在于压缩光束的发散角，改善其方向性。如光信息处理、全息摄影、全息测量等经常需要方向性好、光束横截面面积大的激光，这就需要对激光器输出的光束进行准直扩束。

4.3.1 高斯光束的聚焦

下面只讨论高斯光束通过单透镜的聚焦问题，如图 4-12 所示。为此，先分析像方高斯光束腰斑的大小 ω'_0、随物方高斯光束参数 ω_0、l 及透镜焦距 F 的变化情况，在此基础上判断，为有效地将高斯光束聚焦应如何合理地选择上述参数。

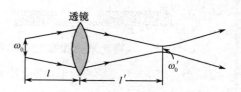

图 4-12 高斯光束的聚焦

1. F 一定时，ω'_0 随 l 的变化情况

根据上节的分析，高斯光束经透镜变换后腰斑大小和位置由式（4-40）和式（4-41）确定，即

$$\omega'_0 = \frac{\omega_0}{\sqrt{(1-\frac{l}{F})^2 + (\frac{f}{F})^2}} \tag{4-44}$$

$$l' = F + \frac{(l-F)F^2}{(l-F)^2 + f^2} \tag{4-45}$$

式中，$f = \dfrac{\pi \omega_0^2}{\lambda}$，为共焦参量。

根据上面两式分别画出 $\omega_0' \sim l$ 曲线（假设 $F>f$），如图 4-13（a）所示，以及 $l' \sim l$ 曲线（假设 $F>f$），如图 4-13（b）所示。

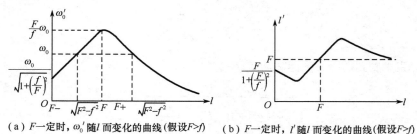

（a）F 一定时，ω_0' 随 l 而变化的曲线（假设 $F>f$）　　（b）F 一定时，l' 随 l 而变化的曲线（假设 $F>f$）

图 4-13　F 一定时，ω_0' 及 l' 随 l 的变化情况

下面就 l 的几种不同取值情况进行讨论：

（1）$l=0$

$l=0$，即物光束的腰在透镜表面上。此时，有

$$\omega_0' = \frac{\omega_0}{\sqrt{1+(\dfrac{f}{F})^2}} < \omega_0 \tag{4-46}$$

$$l' = \frac{F}{1+(\dfrac{f}{F})^2} < F \tag{4-47}$$

可见，有聚焦作用，且 F 越小，聚焦作用越好；像光束束腰在透镜焦平面以内。

（2）$l=F$

$l=F$，即物光束的腰正好在透镜后焦面上。此时，ω_0' 取极大值

$$\omega_{0\max}' \frac{F}{f}\omega_0 = \frac{\lambda F}{\pi \omega_0} \tag{4-48}$$

$$l' = F \tag{4-49}$$

可见，有无聚焦作用由 F 与 f 的大小来决定：$F<f$，有聚焦作用；$F>f$，无聚焦作用。像光束腰在像方焦平面上。

（3）$0<l<F$

$0<l<F$，即物光束束腰在透镜与物方焦平面之间。由图 4-13（a）可以看出，此时 ω_0' 随 l 的减小而减小。若 $F<f$，总有聚焦作用；若 $F>f$，只有当 $l<F-\sqrt{F^2-f^2}$ 时才能聚焦。

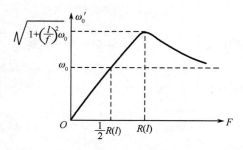

图 4-14　l 一定时，ω_0' 随 F 而变化的曲线

（4）$l>F$

$l>F$，即物光束的腰在透镜物方焦面之外，离透镜较远。由图 4-13（a）可以看出，此时 ω_0' 随 l 的增大而减小。若 $F<f$，总有聚焦作用；若 $F>f$，只有当 $l>F-\sqrt{F^2-f^2}$ 时才有聚焦作用。当 $l\to\infty$ 时，$\omega_0'\to0$，$l'\to F$。

2. l 固定，ω_0' 随 F 的变化情况

按式（4-43）画出的 $\omega_0' \sim F$ 曲线如图 4-14 所示。

（1）$F = \frac{1}{2}R(l)$

这里 $R(l)$ 表示物光束在透镜入射表面上的等相位面曲率半径，即

$$R(l) = l[1 + (\frac{f}{l})^2]\qquad(4\text{-}50)$$

由式（4-44），当 $F = \frac{1}{2}R(l)$ 时，有

$$\omega_0' = \omega_0\qquad(4\text{-}51)$$

$$l' = l\qquad(4\text{-}52)$$

也就是说，此时物光束与像光束的结构完全一样，物、像光束以透镜为中心左右对称，称此时透镜对高斯光束实现的是自再现变换。

（2）$F < \frac{1}{2}R(l)$

此时 $\omega_0' < \omega_0$，有聚焦作用。

（3）$F > \frac{1}{2}R(l)$

此时 $\omega_0' > \omega_0$，无聚焦作用。且当 $F = R(l)$ 时，ω_0' 取极大值

$$\omega_{0\max}' = \sqrt{1 + \left(\frac{f}{F}\right)^2}\,\omega_0\qquad(4\text{-}53)$$

这种情况最不利于聚焦。

通过以上分析可以得出结论，为了获得较好的聚焦效果，可采用如下方法：

① 减小 F，使用短焦距透镜；

② 把高斯光束腰斑放在远离透镜的地方；

③ 将高斯光束腰斑放在透镜表面处。加大 $R(l)$，也就是尽量让入射高斯光束在透镜表面处的等相位面曲率半径大。

4.3.2 高斯光束的准直

对于准直应用，需要在相当长的范围内使光斑直径保持尽可能小。

由高斯光束发散角的定义

$$\theta_0 = \frac{2\lambda}{\pi\omega_0}\qquad(4\text{-}54)$$

可见，高斯光束光斑大小与准直长度之间存在着相反的关系。如图 4-15 所示，腰斑小，发散角就大；腰斑增大，发散角就减小。要减小发散角，就必须扩大腰斑，因此，激光的准直总是伴随着扩束。

下面先讨论单透镜对高斯光束发散角的影响，再讨论如何利用望远镜将高斯光束准直。

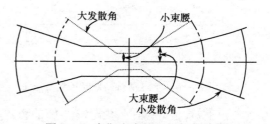

图 4-15 高斯光束的腰斑与发散角

1. 单透镜准直

设物高斯光束腰斑半径为 ω_0，其发散角为

$$\theta_0 = \frac{2\lambda}{\pi\omega_0}\qquad(4\text{-}55)$$

通过焦距为 F 的单透镜后，像高斯光束发散角为

$$\theta_0' = \frac{2\lambda}{\pi\omega_0'} \tag{4-56}$$

由上面对高斯光束的聚焦问题的讨论可知，当 $l=F$ 时，出射高斯光束的腰斑半径 ω_0' 达到极大值

$$\omega_{0\max}' = \frac{\lambda}{\pi\omega_0}F \tag{4-57}$$

此时，相应的发散角为

$$\theta_0' = \frac{2\lambda}{\pi\omega_0'} = \frac{2\omega_0}{F} \tag{4-58}$$

$$\frac{\theta_0'}{\theta_0} = \frac{\pi\omega_0^2}{F\lambda} = \frac{f}{F} \tag{4-59}$$

可见，对焦距一定的薄透镜，当入射高斯光束的腰斑半径处于透镜后焦面（$l=F$）时，ω_0' 有极大值，因而发散角 θ' 达到极小值。且此时，若 $f = \dfrac{\pi\omega_0^2}{\lambda} \ll F$，有较好的准直效果，也就是说，入射高斯光束的腰斑 ω_0 越小，透镜焦距 F 越长，则准直效果越好，单透镜对高斯光束的准直如图 4-16 所示。

2. 望远镜准直

根据上述讨论，可以用一个短焦距透镜将高斯光束聚焦，以获得很小的腰斑，然后再用长焦距的透镜来改善其方向性，这就是望远镜准直系统。

在实际应用中，通常用图 4-17 所示的倒装望远镜系统来对高斯光束准直。

图中 L_1 为一短焦距透镜（称为副镜），焦距为 F_1；L_2 为一长焦距透镜（称为主镜），焦距为 F_2，且副镜 L_1 的像方焦平面与主镜 L_2 的物方焦平面重合。

设入射高斯光束束腰远离透镜 L_1，即满足 $l \gg F_1$，则经 L_1 聚焦后，在 L_1 的像方焦点处，得到一极小的聚焦光斑，其半径为

$$\omega_0' = \frac{\lambda F_1}{\pi\omega(l)} \tag{4-60}$$

式中，$\omega(l)$ 为入射在透镜 L_1 表面上的光斑半径。

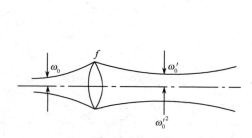

图 4-16 单透镜对高斯光束的准直

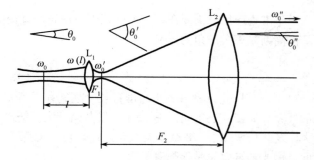

图 4-17 利用倒装望远镜系统对高斯光束准直

由于 ω_0' 恰好落在长焦距透镜 L_2 的物方焦面上，所以腰斑为 ω_0' 的高斯光束将被 L_2 很好地准直。

该准直系统对高斯光束的准直倍率可计算如下：

设入射高斯光束的发散角为 θ_0，经过副镜 L_1 后的高斯光束发散角为 θ_0'，经过主镜 L_2 后出射的高斯光束发散角为 θ_0''，则该望远镜系统对高斯光束的准直倍率定义为

$$M' = \frac{\theta_0}{\theta_0''} \tag{4-61}$$

$$\frac{\theta_0}{\theta_0''} = \frac{\theta_0}{\theta_0'} \cdot \frac{\theta_0'}{\theta_0''} \tag{4-62}$$

式中

$$\frac{\theta_0}{\theta_0'} = \frac{2\lambda/\pi\omega_0}{2\lambda/\pi\omega_0'} = \frac{\omega_0'}{\omega_0} \tag{4-63}$$

$$\frac{\theta_0'}{\theta_0''} = \frac{2\lambda/\pi\omega_0'}{2\lambda/\pi\omega_0''} = \frac{\omega_0''}{\omega_0'} = \frac{\lambda F_2/\pi\omega_0'}{\omega_0'} = \frac{\lambda F_2}{\pi\omega_0'^2} \tag{4-64}$$

将式（4-63）和（4-64）代入式（4-61），可得

$$\frac{\theta_0}{\theta_0''} = \frac{\theta_0}{\theta_0'} \cdot \frac{\theta_0'}{\theta_0''} = \frac{\lambda F_2}{\pi\omega_0\omega_0'} = \frac{F_2\omega(l)}{F_1\omega_0} \tag{4-65}$$

式中

$$\omega(l) = \omega_0\sqrt{1+\left(\frac{l}{F}\right)}$$

因此，望远镜系统对高斯光束的准直倍率为

$$M' = \frac{\theta_0}{\theta_0''} = \frac{F_2}{F_1} \cdot \frac{\omega(l)}{\omega_0} = M\frac{\omega(l)}{\omega_0} = M\sqrt{1+\left(\frac{l}{F}\right)^2} = M\sqrt{1+\left(\frac{\lambda l}{\pi\omega_0^2}\right)^2} \tag{4-66}$$

式中，$M = \frac{F_2}{F_1}$ 为望远镜主镜与副镜的焦距比，也就是望远镜的放大倍率。

可见，一个给定的望远镜对高斯光束的准直倍率 M'，不仅取决于望远镜本身的结构参数（F_1 和 F_2），还与入射高斯光束的腰斑半径及其与副镜的距离 l 有关。使入射高斯光束腰尽量远离透镜 L_1，增大 $\omega(l)$，可得到更好的准直效果。

以上准直倍率公式（4-66），对于 $l=0$（入射高斯光束束腰在副镜表面）的情况也同样适合，此时

$$\omega(l) = \omega_0, \qquad M' = M = \frac{F_2}{F_1}$$

由于 $F_2 > F_1$，所以 $M > 1$；又由于一般 $\omega(l) \geqslant \omega_0$，因此 $M' \geqslant M > 1$，即 $\theta_0'' < \theta_0$。这说明经望远镜系统后，出射光束的发散角确实比入射光束发散角小，光束得到了准直。M' 越大，准直效果也越好。

准直望远镜系统中的第一个透镜（副镜），可以是凸透镜（此时构成开普勒望远镜），也可以是凹透镜（此时构成伽利略望远镜）。但后者可以使透镜系统更加紧凑。

4.4 高斯光束的自再现变换

如果一个高斯光束通过透镜后其结构不发生变化，即参数 ω_0 或 f 不变，则称这种变换为自再现变换。对自再现变换，下述两个等式同时成立

$$\begin{cases} \omega_0' = \omega_0 \\ l' = l \end{cases} \tag{4-67}$$

若以 q 参数来表述自再现变换，则在图 4-11 所示的情形中，对于 $l_C = l$ 应有

$$q(l_C = l) = q(0) \tag{4-68}$$

式（4-67）或式（4-68）就是自再现变换的数学表示。

4.4.1 利用薄透镜实现自再现变换

利用薄透镜对高斯光束实现自再现变换如图 4-18 所示，其条件推导如下。

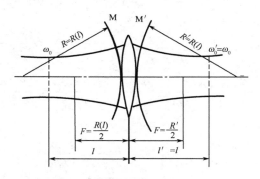

图 4-18　薄透镜对高斯光束实现自再现变换

设束腰半径为 ω_0 的高斯光束入射在焦距为 F 的透镜上，入射高斯光束的束腰与透镜的距离为 l。在式（4-40）中，令 $\omega_0' = \omega_0$，则有

$$\omega_0^2 = F^2 \omega_0^2 \bigg/ \left[(F-l)^2 + \left(\frac{\pi \omega_0^2}{\lambda} \right)^2 \right] \tag{4-69}$$

由此解得

$$F = \frac{l}{2}[1 + (\frac{\pi \omega_0^2}{\lambda l})^2] \tag{4-70}$$

将上式代入式（4-41）可证明 $l' = l$。

由式（4-9）可知，物方高斯光束在透镜表面上的波面曲率半径为

$$R(l) = l[1 + (\frac{\pi \omega_0^2}{\lambda l})^2] \tag{4-71}$$

因此式（4-70）可以写成

$$F = \frac{1}{2} R(l) \tag{4-72}$$

可见，当透镜的焦距等于高斯光束入射在透镜表面上的波面曲率半径的一半时，透镜对高斯光束做自再现变换。

4.4.2 球面反射镜对高斯光束的自再现变换

薄透镜与球面镜的等效关系如图 4-19 所示，球面反射镜的焦距 F 为其曲率半径 R 的一半（$F=R/2$）。因此，高斯光束通过透镜系统变换的所有公式都适用于高斯光束被球面反射镜反射的情形，只需将公式中透镜的焦距 F 用球面反射镜的焦距来代替就行了。在透镜和球面反射镜的情形下，高斯光束参数的变换关系都是一样的，只是在被球面反射镜反射时，物、像高斯光束均在反射镜的同一方，且传播方向相反；而在薄透镜的情况下，物、像高斯光束各自处在透镜的两边，且传播方向相同。

球面反射镜对高斯光束作自再现变换的情况如图 4-20 所示。在高斯光束被球面镜反射的情况下，自再现变换条件式（4-72）的意义变得十分明显。当入射在球面镜上的高斯光束波前曲率半径正好等于球面镜的曲率半径时，在反射时高斯光束的参数将不会发生变化，即像高斯光束与物高斯光束完全重合。通常将这种情况称为反射镜与高斯光束的波前相匹配。高斯光束被匹配反射镜作自再现变换这一事实在谐振腔理论中具有重要的意义。在证明一般稳定球面腔与共焦腔的等价性时，我们知道，如

果将某高斯光束的两个等相位面用相同曲率半径的两个球面反射镜来代替，则将构成一个稳定腔。这种情况下，该高斯光束被腔的两个反射镜作自再现变换。根据自再现模（横模）的定义，稳定腔中的光束在腔内往返一周后，能重现其自身，因此被腔的两个反射镜作自再现变换的高斯光束是该谐振腔中的自再现模，即本征模。

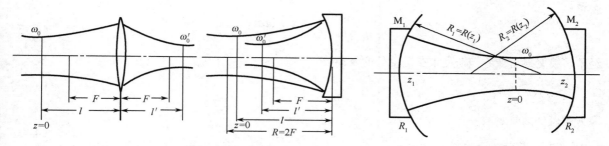

图 4-19　球面反射镜与薄透镜的等效关系　　　　图 4-20　球面反射镜对高斯光束的自再现变换

如果不满足条件式（4-72），则在反射时高斯光束的参数将发生变化。它的腰斑不能再与入射高斯光束的腰斑相重合，其大小与位置应按式（4-40）和式（4-41）计算。计算时，式中的 F 用球面镜曲率半径 R 的一半来代替。

4.5　高斯光束的匹配

在实践中，经常需要把激光器的谐振腔所产生的高斯光束，注入另一个光学系统中，如周期序列的光学传输线，作为干涉仪的谐振腔，或在非线性光学实验中将入射高斯光束聚焦到非线性晶体上，这就涉及高斯光束的匹配问题。一般来讲，高斯光束注入的光学系统相当于一个稳定腔，具有自己的本征模式。如果入射的单模高斯光束只能激起第二个系统本身的单模高斯光束，而不激起其他模式，则这两个腔的高斯光束是匹配的。如果两个腔的模式不匹配，则入射高斯光束会在第二个光学系统内激发起各阶激光模式（其中包括基模及高阶模）。

对于只需要激发基模的情况，不匹配将造成基模耦合效率的降低；对于能量传输的情况，由于高阶模往往具有较大的传输损耗，不匹配将造成能量的损失。因此，不匹配在大多数情况下是需要避免的。相反，当入射模式与第二个系统的基模匹配时，只在系统内激起损耗最小的基模高斯光束，全部能量只耦合在该模式上，这正是在实际工作中需要达到的情况。

利用单透镜实现模式匹配，就是当一个谐振腔产生的单模高斯光束入射到另一个光学系统时，在两腔之间适当位置插入一个适当焦距的单透镜，使得经单透镜变换后在光学系统内产生的高斯光束的光腰大小及位置，与根据谐振腔几何参数计算出的该系统基模的光腰大小及位置相同。

高斯光束的模式匹配如图 4-21 所示。图中 M_1、M_2 组成第一个谐振腔；M_1'、M_2' 组成第二个谐振腔；L 为匹配透镜。

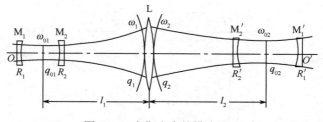

图 4-21　高斯光束的模式匹配

已知：物方高斯光束的腰斑 ω_{01}，像方高斯光束的腰斑 ω_{02}。

求：物距 l，像距 l'，以及透镜焦距 F 应满足的关系。

可用高斯光束复参数 q 和 ABCD 定律直接推导。

设物方腰斑处复参数为 q_{01}，像方腰斑处复参数为 q_{02}，由 ABCD 定律，物方高斯光束在透镜处的复参数

$$q_1 = l_1 + q_{01} = l_1 + \frac{i\pi\omega_{01}^2}{\lambda} \tag{4-73}$$

经单透镜变换后像方高斯光束在透镜处的复参数

$$\frac{1}{q_2} = \frac{1}{q_1} - \frac{1}{F} \tag{4-74}$$

像方腰斑处的复参数

$$q_{02} = q_2 + l_2 \tag{4-75}$$

将式（4-73）、式（4-74）代入式（4-75），并将实、虚部分开，可得

$$\begin{cases} (l_1 - F)(l_2 - F) = F^2 - f_1 f_2 \\ (l_1 - F)f_2 = (l_2 - F)f_1 \end{cases} \tag{4-76}$$

式中

$$\left(f_1 = \frac{\pi\omega_{01}^2}{\lambda}, f_2 = \frac{\pi\omega_{02}^2}{\lambda} \right)$$

由式（4-76）可推出

$$\begin{cases} l_1 = F \pm \dfrac{\omega_{01}}{\omega_{02}}\sqrt{F^2 - f_1 f_2} \\ l_2 = F \pm \dfrac{\omega_{02}}{\omega_{01}}\sqrt{F^2 - f_1 f_2} \end{cases} \tag{4-77}$$

当 ω_{01} 和 ω_{02} 给定时，上面两式中仍包含三个未知量 l_1、l_2 和 F，因而式（4-77）有无穷多组解，只需要按实际情况选定其中一个参数而求解另外两个参数。例如，给定一个 F 值，只要 $F^2 > f_1 f_2$，由上式可计算出一组 l_1 和 l_2，这组值确定两个腔的相对位置及它们各自与透镜的距离，这就实现了模式匹配问题。

【例 4-1】 设一个激光器腔长为 50 cm，镜面曲率半径为 1 m，激光波长为 $\lambda = 500$ nm；另一个腔长为 10 cm 的干涉仪，镜面曲率半径也为 1 m。问如何实现模式匹配？

解： 由已知条件，激光器谐振腔为对称共心腔，其共焦参数

$$f_1 = \frac{\sqrt{L(R_1 - L)(R_2 - L)(R_1 + R_1 - L)}}{|(L - R_1) + (L - R_2)|} = 43.3 \text{(cm)}$$

激光器基模腰斑半径

$$\omega_{01} = \sqrt{\frac{f_1 \lambda}{\pi}} = 2.6 \times 10^{-2} \text{(cm)}$$

干涉仪的共焦参数

$$f_2 = \frac{\sqrt{L(R_1 - L)(R_2 - L)(R_1 + R_1 - L)}}{|(L - R_1) + (L - R_2)|} = 21.8 \text{(cm)}$$

干涉仪基模光束腰斑半径

$$\omega_{02} = \sqrt{\frac{f_2 \lambda}{\pi}} = 1.9 \times 10^{-2} \text{(cm)}$$

$$\sqrt{f_1 f_2} = \sqrt{\frac{\pi \omega_{01}^2}{\lambda} \cdot \frac{\pi \omega_{02}^2}{\lambda}} = 30.7 \text{(cm)}$$

则匹配用的透镜必须满足 $F > 30.7$ cm。

如果选取透镜焦距 $F = 50$ cm，代入式（4-71），可求得

$$l_1 = 50 \times (1 \pm 1.08) \text{(cm)}$$
$$l_2 = 50 \times (1 \pm 0.58) \text{(cm)}$$

显然这里选取"+"号才有意义，因为"−"号意味着 l_1 和 l_2 在透镜的同一侧，不合理。故有

$$l_1 = 104 \text{(cm)}$$
$$l_2 = 79 \text{(cm)}$$

光束腰斑均位于腔的中心处。可见，为了使两个腔实现模匹配，激光器的输出镜与透镜的距离为 79 cm，干涉仪的输入镜与透镜的距离为 74 cm。

4.6 激光束质量因子

如何评价激光束的空间特性，或者说是空域质量，是实用中一个重要问题。

抛开各种不同应用目的对光束质量的不同要求标准，人为规定，基模高斯光束的质量是最高的，是衍射极限光束，但这是在概念上很模糊的一个物理量。人们曾根据不同的应用需要，将束腰光斑尺寸、远场发散角等作为表征激光束质量的参数。但是，由 4.4 节的分析可知，激光束经过光学系统后，光束的腰斑尺寸和发散角均可以改变，减小腰斑必然使发散角增大。因此，单独使用发散角或腰斑尺寸来评价激光束质量是不科学的。

激光束经过理想光学系统后，腰斑尺寸和远场发散角的乘积保持恒定不变。对于基模高斯光束

$$\omega_0 \theta_0 = \frac{2\lambda}{\pi} \tag{4-78}$$

即使采用聚焦或准直等各种变换方法，$\omega_0 \theta_0$ 总是为一常量，因此，光腰半径与远场发散角的乘积，反映了基模高斯光束的固有特性。

对于高阶高斯光束，随着模阶数的增加，其光腰半径及发散角与基模高斯光束相比偏差越来越大，光腰半径与远场发散角之积越大，光束质量也就越差。

对于高阶厄米－高斯光束，在 x 方向和 y 方向的光腰半径和发散角的乘积分别为

$$\begin{cases} \omega_m \theta_m = (2m+1)\dfrac{2\lambda}{\pi} \\ \omega_n \theta_n = (2n+1)\dfrac{2\lambda}{\pi} \end{cases} \tag{4-79}$$

对于高阶拉盖尔－高斯光束

$$\omega_{mn} \theta_{mm} = (m+2n+1)\frac{2\lambda}{\pi} \tag{4-80}$$

鉴于激光束腰斑半径尺寸和发散角的乘积具有确定性，目前国际上普遍将光束衍射倍率因子 M^2 作为衡量激光束空域质量的参量。光束衍射倍率因子（又称为光束的质量因子）M^2 定义为

$$M^2 = \frac{\text{实际光束的腰斑半径与远场发散角的乘积}}{\text{基模高斯光束的腰斑半径与远场发散角的乘积}} \tag{4-81}$$

显然，对于基模高斯光束

$$M^2 = 1 \tag{4-82}$$

这是 M^2 因子的极小值，达到衍射极限，是理想状态。实际激光束的质量因子通常 $M^2 > 1$。

对于高阶厄米—高斯光束

$$\begin{cases} M_x^2 = (2m+1) \\ M_y^2 = (2n+1) \end{cases}$$ (4-83)

对于拉盖尔—高斯光束

$$M_r^2 = (m+2n+1)$$ (4-84)

高阶模、多模或其他非理想光束的 M^2 值均大于 1。M^2 值可以表征实际光束偏离衍射极限的程度。M^2 的取值越大，光束衍射发散越快，光束质量越差。

由式（1-6）可知，光源的单色亮度 B_ν 反比于发光面积 ΔS 和发射立体角 $\Delta \Omega$。ΔS 和 $\Delta \Omega$ 可表示为 $\Delta S = \pi \omega^2$ 和 $\Delta \Omega = \dfrac{1}{4} \pi \theta^2$，其中 ω 和 θ 为实际光束的腰斑半径和远场发散角。根据光束衍射倍率因子 M^2 的定义，可得

$$B_\nu \propto \frac{1}{(M^2)^2}$$ (4-85)

M^2 因子越小，激光束的亮度越高。由此可见，M^2 因子是表征激光束空间相干性好坏的本质参量。$K = 1/M^2$ 称作光束传输因子，它也是国际上公认的一个描述光束空域传输特性的量。

习题与思考题四

1. 一对称共焦腔的腔长为 $L = 0.4$ m，激光波长为 $\lambda = 0.6328$ μm，求束腰半径和离腰为 56 cm 处光斑半径。

2. 某高斯光束束腰半径为 $\omega_0 = 1.14$ cm，$\lambda = 10.6$ μm。求与束腰相距 30 cm、10 m、1000 m 远处的光斑半径 ω 及波前曲率半径 R。

3. 月球距地球表面为 3.8×10^5 km，使用波长为 $\lambda = 0.5145$ μm 的激光照射月球表面。当（1）光束发散角为 1.0×10^{-3} rad；（2）光束发散角为 1.0×10^{-6} rad 时，月球表面被照亮的面积为多少？在这两种情况下，光腰半径各为多大？

4. CO_2 激光器，采用平凹腔，凹面镜的曲率半径为 $R = 2$ m，腔长为 $L = 1$ m。求它所产生的高斯光束的光腰大小和位置，共焦参量以及远场发散角。

5. 高斯光束为 $\omega_0 = 1.2$ mm，$\lambda = 10.6$ μm。用焦距为 $F = 2$ cm 的透镜来聚焦，当束腰与透镜的距离为 10 m、1 m、10 cm、0 时，求焦斑大小和位置，并分析所得的结果。

6. CO_2 激光器输出光波长为 $\lambda = 10.6$ μm，$\omega_0 = 3$ mm，用一个焦距为 $F = 2$ cm 的凸透镜聚焦，求欲得到 $\omega_0' = 20$ μm 及 2.5 μm 时透镜应放在什么位置？

7. 染料激光器输出激光的波长为 $\lambda = 0.63$ μm，光腰半径为 60 μm。使用焦距为 5 cm 的凸透镜为其聚焦，入射光腰到透镜的距离为 0.5 m。问离透镜 4.8 m 处的出射光斑为多大？

8. 如图 4-22 所示光学系统，入射光为 $\lambda = 10.6$ μm，求 ω_0'' 及 l_3。

9. 如图 4-23 所示，波长为 $\lambda = 1.06$ μm 的钕玻璃激光器的全反射镜的曲率半径为 $R = 1$ m，距全反射镜 $l_1 = 0.44$ m 处放置长为 $l_2 = 0.1$ m 的钕玻璃棒，其折射率为 $n = 1.7$。棒的一端直接镀上半反射膜作为腔的输出端。

（1）判断该腔的稳定性；

（2）求输出光斑的大小；

（3）若输出端刚好位于 $F = 0.1$ m 的透镜的焦平面上，求经透镜聚焦后的光腰大小和位置。

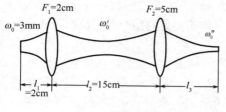

图 4-22 习题 8 图

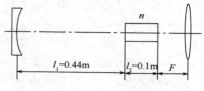

图 4-23 习题 9 图

10. 如图 4-24 所示，一束高斯光束通过一个透镜入射到放大介质中，各个参量已在图中标出，透镜的焦距为 F，且 $F < \dfrac{\pi \omega_0^2}{\lambda}$，试求：

（1）若使光腰 ω_0'' 处于放大介质中间，求放大介质左端面到透镜的距离；

（2）求放大器输出光束的发散角。

11. 激光器采用腔长为 L 的平凹腔，凹面镜为输出镜，光波长为 λ，在距离输出镜为 L 的地方放置一个焦距 $F = L$ 的透镜。试用 q 参数求出经透镜变换后的高斯光束腰斑半径与腰的位置（见图 4-25）。

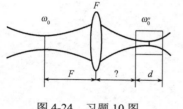

图 4-24 习题 10 图

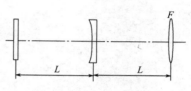

图 4-25 习题 11 图

12. 一高斯光束的光腰半径为 $\omega_0 = 2$ cm，波长为 $\lambda = 1$ μm，从距透镜为 d 的地方垂直入射到焦距 $f = 4$ cm 的透镜上。求（1）$d = 0$，（2）$d = 1$ m 时，出射光束的光腰位置和光束发散角。

13. 一束在空气中传输的高斯光束（束腰半径为 ω_0，真空中波长为 λ）垂直入射到折射率为 n，厚度为 L 的透明介质上，试问：

（1）如图 4-26（a）所示位置，高斯光束透过介质后的发散角如何变化？

（2）若将介质左移到 $z = -l_1$ 处，如图 4-26（b）所示且 L 足够长，使高斯光束的束腰位于介质内，与无介质情况（束腰位于 $z = 0$）相比，此时的束腰尺寸和位置将如何变化？

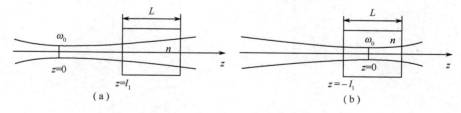

图 4-26 习题 13 图

14. 已知一 CO_2 激光谐振腔由两个凹面镜构成，$R_1 = 1$ m，$R_2 = 2$ m，$L = 0.5$ m。如何选择高斯光束束腰半径为 ω_0 的大小和位置才能使它成为该谐振腔中的自再现光束？

15.（1）用焦距为 F 的薄透镜对波长为 λ、束腰半径为 ω_0 的高斯光束进行变换，并使变换后的高斯光束的束腰半径 $\omega_0' < \omega_0$（高斯光束的聚焦），在 $F > f$ 和 $F < f$（$f = \dfrac{\pi \omega_0^2}{\lambda}$）两种情况下，如何选择薄透镜到该高斯光束束腰的距离 l？

（2）在聚焦过程中，如果薄透镜到高斯光束束腰的距离 l 不能改变，如何选择透镜的焦距 F？

16．试证明在一般稳定腔（R_1, R_2, L）中，其高斯模在腔镜面处的两个等相位面的曲率半径必分别等于各镜面的曲率半径。

17．从腔长为 1 m，反射镜曲率半径为 2 m 的对称腔中输出的高斯光束入射到腔长为 5 cm，曲率半径为 10 cm 的干涉仪中去，两腔相距 50 cm。为了得到模匹配，应把焦距为多大的透镜放置在何处？

18．两支 He-Ne 激光器的结构及相对位置如图 4-27 所示。问在什么位置插入一个焦距为多大的透镜能够实现两个腔之间的模匹配？

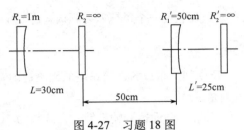

图 4-27　习题 18 图

第 5 章　激光工作物质的增益特性

第 2 章中讨论了激光形成的主要物理过程和激光器构成的基本思想，可以看出，光频电磁场与激光工作物质中工作粒子（如原子、分子或离子，为简便起见统称为粒子）间的相互作用是形成激光的物理基础，其中激光工作物质对光的增益（放大）作用是产生激光的前提，也是分析激光器振荡条件、输出功率频率特性的基础。

由于光场与物质相互作用的特点，以及激光工作物质的增益特性与工作工作物质自发辐射谱线加宽及其性质密切相关，本章先讨论激光谱线的加宽与线型函数，然后介绍描述激光器工作过程的速率方程理论。从速率方程组出发，讨论粒子数密度发生反转的条件，以及激光工作物质的增益特性，还将分别讨论在激光很弱时的小信号反转粒子数密度和小信号增益系数，以及当激光很强时，由于受激辐射使激光上能级的粒子数减少而导致的增益饱和作用。这种饱和作用将是激光器稳定工作状态建立的重要基础。

5.1　谱线加宽与线型函数

光谱线的线型函数和线宽对激光器输出激光的相干性及增益、模式、功率等都有影响，所以光谱线的线型函数和宽度在激光的实际应用中是很重要的问题。

本节首先介绍光谱线的线型函数和线宽，然后讨论引起谱线加宽的几种原因及相应的线型函数，最后对实际激光工作物质的光谱线加宽特性进行简要讨论。

5.1.1　谱线加宽概述

在第 2 章中讨论激光产生的基本原理时，我们假定能级是一条没有宽度的线，或者说，当原子系统处于某一能级，如 E_2 能级，我们就认为它的能量精确地等于 E_2。这样，工作物质中原子的自发辐射光频率（以及引起受激辐射的诱发光子频率）都是严格满足 $\nu = \dfrac{E_2 - E_1}{h}$ 的单色光。理想能级间的荧光谱线如图 5-1 所示。这样的假设使初步了解激光基本原理变得简单。

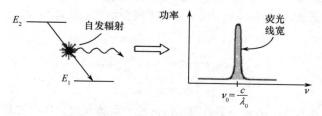

图 5-1　理想能级间的荧光谱线

实际上，自发辐射所释放的光谱线不是如图 5-2（a）所示的严格的单色光（即单一频率），而是具有一定的频率宽度。由于种种因素的影响，该自发辐射的功率（或光强）分布在以其跃迁玻尔频率 $\nu = \dfrac{E_2 - E_1}{h}$ 为中心的小频率范围内，ν_0 简称为中心频率。可以用单色辐射功率 $P(\nu)$ 来描述这一分布规律。$P(\nu)$ 的定义为：发光粒子在频率 ν 处，单位频率间隔内的自发辐射功率，它是频率 ν 的函数。在中

心频率 ν_0 处，单色辐射功率最大，偏离中心频率时，单色辐射功率便按一定的规律衰减，如图 5-2（b）所示。

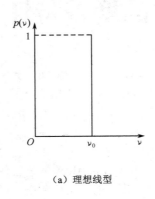

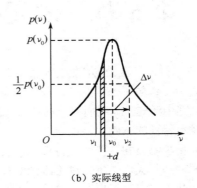

（a）理想线型   （b）实际线型

图 5-2　光谱线

为定量描述光谱线的加宽特性，引入了线型函数和线宽的概念。

1．线型函数

若自发辐射的总功率为 P，则频率分布在 $\nu \sim \nu + \mathrm{d}\nu$ 范围内的功率应为 $P(\nu)\mathrm{d}\nu$，且有

$$P = \int_{-\infty}^{+\infty} P(\nu)\mathrm{d}\nu \tag{5-1}$$

则光谱线的线型函数的定义为

$$g(\nu, \nu_0) = \frac{P(\nu)}{P} \tag{5-2}$$

其量纲为秒（s）。显然，线型函数是归一化的，即

$$\int_{-\infty}^{+\infty} g(\nu, \nu_0)\mathrm{d}\nu = 1 \tag{5-3}$$

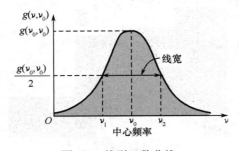

图 5-3　线型函数曲线

线型函数可理解为自发辐射跃迁概率按频率 ν 的分布函数。线型函数曲线如图 5-3 所示，它是包含所有可能的自发辐射谱线（频率）的光谱线的轮廓形状。由归一化条件可知，图 5-3 中线型函数曲线与横轴所围的面积等于 1。

2．线宽

光谱线的宽度称为线宽。如图 5-3 所示，线型函数曲线是以中心频率 ν_0 为中心的对称曲线，$\nu = \nu_0$ 处的线型函数值 $g(\nu, \nu_0)$ 最大，设在 $\nu = \nu_1$ 和 $\nu = \nu_2$ 处，线型函数的值降至最大值的一半，即

$$g(\nu_1, \nu_0) = g(\nu_2, \nu_0) = \frac{1}{2} g(\nu_0, \nu_0) \tag{5-4}$$

则线宽为

$$\Delta\nu = \nu_2 - \nu_1 \tag{5-5}$$

由其定义可知，线宽为线型函数的半极值点所对应的频率宽度，因此也称为半幅线宽，英文缩写为 FWHM（Full Width at Half Maximum）。

5.1.2　光谱线加宽的机理

引起光谱线加宽的物理原因有三种：自然加宽、碰撞加宽和多普勒加宽。

1. 自然加宽

由于发光粒子的激发态能级具有有限寿命而引起的自发辐射谱线加宽，称为自然加宽。这种谱线加宽是不可避免的，自然加宽线型函数和线宽分别用 $g_N(\nu, \nu_0)$ 和 $\Delta\nu_N$ 表示。

自然加宽可通过经典电磁理论进行解释，也可以采用量子理论加以解释。

（1）经典理论

按照经典的电磁理论，一个原子可以看作是一个由正、负电荷组成的电偶极子，经典的电偶极子模型如图 5-4 所示。当原子的正、负电荷中心相对做频率为 ν_0 的简谐振动时，该原子就会发射频率为 ν_0 的光波。但由于电子在发射光波过程中不断损耗能量，它振动的振幅也就不断衰减，辐射的电磁波亦将随之减弱。图 5-5 为原子自发辐射的电磁场振幅 E 随时间 t 变化的示意图。通常这一衰减电磁场可以写成复数形式

$$E(t) = E_0 \mathrm{e}^{-\frac{\gamma t}{2}} \mathrm{e}^{\mathrm{i}2\pi\nu_0 t} \tag{5-6}$$

式中，γ 是振幅衰减因子。

图 5-4　经典的电偶极子模型

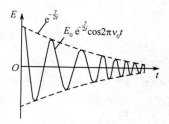

图 5-5　原子自发辐射的电磁场

按照傅里叶分析，这一衰减的光波不再是单一频率 ν_0 的振动，而是包含多个频率的光波，即光谱线加宽了。由于原子在发光中能量的衰减是必然的，所以称这种加宽机制为自然加宽。

由经典物理模型可以证明，自然加宽的线型函数可表示为

$$g_N(\nu, \nu_0) = \frac{\gamma}{\left(\frac{\gamma}{2}\right)^2 + 4\pi^2(\nu - \nu_0)^2} = \frac{1/\tau_s}{\left(\frac{1}{2\tau_s}\right)^2 + 4\pi^2(\nu - \nu_0)^2} \tag{5-7}$$

其中，τ_s 为原子在激光上能级 E_2 上的平均寿命，且 $\tau_s = 1/\gamma$。

由式（5-7）可知：

①当 $\nu = \nu_0$ 时，$g_N(\nu_0, \nu_0)$ 为极大值 g_m，有

$$g_m = g_N(\nu_0, \nu_0) = 4\tau_s$$

②当 $\nu_1 = \nu_0 - \dfrac{1}{4\pi\tau_s}$ 和 $\nu 2 = \nu_0 + \dfrac{1}{4\pi\tau_s}$ 时，有

$$g_N(\nu_1, \nu_0) = g_N(\nu_2, \nu_0) = \frac{1}{2}g_m = 2\tau_s$$

所以谱线宽度为

$$\Delta\nu_N = \nu_2 - \nu_1 = \frac{1}{2\pi\tau_s} \tag{5-8}$$

因此，自然加宽的线型函数可写为如下形式

$$g_N(\nu, \nu_0) = \frac{\dfrac{\Delta\nu_N}{2\pi}}{(\nu - \nu_0)^2 + \left(\dfrac{\Delta\nu_N}{2}\right)^2} \tag{5-9}$$

具有式（5-9）这种表达式的线型函数称为洛伦兹型函数，相应的光谱曲线称为洛伦兹型曲线。

（2）量子解释

前面讨论原子能级时，为简化起见，将能级当作没有宽度的某一确定值，因此，自发辐射频率 $\nu = \dfrac{E_2 - E_1}{h}$ 是单一的频率。根据量子力学理论，原子的能级不能简单地用一个确定的数值来表示，而是具有一定的宽度。实际能级间的荧光谱线如图5-6所示。

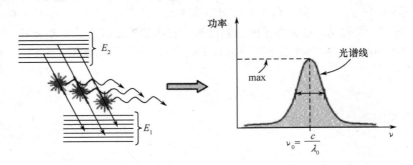

图5-6　实际能级间的荧光谱线

根据 Heisenberg 测不准关系，在微观领域中时间和能量不能同时精确测定。如果用 Δt 表示时间的不确定值，用 ΔE 表示能量的不确定值，则由测不准关系，有

$$\Delta E \cdot \Delta t \approx \frac{h}{2\pi} \tag{5-10}$$

如果某能级具有无限窄的宽度，即 $\Delta E \to 0$，则该能级具有无限长寿命，即 $\Delta t \to \infty$，也就是说，处于这一能级的粒子不可能发生自发辐射跃迁。因此，发光粒子的激发态能级既然具有有限的平均寿命 τ，则此能级就具有一定宽度

$$\Delta E \approx \frac{h}{2\pi\tau} \tag{5-11}$$

由于基态能级平均寿命 $\tau \to \infty$，所以基态能级宽度 $\Delta E_1 \to 0$。

宽度为 ΔE_2 的上能级的原子跃迁到宽度为 ΔE_1 的下能级时，若跃迁上、下能级的寿命分别为 τ_2 与 τ_1，则以 ν_0 为中心频率的谱线宽度为

$$\Delta\nu_N = \frac{\Delta E_1 + \Delta E_2}{h} = \frac{1}{2\pi}\left(\frac{1}{\tau_1} + \frac{1}{\tau_2}\right) \tag{5-12}$$

若下能级为基态，则 $\tau_1 \approx \infty$，于是 $\Delta\nu_N \approx \dfrac{1}{2\pi\tau_2}$，这与经典理论推导出的结果一致。由经典理论模型得到的自然加宽宽度的表达式（5-9），没有考虑跃迁下能级的宽度，只有在自发辐射跃迁的下能级为基态时成立，这是由于经典模型的局限性造成的。

【例5-1】　氖原子所发波长为 $\lambda = 632.8$ nm 的光谱所对应的两个能级的平均寿命，上能级 $\tau_2 = 2 \times 10^{-8}$ s，下能级 $\tau_1 = 1.2 \times 10^{-8}$ s。求其自然加宽的线宽 $\Delta\nu_N$。

解：
$$\Delta\nu_N \approx \frac{1}{2\pi}\left(\frac{1}{\tau_1} + \frac{1}{\tau_2}\right) = \frac{1}{2\pi}\left(\frac{1}{2 \times 10^{-8}} + \frac{1}{1.2 \times 10^{-8}}\right) = 21 \text{ MHz}$$

几种气体激光谱线的自然加宽线宽列于表5-1中。

表 5-1　几种气体激光谱线的 $\Delta\nu_N$

激光种类	He-Ne	Ar$^+$	He-Cd	Copper
波长 λ (nm)	632.8	448.0	441.6	510.5
线宽 $\Delta\nu_N$ (10^5Hz)	6.4	1.2×10^2	2.2	3.2

2. 碰撞加宽

引起光谱线加宽的另一个原因是原子之间,以及原子与器壁之间的无规则碰撞。在气体激光器中,大量气体原子处于无规则热运动状态,原子与原子之间,原子与气体放电管壁之间会发生频繁的碰撞。除了直接碰撞,当两个原子之间的距离足够接近时,它们之间的相互作用足以改变原来的能量状态,也可以认为是发生碰撞。

经典振子模型认为碰撞会使原子发光中断或光波相位发生突变,碰撞加宽的机理如图 5-7 所示,其效果均相当于原子在激光上能级 E_2 上的寿命缩短,与图 5-5 中的自然衰减波的例子相比,偏离简谐波的程度更大,因而使谱线进一步加宽。从量子力学观点看,处于激发态的原子,在碰撞过程中,失掉内能通过非辐射跃迁的形式而回到基态,使原子在激发态上的平均寿命缩短了,从而导致光谱线在自然加宽的基础上被进一步加宽。

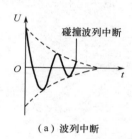

図 5-7　碰撞加宽的机理

这种由碰撞引起的光谱线加宽称为碰撞加宽,其线宽用 $\Delta\nu_L$ 表示,线型函数用 $g_L(\nu,\nu_0)$ 表示。尽管自然加宽与碰撞加宽产生的机理不同,但是都可以归结为等效能级寿命问题。因此,碰撞加宽可以采用与自然加宽相同的洛伦兹型线型函数来描述。

$$g_L(\nu,\nu_0)=\frac{\dfrac{\Delta\nu_L}{2\pi}}{(\nu-\nu_0)^2+(\dfrac{\Delta\nu_L}{2})^2} \tag{5-13}$$

其中

$$\Delta\nu_L=\frac{1}{2\pi\tau_L} \tag{5-14}$$

式中, τ_L 为平均碰撞时间,即任一原子与其他原子发生碰撞的平均时间间隔。由于碰撞的发生是随机的,我们只能了解其统计平均性质。 τ_L 描述碰撞的频繁程度,也就是由于碰撞而导致发光粒子处在激光上能级的寿命。

无论是气体激光工作物质还是固体激光工作物质,它们的碰撞加宽宽度 $\Delta\nu_L$ 都可以通过实验测量获得。气体放电管内的气体压强越高,原子间的碰撞越频繁,谱线宽度就会变得越宽。实验证明,当放电管中气压不太高时,碰撞线宽 $\Delta\nu_L$ 与气体压强成正比,即

$$\Delta\nu_L=\alpha p \tag{5-15}$$

式中, p 为气体压强,单位为 Pa; α 为比例系数,单位为 MHz/Pa,与气体种类和发射谱线有关,可由实验测得。

由于碰撞加宽的线宽与气体压强成正比,所以也称为压力加宽。

例如，CO_2 激光器的 10.6 μm 谱线，$\alpha \approx 0.049$ MHz/Pa；He^3 和 Ne^{20} 混合比为 7：1 的 He-Ne 激光器，632.8 nm 谱线，$\alpha \approx 0.72$ MHz/Pa，如果该 He-Ne 混合气体的总气压为 333 Pa，则由式（5-13）可得 $\Delta\nu_L = 2.4 \times 10^8$ Hz，与例 5-1 的结果相比可见，$\Delta\nu_L$ 远大于 He-Ne 激光的自然加宽线宽 $\Delta\nu_N$。

3. 多普勒（Doppler）加宽

光谱线的多普勒加宽是由粒子的热运动引发光频率的改变（即多普勒频移）造成的。

多普勒频移效应是自然界的一种常见现象。声波的多普勒频移现象是我们所熟悉的，当人站在火车站月台上听进站火车汽笛长鸣时，会感觉汽笛的音调要比静止的火车汽笛音调高些；相反，听出站火车汽笛长鸣时，感觉汽笛音调比静止火车汽笛音调低。音调高低反映声波频率的高低。这说明，当声源（火车）和接收器（人）相对运动时，接收器接收到的声波频率将随两者的相对速度的不同而改变。

与此相同，当光源与光接收器之间有相对运动时，光接收器接收到的光波频率也会随两者之间相对运动速度的不同而改变，这一现象称为光波多普勒效应。

（1）光学多普勒效应

光学多普勒效应示意图如图 5-8 所示，假定接收器固定在实验室坐标系中，设一发光原子（光源）相对于光接收器静止时，测得的光波中心频率为 ν_0，当发光原子相对于接收器沿着 z 方向以 v_z 速度运动时，接收器测得的光波中心频率变成 ν'_0，即

$$\nu'_0 = \nu_0 \sqrt{\left(1 + \frac{v_z}{c}\right) \Big/ \left(1 - \frac{v_z}{c}\right)}$$

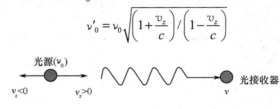

图 5-8　光学多普勒效应示意图

这就是光学多普勒效应。当原子运动速度远小于光速，即 $v_z/c \ll 1$，可取一级近似，即

$$\nu'_0 = \nu_0 \left(1 + \frac{v_z}{c}\right) \tag{5-16}$$

式中规定，当原子朝着接收器运动[或沿光传播方向（z 轴）运动]时，$v_z > 0$；当原子离开接收器运动（或反光波传播方向运动）时，$v_z < 0$。

（2）运动原子的表观中心频率

在激光器中，遇到的问题是原子和光波场的相互作用。下面先分析中心频率为 ν_0 的运动原子和沿 z 轴传播的频率为 ν 的单色光的相互作用。运动原子与光波相互作用时的多普勒频移如图 5-9 所示。

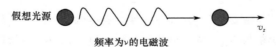

图 5-9　运动原子与光波相互作用时的多普勒频移

我们可以把单色光波看作是由某一假想光源发出的，而把原子看作是感受这个光波的接收器。当原子静止时（$v_z = 0$），它感受到的光波频率为 ν，且在 $\nu = \nu_0$ 处原子有最大的受激辐射跃迁概率，即原子的中心频率为 ν_0。当原子沿着 z 方向以 v_z 运动时，原子感受到的光波频率为

$$\nu' = \nu\left(1 - \frac{v_z}{c}\right) \tag{5-17}$$

此时，当 $\nu' = \nu_0$ 时，原子有最大的受激辐射跃迁概率，即

$$\nu' = \nu\left(1 - \frac{v_z}{c}\right) = \nu_0$$

或
$$\nu = \frac{\nu_0}{1 - \dfrac{v_z}{c}} = \frac{\nu_0\left(1 + \dfrac{v_z}{c}\right)}{1 - \left(\dfrac{v_z}{c}\right)} \approx \nu_0\left(1 + \frac{v_z}{c}\right)$$

这也就是说，沿 z 方向传播的光波与中心频率为 ν_0 并具有速度 v_z 的运动原子相互作用时，原子表现出来的中心频率为

$$\nu'_0 = \nu_0\left(1 + \frac{v_z}{c}\right), \quad \left(\frac{v_z}{c} \ll 1\right) \tag{5-18}$$

式中，ν'_0 称为运动原子的表观中心频率。当 v_z 沿光波传播方向时，$v_z > 0$；当反向时，$v_z < 0$。

（3）多普勒加宽

气体激光器中，气体原子的热运动是无规则的，原子的运动速度各不相同，因而它们的表观中心频率也不相同，即具有最大受激辐射跃迁概率的频率各不相同，因而引起谱线加宽。这种由光波的多普勒效应所引起的光谱线加宽称为多普勒加宽，其线型函数用 $g_D(\nu, \nu_0)$ 表示，线宽用 $\Delta\nu_D$ 来表示。

气体激光器放电管内的发光原子或分子始终处在无规则的热运动状态中。如果以放电管轴线方向作为 z 轴，激光输出方向为正方向，气体粒子沿 z 轴的速度分量各不相同，如图 5-10 所示。设单位体积工作物质内的原子数为 n，根据分子运动论，它们的热运动速度服从麦克斯韦统计分布，在温度为 T 的热平衡状态下，单位体积内具有 z 方向速度分量 v_z 处单位速度间隔内的原子数为

$$n(v_z) = n\left(\frac{m}{2\pi k_b T}\right)^{\frac{1}{2}} \exp\left(-\frac{mv_z^2}{2k_b T}\right) \tag{5-19}$$

式中，k_b 为玻耳兹曼常数；T 为热力学温度；m 为原子的质量。

原子数按速度和频率的分布分别如图 5-11（a）和图 5-11（b）所示。

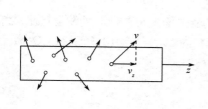

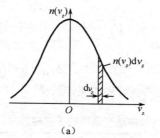

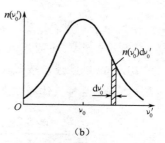

图5-10　气体粒子沿 z 轴的速度分量

图5-11　原子数按速度和频率的分布

将式（5-18）代入式（5-19），可得单位体积内表观中心频率处在 ν'_0 处单位频率间隔内的气体粒子数为

$$n(\nu'_0) = n\frac{c}{\nu_0}\left(\frac{m}{2\pi k_b T}\right)^{\frac{1}{2}} \exp\left\{-\left[\frac{mc^2}{2k_b T\nu_0^2}(\nu'_0 - \nu_0)^2\right]\right\} \tag{5-20}$$

若处于激发态能级 E_2 上的原子数密度为 n_2，则处在该能级上表观中心频率处在 ν 处单位频率间隔内的气体原子数为

$$n_2(\nu) = n_2\frac{c}{\nu_0}\left(\frac{m}{2\pi k_b T}\right)^{\frac{1}{2}} \exp\left\{-\left[\frac{mc^2}{2k_b T\nu_0^2}(\nu - \nu_0)^2\right]\right\} \tag{5-21}$$

定义 $f(\nu)$ 为气体粒子按表观中心频率 ν 的分布函数，即气体粒子的表观中心频率处于 ν 处单位频率间隔内的粒子数与总粒子数之比，即

$$f(\nu) = \frac{n_2(\nu)}{n_2} = \frac{c}{\nu_0}\left(\frac{m}{2\pi k_b T}\right)^{1/2}\exp\left\{-\left[\frac{mc^2}{2k_b T\nu_0^2}(\nu-\nu_0)^2\right]\right\} \tag{5-22}$$

由分布函数 $f(\nu)$ 的定义知，$f(\nu)$ 满足归一化条件，即

$$\int_{-\infty}^{+\infty}f(\nu)\mathrm{d}\nu = 1 \tag{5-23}$$

单色辐射功率 P_ν 与 $n_2(\nu)$ 成正比，根据线型函数的定义

$$g_D(\nu,\nu_0) = \frac{P_\nu}{\int_{-\infty}^{+\infty}P_\nu\mathrm{d}\nu} = \frac{n_2(\nu)}{\int_{-\infty}^{+\infty}n_2(\nu)\mathrm{d}\nu} = \frac{f(\nu)}{\int_{-\infty}^{+\infty}f(\nu)\mathrm{d}\nu} = f(\nu) \tag{5-24}$$

可见，多普勒加宽线型函数就是原子数按中心频率的分布函数

$$g_D(\nu,\nu_0) = \frac{c}{\nu_0}\left(\frac{m}{2\pi k_b T}\right)^{\frac{1}{2}}\exp\left\{-\left[\frac{mc^2}{2k_b T\nu_0^2}(\nu-\nu_0)^2\right]\right\} \tag{5-25}$$

式（5-25）表明多普勒加宽的线型函数具有高斯型函数形式，如图 5-12 所示。

当 $\nu = \nu_0$ 时，线型函数具有最大值

$$g_m = g_D(\nu_0,\nu_0) = \frac{c}{\nu_0}\left(\frac{m}{2\pi k_b T}\right)^{\frac{1}{2}} \tag{5-26}$$

令 $g_D(\nu,\nu_0) = \frac{1}{2}g_m$，可求出线宽为

$$\Delta\nu_D = \frac{2\nu_0}{c}\left(\frac{2k_b T\ln 2}{m}\right)^{\frac{1}{2}}\nu_0\left(\frac{T}{M}\right)^{\frac{1}{2}} \tag{5-27}$$

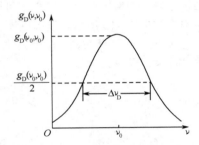

图 5-12　多普勒加宽的线型函数

式中，M 为原子（分子）量，$m = 1.66\times10^{-27}M$ kg。He-Ne 激光器中氖在 632.8 nm 处发生跃迁，将氖的原子量 20 代入式（5-27），取温度 $T = 300$ K，可得其多普勒线宽为 $\Delta\nu_D \approx 1.5\times10^9$ Hz；在 CO_2 激光器中，在 10.6 μm 的跃迁，按式（5-27）计算，可得 $\Delta\nu_D \approx 6\times10^7$ Hz。

表 5-2 列出几种气体激光谱线的多普勒加宽的线宽。

表 5-2　几种气体激光谱线的多普勒加宽的线宽（室温附近）

激光种类	He-Ne	Ar^+	He-Cd	Copper
波长 λ (nm)	632.8	448.0	441.6	510.5
线宽 $\Delta\nu_D$ (10^9 Hz)	1.5	2.7	1.1	2.3

比较以上讨论的三种谱线加宽的原因和谱线的线型，可以发现，自然加宽远小于碰撞加宽和多普勒加宽，（对于气体激光器，一般 $\Delta\nu_D \gg \Delta\nu_N$），荧光线宽如图 5-13 所示。碰撞加宽在气体压强减小时也随之减小，在低气压时多普勒加宽起主要作用。

4. 固体激光器的谱线加宽

固体工作原子的密度远大于气体，它们与周围环境之间的相互作用更强，情况也比较复杂。通常固体激光工作物质的自发辐射谱线线宽比气体工作物质大得多，而其线型函数则难以写出具体的解析表达式，通常只能给出定性说明，可由实验测出。固体激光器谱线加宽的机理主要有以下两个方面。

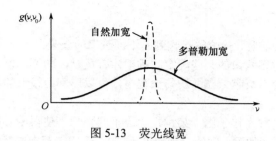

图 5-13　荧光线宽

（1）晶格振动加宽

由于晶格粒子的热振动，发光粒子处于随时间周期变化的晶格场中，导致激活离子的能级所对应的能量在某一范围内变化，而引起谱线加宽。温度越高，振动越激烈，谱线越宽。

（2）晶格缺陷加宽

在固体工作物质中，由于晶格缺陷的影响（如位错、空位等晶体不均匀性），在晶格缺陷部位的晶格将与无缺陷部位的理想晶格场不同。处在缺陷部位的发光粒子能级会发生位移，导致其发光谱线的中心频率发生变化。由于晶体的不同缺陷部位处发光粒子的中心频率也不同，从而使得整个光源的总光谱线加宽。这种加宽在均匀性差的晶体（如红宝石）中表现得最为突出。

5.1.3　均匀加宽、非均匀加宽和综合加宽

由成千上万个发光粒子组成的光源的光谱线是由每个发光粒子的光谱线叠加而成，因而光源的光谱线往往比单个发光粒子的光谱线要宽些，这就造成谱线加宽。总结前面所讨论的各种谱线加宽机理，可以发现，根据激光工作物质中单个发光粒子对整个光源谱线的频率分布和线宽的影响和贡献，光谱线的加宽可分为两大类：均匀加宽和非均匀加宽。

1. 均匀加宽

自然加宽和碰撞加宽都属于均匀加宽，它们的共同特点是：

（1）引起加宽的物理因素对每个粒子都是等同的。自然加宽机制中大量粒子中的每一个都有相同的平均寿命；在碰撞加宽中，大量粒子中的每一个都有相同的受到其他粒子碰撞的机会。

光源中每个发光粒子由于某种物理因素的影响而使光谱线加宽，但中心频率保持不变，并且所有发光粒子的谱线加宽完全一样。这样，整个光源的光谱线中心频率仍与单个发光粒子的中心频率一致，而且整个光源的光谱线的线型函数和线宽与单个发光粒子的线型函数和线宽相同。

（2）两者都是光辐射偏离简谐波，这种偏离引起了谱线的加宽。在自然加宽机制中，粒子发射电磁波的振幅不断衰减而偏离简谐波；而在碰撞加宽机制中，粒子间的碰撞使得粒子的发射电磁波突然中断，从而偏离简谐波。在这类加宽中，每一粒子的一次发光对谱线内的所有频率都有贡献。在均匀加宽中，不能把某一特定发光粒子和 $g(\nu,\nu_0)$ 中某一频率联系起来。

由于自然加宽和碰撞加宽的线型函数均为洛伦兹线型，可以证明，两个洛伦兹型线型函数之和仍为洛伦兹函数。因此当气体工作物质中既有自然加宽，又有碰撞加宽时，其线宽为二者线宽之和

$$\Delta \nu_{\mathrm{H}} = \Delta \nu_{\mathrm{N}} + \Delta \nu_{\mathrm{L}} = \frac{1}{2\pi}\left(\frac{1}{\tau_{\mathrm{N}}} + \frac{1}{\tau_{\mathrm{L}}}\right) \tag{5-28}$$

其线型函数可表示为

$$g_{\mathrm{H}}(\nu,\nu_0) = \frac{\dfrac{\Delta \nu_{\mathrm{H}}}{2\pi}}{(\nu-\nu_0)^2 + \left(\dfrac{\Delta \nu_{\mathrm{H}}}{2}\right)^2} \tag{5-29}$$

2．非均匀加宽

多普勒加宽属于非均匀加宽，接收器接收到的不同频率的光来自不同速度的粒子。在这类加宽中，每一发光粒子所发的光只对谱线内的某些确定的频率才有贡献，即不同发光粒子只对光源光谱线内与其表观中心频率相应的部分有贡献。在非均匀加宽中，可以辨别谱线上的某一频率范围是哪一部分粒子发射的。

在这类加宽中，光源中发光粒子由于某种物理因素的影响，使得中心频率发生变化。不同的发光粒子因所处的物理环境不同（如沿 z 轴的运动速度不同），造成表观中心频率也不同，这就使由各发光粒子光谱线叠加而成的光源光谱线加宽。光源光谱线的线型函数取决于各发光粒子中心频率的分布，其中心频率和线型函数都不再与单个发光粒子相同。非均匀加宽的线型函数如图 5-14 所示。

非均匀加宽的线型函数为高斯曲线，其线型函数通常用 $g_i(\nu,\nu_0)$ 来表示，线宽用 $\Delta\nu_i$ 来表示。

多普勒加宽与自然加宽的关系可概括如下：每个原子的辐射跃迁均具有用洛伦兹线型函数描述的自然加宽特性，相对接收器以不同速度运动的原子辐射被探测到的辐射中心频率不同，与这些中心频率相应的辐射强度的轨迹便形成高斯型总发射谱，即多普勒加宽型发射谱。图 5-15 所示为两种加宽的关系。

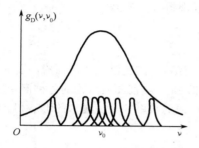

图 5-14　非均匀加宽的线型函数

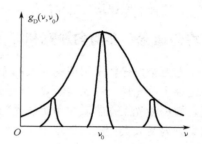

图 5-15　多普勒加宽与自然加宽的关系

在固体激光工作物质中，不存在多普勒加宽，但却有一系列引起非均匀加宽的其他物理因素。其中最主要的是晶格缺陷的影响。固体工作物质谱线加宽的线型函数一般很难从理论上求得，只能由实验测定它的谱线宽度。

3．综合加宽

前面分别讨论了激光工作物质中由单一物理因素引起地自发辐射光谱线的加宽机理和加宽特点。然而，实际的激光工作物质中，往往同时存在着几种引起光谱线加宽的物理因素，即均匀加宽和非均匀加宽因素同时发生，称为综合加宽，其线型函数称为综合加宽线型。例如气体激光器中，碰撞加宽和多普勒加宽同时存在；固体激光器中，由于晶格热振动和晶格缺陷所引起的加宽也是同时存在的。

就具体激光器来说，多数情况下在各种加宽机制中总有一种占主要地位。当均匀加宽的线宽 $\Delta\nu_H$ 比非均匀加宽的线宽 $\Delta\nu_i$ 大得多时，可近似认为是均匀加宽；反之，可以近似认为是非均匀加宽。

红宝石在低温时主要是晶格缺陷引起的非均匀加宽，它与温度无关；而在常温时则是晶格热振动、粒子碰撞引起的均匀加宽为主，它随温度的升高而变宽。对于 Nd：YAG 晶体，由于晶体质量比红宝石好，因此非均匀加宽可以忽略，在整个温度范围内都以均匀加宽为主。

下面给出几种典型气体激光器的线宽数据。

（1）氦氖激光器

自然加宽：氖原子 $3S_2$-$2P_4$ 的 632.8 nm 谱线，$\Delta\nu_H \approx 10^7$ Hz。

碰撞加宽：$\Delta\nu_L = 0.75p$ MHz，一般氦氖激光器充气压较低，为 133～140 Pa，所以 $\Delta\nu_L \approx 100$～300 MHz。

多普勒加宽：$\Delta\nu_D = 1500\,\text{MHz}$（$M = 20$，$T = 400\,\text{K}$）。

可见，氦氖激光器中，多普勒加宽占主要优势，因此氦氖激光器通常被认为是非均匀加宽。

（2）二氧化碳激光器

自然加宽：CO_2 的 $00^01 - 10^00$，$10.6\,\mu\text{m}$ 谱线，$\Delta\nu_H \approx 10^3 \sim 10^4\,\text{Hz}$。

碰撞加宽：$\Delta\nu_L = 0.049p\,\text{MHz}$。

多普勒加宽：$\Delta\nu_D \approx 60\,\text{GHz}$（$M = 40$，$T = 400\,\text{K}$）。

可见，二氧化碳激光器的气压在 1333 Pa 左右时，为综合加宽；当气压 $p \ll 1333\,\text{Pa}$，可以认为是非均匀加宽；当气压 $p \gg 1333\,\text{Pa}$，则可以认为是均匀加宽。

（3）氩离子激光器和 He-Cd 金属蒸气激光器

这两种激光器的特点都是工作物质温度较高（500～1500 K），而气压较低，一般只有数百帕，因而主要是多普勒非均匀加宽。氩离子激光器 $\Delta\nu_D \approx 6000\,\text{MHz}$。He-Cd 激光器 $\Delta\nu_D \approx 1800\,\text{MHz}$（单同位素 Cd）或 $\Delta\nu_D \approx 4000\,\text{MHz}$（天然 Cd）。

5.2　速率方程

由于激光器的物理基础是具有波粒二象性的光与构成物质的大量微观粒子体系间相互作用的问题，因此采用的理论方法可以是以经典电动力学为基础的完全经典的讨论，也可以是建立在量子力学基础上的半经典方法，甚至是在量子电动力学基础上的完全量子化的理论方法。采用不同理论方法所建立起来的激光理论可以以不同的近似程度揭示激光器的不同层次的特性和规律。

激光器的严格理论是建立在量子电动力学基础上的，它原则上可以描述激光器的全部特性。但是，由于它的复杂性，在讨论激光器的某些现象时不一定要采用这种理论，在只需要了解激光器的一些宏观特性的情况下，通常采用速率方程理论。速率方程理论是量子理论的简化形式，以光量子和原子相互作用为基础，但忽略了光子的相位特性和光子数的起伏特性。由于这一理论方法能够简明地对激光器的一些重要宏观特性和动力学过程给出较好的说明，因而在工程中得到了较为广泛的应用。由速率方程理论可以解决激光光强的特性以及与光强有直接关系的若干问题，包括光强随时间的变化、增益饱和、瞬态特性、多模振荡、烧孔效应等。但是速率方程不能计算谐振频率和锁模等问题，也不能解释激光的谱线加宽和光子统计特性等。

激光器的速率方程是描述激光器腔内光子数和工作物质内与产生激光有关的各能级上粒子数随时间变化的微分方程组。激光器的速率方程与参与产生激光过程的能级结构和发光粒子在这些能级间的跃迁特性有关。不同激光工作物质的能级结构和跃迁特性各不相同，而且很复杂，但我们可以从中归纳出一些共同的、主要的物理过程，针对一些简化的、具有代表性的能级结构模型来讨论其速率方程，这就是通常所说的三能级系统和四能级系统。

本节将分别讨论以红宝石固体激光器为代表的三能级系统和以 YAG 激光器为代表的四能级系统的速率方程组。

5.2.1　对自发辐射、受激辐射、受激吸收概率的修正

激光器速率方程理论的出发点是原子的自发辐射、受激辐射和受激吸收概率的基本关系。在 2.2 节中，给出了这些关系式及爱因斯坦系数之间的关系，重写如下：

$$\begin{cases} \left(\dfrac{\mathrm{d}n_{21}}{\mathrm{d}t}\right)_{\mathrm{sp}} = A_{21}n_2 \\[2mm] \left(\dfrac{\mathrm{d}n_{21}}{\mathrm{d}t}\right)_{\mathrm{st}} = W_{21}n_2, \quad W_{21} = B_{21}\rho_\nu \\[2mm] \left(\dfrac{\mathrm{d}n_{12}}{\mathrm{d}t}\right)_{\mathrm{st}} = W_{12}n_2, \quad W_{12} = B_{12}\rho_\nu \\[2mm] \dfrac{A_{21}}{B_{21}} = \dfrac{8\pi h\nu^3}{c^3} = n_\nu h\nu \\[2mm] B_{12}f_1 = B_{21}f_2 \end{cases} \tag{5-30}$$

式中，A_{21} 为自发辐射跃迁概率；W_{21} 为受激辐射跃迁概率；W_{12} 为受激吸收跃迁概率。

上述关系是建立在能级无限窄，自发辐射是单色辐射的假设基础上，因而式（5-30）中在频率 ν 处的单色能量密度 ρ_ν 实际上是指总的辐射能量密度，而 A_{21}、W_{21}、W_{12} 所定义的跃迁概率实际上是指总跃迁概率。实际上，根据 5.1 节中对谱线加宽的讨论，自发辐射并不是单色的，在建立速率方程之前，应对上述关系式进行必要的修正。

考虑到谱线加宽的因素和线型函数的概念，可以定义三个单色爱因斯坦系数如下

$$A_{21}(\nu) = A_{21}g(\nu, \nu_0) \tag{5-31}$$

$$B_{21}(\nu) = B_{21}g(\nu, \nu_0) \tag{5-32}$$

$$B_{12}(\nu) = B_{12}g(\nu, \nu_0) \tag{5-33}$$

$A_{21}(\nu)$ 是 ν 的函数，称为单色自发辐射跃迁概率。它表示在总自发辐射跃迁概率 A_{21} 中，分配在频率 ν 处单位频率间隔内的自发辐射跃迁概率。

单色受激辐射跃迁概率为

$$W_{21}(\nu) = B_{21}(\nu)\rho_\nu = B_{21}g(\nu, \nu_0)\rho_\nu \tag{5-34}$$

它表示在总受激辐射跃迁概率 W_{21} 中，分配在频率 ν 处单位频带内的受激跃迁概率。

同理单色受激吸收跃迁概率为

$$W_{12}(\nu) = B_{12}(\nu)\rho_\nu = B_{12}g(\nu, \nu_0)\rho_\nu \tag{5-35}$$

根据式（5-30），n_2 个原子中单位时间内发生自发辐射跃迁的原子总数为

$$\left(\frac{\mathrm{d}n_{21}}{\mathrm{d}t}\right)_{\mathrm{sp}} = \int_{-\infty}^{+\infty} n_2 A_{21}(\nu)\mathrm{d}\nu = n_2\int_{-\infty}^{+\infty} A_{21}g(\nu, \nu_0)\mathrm{d}\nu = n_2 A_{21} \tag{5-36}$$

式（5-36）和式（5-30）中结果一样，它说明，谱线加宽对单位时间内自发辐射跃迁的原子数没有影响。

根据式（5-34），n_2 个原子中单位时间内发生受激辐射跃迁的原子总数为

$$\left(\frac{\mathrm{d}n_{21}}{\mathrm{d}t}\right)_{\mathrm{st}} = \int_{-\infty}^{+\infty} n_2 W_{21}(\nu)\mathrm{d}\nu = n_2 B_{21}\int_{-\infty}^{+\infty} g(\nu, \nu_0)\rho_\nu\mathrm{d}\nu \tag{5-37}$$

式（5-37）中的积分在一般情况下是比较复杂的，但对于激光器来说，由于激光为放大的受激辐射，具有高度单色性，所以激光器中光波场基本上是准单色的，其谱线宽度远比发光粒子本身的自然线宽小得多。原子和准单色场相互作用如图 5-15 所示，若准单色光辐射场 ρ_ν 的中心频率为 ν'，其谱线宽度 $\Delta\nu'$ 远远小于原子自然线宽 $\Delta\nu$，此时可以将单色能量密度表示为 δ 函数形式

$$\rho_\nu = \rho\delta(\nu - \nu') \tag{5-38}$$

式中，ρ 为准单色光辐射场的总能量密度。且在 $\Delta\nu'$ 频率范围内，$g(\nu, \nu_0)$ 可以近似看作常数 $g(\nu', \nu_0)$，并根据 δ 函数的性质，可计算出式（5-37）的结果如下

$$\left(\frac{\mathrm{d}n_{21}}{\mathrm{d}t}\right)_{\mathrm{st}} = n_2 B_{21} \int_{-\infty}^{+\infty} g(\nu',\nu_0)\rho\delta(\nu-\nu')\mathrm{d}\nu = n_2 B_{21} g(\nu',\nu_0)\rho \tag{5-39}$$

式中，$g(\nu',\nu_0)$ 为发光粒子自发辐射的线型函数在辐射场中心频率 ν' 处的函数值。

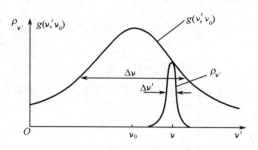

图 5-15　原子和准单色场相互作用

同理，单位时间内发生受激吸收的原子数密度为

$$\left(\frac{\mathrm{d}n_{12}}{\mathrm{d}t}\right)_{\mathrm{st}} = n_2 B_{12} g(\nu',\nu_0)\rho \tag{5-40}$$

由式（5-39）、式（5-40）可得，在频率 ν 的单色辐射场的作用下，受激跃迁概率为

$$\begin{cases} W_{21} = B_{21} g(\nu,\nu_0)\rho \\ W_{12} = B_{12} g(\nu,\nu_0)\rho \end{cases} \tag{5-41}$$

式（5-41）的物理意义是，由于谱线加宽，与原子相互作用的单色光频率 ν 并不一定要精确等于原子发光的中心频率 ν_0 才能产生受激跃迁，而是在 $\nu=\nu_0$ 附近的一个频率范围内都能产生受激跃迁，受激跃迁概率按线型函数分布。当 $\nu=\nu_0$ 时，跃迁概率最大；当 ν 偏离 ν_0 时，跃迁概率急剧下降。

若激光器内第 l 模的光子数密度为 N_l，则单色光能量密度 ρ 与 N_l 的关系为

$$\rho = N_l h\nu \tag{5-42}$$

利用爱因斯坦关系式（2-20），可以将式（5-41）改写为与 N_l 有关的形式，即

$$\begin{cases} W_{21} = \dfrac{A_{21}}{n_\nu} g(\nu,\nu_0)N_l = \sigma_{21}(\nu,\nu_0)\upsilon N_l \\ W_{12} = \dfrac{f_2}{f_1}\dfrac{A_{21}}{n_\nu} g(\nu,\nu_0)N_l = \sigma_{12}(\nu,\nu_0)\upsilon N_l \end{cases} \tag{5-43}$$

式中，υ 为工作物质中的光速。

$$\begin{cases} \sigma_{21}(\nu,\nu_0) = \dfrac{A_{21}\upsilon^2}{8\pi\nu_0^2} g(\nu,\nu_0) \\ \sigma_{12}(\nu,\nu_0) = \dfrac{f_2}{f_1}\dfrac{A_{12}\upsilon^2}{8\pi\nu_0^2} g(\nu,\nu_0) \end{cases} \tag{5-44}$$

$\sigma_{21}(\nu,\nu_0)$ 和 $\sigma_{12}(\nu,\nu_0)$ 是频率 ν 的函数，具有面积的量纲，分别称为受激辐射截面和受激吸收截面。其物理意义为：将激光工作物质中每个发光粒子视为小光源，所发光强即为该粒子所在处的光强，而发射截面积就是此光源的横截面积，发射截面如图 5-16 所示。如果激光工作物质还没有形成集居数反转，此时激光工作物质不但没有放大作用，而且还会对入射激光产生吸收作用，使光强减弱，此时激光工作物质中每个吸收光强的粒子视为一个小光栏，它将入射到工作物质

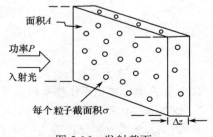

图 5-16　发射截面

中的光挡掉，而吸收截面就是这个小光栏的横截面积。

中心频率处的发射截面与吸收截面最大。均匀加宽工作物质中心频率处（$\nu = \nu_0$）的发射截面为

$$\sigma_{21} = \frac{A_{21}\upsilon^2}{4\pi^2\nu_0^2\Delta\nu_H} \tag{5-45}$$

非均匀加宽工作物质中心频率处（$\nu = \nu_0$）的发射截面为

$$\sigma_{21} = \frac{\sqrt{\ln 2}A_{21}\upsilon^2}{4\pi^{3/2}\nu_0^2\Delta\nu_D} \tag{5-46}$$

发射截面和吸收截面决定于工作物质激光跃迁本身的性质，其峰值通常可以在有关的激光手册中查阅到。

5.2.2　单模振荡速率方程

每一个激光振荡模式都是具有一定频率 ν（模式谐振频率）和一定腔内损耗的准单色光。下面首先讨论激光器中只有第 l 个模式振荡时的单模速率方程。

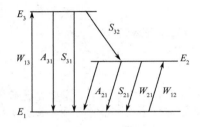

图 5-17　三能级系统激光工作物质能级示意图

1. 三能级系统速率方程

图 5-17 所示为三能级系统激光工作物质的能级示意图。参与激光产生过程的有三个能级：激光下能级 E_1（基态能级）；激光上能级 E_2（亚稳态能级）；抽运高能级 E_3。粒子在这些能级间的跃迁过程简述如下。

（1）在激励泵浦的作用下，基态 E_1 上的粒子被抽运到 E_3 能级，抽运概率为 W_{13}。在光激励情况下，W_{13} 即为受激吸收跃迁概率；对于其他激励方式，则 W_{13} 只表示粒子在单位时间内被抽运到 E_3 的概率。

（2）被抽运到 E_3 能级的粒子数 n_3 主要以无辐射跃迁（热弛豫）的形式极为迅速地转移到 E_2 能级，其概率为 S_{32}。另外，n_3 也能以自发辐射（概率 A_{31}）、无辐射跃迁（概率 S_{31}）等方式返回基态 E_1，但对于一般激光工作物质来说，这两种过程的概率很小，即 $S_{31} \ll S_{32}$，$A_{31} \ll S_{32}$。

（3）激光上能级 E_2 一般为亚稳态能级，寿命较长。E_2 能级与 E_1 能级间，也就是激光上、下能级间有四种跃迁：自发辐射（概率 A_{21}）、无辐射跃迁（概率 S_{21}）、受激辐射（概率 W_{21}）和受激吸收（概率 W_{12}）。粒子在 E_2 能级上寿命较长，所以 A_{21} 和 S_{21} 都很小，且通常 $A_{21} \gg S_{21}$。当抽运速率足够高，就有可能在 E_2 和 E_1 能级间实现粒子数反转（即 $n_2 > \frac{f_2}{f_1}n_1$），在这种情况下，E_2 和 E_1 间的受激辐射和受激吸收（W_{21} 和 W_{12}）将占绝对优势。如室温下，红宝石跃迁概率数据为：$S_{32} \approx 0.5 \times 10^7 s^{-1}$，$A_{31} \approx 3 \times 10^5 s^{-1}$，$A_{21} \approx 0.3 \times 10^3 s^{-1}$，$S_{21}$，$S_{31} \approx 0$。

综上所述，可以写出各能级粒子数随时间变化的方程为

$$\frac{dn_3}{dt} = n_1W_{13} - n_3(S_{32} + A_{31} + S_{31}) \tag{5-47}$$

$$\frac{dn_2}{dt} = n_1W_{12} - n_2W_{21} - n_2(A_{21} + S_{21}) + n_3S_{32} \tag{5-48}$$

$$n_1 + n_2 + n_3 = n \tag{5-49}$$

式中，n 为单位体积工作物质内的总粒子数。

这里 dn_1/dt 的速率方程未列出，是因为它不是独立的方程。

再来分析激光器谐振腔内的光子数密度（单位体积内的光子数）随时间变化的规律。若第 l 个模

式内的光子数密度为 N_l，该模式的光子寿命为 τ_{Rl}，则其光子数密度的速率方程为

$$\frac{\mathrm{d}N_l}{\mathrm{d}t} = n_2 W_{21} - n_1 W_{12} - \frac{N_l}{\tau_{Rl}} \tag{5-50}$$

因为激光振荡过程中受激辐射远远超过自发辐射，式（5-50）中忽略了进入 l 模内的少量自发辐射非相干光子。

若用受激发射截面和受激吸收截面来表示 W_{21} 和 W_{12}，可得三能级系统的速率方程组为

$$\begin{cases} \dfrac{\mathrm{d}n_3}{\mathrm{d}t} = n_1 W_{13} - n_3 (S_{32} + A_{31}) \\[2mm] \dfrac{\mathrm{d}n_2}{\mathrm{d}t} = -\left(n_2 - \dfrac{f_2}{f_1} n_1\right)\sigma_{21}(\nu,\nu_0) \upsilon N_l - n_2(A_{21} + S_{21}) + n_3 S_{32} \\[2mm] n_1 + n_2 + n_3 = n \\[2mm] \dfrac{\mathrm{d}N_l}{\mathrm{d}t} = \left(n_2 - \dfrac{f_2}{f_1} n_1\right)\sigma_{21}(\nu,\nu_0) \upsilon N_l - \dfrac{N_l}{\tau_{Rl}} \end{cases} \tag{5-51}$$

通常，定义 $\eta_1 = \dfrac{S_{32}}{S_{32} + A_{31}}$，表示 E_3 能级向 E_2 能级无辐射跃迁的量子效率，它的意义可以理解为：由光泵抽运到 E_3 的粒子，只有一部分无辐射跃迁到达激光上能级 E_2，另一部分通过其他途径返回基态。 $\eta_2 = \dfrac{A_{21}}{A_{21} + S_{21}}$，为能级 E_2 向基态跃迁的荧光效率，它的意义可以理解为：到达 E_2 能级的粒子，也只有一部分通过自发辐射跃迁到达 E_1 能级并发射荧光，其余粒子通过无辐射跃迁而回到 E_1 能级。$\eta_F = \eta_1 \eta_2$，为总量子效率，可以表示为

$$\eta_F = \frac{\text{发射荧光的光子数}}{\text{工作物质从光泵吸收的光子数}}$$

因此，速率方程组式（5-51）也可写为如下形式

$$\begin{cases} \dfrac{\mathrm{d}n_3}{\mathrm{d}t} = n_1 W_{13} - \dfrac{n_3 S_{32}}{\eta_1} \\[2mm] \dfrac{\mathrm{d}n_2}{\mathrm{d}t} = -\left(n_2 - \dfrac{f_2}{f_1} n_1\right)\sigma_{21}(\nu,\nu_0) \upsilon N_l - \dfrac{n_2 A_{21}}{\eta_2} + n_3 S_{32} \\[2mm] n_1 + n_2 + n_3 = n \\[2mm] \dfrac{\mathrm{d}N_l}{\mathrm{d}t} = \left(n_2 - \dfrac{f_2}{f_1} n_1\right)\sigma_{21}(\nu,\nu_0) \upsilon N_l - \dfrac{N_l}{\tau_{Rl}} \end{cases} \tag{5-52}$$

三能级系统可以以两种不同方式产生激光，一种以 E_2 为激光下能级，E_3 为激光上能级粒子由 $E_3 \rightarrow E_2$ 的受激跃迁产生激光；另一种分别以 E_2 和 E_1 为激光上、下能级，粒子由 $E_2 \rightarrow E_1$ 的受激跃迁产生激光。气体三能级激光器多以第一种方式工作，而第二种方式则适合大多数固体三能级系统。本节讨论的是后者，对前者，可进行类似的讨论，有兴趣的读者不妨一试。

2. 四能级系统速率方程组

对于大多数激光工作物质来说，四能级系统更具有代表性，四能级系统更容易实现集居数反转。氦氖激光器及 Nd：YAG 激光器等都属于四能级系统。

图 5-18 表示具有四能级系统的激光工作物质的能级示意图。参与产生激光的有四个能级：基态 E_0（抽运过程的低能级）、抽运高能级 E_3、激光上能级 E_2（亚稳态能级）和激光下能级 E_1。这种能级系统的

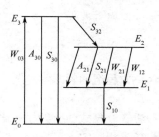

图 5-18　四能级系统的激光工作物质的能级示意图

主要特点是，激光下能级 E_1 不再是基态，因而在热平衡状态下处于 E_1 的粒子数很少，有利于在 E_2 和 E_1 之间形成集居数反转状态。

粒子在能级间的主要跃迁过程如图 5-18 所示，各符号代表的物理意义与三能级系统相同，不再赘述。这里着重指出两点：

（1）对于一般激光器来说，有 S_{30}，$A_{30} \ll S_{32}$，$S_{21} \ll A_{21}$ 在速率方程中可略去 S_{30} 的影响。

（2）激光下能级 E_1 与基态能级 E_0 的间隔比粒子热运动能量大得多，因而在热平衡情况下能级上的粒子数可以忽略。另一方面，当粒子由于受激辐射和自发辐射由 E_2 跃迁到 E_1 后，便以非辐射跃迁方式迅速地转移到基态，即 S_{10} 很大，S_{10} 也称为激光下能级的抽空速率。这样便可保证激光下能级平时总是空的，只要将粒子从基态抽运到高能级上去，便很容易实现 E_2 和 E_1 能级间的集居数反转状态。与三能级系统完全类似，可得到四能级系统的速率方程组为

$$\begin{cases} \dfrac{\mathrm{d}n_3}{\mathrm{d}t} = n_0 W_{03} - n_3 \left(S_{32} + A_{30} \right) \\[2mm] \dfrac{\mathrm{d}n_2}{\mathrm{d}t} = -\left(n_2 - \dfrac{f_2}{f_1} n_1 \right) \sigma_{21}(\nu, \nu_0) \upsilon N_l - n_2 \left(A_{21} + S_{21} \right) + n_3 S_{32} \\[2mm] \dfrac{\mathrm{d}n_0}{\mathrm{d}t} = n_1 S_{10} - n_0 W_{03} + n_3 A_{30} \\[2mm] n_0 + n_1 + n_2 + n_3 = n \\[2mm] \dfrac{\mathrm{d}N_l}{\mathrm{d}t} = \left(n_2 - \dfrac{f_2}{f_1} n_1 \right) \sigma_{21}(\nu, \nu_0) \upsilon N_l - \dfrac{N_l}{\tau_{Rl}} \end{cases} \tag{5-53}$$

式（5-53）中忽略了 $n_3 W_{30}$ 项，因为 n_3 很小，故 $n_3 W_{30} \ll n_0 W_{03}$。$\dfrac{\mathrm{d}n_1}{\mathrm{d}t}$ 的速率方程未列出，因为它也不是独立的。

与三能级系统类似，定义四能级系统中 E_3 能级向 E_2 能级无辐射跃迁的量子效率为 $\eta_1 = \dfrac{S_{32}}{S_{32} + A_{30}}$；

E_2 能级向 E_1 能级跃迁的荧光效率为 $\eta_2 = \dfrac{A_{21}}{A_{21} + S_{21}}$；总量子效率为 $\eta_F = \eta_1 \eta_2$。物理意义与三能级系统相同。

5.2.3 多模振荡速率方程

如果激光器中有 m 个模振荡，其中第 l 个模的频率、光子数密度、光子寿命分别为 ν_l、N_l 及 τ_{Rl}。则 E_2 能级的粒子数密度速率方程为

$$\frac{\mathrm{d}n_2}{\mathrm{d}t} = -\sum_l \left(n_2 - \frac{f_2}{f_1} n_1 \right) \sigma_{21}(\nu_l, \nu_0) \upsilon N_l - n_2 (A_{21} + S_{21}) + n_3 S_{32} \tag{5-54}$$

由于每个模式的频率、损耗、$g(\nu, \nu_0)$ 值不同，必须建立 m 个光子数密度速率方程，其中第 l 个模的光子数密度速率方程为

$$\frac{\mathrm{d}N_l}{\mathrm{d}t} = \left(n_2 - \frac{f_2}{f_1} n_1 \right) \sigma_{21}(\nu_l, \nu_0) \upsilon N_l - \frac{N_l}{\tau_{Rl}} \tag{5-55}$$

多模速率方程组的解非常复杂，在处理一些不涉及各模差别的问题时，为了使问题简化，可做以下假设。

（1）假设各个模式的衍射损耗比腔内工作物质的损耗及反射镜透射损耗小得多，因而可以认为各个模式的损耗是相同的。

（2）将线型函数 $g(\nu,\nu_0)$ 用一矩形谱线 $g'(\nu,\nu_0)$ 代替，如图 5-19 所示，并使矩形谱线的高度与谱线轮廓中心点的高度相等，矩形谱线所包含的面积与原有谱线包含的面积相等。即

$$g'(\nu,\nu_0) = g(\nu,\nu_0) \qquad (5\text{-}56)$$

对洛伦兹线型与高斯线型，等效线宽分别为

$$\delta\nu = \frac{\pi}{2}\Delta\nu_F \qquad (5\text{-}57)$$

$$\delta\nu = \frac{1}{2}\left(\frac{\pi}{\ln 2}\right)^{\frac{1}{2}}\Delta\nu_F \qquad (5\text{-}58)$$

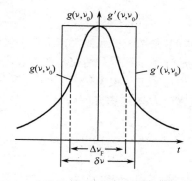

图 5-19 光谱线的线型函数及等效线型函数

式中，用工作物质的自发辐射荧光谱线宽度 $\Delta\nu_F$ 统一表示均匀加宽线宽 $\Delta\nu_H$ 和非均匀加宽线宽 $\Delta\nu_i$。

按照以上简化模型，四能级多模振荡的速率方程可写为

$$\begin{cases} \dfrac{\mathrm{d}N}{\mathrm{d}t} = \left(n_2 - \dfrac{f_2}{f_1}n_1\right)\sigma_{21}\upsilon N - \dfrac{N}{\tau_{Rl}} \\[2mm] \dfrac{\mathrm{d}n_3}{\mathrm{d}t} = n_0 W_{03} - \dfrac{n_3 S_{32}}{\eta_1} \\[2mm] \dfrac{\mathrm{d}n_2}{\mathrm{d}t} = -\left(n_2 - \dfrac{f_2}{f_1}n_1\right)\sigma_{21}\upsilon N - \dfrac{n_2 A_{21}}{\eta_2} + n_3 S_{32} \\[2mm] \dfrac{\mathrm{d}n_0}{\mathrm{d}t} = n_1 S_{10} - n_0 W_{03} \\[2mm] n_0 + n_1 + n_2 + n_3 = n \end{cases} \qquad (5\text{-}59)$$

5.3 均匀加宽激光工作物质对光的增益

激光工作物质对光的增益作用是产生激光的前提条件，而产生增益作用的前提条件是集居数反转。本节首先讨论反转集居数的饱和效应；在此基础上，从速率方程出发导出激光工作物质的增益系数表达式，并着重分析光强增加时增益的饱和效应。

具有均匀加宽谱线和非均匀加宽谱线的激光工作物质对光的增益特性有很大差别，由它们所构成的激光器的工作特性也有很大不同，因此，本节及下节将分别予以讨论。

5.3.1 增益系数

1. 增益系数的定义和表达式

第 2 章中已经给出了增益系数的定义。光在增益物质中的放大如图 5-20 所示，在工作物质中某一对跃迁频率为 ν 的能级间已形成了集居数反转状态，若有频率为 ν，光强为 I_0 的准单色光入射，则由于受激辐射，在传播过程中光强将不断增加。通常用增益系数 G 来描述光波在激活工作物质中传播单位距离后光强的增加率。

设在 z 处光强为 $I(z)$，$z+\mathrm{d}z$ 处光强为 $I(z)+\mathrm{d}I(z)$，则增益系数定义为

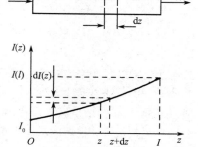

图 5-20 光在增益物质中的放大

$$G = \frac{\mathrm{d}I(z)}{I(z)\mathrm{d}z} \tag{5-60}$$

增益系数表征激光工作工作物质受激放大的能力。由于 $I = Nh\nu\upsilon$，我们可以通过工作物质光子数密度的速率方程得到增益系数的表达式。

由速率方程组（5-51）和式（5-53）可知，无论是三能级系统还是四能级系统，激光工作物质中光子数密度 N 的速率方程均为

$$\frac{\mathrm{d}N}{\mathrm{d}t} = \Delta n \sigma_{21}(\nu, \nu_0)\upsilon N \tag{5-61}$$

式中

$$\Delta n = n_2 - \frac{f_2}{f_1}n_1 \tag{5-62}$$

为反转粒子数密度，$\sigma_{21}(\nu, \nu_0)$ 为激光上、下能级间的受激发射截面。

将

$$\begin{cases} I(z) = Nh\nu\upsilon \\ \mathrm{d}z = \upsilon\mathrm{d}t \end{cases} \tag{5-63}$$

代入增益系数定义式（5-60），可得增益系数的表达式为

$$G = \Delta n \sigma_{21}(\nu, \nu_0) = \Delta n \frac{\upsilon^2 A_{21}}{8\pi \nu_0^2} g(\nu, \nu_0) \tag{5-64}$$

可见，增益系数正比于反转粒子数密度 Δn，其比例系数即为发射截面 $\sigma_{21}(\nu, \nu_0)$。而增益系数与频率的关系曲线（即增益曲线）由激光工作物质谱线的线型函数决定。

由于大部分激光工作物质都是四能级系统，下面我们从四能级速率方程出发，求出反转粒子数密度 Δn，进而讨论当频率为 ν，光强为 I_ν 的入射光射入工作物质时，反转粒子数密度、增益系数的变化及其饱和效应。

2. 对增益系数 G 的一般讨论

定义工作物质对光的增益系数随频率 ν 变化的曲线为增益曲线。可以证明，激光器稳态工作时的反转集居数密度 Δn 可以看成常量。在式（5-64）中，A_{21}，ν_0 都是常量，由于光谱线宽度（ν 的变化范围）和 ν 相比很小，ν 也可近似认为是常量，而 $g(\nu, \nu_0)$ 的函数形式对增益系数 G 起主要作用。因此，$G(\nu)$ 具有和 $g(\nu, \nu_0)$ 相同的函数形式和相同的曲线形状，$G(\nu)$-ν 和 $g(\nu)$-ν 关系示意图如图 5-21 所示。在中心频率 ν_0 处 G 最大。

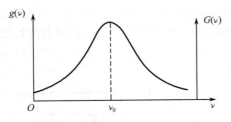

图 5-21　$G(\nu)$-ν 和 $g(\nu)$-ν 关系示意图

可以证明，激光增益系数和工作物质的光谱线宽成反比。从物理意义上看，这是容易理解的。在相同的反转集居数密度 Δn 情况下，谱线宽度越大，增益曲线下所包含的频率越多，每个单位频率间隔在 Δn 中分得的份额就越少，所以各频率所对应的增益 G 下降。例如，He-Ne 激光器可输出 0.543 μm，0.6328 μm，1.15 μm 和 3.39 μm 这 4 个波长中的每一个，由多普勒线宽公式（5-27）可推出：$\lambda \uparrow \rightarrow \nu_0 \downarrow \rightarrow \Delta\nu_D \downarrow \rightarrow G \uparrow$。所以 0.543 μm 的增益系数最小，制造全内腔的激光器困难，0.5 m 长的激光器功率在毫瓦量级；3.39 μm 的增益系数最大，很短的激光器可输出较强激光束，100 mm 长的激光器功率可达几毫瓦。0.543 μm 光可见，颜色漂亮，但功率小；3.39 μm 光功率大，但不可见。因此，在实际应用中更多地选择 0.6328 μm 红光的激光输出。

5.3.2 反转集居数饱和

在前面讨论增益系数表达式时，假设入射到工作物质中的光的功率密度很小，它引起的受激辐射和受激吸收不影响激光上能级的粒子集居数，这就是所谓的小信号情况。在实际的激光器里，光强不能总处于小信号状态，我们需要激光器内的光有足够强度，这样才会有大功率光能量输出。激光谐振腔内存在着大的光强意味着强激光"入射"进激光工作物质，此时大量光子和激光上能级粒子相互作用，使激光上能级粒子受激辐射而跳到激光下能级，即上能级 E_2 粒子数减小，下能级 E_1 粒子数增加。结果是 Δn 下降。这种反转集居数随受激辐射（入射光强 I）增大而减小的现象称为反转集居数饱和。而 Δn 的下降将导致增益系数 G 的下降。即 $I \uparrow \rightarrow \Delta n \downarrow \rightarrow G \downarrow$，因此，称激光工作物质的增益系数 G 随入射光强增加而下降的现象为增益系数的饱和，即增益饱和。

由于激光器的驻波特性，在激光器谐振腔中存在的仅是满足谐振条件的一个特定频率 ν，或若干个不连续频率 ν_1，ν_2，ν_3，…，因此只有研究特定频率 ν 的光在工作物质中引起的反转集居数饱和，以及增益系数饱和才有意义。所以增益饱和是指某一个或某一些特定频率的光在激光工作物质中引起的增益系数饱和现象。

为了区别小信号和大信号光入射进激光工作物质两种情况下的反转集居数密度和增益系数，我们把小信号光入射时的反转集居数密度写成 Δn^0，增益系数写成 G^0。

1. 稳态时的反转集居数密度

通过求解速率方程可得到反转集居数密度的表达式。在连续激光器或长脉冲激光器工作过程中，会达到稳定的动态平衡，即各能级上粒子数密度不随时间而变化，有

$$\frac{dn_0}{dt} = \frac{dn_2}{dt} = \frac{dn_3}{dt} = 0 \tag{5-65}$$

一般四能级系统中：$S_{01} \gg W_{03}$，$S_{32} \gg W_{03}$，$S_{30} \gg W_{32}$，于是由四能级系统速率方程组（5-53）中的第一个方程可得

$$\begin{cases} n_3 S_{32} \approx n_0 W_{03} \\ n_3 \approx 0 \end{cases} \tag{5-66}$$

由速率方程组（5-53）中第三个方程可得

$$\begin{cases} n_1 = n_0 \dfrac{W_{03}}{S_{10}} \approx 0 \\ \Delta n = n_2 - n_1 \approx n_2 \end{cases} \tag{5-67}$$

于是方程组（5-53）中 E_2 能级粒子数密度变化的速率方程可以改写为反转粒子数密度的速率方程。当频率为 ν，光强为 I_ν 的入射光射入工作物质时

$$\frac{d\Delta n}{dt} = -\Delta n \sigma_{21}(\nu, \nu_0) \upsilon N - \frac{\Delta n}{\tau_2} + n_0 W_{03} \tag{5-68}$$

式中，τ_2 为 E_2 能级寿命，$\tau_2 = \dfrac{1}{A_{21} + S_{21}}$。

式（5-68）中第一项为受激辐射消耗的反转粒子数，第二项表示由于有限的能级寿命导致反转粒子数的减少，第三项表示抽运作用使反转粒子数增加。

在稳态时，应有 $\dfrac{d\Delta n}{dt} = 0$，并且在四能级系统中大量粒子聚集在基态，$n_0 \approx n$，于是，由式（5-68）可求得

$$\Delta n = \frac{n W_{03} \tau_2}{1 + \sigma_{21}(\nu, \nu_0) \upsilon \tau_2 N} \tag{5-69}$$

将 $N = I_\nu / h\nu$ 代入式（5-69），可得

$$\Delta n = \frac{\Delta n^0}{1 + \dfrac{I_\nu}{I_s(\nu)}} \tag{5-70}$$

式中，I_ν 为入射光强度；$I_s(\nu)$ 是频率为 ν 的强光对应的饱和光强，具有光强的量纲。

$$I_s(\nu) = \frac{h\nu_1}{\sigma_{21}(\nu, \nu_0)\tau_3} \approx \frac{h\nu_0}{\sigma_{21}(\nu, \nu_0)\tau_3} \tag{5-71}$$

由于 ν 与 ν_0 之差远小于 ν_0，为了简单起见，将式（5-71）中 ν 改为均匀加宽工作物质的中心频率 ν_0。

频率 $\nu = \nu_0$（中心频率）时的饱和光强 $I_s(\nu_0)$ 简记为 I_s，这是一个与入射强光频率 ν 及光强 I_ν 无关的常数。其物理意义是：当入射光强 I_ν 达到可以与 I_s 相比拟时，受激辐射跃迁所造成的激光上能级粒子数的衰减率便可与其他跃迁（自发辐射及无辐射跃迁）造成的粒子数衰减率相比拟。I_s 的数值决定于增益工作物质的性质和受激辐射光频率，它可以由实验测定，或由经验公式确定。常用气体激光器的 I_s 值列于附录 A 中。如氦氖激光器（632.8 nm），$I_s = 0.1 \sim 0.3$ W/mm^2；CO_2 激光器（10.6 μm），$I_s = \dfrac{72}{d^2}$ W/mm^2，式中 d 为放电管直径，单位为 mm。

Δn^0 为小信号光入射时的反转集居数密度，所谓小信号情况，即入射光强 $I_\nu \ll I_s(\nu)$，工作物质内受激辐射很微弱，因此可忽略速率方程中的受激辐射项。此时

$$\Delta n = \Delta n^0 = nW_{03}\tau_2 \tag{5-72}$$

可见，小信号反转集居数密度与入射光强无关，其大小正比于受激辐射上能级寿命及激发概率 W_{03}。

把 $I_s(\nu)$ 表达式中的 $\sigma_{21}(\nu, \nu_0)$ 用均匀加宽线型函数 $g_H(\nu, \nu_0)$ 和线宽 $\Delta\nu_H$ 表示，然后代入式（5-70）可得

$$\Delta n = \frac{(\nu - \nu_0)^2 + (\dfrac{\Delta\nu_H}{2})^2}{(\nu - \nu_0)^2 + (\dfrac{\Delta\nu_H}{2})^2(1 + \dfrac{I_\nu}{I_s})} \Delta n^0 \tag{5-73}$$

2．反转集居数饱和

当 I_ν 足够强时（即大信号情况），由式（5-72）可知，将有

$$\Delta n < \Delta n^0$$

且 I_ν 越强，反转集居数减少得越多，这种现象即反转集居数饱和。这是由于随着 I_ν 的增大，受激辐射作用增强，导致上能级粒子数急剧减少。

① Δn 与入射光强 I_ν 的关系

设 $\nu = \nu_0$，式（5-73）可简化为

$$\Delta n(\nu_0, I_{\nu_0}) = \frac{\Delta n^0}{1 + \dfrac{I_{\nu_0}}{I_s}} \tag{5-74}$$

图 5-22 画出了均匀加宽工作物质大信号反转粒子数密度与入射光频率的关系（$\nu = \nu_0$）。可见，入射光强越大，反转粒子数密度的饱和作用就越显著。

当 $I_{\nu_0} = 0$ 时，$\Delta n = \Delta n^0$；

当 $I_{\nu_0} = I_s$ 时，$\Delta n = \dfrac{1}{2}\Delta n^0$，即入射光强 I_{ν_0} 等于饱和光强 I_s 时，反转粒子数减少了一半。

② Δn 与入射光频率 ν 的关系

在入射光强 I_ν 相同的情况下，反转集居数密度 Δn 的饱和作用随入射光频率 ν 的不同如何变化？

图 5-23 分别画出了 $I_\nu = 0$ 和 $I_\nu = I_s$ 的反转粒子数密度与入射光频率的关系曲线，即饱和效应曲线。

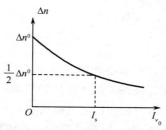

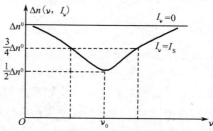

图 5-22　均匀加宽工作物质大信号反转粒子数密度与　图 5-23　反转粒子数密度与入射光频率的关系曲线
　　　　　入射光频率的关系（$\nu = \nu_0$）

当 $I_\nu = 0$ 时（小信号情况下），$\Delta n = \Delta n^0$，是一条水平直线，表明小信号反转粒子数密度是个常数，与入射光频率 ν 无关。

当 $I_\nu = I_s$ 时（大信号情况下），入射光频率越靠近中心频率 ν_0，Δn 的饱和作用就越强，入射光频率 ν 偏离中心频率越远，饱和效应越弱。这是由于中心频率处受激辐射跃迁概率最大，故入射光造成的反转粒子数密度的下降也最严重。

为了确定对工作物质有影响的光波的频率范围，通常采用与线型函数的线宽同样的定义方法。通常认为，当饱和作用小于中心频率处的饱和作用的一半时，可以忽略饱和效应。因此，当入射光频率在

$$\nu - \nu_0 = \pm\sqrt{1 + \frac{I_\nu}{I_s}\frac{\Delta\nu_H}{2}} \tag{5-75}$$

范围内才会引起显著的饱和作用。

5.3.3　增益饱和

由式（5-64）可知，当频率为 ν 光强为 I_ν 的准单色光入射到均匀加宽工作物质时，其增益系数为

$$G_H(\nu, I_\nu) = \Delta n \sigma_{21}(\nu, \nu_0) = \Delta n \frac{\upsilon^2}{8\pi\nu_0^2} A_{21} g_H(\nu, \nu_0) \tag{5-76}$$

将式（5-70）代入式（5-76），可得

$$G_H(\nu, I_\nu) = \frac{G_H^0(\nu)}{1 + \dfrac{I_\nu}{I_s(\nu)}} \tag{5-77}$$

式中，$G_H^0(\nu)$ 为小信号增益系数，当 $I_\nu \ll I_s(\nu)$ 时，有

$$G_H^0(\nu) = \Delta n^0 \sigma_{21}(\nu, \nu_0) = \Delta n_0 \frac{\upsilon^2 A_{21}}{8\pi\nu_0^2} g_H(\nu, \nu_0) \tag{5-78}$$

式（5-78）所表述的小信号增益系数和入射光频率有关，$G_H^0(\nu)$ 与入射光频率 ν 的关系曲线称为小信号增益曲线，其形状完全取决于线型函数 $g_H(\nu, \nu_0)$，小信号增益系数曲线如图 5-24 所示。

把 $I_s(\nu)$ 表达式中的 $\sigma_{21}(\nu, \nu_0)$ 用均匀加宽线型函数 $g_H(\nu, \nu_0)$ 和线宽 $\Delta\nu_H$ 表示，然后代入式（5-77）和式（5-78），可得

$$G_H(\nu, I_\nu) = \frac{\left(\dfrac{\Delta\nu_H}{2}\right)^2}{(\nu - \nu_0)^2 + \left(\dfrac{\Delta\nu_H}{2}\right)^2\left(1 + \dfrac{I_\nu}{I_s}\right)} G_H^0(\nu_0) \tag{5-79}$$

式中，$G_H^0(\nu_0)$ 为中心频率处的小信号增益系数

$$G_H^0(\nu_0) = \Delta n^0 \sigma_{21} = \Delta n^0 \frac{\upsilon^2 A_{21}}{4\pi^2 \nu_0^2 \Delta\nu_H} \tag{5-80}$$

其值决定于工作物质特性和激发速率，可由实验测出。

由式（5-79）可见，当 I_ν 足够强时，增益系数的值将随光强 I_ν 的增强而减小，这就是增益饱和现象。这是因为增益系数正比于工作物质内的反转粒子数，由于强度为 I_ν 的光在工作物质中传输时，通过受激辐射获得增益的同时消耗了大量反转粒子数，反转粒子数的饱和致使增益系数也发生饱和。

将 $I_\nu = 0$ 和 $I_\nu = I_s$ 时的均匀加宽工作物质的增益饱和曲线画在图 5-25 中。其中，$I_\nu = 0$ 的曲线即为小信号增益曲线，其形状完全取决于线型函数 $g_H(\nu_1, \nu_0)$。

饱和作用的强弱与入射光频率有关，频率越接近增益曲线的中心频率 ν_0，饱和作用就越显著；偏离中心频率 ν_0 越远，饱和作用就越弱。例如，在 $I_\nu = I_s$ 的大信号增益曲线中，当 $\nu = \nu_0$ 时，$G_H(\nu_0, I_s) = \frac{1}{2}G_H^0(\nu_0)$，即增益系数降至小信号的一半；当 $\nu = \nu_0 \pm \frac{\Delta\nu_H}{2}$，$G_H^0\left(\nu_0 \pm \frac{\Delta\nu_H}{2}\right) = \frac{1}{2}G_H^0(\nu_0)$，而 $G_H\left(\nu_0 \pm \frac{\Delta\nu_H}{2}, I_s\right) = \frac{1}{3}G_H^0(\nu_0)$，即增益系数降至小信号时的 $\frac{2}{3}$。

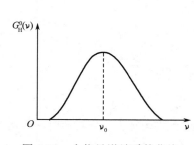

图 5-24　小信号增益系数曲线

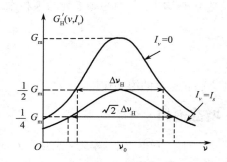

图 5-25　均匀加宽工作物质的增益饱和曲线

以上讨论了当频率为 ν，强度为 I_ν 的光入射时，它本身所能获得的增益系数 $G(\nu, I_\nu)$ 随 I_ν 增加而下降的规律。下面讨论的问题是，当两个不同频率、不同光强的光同时存在于激光工作物质中，在强光增益饱和的同时，对弱光的增益系数会产生什么影响。

设激光器腔内有一频率为 ν，强度为 I_ν 的强光入射的同时，还有一频率为 ν' 的弱光入射，此弱光的增益系数 $G(\nu', I_\nu)$ 将如何变化？

由增益系数表达式（5-64）及反转集居数表达式（5-70）可得，均匀加宽工作物质在 I_ν 强光入射的条件下对 ν' 弱光的增益系数为

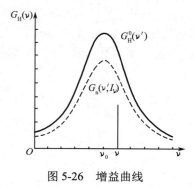

图 5-26　增益曲线

$$G_H(\nu', I_\nu) = \Delta n \cdot \sigma_{21}(\nu', \nu_0) = \frac{G_H^0(\nu')}{1 + \dfrac{I_\nu}{I_s(\nu)}} \tag{5-81}$$

比较式（5-81）与式（5-77）可知，频率为 ν 的强光入射不仅使自身增益系数下降，也使其他频率的弱光的增益系数下降。当入射光频率 ν 和光强 I_ν 给定后，式（5-81）中与 $G_H^0(\nu')$ 相乘的因子的数值是个小于 1 的定值。这说明在每个频率 ν 处，弱光的增益系数下降的相对值都是一样的，其结果是增益在整个谱线上均匀地下降，如图 5-26 所示。均匀加宽介质中，强光入射使增益曲线均匀饱和。

可以这样理解图 5-26 所示的增益曲线的下降：在均匀加宽工作物质中，每个原子发光时，对谱线不同频率光的增益都有贡献，也就是说，均匀加宽的激光工作物质对各种频率入射光的放大作用全都是使用相同的反转粒子数。因此，强光 ν 入射引起反转集居数密度 Δn 的下降，而 Δn 的下降又将导致弱光 ν' 增益系数的下降。

于是，在均匀加宽激光器中，当一个模振荡后，就会使其他模的增益降低，因而阻止了其他模的振荡。因此，均匀加宽激光器中往往可以实现单纵模输出。

由于本节是利用稳态速率方程得出的反转粒子数和增益系数表达式。因此，本节的讨论仅限于连续激光器和长脉冲激光器，对于短脉冲激励激光器不完全适用。但本节及 5.4 节导出的增益饱和行为，以及均匀加宽和非均匀加宽工作物质中增益饱和特性的差异适用于不同激励方式（连续或短脉冲激励）的激光器。

5.4 非均匀加宽激光工作物质对光的增益

对于纯多普勒加宽工作物质，每个粒子发光时只对一种频率的光有贡献；反过来，当一种单色光进入工作物质时，也就只能引起一种相应运动速度的粒子受激辐射，所以反转集居数饱和仅在这一种频率处发生，如频率为 ν_A 的光入射使增益曲线在 ν_A 点下降到 A 点，纯非均匀加宽工作物质的增益饱和曲线如图 5-27 所示。

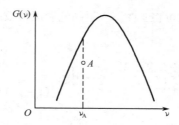

图 5-27　纯非均匀加宽工作物质的增益饱和曲线

在实际工作物质中，除了存在非均匀加宽的因素，总是还同时存在均匀加宽的因素，至少，由于任何粒子都是有自发辐射，因而都具有自然加宽。也就是说，工作物质中单个粒子发光的谱线线型函数是均匀加宽型的，但是由于气体粒子处在剧烈、混乱的热运动之中，具有不同的运动速度，因而相应地具有不同的表观中心频率，所以由大量粒子组成的气体工作物质发光时，其光谱谱线的线型变成非均匀加宽型的。

基于这个特点，我们来讨论非均匀加宽激光工作物质的增益饱和现象及烧孔效应。

5.4.1　增益饱和

1. 非均匀加宽工作物质对频率为 ν 的入射光的增益系数

对于非均匀加宽激光工作物质来说，每一种特定类型的粒子（如具有同一运动速度的粒子）只发射某一特定表观中心频率的光，因此在计算增益系数时，必须将反转集居数密度 Δn 按表观中心频率分类。

设小信号情况下的反转集居数密度 Δn^0，则表观中心频率在 $\nu_0' \sim (\nu_0' + \mathrm{d}\nu_0')$ 范围内的粒子的反转集居数密度为

$$\Delta n^0(\nu_0')\mathrm{d}\nu_0' = \Delta n^0 g_i(\nu_0', \nu')\mathrm{d}\nu_0' \tag{5-82}$$

表观中心频率在 $\nu_0' \sim (\nu_0' + \mathrm{d}\nu_0')$ 范围内的粒子所发射的谱线可以认为是中心频率 ν_0'，线宽为 $\Delta \nu_H$ 的

均匀加宽谱线。这部分粒子的增益 dG 可按均匀加宽增益系数的表达式（5-79）进行计算

$$dG = \frac{\left(\frac{\Delta\nu_H}{2}\right)^2}{(\nu-\nu_0')^2 + \left(\frac{\Delta\nu_H}{2}\right)^2\left(1+\frac{I_\nu}{I_s}\right)} G_H^0(\nu_0')$$ （5-83）

式中，$G_H^0(\nu_0')$ 为中心频率在 ν_0' 处的均匀加宽小信号增益系数最大值。

将式（5-82）代入均匀加宽中心频率处小信号增益系数式（5-80），可得

$$G_H^0(\nu_0') = \frac{A_{21}\nu^2\Delta n^0 \, g_i(\nu_0',\nu_0) \, d\nu_0'}{4\pi^2\nu_0'^2\Delta\nu_H}$$ （5-84）

总的增益应该是具有各种表观中心频率的全部粒子对增益贡献的总和，即对 ν_0' 进行积分。因此，非均匀加宽工作物质对频率为 ν 的入射光的大信号增益系数为

$$G_i(\nu, I_\nu) = \int dG = \frac{\nu^2 A_{21}\Delta n^0}{4\pi^2\nu_0^2\Delta\nu_H}\left(\frac{\Delta\nu_H}{2}\right)^2 \int_0^\infty \frac{g_i(\nu_0',\nu_0)\,d\nu_0'}{(\nu-\nu_0')^2 + \left(\frac{\Delta\nu_H}{2}\right)^2\left(1+\frac{I_\nu}{I_s}\right)}$$ （5-85）

非均匀加宽谱线与均匀加宽的关系如图 5-28 所示，对于非均匀加宽工作物质，$\Delta\nu_D \gg \Delta\nu_H$，因此式（5-85）中被积函数只在 $|\nu-\nu_0'| < \frac{\Delta\nu_H}{2}$ 的很小范围内才有显著值，而在 $|\nu-\nu_0'| \gg \frac{\Delta\nu_H}{2}$ 时趋于零，因而，在 $|\nu-\nu_0'| < \frac{\Delta\nu_H}{2}$ 的小范围内可将 $g_i(\nu_0',\nu_0)$ 近似地看成常数：$g_i(\nu_0',\nu_0') \approx g_i(\nu_0,\nu_0)$。在此近似下，式（5-85）可简化为

$$G_i(\nu, I_\nu) = \frac{\nu^2 A_{21}\Delta n^0}{4\pi^2\nu_0^2\Delta\nu_H}\left(\frac{\Delta\nu_H}{2}\right)^2 g_i(\nu,\nu_0)\int_{-\infty}^{+\infty} \frac{d\nu_0'}{(\nu-\nu_0')^2 + (\frac{\Delta\nu_H}{2})^2(1+\frac{I_\nu}{I_s})}$$

$$= \frac{\nu^2 A_{21}\Delta n^0}{8\pi\nu_0^2\sqrt{1+\frac{I_\nu}{I_s}}} g_i(\nu_1,\nu_0) = \frac{G_i^0(\nu)}{\sqrt{1+\frac{I_\nu}{I_s}}}$$ （5-86）

当 $I_\nu \ll I_s$ 时，可由式（5-86）得到与光强无关的小信号增益系数为

$$G_i^0(\nu) = \frac{\nu^2 A_{21}\Delta n^0}{8\pi\nu_0^2} g_i(\nu,\nu_0) = \Delta n^0\sigma_{21}(\nu,\nu_0)$$ （5-87）

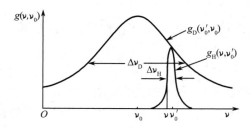

图 5-28　非均匀加宽谱线与均匀加宽的关系

小信号增益系数和频率的关系完全取决于非均匀加宽线型函数。由式（5-86）可见，在非均匀加宽情况下，增益系数随光强的增加而减小。强度为 I_ν 的光入射时获得的增益系数是小信号时的 $(1+\frac{I_\nu}{I_s})^{-\frac{1}{2}}$ 倍，这就是非均匀加宽情况下的增益饱和现象。

若非均匀加宽属多普勒加宽，$G_i(\nu,\nu_0)=G_D(\nu,\nu_0)$，则

$$G_i^0(\nu)=G_i^0(\nu_0)\exp\left[-\frac{(4\ln 2)(\nu-\nu_0)^2}{\Delta\nu_D^2}\right] \tag{5-88}$$

式中，$G_i^0(\nu_0)$ 为中心频率处的小信号增益系数

$$G_i^0(\nu_0)=\Delta n^0\sigma_{21}=\Delta n^0\frac{\upsilon^2 A_{21}}{4\pi\nu_0^2\Delta\nu_D}\left(\frac{\ln 2}{\pi}\right)^{1/2} \tag{5-89}$$

因此，式（5-86）可以改写为

$$G_i(\nu,I_\nu)=\frac{G_i^0(\nu_0)}{\sqrt{1+I_\nu/I_s}}\exp\left[-\frac{(4\ln 2)(\nu,\nu_0)^2}{\Delta\nu_D^2}\right] \tag{5-90}$$

5.4.2　烧孔效应

1. 反转集居数密度的烧孔效应

我们利用图 5-29 来分析非均匀加宽工作物质在强光入射时反转粒子数密度和频率的变化规律。图中实线为小信号时的反转粒子数密度对频率 ν 的分布曲线，这是一条与非均匀加宽工作物质的线型函数相同的高斯型曲线。

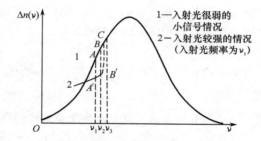

图 5-29　非均匀加宽工作物质中反转粒子数密度和频率的关系

前面已经指出，对于非均匀加宽工作物质，表观中心频率为 ν 的粒子发射一条中心频率为 ν，线宽为 $\Delta\nu_H$ 的均匀加宽谱线。因而这部分粒子的饱和行为可以用均匀加宽情况下的增益饱和现象来描述。

当频率为 ν_1，光强为 I_{ν_1} 的强光入射时，对于表观中心频率 $\nu=\nu_1$ 的粒子而言，相当于前面所述均匀加宽情况下入射光频率等于中心频率的情况。如果入射光足够强，则频率 ν_1 处的反转集居数密度 Δn_{ν_1} 将按式（5-74）饱和，即

$$\Delta n(\nu_1)=\frac{\Delta n^0(\nu_1)}{1+\dfrac{I_{\nu_1}}{I_s}} \tag{5-91}$$

$\Delta n^0(\nu_1)$ 为频率 ν_1 处的小信号集居数密度，对应图 5-29 中 A 点。由于饱和效应，该频率处反转集居数密度由 A 点下降到 A' 点。

对于表观中心频率为 ν_2 的粒子，由于入射光频率 ν_1 偏离粒子的表观中心频率 ν_2，所以引起的饱和效应较小

$$\frac{\Delta n(\nu_2)}{\Delta n^2(\nu_2)}>\frac{\Delta n(\nu_1)}{\Delta n^0(\nu_1)}$$

在图 5-29 中反转粒子数密度由 B 点下降到 B' 点。

当频率进一步偏离 ν_1，变成 ν_3，且有

$$\nu_3 - \nu_1 > \sqrt{1 + \frac{I_{\nu_1}}{I_s}} \cdot \frac{\Delta \nu_H}{2}$$

时，饱和效应可以忽略，即反转粒子数密度不再下降，$\Delta n(\nu_3) \approx \Delta n^0(\nu_3)$。在图 5-29 中表现为 C 点不下降了。

由以上分析可知，在频率为 ν_1，光强为 I_{ν_1} 的强光作用下，非均匀加宽工作物质中的反转集居数密度在 ν_1 处产生局部的饱和，即使表观中心频率处在

$$\nu - \nu_1 = \pm \sqrt{1 + \frac{I_{\nu_1}}{I_s}} \cdot \frac{\Delta \nu_H}{2}$$

范围内的粒子产生受激辐射，有饱和作用。因此在 $\Delta n(\nu) - \nu$ 曲线上形成一个以 ν_1 为中心的孔，如图 5-29 中虚线所示。

孔的深度为
$$\Delta n^0(\nu_1) - \Delta n(\nu_1) = \frac{I_{\nu_1}}{I_{\nu_1} + I_s} \Delta n^0(\nu_1) \qquad (5\text{-}92)$$

孔的宽度为
$$\delta \nu = \sqrt{1 + \frac{I_{\nu_1}}{I_s}} \Delta \nu_H \qquad (5\text{-}93)$$

而对表观中心频率在 $\delta \nu$ 范围以外的反转粒子数没有影响，仍然保持小信号反转粒子数，$\delta \nu$ 也称为饱和频率宽度。通常把上述现象称为反转集居数的"烧孔效应"。非均匀加宽工作物质中受激辐射产生的光子数等于烧孔面积，因而受激辐射功率正比于烧孔面积。

2. 增益曲线的烧孔效应

由于增益系数与反转集居数密度成正比，因此在非均匀加宽工作物质中，频率为 ν_1 的强光只在 ν_1 附近宽度约为 $\sqrt{1 + I_{\nu_1}/I_s}\Delta\nu_H$ 的范围内有增益饱和作用，在此频率范围之外的增益系数仍等于小信号增益系数，即在增益曲线上也形成一个"烧孔"。这一现象称为增益曲线的烧孔效应。

若还有一频率为 ν 的弱光同时入射，如果频率 ν 处在强光造成的烧孔范围之内，则由于反转集居数的减少，弱光增益系数将小于其小信号增益系数；如果频率 ν 处在烧孔范围之外，则弱光增益系数不受强光的影响而仍等于小信号增益系数，非均匀加宽工作物质增益曲线如图 5-30 所示。烧孔的宽度与上述反转粒子数饱和时的饱和频率宽度 $\delta \nu$ 一致，烧孔的深度决定于激光稳定振荡时的阈值增益（将在第 6 章介绍）。

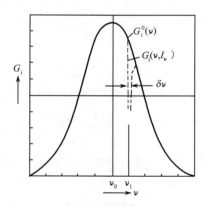

图 5-30　非均匀加宽工作物质增益曲线

可见，"烧孔"是用来描述入射光对反转粒子数的选择性消耗。在非均匀加宽工作物质中，当几种频率的光入射时，只要它们的间隔大于饱和频率范围 $\delta \nu$，它们就各烧各的孔，即一个模式振荡，不会

影响另一个模式频率处的增益系数。但如果它们的间隔小于$\delta\nu$，那么它们各自的烧孔就出现重叠，发生两个频率争夺反转粒子数的现象。第6章中将对此进行讨论。

3. 非均匀加宽气体激光器中驻波产生的烧孔效应

如果激光工作物质为非均匀加宽的固体工作物质，上述烧孔效应只在入射强光频率ν_1处产生，只有一个烧孔。但对于多普勒加宽的气体激光器，频率为ν_1的振荡模在增益曲线上会烧两个孔，这两个孔对称地分布在中心频率的两侧，非均匀加宽气体激光器的增益系数及反转集居数的速度分布曲线如图5-31所示。

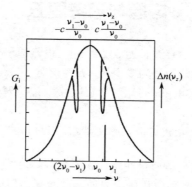

图5-31　非均匀加宽气体激光器的增益系数及反转集居数的速度分布曲线

下面分析出现两个烧孔的原因，一般气体激光器常采用驻波腔，光在腔内来回反射，气体激光器中纵模与运动原子相互作用说明图如图5-32所示。

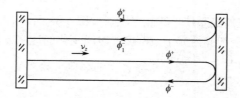

图5-32　气体激光器中纵模与运动原子相互作用说明图

图中ϕ_1表示频率为ν_1的纵模，当它沿z方向（激光输出方向）传播时，用ϕ_1^+表示，沿$-z$方向传输时，用ϕ_1^-表示。

当频率为ν_1的纵模沿z方向传播时，它和表观中心频率也等于ν_1的粒子产生共振，使之受激辐射。这部分粒子的运动速度在z轴上的分量为

$$v_z = c\left(\frac{\nu_1}{\nu_0} - 1\right) \tag{5-94}$$

当频率为ν_1的纵模反射镜反射后，变成沿$-z$方向传播的光波，其频率依然为ν_1，这时，它与速度为$-v_z$的粒子发生共振作用，使速度为$-v_z$的激发态粒子数减少，也导致增益饱和。此时与它发生共振的粒子速度分量应满足

$$v_z = c\left(1 - \frac{\nu_1}{\nu_0}\right) \tag{5-95}$$

将式（5-95）代入式（5-18）可知，这部分粒子的表观中心频率为

$$\nu_0' = 2\nu_0 - \nu_0 \tag{5-96}$$

这样，单一频率的光在腔内来回反射时，使$\pm v_z$的激发态粒子数减少，在$\Delta n(v_z) - v_z$曲线上，有两

个烧孔，分别对应横坐标的 $\pm v_z$ 位置，如图 5-31 所示。

相应地，在非均匀加宽气体工作物质的增益曲线上 $\nu = \nu_1$ 及 $\nu = 2\nu_0 - \nu_1$ 处对称地形成两个烧孔，如图 5-31 所示。如果光波频率恰好是多普勒加宽线型函数的中心频率 ν_0，则该光波只在增益曲线上中心频率处烧一个孔。也就是说，中心频率的光波只能使那些沿腔轴方向运动速度分量为零的激发态粒子产生受激辐射。当然，对于单方向传播的激光放大器来说，即使是多普勒加宽的气体工作物质，其增益曲线也只能烧一个孔。

习题与思考题五

1. 静止氖原子的 $3S_2$-$2P_4$ 谱线中心波长为 632.8 nm，设氖原子分别以 $0.1c$、$0.4c$ 和 $0.8c$ 的速度向着观察者运动，问其表观中心波长分别变为多少？（c 为光速）

2. 某发光原子静止时发出 0.488 μm 的光，当它以 $0.2c$ 速度背离观察者运动，则观察者认为它发出的光波长变为多大？

3. 发光原子以 $0.2c$ 的速度沿某光波传播方向运动，并与该光波发生共振，若此光波波长 $\lambda = 0.5$ μm，求此发光原子的静止中心频率。

4. CO_2 气体在室温下（300 K）的碰撞线宽比例系数 $\alpha \approx 49$ kHz/Pa，试估算其多普勒线宽 $\Delta\nu_D$ 和碰撞线宽 $\Delta\nu_L$，并讨论在什么气压范围内从非均匀加宽过渡到均匀加宽。

5. 有一 He-Ne 激光器，Ne 原子对于 $\lambda_0 = 632.8$ nm 谱线的自然加宽 $\Delta\nu_N = 10^7$ Hz，$M = 20$，$T = 400$ K，碰撞线宽比例系数 $\alpha \approx 100 \times 10^6$ Hz/τ，气压 $P = 3\tau$。若激光器单模运转在 $\nu = \nu_0 + \frac{1}{5}\Delta\nu_H$，试确定其加宽线型，并定性画出 $n_2(\nu)$ 的图形。

6. 红宝石固体激光器为三能级系统，其能级跃迁如图 5-33 所示。

（1）写出各能级粒子数密度和腔内光子数密度随时间变化的速率方程。

（2）若泵浦速率 $W_{13} = \begin{cases} W_{13}, & (0 < t < t_0) \\ 0, & (t > t_0) \end{cases}$，求激光上能级粒子数密度 $n_2(t)$ 的表达式，并画出其随时间变化的示意图。

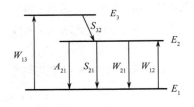

图 5-33　习题 6 图

7. 计算红宝石固体激光器当 $\nu = \nu_0$ 时的峰值发射截面，已知 $\lambda_0 = 0.6943$ μm，$\Delta\nu_F = 3.3 \times 10^{11}$ Hz，$\tau_2 = 4.2$ ms，$n = 1.76$。

8. 已知某均匀加宽饱和吸收染料在其吸收谱线中心频率 694.3 nm 处的吸收截面 $\sigma = 8.1 \times 10^{-16}$ cm^2，其上能级寿命 $\tau_2 = 2.2 \times 10^{-11}$ s，试求此染料的饱和光强 I_s。

9. 试用速率方程理论证明二能级系统不可能实现集居数反转。

10. 根据 5.2 节所列红宝石的跃迁概率数据，估算 W_{13} 等于多少时红宝石对 $\lambda = 694.3$ nm 的光是透明的，并计算该系统的荧光量子效率 η_2 和总量子效率 η_F。（对红宝石，激光上、下能级的统计权重为 $f_1 = f_2 = 4$，计算中可不计光的各种损耗。）

11. 在均匀加宽工作物质中，频率为 ν_1、强度为 I_{ν_1} 的强光的增益系数为 $g_H(\nu_1, I_{\nu_1})$，$g_H(\nu_1, I_{\nu_1})$-ν_1 关

系曲线称作大信号增益曲线，求大信号增益曲线的宽度 $\Delta \nu$。

12. 设有两束频率分别为 $\nu_0 + \delta\nu$ 和 $\nu_0 - \delta\nu$，光强为 I_1 及 I_2 的强光沿相同方向[见图 5-34（a）]或沿相反方向[见图 5-34（b）]通过中心频率为 ν_0 的非均匀加宽增益工作物质，$I_1 > I_2$。试分别画出两种情况下反转粒子数按速度分布曲线，并标出烧孔位置。

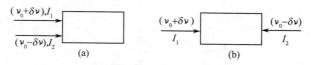

图 5-34　习题 12 图

13. 考虑某二能级工作物质，其 E_2 能级的自发辐射寿命为 τ_{s2}，无辐射跃迁寿命为 τ_{nr2}。假设在 $t=0$ 时刻 E_2 上的原子数密度为 n_{20}，工作物质的体积为 V，自发辐射光的频率为 ν，求：

（1）自发辐射光功率随时间 t 的变化规律。

（2）能级 E_2 上的原子在其衰减过程中总共发出的自发辐射光子数。

（3）自发辐射光子数与初始时刻能级 E_2 上的粒子数之比（即 η_2）。

14. 某激光工作物质的自发辐射谱线形状呈三角形，如图 5-35 所示。光子能量 $h\nu_0 = 1.476 \text{ eV}$。高能级自发辐射寿命 $\tau_s = 5 \text{ ns}$，小信号中心频率增益系数 $G_m = 10 \text{ cm}^{-1}$。求：

（1）中心频率线型函数的值 $g(\nu_0, \nu_0)$。

（2）达到上述小信号中心频率增益系数所需的小信号反转集居数密度（假设折射率 $\eta = 1$）。

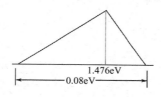

图 5-35　习题 14 图

15. 由四能级系统激光工作物质速率方程讨论，为实现集居数反转分布稳态泵浦概率应满足什么条件？计算达到稳态分布时的 $\Delta n / n$ 值。

16. 编写计算机程序，把 CO_2 激光器碰撞加宽、多普勒加宽和综合加宽等线型函数的曲线打印在同一坐标上，并对曲线的分布规律进行讨论。若气体温度从 275 K 变到 450 K，压强从 0.67 kPa 变到 6 kPa，编写程序，把上述几种加宽的线宽以表格形式打印出来，并对结果进行讨论。

17. 某激光放大工作物质的简化能级跃迁图如图 5-36 所示，其中，R_2 和 R_1 分别为抽运速率（单位时间单位体积内抽运到高能级的粒子数）；能级（2）和（1）之间的跃迁频率为 ν_0；S_2 和 S_1 分别为两能级的无辐射跃迁的速率。A_{21}、W_{21}、W_{12} 分别为自发辐射、受激辐射、受激吸收的跃迁概率；其中，$W_{21} = B_{21}\rho = B_{12}\rho = W_{12}$，$\rho$ 为辐射场能量密度，B_{21} 和 B_{12} 称为爱因斯坦能级跃迁系数。试求：

（1）当小信号时（$\rho = 0$）和稳态时，反转粒子数差：$\Delta n^0 = (n_2 - n_1)^0$ 的表达式。

（2）求出该工作物质满足成为增益工作物质的条件。

（3）当大信号时（$\rho \neq 0$）和稳态时，反转粒子数差：$\Delta n = (n_2 - n_1)$ 的表达式[注意利用（1）小题的计算的结果]。

（4）利用 $\rho = \dfrac{n}{c} I$，将 Δn 表示成：$\Delta n = \dfrac{\Delta n^0}{1 + \dfrac{I}{I_s}}$ 的形式，并写出 I_s 的表达式。I 为辐射光强，I_s 为饱和光强。

（5）若工作物质的厚度为 dz，在不考虑增益线型的情况下，有 $\dfrac{\mathrm{d}I}{\mathrm{d}z} = \Delta n W_{21} h\nu$，请写出增益系数 G 和 $G^0(\nu_0)$ 的表达式。

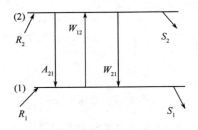

图 5-36　习题 17 图

第 6 章　激光器的工作特性

本章在速率方程组以及激光介质增益饱和的基础上，讨论激光器振荡的阈值条件、激光形成过程中的模式竞争效应、激光输出功率和能量、弛豫振荡等基本特性。

6.1　连续与脉冲工作方式

激光器按其泵浦方式，可分为连续激光器与脉冲激光器两大类。激光器的工作方式主要由泵浦速率的时间决定，如果时间无限延伸时泵浦速率原则上均不为 0，则激光器以连续（CW）方式工作；如果泵浦速率只在某一（些）时段取非 0 值，则激光器以脉冲方式工作。脉冲工作又可分为两种情况：若泵浦速率只在某一时段取非 0 值，则激光器以单脉冲方式工作；如果取非 0 值的时段周期性地重复，那么激光器就将以相同周期重复频率工作。

对于连续激光器，激光介质在连续泵浦时间内，各能级粒子数密度及腔内的光子数密度都处于稳定状态，即有 $\mathrm{d}n_i/\mathrm{d}t = 0$，$\mathrm{d}N/\mathrm{d}t = 0$。在这种情况下，各能级粒子数密度及光子数密度速率方程组由微分方程简化为代数方程来求得稳态解。如果脉冲泵浦持续时间远大于受激辐射跃迁上能级的寿命（$t_0 \gg \tau_2$），称为长脉冲激光器。在这种激光器系统中，由于脉冲泵浦持续时间足够长，长脉冲激光器也达到稳定状态，因此长脉冲激光器也可以看成一个连续激光器，可以用连续激光器理论进行处理。

在脉冲激光器中，由于泵浦时间比较短，在泵浦持续时间内，各能级粒子数密度及光子数密度均处于剧烈的变化之中，在尚未达到平衡状态之前，泵浦作用就已经终止，整个激光器系统处于非稳态。因此，用速率方程讨论脉冲激光器的特性就变得比较复杂，但可以在适当的近似条件下得到速率方程的瞬态解，对脉冲激光与介质的相互作用及脉冲激光器的输出特性作出定性的解释。

下面我们以三能级系统红宝石的激励过程为例，说明连续激光器与脉冲激光器的本质区别。

激励脉冲波形及高能级集居数随时间的变化如图 6-1 所示。考虑一种简化情况：粒子数密度为 n 的红宝石被一个矩形脉冲激励光照射，基态 E_1 上的粒子被抽运到 E_3 能级的激励概率 $W_{13}(t)$ 如图 6-1（a）所示。由此得出的结论对其他情况也是适用的。

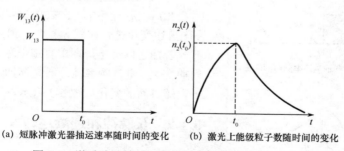

(a) 短脉冲激光器抽运速率随时间的变化　　(b) 激光上能级粒子数随时间的变化

图 6-1　激励脉冲波形及高能级集居数随时间的变化

$$W_{13}(t) = \begin{cases} W_{13}, & 0 < t \leqslant t_0 \\ 0, & t > t_0 \end{cases} \tag{6-1}$$

显然，当 $t_0 \to \infty$ 时，为 CW 工作；当 W_{13} 非 0 的时段为 $t_i < t < (t_i + T)$ 时，为重复频率工作。

典型的三能级系统，能级 E_3 近似为空能级，于是

$$n_3 \approx 0, \frac{\mathrm{d}n_3}{\mathrm{d}t} \approx 0$$

分别代入三能级速率方程组（5-52），可得

$$n_3 S_{32} = \eta_1 (n - n_2) W_{13}, \quad t \in [0, t_0]$$

假定激光器工作在阈值附近，则受激辐射很弱，这样

$$\frac{\mathrm{d}n_2}{\mathrm{d}t} = -\left(\tau_2^{-1} + \eta_1 W_{13}\right) n_2 + \eta_1 n W_{13} \tag{6-2}$$

式（6-2）是一阶非齐次常微分方程，相应的齐次方程的解为

$$n_{20} = C e^{-\left(\tau_2^{-1} + \eta_1 W_{13}\right) t}$$

这里 C 为常数，可用常数变易法求出

$$C(t) = \frac{\eta_1 W_{13} n}{\tau_2^{-1} + \eta_1 W_{13}} [e^{\left(\tau_2^{-1} + \eta_1 W_{13}\right) t} - 1]$$

解得

$$n_2(t) = \frac{\eta_1 W_{13} n}{\tau_2^{-1} + \eta W_{13}} [1 - e^{\left(\tau_2^{-1} + \eta_1 W_{13}\right) t}], \quad t \in [0, t_0] \tag{6-3}$$

即在 $t \in [0, t_0]$ 范围内，激光上能级粒子数随时间的增加而增长，并在 $t = t_0$ 时得到最大值 $n_2(t_0)$。

在 $t > t_0$ 的时间里，$W_{13} = 0$，n_2 的速率方程为

$$\frac{\mathrm{d}n_2}{\mathrm{d}t} = -\frac{n_2}{\tau_2}$$

其解为

$$n_2(t) = n_2(t_0) e^{-\frac{t - t_0}{\tau_2}} \tag{6-4}$$

即 $n_2(t)$ 随时间的变化呈指数下降。

6.1.1 短脉冲运转

所谓短脉冲运转是指 $t_0 < \tau_2$，$\left(\tau_2 = \dfrac{1}{A_{21} + S_{21}}\right.$，为激光上能级的寿命$\bigg)$。在整个抽运期间，$t < \tau_2$，激光上能级粒子数 $n_2(t)$ 按式（6-3）的规律随 t 增长，并于抽运结束的瞬间（$t = t_0$）达到最大值

$$n_2(t) = \frac{\eta_1 W_{13} n}{\tau_2^{-1} + \eta W_{13}} [1 - e^{\left(\tau_2^{-1} + \eta_1 W_{13}\right) t_0}] \tag{6-5}$$

此后，$n_2(t)$ 随时间 t 按式（6-4）的规律呈指数下降。$n_2(t)$ 上述变化过程如图 6-1（b）所示。

若抽运以一定周期重复施于激光器，则 $n_2(t)$ 将以相同周期变化，重复频率脉冲激光器抽运速率及激光上能级粒子数随时间的变化如图 6-2 所示。

6.1.2 长脉冲和连续运转

如果激励持续时间 $t_0 \gg \tau_2$，则激光器为长脉冲运转；当 $t_0 \rightarrow \infty$，激光器过渡到连续运转状态。

对于长脉冲激光器，当 t 增大到满足 $\tau_2 < t < t_0$ 时，式（6-3）可近似为

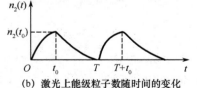

（a）重复频率脉冲激光器抽运速率随时间的变化

（b）激光上能级粒子数随时间的变化

图 6-2　重复频率脉冲激光器抽运速率及激光上能级粒子数随时间的变化

$$n_2(t) \approx \frac{\eta_1 W_{13} n}{\tau_2^{-1} + \eta W_{13}} \approx n_2(t_0) \qquad (6-6)$$

即 $n_2(t)$ 已完成增长过程而达到稳定值，保持为常数；直到 $t = t_0$，$n_2(t)$ 开始按式（6-4）的规律下降，长脉冲激光器抽运速率及激光上能级粒子数随时间的变化如图 6-3 所示。

对于连续激光器，达到稳态后，各能级粒子数不再随时间变化。这种不再变化实际上就是动态平衡。以 n_2 为例，随着激光辐射，n_2 将减小，但由于 S_{32} 的作用，n_2 的粒子数又会及时得到补充，从而保持 n_2 不再随时间变化。

从工作特性来说，脉冲激光器和连续激光器的特性既有差别，又有联系。

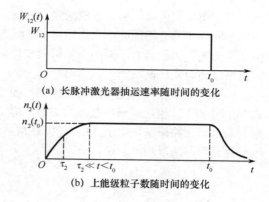

(a) 长脉冲激光器抽运速率随时间的变化

(b) 上能级粒子数随时间的变化

图 6-3　长脉冲激光器抽运速率及激光
上能级粒子数随时间的变化

6.2　激光器的振荡阈值

如果激光介质的激光上、下两个能级之间实现了粒子数反转，频率处在这对能级的谱线线宽范围内的微弱光信号就会因增益而被放大。另一方面，激光谐振腔内又存在各种损耗，使光信号不断衰减。因此，激光器中的各激光模式能否产生振荡，取决于增益和损耗的大小。如果光在腔内往返一周所获得的增益大于或等于各种损耗的总和，激光便可产生，否则激光便不能产生。所以，激光模式要起振，存在一个阈值条件。激光振荡的阈值是腔内辐射由自发辐射（荧光）向受激辐射（激光）转变的转折点。阈值条件可以通过光在谐振腔内往返一周后的光强变化求得，也可以通过速率方程推导出来。本节我们从速率方程出发来推导激光器自激振荡的阈值条件。

激光模式起振的阈值条件主要有三种：阈值增益系数、阈值反转集居数、阈值泵浦功率（阈值上能级粒子数密度）。

6.2.1　阈值增益系数

根据第 3 章的讨论，无源腔的各种损耗可用平均单程功率损耗 δ 来描述。又由于我们讨论的是激光形成的阈值，在阈值附近腔内光强还很弱，相当于小信号情况，因此增益系数为小信号增益系数 G^0。设光强为 I_0 的光在腔内往返一周后变为 I，则有

$$I = I_0 e^{2(G^0 l - \delta)} \qquad (6-7)$$

式中，l 为激光介质的长度；δ 为单程损耗因子。

显然，若要形成激光，必须有 $I \geqslant I_0$，即

$$2(G^0 l - \delta) \geqslant 0$$
$$G^0 \geqslant \frac{\delta}{l} \qquad (6-8)$$

这便是形成激光的阈值条件。阈值增益系数为

$$G_t = \frac{\delta}{l} \qquad (6-9)$$

由式（6-9）可知，对某一激光器而言，阈值增益系数是一个常数，一旦激光器中的损耗系数确定，则该激光器的阈值增益系数也随之确定。若谐振腔中某模式的小信号增益系数大于或等于阈值增益系

数，则该模式就可以起振，形成激光；否则，便不能起振。

不同纵模具有相同的单程损耗 δ，因而具有相同的阈值增益系数 G_t；不同的横模因具有不同的横向光场分布，因而具有不同的单程衍射损耗，从而有不同的阈值增益系数。高阶横模的衍射损耗大，阈值增益系数便比低阶模大。

图 6-4 画出了某激光器的起振模谱。图 6-4（a）为该激光器的小信号增益曲线，图中分别给出了 TEM_{00} 和 TEM_{01} 模的阈值增益系数 G_t^{00} 和 G_t^{01}，并且 $G_t^{01} > G_t^{00}$。图 6-4（b）给出了对应于 TEM_{00} 和 TEM_{01} 模的两组谐振腔模谱，由于 TEM_{00q}、TEM_{01q} 和 $TEM_{00\,(q+1)}$ 这 3 个模的小信号增益系数大于相应的阈值增益系数，所以均可起振。

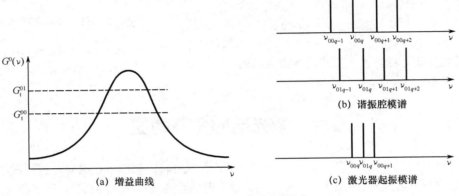

图 6-4　某激光器起振模谱

6.2.2　阈值反转集居数密度

由增益系数和反转集居数密度间的关系

$$G(\nu) = \Delta n \sigma_{21}(\nu, \nu_0)$$

可知，与阈值增益系数相对应，激光器的阈值反转集居数密度为

$$\Delta n_t = \frac{G_t}{\sigma_{21}(\nu, \nu_0)} = \frac{\delta}{\sigma_{21}(\nu, \nu_0)l} \qquad (6\text{-}10)$$

不同频率的光具有不同的受激辐射截面 $\sigma_{21}(\nu, \nu_0)$ 值，因此，不同纵模的阈值反转集居数密度 Δn_t 也不相同。频率为中心频率 ν_0 的模式阈值反转集居数密度最低，可表示为

$$\Delta n_t = \frac{\delta}{\sigma_{21}l} \qquad (6\text{-}11)$$

通常把式（6-11）表示的中心频率处的阈值反转集居数密度称为激光器的阈值反转集居数密度。

将均匀加宽介质中心频率处的发射截面式（5-45）代入式（6-11），对于均匀加宽介质，有

$$\Delta n_t = \frac{\delta}{\sigma_{21}l} = \frac{4\pi^2 \nu_0^2 \delta \Delta \nu_H}{A_{21} \upsilon^2 l} \qquad (6\text{-}12)$$

将非均匀加宽介质中心频率处的发射截面式（5-46）代入式（6-11），对于非均匀加宽介质，有

$$\Delta n_t = \frac{\delta}{\sigma_{21}l} = \frac{4\pi^{3/2} \nu_0^2 \delta \Delta \nu_D}{\sqrt{\ln 2}\,\upsilon^2 A_{21}} \qquad (6\text{-}13)$$

6.2.3　阈值泵浦功率和能量

实际工作中经常使用外界提供给激光器的能量作为激光器阈值，如阈值泵浦能量或阈值泵浦功率等。对固体激光器来说，是指光泵的能量或功率；对于气体激光器来说，是指放电管中的放电电流。

从反转粒子数出发，可对激光器所需的最低泵浦功率做一个粗略的计算。

1. 连续或长脉冲（$t_0 \gg \tau_2$）激光器的阈值泵浦功率

（1）四能级激光器

由于反转粒子数密度存在阈值，激光上能级的粒子数密度也存在阈值。

四能级系统中，激光上能级 E_2 为亚稳态，激光下能级 E_1 为激发态，其向基态 E_0 的无辐射跃迁概率 S_{10} 很大，E_1 能级上几乎没有什么粒子停留，因而可认为

$$n_1 \approx 0, \Delta n = (n_2 - \frac{f_2}{f_1} n_1) \approx n_2$$

因此，激光上能级 E_2 的阈值粒子数密度就等于阈值反转粒子数密度

$$n_{2t} \approx \Delta n_t = \frac{\delta}{\sigma_{21} l} \tag{6-14}$$

当 E_2 能级上集居数密度 n_2 稳定在 n_{2t} 时，单位时间内在单位体积中 $n_{2t}/(\eta_2 \tau_s)$ 个粒子自 E_2 能级跃迁到 E_1 能级。为使 n_2 稳定在 n_{2t}，单位时间内在单位体积中同样必须有 $n_{2t}/(\eta_2 \tau_s)$ 个粒子自 E_3 能级跃迁到 E_2 能级，而 E_3 能级上粒子数密度要靠外界泵浦来提供，由于存在泵浦效率 η_1，所以为使 E_2 能级上粒子数 n_2 稳定在 n_{2t} 上，在单位时间内单位体积中必须有 $n_{2t}/(\eta_1 \eta_2 \tau_s)$ 个粒子从 E_0 能级抽运到 E_3 能级上。为此，将四能级系统激光器所需吸收的泵浦功率称为激光器的阈值泵浦功率，可表示为

$$P_{pt} = \frac{h\nu_p \Delta n_t V}{\eta_1 \eta_2 \tau_s} = \frac{h\nu_p \delta V}{\eta_F \sigma_{21}(\nu, \nu_0) \tau_s l} \tag{6-15}$$

式中，V 为介质体积；ν_p 为泵浦光频率。

（2）三能级激光器

对于三能级系统，分析方法与四能级系统类似。所不同的是，在三能级系统中，激光下能级 E_1 为基态，上能级为 E_2，E_3 能级基本上是空的，各能级上的反转粒子数密度有以下关系：

$$\begin{cases} n_1 + n_2 = n_0 \\ n_2 - n_1 = \Delta n \end{cases}$$

式中，n_0 为总粒子数密度；Δn 为反转集居数密度。

因此，三能级系统激光器 E_2 能级的阈值粒子数密度为

$$n_{2t} = \frac{n_0 + \Delta n_t}{2} \tag{6-16}$$

在典型三能级系统的红宝石固体激光器中，有 $\Delta n_t \ll n_0$，所以有

$$n_{2t} \approx \frac{n}{2}$$

因此，需吸收的泵浦功率阈值为

$$P_{pt} = \frac{h\nu_p n V}{2\eta_F \tau_s} \tag{6-17}$$

2. 短脉冲（$t_0 \leqslant \tau_2$）激光器的阈值泵浦能量

若泵浦激励时间很短，激励脉冲宽度 t_0 远远小于 E_2 能级寿命 τ_2 时，在激励持续期间可忽略 E_2 能级上的自发辐射和无辐射跃迁的影响，即可以认为抽运到 E_2 能级上的粒子数密度完全取决于泵浦效率。已知泵浦效率为 η_1，则要使 E_2 能级增加一个粒子需要吸收的泵浦光子为 $1/\eta_1$，根据阈值条件，当单位体积中吸收的泵浦光子数大于 $\Delta n_{2t}/\eta_1$ 时，就能产生激光。于是，可得四能级系统短脉冲激光器的阈值泵浦能量为

$$E_{pt} = \frac{h\nu_p \Delta n_t V}{\eta_1} = \frac{h\nu_p \delta V}{\eta_1 \sigma_{21} l} \qquad (6-18)$$

三能级系统短脉冲激光器的阈值泵浦能量为

$$E_{pt} = \frac{h\nu_p n V}{2\eta_1} \qquad (6-19)$$

当脉冲宽度 t_0 与 E_2 能级寿命 τ_2 可比拟时，泵浦能量的阈值 E_{pt} 不能用一个简单的解析式表示，只能用数值计算方法来求解，本书对此不予讨论。实验表明，激励脉冲持续时间 t_0 增长时，阈值能量 E_{pt} 也增大，这是由于 t_0 越长则自发辐射的损耗越严重所致。

表 6-1 中列出了三种激光器根据本节公式计算得到的有关振荡条件的各种参数值。其中假设这三种激光器的介质及谐振腔的结构参数相同。这些参数分别是：介质长度为 10 cm，输出反射镜透过率为 50%，介质内部损耗为零，单程损耗因子 $\delta = -\frac{1}{2}\ln(1-T) \approx 0.35$，$\eta_1 = \eta_F$，红宝石中的粒子数密度 $n_0 = 1.9 \times 10^{19}\,\text{cm}^{-3}$。

表 6-1　三种激光器振荡条件的参数值

激光器种类　　　参　量	红宝石	钕玻璃	Nd：YAG
$\lambda_0/\mu\text{m}$	0.6943	1.06	1.06
υ_0/Hz	4.32×10^{14}	2.83×10^{14}	2.83×10^{14}
η	1.76	1.52	1.82
$\Delta\upsilon_F/\text{Hz}$	3.3×10^{11}	7×10^{12}	1.95×10^{11}
τ_s/s	3×10^{-3}	7×10^{-4}	2.3×10^{-4}
$\Delta n_t/\text{cm}^{-3}$	8.7×10^{17}	1.4×10^{18}	1.8×10^{16}
n_{2t}/cm^{-3}	$\approx 9.5 \times 10^{18}$	1.4×10^{18}	1.8×10^{16}
η_F	0.7	0.4	1
$E_{pt}/[\text{V}/(\text{J}\cdot\text{cm}^{-3})]$	5	0.95	4.9×10^{-3}
$P_{pt}/[\text{V}/(\text{W}\cdot\text{cm}^{-3})]$	1600	1400	21

从以上分析及表 6-1 中所列数据可以看出：

（1）三能级系统所需的阈值能量比四能级大得多，这是因为三能级系统激光器中，至少要把一半的粒子数激励到 E_2 能级上去才能形成粒子数反转。而四能级系统的激光下能级为激发态，由于 $n_1 \approx 0$，只需把 Δn_t 个粒子激励到 E_2 能级上去，就可使介质中的增益克服腔中的损耗而产生激光振荡。由于三能级系统激光器连续工作时所需的阈值泵浦功率太大，所以一般情况下红宝石固体激光器都以脉冲方式工作。

（2）四能级系统的阈值泵浦能量（功率）与受激辐射截面 σ_{21} 成反比，而 σ_{21} 又反比于荧光谱线宽度 $\Delta\upsilon_F$。从表 6-1 中可以看到掺钕钇铝石榴石（Nd：YAG）的 $\Delta\upsilon_F$ 比钕玻璃小一个数量级，其量子效率 η_F 又比钕玻璃高得多，所以，同属于四能级系统的 Nd：YAG 激光器可以连续工作，而钕玻璃激光器一般只能脉冲工作。

以上讨论及表 6-1 中所列产生激光所需的阈值反转粒子数密度、阈值泵浦功率或阈值能量均为计算值，实际固体激光器的阈值是指要达到产生激光所需要的阈值反转粒子数密度，外界需提供的功率或能量。在阈值泵浦能量（或功率）和外界提供能量之间存在许多能量转换环节，这些环节都将造成部分能量的损失。如图 1-2 所示，在脉冲固体激光器中电容器将储存的电能通过闪光灯转换为光能；闪光灯发出的光经聚光器会聚到介质棒上，闪光灯为广谱光源，介质棒只吸收其中对抽运有用的某些波长的光，将粒子从基态激励到高能级，再转移到激光上能级。各个环节的能量转换效率与元件质量和光学调整精度密切相关，同一规格的固体激光器的阈值可能有较大差别，阈值是衡量固体激光器性能的重要指标之一。

泵浦阈值功率是激光器产生受激辐射时能源所能提供的最低功率。如果考虑到由能源抽运到激光输出，这一系列中间过程中的转换效率（由于转换环节多，一般效率在千分之几到十分之几范围内，视具体激光器而定）。实际激光器正常工作时的抽运功率比阈值抽运功率大得多。

阈值增益系数、阈值反转粒子数密度和阈值泵浦功率（能量）是从三个方面来定义激光器产生激光的阈值条件。这三个阈值条件之间是相互联系的，它们在本质上是一致的。

6.3 激光器的振荡模式

在实际的激光器中，当泵浦激励较强时，能满足阈值条件的振荡模数目可达数十个甚至数百个。但是在激光器中，这些同时起振的振荡模是否都能形成激光并维持稳态振荡呢？本节中，我们首先估算激光器中可能起振的纵模数目，然后分别就均匀加宽，非均匀加宽介质来讨论模式之间的竞争现象及相应激光器中激光振荡模式的特点。

6.3.1 起振纵模数

为使问题简化，假设激光器以基横模 TEM_{00} 运转，这样，可以不考虑各横模损耗的差异，各个可能振荡的纵模都具有相同的腔损耗 δ。定义激光器小信号增益曲线 $G^0(\nu)$ 中，大于阈值增益系数 G_t 的那部分曲线所对应的频率范围 $\Delta\nu_{osc}$，称为振荡带宽。振荡带宽与起振纵模数如图 6-5 所示。

为使问题简化，假定谐振腔是平行平面腔。只有满足谐振腔驻波条件（谐振条件）的纵模才可能存在，这些纵模的频率间隔为

$$\Delta\nu_q = \frac{c}{2L'} \tag{6-20}$$

因此，腔内可能存在的纵模数为

$$N = \left[\frac{\Delta\nu_{osc}}{\Delta\nu_q}\right] + 1 \tag{6-21}$$

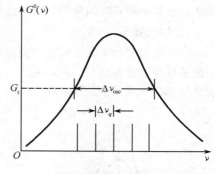

图 6-5 振荡带宽与起振纵模数

式中，$\left[\dfrac{\Delta\nu_{osc}}{\Delta\nu_q}\right]$ 表示为 $\dfrac{\Delta\nu_{osc}}{\Delta\nu_q}$ 的值取整。

可见，外界的激发作用越强，谐振腔本身的损耗越小，腔长越长，起振的纵模个数就越多。

【例 6-1】 红宝石固体激光器腔长为 $L = 11.25\,cm$，红宝石棒长为 $h = 10\,cm$，折射率为 $n = 1.75$，均匀加宽线宽为 $\Delta\nu_H = 2\times10^5\,MHz$，激发参数为 $\alpha = G_H^0(\nu_0)/G_t = 1.16$。求：（1）满足阈值条件的振荡带宽 $\Delta\nu_{osc}$；（2）满足阈值条件的起振纵模数 N。

解：对于均匀加宽介质，其小信号增益系数

$$G_H^0(\nu) = G_H^0(\nu_0)\frac{\left(\dfrac{\Delta\nu_H}{2}\right)^2}{\left(\dfrac{\Delta\nu_H}{2}\right)^2 + (\nu - \nu_0)^2}$$

（1）令 $G_H^0(\nu) = G_t$，有

$$\frac{\left(\frac{\Delta\nu_{\mathrm{H}}}{2}\right)^2\alpha}{\left(\frac{\Delta\nu_{\mathrm{H}}}{2}\right)^2+(\nu-\nu_0)^2}=1$$

由此解出 ν 的两个解

$$\nu_{1,2}=\nu_0\pm\frac{\Delta\nu_{\mathrm{H}}}{2}\sqrt{\alpha-1}$$

因此振荡带宽为

$$\Delta\nu_{\mathrm{osc}}=\nu_2-\nu_1=\sqrt{\alpha-1}\Delta\nu_{\mathrm{H}}$$
$$=\sqrt{1.16-1}\times2\times10^{11}\mathrm{Hz}=8\times10^{10}\mathrm{Hz}$$

（2）满足谐振条件的纵模频率间隔为

$$\Delta\nu_q=\frac{c}{2L'}=\frac{3\times10^8}{2\times(1.75\times0.1+0.0125)}=8\times10^8\mathrm{Hz}$$

因此，起振纵模数为

$$N=\left[\frac{\Delta\nu_{\mathrm{osc}}}{\Delta\nu_q}\right]+1=\left[\frac{8\times10^{10}\mathrm{Hz}}{8\times10^8\mathrm{Hz}}\right]+1=101\text{个}$$

6.3.2　均匀加宽激光器的输出模式

在均匀加宽激光器中，起振后的激光模式是否都能够形成稳定的振荡模式而输出呢？这还和均匀加宽激光器中模式间的竞争及空间烧孔现象有关系。下面分别讨论这两种现象。

1．模式竞争

在观察均匀加宽介质激光器的纵模时发现：对于纯均匀加宽介质的激光器，无论有多少频率满足谐振条件并落在振荡带宽内，通常只有一个频率（纵模）获得大于损耗的增益而形成激光振荡。这种现象可以由模式竞争加以解释。

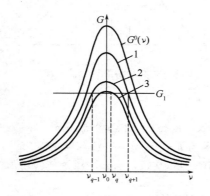

图 6-6　均匀加宽激光器中在稳态振荡过程中的模竞争

根据 5.1 节的讨论，可以知道，在均匀加宽介质中，每个粒子对不同频率处的增益都有贡献，也就是说，落在振荡带宽范围内的各模式，尽管频率不同，但使用的都是相同的反转粒子数密度。因此，当某一频率的光强增大时，整个增益曲线将均匀下降，这就造成了不同频率的各模式之间的竞争。

为讨论方便，可通过图 6-6 来说明均匀加宽激光器在稳态振荡过程中的模式竞争。假设有频率 ν_{q-1}、ν_q 和 ν_{q+1} 的三个模式满足起振条件。开始时，这三个模式的小信号增益系数[见图 6-6 中 $G^0(\nu)$ 曲线]都大于阈值增益系数 G_t，它们在激光谐振腔中被振荡放大，因而三个模式的光强 I_{ν_q-1}、I_{ν_q}、$I_{\nu_{q+1}}$ 都逐渐增大。但由于增益饱和作用，整个增益曲线将随光强的增大而不断下降。当增益曲线下降到图中曲线 1 时

$$G(\nu_{q+1})=G_t$$

因而 $I_{\nu_{q+1}}$ 不再增大。但此时 I_{ν_q}、$I_{\nu_{q-1}}$ 仍将继续增大，整个增益曲线继续下降。这样很快就使

$$G(\nu_{q+1})<G_t$$

故 ν_{q+1} 模式的光强 $I_{\nu_{q+1}}$ 很快减弱，直至为零，即 ν_{q+1} 模熄灭。

当增益曲线下降到图中曲线 2 时

$$G(\nu_{q-1}) = G_t$$

因而 $I_{\nu_{q-1}}$ 不再增大。但 ν_q 的增益系数仍大于阈值，I_{ν_q} 继续增大，增益曲线随之继续下降，这就导致

$$G(\nu_{q-1}) < G_t$$

因此，ν_{q-1} 模也很快熄灭。

最后，当增益曲线下降至图中曲线 3 时

$$G(\nu_q) = G_t$$

ν_q 模的光强 I_{ν_q} 达到稳定值，不再增大，这样，整个增益系数曲线也就不再下降。

由上述过程可知，虽然三个模式都能起振，但在激光器达到稳态工作的过程中，ν_{q-1}、ν_{q+1} 模都相继熄灭，最后，谐振腔内只有 ν_q 一个模式形成稳定的激光振荡。

在均匀加宽介质激光器中，通过增益饱和效应，某一模式逐渐把其他的模式振荡抑制下去，最后只剩下一个纵模振荡的现象，叫作模式竞争。竞争的结果通常是最靠近中心频率 ν_0 的一个纵模取胜，形成稳定的激光振荡，其他纵模都被抑制而熄灭。因此，理想情况下，均匀加宽稳态激光器的输出模式是单纵模，单纵模的频率总是位于谱线中心频率附近。

以上所讨论的是属于同一横模的纵模间的竞争，不同横模间也会发生上述竞争过程，由于不同横模具有不同的 G_t 值，竞争的情况比较复杂，这里不做进一步讨论。

2. 空间烧孔

上面的讨论已经指出，对于均匀加宽的激光工作介质，通常有一个优胜模存在，其他的模式被抑制掉。但实际上，不少均匀加宽激光器有时也输出多纵模。这一现象与上面讨论的模式竞争并不矛盾，是由于空间烧孔效应所致。下面分析空间烧孔效应产生的原因及对输出模式的影响。

空间烧孔效应示意图如图 6-7 所示。

如图 6-7（a）所示，当频率为 ν_q 的纵模在腔内形成稳定振荡时，它在腔内沿轴线方向的光强分布并不是均匀的，而是形成了一个驻波场：波腹处光强最大，波节处光强最小。由于驻波不存在光能的传播现象，所以波腹处的受激辐射很强烈。这个纵模"烧"波腹处大量反转粒子数，而此纵模的驻波波节处反转粒子数依然很大。因此，虽然 ν_q 模在腔内稳定振荡时其平均增益系数等于 G_t，但实际上由于腔内振荡模光强的驻波场分布，沿腔轴方向上各点的反转集居数密度和增益系数也出现一个周期性分布：波腹处增益饱和最强，从而增益系数（或反转集居数密度）最小；波节处增益饱和最弱，从而增益系数（或反转集居数密度）最大。增益系数或反转粒子数在腔轴方向上具有这样周期性分布的现象称为增益（或反转集居数）的空间烧孔效应。

频率为 ν_q' 的另一个激光模式所形成的驻波场一般说来与 ν_q 的驻波场不一定重合，若 q' 阶纵模的波腹（光强最大值）与 q 阶纵模的波节重合，如图 6-7（c）所示，则 q' 阶纵模仍可获得足够的增益形成振荡。这说明由于腔轴向的空间烧孔效应，腔内不同纵模可以使用激活介质中不同空间位置的反转集居数从而同时形成振荡，这一现象叫作纵模的空间竞争。当然，q' 阶纵模和 q 阶纵模获得的增益不一定是相等的，一个光强较强，另一个光强则较弱。

介质中是否具有空间烧孔效应取决于两个条件：一是激活粒子在空间转移速度的快慢；二是激光谐振腔是否为驻波腔。如果激活粒子在空间转移很迅速，空间烧孔便无法形成。例如，气体激光器中，发光粒子做无规则运动，激活粒子迅速转移，消除了空间分布的不均匀性，无法形成空间烧孔。所以，以均匀加宽为主的高气压气体激光器最容易实现单纵模输出。固体激光器中，激活粒子都是被束缚在晶格上，激发态粒子的空间转移需借助粒子和晶格的能量交换实现，转移速度很慢，不能消除空间烧孔。如果不采取特殊措施，以均匀加宽为主的固体激光器一般为多纵模振荡。

含隔离器的环形腔如图 6-8 所示，在环形腔激光器中，由于谐振腔内放置了光隔离器，光仅沿一个方向（顺时针或逆时针方向）行进，光强沿轴向均匀分布，不存在空间烧孔，因而可以得到单纵模振荡。

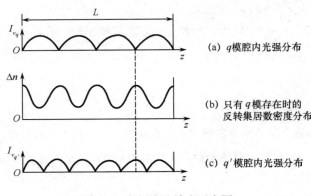

(a) q 模腔内光强分布

(b) 只有 q 模存在时的反转集居数密度分布

(c) q' 模腔内光强分布

图 6-7　空间烧孔效应示意图

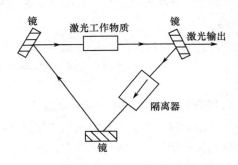

图 6-8　含隔离器的环形腔

在均匀加宽激光器中，除了存在轴向空间烧孔现象，还存在横向空间烧孔。这是由于能够起振的不同横模，在横截面上的光强分布也具有不均匀性。横向烧孔尺度比纵向烧孔大得多，激活粒子的空间转移过程不能消除横向空间烧孔，即使气体激光器中，也往往难以消除横向烧孔。当激励作用足够强时，如果不采取横模选择措施，横向烧孔的存在将使均匀加宽激光器形成多横模振荡输出。

6.3.3　非均匀加宽激光器的输出模式

1. 非均匀加宽激光器的多纵模振荡

对于非均匀加宽激光器，当腔长较长或振荡带宽较宽时，将有多个纵模落在振荡带宽之内。若相对于饱和频率宽度而言，纵模间隔较大，各纵模的烧孔几乎不重叠或重叠不严重，可同时振荡。图 6-9 所示的非均匀加宽激光器的多纵模输出中，ν_1、ν_2、ν_3 和 ν_4 这 4 个频率都满足阈值条件，而这 4 个频率在增益曲线上的烧孔几乎是无重叠的，因此它们可以同时振荡。一般来说，非均匀加宽激光器通常是多纵模振荡，所有小信号增益系数大于 G_t 的纵模都能稳定振荡。

2. 纵模在烧孔内的竞争

在非均匀加宽激光器中，也存在模竞争现象。当纵模频率间隔足够小时，相邻纵模的烧孔就有较大重叠，甚至完全重叠；或是两个振荡模频率关于中心频率对称分布，使得对称的两个振荡模形成的两个烧孔重合。这时，两个纵模共用同一部分反转集居数，因而存在模竞争。非均匀加宽激光器的纵模竞争如图 6-10 所示，ν_q 和 ν_{q+1} 的烧孔在阴影部分是重叠的。它们的频率间隔越小，重叠部分越大，两孔面积之和越小，供它们同时振荡的增益就越小。当烧孔重叠大到某一程度时，增益已不能维持两个频率的同时振荡，从而导致其中一个频率熄灭，另一个频率生存下来。生存下来的优胜模可能是更靠近增益曲线中心频率的那一个，也可能是先形成振荡的那一个。在一般激光器中，由于纵模间隔不可能很小，所以强烈到使一个频率熄灭的模竞争难以出现。

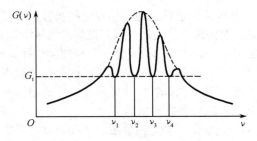

图 6-9　非均匀加宽激光器的多纵模输出

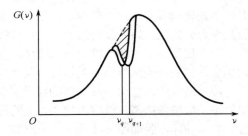

图 6-10　非均匀加宽激光器的纵模竞争

6.4 连续激光器的输出功率

输出功率是表征激光器输出性能的一个重要技术指标。连续激光器稳定工作时，由于激光介质的光放大作用，谐振腔内的损耗系数分布不均匀、各纵模的驻波效应，以及光场的横向高斯分布等因素，腔内光强分布是不均匀的，精确计算各点的光强是个非常复杂的问题。通常连续激光器的输出功率可以通过达到稳态后，部分反射镜透射输出的平均光强与激光束平均截面面积的乘积来近似计算。本节由增益饱和效应出发估算稳态工作时的腔内平均光强，并在此基础上粗略估算输出功率。

设腔内有一频率为 ν 的模式起振，通常激光器中起振模式的小信号增益系数总是在阈值水平以上，即 $G^0(\nu) > G_t$。由自激振荡及增益饱和的规律可知，腔内微弱的光强起初按小信号放大规律增大，随着光强 I_ν 的增加，由于饱和效应，增益系数 $G(\nu)$ 将随 I_ν 的增大而下降。但只要 $G(\nu) > G_t$，I_ν 会继续增大，$G(\nu)$ 继续下降，直到

$$G(\nu) = G_t = \frac{\delta}{l} \tag{6-22}$$

时，激光器达到稳定工作状态。此时，腔内光强不再增加，达到最大值。不论外界泵浦激励作用强或弱，稳态工作时激光器的增益系数总是等于阈值增益系数 G_t。

驻波型激光器腔内光强示意图如图 6-11 所示。在驻波型激光器中，腔内存在沿腔轴正方向和反方向传播的两束光，分别用 I_+ 和 I_- 来表示，如图 6-11（a）所示。若谐振腔由一面全反射镜 T_1 和一面透射率为 T 的输出反射镜 T_2 组成，腔内光强变化如图 6-11（b）所示。在该腔中，对输出有贡献的只有 I_+。设激光束的有效横截面积为 A，则输出功率为

$$P = ATI_+ \tag{6-23}$$

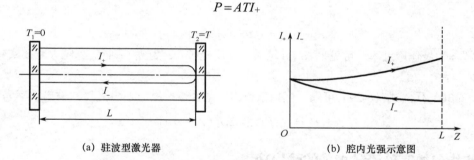

（a）驻波型激光器　　　　　　　（b）腔内光强示意图

图 6-11　驻波型激光器腔内光强示意图

6.4.1 均匀加宽单模激光器的输出功率

当增益不太大，且 $T \ll 1$ 时

$$I_+ \approx I_- \approx \frac{I_\nu}{2} \tag{6-24}$$

式中，I_ν 为腔内平均光强。

由增益系数的饱和规律式（5-77）及式（6-22）可得

$$G_H(\nu, I_\nu) = \frac{G_H^0(\nu)}{1 + \dfrac{I_\nu}{I_s(\nu)}} = \frac{\delta}{l} \tag{6-25}$$

由此可求出腔内平均光强

$$I_\nu = I_s(\nu)[\frac{G_H^0(\nu)l}{\delta} - 1] \tag{6-26}$$

将式（6-26）代入式（6-23），可求出激光器的输出功率为

$$P = ATI_+ = \frac{1}{2}ATI_\nu = \frac{1}{2}ATI_s(\nu)[\frac{G_H^0(\nu)l}{\delta}-1] \tag{6-27}$$

当 $T \ll 1$ 时，平均单程损耗可表示为

$$\delta = \frac{T+a}{2} \tag{6-28}$$

式中，a 表示除输出损耗外的其他往返净损耗。

将式（6-29）代入式（6-27）中，均匀加宽单模激光器的输出功率可表示为

$$P = \frac{1}{2}ATI_s(\nu)[\frac{2G_H^0(\nu)l}{a+T}-1] \tag{6-29}$$

以上结果是在 $T \ll 1$ 的假设下推导的，在 T 较大时必须考虑 I_+ 和 I_- 在传播过程中的变化及二者的差别，见图 6-11（b）。但较严格的理论推导证明，在 $a \ll T$ 的情况下，式（6-29）仍然适用。

从式（6-29）可以看出，为了提高激光器的输出功率，可以使用如下方法：

① 加大外界泵浦激励作用，从而增大 $G_H^0(\nu)$；

② 减小谐振腔的往返净损耗 a；

③ 加大激光介质的长度 l 和面积 A。

此外，从式（6-29）还可以看出，输出功率还与输出反射镜的透射率 T 有关，透射率 T 对输出功率存在两种相反的影响：T 增大，一方面提高了透射光比例，有利于提高输出功率；另一方面，T 增大将使阈值增加，从而导致腔内光强下降。因此存在一个使输出功率达到最大值的 T，它可由 $\frac{\partial P}{\partial T}=0$ 求得，其值为

$$T_m = \sqrt{2G_H^0(\nu)la} - a \tag{6-30}$$

T_m 通常称为最佳透过率。可见，$G_H^0(\nu)$ 越大，介质越长，a 越大，则 T_m 也越大。在实际工作中，往往由实验测定 T_m 值。

将式（6-30）代入式（6-29）可知，当输出镜具有最佳透射率时，激光器的输出功率为

$$P_m = \frac{1}{2}AI_s(\nu)[\sqrt{2G_H^0(\nu)l}-\sqrt{a}]^2 \tag{6-31}$$

6.4.2 非均匀加宽单模激光器的输出功率

对于非均匀加宽单模激光器，当振荡频率 $\nu \neq \nu_0$ 时，I_+ 和 I_- 两束光在增益曲线上分别形成两个烧孔。由于 I_+ 和 I_- 两束光分别与不同速率的反转粒子数作用，因此对每一个孔起饱和作用的分别是 I_+ 和 I_-，而不是两者的和，因此振荡模的增益系数为

$$G_i(\nu, I_\nu) = \frac{G_m}{\sqrt{1+\dfrac{I_+}{I_s}}}\exp[-4\ln2\frac{(\nu-\nu_0)^2}{\Delta\nu_D^2}] \tag{6-32}$$

式中，$G_m = G_i^0(\nu_0)$。激光器稳态工作时

$$G_i(\nu, I_\nu) = \frac{\delta}{l} \tag{6-33}$$

由式（6-32）和式（6-33）可解得

$$I_+ = I_s\left\{\frac{G_m l}{\delta}\exp\left[-4\ln2\frac{(\nu-\nu_0)^2}{\Delta\nu_D^2}\right]\right\}^2 - I_s \tag{6-34}$$

所以，非均匀加宽单模（$\nu \neq \nu_0$）激光器的输出功率为

$$P = ATI_+ = ATI_s \left\{ \frac{G_m l}{\delta} \exp\left[-4\ln 2 \frac{(\nu - \nu_0)^2}{\Delta \nu_D^2} \right] \right\}^2 - ATI_s \qquad (6\text{-}35)$$

当振荡频率 $\nu = \nu_0$ 时，光强为 I_+ 和 I_- 的两束光同时在增益曲线中心频率处烧一个孔，烧孔深度取决于腔内平均光强 I_{ν_0}。

$$I_{\nu_0} = I_+ + I_- \approx 2I_+$$

根据稳定振荡条件

$$G_i(\nu_0, I_{\nu_0}) = \frac{G_m}{\sqrt{1 + \dfrac{I_{\nu_0}}{I_s}}} = \frac{\delta}{l}$$

可求出腔内平均光强

$$I_{\nu_0} = I_s [(\frac{G_m l}{\delta})^2 - 1] \qquad (6\text{-}36)$$

输出功率为

$$P = ATI_+ = \frac{1}{2} ATI_s [(\frac{G_m l}{\delta})^2 - 1] \qquad (6\text{-}37)$$

比较式（6-35）和式（6-37）可见，$\nu = \nu_0$ 时的输出功率小于 $\nu \neq \nu_0$ 时的输出功率，这可由实验来验证。

将一台腔长小于 10 cm 的单纵模 He-Ne 激光器，谐振腔的一块端面反射镜固定在压电陶瓷上，压电陶瓷的两个电极上加有锯齿波电压，从而可周期性地改变腔长，使激光器振荡纵模的频率在介质多普勒线宽范围内连续变化。用示波器记录输出功率，得到如图 6-12（b）所示的单模输出功率 P 和振荡频率 ν 的关系曲线。由图 6-12 所示的兰姆凹陷的形成图可见，在 $\nu = \nu_0$ 处，曲线有一凹陷，这一凹陷称为兰姆凹陷。有时需要用到兰姆凹陷（如单纵模激光器稳频，把频率稳定在凹陷的底部），有时必须消除兰姆凹陷（如双频激光器稳频，不能保留凹陷）。对于 He-Ne 激光器，可以通过改变激光器内 Ne 气中 Ne^{20} 和 Ne^{22} 的充气气压比来解决这一问题。

下面我们利用图 6-12 定性解释兰姆凹陷形成的原因。

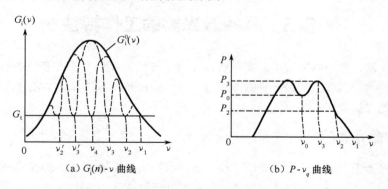

(a) $G_i(n)$-ν 曲线　　　　　(b) P-ν_q 曲线

图 6-12　兰姆凹陷的形成

当 $\nu = \nu_1$ 时，$G_i^0(\nu_1) = G_t$，输出功率 $P = 0$。

当 $\nu = \nu_2$ 时，激光振荡在 ν_2 和 $\nu_2' = 2\nu_0 - \nu_2$ 处烧两个孔。也就是说，速度 $\nu_z = c(\nu_2 - \nu_0)/\nu_0$ 及速度 $\nu_z = -c(\nu_2 - \nu_0)/\nu_0$ 的两部分粒子对频率 ν_2 的激光有贡献。激光功率 P_2 正比于两个烧孔面积之和。

当 $\nu = \nu_3$ 时，由于烧孔面积增大，所以功率 P_3 比 P_2 大。

当频率 ν 接近 ν_0，且 $|\nu - \nu_0| < (\Delta \nu_H / 2)\sqrt{1 + I_\nu / I_s}$ 时，两个烧孔部分重叠，烧孔面积的和可能小于

$\nu=\nu_3$ 时两个烧孔面积的和，因此 $P<P_3$。

当 $\nu=\nu_0$ 时，两个烧孔完全重合，此时只有 $\nu_z=0$ 附近的原子对激光有贡献。虽然它对应着最大的小信号增益，但对激光有贡献的反转集居数减少了，因此烧孔面积减少了，输出功率 P_0 下降到极小值。这就是 P-ν 关系曲线在 ν_0 处出现兰姆凹陷的原因。

由于两个烧孔在 $|\nu-\nu_0|<(\Delta\nu_H/2)\sqrt{1+I_\nu/I_s}$ 时开始重叠，所以兰姆凹陷的宽度 $\delta\nu$ 大致等于烧孔的宽度，即

$$\delta\nu=\Delta\nu_H\sqrt{1+\frac{I_\nu}{I_s}}$$

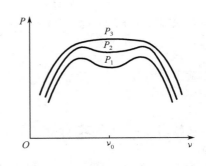

图 6-13　不同气压下输出功率随频率的变化

由上式可知，激活介质的谱线宽度越宽，兰姆凹陷的宽度就越大。因此，加大气体激光器放电管中的气压，使碰撞线宽增大，可使兰姆凹陷变宽、变浅。当气压高到一定程度时，碰撞线宽超过了多普勒线宽，这时气体激光器变成以均匀加宽为主，兰姆凹陷就消失了。图 6-13 为不同气压 P_1、P_2、P_3 下输出功率 P 随频率 ν 的变化曲线，其中 $P_3>P_2>P_1$。在单纵模稳频激光器中，为提高稳频的鉴频能力，要求兰姆凹陷深且窄，因此通常都需使激光器在单一同位素并在低气压下工作。

6.4.3　多模激光器

在非均匀加宽激光器中，每个模式各自消耗不同表观中心频率的反转粒子数，如果模间隔足够大，各模式相互独立，互不影响。因此，可由式（6-35）及式（6-37）分别计算出每个纵模的输出功率，总输出功率为各模式输出功率之和。

在均匀加宽激光器中，由于各模式相互影响，可以通过假设谱线加宽线型为矩形，各模式损耗相同的条件下，求解多模速率方程求出输出功率。

6.5　脉冲激光器的工作特性

对于脉冲激光器，由于脉冲泵浦时间短暂，腔内反转粒子数和光子数密度来不及建立稳定工作状态，所以脉冲激光器的工作过程是一种瞬态过程。本节先讨论短脉冲激光器的输出能量，然后定性分析脉冲激光器的弛豫振荡现象。

6.5.1　短脉冲激光器的输出能量

在短脉冲激光器中，如三能级激光器，设介质吸收的泵浦能量为 E_p，则有 $E_p/h\nu_p$ 个粒子从基态跃迁到 E_3 能级，其中，$E_p\eta_1/h\nu_p$ 个粒子很快通过无辐射跃迁弛豫到 E_2 能级上去。如果满足

$$n_2V=\frac{E_p\eta_1}{h\nu_p}>n_{2t}V=\frac{E_{pt}\eta_1}{h\nu_p}$$

则由于增益大于损耗，腔内受激辐射光强不断增加，与此同时，激光上能级粒子数 n_2 将因受激辐射而不断减少，当 $n_2=n_{2t}$ 时，受激辐射光强便开始迅速衰减直至熄灭。E_2 能级剩余的 n_{2t} 个粒子以相对较慢的速率通过自发辐射回到基态，它们对腔内激光能量没有贡献。因此，对腔内激光能量有贡献的上能级粒子数为

$$(n_2 - n_{2t})V = \frac{\eta}{h\nu_p}(E_p - E_{pt}) \qquad (6\text{-}38)$$

于是，腔内激光能量为

$$E_{in} = h\nu_{21}(n_2 - n_{2t})V = \frac{\nu_{21}}{\nu_p}\eta(E_p - E_{pt}) \qquad (6\text{-}39)$$

腔内光能一部分变为无用损耗，一部分经输出反射镜输出到腔外。设谐振腔由一面全反射镜和一面透射率为 T 的输出反射镜组成，则输出能量为

$$E_{out} = \frac{T}{a+T}E_{in} = \frac{\nu_{21}}{\nu_p}\eta_1\frac{T}{a+T}(E_p - E_{pt}) \qquad (6\text{-}40)$$

式（6-40）表明，输出能量 E 随 E_p 线性增加，输出能量是由超过阈值的那部分能量转换而来。图 6-14 是一个脉冲红宝石固体激光器的输出能量和光泵输入电能 ε_p 的关系曲线。

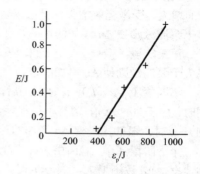

图 6-14　脉冲红宝石固体激光器输出
能量和光泵输入电能的关系

6.5.2　弛豫振荡

通过快速响应的光电检测器在示波器上观测典型的脉冲红宝石固体激光器的输出脉冲，荧光波形与激光波形如图 6-15 所示。

当泵浦能量低于阈值泵浦能量时，在示波器上观察到的是平滑的荧光波形，如图 6-15（a）所示；当泵浦能量高于阈值泵浦能量时，在示波器上会观察到如图 6-15（b）所示的波形，为一组脉冲序列，每个尖峰的持续时间约为 0.1～1 μm，相邻尖峰之间的时间间隔约为几微秒。

四能级系统的 Nd：YAG 脉冲激光器也存在这种现象。这是固体脉冲自由振荡激光器中所发生的重要现象，称为弛豫振荡效应或尖峰振荡效应。所谓自由振荡激光器是指激光器谐振腔内仅含有一个激活介质而无任何其他的非线性元件，激光振荡期间不存在任何特殊的控制和外部光照射。

下面利用图 6-16 所示的腔内光子数密度及反转集居数密度随时间的变化来定性说明固体脉冲自由运转激光器输出尖峰结构的原因。

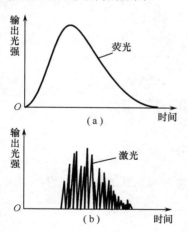

图 6-15　荧光波形与激光波形

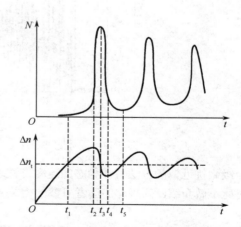

图 6-16　腔内光子数密度及反转集居数密度随时间的变化

设 $t_0 = 0$ 时，泵浦脉冲开始。下面分 5 个阶段来分析尖峰脉冲形成过程中反转粒子数和光子数密度的变化。

第一阶段（$t_0 \sim t_1$）：介质在泵浦脉冲的抽运下，激光上能级粒子数不断增加，$t = t_1$ 时，达到阈值反

转粒子数密度 Δn_t。

第二阶段（$t_1 \sim t_2$）：由于 $\Delta n > \Delta n_t$，腔内开始有激光产生，光子数密度 n 因受激辐射而急剧增加；与此同时，反转粒子数密度 Δn 因抽运而增加，又因受激辐射而减少，由于光不是很强，泵浦激励作用使 Δn 增加的速率大于受激辐射使 Δn 减少的速率，Δn 处于上升阶段，继续增加。随着腔内光子数密度 N 的增大，受激辐射增强，受激辐射 Δn 减少的速率增大，到 $t = t_2$ 时，受激辐射使 Δn 减少的速率恰好等于泵浦激励使 Δn 增加的速率，此时 Δn 不再增加，达到了极大值。

第三阶段（$t_2 \sim t_3$）：光子数密度 N 通过消耗反转粒子而迅速增加；同时，受激辐射使 Δn 减少的速率大于泵浦激励使 Δn 增加的速率，Δn 逐渐减少。到 $t = t_3$ 时，Δn 下降到了 Δn_t，N 上升到了极大值。

第四阶段（$t_3 \sim t_4$）：t_3 时刻之后，$\Delta n < \Delta n_t$，但仍有 $\Delta n > 0$，仍有受激辐射产生，使 Δn 进一步减少。同时，由于 $\Delta n < \Delta n_t$，增益小于损耗，腔内光子数急剧减少。腔内光子数的减少使 Δn 减少的速率减慢，到 $t = t_4$ 时，泵浦激励使 Δn 增加的速率恰好等于受激辐射使 Δn 减少的速率，Δn 达到极小值。

第五阶段（$t_4 \sim t_5$）：由于腔内光子数 N 很小，泵浦激励使 Δn 增大的速率大于受激辐射使 Δn 减少的速率，Δn 逐渐增大，到 $t = t_5$ 时，Δn 达到 Δn_t。于是开始产生第二个尖峰。

在整个脉冲泵浦激励时间内，这种 $t_0 \sim t_5$ 的过程反复发生，形成一个尖峰脉冲序列。泵浦功率越大，尖峰脉冲形成越快，因而尖峰的时间间隔越小。光在腔内往返一周的时间增长，上述过程都要减慢，因此脉冲宽度和时间间隔都要增大。

根据以上分析，固体脉冲自由运转激光器输出的是一系列规则的尖峰脉冲，这与单纵模激光器的情况相符。多纵模激光器往往输出一系列无规则的尖峰脉冲，固体脉冲自由运转激光器输出的尖峰脉冲如图 6-17 所示。这是因为，对于多纵模激光器，各个纵模的情况不尽相同，其尖峰脉冲序列是多个纵模的尖峰脉冲叠加的结果，而不同纵模之间的关系又有一定的随机性，这样就形成了一列无规则的尖峰脉冲。

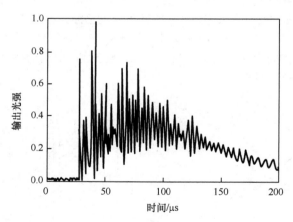

图 6-17　固体脉冲自由运转激光器输出的尖峰脉冲

利用一级微扰近似的方法对非稳态的速率方程求解，可以对尖峰振荡过程给出一种近似的数学描述。本书对此不做介绍，感兴趣的读者可参阅相关文献。

习题与思考题六

1．某激光器介质的谱线线宽为 50 MHz，激励速率是阈值激励速率的两倍，欲使该激光器单纵模振荡，腔长 L 应为多少？

2．红宝石固体激光器腔长为 $L = 12$ cm，红宝石棒长为 $l = 10$ cm，折射率为 $n = 1.75$，荧光线宽为

$\Delta\nu_F = 2 \times 10^5$ MHz。当激发参数 $\alpha = 1.3$ 时，求：

（1）满足阈值条件的纵模个数；

（2）为使满足阈值条件的纵模数限制到只有一个，α 应限制在什么范围内？

3. 氦氖激光器放电管长为 $l = 0.5$ m，直径为 $d = 1.5$ mm，两镜反射率分别为 100%、98%，其他单程损耗率为 0.015，荧光线宽为 $\Delta\nu_D = 1500$ MHz。求满足阈值条件的本征模式数。$\left(G_m = 3 \times 10^{-4} \dfrac{1}{d}\right)$

4. 氦氖激光器放电管直径为 1.2 mm，两反射镜反射率分别为 0.97 和 1。设 $\Delta\nu_D = 1500$ MHz。为使它单纵模运行，求腔长应多大？（$n = 1$）

5. 氦氖激光器腔长为 1 m，放电管直径为 2 mm，两镜反射率分别为 100%、98%，单程衍射损耗率为 $\delta = 0.04$，若 $I_s = 0.1$ W/mm^2，$G_m = 3 \times 10^{-4} \dfrac{1}{d}$，求：

（1）$\nu_q = \nu_0$ 时的单模输出功率；

（2）$\nu_q = \nu_0 + \dfrac{1}{2}\Delta\nu_D$ 时的单模输出功率。

6. 长度为 10 cm 的红宝石棒置于长度为 20 cm 的光谐振腔中，红宝石 694.3 nm 谱线的自发辐射寿命 $\tau_s \approx 4 \times 10^{-3}$ s，均匀加宽线宽为 2×10^5 MHz，光腔单程损耗因子为 $\delta = 0.2$。求：

（1）中心频率处阈值反转粒子数 Δn_t。

（2）当光泵激励产生反转粒子数为 $\Delta n = 1.2\Delta n_t$ 时，有多少个纵模可以振荡？（红宝石折射率为 1.76）

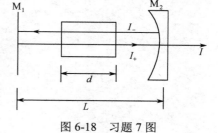

7. 一台激光器如图 6-18 所示，一个长度为 d 的激光介质置于腔长为 L 的平凹腔中，平面镜 M_1 为全反射镜（曲率半径为 $R_1 = \infty$，反射系数为 $r_1 = 1$），球面镜 M_2 的曲率半径为 R_2，透射系数为 t_2。

图 6-18　习题 7 图

（1）不考虑增益介质，请确定该激光器的稳定性条件，束腰的大小及位置，在输出镜处的光束曲率半径。

（2）如果增益介质在中心频率 ν_0 附近为均匀加宽放大，小信号增益系数为 $G_H^0(\nu) = G_H^0(\nu_0)$

$\dfrac{\left(\dfrac{\Delta\nu}{2}\right)^2}{(\nu - \nu_0)^2 + \left(\dfrac{\Delta\nu}{2}\right)^2}$。试求：当腔内光强 $I \ll I_s$ 时，能够振荡的激光模式数[用 $G_0(\nu_0)$，$\Delta\nu$，d, t_2, L, c 表示]。试

问：不加外界条件，这些模式能够同时振荡吗？

8. 考虑氦氖激光器的 632.8 nm 跃迁，其上能级 $3S_2$ 的寿命为 $\tau_2 \approx 2 \times 10^{-8}$ s，下能级 $2P_4$ 的寿命为 $\tau_1 \approx 2 \times 10^{-8}$ s，设管内气压为 $P = 266$ Pa，求：

（1）$T = 300$ K 时的多普勒线宽 $\Delta\nu_D$；

（2）均匀线宽 $\Delta\nu_H$ 及 $\Delta\nu_D / \Delta\nu_H$；

（3）当腔内光强为 10 W/cm^2 时，谐振腔需多长才使烧孔重叠。

（计算所需参数可查阅附录 A）

9. 实验测得氦氖激光器以波长为 $\lambda = 632.8$ nm 工作时的小信号增益系数为 $g_0 = 3 \times 10^{-4}/d$，d 为腔内毛细管内径（cm）。若增益介质为非均匀增宽型，试计算腔内光强为 $I = 50$ W/cm^2 时的增益系数 G（设饱和光强为 $I_s = 30$ W/cm^2 时，$d = 1$ mm），并问这时为保持振荡稳定，两反射镜的反射率（设 $r_1 = r_2$，腔长为 0.1 m）最小为多少（除透射损耗外，腔内其他损耗的损耗率 $\alpha_{in} = 9 \times 10^4$ cm^{-1}）？又设光斑面积 $A = 0.11$ mm^2，透射系数为 $t = 0.008$，镜面一端输出，求这时输出功率为多少毫瓦。

10. 氦氖激光器放电管直径为 $d = 0.5$ mm，长为 $l = 10$ cm，两反射镜反射率分别为 100% 和 98%。

不计其他损耗，稳态功率输出 0.5 mW。求腔内光子数。（设腔内只有 ν_0 一个模式，且腔内光束粗细均匀）

11．脉冲掺钕钇铝石榴石激光器的两个反射镜透过率 T_1、T_2 分别为 0 和 0.5。介质直径为 $d = 0.8$ cm，折射率为 $\eta = 1.836$，总量子效率为 1，荧光线宽为 $\Delta\nu_F = 1.95 \times 10^{11}$ Hz，自发辐射寿命为 $\tau = 2.3 \times 10^{-4}$ s。假设光泵吸收带的平均波长为 $\lambda_p = 0.8$ μm。试估算此激光器所需吸收的阈值泵浦能量 E_{pt}。

12．红宝石固体激光器中，设 Cr^{3+} 的粒子数密度为 $n_0 = 10^{19}$ cm^{-3}，$\tau_{21} = 3 \times 10^{-3}$ s。以波长为 $\lambda = 0.51$ μm 的光泵激励。试估算单位体积的阈值抽运功率。

13．YAG 激光器中，已知 $\Delta n_t = 1.8 \times 10^{16}$ cm^{-3}，$\tau_{32} = 2.3 \times 10^{-4}$ s。以波长为 0.75 μm 的光泵激励。求单位体积的阈值功率。并与上题比较，红宝石固体激光器的阈值功率是 YAG 激光器阈值功率的几倍？

14．试说明，四能级系统激光器和三能级系统激光器相比，哪种更容易振荡发光？为什么？

第 7 章　激光特性的控制与改善

激光具有高亮度，良好的单色性、相干性和方向性，然而，从一台普通激光器输出的激光，其性能往往不能满足某些应用的需要。为了适应各种实际应用的需要，在研制各种激光器和开发各种应用的同时，不断研究和发展了许多旨在改善和提高激光性能的各种激光技术。例如，一般激光器的工作状态往往是多模的（含有多阶横模和纵模），因此发散角比较大，单色性也不够理想，满足不了精密干涉计量、全息照相、精细加工等应用的要求，人们为了改善光束质量，研究和发展了选模技术和稳频技术；普通激光器输出的光脉冲满足不了激光精密测距、激光雷达、高速摄影、高分辨率光谱学研究等对极窄光脉冲的要求，在这些要求的推动下，人们研究和发展了调 Q 技术和锁模技术，从而获得超短脉冲，为物理学、化学、生物学以及光谱学等学科对微观世界和超快过程的研究提供了重要手段；激光调制技术为光通信、光信息处理等应用提供了极好的信息载波源，随着各种调制技术的发展，大大推动了光通信、实时光信息处理、光计算、光存储等应用技术的迅速发展。

本章首先介绍目前应用比较广泛，且具有基础性和典型性的改善激光性能的几种重要技术：模式选择技术、稳频技术、调 Q 技术和超短脉冲技术。然后介绍在信息技术中常用的激光调制技术和激光偏转技术。并在最后一节讨论在激光特性的控制与改善技术中常用的光电器件的设计及参数选用原则。

7.1　模式选择

激光的许多应用领域要求激光束具有很高的光束质量（即方向性或单色性很好），因此理想情况下激光器的输出光束应该只有一个模式。然而若不采取选模措施，一般激光器的工作状态往往是多模的。含有高阶模的激光束光强分布不均匀，光束发散角较大；含有多纵模及多横模的激光束单色性及相干性差。激光准直、激光加工、非线性光学研究、激光中远程测距等应用均需基横模激光束。在光通信及大面积全息照相、精密干涉计量等应用中不仅要求激光是单横模的，同时要求光束仅含有一个纵模。尽管谐振腔对纵模和横模都有限制作用，但是在有些场合仍然是不够的，这就需要进一步对模式进行选择。

模式选择技术可分为两大类：一类是横模选择技术，它能从振荡模式中选出基横模 TEM_{00}，并抑制其他高阶模振荡；另一类是纵模选择技术，它能限制多纵模中的振荡频率数目，选出单纵模振荡，从而改善激光的单色性。本节简要介绍这两类模式选择的原理及几种主要的实用选模方法。

7.1.1　横模选择

选择基横模振荡而抑制高阶横模的技术称为横模选择。谐振腔中不同横模具有不同的损耗是横模选择的物理基础。在稳定腔中，基模的衍射损耗最低，随着横模阶次的增高，衍射损耗将迅速增加。如果降低 TEM_{00} 模的衍射损耗，使之满足阈值条件，而损耗略高于基模的 TEM_{10} 模因损耗高而不能起振，则其他高阶模也都会被抑制。

评价谐振腔或某种措施选模鉴别能力，不但要看各横模衍射损耗的绝对值大小，而且主要看基横模与邻近横模衍射损耗的相对差异，如比值 δ_{10}/δ_{00} 的大小。基模与较高横模的衍射损耗的差别必须足够大，才能有效地把两个模区分开来，以易于实现选模。因此 δ_{10}/δ_{00} 越大，则横模鉴别力越高。同时还应使衍射损耗在总损耗中占有足够的比例。横模衍射损耗的差别与谐振腔结构有关，还与腔的菲涅

耳数 N 有关。

图 7-1 所示为具有各种 g 值的对称球面镜腔的 δ_{10}/δ_{00} 值与菲涅耳数 N 的关系。图 7-2 所示为具有各种 g 值的平-凹腔的 δ_{10}/δ_{00} 值与菲涅耳数 N 的关系。图中虚线表示 TEM_{00} 模各种损耗值的等损耗线。不同的 N 和 g，损耗值相等的谐振腔都位于同一条虚线。从图 7-1 和图 7-2 可以看出，共焦腔和半共焦腔的 δ_{10}/δ_{00} 值最大，而平面腔和共心腔的 δ_{10}/δ_{00} 最小；横模的鉴别力随 N 的增加而变大，但衍射损耗随 N 的增加而减少。所以 N 值必须选择适当，才能有效地进行选横模。

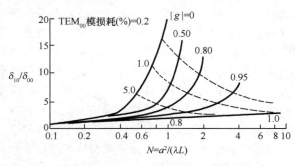
图 7-1 对称球面镜腔 δ_{10}/δ_{00} 值与菲涅耳数 N 的关系

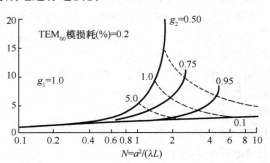
图 7-2 平-凹腔 δ_{10}/δ_{00} 值与菲涅耳数 N 的关系

横模选择方法可分为两类：一类是改变谐振腔的结构和参数以获得各模衍射损耗的较大差别，提高谐振腔的选模性能；另一类是在一定的谐振腔内插入附加的选模元件来提高选模性能。气体激光器大都采用前类方法，常在设计谐振腔时，适当选择腔的类型和腔参数 g、N 值，以实现单基模输出。固体激光器则要采用后类方法，因固体介质口径较小，为减小菲涅耳数，必须在腔内插入选模元件。

1. 谐振腔参数选择法

由 3.2 节的讨论可知，在谐振腔稳区图中，稳定区和非稳区之间的分界线由 $g_1 g_2 = 1$ 或 $g_1 g_2 = 0$ 确定，适当地选择谐振腔参数 R_1、R_2、L，使激光器运转于稳定区边缘，即运转于临界工作状态，则有利于选模。因为各阶横模中最低阶模（TEM_{00} 模）的衍射损耗最小，当改变谐振腔的参数使它的工作点由稳定区向非稳定区过渡时，各阶模的衍射损耗都会迅速增加，但基模的衍射损耗增加得最慢。因此，当谐振腔工作点移到某个位置时，所有高阶模就可能受到高的衍射损耗而被抑制，最后只留下基模运转。

为了既能获得基模振荡，又能有较强的输出功率，应在保证基模运转的前提下，适当增加 N 值。对常用的大曲率半径的双凹球面稳定腔来说，选择菲涅耳数 N 在 $0.5 \sim 2.0$ 之间比较合适。低增益器件取小值，高增益器件取大值。

2. 非稳腔选模

由 3.9 节的非稳腔理论可知，与稳定腔相比，非稳腔除了具有扩大模体积获得高功率输出的优点，同时具有很强的横模鉴别能力。稳定腔中横模间的衍射损耗差别很小，一般是多横模振荡。而非稳腔中，由于几何偏折损耗大，不同阶次横模间的衍射损耗差别很大，因而容易抑制高阶横模的振荡选出基横模。由于非稳腔本身是高损耗腔，不仅高阶横模相对于基横模衍射损耗的差异大，基横模本身也具有比较高的衍射损耗。因此，采用非稳腔选横模只适合于具有高增益介质的器件使用。

3. 小孔光阑选模

小孔光阑选模的基本做法是在谐振腔内插入一个适当大小的小孔光阑。利用小孔光阑选取基模，是一种最简便有效也是最普遍的方法。

对于稳定腔，基模光束半径最小，随着阶次增高，光束半径逐渐增大。如果光阑半径和基模光束半径相当，那么基模可以无阻挡地通过小孔光阑，而光斑尺寸较大的高阶横模却受到阻拦而遭受较大的损耗，从而达到选模的目的。由于在谐振腔的不同位置，光斑尺寸不同，所以小孔光阑因其位置而异，小孔光阑选模如图 7-3 所示。

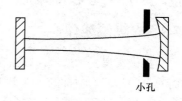

图 7-3　小孔光阑选模

理论上，小孔光阑的半径 r_0 可以选取为放置小孔光阑的 z 处的光束有效截面半径 $\omega(z) = \omega_0 \sqrt{1 + \dfrac{z^2}{(\dfrac{\pi \omega_0^2}{\lambda})^2}}$。但在实际应用中，$r_0$ 要比 $\omega(z)$ 略大一些，因为光阑小就会影响输出功率和增大光束发散角，这对于许多应用都是不利的。

对于气体激光器，尤其像 He-Ne 激光器这种利用毛细管结构的，可以适当地选取毛细管的管径来代替光阑，这种做法已取得非常有效的选模效果。对于其他一些激光器，如固体激光器，激光棒不可能做得太细，故还需在谐振腔内另外设置光阑。

光阑法选模虽然结构简单，调整方便，但受小孔限制，介质的体积不能得到充分利用，输出的激光功率较小，腔内功率密度高时，小孔易损坏。

4. 腔内加入透镜选横模

由于小孔光阑选横模的方法限制了基横模光束的模体积，致使输出功率不高。为提高激光器的输出功率，充分利用激光介质，常采用在谐振腔内插入透镜或透镜组配合小孔光阑进行选模。典型的装置如下。

（1）单透镜聚焦选模

单透镜聚焦选模如图 7-4 所示，谐振腔为平凹腔，凹面镜的曲率中心与透镜的焦点重合，小孔光阑放在透镜的焦点上。这样光束在腔内传播时，基横模光束近似于平行光束通过介质，可以在增益介质内具有大的模体积。当光束通过小孔光阑时，光束边缘部分的高阶横模因光阑阻挡受到损耗而被抑制掉，所以这种聚焦光阑装置既保持了小孔光阑的选模特性，又扩大了选模体积，从而可增大激光输出的功率。

在单透镜聚焦选模装置的基础上，若将介质的一个端面修磨成球面起透镜作用，介质断面聚焦选模如图 7-5 所示，则整个装置结构更为紧凑，且无插入损耗。

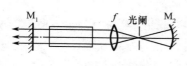

图 7-4　单透镜聚焦选模

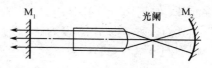

图 7-5　介质断面聚焦选模

（2）望远镜谐振腔选模

望远镜谐振腔是在腔内加入一组由凸、凹透镜组成的望远镜系统，小孔光阑置于凹透镜左侧，谐振腔采用平凹腔。望远镜谐振腔选模装置结构如图 7-6 所示。

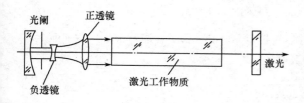

图 7-6　望远镜谐振腔选模装置结构

望远镜腔选模有三个特点：一是扩大了基横模的模体积，若望远镜的放大率为 M，则由于望远镜的扩束作用，光束通过介质时模体积可扩大 M^2 倍，能够获得大模体积的基横模输出；二是小孔光阑位于凹透镜左侧，避开了实焦点的位置，不至于因能量过于集中而损坏光阑材料；三是望远镜为可调节光学系统，通过调节凹透镜相对于凸透镜的位置，选择合适的离焦量，用以补偿激光介质的热透镜效应，获得热稳定性好的激光输出。

7.1.2 纵模选择

纵模选择又称选频，就是在实现 TEM$_{00}$ 模运转的激光器中，选定其中某一个纵模使之稳定振荡，而其余的频率均被抑制，以实现单一频率激光输出，从而获得高单色性的激光。这对于精密干涉计量、全息照相、光外差通信、高分辨率激光光谱学等许多应用都是非常重要的。

1. 短腔法选纵模

两个相邻纵模间的频率差 $\Delta \nu_q$ 为

$$\Delta \nu_q = \nu_q - \nu_{q-1} = \frac{c}{2L'} = \frac{c}{2\eta L} \tag{7-1}$$

由式（7-1）可知，纵模频率间隔和谐振腔的腔长是成反比的。因此，缩短腔长 L，可以增大纵模间隔，使得振荡线宽中只有一个纵模振荡，这就实现了单纵模振荡。

短腔选模条件可表示为 $\Delta \nu_q = \dfrac{c}{2L'} > \Delta \nu_{osc}$。

例如，He-Ne 激光器，其振荡带宽为 $\Delta \nu_{osc} = 1500\,\text{MHz}$，当腔长为 $L = 10\,\text{cm}$ 时，其纵模间隔为

$$\Delta \nu_q = \frac{c}{2L'} = \frac{3 \times 10^8\,\text{m/s}}{2 \times 1 \times 10 \times 10^{-2}\,\text{m}} = 1500\text{MHz} = \Delta \nu_{osc}$$

此时，可能只有单纵模振荡。因此，对于 He-Ne 激光器，只要做到腔长小于 10 cm，就会得到单纵模输出。这种方法是氦氖激光器中经常使用的方法。

短腔法虽然简单，但有一定缺点：一是腔长太短，从而工作介质体积小，激光输出功率低；二是不适用于振荡带宽较宽的激光器（如固体激光器、氩离子激光器等），此时，腔长短到不可能实现。如 YAG 激光器谱线的荧光线宽约 2×10^5 MHz，这就要求单纵模振荡的腔长只有 4 mm，这是不现实的。

2. 法布里-珀罗标准具选纵模

法布里-珀罗标准具是由一对平行的光学平面所构成的一种光学元件，它相当于一块滤光片，对不同的波长有不同的透射率。标准具采用透过率比较高的光学材料制成，如石英材料。其通光方向的两个平行平面镀有反射膜，反射率 R 一般小于 20%或 30%。

设标准具的折射率为 n，厚度为 d，对于入射角为 α 的平行光束，标准具的透过率 T 是入射光频率的函数，记为 $T(\nu)$，其表达式为

$$T(\nu) = \frac{(1-R)^2}{(1-R)^2 + 4R\sin^2\left(\dfrac{\varphi}{2}\right)} = \frac{1}{1 + \dfrac{4R}{(1-R)^2}\sin^2\left(\dfrac{\varphi}{2}\right)} \tag{7-2}$$

式中，φ 为标准具内参与多光束干涉效应的相邻两出射光线之间的相位差，由多光束干涉效应，该相位差为

$$\varphi = \frac{2\pi}{\lambda} 2nd\cos\alpha' = \frac{4\pi}{\lambda}nd\cos\left(\frac{\alpha}{n}\right) \tag{7-3}$$

式中，nd 为标准具的光学厚度；α' 为光束进入标准具后的折射角，$\alpha' = \alpha/n$。α' 通常很小，故 $\cos\alpha' \approx 1$。

由式（7-2）和式（7-3），标准具透射率峰值对应的频率为

$$\nu_j = j\frac{c}{2nd\cos\alpha'} \tag{7-4}$$

式中，j 为正整数。只有频率满足式（7-4）的光能透过标准具在腔内往返传播，因而具有较小的损耗。其他频率的光因不能透过标准具而具有很大的损耗。

透射谱线宽度

$$\delta\nu = \frac{c}{2\pi nd}\frac{1-R}{\sqrt{R}} \tag{7-5}$$

图 7-7 所示为 F-P 标准具的透过率曲线，R 取不同值时，$T(\nu)$ 的变化曲线。由图 7-7 可以看出，标准具的反射率 R 越大，透过率峰值曲线的宽度越窄。

透过率曲线中，两相邻透过率极大值之间的频率间隔叫作自由光谱区，记为 $\Delta\nu_j$，其表达式为

$$\Delta\nu_j = \frac{c}{2nd\cos\alpha'} \approx \frac{c}{2nd} \tag{7-6}$$

若调整 α 角，使 $\nu_j = \nu_q$（ν_q 为第 q 个纵模频率），且有 $\Delta\nu_j > \Delta\nu_{osc}$ 和 $\delta\nu < \Delta\nu_q$，则激光器可以获得单纵模输出。透过率峰值曲线的宽度越窄，频率选择性越好。

图 7-8 所示为 F-P 标准具法选纵模的示意图，这种方法就是在外腔激光器的谐振腔内，沿几乎垂直于腔轴方向插入一个 F-P 标准具。由于标准具的厚度 d 比腔长小得多，因此标准具的自由光谱区 $\Delta\nu_j$ 比谐振腔的纵模间隔 $\Delta\nu_q$ 大得多。产生激光振荡的频率，不仅需要符合谐振条件，还需要对标准具具有最大的透射率。含 F-P 标准具的谐振腔选模原理图如图 7-9 所示。

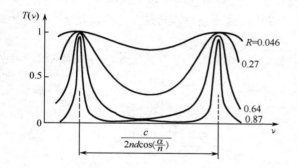

图 7-7　F-P 标准具的透过率曲线

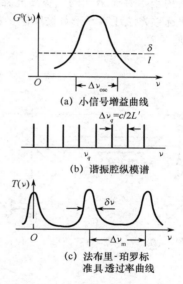

(a) 小信号增益曲线

(b) 谐振腔纵模谱

(c) 法布里-珀罗标准具透过率曲线

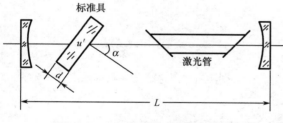

图 7-8　F-P 标准具法选纵模示意图

图 7-9　F-P 标准具的谐振腔选模原理

F-P 标准具选纵模有两个突出的优点，一是标准具的厚度可以做得很薄，适用于红宝石、Nd∶YAG、Ar^+ 等增益线宽宽的介质；二是无须缩短腔长，输出功率大。缺点是倾斜插入的 F-P 标准具会在谐振腔内造成一定的插入损耗，因此这种方法对于低增益的激光器（如 He-Ne 激光器）不大合适，但对于高增益的激光器（如 CO_2 激光器）则十分有效。

3. 复合腔法

复合腔选模法又称三反射镜法。这种方法的基本原理是用一个反射干涉系统来取代谐振腔中的一个反射镜，谐振腔由两个子腔组合构成复合腔，则其组合反射率是波长（频率）的函数。复合腔的形式多种多样，下面以福克斯-史密斯型干涉仪为例说明其选模原理，其结构如图 7-10 所示。

图 7-10 中 M_3 与 M_4 为全反射镜，M_2 是具有适当透射率的半透半反射镜。该腔可以看成由两个子腔组合而成，全反射镜 M_1 和 M_3 组成一个子腔，腔长为 $L_1 + L_2$，其谐振频率为

$$\nu = q\frac{c}{2(L_1+L_2)\eta} \tag{7-7}$$

全反射镜 M_3 与 M_4 组成另一个子腔，但这个子腔的光束传播过程是光透过 M_2 镜到达 M_3 镜，再由 M_3 镜和 M_2 镜的反射到达 M_4 镜。返回时的传播过程，也是先由 M_2 镜反射到达 M_3 镜，再由 M_3 镜反射透过 M_2 镜到达 M_1 镜。因此这一子腔的长度为 $(L_1+2L_2+L_3)$，其谐振频率为

$$\nu' = q'\frac{c}{2(L_1+2L_2+L_3)\eta} \tag{7-8}$$

因此，激光器的谐振频率必须同时满足以上两个谐振条件，即 $\nu=\nu'$。可以证明，此种复合腔的频率间隔为

$$\Delta\nu = \frac{c}{2(L_2+L_3)\eta} \tag{7-9}$$

由式（7-9）可见，适当选择 L_2 和 L_3，使复合腔的频率间隔足够大，即两相邻纵模的间隔足够大，当与增益线宽相比拟时，即可实现单纵模运转。

福克斯-史密斯干涉仪选模原理如图 7-11 所示。这种选频方法的优点是不引入附加的腔内损耗，且可通过改变干涉仪的光路长度 L_2 和 L_3 来调节单纵模振荡的频率。其缺点是结构复杂、调整困难。它主要适用于窄荧光谱线的气体激光器系统。

其他选频方法还有环形行波腔法、晶体双折射法、色散腔法、Q 开关法等，感兴趣的读者可参阅相关文献。

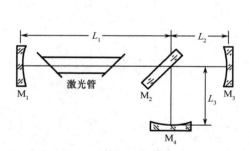

图 7-10　福克斯-史密斯型干涉仪选模装置

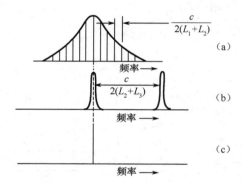

图 7-11　福克斯-史密斯干涉仪选模原理

7.2　稳　频　技　术

顾名思义，稳频技术是指稳定激光振荡频率的技术。在精密干涉测量、光频标、光通信、激光陀螺及精密光谱研究等应用领域中，不仅要求激光器实现单频输出，而且还要求激光有较高的频率稳定度。如精密干涉测量中，激光频率的准确度会直接影响测量的精度；在激光通信中，激光频率稳定与否将直接影响信息接收的质量。因此，研究各种有效的稳频方法以提高激光器的频率稳定性具有非常重要的实际应用价值。

自发辐射噪声引起的激光线宽极限确实很小，但由于受到工作环境条件的影响，如温度变化、振动等，导致实际输出的激光频率通常是不稳定的，随时间变化呈现出随机起伏，频率的漂移远远大于线宽极限。例如，不加任何稳频措施，单纵模 He-Ne 激光器的频率稳定度约为 3×10^{-6}。

激光器中，气体激光的单色性最好，因此激光稳频一般是对气体激光器而言的。本节主要介绍 He-Ne 激光器常用的稳频方法及原理，很多方法对其他激光器也同样适用。

7.2.1 频率的稳定性

1. 频率的稳定度和复现性

一台激光器输出激光频率的稳定度常用频率稳定度和复现度两个物理量来衡量。

（1）频率的稳定度

频率稳定度定义为：在一定的观测时间 τ 内，一台连续运转的激光器频率的变化量 $\Delta\nu$ 与频率的平均值 $\bar{\nu}$ 之比，即

$$S_\nu^{-1}(\tau) = \frac{\Delta\nu(\tau)}{\bar{\nu}} \tag{7-10}$$

稳定度 $S_\nu^{-1}(\tau)$ 的值越小，说明激光器输出激光频率的稳定状态越好。采用稳频技术，可使激光器频率的稳定度优于 10^{-8} 量级。

根据稳定度的定义可知，其值与观测取样时间的长短有关，因此稳定度又分为短期稳定度和长期稳定度。当观测时间 τ 小于或等于探测系统的响应时间 τ_0 时，测量得到的稳定度为短期稳定度；当 $\tau > \tau_0$ 时，测得的稳定度为长期稳定度。

（2）频率的复现性

频率复现性定义为：同一台激光器在不同的时间、地点、环境条件下，频率的变化量 $\delta\nu$ 与频率的平均值 ν 之比，记为 R_ν，即

$$R_\nu = \frac{\delta\nu}{\bar{\nu}} \tag{7-11}$$

由上述定义可知，频率的复现性衡量的是同一台激光器在不同的使用条件下频率的重复精度。

2. 影响频率稳定的因素

根据激光产生的原理，激光器的振荡频率受到原子跃迁谱线频率和谐振腔谐振频率的共同作用。因此，二者频率的稳定都会对激光振荡频率的稳定产生影响。相比较而言，谐振腔的谐振频率通常受环境的影响很大，而原子跃迁谱线频率的变化则很小。故在忽略原子跃迁谱线频率变化的前提下，激光振荡频率主要取决于谐振腔的谐振频率。

对于基横模单纵模激光器，谐振腔的谐振频率为

$$\nu_q = q\frac{c}{2\eta L} \tag{7-12}$$

式中，c 是真空中的光速，q 是选频的纵模序数，它们都是不变的；而腔长 L 和介质的平均折射率 η 则可能因工作条件的变化而变化，进而引起频率的不稳定。

当腔长 L 的变化为 ΔL，折射率 η 的变化为 $\Delta\eta$，引起的频率漂移量 $\Delta\nu$ 为

$$\Delta\nu = \frac{\partial\nu_q}{\partial\eta}\Delta\eta + \frac{\partial\nu_q}{\partial L}\Delta L = -\nu_q\left(\frac{\Delta\eta}{\eta} + \frac{\Delta L}{L}\right) \tag{7-13}$$

式中，负号表示频率 ν 的变化趋势和腔长 L、折射率 η 的变化趋势正好相反。

环境温度的起伏、激光管的发热，以及机械振动都会引起谐振腔几何长度 L 的改变。温度的变化、介质中反转集居数的起伏，以及大气的气压、湿度变化都会影响激光介质及谐振腔裸露于大气部分的折射率。因此，激光频率的稳定问题，归结为保持腔长和折射率稳定的问题。在气体激光器中，折射率的变化一般很小，引起激光频率变化的主要原因是腔长的变化。因此，保持激光振荡频率稳定的问题就是如何保持激光器谐振腔腔长的稳定。

例如，一个腔长为 10 cm 的 He-Ne 激光器，当腔长发生 0.4 nm 变化时，将产生 1 MHz 的频率漂移。如果该激光管是由硬玻璃制成，当温度变化 ±1℃，腔长变化竟会使频率漂移超出增益曲线范围。即使采用膨胀系数较小的石英玻璃制成的激光管，当温度变化 1℃，频率漂移也将达到 250 MHz。在采用

恒温、防震、稳压稳流等措施后，稳定度可达 10^{-7}。欲进一步提高稳定度则需采用某些稳频方法。

7.2.2 稳频方法

稳频方法可分为主动稳频和被动稳频两类。主动稳频主要是指在激光器的工作过程中，加入了人为的控制因素。选取一个稳定的参考标准频率，当外界影响使激光频率偏离此特定的标准频率时，通过控制系统自动调节腔长，使激光频率回到标准参考频率上，从而实现稳频。被动稳频是指通过控制温度、采用互补的腔体材料、减振等措施设法维持谐振腔腔长不变以稳定激光频率。常用的被动稳频措施有：利用热膨胀系数低的材料制作谐振腔的间隔器；或将热膨胀系数为负值的材料与热膨胀系数为正值的材料按一定长度配合，以使热膨胀互相抵消，易保持腔长稳定，实现稳频。被动稳频方式工作的激光器一般复现性很差，因此这种办法一般用于工程上对稳频精度要求不高的场合。欲达到更高的稳频精度，必须采用主动稳频的方法。

根据选择参考频率的方法不同，主动式稳频方法又可分为两类：一类是把激光器中原子跃迁的中心频率 ν_0 作为参考频率，把激光频率锁定到中心频率上，如兰姆凹陷稳频法、塞曼效应法、功率最大值法等。这类方法简便易行，可以得到 10^{-9} 的稳定度，能够满足一般精密测量的需要，但是复现性不高，只有 10^{-7}。另一类是利用外界参考频率的饱和吸收稳频法，这是目前水平最高的一种稳频方法。这种稳频方法较复杂，但可以得到较高的稳定度和复现性，均在 10^{-10} 以上，有的甚至短期稳定度高达 5×10^{-15}，复现性达 3×10^{-14}。

1. 兰姆凹陷稳频法

He-Ne 激光器的谱线主要是非均匀加宽型的，在 6.4 节我们曾经讨论过，非均匀加宽型谱线的输出功率 P 随频率 ν 的变化曲线上，在中心频率 $\nu = \nu_0$ 处出现一个凹陷，这就是兰姆凹陷。兰姆凹陷的宽度大致等于烧孔的宽度，即 $\delta_\nu = \Delta \nu_H \sqrt{1 + \dfrac{I_\nu}{I_s}}$。

由于兰姆凹陷的宽度远比谱线的宽度窄，在凹陷的中心频率即为谱线的中心频率 ν_0，所以在 ν_0 附近频率的微小变化将引起输出功率的显著变化。兰姆凹陷稳频正是利用 $P\text{-}\nu$ 曲线上的这一凹陷，以 ν_0 为参考频率，通过对输出功率的监测和灵敏的腔长自动补偿伺服系统，实现将激光频率精确地稳定在谱线中心频率 ν_0 附近。

（1）兰姆凹陷稳频系统的组成

兰姆凹陷稳频系统的基本组成如图 7-12 所示。激光器安装在低膨胀系数材料做成的支架上，腔的一个反射镜和支架之间加上一块压电陶瓷，构成腔长调节元件。当压电陶瓷外表面加正电压、内表面加负电压时，压电陶瓷伸长，反之则缩短。通过调整加在压电陶瓷上的电压来控制腔长。

其中选频放大器的作用是对输入的波形信号进行选频放大，它有自己的中心频率 f，只对频率为 f 的输入信号进行放大并输入给相敏检波器。相敏检波器的作用是对选频放大后的信号电压与音频振荡器发出的正弦参考信号电压进行相位比较。如果相位相同，表示 $\nu > \nu_0$，相敏检波输出负直流电压，使压电陶瓷缩短；如相位相反，则表示 $\nu < \nu_0$，相敏检波输出正直流电压，使压电陶瓷伸长。音频振荡器输出两路 $f = 1$ kHz 的正弦电压信号，一路供给相敏检波器作为参考信号，另一路施加在压电陶瓷上对腔长进行调制。由于腔长受到调制，兰姆凹陷稳频激光器输出激光的光强和频率都有微小的音频调制。

（2）兰姆凹陷稳频系统的工作原理

兰姆凹陷稳频原理如图 7-13 所示。以原子跃迁谱线的中心频率 ν_0 作为频率稳定点。下面以 $\nu = \nu_0$、$\nu > \nu_0$ 和 $\nu < \nu_0$ 三种情况（分别对应于图中 $P\text{-}\nu$ 曲线上 A、B、C 三点）来分析兰姆凹陷稳频的原理。

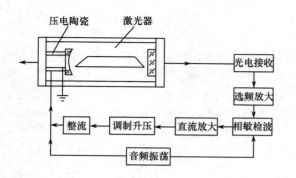

图 7-12　兰姆凹陷稳频系统的基本组成

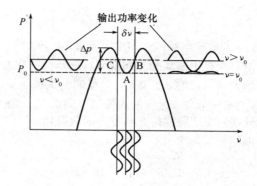

图 7-13　兰姆凹陷稳频原理示意图

在压电陶瓷上加有两种电压，一个是直流电压（零至几百伏之间可调），以调节腔长使输出频率 ν_0；另一个是频率为 f（约为 1 kHz），幅度很小（只有零点几伏）的交流调制电压，用来对腔长 L 即激光振荡频率 ν 进行低频调制，从而使激光功率 P 也受到相应的调制。调制电压使腔长 L 也以频率 f 做振动，从而激光频率也以 f 频率变化，这将造成输出功率以 $2f$ 的频率变化。

① 当 $\nu = \nu_0$ 时（图中 A 点处），激光振荡频率刚好与谱线的中心频率重合，则调制电压使振荡频率在 ν_0 附近以频率 f 变化，因而激光输出功率将以 $2f$ 的频率周期性变化（A 点附近）。由于选频放大器工作在频率 f 处，所以此时选频放大器输出为零，没有附加的电压输送到压电陶瓷上，因而激光器继续工作在 ν_0 处。

② 当 $\nu > \nu_0$ 时（图中 B 点处），此时激光输出功率将按频率 f 变化，其相位与调制信号电压相同。此光信号被光电接收器变换成相应的电信号，经选频放大后送入相敏检波器。与从音频振荡器输入的频率为 f 的调制信号进行相位比较后得到一个直流电压，此电压的大小与误差信号成正比，它的正负取决于误差信号与调制信号的相位关系，此时由于二者同相位，从相敏检波器输出一个负直流电压，继而经过直流放大，调制升压与整流，馈送到压电陶瓷上，这个电压使压电陶瓷缩短，腔长伸长，于是激光频率 ν 被拉回到 ν_0。

③ 当 $\nu < \nu_0$（图中 C 点处），则输出功率虽然仍按频率 f 变化，但其相位与调制信号相反（相位相差为 π），此时，从相敏检波器输出一个正直流电压，它使压电陶瓷伸长，腔长缩短，因而激光振荡频率又自动回到 ν_0 处。

综上所述，兰姆凹陷稳频的实质是：以原子跃迁谱线的中心频率 ν_0 作为参考标准，当激光振荡频率偏离 ν_0 时，输出一个误差信号，通过伺服系统鉴别出频率偏离的大小和方向，输出一个直流电压来调节压电陶瓷的伸缩，并控制腔长，从而将激光振荡频率自动地锁定在兰姆凹陷中心处。

兰姆凹陷稳频法可获得优于 10^{-9} 的频率稳定性，但频率复现性仅达 $10^{-7} \sim 10^{-8}$。

2. 塞曼稳频

塞曼稳频的原理基于原子的塞曼效应。1896 年，荷兰物理学家塞曼（Zeeman）发现，处于磁场中的发光原子，其光谱线在磁场作用下发生分裂，这种现象称为塞曼效应。

塞曼效应分为正常塞曼效应（单重谱线在弱磁场中的分裂）和反常塞曼效应（多重谱线在弱磁场中的分裂）两种，塞曼效应基于前者。若外加磁场方向和激光管轴线方向一致，叫作纵向塞曼稳频；外加磁场方向与激光管轴线垂直，叫作横向塞曼稳频。本小节重点介绍纵向塞曼稳频。

（1）正常塞曼效应

正常塞曼效应可以观察到：一条谱线（其频率为 ν_0）分裂为三条谱线，谱线的塞曼分裂如图 7-14 所示。三条谱线的裂距与磁场强度 H 成正比，其关系为

$$\Delta \nu = \frac{e}{4\pi mc^2} H \qquad (7-14)$$

式中，e 为电子电荷；m 为电子质量；c 为光速。

沿着垂直于磁场的方向观察，三条谱线均为线偏振光。其中，左、右两条谱线的线偏振方向垂直于磁场方向，称为 σ 分量，σ 分量的波数移动量为 $\Delta \nu$；中间谱线的线偏振方向平行于磁场方向，称为 π 分量，π 分量与 σ 分量的线偏振方向正交。当沿平行于磁场的方向观察时，则能看到 σ 分量分布于左右，分别为左旋圆偏振光和右旋圆偏振光，如图 7-15 所示。其中，左旋圆偏振光的频率为 $\nu_0 + \Delta \nu$，右旋圆偏振光的频率为 $\nu_0 - \Delta \nu$。

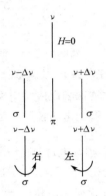

图 7-14　谱线的塞曼分裂

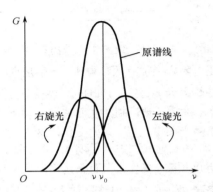

图 7-15　平行于磁场方向观察塞曼效应

塞曼效应的实质是原子的能级在外磁场的作用下发生了分裂。当原子在分裂后的能级之间按照选择定则发生跃迁时，就产生了 $\nu_1 = \nu_0 + \Delta \nu$、$\nu_0$ 和 $\nu_2 = \nu_0 - \Delta \nu$ 三种频率的偏振光。

（2）双频稳频系统的组成

利用塞曼效应的双频稳频系统由双频激光器、电子调制器和电子伺服反馈系统三部分组成，如图 7-16 所示。

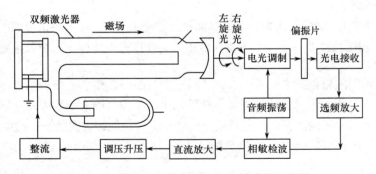

图 7-16　利用塞曼效应的双频稳频系统示意图

图 7-16 所示的双频稳频 He-Ne 激光器是一个在放电区加上 0.03 T 左右纵向磁场，并利用压电陶瓷控制腔长的内腔激光器。激光器的输出功率和频率都无音频调制，这一点与兰姆凹陷稳频不同。电光调制器由电光晶体和偏振器组成，其功能相当于 $\lambda/4$ 波片。电光晶体上施加频率为 f 的音频调制信号，使其呈现从正 $\lambda/4$ 到负 $\lambda/4$ 的周期性调制。电子伺服反馈系统也由光电接收、选频放大、相敏检波、直流放大、调制升压等部分构成，其作用与兰姆凹陷稳频系统类似。

（3）塞曼稳频系统的工作原理

塞曼稳频也是以原子跃迁谱线的中心频率 ν_0 作为参考标准频率的。由图 7-15 可以看出，左旋和右旋圆偏振光的交点恰好位于原子跃迁谱线的中心频率 ν_0 处，在该点两偏振光的光强相等，且该点处两偏振光的增益曲线有较大的斜率，因此，该点可作为一个很灵敏的稳频参考点。当激光器输出的两个圆偏振光强度不等时，根据其强度差异即可判断出激光振荡频率偏离中心频率 ν_0 的大小和方向，再通过伺服系统调节腔长实现稳频。

在未加磁场时，介质的增益曲线、色散曲线及振荡模谱如图 7-17 所示。当腔长足够短时，只有频率为 ν_q 的纵模振荡。

沿放电管轴线方向施加纵向磁场后，原子谱线发生分裂，如图 7-18 所示。增益曲线和色散曲线分裂成左、右两条，对应中心频率分别为 ν_L 与 ν_R。

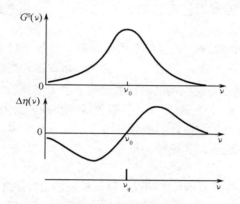

图 7-17　工作物质的增益曲线、色散曲线及振荡模谱（未加磁场时）

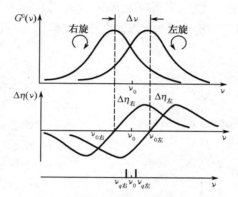

图 7-18　工作物质的增益、色散曲线及振荡模谱（加纵向磁场）

如果无源腔频率为 $\nu_q = \nu_0$，塞曼分裂后的有源腔频率对称地分布于 ν_0 的两侧，左旋光与右旋光具有相同的小信号增益系数，并因此具有相等的输出光强（即 $I_L = I_R$）。若 $\nu_q < \nu_0$，则 $G_L^0 < G_R^0$，因此 $I_L < I_R$；反之，如果 $\nu_q > \nu_0$，则 $I_L > I_R$。双频激光器稳频的方法之一就是测出两圆偏振光输出功率之差值，以此作为鉴频的误差信号，再通过伺服控制系统控制激光器腔长。

双频稳频激光器的频率稳定度可达 $10^{-10} \sim 10^{-11}$，频率复现性为 $10^{-7} \sim 10^{-8}$。由双频激光器构成的干涉仪具有较强的抗干扰能力，可用于工业中的精密计量。

3. 饱和吸收稳频

上述两种稳频方法都是以增益曲线中心频率 ν_0 作为参考标准频率，但 ν_0 容易受放电条件等影响而出现频率漂移，所以以频率的稳定度和复现性不高。为了提高频率的稳定度和复现性，可采用外界参考频率标准进行稳频。利用气体分子的饱和吸收进行稳频，就是一种利用外界频率标准进行高精度稳频的方法。

（1）饱和吸收稳频的装置

饱和吸收稳频装置如图 7-19 所示。这种装置是在外腔激光器的谐振腔中放置一个吸收管，吸收管内充有低气压气体或分子，此气体在激光谐振频率处应有一个强的吸收峰。例如，对于 He-Ne 激光器（波长为 632.8 nm），吸收管内充的气体为 Ne（氖气）和 I_2（碘蒸气）。低压气体吸收峰的频率很稳定，因此频率稳定度和复现性都很好。

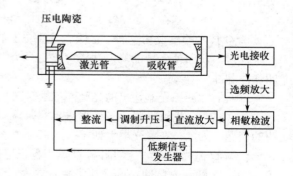

图 7-19　饱和吸收稳频装置示意图

（2）饱和吸收稳频原理

设吸收管内物质的吸收系数为 $\beta(\nu)$，小信号吸收系数用 $\beta^0(\nu)$ 表示。当入射光足够强时，由于下能级粒子数的减少和上能级粒子数的增加，$\beta(\nu)$ 将随入射光强的增加而减少，这就是吸收饱和现象。吸收饱和现象和前面讨论的增益饱和现象是完全类似的，若把吸收看成负增益，则关于增益饱和的全部理论均可用于吸收饱和。由于吸收管内气压很低，吸收谱线主要是多普勒加宽。

作出光强一定时吸收系数 $\beta(\nu)$ 和振荡频率 ν 的关系曲线，即吸收谱线在中心处产生吸收凹陷，反兰姆凹陷的形成如图 7-20（a）所示，其机理和兰姆凹陷类似：对于 $\nu=\nu_0$ 的光，其正向传播和反向传播的两列行波光强均被 $\nu_z=0$ 的分子所吸收，即两列光强作用于同一群分子上，故吸收容易达到饱和。对于 $\nu\neq\nu_0$ 的光，则正向传播和反向传播的两列光强分别被纵向速度为 $+\nu_z$ 和 $-\nu_z$ 的两群分子所吸收，所以吸收不易达到饱和。因此在吸收谱线的 ν_0 处出现凹陷。

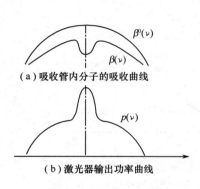

（a）吸收管内分子的吸收曲线

（b）激光器输出功率曲线

图 7-20　反兰姆凹陷的形成

吸收线在中心处的凹陷，意味着在中心频率 ν_0 处吸收最小，故激光器输出功率（光强）在 ν_0 处出现一个尖峰，通常称为反兰姆凹陷，如图 7-20（b）所示。反兰姆凹陷比激光管中兰姆凹陷的宽度窄得多（大约可以相差 1～2 个数量级），且吸收线中心频率极为稳定，故反兰姆凹陷可以作为一个很好的稳频参考点，此方法可以获得很好的长期稳定度和复现性。其稳频工作过程与兰姆凹陷稳频相似，在此不予重复。

饱和吸收稳频具有很高的稳频精度，目前典型的稳频激光器有：

（1）633 nm He-Ne：I_2 稳频激光器，频率稳定度达 5×10^{-13}，复现性达 1×10^{-10}；

（2）612 nm He-Ne：I_2 稳频激光器，频率稳定度达 5×10^{-13}，复现性达 1×10^{-12}；

（3）10.6 μm CO_2：SF_6 稳频激光器，频率稳定度达 5×10^{-14}，复现性达 1×10^{-10}；

（4）515 nm Ar^+：I_2 稳频激光器，频率稳定度达 5×10^{-14}，复现性达 1×10^{-10}；

（5）全部各支线的 CO_2：CO_2 稳频激光器，频率稳定度达 5×10^{-12}，复现性达 1.5×10^{-10}。

由于分子饱和吸收稳频激光器具有非常高的频率稳定性，1983 年第十七届国际计量权度大会推荐了五条甲烷和碘吸收稳频的氦氖和氩离子激光辐射作为新的波长标准，计量部门可以直接使用其中任何一条复现米定义作为长度基准。至 2001 年，国际长度咨询委员会公布的国际推荐频率值已有 13 类。2003 年，第十届长度咨询委员会将 $^{13}C_2H_2$ 饱和吸收稳频的 1542.384 nm 激光谱线推荐为新的波长标准。

7.3　调 Q 技 术

调 Q 技术的出现和发展，是激光发展史上的一个重要突破，它是将激光能量压缩到宽度极窄的脉冲中发射，从而使光源的峰值功率可提高几个数量级的技术。通常，我们将这种高峰值功率的窄脉冲叫作巨脉冲。

普通的脉冲激光器输出的光脉冲持续时间长达几百微秒（μs）甚至几毫秒（ms），峰值功率只有几十千瓦（kW），远远满足不了许多重要实际应用的要求，进一步压缩脉宽和提高功率成为迫切需要解决的问题。为此，在激光器发明不久之后的 1961 年，就有人提出了调 Q 的概念，并于 1962 年制成了第一台调 Q 激光器。如今利用调 Q 激光器已可以获得峰值功率在兆瓦级（10^6 W）以上，脉宽为纳秒级（10^{-9}s）的激光脉冲。这推动了激光雷达、激光测距、高速全息照相，以及激光核聚变等重要应用技术的迅速发展。同时，这种强的相干辐射光与物质相互作用，会产生一系列具有重大意义的新的光学现象，由此产生了非线性光学等新的光学分支。

7.3.1 调 Q 激光器工作原理

在电子技术中，用 Q 值来描述一个谐振回路质量的高低。在激光技术中，用 Q 值来描述一个谐振腔的质量。由 3.3 节可知，谐振腔的品质因数 Q 值的定义为

$$Q = 2\pi \nu_0 \left\{ \frac{\text{腔内存储的能量}}{\text{每秒损耗的能量}} \right\} = \frac{2\pi \nu \eta L}{\delta c} \quad (7\text{-}15)$$

式中，L 为谐振腔腔长；η 为介质折射率；c 为光速；ν 为激光振荡频率；δ 为光在腔内传播的单程损耗。

式（7-13）说明，当 λ 与谐振腔长 L 一定时，谐振腔的品质因数 Q 与腔的损耗成反比，即 Q 值可以表征谐振腔损耗的大小。

在 6.5 节中已经指出，脉冲自由运转激光器输出的光脉冲不是单一的光滑脉冲，而是由若干小尖峰脉冲构成的序列。每一个小尖峰脉冲均产生于阈值附近，而脉宽又非常短（只有微秒量级），激光器输出的能量分散在这样一串脉冲中，因而不可能有很高的峰值功率。增大泵浦能量只能使尖峰脉冲数目增多，而不能提高其峰值功率。

这是因为通常的激光器谐振腔的阈值始终是不变的，一旦光泵浦使反转粒子数达到或略超过阈值时，激光器便开始振荡，于是激光上能级的粒子数因受激辐射而减少，致使上能级不能积累很大的反转粒子数，只能被限制在阈值反转粒子数附近。这是普通激光器峰值功率不能提高的原因。

既然激光上能级最大粒子反转数受到激光器阈值的限制，那么，要使上能级积累大量的粒子，可以设法通过改变激光器的阈值来实现。具体地说，就是当激光器开始泵浦初期，设法将激光器的振荡阈值调得很高，抑制激光振荡的产生，这样激光上能级的反转粒子数便可积累得很多。当反转粒子数积累到最大时，再突然把阈值调到很低，此时，积累在上能级的大量粒子便雪崩式地跃迁到低能级，于是在极短的时间内将能量释放出来，就获得峰值功率极高的窄脉冲输出，即巨脉冲。

由此可见，改变激光器的阈值是提高激光上能级粒子数积累，从而获得巨脉冲的有效方法。那么改变什么参数可以改变阈值呢？由 6.2 节可知，激光器振荡的阈值反转集居数密度为

$$\Delta n_t = \frac{\delta}{\sigma_{21} l}$$

式中，l 为激光介质的长度。

将式（7-15）代入上式，可得

$$\Delta n_t = \frac{2\pi \nu \eta L}{l \sigma_{21} c} \cdot \frac{1}{Q} \quad (7\text{-}16)$$

也就是说，阈值反转粒子数密度与谐振腔的损耗成正比，与谐振腔的品质因数 Q 成反比。

当激光振荡频率 ν 和腔长 L 一定时，损耗 δ 大，Q 值就低，阈值高，不易起振；当损耗 δ 小，Q 值就高，则阈值低，易于起振。由此可见，要改变激光器的阈值，可以通过突变谐振腔的 Q 值（或损耗 δ）来实现。

激光调 Q 技术就是通过某种方法使腔的 Q 值随时间按一定程序变化的技术。在泵浦开始时使腔处于低 Q 值（高损耗 δ_H）状态，使激光器由于阈值高而不能产生激光振荡，上能级的反转粒子数就可以大量积累，能量可以储存的时间决定于激光上能级的寿命。当积累到最大值（饱和值）时，突然使腔的损耗降低到 δ（Q 值突增），阈值也随之突然降低，此时反转集居数大大超过阈值，激光振荡迅速建立起来，在极短的时间内上能级的反转粒子数被消耗，转变为腔内的激光能量，形成一个很强的激光巨脉冲输出。

图 7-21 所示的脉冲泵浦调 Q 过程中，各参量随时间的变化情况。图 7-21（a）表示泵浦速率 W_P 随时间的变化；图 7-21（b）表示腔的 Q 值是时间的阶跃函数；图 7-21（c）表示反转粒子数密度 Δn 的变化，其中 Δn_i 为 Q 值阶跃变化时的反转粒子数密度，Δn_t 为阈值反转粒子数密度，Δn_f 为振荡终止时介质残留的反转粒子数密度；图 7-21（d）表示腔内光子数 N 随时间的变化。

由图 7-21 可以看出，在泵浦过程的大部分时间里，谐振腔处于高损耗低 Q 值状态，器件因阈值高而不能起振，激光上能级粒子数积累，$\Delta n(t)$ 增大，至 t_0 时刻，$\Delta n(t)$ 达到其最大值 Δn_I。在这一时刻，腔损耗 $\delta(t)$ 阶跃下降，Q 值猛升，器件阈值下降，激光振荡开始建立。因腔内受激辐射的增强极为迅速，光子数密度 N 迅速增大，介质中的储能在极短时间内变为受激辐射场的能量，输出一个峰值功率很高的巨脉冲。

从激光开始振荡到巨脉冲的形成过程中，调 Q 过程中反转粒子数密度及光子数密度随时间的变化如图 7-22 所示，巨脉冲的形成可分为如下 3 个过程。

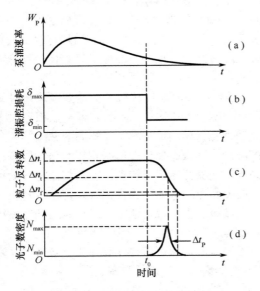

图 7-21　脉冲泵浦的调 Q 过程

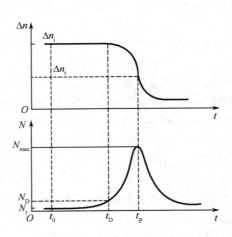

图 7-22　调 Q 过程中反转粒子数密度及光子数密度随时间的变化

（1）自发辐射为主的过程（$t_0 < t < t_D$）：当 Q 值阶跃上升时（$t = t_0$），激光振荡开始建立，此时反转粒子数密度 $\Delta n = \Delta n_i$，由于此时受激辐射的概率很小，此时仍是自发辐射占优势，因此腔内光子数密度 N 的增长十分缓慢。

（2）雪崩过程（$t_D < t < t_P$）：到 $t = t_D$ 时刻，N 已增长到 N_D，雪崩过程开始形成，受激辐射迅速超过自发辐射而占优势，腔内光子数密度迅速增大，同时 Δn 迅速减小。

（3）光子数密度衰减过程（$t > t_P$）：到 $t = t_P$ 时刻，反转粒子数密度达到最大值 N_{max}，形成巨脉冲的峰值。此后，$\Delta n < \Delta n_t$，腔内光子数密度 N 迅速减少，直至振荡终止。

上述分析说明：从 Q 值阶跃上升到形成巨脉冲输出，二者之间有一定的延迟时间，这就是 Q 开关开启的持续时间。巨脉冲峰值产生于 $\Delta n = \Delta n_t$ 的那一时刻。

7.3.2　Q 调制方法

通过使用不同的方法来控制腔内不同的损耗，由此形成不同的调 Q 技术。如控制反射损耗的电光调 Q、机械转镜调 Q，控制吸收损耗的可饱和吸收染料调 Q，控制衍射损耗的声光调 Q，以及控制输

出损耗的透射式调 Q 等。

使 Q 值（谐振腔损耗）突变的装置或器件叫作 Q 开关，常用的 Q 开关可以分为主动式 Q 开关和被动式 Q 开关两类。主动式 Q 开关就是可以通过控制外部驱动源来主动控制谐振腔 Q 值（损耗），如电光调 Q、声光调 Q；被动式 Q 开关是指谐振腔的损耗（Q 值）取决于腔内激光光强，不能人为地主动控制，如可饱和吸收染料调 Q。

下面简单介绍三种常用调 Q 技术的原理。

1. 电光调 Q

所谓电光效应是指某些晶体在外加电场作用下，其折射率发生变化，使通过晶体的不同偏振方向的光之间产生位相差，从而使光的偏振状态发生变化的现象。其中折射率的变化与电场成正比的效应称为普克尔效应；折射率的变化与电场强度平方成正比的效应称为克尔效应。电光调 Q 就是利用晶体的普克尔效应来实现 Q 值突变的方法。下面以最常用的电光晶体之一——磷酸二氘钾（KD*P）晶体为例说明其调 Q 原理。

电光调 Q 激光器如图 7-23 所示。激光介质使 Nd∶YAG 晶体，在脉冲激光器的谐振腔内，加入一组由偏振器和电光晶体所构成的电光开关。未加电场前晶体的折射率主轴为 x、y、z。沿晶体光轴方向 z 施加一外电场 E，由于普克尔效应，主轴变为 x'、y'、z'。

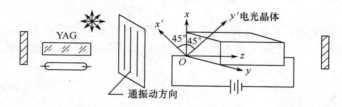

图 7-23　电光调 Q 激光器示意图

YAG 晶体在氙灯的光泵激励下发射自然光（无规偏光），通过偏振器后，变成沿 x 方向的线偏振光。由于感应双折射，沿 x 方向振动的偏振光进入晶体后将分解为等幅的 x' 和 y' 方向的偏振光。若电光晶体上未加电压，光沿轴线方向（z 轴）通过晶体，其偏振状态不发生变化，经全反射镜反射后，再次（无变化地）通过电光晶体和偏振器。电光 Q 开关处于"打开"状态。

如果在电光晶体上施加电压，沿 x' 和 y' 方向的线偏振光在晶体中具有不同的折射率 η'_x 和 η'_y。经过长度为 d 的晶体后，二偏振分量产生了相位差 $\Delta\varphi$

$$\Delta\varphi = \frac{2\pi\nu\eta_o^3\gamma_{63}}{c}Ed = \frac{2\pi\nu\eta_o^3\gamma_{63}}{c}V \tag{7-17}$$

式中，η_o 为晶体寻常光折射率；γ_{63} 是晶体的电光系数；V 是加在晶体两端的电压。

当 $\Delta\varphi = \dfrac{\pi}{2}$ 时，所需电压称作 $\dfrac{\lambda}{4}$ 电压，记作 $V_{\lambda/4}$。如果在电光晶体上施加电压为 $V_{\lambda/4}$ 时，从偏振器射出的线偏振光经电光晶体后，沿 x' 和 y' 方向的偏振分量产生了 $\dfrac{\pi}{2}$ 的相位差。经全反射镜反射后再次通过电光晶体后，又会产生 $\dfrac{\pi}{2}$ 的相位差。往返一次总共累积产生 π 的相位差，合成后得到 y 方向振动的线偏振光，不能通过偏振器。此时，电光 Q 开关处于"关闭"状态。这种情况下谐振腔的损耗很大，处于低 Q 值状态，激光器不能振荡，激光上能级不断积累粒子。如果在激光上能级的反转粒子数积累到最大值时，突然"打开" Q 开关，也就是突然撤去电光晶体两端的电压，则谐振腔突变至低损耗、高 Q 值状态，于是形成产生雪崩式的激光振荡，输出一个巨脉冲。

电光 Q 开关是目前使用最广泛的一种 Q 开关，适用于脉冲激光器，其主要特点是开关时间短（约

$10^{-9}\,\mathrm{s}$），属快开关类型。电光调 Q 激光器可以获得脉宽窄、峰值功率高的巨脉冲。例如，典型的 Nd：YAG 电光调 Q 激光器的输出光脉冲宽度为 $10\sim20$ ns，峰值功率可达数兆瓦至数十兆瓦，而对于钕玻璃调 Q 激光器，不难获得数百兆的峰值功率。常用电光晶体有 KDP、KD*P、LiNbO$_3$ 及 BSO 等。

2．声光调 Q

声光调 Q，是利用声光器件的衍射效应来控制谐振腔损耗以实现 Q 值突变的。所谓声光衍射效应是指激光通过介质中的超声场时发生衍射，从而造成光束的偏折。超声波是一种纵向机械波，它在介质中传播时，使介质产生相应的弹性形变，从而激起疏密相间的交替变化，从而导致介质折射率的变化。声光效应如图 7-24 所示，超声场作用的介质就相当于一个光学的"相位光栅"，光栅常数（光栅间距）等于超声波波长 λ_s。当光通过这种介质时就会发生衍射，一部分光偏离原来方向。

当声波频率较高，声光作用长度 d 足够大，满足 $d \gg \lambda_s^2/\lambda$ 时（λ_s 与 λ 分别为声波与光波波长），根据体光栅衍射的布拉格定律，光束以 θ_i 角入射介质产生衍射极值应满足布拉格方程

$$2\lambda_s \sin\theta_B = \frac{\lambda}{\eta_0} \tag{7-18}$$

式中，η_0 为超声介质的折射率。此时入射角 θ_i 等于衍射角并等于布拉格角 θ_B，即

$$\sin\theta_i = \sin\theta_B = \frac{\lambda}{2\eta_0\lambda_s} \tag{7-19}$$

在此条件下，透射光束分裂为 0 级和 +1 级（或 −1 级）（视入射光的方向而定）衍射光，+1 级（或 −1 级）衍射光与声波波面的夹角为 θ_B，声光布拉格衍射如图 7-25 所示。这种现象称作布拉格衍射。

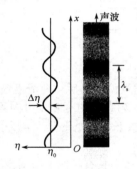

图 7-24　声光效应示意图

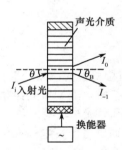

图 7-25　声光布拉格衍射示意图

一级衍射光光强 I_1（或 I_{-1}）与入射光光强 I_i 之比为

$$\frac{I_1}{I_i} = \sin^2\left(\frac{\Delta\phi}{2}\right) \tag{7-20}$$

式中，$\Delta\phi$ 是经过长度为 d 的位相光栅后光波相位变化的幅度。I_1/I_i 为衍射效率，其值越大，说明越多的入射光能集中到 +1 级（或 −1 级）衍射极上，使入射光束的能量得到充分利用。

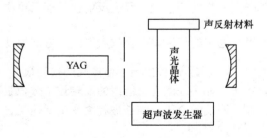

图 7-26　声光调 Q 激光器示意图

$$\Delta\phi = \frac{2\pi}{\lambda}\Delta\eta d = \frac{\pi}{\lambda}\sqrt{2\frac{d}{H}MP} \tag{7-21}$$

式中，$\Delta\eta$ 是介质折射率变化的幅值；d 与 H 分别为换能器的长度与宽度；M 是声光介质的品质因数；P 是超声驱动功率。提高超声驱动功率可得到较高的衍射效率。

声光调 Q 装置是将声光器件置于激光器的谐振腔中，声光调 Q 激光器结构如图 7-26 所示。声光 Q 开

关由一块对激光波长透明的声光介质及换能器（即超声波发生器）组成，换能器用一个高频振荡电源来驱动，以产生相应的机械振动，从而产生超声波耦合到声光介质中去。

声光器件在腔内按布拉格条件放置。当加上超声波时，光束按布拉格条件决定的方向偏折，由于一级衍射光偏离谐振腔轴向而导致损耗增加。此时腔的损耗严重，Q 值很低，不能形成激光振荡。在这一阶段，增益介质在光泵激励下，激光高能级大量积累粒子。若这时突然撤除超声波，则衍射效应即刻消失，光束顺利地通过均匀的声光介质，不发生偏折，使谐振腔损耗突然下降，Q 值升高，从而形成一个强的激光巨脉冲输出。

声光调 Q 开关时间一般小于光脉冲建立时间，属于快开关类型。由于开关的调制电压很低（<200 V），所以可以用于增益较低的连续激光器，对连续器件可以获得高重复率的脉冲输出。但是，声光调 Q 开关对高能量激光器的开关能力差，不宜用于高能调 Q 激光器。

3. 染料调 Q

前面介绍的电光和声光调 Q 技术，Q 开关开启延迟时间可以人为控制，都属于主动调 Q 技术。而染料调 Q 技术，是利用某些有机染料对光的吸收系数会随光强变化的特性来达到调 Q 的目的，这种方式中 Q 开关的延迟时间是由材料本身特性决定的，不直接受人控制，属于被动调 Q 技术。

图 7-27 所示为染料调 Q 激光器的示意图。它是一个通常的固体激光器腔内插入一个染料盒构成的。染料盒内装有可饱和吸收染料，这种染料对该激光器振荡波长的光有强烈的吸收作用，而且随着入射光的增强，吸收系数减小。其吸收系数可以由下式表示

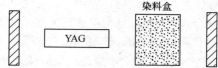

图 7-27　染料调 Q 激光器示意图

$$\beta = \beta_0 \frac{1}{1+\dfrac{I}{I'_s}} \qquad (7\text{-}22)$$

式中，β 为光强为 I 时的吸收系数；β_0 为光强趋于零时的吸收系数；I'_s 为饱和参量，其值等于吸收系数减小到 $\beta_0/2$ 时的光强。

由式（7-22）可以看到，当 I 比 I_s 大很多时，β 逐渐趋近于零，也就是染料对该波长的光变成透明的了，这一现象称为漂白。装有染料的盒子插入脉冲激光器的腔内后，激光器开始泵浦，此时腔内光强还很弱，故而染料对该波长的光有强烈吸收，腔内损耗很大，Q 值很低，相当于 Q 开关没有开启的状态，不能形成激光。随着泵浦的继续，激光上能级上粒子数得以积累，自发辐射逐渐增强，也就是腔内光强增强，染料逐渐被漂白。这一过程相当于腔内 Q 值逐渐升高。当漂白到一定程度，Q 值达到一定数值时，染料盒作为 Q 开关已处于开启状态，于是激光器就会给出一个强的激光巨脉冲。

选择染料要考虑到以下几个方面的因素：

① 染料吸收峰的中心波长应和激光器的激光波长吻合；

② 染料饱和光强 I'_s 要适当。I'_s 小于增益介质的饱和光强 I_s 是巨脉冲产生的必要条件，I'_s 太大还会因 Q 开关速度太慢而影响调 Q 效果。但是 I'_s 也不宜过小，否则很弱的光就能使其透明，介质的反转集居数不能充分积累。

③ 染料溶液应具有一定的稳定性和保存期，以利于实用。

染料调 Q 是一种被动式快开关，使用简单。与脉冲激光器配合可获得峰值功率吉瓦（10^9 W）、脉宽数十纳秒（10^{-9} s）的激光巨脉冲。同时，激光谱线宽度也变窄，即染料调 Q 可同时起到选纵模的作用。其缺点是染料易变质，需经常更换，输出不够稳定。

4. 脉冲透射式调 Q

以上介绍的几种 Q 调制方式属于介质储能调 Q，即在低 Q 值状态下激光介质的上能级积累粒子，

当达到最大值时将 Q 开关"打开"，腔内很快建立起极强的激光振荡，使激光上能级存储的能量转变为腔内的光能量，在形成激光振荡的同时从输出镜端输出激光。光束需要在腔内往返若干次才能完成衰减过程，所以脉宽达数十纳秒。这种调 Q 方式也称为脉冲反射式（Pulse-Reflection-Mode，PRM）Q 开关，其调 Q 过程如图 7-28（a）所示。

另外，还有一种谐振腔储能调 Q 开关，即能量是以光子（光辐射场）的形式存储在谐振腔内，这种激光器的谐振腔由全反射镜 M_1 和可控反射镜 M_2 组成，脉冲透射式调 Q 过程如图 7-28（b）所示。$t < 0$ 时，M_2 镜全反射，谐振腔处于高 Q 值状态，激光器振荡但无输出，激光能量储存于谐振腔中。$t = 0$ 时，控制 M_2 镜使其透射率达 100%，储存于腔内的激光能量迅速逸出腔外，于是输出一巨脉冲。这种调 Q 方式也称为透射式（Pulse-Transmission-Mode，PTM）Q 开关。又因为它不是边振荡边输出，而是先振荡达到最大值后，再瞬间释放出去，故又称为"腔倒空"。由于这种调 Q 方式是在全透射情况下输出光脉冲，光子逸出谐振腔所需最长时间为 $2L'/c$（L' 为谐振腔光程长），所以输出光脉冲时间约等于 $2L'/c$，脉宽仅为数纳秒。

为了提高输出峰值功率，可将这两种调 Q 方式结合，脉冲反射—透射式调 Q 过程如图 7-28（c）所示。图 7-29 为这种调 Q 激光器的实例。谐振腔中起偏器 P_1 和检偏器 P_2 取相同的偏振方向。当电光晶体上不加电压时，腔内光束可经 P_2 透射至腔外，谐振腔处于低 Q 状态。此时，在泵浦光的激励下，上能级反转粒子数密度逐渐增加，介质开始的自发辐射可顺利通过 P_1 和 P_2，但输出端无反射镜，故形成不了激光振荡。若突然在电光晶体上加上半波电压 $V_{\lambda/2}$，则通过 P_1 的线偏光通过晶体后偏振面将要旋转 90°，因此，不能通过偏振棱镜 P_2，但可经棱镜的界面反转到全反射镜 M_2 上。这样，由两个全反射镜构成的谐振腔损耗很低，Q 值突增，激光振荡迅速形成。在腔内形成巨脉冲，但不能输出腔外。若在腔内激光光强达最大值时突然去除晶体上的电压，则腔内存储的最大激光能量瞬间透过棱镜 P_2 透射出腔外。

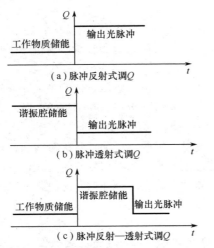

图 7-28　脉冲反射式与脉冲透射式调 Q 过程示意图

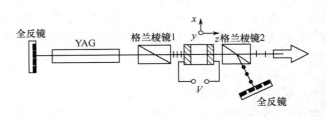

图 7-29　脉冲反射—透射式调 Q 激光器实例

7.3.3　调 Q 激光器基本理论

调 Q 激光器的速率方程是描述调 Q 激光器腔内光子数和介质中反转粒子数随时间变化规律的方程组。用它可以分析调 Q 巨脉冲的形成过程，以及器件的多种参量对巨脉冲的影响。同时，根据这些规律，可以推导调 Q 巨脉冲的峰值功率、脉宽等参数与反转粒子数之间的关系。

在利用速率方程来分析调 Q 激光器基本理论之前，需要说明以下几点：

（1）我们只研究腔的单程损耗函数是理想的阶跃变化函数这种情况，即 Q 开关函数是理想的阶跃函数。因为应用广泛的电光调 Q 和染料调 Q 器件，其损耗函数都近似为阶跃函数。

（2）我们假定介质为三能级系统。常用的 Nd：YAG 和钕玻璃调 Q 激光器属于四能级系统。但由于调 Q 巨脉冲宽度很窄，在巨脉冲发生过程中从激光上能级跳到激光下能级的粒子并不能立即从下能级消失，因而不能认为激光下能级为空能级。故在调 Q 器件中，Nd：YAG 和钕玻璃的行为偏离理想的四能级系统，而接近三能级系统。

（3）速率方程只用来研究 Q 值阶跃后的脉冲形成过程，即只研究 $t > t_0$ 以后腔内光子数 和反转粒子数 N 变化的过程，而不涉及 $t = t_0$ 之前反转粒子数 Δn 的积累过程。$t = t_0$ 之前的过程只是为我们提供了初始反转粒子数 Δn_i 这一初始条件。

（4）在调 Q 激光器中，腔长（L）一般大于介质长度（l），为简单起见，在下面的讨论中假设介质充满谐振腔，即 $L = l$。在 $L > l$ 时，其结果应做修正，但这一差别对我们了解输出峰值功率、输出能量、脉冲宽度等随激光器参量的变化关系并无妨碍。

1. 调 Q 激光器的峰值功率

在 $t = t_p$ 时刻，反转粒子数密度自 Δn_i 降至 Δn_t，而腔内光子数密度达到最大值 N_{max}，此时输出功率为最大值 P_m。假定 $\eta_F = 1$，则可写出 $t > 0$（$t = 0$ 时 Q 开关打开）时中心频率处三能级系统反转粒子数密度和光子数密度的速率方程

$$
\begin{cases}
\dfrac{dN}{dt} = \sigma_{21} \upsilon N \Delta n - \dfrac{N}{\tau_R} \\[2mm]
\dfrac{d\Delta n}{dt} = -2\sigma_{21}\upsilon N \Delta n - 2n_2 A_{21} + 2n_1 W_{13}
\end{cases}
\tag{7-23}
$$

调 Q 激光脉冲持续时间约为几十纳秒，这样短的时间内自发辐射和泵浦激励的影响可忽略不计，因此，式（7-23）可简化为

$$
\frac{dN}{dt} = \sigma_{21}\upsilon N \Delta n - \frac{N}{\tau_R} = (\frac{\Delta n}{\Delta n_t} - 1)\frac{N}{\tau_R}
\tag{7-24}
$$

$$
\frac{d\Delta n}{dt} = -2\sigma_{21}\upsilon N \Delta n - 2n_2 A_{21} + 2n_1 W_{13} = -2\frac{\Delta n}{\Delta n_t}\frac{N}{\tau_R}
\tag{7-25}
$$

从式（7-24）和式（7-25）中消去 dt，得到

$$
\frac{dN}{d\Delta n} = \frac{1}{2}(\frac{\Delta n_t}{\Delta n} - 1)
\tag{7-26}
$$

对式（7-26）积分，得

$$
\begin{cases}
\displaystyle\int_{N_i}^{N} dN = \frac{1}{2}\int_{\Delta n_i}^{\Delta n}(\frac{\Delta n_t}{\Delta n} - 1)d\Delta n \\[3mm]
N = N_t + \dfrac{1}{2}(\Delta n_i - \Delta n + \Delta n_t \ln\dfrac{\Delta n}{\Delta n_i})
\end{cases}
\tag{7-27}
$$

当 $\Delta n = \Delta n_t$ 时，$dN/d\Delta n = 0$，N 达到最大值 N_{max}。由于自发辐射产生的初始光子数密度 $N_i \ll N_{max}$，所以

$$
N_{max} \approx \frac{1}{2}(\Delta n_i - \Delta n_t + \Delta n_t \ln\frac{\Delta n_t}{\Delta n_i}) = \frac{1}{2}\Delta n_t(\frac{\Delta n_i}{\Delta n_t} - \ln\frac{\Delta n_i}{\Delta n_t} - 1)
\tag{7-28}
$$

设介质横截面积为 S，输出反射镜透射率为 T，另一反射镜透射率为零，则激光器输出峰值功率 P_{max} 为

$$
P_{max} = \frac{1}{2}h\nu_{21}N_{max}\upsilon ST
\tag{7-29}
$$

由式（7-28）及式（7-29）可以看出，$\Delta n_i/\Delta n_t$ 越大，则 N_{max} 值越大，因而峰值功率 P_{max} 越大。$\Delta n_i/\Delta n_t$ 的值取决于以下因素：

（1）Q 开关关闭时腔的损耗因子 δ_H 值越大，则允许达到而不致越过阈值的 Δn_i 值越大。Q 开关打开后腔的损耗越小，则阈值 Δn_t 越小。因此，为了提高 $\Delta n_i/\Delta n_t$，希望 δ_H/δ 值大。

（2）泵浦功率越高，则 $\Delta n_i/\Delta n_t$ 越大。

（3）在相同的泵源功率下，激光上能级寿命越长，则 $\Delta n_i/\Delta n_t$ 越大。一般气体激光器的激光上能级寿命较短，如 He-Ne 激光器的 632.8 nm 激光上能级的寿命仅 20 ns，不适于作调 Q 器件。在气体激光器中，只有 CO_2 激光器的激光上能级寿命较长（约为 1 ms），因此可采用调 Q 技术。

2．巨脉冲的能量

在三能级系统中，单位体积介质每发射一个光子，反转集居数密度 Δn 就减少 2。巨脉冲开始时反转集居数密度为 Δn_i，熄灭时为 Δn_f，所以在巨脉冲持续过程中单位体积介质发射的光子数目为 $(\Delta n_i - \Delta n_f)/2$。设介质体积为 V，则腔内巨脉冲能量为

$$E_{in} = \frac{1}{2}h\nu_{21}(\Delta n_i - \Delta n_f)V = E_i - E_f \tag{7-30}$$

式中，$E_i = h\nu_{21}V\Delta n_i/2$ 是储存在介质中可以转变为激光的初始能量，称为"储能"；$E_f = h\nu_{21}V\Delta n_f/2$ 是巨脉冲熄灭以后介质中剩余的能量，它将通过自发辐射逐渐消耗掉。输出巨脉冲能量为

$$E = \frac{T}{T+a}(E_i - E_f) = \frac{T}{T+a}\mu E_i \tag{7-31}$$

能量利用率 μ 描述储能被利用的程度

$$\mu = \frac{E_{in}}{E_i} = 1 - \frac{\Delta n_f}{\Delta n_i} \tag{7-32}$$

式（7-31）及式（7-32）表明，储能越大，则巨脉冲能量越大；$\Delta n_f/\Delta n_i$ 越小，则 μ 越高。

下面分析 $\Delta n_f/\Delta n_i$ 取决于哪些因素。

在巨脉冲衰减阶段，当光子数密度 N 衰减至初始值 N_i 时，巨脉冲熄灭，此时介质中剩余的反转粒子数密度为 Δn_f。于是由（7-27）式可得

$$\Delta n_i - \Delta n_f + \Delta n_t \ln\frac{\Delta n_f}{\Delta n_i} = 0$$

或

$$\frac{\Delta n_f}{\Delta n_i} = 1 + \frac{\Delta n_t}{\Delta n_i}\ln\frac{\Delta n_f}{\Delta n_i} \tag{7-33}$$

图 7-30（a）是 $\Delta n_f/\Delta n_i$ 随 $\Delta n_i/\Delta n_t$ 变化的计算曲线，图 7-30（b）是 μ 和 $\Delta n_i/\Delta n_t$ 的关系曲线。由图可见，$\Delta n_i/\Delta n_t$ 增大，则 $\Delta n_f/\Delta n_i$ 减小，而能量利用率 μ 却随之增大。当 $\Delta n_i/\Delta n_t>2.5$ 时，$\mu>90\%$，说明一个脉冲取出了大于 90% 的能量。

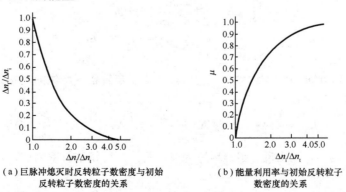

（a）巨脉冲熄灭时反转粒子数密度与初始反转粒子数密度的关系　（b）能量利用率与初始反转粒子数密度的关系

图 7-30　剩余反转粒子数密度及能量利用率和初始反转粒子数密度的关系

3．巨脉冲的时间特性

在脉冲形成过程中，设腔内光子数密度 N 由 $N_{max}/2$ 上升至 N_{max} 所需的时间为 Δt_r，由 N_{max} 下降至

$N_{max}/2$ 所需的时间为 Δt_e，则巨脉冲宽度定义为 $\Delta t = \Delta t_r + \Delta t_e$。$Q$ 开关过程中反转粒子数密度和光子数密度随时间的变化如图 7-31 所示。

下面估算巨脉冲宽度。对式（7-25）积分，得

$$t = -\frac{1}{2}\tau_R \int_{\Delta n_i}^{\Delta n} \frac{\Delta n_t}{N\Delta n} d\Delta n \tag{7-34}$$

将式（7-27）代入式（7-34），得

$$t = -\frac{1}{2}\tau_R \int_{\Delta n_i}^{\Delta n} \frac{d\Delta n}{\Delta n\left[\dfrac{N_i}{\Delta n_t} + \dfrac{1}{2}\left(\dfrac{\Delta n_i}{\Delta n_t} - \dfrac{\Delta n}{\Delta n_t} + \ln\dfrac{\Delta n}{\Delta n_i}\right)\right]} \tag{7-35}$$

式（7-35）表示 Δn 和 t 的函数关系。由于 N 和 Δn 存在着由式（7-27）表示的函数关系，所以式（7-35）也间接表示了 N 和 t 的函数关系，可以由它求出脉冲宽度 Δt。

设 $N = N_{max}/2$ 时，反转粒子数密度为 Δn_r 和 Δn_e（见图 7-31），它们的值可由式（7-27）求出。再利用式（7-35），并考虑到 $N_i \ll N_{max}$，则可求出 Δt_r 和 Δt_e 为

$$\begin{cases} \Delta t_r = -\tau_R \displaystyle\int_{\Delta n_r}^{\Delta n_t} \frac{d\Delta n}{\Delta n\left(\dfrac{\Delta n_i}{\Delta n_t} - \dfrac{\Delta n}{\Delta n_t} + \ln\dfrac{\Delta n}{\Delta n_i}\right)} \\[6mm] \Delta t_e = -\tau_R \displaystyle\int_{\Delta n_t}^{\Delta n_e} \frac{d\Delta n}{\Delta n\left(\dfrac{\Delta n_i}{\Delta n_t} - \dfrac{\Delta n}{\Delta n_t} + \ln\dfrac{\Delta n}{\Delta n_i}\right)} \end{cases} \tag{7-36}$$

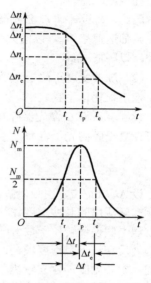

图 7-31 Q 开关过程中反转粒子数密度和光子数密度随时间的变化

从式（7-36）不能得出 Δt_r 和 Δt_e 的解析表达式，但根据已给的初始值 $\Delta n_i/\Delta n_t$，可以求得 Δt_r 和 Δt_e 的数值解。用数值法求出的一些激光巨脉冲波形和脉宽的计算结果，如图 7-32 所示。

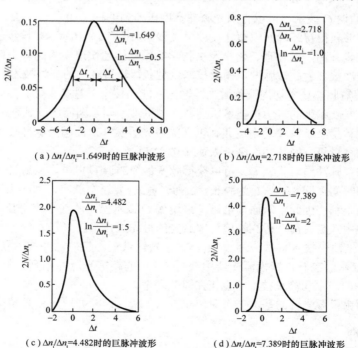

（a）$\Delta n_i/\Delta n_t = 1.649$时的巨脉冲波形　　　　（b）$\Delta n_i/\Delta n_t = 2.718$时的巨脉冲波形

（c）$\Delta n_i/\Delta n_t = 4.482$时的巨脉冲波形　　　　（d）$\Delta n_i/\Delta n_t = 7.389$时的巨脉冲波形

图 7-32 激光巨脉冲波形与 $\Delta n_i/\Delta n_t$ 的关系

由数值解可知：

（1）当 $\Delta n_i/\Delta n_t$ 增大时，脉冲的前沿和后沿同时变窄，相对地说，前沿变窄更显著。这是因为 $\Delta n_i/\Delta n_t$ 越大，腔内净增益系数越大，腔内光子数的增长及反转粒子数的衰减就越迅速，因此脉冲的建立及熄灭过程也就越短。

因此，在设计调 Q 激光器时，一般遵循增大 Δn_i 与减小 Δn_t 这两个原则。具体的做法是：尽可能提高光泵抽运速率 W_p，以增大 Δn_i；选用 Q 值阶跃变化量大的开关；选用效率高的介质和选择合适的谐振腔，以降低 Δn_t。

（2）脉冲宽度正比于光子寿命 τ_R，而 τ_R 又和腔长 L 成正比，所以为了获得窄的脉冲，腔长不宜过长，输出损耗也不宜太小。

设红宝石调 Q 激光器腔长 $L = 15\ \mathrm{cm}$，腔的等效单程反射率 $r = 0.77$，腔内单程净损耗率 $a/2 = 0.2$，则可计算出腔内光子寿命

$$\tau_R \approx \frac{15\mathrm{cm}}{c(0.2 - \ln 0.77)} \approx 1.09\mathrm{ns}$$

设 $\Delta n_i/\Delta n_t = 2$，由数值解得 $\Delta t_r/\tau_R \approx 2.016$，$\Delta t_e/\tau_R \approx 2.481$，所以 $\Delta t \approx 4.9\ \mathrm{ns}$。

实际测出的脉冲宽度往往比计算结果大得多，而峰值功率往往比计算值小。其原因首先是以上分析过程中假设反转粒子数密度是均匀的。实际上，由于光泵系统的聚光作用，介质的激励是非均匀的，中心处反转粒子数密度较大，离中心越远，反转粒子数密度越小。因此介质不同部分的脉冲建立时间不同，中心处脉冲建立较快。输出脉冲是由中心到边缘的许多脉冲的叠加，因而脉宽加大。由于脉冲能量分散在较宽的时间范围内，所以峰值功率也比理想情况低。其次，实际的调 Q 激光器损耗的变化并不是瞬时完成而需要一定的时间，Q 开关动作的快慢会影响巨脉冲宽度及峰值功率。

7.4　超短脉冲技术

7.3 节所介绍的调 Q 技术，可以将激光脉冲宽度压缩到纳秒（$10^{-9}\ \mathrm{s}$）量级。科学的发展，使得很多应用技术要求能够获得持续时间更短（皮秒至飞秒）（$10^{-12}\ \mathrm{s} \sim 10^{-15}\ \mathrm{s}$）量级的光脉冲。例如激光热核反应，激光同位素分离，对物理、化学及生物学等领域的超快速现象的瞬态研究等。脉冲宽度在纳秒以下量级的光脉冲被称为超短脉冲，锁模技术就是获得超短脉冲的一种技术。

调 Q 技术与超短脉冲技术均为改善激光器输出性能的技术，是应人类对高峰值功率、窄脉宽激光脉冲的应用需求而发展起来的。两种技术压缩脉宽的机理不同，因而压缩脉宽的程度也不同。调 Q 技术可获得脉宽为纳秒量级、峰值功率达兆瓦以上的激光巨脉冲，而超短脉冲技术则可将激光脉宽进一步压缩至皮秒或飞秒量级，峰值功率高于太瓦（$10^{12}\ \mathrm{W}$）。

采用腔倒空法（脉冲透射式调 Q）可以获得脉宽最窄的调 Q 脉冲，其脉冲宽度近似等于光在腔内往返一次所需要的时间，即 $2L/c$（L 为腔长，c 为光速）。要压窄脉宽，则必须缩短腔长，而腔长又受到器件输出功率的限制。因此，从原理上讲，采用调 Q 技术已无法获得超短脉冲。锁模技术使激光能量在时间上高度集中，是目前获得高峰值功率激光的最先进技术。

从 1964 年激光锁模技术首次应用于 He-Ne 激光器以来，超短脉冲技术获得了快速发展，20 世纪 90 年代，已在掺钛蓝宝石自锁模激光器中获得 8.5 fs 的超短光脉冲序列。波长更短的阿秒（$10^{-18}\ \mathrm{s}$，记为 as）激光脉冲的产生和测量技术，也正在研究之中。

本节主要介绍锁模激光器的基本工作原理和方法。最后简要介绍阿秒激光技术的进展。

7.4.1　锁模原理

锁模分为纵模锁定、横模锁定和纵横模同时锁定。三种锁模方式中以纵模锁定最具有应用价值，

本节中所介绍的锁模均指纵模锁定。

1. 未锁模多纵模激光器的输出特性

为了更好地理解锁模的原理，我们先讨论未经锁模的多纵模自由运转激光器的输出特性。

对于自由振荡激光器，如果不加选模措施，不论其谱线加宽类型如何，一般都是多纵模输出（非均匀加宽激光器是多纵模振荡，均匀加宽激光器由于空间烧孔效应使其输出也具有多个纵模）。每个纵模输出的电场分量可用下式表示：

$$E_q(z,t) = E_q e^{i\left[\omega_q\left(t-\frac{z}{v}\right)+\varphi_q\right]} \tag{7-37}$$

式中，E_q、ω_q、φ_q 为第 q 个模式的振幅、角频率及初相位。不同的振荡模都是由不同的自发辐射光子经过介质的受激放大而形成。因此，各个模式的振幅 E_q、初相位 φ_q 一般都没有确定的关系，它们之间互不相干。因而多纵模输出的光强是各纵模的非相干叠加，输出光强随时间无规则起伏，是一种时间平均的统计值。

设激光器有 $2N+1$ 个纵模振荡，则其输出的光波电场为 $2N+1$ 个纵模的电场之和，有

$$E(t) = \sum_{q=-N}^{N} E_q \cos(\omega_q + \varphi_q) \tag{7-38}$$

式中，ω_q 为第 q 个纵模的角频率；φ_q 为第 q 个纵模的初相位；E_q 为第 q 个纵模的振幅。

多纵模自由振荡激光器的输出具有以下特点：

① 各纵模的初相位 φ_q 彼此无确定关系，它们是完全独立、随机的。这一特点可以表示为：$\varphi_{q+1} - \varphi_q \ne$ 常数，φ_q 在 $-\pi \sim \pi$ 之间随机分布。

② 由于激光器中存在频率牵引和推斥作用，各相邻纵模之间的频率间隔不是严格相等的，即 $\Delta\nu_q$ 并不严格等于 $c/2\eta L$。

③ 由于各纵模的非相干叠加，输出光强呈现出随机的无规则起伏，平均光强 I 是各个纵模光强之和。若各纵模的振幅相等，都为 E_0，则 $I \propto (2N+1)E_0^2$。

2. 锁模的基本原理

如果采取一定的措施，使各振荡模式的频率间隔保持一定，并具有确定的相位关系，则激光器将输出脉宽极窄、峰值功率很高的超短脉冲。这种激光器称为锁模激光器。锁模包含两方面的内容：各振荡纵模频率相位锁定，即 $\varphi_{q+1} - \varphi_q =$ 常数；各振荡纵模频率间隔相等并固定为 $\Delta\nu_q = c/2\eta L$。由于是将各纵模的初相位锁定，故锁模也可以叫作锁相。

下面分析激光输出与相位锁定的关系。为运算方便，设各振荡纵模均具有相等的振幅 E_0，超过阈值的纵模共有 $2N+1$ 个。位于增益曲线中心的纵模角频率为 ω_0，初相位 $\varphi_0 = 0$，其纵模序数 $q=0$，各相邻纵模间的初相位差保持一定（相位锁定），即

$$\varphi_q - \varphi_{q-1} = \beta \quad \varphi_q = \varphi_0 + q\beta$$

相邻纵模角频率之差为

$$\Omega = \frac{\pi c}{L'} \quad \omega_q = \omega_0 + q\Omega$$

则在 $z=0$ 处，第 q 个纵模的光波电场为

$$E_q(t) = E_q e^{i[(\omega_0+q\Omega)t+\varphi_0+q\beta]} \tag{7-39}$$

激光输出是 $2N+1$ 个纵模相干的结果，总光波电场为

$$E_q(t) = \sum_{q=-N}^{N} E_q e^{i[(\omega_0+q\Omega)t+\varphi_0+q\beta]} = E_0 e^{i(\omega_0 t+\varphi_0)} \sum_{q=-N}^{N} e^{i(q\Omega t+q\beta)} = E_0 e^{i(\omega_0 t+\varphi_0)} \sum_{q=-N}^{N} e^{iq(\Omega t+\beta)} \tag{7-40}$$

利用三角函数求和公式，可得

$$E(t) = A(t)e^{i(\omega_0 t + \varphi_0)} \tag{7-41}$$

式中，振幅

$$A(t) = E_0 \frac{\sin[\frac{1}{2}(2N+1)(\Omega t + \beta)]}{\sin[\frac{1}{2}(\Omega t + \beta)]} \tag{7-42}$$

式（7-42）表明（2N+1）个模式的合成电场的频率为 ω_0，振幅 $A(t)$ 随时间而变化。输出光强

$$I(t) \propto A^2(t) = \frac{E_0^2 \sin^2[\frac{1}{2}(2N+1)(\Omega t + \beta)]}{\sin^2[\frac{1}{2}(\Omega t + \beta)]} \tag{7-43}$$

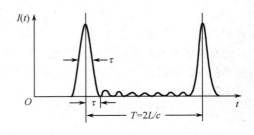

图 7-33 所示的锁模脉冲为 $(2N+1) = 7$ 时，$I(t)$ 随时间变化的示意图。

分析式（7-43），可以得出关于锁模的几点结论：

（1）峰值功率

当 $(\Omega t + \beta) = 2m\pi$ 时（$m = 0,1,2,\cdots$），光强最大。最大光强（脉冲峰值光强）I_{m} 为

图 7-33　锁模脉冲

$$I_{\mathrm{m}} \propto \lim_{(\Omega t + \beta) \to 2m\pi} E_0^2 \frac{\sin^2[\frac{1}{2}(2N+1)(\Omega t + \beta)]}{\sin^2[\frac{1}{2}(\Omega t + \beta)]} = (2N+1)^2 E_0^2 \tag{7-44}$$

即锁模后，$2N+1$ 个模式相干叠加结果的光强峰值功率与 $(2N+1)^2$ 成正比。而如果各模式相位未被锁定，输出光强与 $2N+1$ 成正比。可见锁模后的脉冲峰值功率比未锁模时提高了 $2N+1$ 倍。腔长越长，荧光线宽越大，则腔内振荡的纵模数目越多，锁模脉冲的峰值功率就越大。在一般固体激光器中，振荡纵模数目很多（可达 $10^3 \sim 10^4$），所以锁模脉冲的峰值功率可以很高。

（2）周期

若相邻脉冲峰值间的时间间隔为 T_0，由式（7-43），可求出

$$T_0 = \frac{2\pi}{\Omega} = \frac{2L'}{c} \tag{7-45}$$

可见锁模脉冲的周期 T_0 等于光在腔内来回一次所需的时间。因此，我们可以把锁模激光器的工作过程形象地看作有一个脉冲在腔内往返运动，每当此脉冲行进到输出反射镜时，便有一个锁模脉冲输出。

（3）脉宽

锁模脉冲宽度 τ 可近似认为是脉冲峰值与第一个光强为零的谷值间的时间间隔。由式（7-43），可得

$$\tau = \frac{2\pi}{(2N+1)\Omega} = \frac{1}{2N+1} \cdot \frac{2L'}{C} = \frac{1}{2N+1} \cdot \frac{1}{\Delta\nu_q} \approx \frac{1}{\Delta\nu} \tag{7-46}$$

式中，$\Delta\nu$ 为器件激光跃迁的荧光线宽，即激活介质的未饱和增益线宽。

式（7-46）表明，锁模脉冲的宽度小于调 Q 方式所能获得的最小脉宽 $\frac{1}{\Delta\nu_q}$，锁模的脉宽仅为最小调 Q 脉宽的 $\frac{1}{2N+1}$。式（7-46）还表明，锁模脉冲的脉宽近似等于器件振荡线宽的倒数，可见荧光线宽越宽，越有可能获得窄的锁模脉冲。气体激光器谱线宽度较小，其锁模脉冲宽度约为纳秒 10^{-9} s 量

级。固体激光器谱线宽度较大，在适当的条件下可得到脉冲宽度为皮秒 10^{-12} s 量级的脉冲。特别是钕玻璃激光器的振荡谱宽达 25～35 nm，其锁模脉冲宽度可达 10^{-13} s。表 7-1 列出几种典型锁模激光器的脉冲宽度。

表 7-1　典型锁模激光器的脉冲宽度

激光器类型	荧光线宽/s⁻¹	荧光线宽的倒数/s	脉冲宽度（测量值）/s
氦氖	1.5×10^{9}	6.66×10^{-10}	$\approx 6 \times 10^{-10}$
Nd：YAG	1.95×10^{11}	5.2×10^{-12}	7.6×10^{-11}
红宝石	3.3×10^{11}	3×10^{-12}	1.2×10^{-11}
钕玻璃	7.5×10^{12}	1.33×10^{-13}	4×10^{-13}
若丹明 6G	$5 \times 10^{12} \sim 3 \times 10^{13}$	$2 \times 10^{-13} \sim 3 \times 10^{-14}$	3×10^{-14}
Ar	10^{10}	10^{-10}	1.3×10^{-10}
GaAlAs	10^{13}	10^{-13}	$(0.5 \sim 30) \times 10^{-12}$
InGaAsP	$10^{12} \sim 10^{13}$	$10^{-12} \sim 10^{-13}$	$(4 \sim 50) \times 10^{-12}$

（4）次脉冲

除主脉冲外，在一个周期内，$A(t)$ 还有 $2N-1$ 个次极大值，即锁模脉冲还有 $2N-1$ 个次脉冲。由于在锁模激光器中被锁定的纵模数量很大，所以次脉冲的值通常忽略不计。

7.4.2　锁模方法

为了得到锁模超短脉冲，须采取措施强制各纵模初相位保持确定关系，并使相邻纵模频率间隔相等。随着超短光脉冲技术的迅速发展，目前实现锁模的方法已有多种，按其工作原理可分为主动锁模、被动锁模、同步泵浦锁模、自锁模等。

1. 主动锁模

在自由振荡的激光器谐振腔内插入一个调制器，用一定的调制频率周期性地改变谐振腔内振荡模的振幅或相位，就可以实现激光器的纵模锁定。由于调制器的调制特性可以人为地主动控制，因此称这类锁模方式为主动锁模。根据被调制的参量是振幅或相位，主动锁模又分为振幅调制（或损耗调制）锁模和相位调制（或频率调制）锁模。

（1）振幅调制锁模（AM）

图 7-34 所示为振幅调制锁模激光器示意图，在谐振腔中插入一个电光或声光调制器，调制周期为 $T_{\mathrm{m}} = 2L'/c$（调制频率为 $f_{\mathrm{m}} = c/2L'$，等于相邻两纵模之间的频率间隔）。

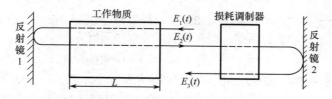

图 7-34　振幅调制锁模激光器示意图

振幅调制锁模的工作原理，可以从时域和频域两方面加以分析。

① 从时域角度分析

因为调制频率 $f_{\mathrm{m}} = c/2L'$，所以调制的周期 $T_{\mathrm{m}} = 2L'/c$ 正好是光脉冲在腔内往返一周所需要的时间。在此调制频率的作用下，腔内的损耗发生周期为 $2L'/c$ 的变化，由于腔损耗的变化，每个振荡模的振幅也受到调制而发生周期为 $2L'/c$ 的周期变化。因此，腔内振荡的激光束通过调制器时总是处在相同的调制周期部分，即某一时刻通过调制器的振荡光束在腔内往返一周再通过调制器时将受到相同的损耗。

设在某一时刻 t 通过调制器的光信号受到的损耗为 $\alpha(t)$，则在脉冲往返一周后的 $\left(t+\dfrac{2L'}{c}\right)$ 时刻，这个光信号将会受到同样的损耗，$\alpha\left(t+\dfrac{2L'}{c}\right)=\alpha(t)$。如果 $\alpha(t)\neq0$，则这部分信号在谐振腔内每往返一次就受到一次损耗，当损耗大于腔内的增益时，这部分光波最后就会消失。而在损耗 $\alpha(t)=0$ 时刻通过调制器的光，每次都能无损耗地通过，并且该光波在腔内往返通过介质时，会不断得到放大，使振幅越来越大。如果腔内的损耗及增益控制的适当，那么将形成脉宽很窄、周期为 $2L'/c$ 的脉冲序列输出。

由以上分析可知，该调制器可等效为一个"光闸"，每隔 T 时间就打开一次，结果激光器将输出周期正好等于调制周期 T 的锁模脉冲序列。时域内振幅调制锁模的原理图如图 7-35 所示。

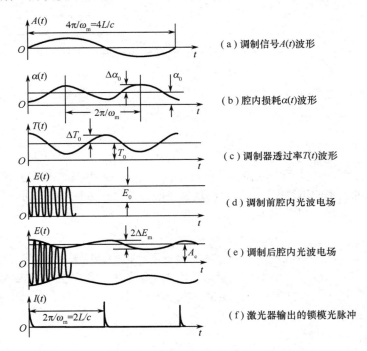

图 7-35　时域内振幅调制锁模的原理图

② 从频域角度分析

还可以从频域的角度来进一步理解振幅调制锁模的原理。以最简单的余弦调制为例，如果激光器中增益曲线中心频率 ν_0 处的模首先振荡，则其调制后的电场强度为

$$E_0(t)=(E_0+E_m\cos\Omega t)\cos(\omega_0 t+\varphi_0)$$

令 $E_m/E_0=M_a$，称为调幅系数，它的大小决定于调制信号的大小。$E_0(t)$ 可改写为

$$E_0(t)=E_0(1+M_a\cos\Omega t)\cos(\omega_0 t+\varphi_0)$$

将上式展开，可得

$$E_0(t)=E_0\cos(\omega_0 t+\varphi_0)+\frac{M_a}{2}E_0\cos[(\omega_0+\Omega)t+\varphi_0]+\frac{M_a}{2}E_0\cos[(\omega_0-\Omega)t+\varphi_0] \tag{7-47}$$

可见，经过调制，使得中心纵模不仅含有原来的频率 ν_0，还含有两个边频 $\nu_0\pm c/2L'$，这两个边频与中心频率具有相同的初相位，调制后的纵模其频谱如图 7-36 所示。

由于调制频率恰好等于相邻纵模频率间隔，所以 $\nu_0\pm c/2L'$ 正好等于与 ν_0 的纵模相邻的两个纵模频率。这就是说，在激光器中，一旦形成某个频率 ν_0 的振荡，将同时激起两个相邻纵模的振荡。而这两个相邻模受振幅调制的结果，又将产生新的边频，因而激起频率 $\nu_0 \pm c/L'$ 模式的振荡……直到将增益曲线内所有可能的纵模都激发起来。由于这些纵模具有相同的初相位，且其频率是等间隔的，从而达到了锁模的目的，使激光器输出强而窄的光脉冲序列。

振幅调制锁模是一种实现稳定锁模的主要方法。

（2）相位调制锁模（FM）

相位调制锁模通过在谐振腔内插入一个电光调制器来实现。

相位调制的原理是：利用晶体的电光效应，当调制器介质折射率按外加调制信号而周期性改变时，光波在不同的时刻通过介质，便有不同的相位延迟。由相位延迟对时间的微分，即可得到频率的变化量。

设光振幅不变，相位以角频率 Ω 变化，则相位调制函数的形式是

$$\delta(t) = \delta_\varphi \cos\Omega t \tag{7-48}$$

式中，δ_φ 代表相位调制的幅度。纵模电场经调制器后变为

$$E_0(t) = E_0\cos(\omega_0 t + \varphi_0 + \delta_\varphi\cos\Omega t) \tag{7-49}$$

其振荡角频率变为

$$\omega(t) = \omega_0 - \delta_\varphi\sin\Omega t \tag{7-50}$$

式（7-50）表明，除了在相位调制函数极值时通过调制器的那部分光信号不产生频移外，其他时刻通过调制器的光信号均经受不同程度的频移。如果调制相位的周期与光在腔内运行的周期一致，所以经受频移的那些光信号每经过调制器一次都要再次经受频移，最后移到增益曲线之外，这部分光波就从腔内消失。只有那些与相位变化的极值点（极大或极小）相对应的时刻通过调制器的光信号，其频率不发生移动，才能在腔内保存下来，从而形成周期为 $2L'/c$ 的脉冲序列。图 7-37 为上述过程相位调制锁模原理的示意图，它给出了晶体折射率的变化 $\Delta\eta(t)$，光波相位延迟 $\delta(t)$ 及频率变化的情况。

由图 7-37 可见，对应于调制信号的两个极值（每个周期内存在两个相位极值，极大或极小），有两个完全无关的超短脉冲序列，在图中分别以实线和虚线表示。这两列脉冲出现的概率相同。激光器通常工作在一个系列上，但器件的微小扰动会使锁模激光器输出从一个系列跃变到另一个系列。为了避免这种跃变，可将原有调制信号及其倍频信号同时施于电光调制晶体，造成相位调制函数的不对称性，从而使一列脉冲优先运行。

相位调制的光波和振幅调制光波类似，也存在一系列边带，相位调制时诸纵模锁定的物理机制与幅度调制时相似。

2. 被动锁模

在自由振荡激光器谐振腔中插入可饱和吸收染料，通过其非线性吸收特性调节腔内的损耗，当满足锁模条件时，便可获得一系列的锁模脉冲。与主动锁模相比，被动锁模脉冲的脉宽更窄。

染料的可饱和吸收系数随光强的增加而下降，图 7-38 所示为可饱和吸收染料的吸收特性，激光通过染料的透过率 T 随激光强度 I 的变化情况，强信号的透过率大于弱信号。图中 I_s 为染料的饱和光强。强弱信号大致以染料的饱和光强 I_s 来划分。大于 I_s 的光信号为强信号，否则为弱信号。

锁模前，假设腔内光子的分布基本上是均匀的，但是在自发辐射基础上发展起来的光信号不可避免地存在强度起伏。由于染料具有可饱和吸收的特性，弱的信号透过率小，受到的损耗大，而强的信号则透过率大，损耗小。所以光脉冲每经过染料和介质一次，其强弱信号的强度相对值就改变一次，在腔内多次循环后，极大值与极小值之差会越来越大。其结果是强光脉冲形成稳定振荡，而弱光信号衰减殆尽。同时，由于脉冲的前沿不断被削陡，而尖峰部分能有效通过，使脉冲变窄。由于通常染料的饱和吸收频率与介质的增益谱线中心频率一致，因此经过可饱和吸收染料的选择作用，最后只剩下高增益的中心频率 ν_0 及其边频，随后经过几次染料的吸收和介质的放大，边频信号又激发新的边频，

如此继续下去，使得增益线宽内所有的模式参与振荡，于是便得到一系列周期为 $2L'/c$ 的脉冲序列输出。多次通过染料时光强度起伏的变化及相应的频谱如图 7-39 所示。

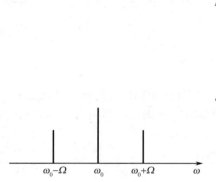

图 7-36 调幅后的纵模频谱

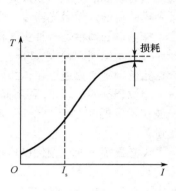

图 7-37 相位调制锁模原理示意图　　图 7-38 可饱和吸收染料的吸收特性

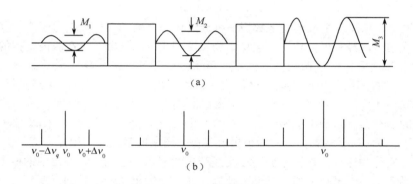

图 7-39 多次通过染料时光强度起伏的变化及相应的频谱

由以上分析可知，被动锁模过程自发完成，无须外加调制信号，这种锁模方法虽然简单，但却很不稳定，锁模发生率仅为 60%～70%。

3. 同步泵浦锁模

同步泵浦锁模是通过调制谐振腔内的增益来实现的。用一台锁模激光器输出的锁模脉冲序列作为种子脉冲，去泵浦另一台激光器并实现锁模，叫作同步泵浦锁模。要求被泵浦激光器与泵浦激光器二者之间谐振腔长度相等或是其整数倍。同步泵浦锁模获得的锁模脉冲宽度比泵浦脉冲窄。

染料激光器增益线宽很宽，用一台锁模激光器的脉冲序列泵浦染料激光器，能够获得在很宽的光谱范围内连续可调谐的锁模脉冲，因而具有很强的实用意义。

下面以一台声光调制的主动锁模 Ar^+ 激光器泵浦若丹明 6G 染料激光器为例，分析同步泵浦锁模的工作原理。

泵浦脉冲宽度 τ_p 为 100～200 ps，染料激光器上能级的弛豫时间为纳秒量级（若丹明 6G 为 5 ns），光在谐振腔中往返一周所需时间为 $2L'/c$。锁模脉冲的形成经历两个阶段：增益阶段和脉冲压缩阶段。

增益阶段：染料介质在泵浦瞬间产生受激辐射，激光脉冲能量迅速上升。因泵浦光脉冲的周期与光波在染料激光器中传播一周的时间相等，故染料激光器谐振腔内的初始脉冲只有与泵浦脉冲同时到达染料盒才能被放大。因此，前一个泵浦光脉冲所产生的染料激光脉冲，在腔内往返一周到达染料盒时，染料恰好被泵浦处于粒子数反转状态。由于染料的受激辐射截面很大，入射激光脉冲的能量被放大。多次循环以后，激光脉冲具有比较大的能量。

脉冲压缩阶段：当脉冲比较强时，每通过介质一次，由于饱和效应，只有脉冲前沿和峰值部分得到放大，后沿得不到放大而被抑制。多次循环后，压缩了脉宽，最后形成一个稳定的锁模脉冲序列。同步泵浦染料激光器的工作特性如图7-40所示。

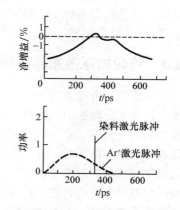

图7-40 同步泵浦染料激光器的工作特性

4. 自锁模

利用增益介质自身的非线性效应实现锁模，称为自锁模。1991年，在掺钛蓝宝石连续激光器中首次获得自锁模脉冲。

关于掺钛蓝宝石激光器自锁模的原理，目前大多数理论认为：掺钛蓝宝石激光器的自锁模现象与其增益介质的克尔效应所引起的光束自聚焦有关。这种自锁模属于被动锁模。

从时域角度分析，在带有被动性质的锁模激光器中，腔内存在具有下列性质的元件：能够从噪声中选择出强度比较大的脉冲，并利用锁模器件自身的非线性效应使脉冲前后沿的增益小于 1，而脉冲中间部分的增益大于 1。脉冲在腔内往返传播的过程，即是被整形放大的过程，直至脉宽被压窄，实现稳定锁模。

掺钛蓝宝石晶体折射率的非线性效应表示为

$$\eta = \eta_0 + \eta_2 I(t) \tag{7-51}$$

式中，η_0 为与光强无关的折射率；η_2 为非线性折射率；$I(t)$ 为脉冲光强。

因为光强呈现高斯分布，故其通过介质时，将产生自聚焦效应。这种自聚焦效应在长度为 ΔL 的介质上产生的焦距为

$$F_m = \frac{\alpha \omega_m^2}{4 \Delta \eta_m \Delta L} \tag{7-52}$$

式中，ω_m 为入射到该介质上的光斑半径；α 为一常量（其值约为 5.6～6.7）；$\Delta \eta_m$ 为入射光轴线上折射率的变化，有

$$\Delta \eta_m = \eta_2 \times I_m(t) \tag{7-53}$$

式中，$I_m(t)$ 为入射到介质上光束近轴之光强。

因脉冲中间部分的光强大于前后沿的光强，由式（7-52）和式（7-53）可知，脉冲中间部分对应的类透镜焦距 F_m 小于脉冲前后沿所对应的焦距。当脉冲通过自聚焦介质后，脉冲在时间上的光强变化将在空间上反映出来。掺钛蓝宝石自锁模激光器中有两个束腰，一个位于掺钛蓝宝石介质内，一个位于腔平面反射镜上或其附近。这样，如在束腰附近加一光阑，则可以使光脉冲前后沿的损耗大于脉冲中间部分的损耗。掺钛蓝宝石自锁模激光器中因自聚焦效应和腔内光阑的存在，受到一个与光强有关的损耗调制，即

$$\alpha = \alpha_0 - \beta I(t) \tag{7-54}$$

因增益的作用，当脉冲在腔内振荡时，强度大的脉冲不断增强，且其前后沿不断被损耗，脉宽被压缩，而强度小的脉冲受到抑制。对于一个光脉冲而言，介质的自聚焦效应与腔内光阑的结合相当于一个快饱和吸收体，对光脉冲的前后沿具有压缩作用。光阑可以外加，也可以直接利用掺钛蓝宝石棒内呈高斯分布的空间增益区所构成的增益光阑（也叫作软光阑）。

掺钛蓝宝石飞秒激光器存在的一个问题是色散补偿，因为其中的短脉冲有不同的频率成分，有色

散效应，该色散作用会使脉冲加宽。为解决这一问题，必须用一系列光学元件消除这种色散，实现色散补偿。

7.4.3　均匀加宽激光器主动锁模自洽理论

前面曾在腔内有（$2N+1$）个相位锁定的等幅模振荡时，得出锁模超短脉冲的形状和脉冲宽度。但这种分析是十分粗糙的，例如实际激光器的各模式振幅并不相等，而是和增益曲线的形状有关，振荡各模式的相位也不一定全部锁定。由于目前常用的锁模激光器大多是固体锁模激光器、半导体锁模激光器和染料锁模激光器，它们的荧光谱线均属均匀加宽，因此下面以幅度调制锁模为例介绍一种适用于均匀加宽情况的理论分析方法。对相位调制锁模，分析方法完全类似。这一分析方法的要点是：假设有一短脉冲在腔内传播，经过激光介质、损耗调制器及反射镜反射往返一次后应正好等于其自身。由此自洽条件出发，可求出超短脉冲的解析表达式。

根据对许多主动锁模激光器输出脉冲波形的测量，可假设光脉冲是高斯型。图 7-34 中某一参考平面上行波超短光脉冲电场强度可表示为

$$E_1(t) = A\mathrm{e}^{-bt^2}\mathrm{e}^{\mathrm{i}\omega_0 t} \tag{7-55}$$

式中

$$b = \alpha - \mathrm{i}\beta \tag{7-56}$$

α 与 β 为待定常数。由式（7-55）的傅里叶变换可得出脉冲的频谱分布

$$E_1(\omega) = \frac{1}{2\pi}\int_{-\infty}^{\infty} E_1(t)\mathrm{e}^{\mathrm{i}\omega t}\mathrm{d}t = \frac{A}{2}\sqrt{\frac{1}{\pi b}}\mathrm{e}^{-\frac{(\omega-\omega_0)^2}{4b}} \tag{7-57}$$

当脉冲两次经过长度为 l 的增益物质并从反射镜 1 反射后（反射率 r_1），由 $E_1(t)$ 变为 $E_2(t)$，$E_1(\omega)$ 变为 $E_2(\omega)$。在小信号情况下

$$E_2(\omega) = \sqrt{r_1}E_1(\omega)\exp[G_H^0(\omega)l] = \sqrt{r_1}E_1(\omega)\exp\left[G_H^0(\omega_0)l\frac{\left(\frac{\Delta\omega_H}{2}\right)^2}{(\omega-\omega_0)^2+\left(\frac{\Delta\omega_H}{2}\right)^2}\right] \tag{7-58}$$

式中，$\Delta\omega_H = 2\pi\,\Delta\nu_H$。一般情况下脉冲的谱宽小于 $\Delta\omega_H$，因此 $(\omega-\omega_0)/(\Delta\omega_H/2) < 1$，则式（7-58）可近似为

$$E_2(\omega) \approx \sqrt{r_1}E_1(\omega)\exp\left\{G_H^0(\omega_0)l\left[1-\frac{(\omega-\omega_0)^2}{\left(\frac{\Delta\omega_H}{2}\right)^2}\right]\right\}$$

$$= \frac{A\sqrt{r_1}}{2}\sqrt{\frac{1}{\pi b}}\exp(G_m l)\exp\left\{-(\omega-\omega_0)^2\left[\frac{1}{4b}+\frac{G_m l}{\left(\frac{\Delta\omega_H}{2}\right)^2}\right]\right\}$$

$$= \frac{A\sqrt{r_1}}{2}\sqrt{\frac{1}{\pi b}}\exp(G_m l)\exp[-(\omega-\omega_0)^2 Q] \tag{7-59}$$

式中

$$G_m = G_H^0(\omega_0), \quad Q = \frac{1}{4b}+\frac{G_m l}{\left(\frac{\Delta\omega_H}{2}\right)^2}$$

由式（7-59）的傅里叶变换可得

$$E_2(t) = \int_{-\infty}^{\infty} E_1(\omega) e^{i\omega t} d\omega = \frac{A\sqrt{r_1}}{2} \sqrt{\frac{1}{Qb}} e^{G_m l} e^{-\frac{t^2}{4Q}} e^{i\omega_0 t} \tag{7-60}$$

损耗调制器为一电光晶体，其上加一调制电压 $V_m \sin \frac{\Omega}{2} t$，并且 $\Omega = \pi c/L'$，因此损耗调制器的透射率作角频率为 Ω 的周期变换，透射率峰值的时间间隔为 $2L'/c$，正好等于脉冲在腔内往返一次所需的时间。光脉冲通过损耗调制器的透射率 $T(t)$ 为

$$T(t) = \cos^2\left(\frac{\pi}{2}\frac{V_m}{V_\pi}\sin\frac{\Omega}{2}t\right) = \cos^2\left(\sqrt{2}\delta_1 \sin\frac{\Omega}{2}t\right) \tag{7-61}$$

式中，V_π 为电光晶体的半波电压；$\delta_1 = \pi V_m / 2\sqrt{2} V_\pi$。由于脉冲总是在透射率峰值附近的时刻通过调制器，此时 $\sin \Omega t/2 \approx \Omega t/2 \ll 1$，所以

$$T(t) \approx \cos^2\left(\frac{1}{\sqrt{2}}\delta_1 \Omega t\right) \approx 1 - \frac{1}{2}(\delta_1 \Omega t)^2 \approx e^{-\frac{1}{2}(\delta_1 \Omega t)^2} \tag{7-62}$$

脉冲经反射镜 2 反射并两次通过损耗调制器后，$E_2(t)$ 变成 $E_3(t)$，即

$$E_3(t) = \sqrt{r_2} T(t) E_2(t) = \frac{A\sqrt{r_1 r_2}}{2} \sqrt{\frac{1}{Qb}} e^{G_m l} e^{-[\frac{1}{2}(\delta_1 \Omega)^2 + \frac{1}{4Q}]t^2} e^{i\omega_0 t} \tag{7-63}$$

自洽条件要求

$$E_1(t) = E_3(t)$$

因此，由式（7-55）及式（7-63），可求出

$$b = \frac{1}{2}(\delta_1 \Omega)^2 + \frac{1}{4Q} = \frac{1}{2}(\delta_1 \Omega)^2 + \frac{b\left(\frac{\Delta\omega_H}{2}\right)^2}{\left(\frac{\Delta\omega_H}{2}\right)^2 + 4G_m lb} \tag{7-64}$$

假设

$$\frac{4G_m l}{\left(\frac{\Delta\omega_H}{2}\right)^2} b \ll 1 \tag{7-65}$$

由式（7-64）及式（7-65）可知，此条件可理解为 $\dfrac{\Delta\nu_q}{\Delta_H} \ll \dfrac{1}{2\sqrt{2G_m l}\delta_1}$，在大多数情况下此条件均可满足。

因此，式（7-64）可近似为 $b \approx \dfrac{1}{2}(\delta_1 \Omega)^2 + b\left[\dfrac{4G_m lb}{1 - \left(\dfrac{\Delta\omega_H}{2}\right)^2}\right]$

由上式可求出

$$b = \frac{\delta_1 \Omega \Delta\omega_H}{4\sqrt{2G_m l}} = \frac{\pi^2 \delta_1 \Delta\nu_q \Delta\nu_H}{\sqrt{2G_m l}} \tag{7-66}$$

式中，$\Delta\nu_q$ 为相邻模式频率间隔，$2\pi \Delta\nu_q = \Omega$。由式（7-66）可知 b 为实数，式（7-56）中

$$\alpha = b$$
$$\beta = 0$$

由式（7-55）和式（7-56）可得超短脉冲光强为

$$I(t) \propto A^2 e^{-2\alpha t^2}$$

当 $t = 0$ 时，光强最大；如果 $t = t_1$ 时，$I(t_1) = I(0)/2$，则光脉冲宽度为

$$\tau = 2t_1 = \sqrt{\frac{2\ln 2}{\alpha}} = \frac{\sqrt{2\ln 2}}{\pi} \left(\frac{2G_m l}{\delta_1^2}\right)^{1/4} \left(\frac{1}{\Delta\nu_q \Delta\nu_H}\right)^{1/2} \tag{7-67}$$

由式（7-57）可求出脉冲谱宽

$$\Delta \nu = \frac{1}{\pi}\sqrt{2\alpha \ln 2} \qquad\qquad (7\text{-}68)$$

理想的幅度调制主动锁模激光器输出脉冲的脉宽与谱宽之积为

$$\tau \Delta \nu = \frac{2}{\pi}\ln 2 \approx 0.44$$

相位调制主动锁模的理论分析过程与上述过程类似，但可求出 $\beta = \pm\alpha$。$\beta \neq 0$ 意味着光脉冲的频率随时间作线性变化，这一现象称为频率啁啾。理想的相位调制锁模激光器输出脉冲的脉宽与谱宽之积为

$$\tau \Delta \nu = \frac{2\sqrt{2}}{\pi}\ln 2 \approx 0.63$$

7.4.4 阿秒激光的产生与测量

1. 阿秒脉冲的产生

飞秒脉冲向更短的阿秒（10^{-18} s）迈进时，产生飞秒的方法不再适用。原因主要是受到光振荡周期的限制。可见光的振荡周期大约是 2 fs，由于脉冲持续时间不可能短于一个光振荡周期，所以在可见光波段不可能产生短于飞秒的光脉冲，要想实现阿秒脉冲必须在高频区（如极紫外或软 X 射线区）想办法。但是，要想利用传统的光学谐振腔来产生紫外阿秒脉冲有如下困难：一是没有极紫外区的激光介质；二是缺乏在紫外区镀宽带膜的成熟技术。

目前人们在产生阿秒脉冲的原理和方法上做了大量的探索，最有前途的方案是超短脉冲的谐波合成技术。具体的可行技术有两种：一种是利用超强超短激光脉冲与惰性气体的非线性作用产生高次谐波，或者用受激拉曼散射，从而得到阿秒脉冲。另一种是相位锁定光学参量或同步飞秒激光产生的可见光亚谐波合成技术。

图 7-41 所示为用高次谐波产生阿秒脉冲技术的 Paul Corkum 模型的示意图。Paul 认为，当超强超短激光脉冲与气体原子靶相互作用时，超强超短脉冲作为驱动光场，极大地改变了原子中电子的电离势曲线，结果使束缚电子可以穿透这个势垒发生隧道效应而使原子电离。被电离出的自由电子在随后的光场中加速或减速，并与它脱离的离子或周围的离子碰撞复合。发光的光子能量等于电离电位 W_b 与电子从激光光波场中得到的动能之和。图 7-41 中发射出的光子频率表示为 ω_{XUV}，处于极紫外或软 X 射线区。由于这种基本过程与激光频率准周期性的叠加，从而产生了谐波。而电子是在光强最大（波峰或波谷）处被精确电离，同时辐射高次谐波，所以辐射是在极短的时间内产生。理论计算出这个时间大约是 100 as。

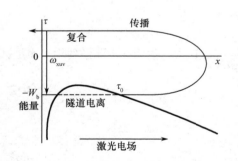

图 7-41　高次谐波产生的 Paul Corkum 模型

但是在一个光周期内有两次辐射，这样产生的光脉冲是一个阿秒串，即每个光周期有一个阿秒脉冲。这种间隔如此紧密的脉冲串在绝大多数实验中都是很难使用的，奥地利一个国际课题组解决了这个难题。

2. 阿秒脉冲的测量

早在 1993 年，当人们首次观察到超短脉冲与气体相互作用产生高次谐波时就已经知道其中蕴含着阿秒成分，但一直没有合适的办法进行测量。可以说阿秒脉冲测量带给人们的是比阿秒脉冲产生更大的挑战。

从原理上讲，阿秒脉冲的测量也可以采用测量飞秒脉宽的自相关法。这种方法是用两个相同的延

迟脉冲先后通过倍频晶体发生自相关作用，通过测量产生的二次谐波，从而获得这个脉冲的时间特性参数。二次谐波自相关法在测量原理上非常简单，但是对于阿秒测量来说，实现起来有很多障碍。最大的困难是极紫外或软 X 射线阿秒脉冲的强度都太低，无法在原子介质中产生可测量的非线性效应。1999 年，Papadogiannis 在这个基础上进行了重要的改进，他们利用驱动激光脉冲来代替其中一个要测的高次谐波脉冲。这个想法来自于产生高次谐波的电离气体也可以作为非线性介质来测量脉冲宽度。由于用驱动激光代替了一个高次谐波脉冲，相当于可见激光脉冲与高次谐波的互相关作用，和自相关测量法对应，这种方法实质上是一种互相关测量法。这种测量高次谐波脉冲宽度的方法在实验上虽然简单，但在原理上却非常复杂，因为在这个过程中，产生和测量同时发生，互相影响，所以这种测量方法的物理机制和高次谐波的产生机制密切相关。

互相关测量阿秒脉冲的基本物理思想是，当一个极紫外或软 X 射线光脉冲射入非线性气体介质时，使介质原子发生光电离，所产生的光电子在产生时刻受到比 X 射线脉冲延迟了时间 t_d 的驱动激光脉冲光场作用，其动能发生改变，改变的大小取决于此时刻激光脉冲的振荡光场的振幅、载波频率和绝对相位。理论预言，如果高次谐波光脉冲时间相对于半个驱动激光脉冲而言很短，则在平行于激光偏振方向的动量分量中将会加入一个改变量，结果导致在光电子动量的角度分布中，动量质心在平行于激光偏振方向上有上移或下移现象，互相关测量原理图如图 7-42 所示。这与光电子产生时刻激光电场的绝对相位有很大关系，这里所说的绝对相位也就是飞秒激光稳频控制中的载波－包络相位。当超短脉冲的持续时间只有几个光周期时，载波－包络相位对高次谐波的产生影响很大。图 7-43 表示载波－包络相位分别为 0 和 π/2 时所获得的高次谐波的时间特性曲线。可以明显看出，两个曲线的强度和脉宽都有很大差别。由于互相关的测量实际上也要用到驱动激光脉冲，所以载波－包络相位对于测量来说也有很大影响，如何通过控制它来产生高质量的阿秒脉冲已是当前国际上的一个研究热点。

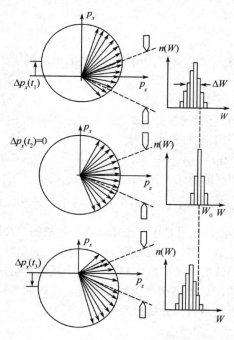

图 7-42　互相关测量原理图

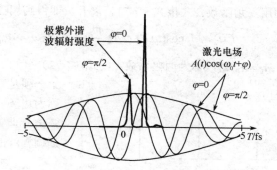

图 7-43　载波－包络相位分别为 0 和 π/2 时产生的高次谐波时间特性曲线

7.5 激光调制技术

激光是一种光频电磁波，具有良好的相干性，与无线电波相似，可以用来作为传递信息的载波。由于激光具有很高的频率（$10^{13} \sim 10^{15}$ Hz），可供利用的频带很宽，故传递信息的容量很大。要用激光作为信息的载体，就必须解决如何将信息加载到激光上去的问题，例如用激光传输电话信号，就需要将语音信息加载于激光，由激光携带信息通过一定的传输通道（大气、光纤等）送到接收器，再由光接收器鉴别并还原成原来的信息，从而完成通话过程。这种将信息加载于激光的过程称为调制，完成这一过程的装置称为调制器。其中，激光称为载波，起控制作用的低频信息称为调制信号。

激光光波的电场强度为

$$E(t) = A_c \cos(\omega_c t + \varphi_c) \tag{7-69}$$

式中，A_c 为振幅；ω_c 为角频率；φ_c 为相位角。

既然激光具有振幅、频率、相位、强度、偏振等参量，如果能够利用某种物理方法改变光波的某一参量，使其按照调制信号的规律变化，那么激光束就受到了信号的调制，达到"运载"信息的目的。

实现激光调制的方法很多，根据调制器和激光器的相对关系，可以分为内调制（直接调制）和外调制两种。内调制是指加载调制信号是在激光振荡过程中进行的，即以调制信号去改变激光器的振荡参数，从而改变激光输出特性以实现调制。内调制主要用在光通信用的注入式半导体光源中。外调制是指激光形成以后，在激光器的光路上放置调制器，用调制信号改变调制器的物理性能，当激光通过调制器时，就会使光波的某个参量受到调制。按照调制的对象可分为调幅、调频、调相及强度调制等。按照调制器的工作机理来分类，主要有电光调制、声光调制、磁光调制等。

7.5.1 激光调制的基本概念

1. 振幅调制

振幅调制就是使载波的振幅随着信号的变化规律而变化，简称调幅。设激光载波的电场强度如式（7-69）所示，调制信号是一个时间的余弦函数，即

$$a(t) = A_m \cos \omega_m t \tag{7-70}$$

式中，A_m 是调制信号的振幅，ω_m 是调制信号的角频率。当进行激光振幅调制之后，式（7-69）中的激光振幅 A_c 不再是常量，而是与调制信号成正比的函数，其调幅波的表达式为

$$E(t) = A_c(1 + m_a \cos \omega_m t) \cos(\omega_c t + \varphi_c) \tag{7-71}$$

利用三角函数公式将式（7-71）展开，即得到调幅波的频谱公式

$$E(t) = A_c \cos(\omega_c t + \varphi_c) + \frac{m_a}{2} A_c \cos[(\omega_c + \omega_m)t + \varphi_c] + \frac{m_a}{2} A_c \cos[(\omega_c - \omega_m)t + \varphi_c] \tag{7-72}$$

式中，$m_a = A_m / A_c$，称为调幅系数。由式（7-72）可知，调幅波的频谱是由三个频率成分组成的。其中，第一项是载频分量，第二项、三项是因调制产生的新分量，称为边频，调幅波的频谱如图 7-44 所示。上述分析是单余弦信号调制的情况。如果调制信号是一复杂的周期信号，则调幅波的频谱将由载频分量和两个边频带组成。

2. 频率调制和相位调制

调频或调相就是光载波的频率或相位随着调制信号的变化规律而改变。因为这两种调制波都表现为总相角 $\varphi(t)$ 的变化，因此统称为角度调制。

对频率调制来说，就是式（7-69）中的角频率 ω_c 不再

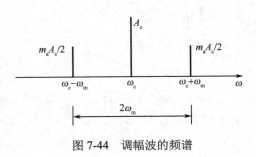

图 7-44　调幅波的频谱

是常数，而是随调制信号而变化，即

$$\omega(t) = \omega_c + \Delta\omega(t) = \omega_c + k_f a(t) \tag{7-73}$$

若调制信号仍是一个余弦函数，即 $a(t) = A_m \cos\omega_m t$，那么式（7-73）中比例系数 $k_f = \Delta\omega/A_m$，$\Delta\omega$ 为最大角频率调制量。则调频波的总相角为

$$\varphi(t) = \int \omega(t)dt + \varphi_c = \int[\omega_c + k_f a(t)]dt + \varphi_c = \omega_c t + \int k_f a(t)dt + \varphi_c \tag{7-74}$$

调制波的表达式为

$$E(t) = A_c \cos(\omega_c t + m_f \sin\omega_m t + \varphi_c) \tag{7-75}$$

式中，k_f 称为比例系数；$m_f = \Delta\omega/\omega_m$，称为调频系数。

同样，相位调制就是式（7-69）中的相位角 φ_c 随调制信号的变化规律而变化，调相波的总相角

$$\varphi(t) = \omega_c t + \varphi_c + k_\varphi a(t) = \omega_c t + \varphi_c + k_\varphi A_m \cos\omega_m(t) \tag{7-76}$$

式中，k_φ 为比例系数。则调相波的表达式为

$$E(t) = A_c \cos(\omega_c t + m_\varphi \cos\omega_m t + \varphi_c) \tag{7-77}$$

式中，$m_\varphi = k_\varphi A_m$，称为调相系数。

下面简要分析一下调频和调相的频谱。由于调频和调相实质上最终都是调制总相角，因此可写成统一的形式

$$E(t) = A_c \cos(\omega_c t + m\sin\omega_m t + \varphi_c) \tag{7-78}$$

式中，m 为调制系数。利用三角公式展开式（7-78），得

$$E(t) = A_c[\cos(\omega_c t + \varphi_c)\cos(m\sin\omega_m t) - \sin(\omega_c t + \varphi_c)\sin(m\sin\omega_m t)] \tag{7-79}$$

将式中 $\cos(m\sin\omega_m t)$ 和 $\sin(m\sin\omega_m t)$ 两项按下式展开

$$\cos(m\sin\omega_m t) = J_0(m) + 2\sum_{n=1}^{\infty}\cos(2n\omega_m t)$$

$$\sin(m\sin\omega_m t) = 2\sum_{n=1}^{\infty}J_{2n-1}(m)\sin[(2n-1)\omega_m t]$$

知道了 m，就可从贝塞尔函数表查得各阶贝塞尔函数的值。将上两式代入式（7-79）并展开，可得

$$\begin{aligned}
E(t) = A_c\{&J_0(m)\cos(\omega_c t + \varphi_c) + J_0(m)\cos[(\omega_c + \omega_m)t + \varphi_c] -\\
&J_1(m)\cos[(\omega_c - \omega_m)t + \varphi_c] + J_2(m)\cos[(\omega_c + 2\omega_m)t + \varphi_c] +\\
&J_2(m)\cos[(\omega_c - 2\omega_m)t + \varphi_c] + \cdots\}
\end{aligned} \tag{7-80}$$

$$= A_c J_0(m)\cos(\omega_c t + \varphi_c) + A_c\sum_{n=1}^{\infty}J_n(m)\{\cos[(\omega_c + n\omega_m)t + \varphi_c] +$$

$$(-1)^n\cos[(\omega_c - n\omega_m)t + \varphi_c]\}$$

由此式可见，在单频正弦波调制时，其角度调制波的频谱是由光载频与在它两边对称分布的无穷多对边频所组成的。各边频之间的频率间隔是 ω_m，各边频幅度的大小 $J_n(m)$ 由贝塞尔函数决定。如 $m=1$，由贝塞尔函数表查得：$n=0$ 的 $J_0(m)=0.77$，$n=1$ 的 $J_1(m)=0.44$，$n=2$ 的 $J_2(m)=0.11$，$n=3$ 的 $J_3(m)=0.02$，以此类推，其频谱分布如图 7-45 所示。显然，若调制信号不是单频正弦波，则其频谱将更为复杂。另外，当角度调制系数较小（即 $m \ll 1$）时，其频谱与调幅波的频谱有着相同的形式。

3. 强度调制

强度调制是光载波的强度（光强）随调制信号规律而变化的激光振荡，如图 7-46 所示。激光调制通常多采用强度调制形式，这是因为接收器（探测器）一般都是直接响应其所接收的光强变化。

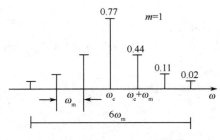

图 7-45　角度调制波的频谱

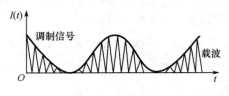

图 7-46　强度调制

激光的光强定义为光波电场的平方，其表达式为

$$I(t) = E^2(t) = A_c^2 \cos^2(\omega_c t + \varphi_c) \tag{7-81}$$

因此，强度调制的光强可表示为

$$I(t) = \frac{A_c^2}{2}[1 + k_p a(t)]\cos^2(\omega_c t + \varphi_c) \tag{7-82}$$

式中，k_p 为比例系数。仍设调制信号是单频余弦波，将 $a(t) = A_m \cos \omega_m t$ 代入式（7-82），则

$$I(t) = \frac{A_c^2}{2}[1 + m_p \cos \omega_m t]\cos^2(\omega_c t + \varphi_c) \tag{7-83}$$

式中，$m_p = k_p A_m$，为强度调制系数。式（7-83）是当调制系数 $m_p \ll 1$ 时比较理想的光强调制公式。强度调制的频谱可用前面所述的类似方法求得，其结果与调幅波略有不同，其频谱分布除了载频及对称分布的两边频之外，还有低频 ω_m 和直流分量。

在实际应用中，为了得到较强的抗干扰效果，往往利用二次调制方式，即先用低频信号对一高频副载波进行频率调制，然后再利用这个已调频波进行强度调制（称为 **FM/IM** 调制），使光的强度按副载波信号的变化规律变化，这是因为在传输过程中，尽管大气抖动等干扰会直接叠加到光波上，但经解调后，其信息包含在调频的副载波中，故其信息不会受到干扰，可以无失真地再现出来。

4. 脉冲调制

以上几种调制方式所得到的调制波都是一种连续振荡波，称为模拟调制。另外，目前在光通信中广泛采用一种在不连续状态下进行调制的脉冲调制和数字式调制（也称为脉冲编码调制）。它们一般是先进行电调制，再对光载波进行光强度调制。

脉冲调制是用一种间歇的周期性脉冲序列作为载波，使载波的某一参量按调制信号规律变化的调制方法。即先用模拟调制信号对一电脉冲序列的某参量（幅度、宽度、频率、位置等）进行电调制，使之按调制信号规律变化，成为已调电脉冲序列，如图 7-47 所示。然后再用这已调电脉冲序列对光载波进行强度调制，就可以得到相应变化的光脉冲序列。

脉冲调制有脉冲幅度调制、脉冲宽度调制、脉冲频率调制和脉冲位置调制等。例如，用调制信号改变电脉冲序列中每一个脉冲产生的时间，则每个脉冲的位置与未调制时的位置有一个与调制信号成比例的位移，这种调制称为脉冲位置调制（PPM），如图 7-47（e）所示。进而再对光源发射的光载波进行强度调制，便可以得到相应的光脉冲位置调制波。

若调制信号使脉冲的重复频率发生变化，频移的幅度正比

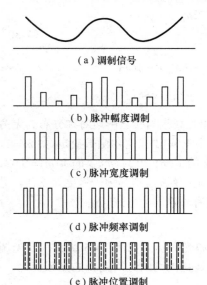

（a）调制信号

（b）脉冲幅度调制

（c）脉冲宽度调制

（d）脉冲频率调制

（e）脉冲位置调制

图 7-47　脉冲调制

于调制信号电压的幅值，而与调制频率无关，则这种调制称为脉冲频率调制（PEM）。

脉冲位置调制与脉冲频率调制都可以采用宽度很窄的光脉冲，脉冲的形状不变，只是脉冲位置或重复频率随调制信号的变化而变化，这两种调制方法具有较强的抗干扰能力，故在光通信中得到较广泛的应用。

5．脉冲编码调制

这种调制是把模拟信号先变成电脉冲序列，进而变成代表信号信息的二进制编码（PCM 数字信号），再对光载波进行强度调制来传递信息的。要实现脉冲编码调制，必须经过三个过程：抽样、量化和编码。

（1）抽样

抽样就是把连续的信号波分割成不连续的脉冲波，用一定周期的脉冲列来表示，且脉冲列的幅度与信号波的幅度相对应。也就是说，通过抽样，原来的模拟信号变成一脉幅调制信号。按照抽样定理，只要抽样频率比所传递信号的最高频率大两倍以上，就能恢复原信号波形。

（2）量化

量化就是把抽样后的脉幅调制波作分级取"整"处理，用有限个数的代表值取代抽样值的大小。抽样出来后再通过量化过程才能变成数字信号。

（3）编码

编码是把量化后的数字信号变换成相应的二进制码的过程。即用一组等幅度、等宽度的脉冲作为"码子"，用"有"脉冲和"无"脉冲分别表示二进制数码的"1"和"0"。再将这一系列反映数字信号规律的电脉冲加到一个调制器上，以控制激光的输出，由激光载波的极大值代表二进制编码的"1"，而用激光载波的零值代表"0"，这样用码子的不同组合就可以表示欲传递的信息。这种调制方式具有很强的抗干扰能力，在数字光纤通信中得到了广泛应用。

7.5.2　电光调制、声光调制和磁光调制

尽管激光调制有各种不同的形式，但其调制的工作原理都是基于电光、声光、磁光等各种物理效应。下面分别简单介绍电光调制、声光调制和磁光调制的基本方法。

1．电光调制

电光调制的物理基础是电光效应，即某些晶体在外加电场的作用下，其折射率将发生变化，当光波通过此介质时，其传播特性就受到影响而改变，这种现象称为电光效应。利用电光效应可实现强度调制和相位调制。

（1）电光强度调制

在晶体上加电场的方向通常有两种：一是电场沿晶体主轴（光轴方向），使电场方向与光束传播方向平行，产生纵向电光效应；二是电场沿晶体的任一主轴，而光束的传播方向与电场方向垂直，即产生横向电光效应。利用纵向电光效应和横向电光效应均可实现电光强度调制，这里只介绍更为常用的纵向电光调制。

图 7-48 是一个纵向电光强度调制的典型结构。电光晶体（KDP）置于两个成正交的偏振器之间，其中，起偏器 P_1 的偏振方向平行于电光晶体的 x 轴，检偏器 P_2 的偏振方向平行于 y 轴，在晶体和 P_2 之间插入 $\lambda/4$ 波片。当沿晶体 z 轴方向加电场后，x 和 y 轴将旋转 45° 变为感应主轴 x' 和 y'。

沿 z 轴入射的光束经起偏器变为平行于 x 轴的线偏振光，进入晶体后（$z=0$）被分解为沿 x' 和 y' 方向的两个分量，其振幅（等于入射光振幅的 $\frac{1}{\sqrt{2}}$）和相位都相等，分别为

$$E_{x'}=A\cos\omega_c t, \qquad E_{y'}=A\cos\omega_c t$$

入射光强度为
$$I_i = 2A^2 \tag{7-84}$$

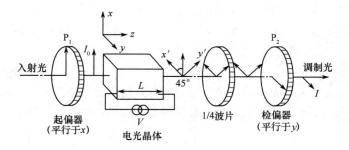

图 7-48　纵向电光强度调制典型结构

当光通过长度为 L 的晶体后，由于电光效应，E_x 和 E_y 分量间就产生了一个相位差 $\Delta\varphi$，用复数形式表示为

$$E_x(L) = A, \qquad E_{y'}(L) = A\exp(-i\Delta\varphi)$$

那么，通过检偏器后的总的电场强度是 $E_x(L)$ 和 $E_{y'}(L)$ 在 y 方向上的投影之和，相应的输出光强为

$$I = 2A^2 \sin^2\left(\frac{\Delta\varphi}{2}\right) \tag{7-85}$$

将出射光强与入射光强相比，得到

$$T = \frac{I}{I_i} = \sin^2\left(\frac{\Delta\varphi}{2}\right) = \sin^2\left(\frac{\pi}{2}\frac{U}{U_\pi}\right) \tag{7-86}$$

式中，T 称为调制器的透过率；U 是沿 z 轴加的电压；U_π 是当光波的两个垂直分量 $E_{x'}$、$E_{y'}$ 的光程差为半个波长（相应的位相差为 π）时所需要加的电压，称为"半波电压"，也可用 $U_{\lambda/2}$ 表示。根据上述关系可以画出光强调制特性曲线，如图 7-49 所示。

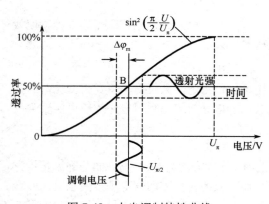

图 7-49　电光调制特性曲线

由图可见，在一般情况下，调制器的输出特性与外加电压的关系是非线性的。若调制器工作在非线性部分，则调制光将发生畸变。为了获得线性调制，可以通过引入一个固定的 $\pi/2$ 相位延迟，使调制器的电压偏置在 $T=50\%$ 的工作点（B 点）上。常用的办法有两种：一种是在调制晶体上除了施加信号电压之外，再附加一个 $U_{\pi/2}$ 的固定偏压，但此法增加了电路的复杂性，而且工作点的稳定性也差。另一种是在调制器的光路上插入一个 $\lambda/4$ 波片，其快慢轴与晶体主轴 x 成 45°角，从而使 $E_{x'}$、$E_{y'}$ 分量间产生 $\pi/2$ 的固定相位差。

纵向电光调制器具有结构简单、工作稳定、不存在自然折射的影响等优点。其缺点是半波电压太高，特别是在调制频率较高时，功率损耗比较大。

（2）电光相位调制

图 7-50 所示是电光相位调制的原理图，它由起偏器和电光晶体组成。起偏器的偏振方向平行于晶体的感应主轴 x'（或 y'），此时入射到晶体的线偏振光不再分解成沿 x'、y' 的两个分量，而是沿着 x'（或 y'）轴一个方向偏振，故外电场不改变出射光的偏振状态，仅改变其相位。

2. 声光调制

声光调制是利用声光效应将信息加载于光频载波上的一种物理过程。调制信号是以电信号（调幅）

形式作用于电—声换能器，通过电—声转换器再将其转化为以电信号形式变化的超声场，当光波通过声光介质时，由于声光作用，使光载波受到调制而成为携带信息的强度调制波。

声光调制器是由声光介质、电—声换能器、吸声（或反射）装置、驱动电源等组成，其结构如图 7-51 所示。

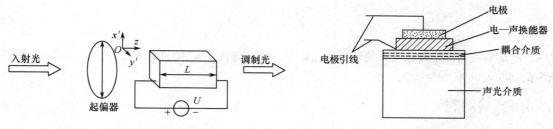

图 7-50　电光相位调制原理图　　　　图 7-51　声光调制器结构

声光介质：声光介质是声光相互作用的区域。当一束光通过变化的声场时，由于光和超声场的相互作用，其出射光就具有随时间而变化的各级衍射光，利用衍射光的强度随超声波强度的变化而变化的性质，就可以制成光强度调制器。

电—声换能器（超声发生器）：它是利用某些压电晶体（石英、LiNbO3 等）或压电半导体（CdS、ZnO 等）的压电效应，在外加电场作用下产生机械振动而形成超声波，所以它起着将调制的电功率转换成声功率的作用。

吸声（或反射）装置：它放置在超声源的对面，用以吸收已通过介质的声波（工作于行波状态），以免返回介质产生干扰。但要使超声场为驻波状态，则需要将吸声装置换成声反射装置。

驱动电源：它用以产生调制电信号施加于电—声换能器的两端电极上，驱动声光调制器工作。

改变加于压电换能器上的电压可以使衍射光束的振幅从零变到最大，这种可用于幅度调制。由于多普勒效应，衍射光束的频率随着声波的频率变化，这种效应可用于频率调制。

3．磁光调制

磁光调制虽不及电光、声光调制的应用那样广，但仍有一定实用意义，特别是在红外波段（1～5 μm）占有一定地位，例如在光纤通信中做光隔离器、光开关等。

磁光效应是磁光调制的物理基础，其中最主要的是法拉第旋转效应，即一束线偏振光在外加磁场作用下的介质中传播时，其偏振方向发生旋转，其旋转角度 θ 的大小与沿光束方向的磁场强度 H 和光在介质中传播的长度 L 之积成正比，即

$$\theta = VHL \tag{7-87}$$

式中，V 称为韦尔德（Verdet）常数，表示在单位磁场强度下线偏振光通过单位长度的磁光介质后偏振方向旋转的角度。

磁光调制与电光调制、声光调制一样，也是把欲传的信息转换成光载波的强度（振幅）等参量随时间的变化。所不同的是，磁光调制是将电信号先转换成与之对应的交变磁场，由磁光效应改变在介质中传输的光波的偏振态，从而达到改变光强等参量的目的。磁光体调制器的组成如图 7-52 所示。介质（YIG 或掺 Ga 的 YIG棒）放在沿轴线方向的光路上，它的两端放置有起、检偏器，高频螺旋形线圈环绕在 YIG 棒上，受驱动电源的控制。为了获得线性调制，

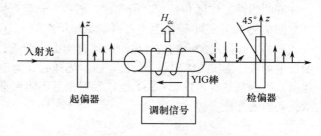

图 7-52　磁光体调制器示意图

在垂直于光传播方向上加一恒定磁场 H_{dc}，其强度足以使晶体饱和磁化。当工作时，高频信号电流通过线圈就会感生出平行于光传播方向的磁场，入射光通过 YIG 晶体时，由于法拉第旋转效应，其偏振面发生旋转，其旋转角度与磁场强度 H 成正比，因此，只要用调制信号控制磁场强度的变化，就会使光的偏振面发生相应的变化。但这里因加有恒定磁场 H_{dc}，且与通光方向垂直，故旋转角与 H_{dc} 成反比，于是

$$\theta = \theta_s \frac{H_0 \sin(\omega_H t)}{H_{dc}} L_0 \tag{7-88}$$

式中，θ_s 是单位长度饱和法拉第旋转角；$H_0 \sin(\omega_H t)$ 是调制磁场。如果再通过检偏器，就可以获得一定强度变化的调制光。

7.5.3 直接调制

直接调制是把要传递的信息转变为电流信号调制激光器驱动电源，从而使输出激光带有信息。由于它是在光源内部进行的，因此又称为内调制。目前这种方式主要应用于半导体光源（如激光二极管 LD）的调制，是目前光纤通信系统普遍使用的实用化调制方法。根据调制信号的类型，直接调制又可以分为模拟调制和数字调制两种，前者是用连续的模拟信号（如电视、语音等信号）直接对光源进行光强度调制，后者是用脉冲编码调制（PCM）的数字信号对光源进行强度调制。

1. 半导体激光器直接调制的原理

半导体激光器是电子与光子相互作用并进行能量直接转换的器件。图 7-53 所示为砷镓铝双异质结注入式半导体激光器的输出光功率与驱动电流的关系曲线示意图。半导体激光器有一个阈值电流密度 I_t，当驱动电流密度小于 I_t 时，激光器基本不发光，或只发很微弱、光谱线宽度很宽、方向性很差的荧光；当驱动电流密度大于 I_t 时，则开始发激光，此时谱线宽度、辐射方向明显变窄，强度大幅度增加，而且随电流的增加呈线性增长，半导体激光器的光谱特性如图 7-54 所示。

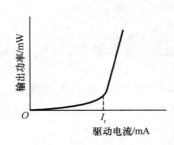

图 7-53　半导体激光器的输出特性

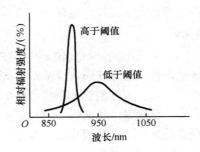

图 7-54　半导体激光器的光谱特性

由图 7-53 可见，发射激光的强弱与驱动电流的大小有直接关系。若把调制信号加到驱动电源上，即可直接改变（调制）激光器输出的信号强度，由于这种调制方式简单，且能在高频工作，并能保证有良好的线性工作区和带宽，因此在光通信、光盘存储等方面得到广泛应用。

图 7-55 所示是半导体激光器调制原理示意图。为了获得线性调制，使工作点处于输出特性曲线的直线部分，必须在加调制信号电流的同时加上一个适当的偏置电流 I_b，这样就可以使输出信号不失真。偏置电源直接影响 LD 的调制性能，通常选择 I_b 在阈值电流附近，且略低于 I_t，这样可获得较高的调制速率。因为在这种情况下，LD 连续发射信号不需要准备时间（延迟时间很小）。I_b 选得太大，也会使激光器的消光比变坏。

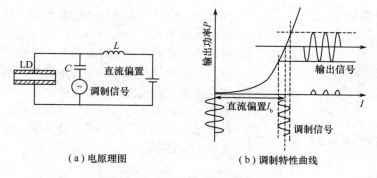

（a）电原理图　　　　　　　　　（b）调制特性曲线

图 7-55　半导体激光器调制原理

2．半导体光源的模拟调制

对 LD 的调制需要在加调制信号电流的同时加上一个偏置电流 I_b，使其工作在 $P{\sim}I$ 特性曲线的直线段。调制线性好坏用调制深度（m）来描述

$$m = \frac{\text{调制电流幅度}}{\text{偏置电流} - \text{阈值电流}}$$

可见，m 大，则线性较差；m 小，则有较好的线性，但调制信号幅度小，因此应选择合适的 m 值。另外，在模拟调制中，

光源器件本身的线性是决定模拟调制好坏的主要因素，所以在线性度要求较高的应用中，需要用电子技术进行非线性补偿。

3．半导体光源的 PCM 数字调制

数字调制是用二进制数字信号"1"和"0"对光源发出的光载波进行调制。而数字信号大都采用脉冲编码调制（PCM），因此，加载于半导体激光器电源上的信号为一个脉冲序列。数字调制特性曲线如图 7-56 所示。

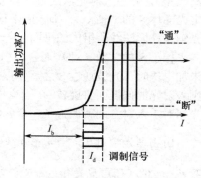

这种调制方法的抗干扰能力强，对系统的线性要求不高，可以充分利用 LD 的发光功率。另外，这种调制方法与现有的数字化设备能够很好地匹配，尤其是用于数字光通信，具有很好的前景。

图 7-56　数字调制特性曲线

7.6　激光偏转技术

激光束的偏转技术在激光技术方面有着广泛的应用，如激光大屏幕显示、激光图像传真、激光雷达的搜索和跟踪、激光印刷排版等都涉及偏转技术。根据激光束特性及应用目的，激光偏转技术可分为两种：一种是模拟式偏转，即光的偏转角连续偏转，它能描述光束的连续位移；另一种是数字偏转，即光的偏转不连续，它是在选定空间的某些特定位置上使光束的空间位置"跳变"。前者主要用于各种显示，后者则主要用于光存储。

实现激光偏转的方法主要有机械偏转、电光偏转和声光偏转等。

7.6.1　机械偏转

机械偏转是利用反射镜或多面反射棱镜的旋转，或者利用反射镜的振动实现光束扫描。图 7-57 所示为多面体反射镜偏转器的结构示意图。这种方法的原理比较简单，入射光束不动，反射镜转动一个

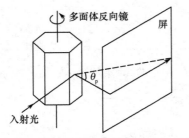

图 7-57　多面体反射镜偏转器的结构示意图

角度时，反射光束会转两倍的角度。机械偏转具有偏转角大、分辨率高、光损失小且可适应光谱范围大的优点，这些优点是目前其他偏转方法难以达到的。但是，机械偏转的扫描速度受到驱动器（如电动机）角速度的限制，难以实现快速、高精度的可控偏转，这一点使其应用范围受到限制。尽管如此，机械偏转目前仍然是一种常用的激光偏转方法，不仅用于各种显示技术中，也用于微型图案的激光加工装置中。

7.6.2　电光偏转

电光偏转是利用电光效应来改变光束在空间的传播方向的。这里仅介绍现代光信息技术中应用的电光数字式偏转。

电光数字式偏转器是由电光晶体和双折射晶体组合而成，其结构原理如图 7-58 所示。图中 S 为 KDP，B 为方解石（$CaCO_3$）或硝酸钠（$NaNO_3$）双折射晶体（分离透镜），它能使线偏振光分成互相平行，振动方向垂直的两束光，其间隔 b 为分裂度，ε 为分裂角（也称离散角），γ 为入射光法线方向与光轴间的夹角。KDP 电光晶体 S 的 x 轴（或 y 轴）应平行于双折射晶体 B 的光轴与晶面法线所组成的平面。若一束入射光的偏振方向平行于 S 的 x 轴（对 B 而言，相当于 o 光），当 S 上

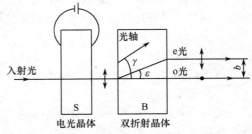

图 7-58　电光数字式偏转器原理

未加电压时，光波通过 S 之后偏振态不变，则它通过 B 时方向仍保持不变；当 S 上加了半波电压时，则入射光的偏振面将旋转 90°而变成了 e 光。从电光晶体 S 射出的 e 光进入双折射晶体 B，通过 B 的 e 光相对于入射方向就偏折了一个 ε 角，从 B 出射的 e 光与 o 光相距为 b。

由物理光学可知，当 n_o 和 n_e 确定后，对应的最大分裂角为 $\varepsilon_{max} = \arctan\left(\dfrac{n_e^2 - n_o^2}{2n_e n_o}\right)$。以方解石为例，其 $\varepsilon_{max} \approx 6°$（在可见光和近红外波段）。由上述电光晶体和双折射晶体构成了一个一级数字偏转器，入射的线偏振光随电光晶体上加、或不加半波电压而分别占据两个"地址"之一，分别代表"0"和"1"两种状态。若把 n 个这样的数字偏转器组合起来，就能做到 n 级数字式偏转。图 7-59 所示的是一个三级数字式偏转器，以及使入射光分离为 2^3 个偏转点的情况。光路上的短线"|"表示偏振面与纸面平行，"·"表示与纸面垂直。最后射出的光线中"1"表示某电光晶体上加了电压，"0"表示未加电压。

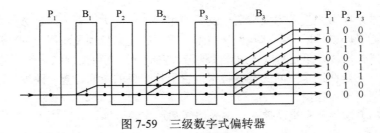

图 7-59　三级数字式偏转器

要使可控位置分布在二维方向上，只要用两个彼此垂直的 n 级偏转器组合起来就可以实现。这样就可以得到"2×2"个二维可控位置。

7.6.3 声光偏转

声光效应的另一个重要用途是用来使光束偏转。声光偏转器的结构与声光调制器基本相同，差别之处在于调制器是改变衍射光的强度，而偏转器则是利用改变声波频率来改变衍射光的方向，使之发生偏转，既可以使光束连续偏转，也可以使分离的光点扫描偏转。

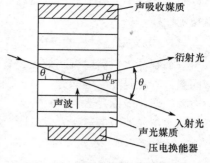

图 7-60 声光器件结构示意图

由 7.3 节可知，声光介质在超声波作用下，其折射率以空间周期 λ_s 在空间呈正弦变化，对侧面传来的光波来说将起到一个衍射光栅的作用。如图 7-60 所示的声光器件结构，衍射光与入射光之间的夹角（偏转角）等于布拉格角 θ_B 的 2 倍，即

$$\theta = \theta_i + \theta_B = 2\theta_B \tag{7-89}$$

布拉格角一般很小，可写成

$$\theta_B \approx \frac{\lambda}{2\eta_0 \lambda_s} = \frac{\lambda}{2\eta_0 \upsilon_s} f_s \tag{7-90}$$

式中，v_s 为声速，f_s 为声波的频率。因此，声光偏转器偏转角为

$$\theta = 2\theta_B = \frac{\lambda}{\eta_0 \upsilon_s} f_s \tag{7-91}$$

从式（7-91）可见，改变超声波的频率 f_s，就可以改变其偏转角 θ，从而达到控制光束传播方向的目的，即超声波频率改变 Δf_s 引起光束偏转角的变化为

$$\Delta\theta = \frac{\lambda}{\eta_0 \upsilon_s} \Delta f_s \tag{7-92}$$

声光偏转器的一种应用实例是激光宽行打字机，其原理方框图如图 7-61 所示。由计算机将所需要打印的字符输入到字符发生器，使字符变为相应的脉冲信号，经声光偏转驱动器后，驱动声光介质产生超声波。He-Ne 激光通过声光偏转晶体时，在垂直于纸面的平面内产生偏转扫描运动，多面反射镜在纸面内扫描，这样就构成了二维扫描。经硒鼓静电感应记录下字形，纸在硒鼓上滚动时，印上字形，经过显影、定影，完成打字的全过程。如果偏转驱动器输出的是多种高频信号，则声光偏转器将产生不同角度的偏转，实现一次扫描同时可打印出多个字形。

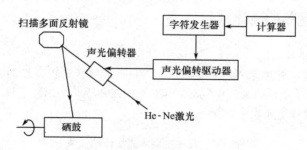

图 7-61 激光宽行打字机原理框图

7.7 光电器件设计及参数选用原则

7.7.1 电光调制器的设计

一个高质量的电光调制器主要应该满足以下几个方面的要求：①调制器应有足够宽的调制带宽，

以满足高效率无畸变地传输信息；②调制器消耗的电功率小；③调制特性曲线的线性范围大；④工作稳定性好。

1. 电光晶体材料的选择

调制晶体材料对调制效果起着关键的作用，所以在选择晶体材料时，应着重考虑以下几个方面的因素：首先是光学性能好，对调制光波透明度高，吸收和散射损耗小，并且晶体的折射率均匀，其折射率的变化应满足 $\Delta\eta\leqslant10^{-4}/\text{cm}$；其次是电光系数要大，因为调制器的半波电压及所耗功率分别与电光系数及电光系数的三次方成反比；此外，调制晶体还要有较好的物理化学性能

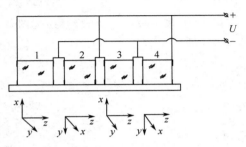

图 7-62　串联电光晶体（主要指硬度、光破坏阈值、温度影响和潮解等）

2. 降低调制器功率损耗的方法

KDP 类电光晶体的半波电压较高，为了降低其功率损耗，可采用 n 级晶体串联的方式（即光路上串联，电路上并联）。图 7-62 所示的串联电光晶体表示一个 4 块 KD*P 晶体串联的纵向调制晶体，把相同极性的电极连接在一起，为使 4 块晶体对入射的偏振光的两个分量的相位延迟皆有相同的符号，则把晶体的 x 轴和 y 轴逐块旋转 90°安置（如第二块晶体的 x、y 轴相对于第一、三块的 x、y 轴旋转 90°），其结果是，使相位延迟相加，这相当于降低了半波电压。但串接晶体块数不宜过多，以免造成透过率太低或电容过大。

3. 调制电压的选择

从 7.5 节中图 7-49 的调制特性曲线可以看出，当调制信号电压幅值太大，仍会达到非线性部分，因而会使调制光发生畸变。为了使畸变尽可能小，必须把高次谐波的幅值控制在允许的范围内。

4. 电光晶体尺寸的选择

电光晶体的尺寸是指其长度和横截面的大小。在 KDP 类晶体纵向运用中，虽然半波电压与晶体长度无关，但增加其长度却能减少调制器的电容使频带展宽，可是长度越长对加工及装调精度要求越高。另外，晶体的光轴不可能完全平行于光波传播方向，会受到晶体自然双折射的影响，进而增加调制器的相位延迟的不稳定性，故长度不能过长。横向截面的大小主要根据通光孔径的要求而定。

7.7.2　电光调 Q 激光器的设计

1. 调制晶体材料的选择

电光晶体的质量对调 Q 性能起着很重要的作用。目前能够获得较高光学质量的线性电光晶体材料还很有限，现已广泛应用的主要有 KDP 型晶体（KD*P、KDP 等）、ABO$_3$ 型晶体（LiNbO$_3$、LiTaO$_3$ 等），几种主要电光晶体的一般性质如表 7-2 所示。

表 7-2　几种主要电光晶体的性质

晶体名称	折射率 n				电光系数 γ_{63}/ (10^{-10}cm/V)	半波电压 $V_{\lambda/2}$/ V
	0.6328 μm		1.06 μm			
	n_o	n_e	n_o	n_e		
KDP	1.508	1.467	1.494	1.460	10.5	~15000
KD*P	1.508	1.468	1.494	1.461	26.4	~6000
LiNbO$_3$	2.286	2.200	2.233	2.154	6.80	~9250$\left(\dfrac{d}{l}\right)$

选择电光晶体材料时，应考虑以下几个技术指标：消光比要高；透过率要高；半波电压要低；抗破坏阈值要高；晶体防潮。

2．调制晶体的电极结构

电极的结构形式及晶体接触的好坏直接影响晶体内在电场的均匀性，一个极不均匀的电场可能导致器件失去调 Q 效应。因此，晶体内具有均匀的电场是设计电极结构的基本出发点。

KDP 类晶体大都是纵向运用，外加电场方向与通光方向一致。这种情况要做出均匀电极结构是十分困难的，实际上多采用近似均匀电场方式。环状电极结构是纵向运用的一种最佳方式，其优点是电极不与通光表面接触，在通光孔径与中心开通光孔的结构相等时，其结构尺寸可以做得小一些，或者是有效通光截面加大。但仍然存在电场不均匀的问题。在设计这种电极结构时，在不引起高压跳火的前提下两个环状电极的宽度应尽可能宽些为好。

对于 LiNbO$_3$ 类晶体，由于都是横向运用，电场方向与通光方向相互垂直，只要做成平板型电极就可以获得均匀的电场分布。

3．对激光介质的要求

要获得良好的调 Q 结果，不仅需要有高质量的电光晶体，而且对激光介质除了一般的要求之外，还有一些新的要求。首先要具备储能密度高的性能，即激光上能级能积累大量的粒子，故要求受激辐射截面要小，即上能级的寿命长，谱线较宽，这样可以防止或减弱超辐射的发生。另外，还要求有较高的抗强光破坏阈值，能承受较高的激光功率密度。Nd：YAG、红宝石和钕玻璃三种介质基本上均能满足上述要求。

4．对光泵浦灯的要求

为了减少由于自发辐射而引起的反转粒子数的损失，要求泵浦灯的发光时间（脉冲波形的半宽度）必须小于介质的荧光寿命（激光上能级寿命）。实际表明，对不同的介质及尺寸的大小，要求也不一样，如调 Q 的 YAG 激光器，泵浦灯脉冲波形的半宽度为 200～300 μs，而红宝石则为 1 ms 左右。但是，灯光波半宽度太窄，灯的效率又会降低，故应根据激光介质，选择两者匹配较好的泵浦灯。

5．对 Q 开关控制电路的要求

根据前面的分析可见，要获得最佳的调 Q 效果，要求 Q 开关速度要快，即能迅速、准确地接通或关闭谐振腔光路，这是通过电光调 Q 电源来控制的。一般包括晶体高压电源、控制电路、延时电路、开关器件和触发电路等，要使调 Q 激光器能够高效率地工作，必须精确设计各部分电路，使其能很好地协调工作。

7.7.3　声光调制器的设计

根据声光调制器的工作过程，首先是由电—声换能器把电振荡转换成超声振动，再通过换能器和声光介质间的黏合层把振动传到介质中形成超声波。因此，必须考虑如何能有地把驱动电源所提供的电功率转换成声光介质中的超声波功率。其次，在声光介质中，通过声光互作用，超声波将引起入射光束的布拉格衍射而得到衍射光，因此，必须考虑如何提高其衍射效率；考虑能够在多大频率范围内无失真地进行调制。也就是怎样设计才能在较大的频率范围内提供方向合适的超声波，使入射光方向和超声波波面间的夹角 θ_i 在该频率范围内均能满足布拉格条件，亦即怎样设计才能提高其布拉格带宽。

1．声光介质材料的选择

介质材料的性能对调制器的质量有直接的影响，因此合理选择声光材料是很重要的。设计时主要应考虑以下两个方面的因素：

① 应使调制器的调制效率高，而需要的声功率尽量小。

② 应使调制器有较大的调制带宽。

2．电—声换能器

电—声换能器的作用是将电功率转变为声功率，以在声光介质中建立起超声场。一般都是利用某种材料的反压电效应，在外加电场作用下产生机械振动，所以它既是一个机械振动系统，又是一个与外加调制电源有联系的电振荡系统。

（1）换能器晶片物理特性

压电石英能获得的最高频率约为 50 MHz，工作于这样高的频率，垂直于 x 轴取向的石英片，其厚度仅有 0.5 mm，因而在工艺制作上比较困难，而且强烈激发时，晶片会由于电击穿而破裂。所以欲使换能器获得更高频率，可以将换能器工作于高次谐波状态来实现，实践证明石英晶体工作于奇次谐波频率是可以满足谐振条件的。这样虽然换能器的振荡输出减小了，但是这种激发方法可以使在增大输入电功率的情况下，不致有击穿的危险。特别在某些要求功率不很大的应用中，这样的方法最为合适。

（2）换能器晶片的电特性

当在晶体上施加电压时，晶体中就存储了一定的电能，由于晶体的压电性能，一部分电能消耗在晶体中产生弹性应力而转变成弹性形变的机械能，这两种能量的比值就是换能器效率的量度，此比值称为机电耦合系数，用 k 来表示。对于石英晶体，$k = 10\%$。机电耦合系数是表征换能器特性的重要参数，其值随晶体而异，因此在应用中总是希望采用 k 值大的压电晶体。

（3）声阻匹配

为了能无损耗地或较小损耗地将超声能量传递到声光介质中去，换能器的声阻抗应尽可能接近介质的声阻抗，这样可以减小二者接触界面的反射损耗。

3．声束和光束的匹配

由于入射光束具有一定宽度，并且声波在介质中是以有限的速度传播的，因此声波穿过光束需要一定的渡越时间。光束的强度变化对于声波强度变化的响应就不可能是瞬时的。为了缩短其渡越时间以提高其响应速度，调制器工作时用透镜将光束聚焦到声光介质中心，光束成为极细的高斯光束，从而减小其渡越时间。事实上，为了充分利用声能和光能，认为声光调制器比较合理的情况是工作于声束和光束的发散角比 $\alpha \approx 1$（$\alpha = \dfrac{\Delta\theta_i}{\Delta\phi}$），这是因为声束发散角大于光束发散角时，其边缘的超声能量就浪费了；反之，如果光发散角大于声发散角，则边缘光线因为已没有方向合适的（即满足布拉格条件的）超声而不能被衍射。所以在设计声光调制器时，应比较精确地确定二者的比值。

一般的光束发散角取 $\Delta\theta_i = 4\lambda / \pi d_0$，$d_0$ 为聚焦在声光介质中的高斯光束腰部直径；超声波束发散角为 $\Delta\phi = \lambda_s / L$，$L$ 为换能器长度。于是得到发散角比值

$$\alpha = \frac{\Delta\theta_i}{\Delta\phi} = \frac{4\lambda L}{\pi d_0 \lambda_s} \tag{7-93}$$

实验证明，调制器在 $\alpha = 1.5$ 时性能最好。

此外，对于声光调制器，为了提高衍射光的消光比，希望衍射光尽量与 0 级光分开，调制器还必须采用严格可分离条件，即要求衍射光中心和 0 级光中心间的夹角大于 $2\Delta\phi$，即大于 $8\lambda/\pi d$。

习题与思考题七

1．有一平凹氦氖激光器，腔长 0.5 m，凹面镜曲率半径为 2 m，现欲用小孔光阑选出 TEM$_{00}$ 模，试求光阑放于紧靠平面镜和紧靠凹面镜处两种情况下小孔直径各为多少？（对于氦氖激光器，当小孔光阑的直径约等于基模半径的 3.3 倍时，可选出基横模。）

2．氦氖激光器方形镜对称共焦腔腔长 $L = 0.2$ m，腔内同时存在 TEM$_{00}$、TEM$_{11}$、TEM$_{22}$ 横模。若

在腔内接近镜面处加小孔光阑选取横模，试问

（1）如果只是 TEM_{00} 模振荡，光阑孔径应为多大？

（2）如果同时使 TEM_{00}、TEM_{11} 模振荡而抑制 TEM_{22} 模振荡，光阑孔径应为多大？

3．一台 He-Ne 激光器，波长为 632.8 nm，腔长为 0.5 m：

（1）求纵模间隔；

（2）若 Ne 原子的多普勒线宽 $\Delta\nu_D = 1.5$ GHz，并且振荡阈值在增益曲线的一半处，问在小信号时，大约能有几个纵模参与振荡？

（3）若该腔为方形镜对称共焦腔，为了只选择 TEM_{00} 模起振，拟在腔镜处放置小孔光阑，问小孔尺寸的选择范围？

4．如图 7-63 所示，激光器的 M_1 是平面输出镜，M_2 是曲率半径为 8 cm 的凹面镜，透镜 P 的焦距 $F = 10$ cm，用小孔光阑选 TEM_{00} 模。试标出 P、M_2 和小孔光阑间的距离。若介质直径是 5 mm，试问小孔光阑的直径应选多大？

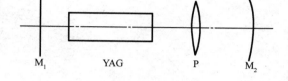

图 7-63　习题 4 图

5．激光介质是钕玻璃，其荧光线宽 $\Delta\nu_F = 24$ nm，折射率 $\eta = 1.5$，能用短腔法选单纵模吗？

6．激光器腔长 500 mm（光程长），振荡线宽 $\Delta\nu_{osc} = 2.4 \times 10^{10}$ Hz，在腔内插入法布里—珀罗标准具选单纵模。若标准具内介质折射率 $\eta = 1$，试求它的间隔 d 及平行平板反射率 r。

7．腔长 30 cm 的氦氖激光器荧光线宽为 1500 MHz，可能出现三个纵模。用复合腔法选取单纵模，求短耦合腔腔长（$L_2 + L_3$）。

8．说明利用调 Q 技术获得高峰值功率的巨脉冲的原理，并简要说明调 Q 脉冲形成过程中各主要参量随时间的变化。

9．有哪些方法能够用来做调 Q 装置？试分析其工作原理。

10．若有一四能级调 Q 激光器，有严重的瓶颈效应（即在巨脉冲持续时间内，激光低能级积累的粒子不能清除）。已知比值 $\Delta n_i/\Delta n_t = 2$，试求脉冲终了时，激光高能级和低能级的粒子数 n_1 和 n_2（假设 Q 开关接通前，低能级是空的）。

11．兰姆凹陷稳频和反兰姆凹陷稳频方法有何不同？试举例说明。

12．在谐振腔中部 $L/2$ 处放置一损耗调制器，要获得锁模光脉冲，调制器的损耗周期 T 应为多大？每个脉冲的能量与调制器放在紧靠端镜处的情况有何差别？

13．一锁模氩离子激光器，腔长 1 m，多普勒线宽为 6000 MHz，未锁模时的平均输出功率为 3 W。试粗略估算该锁模激光器输出脉冲的峰值功率、脉冲宽度及脉冲间隔时间。

14．有一多纵模激光器纵模数为 1000 个，腔长为 1.5 m，输出的平均功率为 1 W，认为各纵模振幅相等。求在锁模情况下，光脉冲的周期、宽度和峰值功率各是多少？

15．钕玻璃激光器的荧光线宽 $\Delta\nu_F = 7.5 \times 10^{12}$ Hz，折射率为 1.52，棒长 $l = 20$ cm，腔长 $L = 30$ cm。如果处于荧光线宽内的纵模都能振荡，试求锁模后激光脉冲功率是自由振荡时功率的多少倍。

16．设腔长为 100 cm 的某氩离子激光器，其多普勒线宽为 5 GHz，当小信号增益等于 2 倍阈值时，平均功率为 4 W。试问

（1）阈值以上有多少个纵模？

（2）激光器锁模时的峰值功率多大？

（3）激光器锁模时的脉冲宽度多大？

17．一台锁模激光器，腔长 $L = 1$ m，假设超过阈值的所有纵模被锁定，

（1）若介质是红宝石，棒长 $l = 10$ cm，$n = 1.76$，$\Delta\lambda_g = 0.5$ nm，$\lambda = 694.3$ nm。

（2）若介质是钕玻璃，棒长 $l = 10$ cm，$n = 1.83$，$\Delta\lambda_g = 28$ nm，$\lambda = 1.06$ μm。

（3）若是 He-Ne 激光器，$l = 100$ cm，$\Delta\lambda_g = 2 \times 10^{-3}$ nm，$\lambda = 632.8$ nm。

分别求出输出的脉冲宽度，脉冲间隔及模式数。从计算的结果可以得出什么结论？

18．试分析激光调 Q 技术与锁模技术的相似之处和本质差异。

19．当频率 $f_s = 40$ MHz 的超声波在熔凝石英声光介质（$n = 1.54$）中建立起超声场（$v_s = 5.96 \times 10^5$ cm/s）时，试计算波长为 $\lambda = 1.06$ μm 的入射光满足布拉格条件的入射角 θ_b。

第 8 章 典型激光器

自 1960 年第一台红宝石固体激光器问世以来，激光器的发展非常迅速，目前已研制成功的激光器有上千种。按介质分类，有固体、液体、气体（原子、离子、分子、准分子等）和半导体、自由电子，以及光纤激光器等各种类型的激光器；按工作方式分类，有连续、准连续、脉冲、调 Q 和锁模等激光器；按输出激光的波段分类，有红外、可见光、紫外和 X 射线激光器；按谐振腔的结构分类，有非稳腔、稳定腔和临界腔激光器；按激励方式分类，有放电激励（纵向或横向激励）、热激励、光泵激励、化学激励和核激励激光器；按激光束的输出特性划分，有基横模、多横模、单（纵模）、多（纵）模激光器。

激光器在输出功率、输出能量、谱线、波形、脉宽、频率稳定性、重复性、能量转换效率、尺寸和运转寿命等各个方面都正在不断地取得进展。近年来，准分子气体、自由电子束、光纤、陶瓷、光子晶体等作为激光介质的新型激光器迅猛发展。

尽管各种激光器的外形尺寸不同，但它们的工作原理都是相同的。本章将按激光介质分类，主要讨论几种具有代表性的典型激光器：固体激光器、气体激光器和染料激光器，然后介绍几种具有特殊性能且有较好应用前景的新型激光器。

半导体激光器、光纤激光器、光子晶体激光器及激光放大器，由于其与一般固体激光器的差异，以及它们在现代通信中的重要作用，将在第 9 章和第 10 章中专门阐述。

8.1 固体激光器

固体激光器是研究最早、也是最早实现激光输出的激光器，自激光问世以来发展十分迅速。与其他种类的激光器相比，固体激光器由于其介质已达百余种，激光谱线达数千条之多，被广泛地应用于工业、国防、医疗、通信、科研等许多领域。

本节先介绍固体激光器的典型结构和抽运方式，然后介绍最常用的几种固体激光器：红宝石固体激光器，掺钕钇铝石榴石（Nd：YAG）激光器，钕玻璃激光器和掺钛蓝宝石激光器。

8.1.1 固体激光器的基本结构和泵浦方式

固体激光介质是由玻璃或晶体等固体材料作为基质，掺入某些掺杂离子（激活离子）构成。介质的物理性能主要取决于基质材料，而其光谱特性主要由激活离子的能级结构所决定。

由于固体中的原子之间距离小，相邻原子间的相互作用强，因此固体材料的吸收光谱和发射光谱的范围比气体宽得多。宽的吸收光谱决定了可以采用方便的光源来对介质进行泵浦，因此固体激光器主要采用光泵浦。泵浦光源由外部电源驱动而发光，固体介质中的激活粒子吸收泵浦光源中某些波段的光能，在介质中形成粒子数反转，从而产生激光。光泵浦又可分为闪光灯泵浦和半导体激光二极管泵浦两种方式。

1. 闪光灯泵浦

以闪光灯作为泵浦源是第一台固体激光器问世以来广泛采用的一种泵浦方式。脉冲激光器采用脉冲氙灯，连续激光器采用氪灯或碘钨灯。闪光灯泵浦固体激光器的基本结构如图 8-1 所示。

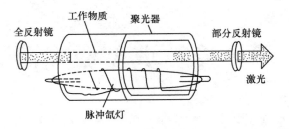

图 8-1　闪光灯泵浦固体激光器的基本结构示意图

闪光灯的发射光谱由连续谱和线状谱组成，覆盖很宽的波长范围，但是只有与激光介质吸收波长相匹配的波段的光可有效地用于光泵浦。介质的形状有圆柱形（棒状）、板条形（平板形）、圆盘形与管状等，其中棒状使用得最多，因此激光介质也称激光棒。聚光腔的内壁镀有高反射层，聚光腔把闪光灯的辐射光会聚到介质上，以获得高的泵浦效率。光学谐振腔由全反射镜和部分反射镜组成。

闪光灯泵浦具有辐射强度高、既能脉冲工作又能连续工作、工艺简单、使用方便等优点。但是，闪光灯泵浦的能量转换环节多，其辐射光谱很宽，只有一部分能量分布在激光介质的有效吸收带内。如果用激光器输出功率（能量）和光泵输入电功率（能量）的比值来表示激光器的效率，则闪光灯泵浦的激光器效率较低，最常用的 Nd：YAG 激光器的效率约为 1%～3%。

2．半导体激光二极管泵浦

采用半导体激光二极管（Laser Diode，LD）作为泵浦源的固体激光器是 20 世纪 80 年代中后期固体激光技术领域的一次革命，也是半导体激光器最重要的应用之一。近年来，以 LD 作为泵浦的固体激光器的研制取得了长足的进步，并将逐步取代闪光灯泵浦源。LD 泵浦固体激光器也称做 DPSSL（Diode Pumped Solid-State Laser）。

可以针对某些固体介质的吸收光谱来选择与其匹配的激光二极管作为泵浦源，这将大大提高激光器的效率，改善激光器的性能。例如，Nd：YAG 在 810 nm 附近约 30 nm 范围内有多条吸收谱线，若用波长 808 nm 的 LD 泵浦，可以准确地对准该吸收带中带宽约为 2 nm 的 808 nm 强吸收谱线。LD 泵浦固体激光器的总效率一般可达 10%～25%，远高于闪光灯泵浦的固体激光器。此外，它还具有小型化、全固态、长寿命（连续工作方式达几万小时，脉冲工作方式可达 10 亿～1000 亿次）及介质热效应小等优点。大功率 LD 的出现促使 LD 泵浦固体激光器迅速发展并获得广泛应用，在许多领域正逐步取代一直被广泛应用的气体激光器和染料激光器。

LD 泵浦固体激光器根据泵浦的耦合方式不同可分为三种结构：直接端面泵浦、光纤耦合端面泵浦和侧面泵浦。

（1）直接端面泵浦

直接端面泵浦是小功率 DPSSL 常用的方式，其典型结构如图 8-2 所示。

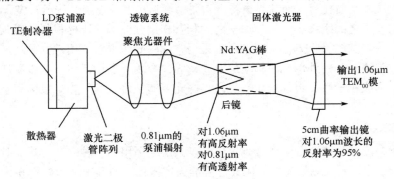

图 8-2　直接端面泵浦典型结构

直接端面泵浦结构主要由 LD 泵浦源、透镜系统和固体激光器三部分组成。LD 出射光束可近似看作在 x 和 y 方向具有不同光腰半径的高斯光束（见第 9 章），特殊设计的透镜系统将其整形，使其在 x、y 方向对称，从而将泵浦光高效地耦合到固体介质上。固体介质输入端 M_1 镜镀有对泵浦光增透，而对固体激光波长全反射的双色膜，该端面作为固体激光器谐振腔的全反射端；输出镜 M_2 为部分反射镜，对固体激光波长具有适宜的透过率。

直接端面泵浦装置简单，泵浦光束与谐振腔模匹配良好，介质对泵浦光吸收十分充分，总效率高。但是端面的尺寸限制了泵浦光的功率，从而限制了固体激光器的输出功率。

（2）光纤耦合端面泵浦

这种泵浦方式是将泵浦光经光纤或光纤束耦合到固体介质中，其结构如图 8-3 所示。

光纤耦合端面泵浦结构与直接端面泵浦结构相比增加了耦合光学系统和耦合光纤两部分。光束质量较差的泵浦光经过一段光纤传输后，光束质量得到改善。光纤耦合端面泵浦中，由于泵浦光与固体激光在空间上有很好的匹配，泵浦效率较高。LD 泵浦光与光纤耦合比与介质耦合容易，因此可降低对器件调整的要求；经过光纤耦合，可以使固体激光器输出模式好的激光；光纤可以隔离激光二极管与固体激光器之间的热传导，减轻热效应的相互影响。

（3）侧面泵浦

要得到更大功率的激光输出，需采用功率更大的半导体激光器阵列作泵浦光源，由于阵列的发光面较大，采取侧面泵浦的方式更为有利。图 8-4 是一种侧面泵浦的板条式固体激光器示意图。板条固体激光器是指固体介质的几何形状为板条状。如图 8-4 所示，在板条状固体激光器介质的一侧放置大功率泵浦半导体激光器阵列，阵列中的 LD 结构宜采用垂直腔表面发射激光器（简称 VCSEL）；另一侧为全反射板，将泵浦光反馈集中到介质中。激光在介质中通过侧面全内反射传输，使其经过增益介质的有效长度大于外形长度，从而获得大功率输出。

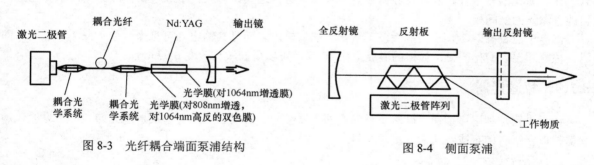

图 8-3　光纤耦合端面泵浦结构　　　　图 8-4　侧面泵浦

8.1.2　红宝石固体激光器

世界上第一台激光器就是红宝石固体激光器，由于其输出的激光在可见光范围，所以至今仍然在动态全息、医学等方面具有应用价值。

1. 发光机理

红宝石是掺有少量 Cr_2O_3（质量比约为 0.05%）的 Al_2O_3（刚玉）晶体。Al_2O_3 为蓝宝石，其中少量的 Al^{3+} 被 Cr^{3+} 置换，从而使晶体变为淡红色。红宝石中，产生激光的激活离子是铬离子 Cr^{3+}，其能级图如图 8-5 所示。

Cr^{3+} 离子在可见光区有两个强吸收带，分别对应图中的 $^4F_1$ 和 $^4F_2$ 能级，一个吸收带的中心波长位于 410 nm 附近，称为紫带（或 U 带），另一个吸收带的中心波长位于 550 nm 附近，称为绿带（或 Y 带），两个吸收带的宽度大约都是 100 nm。红宝石固体激光器的泵浦源通常采用强闪光灯。

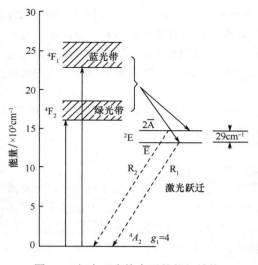

图 8-5　红宝石中铬离子的能级结构

当激光器运转时，泵浦光中频率相应于两个吸收带的那部分光被 Cr^{3+} 离子吸收，从而使 Cr^{3+} 离子跃迁到 $^4F_1$ 和 $^4F_2$ 能级。铬离子在 $^4F_1$ 和 $^4F_2$ 能级上的寿命很短（约为 10^{-9} s），因而迅速通过无辐射跃迁过程跃迁到 ^2E 能级。^2E 能级是亚稳态，粒子处在该能级的平均寿命较长（约为 5×10^{-3} s），因此在 ^2E 能级可积聚较多的 Cr^{3+} 离子。当泵浦功率足够强时，在 ^2E 能级与 $^4A_2$ 能级间可实现集居数反转。^2E 能级由间隔 29 cm^{-1} 的两个子能级 $2\overline{A}$ 和 $\overline{E}$ 组成，粒子由 $\overline{E}$ 能级和 $2\overline{A}$ 能级向 $^4A_2$ 能级跃迁时，分别产生波长为 694.3 nm 和 692.9 nm 的荧光谱线，称为 R_1 线和 R_2 线。集居数在 $2\overline{A}$ 能级和 $\overline{E}$ 能级按玻耳兹曼规律分布，在 $2\overline{A}$ 能级上占 47%，$\overline{E}$ 能级上占 53%，两能级间有较快的热弛豫过程。由于 $\overline{E}$ 能级集居数比 $2\overline{A}$ 能级多，因此易于达到阈值并产生 R_1 线激光。R_1 线激光形成后，$\overline{E}$ 能级上抽空的粒子很快由 $2\overline{A}$ 能级上的粒子补充，这使 $2\overline{A}$ 和 $^4A_2$ 能级间难以达到反转粒子数阈值，因此红宝石固体激光器通常只产生 694.3 nm 的激光。

2. 输出特性

由以上分析可知，红宝石固体激光器属三能级系统，具有较高的泵浦能量阈值，所以通常只能以脉冲方式运转。红宝石激光介质输出的荧光线宽较大，室温下达 3×10^{11} Hz，对于腔长 10 cm 的激光器来说，纵模频率间隔为 $\Delta \nu_q \approx 3 \times 10^9$ Hz，输出纵模约达 100 个，所以红宝石固体激光器一般以多模方式工作，激光的相干性较差。在腔内放置一标准具进行选模，可获得单纵模，在腔内加入小孔光阑，可改善激光的空间相干性。

铬离子亚稳态寿命长，储能大，可获得大能量输出。而且其输出为可见光，便于探测和应用。同时，性能随温度变化明显，如棒的温度变化 10 ℃，可以引起波长改变 0.07 nm。

8.1.3　钕激光器

钕激光器是利用掺杂在不同基质材料中的金属钕的三价离子（Nd^{3+}）发射激光的。最常见的钕激光器是以钇铝石榴石或钕玻璃为基质材料。

1. 掺钕钇铝石榴石激光器

（1）发光机理

掺钕钇铝石榴石（$Nd^{3+}：Y_3Al_5O_{12}$）常简写为 Nd：YAG，是以钇钕石榴石晶体 $Y_3Al_5O_{12}$（简写为 YAG）为基质，掺以约 1% 原子百分比的 Nd^{3+} 离子，晶体中的部分 Y^{3+} 离子被 Nd^{3+} 离子取代，呈淡紫色。其中激活离子是 Nd^{3+} 离子。Nd：YAG 激光器是最重要的激光系统之一。

Nd：YAG 晶体中 Nd^{3+} 离子与激光产生过程有关的能级如图 8-6 所示。

Nd：YAG 的吸收光谱中（如图 8-7 所示），对激光有贡献的主要有 5 个吸收光谱带，中心波长分别在 525 nm、585 nm、750 nm、810 nm 和 870 nm 附近，每个吸收带带宽约为 30 nm，其中以 750 nm 和 810 nm 为中心的两个吸收带最强，也最为重要。

在光泵浦下，处于基态 $^4I_{9/2}$ 的钕离子吸收相应波长的光子能量后，跃迁到上述吸收带的各个能级（主要是图 8-7 Nd：YAG 晶体的吸收光谱中的 $^4F_{5/2}$、$^2H_{9/2}$ 和 $^4F_{7/2}$、$^4S_{3/2}$ 能级，分别对应中心波长为 810 nm 和 750 nm 的吸收带）。在这些能级上的离子很不稳定，很快地通过无辐射跃迁迅速落到 $^4F_{3/2}$ 能级。$^4F_{3/2}$ 能级是寿命约为 0.23 ms 的亚稳态能级，作为激光上能级。处于 $^4F_{3/2}$ 能级的 Nd^{3+} 离子可以向多个终端能级跃迁并产生荧光辐射，其中概率最大的是 $^4F_{3/2} \rightarrow ^4I_{11/2}$ 跃迁（波长 1064 nm），其次是 $^4F_{3/2} \rightarrow ^4I_{9/2}$ 跃迁（波长为 950 nm），概率最小的是 $^4F_{3/2} \rightarrow ^4I_{13/2}$ 跃迁（波长为 1350 nm）。显然，$^4F_{3/2} \rightarrow ^4I_{11/2}$ 跃迁和 $^4F_{3/2} \rightarrow ^4I_{13/2}$ 跃迁都属四能级系统，阈值低，只需很低的泵浦能量就能实现激光振荡。但是，其中 1064 nm 的荧光强度约为 1350 nm 荧光光强的 4 倍，1064 nm 谱线首先起振，从而抑制了 1350 nm 谱线，只有在设法抑制 1064 nm 激光的情况下，才能产生 1350 nm 的激光。$^4F_{3/2} \rightarrow ^4I_{9/2}$ 跃迁属三能级系统，室温下难以产生激光。因此，Nd：YAG 激光器通常只产生 1064 nm 的激光振荡。

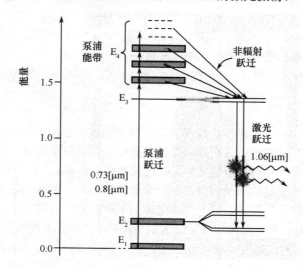

图 8-6　Nd：YAG 晶体中 Nd^{3+} 离子与激光产生过程有关的能级

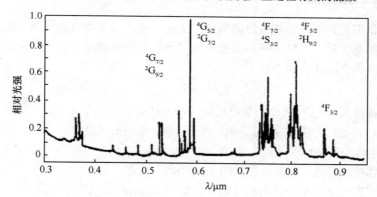

图 8-7　Nd：YAG 晶体的吸收光谱

（2）输出特性

1064 nm 谱线的激光上能级在基态能级之上足够高的位置（约 $\geqslant 2000\ \mathrm{cm}^{-1}$），该能级几乎为空，因此该能级系统是比较理想的四能级系统，泵浦阈值低，可获得较高的连续运转效率。连续工作的 Nd：YAG 激光器目前最大输出功率已超过 4 kW，调 Q 器件的峰值功率已高达几百兆瓦。

Nd：YAG 晶体具有优良的光学性质和高热导，有利于制成连续工作和高重复率工作的激光器。YAG 是目前能在室温下连续工作的唯一实用的固体介质。

基于以上特点，Nd：YAG 是目前应用最广泛的固体介质，可以单脉冲，高重复频率和连续运转，既能做成中小功率和微型激光器，又能做成千瓦级的高功率固体激光器，还能以调 Q、锁模等多种方式工作。

2. 钕玻璃激光器

（1）发光机理

钕玻璃激光器也是最常用的固体激光器。钕玻璃是在某种成分的光学玻璃（硅酸盐、磷酸盐、氟磷酸盐、硼酸盐等）中掺入适量的 Nd_2O_3 制成的。Nd^{3+} 浓度为 $3×10^{20}$ cm^{-3} 左右，用得最多的是硅酸盐和磷酸盐钕玻璃。

钕玻璃中 Nd^{3+} 离子的能级结构与 Nd：YAG 基本相同，只是能级的高度和宽度略有差异。泵浦吸收带与 Nd：YAG 相似，但带宽稍宽；对应于 $^4F_{3/2} → ^4I_{9/2}$、$^4F_{3/2} → ^4I_{11/2}$ 和 $^4F_{3/2} → ^4I_{13/2}$ 的跃迁有三条荧光谱线，中心波长分别为 920 nm、1060 nm 和 1370 nm。与 Nd：YAG 相似，一般情况下只产生 1060 nm 的激光振荡，采取特殊选模措施时可产生 1370 nm 激光。

钕玻璃的荧光谱线宽度比晶体大得多，在 1060 nm 处的荧光线宽约为 250 cm^{-1}，荧光寿命约为 0.6～0.9 ms。

（2）输出特性

钕玻璃的荧光寿命长，易于积累高能级离子，又容易制成光学均匀性优良的大尺寸材料，因此可制成大能量大功率激光器。它输出的激光功率是目前各种激光器中最高的，可达 10^{14} W。玻璃易获得良好的光学均匀性，形状和尺寸可自由选择。大的钕玻璃棒长达 2 m，直径为 100 mm，可制成巨脉冲能量器件。小的仅有数微米直径的玻璃光纤，用于集成光路中作光振荡与放大。由于荧光线宽较宽，适于制成锁模器件，钕玻璃锁模激光器可产生脉宽小于 1 ps 的超短光脉冲。

其主要缺点是材料热导性差，振荡阈值又比 Nd：YAG 高，因此不宜用于连续和高重复率运转。但是近年来二极管泵浦和运动钕玻璃板条激光器的出现，已使钕玻璃可用于重复频率高功率激光系统中。

8.1.4 掺钛蓝宝石激光器

掺钛蓝宝石（钛宝石）激光器是目前应用最广泛的一种可调谐固体激光器。固体激光器实现可调谐，是固体激光器的重大进展，红宝石和钕激光器产生的激光具有固定波长，而钛宝石激光器输出的激光在很宽的波长范围内连续可调。

1. 发光机理

掺钛蓝宝石晶体是以 Al_2O_3 晶体为基质材料，掺入适量的钛离子 Ti^{3+} 而制成，其化学表示式为 Ti^{3+}：Al_2O_3，Ti^{3+} 离子的原子百分比约为 1.2%，取代 Al_2O_3 晶体中的 Al^{3+} 离子。

掺钛蓝宝石晶体中 Ti^{3+} 离子的能级图如图 8-8 所示。

自由的 Ti^{3+} 离子有一个五重简并的最低电子能级 ^2D。晶体中，由于晶格场的作用，^2D 能级分裂为 $^2T_{2g}$（基态）和 ^2E_g（激发态）两个电子能级，激光跃迁正是发生在这两个能级之间。又由于钛离子与基质晶体之间的强相互作用，二者的相对振动产生了一系列振动能级，图 8-8 中的横线表示振动能级。由于振动能级间的能量间隔很小，因此大量的振动能级构成了准连续的能带。带间的电子振动跃迁形成了波长范围为 400～600 nm 的宽吸收带，峰值吸收波长约为 490 nm。在光泵作用下可产生 660～1180 nm 的宽荧光谱带，其峰值波长在 790 nm 附近。处于基态 $^2T_{2g}$ 的 Ti^{3+} 吸收了泵浦光将跃迁到 ^2E_g 能级的较高振动态，然后经无辐射跃迁落到电子振动带的底部，于是 ^2E_g 能级的低振动态和 $^2T_{2g}$ 能级的一系列振动态之间形成了集居数反转，然后产生激发跃迁。激光波长取决于作为终端能级的振动能级，最后终端能级的 Ti^{3+} 离子

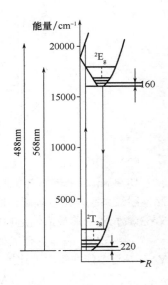

图 8-8 掺钛蓝宝石晶体中 Ti^{3+} 离子的能级图

通过快速声子弛豫过程回到基态电子振动能级底部。可见，这是一个四能级系统。

2. 输出特性

掺钛蓝宝石激光器的输出可调谐范围宽，为 660～1100 nm。质地坚硬，耐磨损，有优良的光学特性。技术成熟，输出功率高。荧光峰值为 780 nm，在 700～900 nm 范围内可调谐功率最高。实用化的连续波掺钕蓝宝石激光器随输出波长而变化的输出功率可达几瓦。

缺点是闪光灯的输出不能直接被钛宝石晶体吸收，需要用荧光转换器把灯的输出转换为蓝—绿光。

8.2　气体激光器

气体激光器是以气体或蒸气为介质的激光器。它是目前种类最多、波长分布区域最宽，应用最为广泛的一类激光器。据统计，目前气体激光器约占世界激光器市场的 60%。根据气体介质的性质状态，气体激光器可分为三大类：原子激光器、分子激光器、离子激光器。气体激光器的突出优点是：

① 谱线范围宽，有数百种气体和蒸气可以产生激光，已观测到的激光谱线有上万条，谱线波长覆盖了从亚毫米波到真空紫外线，甚至 X 射线，γ 射线。

② 输出激光束的质量高，其激光束的相干性、单色性和方向性均优于固体激光器和半导体激光器。

③ 输出激光功率大，既能连续又能脉冲工作，是目前连续输出功率最大的激光器，如二氧化碳激光器连续输出功率已达数十万瓦。

④ 转换效率高，目前二氧化碳激光器的电光转换效率已达 25%。

此外，气体激光器还具有结构简单、造价低等优点。因此，气体激光器在农业生产、科学研究、国防、材料加工、医疗、测量、能源、通信、信息等领域都有广泛的应用。

但由于气体的激活粒子密度远小于固体，需要较大体积的介质才能获得足够的功率输出，因此气体激光器的体积一般比较庞大。

气体激光器种类多，谱线丰富。本节仅介绍最常用的几种典型激光器：氦氖（He-Ne）激光器、二氧化碳（CO_2）激光器和氩离子（Ar^+）激光器，它们分别是原子、分子和离子气体激光器的典型代表。

8.2.1　气体激光器的泵浦方式

气体介质吸收谱线宽度小，不宜采用光源泵浦，且产生激光作用的原子、分子或离子都以气体或蒸气的形式存在于激光物质之中，因此大部分气体激光器采用气体放电泵浦方式。所谓气体放电，是指在高电压作用下，气体分子（或原子）发生电离而导电。

在激光器的工作气体中，除能产生激光发射的气体之外，一般还含有一些辅助气体，如各种惰性气体及氮气、氧气、氢气等，它们在激光器中有的作为缓冲气体改善工作气体的传热特性，有的则作为能量转移气体。在放电过程中，带电粒子（电子和离子）与中性气体粒子（原子或分子）之间发生频繁的碰撞，实现能量交换，从而在某一对能级间形成集居数反转分布。

气体放电激励方式简便有效，但在某些条件下它不能达到理想效果，这时也可以用其他激励手段，如热激励、化学激励、光泵激励、核能激励、电子束激励等。一种气体激光器能用许多不同的激励方式来泵浦，非常灵活，这也是气体激光器的优点之一。例如 CO_2 激光器几乎能用上述各种激励技术来泵浦，因此 CO_2 激光器具有功率大、能量大、种类多和应用范围广等特点。

8.2.2　氦氖激光器

氦氖（He-Ne）激光器是最早（1960 年末）研制成功的气体激光器，由于它具有结构简单、使用方便，光束质量好，工作可靠和制造容易等优点，至今仍然是应用最广泛的一种气体激光器。He-Ne 激光器是最典型的惰性气体原子激光器，其介质是氦氖混合气体，发射激光的是氖（Ne）原子，氦（He）为辅助气体。加入 He 气体是用来改善混合气体的放电特性，提高 Ne 原子的能级粒子数反转密度，即可以提高激光器输出功率和能量转换效率。

He-Ne 激光器是连续运转的激光器，输出连续光，主要波段在可见光到近红外区，其中最常用的工作波长为 632.8 nm（红光），其次是 1.15 μm 和 3.39 μm。He-Ne 激光器输出光束的质量很高：单色性好（$\Delta\nu < 20\,Hz$），方向性好（$\theta < 1\,mrad$）。单模输出功率一般为毫瓦量级（0.5～100 mW）。

1. 基本结构

He-Ne 激光器的基本结构由激光管和电源两部分组成。其中，激光管主要包括放电管、电极和谐振腔三部分。放电管通常由毛细管和储气室构成，是产生激光的地方。放电管中充入一定比例的 He、Ne 气体，当电极加上高电压后，毛细管中的气体开始放电，使 Ne 原子受激发产生粒子数反转。储气室与毛细管相连，并不发生气体放电，其作用是补偿因慢漏气及管内元件放气或吸附气体造成 He、Ne 气体比例及总气压发生的变化，延长器件的寿命。根据激光器放电管和谐振腔反射镜放置方式的不同，He-Ne 激光器通常有三种结构形式：内腔式、外腔式和半内腔式，如图 8-9 所示。

图 8-9（a）所示为内腔式，两块反射镜直接贴在放电管两端。这种结构的优点是使用中不必进行任何调整，非常方便，且腔内损耗小，有利于提高输出功率。缺点是器件工作过程中当毛细管受热变形时，谐振腔反射镜将偏离原已校准的状态，引起输出特性劣化。所以内腔式结构激光管的长度一般不超过 1 m。

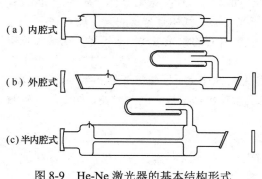

图 8-9　He-Ne 激光器的基本结构形式

（a）内腔式
（b）外腔式
（c）半内腔式

图 8-9（b）所示为外腔式，其结构特点时谐振腔反射镜与放电管分离，放电管两端封有布儒斯特窗。外腔式优点是放电管的热变形对谐振腔的影响很小，加之腔镜可调整，可以保证激光器在长期使用中输出稳定。布儒斯特窗的加入，使激光器可获得线偏振光输出，偏振度一般大于 99%。外腔式结构可很方便地在腔内插入其他光学元件，获得调频、调幅输出。缺点是腔镜与放电管的相对位置容易改变，使用中需经常加以调整。

图 8-9（c）所示为半内腔式，谐振腔的一个反射镜与放电管固定在一起，放电管的另一端用布儒斯特窗密封，与反射镜分开。它产生的激光也是线偏振光。这种结构的优缺点介于内、外腔式之间，适于作特殊要求的小型激光器的结构。

2. 发光原理

He-Ne 激光器中的激光跃迁产生于 Ne 原子的不同激发态之间，He 原子为辅助气体，其作用是提高 Ne 原子的泵浦速率。与激光跃迁有关的 He 原子与 Ne 原子的能级图如图 8-10 所示。

He-Ne 激光器中最强的三条激光谱线 632.8 nm、1.15 μm 及 3.39 μm，分别对应 Ne 的 $3S_2 \rightarrow 2P_4$、$2S_2 \rightarrow 2P_4$ 及 $3S_2 \rightarrow 3P_4$ 跃迁。下面以这三条激光谱线为例说明 He-Ne 激光器的工作原理。

在一定放电条件下，阴极发射的电子向阳极运动，并被电场加速；快速运动的电子与基态 He 原子发生非弹性碰撞时将 He 原子激发到激发态 2^2S_0 和 2^3S_1 而自身减速。2^1S_0 和 2^3S_1 是亚稳态，因而可以积聚大量 He 原子。这两个能级分别接近于 Ne 原子的 $2S_2$ 和 $3S_2$ 能级，因此，当激发态 He 原子（He*）和基态 Ne 原子发生非弹性碰撞时将 Ne 原子激发到 $2S_2$ 和 $3S_2$ 能级，这一过程称做共振能量转移。共振转移的结果形成 $3S_2 \rightarrow 3P_4$、$3S_2 \rightarrow 2P_4$、$2S_2 \rightarrow 2P_4$ 等能级间的集居数反转，并通过受激辐射跃迁发出波长分别为 632.8 nm、1.15 μm、3.39 μm 的激光。由图 8-10 可见，这些激光谱线的下能级都在基态之上，所以 He-Ne 激光器实际上是属于四能级系统。

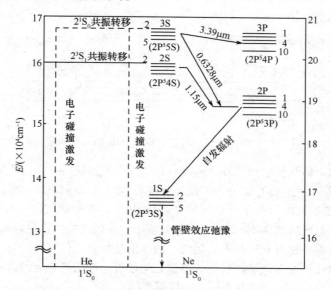

图 8-10　与激光跃迁有关的 He 原子与 Ne 原子能级图

由以上分析可知，处于激发态的 He 原子通过共振能量转移将能量传给基态 Ne 原子，使之到达激光上能级，而 He 原子则回到基态，这种激发方式是 Ne 原子获得粒子数反转的主要激发机制，而 Ne 原子的直接电子碰撞激发只起很小的作用。

从这三条谱线的跃迁过程可以看到，它们之间有的有共同的上能级，有的有共同的下能级。这些有共同能级的谱线之间不是毫无关系的，而是相互影响，存在谱线竞争。632.8 nm 和 3.39 μm 两条激光谱线具有相同的上能级，因此这两条谱线之间存在着强烈的竞争。3.39 μm 谱线的振荡，将大量消耗激光上能级的粒子，导致 632.8 nm 谱线的增益与输出功率下降，甚至振荡被抑制。因此，为获得较强的 632.8 nm 激光输出，应设法抑制 3.39 μm 谱线的振荡，遵循的原则是增大 3.39 μm 谱线的损耗或者降低其增益。

8.2.3　二氧化碳激光器

二氧化碳（CO_2）激光器是典型的分子气体激光器，以 CO_2 气体分子作为激光介质。自 1964 年第一台 CO_2 激光器研制成功以来，发展迅速，主要原因是它具有很多明显的优点：它既能连续工作，又能脉冲工作；输出功率大，连续输出功率超过几十万瓦；脉宽可压缩到纳秒量级，脉冲峰值功率可达太瓦（TW）量级，是所有激光器中连续波输出功率最高的激光器；能量转换效率高达 20%～25%，是能量利用率最高的激光器之一；其输出波长分布在 9～18 μm 波段，已观察到的激光谱线 200 多条，其中最主要的激光波长 10.6 μm 正好处于"大气窗口"（即大气吸收较小），十分适宜于制导、测距、通信上的应用，以及用作激光武器；并且对人眼的危害比可见光和 1.06 μm 红外线要小得多。因此，CO_2 激光器广泛应用于材料加工、通信、雷达、诱发化学反应、外科手术等方面，还可用于激光引发热核反应，激光分离同位素及激光武器等。

1. 基本结构

CO_2 激光器有多种结构形式，其激励方式有电激励、热激励和化学能激励，气体状态可以是封离或流动，放电形式有纵向放电和横向放电。纵向放电激励封离型 CO_2 激光器是广泛应用且最成熟的一种结构形式。封离型 CO_2 激光器是指工作气体被密封于放电管内。同 He-Ne 激光器一样，封离型 CO_2 激光器的基本结构也分为全内腔、半内腔和全外腔三种，图 8-11 所示为全内腔和半内腔纵向放电激励封离型 CO_2 激光器的典型结构。

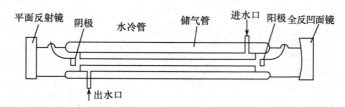

图 8-11　全内腔和半内腔纵向放电激励封离型 CO_2 激光器结构示意图

它由电极、放电管、储气管、回气管、水冷套管以及谐振腔镜等几部分组成。CO_2 激光器的放电管多采用硬质玻璃制成，小型 CO_2 激光器的放电管孔径一般是 4～8 μm，输出功率大的孔径通常在 10 mm 以上。约 1 m 长的放电管内充有 CO_2 气体以及 He、N_2 等辅助气体。当两电极间加直流或低频高压时，管中放电，即有连续功率 40～50 W 的激光输出。为防止放电管发热而影响器件的输出功率，需进行水冷，因此放电管外加有水冷套管。储气管的作用是增大工作气体的体积，提高器件的输出功率稳定性和延长器件的使用寿命，储气管与放电管之间通过一根回气管连通，回气管的作用是将放电管的阴极和阳极空间连通，保证气体分布均匀，压强平衡。

2. 发光原理

CO_2 激光器是一种混合气体激光器，CO_2 为激光介质，其他气体如 He、N_2、CO、Xe、H_2O、H_2、O_2 等都是辅助气体。其中 N_2 的作用与 He-Ne 激光器中 He 的作用相似：传递激发能，提高激光上能级的激励效率。He 的作用是有助于激光下能级的抽空。其他气体的作用也都是为了提高激光器的输出功率和效率。

CO_2 激光器中与激光跃迁有关的能级是由 CO_2 分子和 N_2 分子的基态电子能级的低振动子能级构成的，如图 8-12 所示。

CO_2 分子是一种线性对称排列的三原子分子，三个原子排列成一条直线（称为分子轴），中间是碳原子，两端是氧原子，结构如图 8-13（a）所示。CO_2 分子不同的激发态取决于组成分子的三个原子的相对振动方式，CO_2 分子有三种基本振动形式，或称三种简正振动：对称振动、弯曲振动和反对称振动，分别如图 8-13（b）、（c）、（d）所示。

对称振动：两个氧原子沿分子轴同时朝向或同时背向碳原子振动，碳原子保持不动。

弯曲振动：三个原子垂直于分子轴振动，且碳原子的振动方向与两个氧原子相反。

反对称振动：三个原子沿分子轴振动，其中，碳原子的振动方向与两个氧原子相反。

通常用 $10'0$、$20'0$、$30'0$ 等表示对称振动的各能级；用 $01'0$、$02'0$、$03'0$ 等表示弯曲振动的各能级；用 $00'1$、$00'2$、$00'3$ 等表示非对称振动的各能级，其中 l 为弯曲振动的振动量子数。

N_2 分子是双原子分子，只有唯一的一种振动方式，其基态和激发态分别用 $V=0$ 和 $V=1$ 表示，如图 8-12 所示。当 CO_2 激光器进行气体放电时，一部分高速电子直接碰撞 CO_2 分子，使其由基态跃迁到激发态 00^01 上，另一部分高速电子与 N_2 分子碰撞，使其由基态 $V=0$ 激发到高能态 $V=1$ 上。由于 N_2 分子的激发态 $V=1$ 属于亚稳态，其能级与 CO_2 分子的 00^01 能级非常接近，很容易通过共振能量转移过程将基态 CO_2 分子激励到 00^01 能级上。通过上述两种过程，可有效地实现 CO_2 分子在 00^01 能级上的粒子数积累。另外，激光上能级的寿命约为 1ms，下能级的寿命只有其 1%，因而很容易引起粒子数反转分布。一旦实现 00^01 与 10^00、02^00 之间的粒子数反转，即可通过受激辐射产生激光。

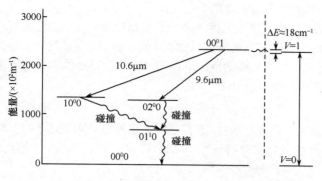

图 8-12 与产生激光有关的 CO_2 分子能级图

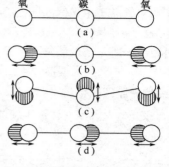

图 8-13 CO_2 分子的结构及三种振动方式

$00^01 \rightarrow 10^00$ 跃迁产生 10.6 μm 波长的激光，$00^01 \rightarrow 02^00$ 跃迁产生 9.6 μm 波长的激光。由于以上跃迁具有同一上能级，而且 $00^01 \rightarrow 10^00$ 跃迁的概率大得多，所以 CO_2 激光器通常只输出 10.6 μm 的激光，若要得到 9.6 μm 的激光振荡，则必须在谐振腔中放置波长选择元件抑制 10.6 μm 的激光振荡。

由以上分析可知，CO_2 激光器属四能级系统。CO_2 激光器的工作方式有连续和脉冲两种，也可以在稳频、调谐等状态下运转。

CO_2 激光器的谐振腔大多采用平凹腔，由于其增益高，也可采用非稳腔以增加其模体积。

8.2.4 氩离子激光器

如果激光跃迁发生在气体原子或分子的离子能级之间，这种激光器就称为气体离子激光器。一般分为惰性气体离子激光器、分子气体离子激光器和金属蒸气离子激光器。

气体离子激光器输出的波长范围很宽，从紫外 235.8 nm 一直到近红外 1.355 μm，已观察到 400 多条谱线，大多数都落在可见光范围，是目前在可见光波段连续输出功率最高的激光器。

氩离子（Ar^+）激光器是惰性气体离子激光器的典型代表，它的激光谱线很丰富，主要分布在蓝绿光区，其中 488 nm 蓝光和 514.5 nm 绿光两条谱线最强。Ar^+ 激光器既可以连续工作，又可以以脉冲状态运转，连续输出功率一般为几瓦到几十瓦，最高可达几百瓦，是目前在可见光区连续输出功率最高的气体激光器。它的能量转换效率较低，最高达 0.6%，一般只有 10^{-4} 量级。它已广泛应用于全息照相、信息处理、光谱分析、医疗以及工业加工等许多领域。

1. 基本结构

Ar^+ 激光器一般由放电管、谐振腔、轴向磁场和回气管等几部分组成，如图 8-14 所示。

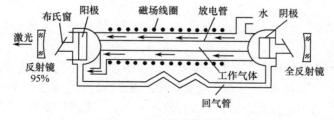

图 8-14 Ar^+ 激光器的结构

放电管是 Ar^+ 激光器的核心。由于 Ar^+ 激光器的工作电流密度高达数百 A/cm^2，放电管壁温度通常在 1000 ℃以上，所以放电管材料必须要耐高温、散热性好，常用的材料有石英、氧化铍陶瓷、石墨以及钨盘—陶瓷等。阴极和阳极之间的回气管，是为了克服气体抽运效应以保证管内气压的均匀分布。为提高 Ar^+ 激光器的输出功率和寿命，一般要加上适当的轴向磁场（$10^{-2} \sim 10^{-1}$ T），该磁场是由套在放电管外面的螺旋管产生，轴向磁场的加入，可使输出功率提高 1～2 倍。

高功率氩离子激光器的谐振腔腔长约 2 m，而风冷型氩离子激光器可以短至 1/4 m，连续运转的 Ar⁺激光器一般用稳定腔，多数为外腔式，腔内留有一定的空间以插入需用的附件。Ar⁺激光器谐振腔的反射镜，一般是在玻璃基底上镀多层介质膜，全反射镜的反射率在 99.8%以上，小型器件输出镜的透过率为 3%～4%，大型器件输出镜的透过率为 10%～15%。

2. 发光原理

Ar⁺激光器是利用气体放电使放电管内氩离子电离并激发，在离子激发态能级间实现粒子数反转而产生激光的。Ar⁺激光器的激活粒子是 Ar⁺。与产生激光有关的 Ar⁺的能级结构如图 8-15 所示。

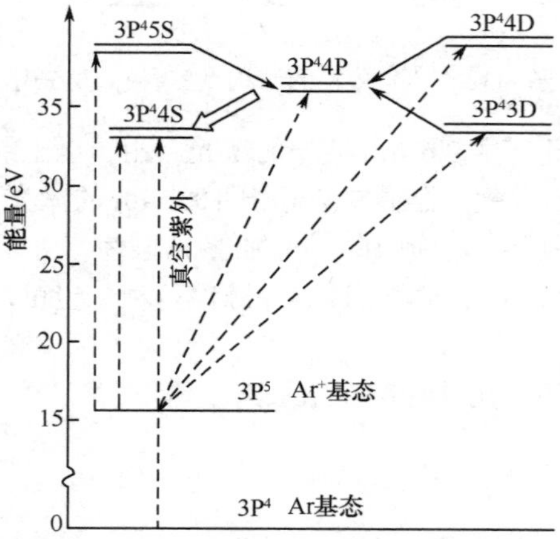

图 8-15　与产生激光有关的 Ar⁺能级图

激光上能级为 $3P^44P$，激光下能级为 $3P^44S$。因为 Ar⁺是由氩原子电离产生的，所以 Ar⁺激光器的激发过程主要是两步激发过程：气体放电后，放电管中的高速电子与中性氩原子碰撞，从氩原子中打出一个电子，使之电离，形成处在基态 $3P^5$ 上的氩离子；该基态 Ar⁺再与高速电子碰撞，被激发到高能态 $3P^44P$。此外，还有气体放电中的高能电子直接将氩原子激发至 Ar⁺的激发态 $3P^44P$ 的一步过程，以及 Ar 原子先被激发到高于 $3P^44P$ 的其他高能态，然后通过级联辐射跃迁至 $3P^44P$ 能级的级联激发过程。激光上能级 $3P^44P$ 的寿命约为 10^{-8} s，下能级 $3P^44S$ 的寿命约为 10^{-9} s，所以使粒子数实现反转分布成为可能。当激光上下能级间产生粒子数反转时，即可产生激光。

由于 $3P^44P$ 和 $3P^44S$ 电子组态均对应若干子能级，所以连续工作的氩离子激光器可产生 9 条蓝绿激光谱线，其中以 488 nm 和 514.5 nm 谱线最强。在谐振腔内插入棱镜等色散元件，可以获得单谱线激光。

Ar⁺激光的多普勒线宽（3500 MHz）约为 He-Ne 激光谱线的两倍。与 He-Ne 激光器比较，对于给定的同一腔长，它有更多的纵模，所以相干性比 He-Ne 激光器差。Ar⁺激光器每条谱线功率较大（可达 10 W），因此在光谱学的各部门，以及作为染料激光器的光源都是不可缺少的。其中 514.5 nm 的绿光，已在医学上被用来诊断及治疗癌症。

8.3　染料激光器

随着对高功率和高重复率激光的进一步的应用要求，固体强激光系统的发展遇到了困难和技术瓶颈：

① 固态的激光介质在高功率工作条件下容易生成损伤点。并且一旦生成了损伤点，在高功率运行中会迅速扩大，最终导致自身的破坏，这已经成为提升激光器运转功率的一个很严峻的自然瓶颈。

② 固态的激光器中对固体激光介质没有较好的冷却方案，无法从根本上克服运行中的导热问题，在很大程度上制约了它的重复使用率、使用范围、运转周期和寿命。

液体激光却可以有效地克服这些缺点。在理论上，因为液体是流动的，所以不存在损伤和因损伤带来的问题，即使出现损伤也可以很快自行修复；液体的导热性和流动性好，可以避免在高功率运行中热效应的影响。因此，液体激光特别是高功率液体激光的研究成为当前的一个研究热点。

液体激光器所采用的激光介质主要有两类：一类是有机染料溶液；另一类是含有稀土金属离子的

无机化合物溶液。其中，有机染料液体激光器应用比较普遍，染料激光器采用溶于适当溶剂中的有机染料作为激光介质。

液体染料介质的能带很宽，这就使它成为锁模激光器所要求的良好的激活介质，20 世纪 70 年代，人们利用同步泵浦锁模染料激光器获得了皮秒（10^{-12} s）量级的光脉冲，后来利用碰撞锁模染料激光器以及腔外脉冲压缩技术，可将光脉冲宽度压缩到 6 fs（飞秒）。

可以产生激光发射的染料已确认有 500 种以上，发射波长从 300 nm 的紫外到 1200 nm 的红外光区。将单一染料溶入乙醇溶剂中使用，可发射的激光波长是 50～100 nm。典型的染料是称做罗丹明 6G（Rhodamine 6G）的像柿子那样的橙色染料，这种染料多用于着色技术。该染料的激光发射波长是 560～650 nm。

染料激光器的最大特点是，输出激光波长可以在很宽的谱线范围内连续可调，并且特别适于锁模运转，激光脉冲宽度可以很窄，目前由染料激光器产生的超短脉冲宽度可压缩至飞秒（10^{-15} s）量级。在固体绿宝石激光器和钛蓝宝石激光器出现之前，它作为唯一的波长可调谐的超短脉冲激光器，应用于物质的光谱学研究。此外，它的输出功率大，可以与固体激光器比拟，并且其介质制备比较容易，价格便宜。因此，染料激光器在光化学、光生物学、光谱学、同位素分离、全息照相和光通信等各领域，正获得日益广泛的应用。

8.3.1　染料激光器的泵浦方式与基本结构

根据染料分子光辐射的特殊性，染料激光器应采用光泵浦。染料激光器按泵浦光源可分为两类，一类是激光泵浦，另一类是闪光灯泵浦。激光泵浦染料激光器又有脉冲激光泵浦和连续激光泵浦。无论哪种染料激光器，泵浦的方式主要有两种，一种是纵向泵浦，即泵浦的激光束与激光器的谐振腔轴线几乎平行；另一种是横向泵浦，即泵浦的激光束与激光器光轴方向垂直。这两种方式下的泵浦区的直径最大都不超过 1 mm，染料盒沿谐振腔轴线方向的长度不超过 1 cm，因此可使染料高速循环工作。

染料激光器有多种结构，但基本上是由染料盒、抽运系统、谐振腔和调谐装置构成。染料激光器与其他激光器相比，其突出特点是激光波长可调谐。为了限制发射的谱线线宽，实现波长可调谐，通常在谐振腔中放入棱镜、衍射光栅、双折射滤光片等波长选择器件。特别是用于激光同位素分离、精密分光仪等的窄带谱线，除了添加衍射光栅外，还在谐振腔中插入标准具。

采用双折射滤光片调谐，是目前染料激光器广泛采用的调谐方法，国内外采用 Ar$^+$激光器或 YAG倍频激光器泵浦的染料激光器，都使用这种调谐方法。图 8-16 所示的是一台采用氩离子激光器泵浦的环形染料激光器的示意图，其中采用的调谐器件是双折射滤光片和标准具。

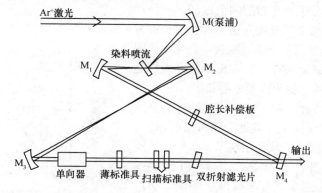

图 8-16　采用氩离子激光器泵浦的环形染料激光器的示意图

由于染料属于均匀加宽介质，插入了隔离器的环形谐振腔使腔内激光成为行波，从而消除了空间烧孔效应，因此这种激光器可以获得单纵模输出。由双折射滤光片进行波长粗调，标准具进行细调，从而保证波长的精细调谐。

8.3.2　染料激光器的工作原理

染料是指含有共轭双键的有机化合物。有机化合物即碳和氢的化合物及其衍生物，如果有机化合物中的两个双键被一个单键隔开，则称这两个双键为共轭键。这种含有共轭双键的有机化合物在光谱的可见光及其临近的近紫外和近红外区域对光具有明显的吸收现象，因此它适于作为激光介质。

染料分子的能级分布主要由共轭键中 π 电子（自由电子）的可能状态决定，其与激光的产生有

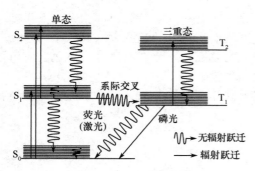

图 8-17　染料分子的能级图

关的能级图如图 8-17 所示。染料分子通常由几十个原子组成，其能级结构比气体、固体介质的能级结构复杂得多。染料分子的运动包括电子运动、组成染料的原子间的相对振动和整个染料分子的转动，所以每个电子态都有一组振动—转动能级，又由于分子碰撞和静电扰动，振动—转动能级被展宽。因此，染料分子能级为图 8-17 所示的准连续态能级结构。

染料分子的电子态，按照电子自旋的状态分为单态和三重态，分别用 S 和 T 表示，如图 8-17 中，S_0、S_1、S_2…为单态，T_1、T_2…为三重态，其中 S_0 为基态，其余为激发态，三重态的最低能级位于基态 S_0 以上约 $15 \times 10^5\,\mathrm{m}^{-1}$。

根据电偶极辐射跃迁选择定则，辐射跃迁主要发生在单态之间或三重态之间，而 S 态和 T 态之间的跃迁是禁戒的。

染料分子吸收了泵浦光能量由基态 S_0 跃迁到 S_1 的某一振动—转动能级，分子在这一能级上的寿命很短（$10^{-11}\sim10^{-12}\,\mathrm{s}$），在和溶剂分子频繁的碰撞中迅速地将能量传递给溶剂分子，并无辐射跃迁至 S_1 的最低振动—转动能级，该能级的寿命为 $10^{-9}\,\mathrm{s}$，分子从这个能级通过自发辐射跃迁到 S_0 态的任意振动—转动能级而产生荧光。跃迁至 S_0 的较高振转能级的染料分子迅速通过无辐射跃迁过程返回 S_0 的最低能级。由以上过程可知，在 S_1 的最低振动—转动能级和 S_0 的较高振转能级间极易形成集居数反转分布状态。由于 S_0 和 S_1 都是准连续带，吸收谱和荧光发射谱都是连续的，所以染料激光器有很宽的调谐范围。

染料分子是一种四能级系统，由于 S_0 的较高振转能级在室温时粒子数几乎为零，所以很容易实现粒子数反转，因此染料分子激光器的阈值很低。此外，染料分子发射的荧光波长比其吸收光谱的波长向长波方向移动，图 8-18 所示的罗丹明 6G 的吸收—荧光光谱图表明了这种情况，这是由于染料分子从 S_1 的较高振转能级跃迁到最低振转能级时，要放出部分能量。

需要指出的是，虽然 S 态和 T 态之间的跃迁为禁戒的，但处于 S_1 的受激分子由于与其他分子碰撞的原因，有可能导致电子自旋的倒转，从而出现从 S_1 向 T_1 的跃迁（这一过程称为无辐射的"系际交叉"）。由于 T_1 向 S_0 的跃迁也是禁戒的，主要靠分子碰撞来实现，所以 T_1 态有较长的寿命（$10^{-3}\sim10^{-7}\,\mathrm{s}$），因此在 T_1 上可以积聚大量的粒子，这对激光的形成会起到破坏作用，一方面 T_1 夺走了部分处于 S_1 态的粒子，使 $S_1\to S_0$ 跃迁的反转

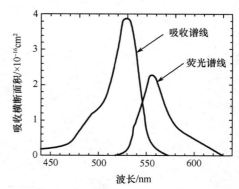

图 8-18　典型染料（罗丹明 6G）的
吸收—荧光光谱图

粒子数大量减少，另一方面 T_1 的寿命较长，故在 T_1 上能积累大量粒子数，$T_1 \to T_2$ 会产生受激吸收。更为严重的是 $T_1 \to T_2$ 的吸收带中的某些波长恰好与 $S_1 \to S_0$ 跃迁的荧光带重叠，从而降低荧光效率和导致荧光猝灭。所以，系际交叉的存在对产生激光是十分不利的，必须设法消除。通常采用的方法是在染料中加入三重态猝灭剂，缩短 T_1 的寿命。或者，由于系际交叉速度比 $S_1 \to S_0$ 的激光跃迁慢一个数量级，因此，可以采用短脉冲泵浦光源，使染料分子在 T_1 态积聚之前就完成激光振荡。

8.4　新型激光器

前面几节介绍的固体、气体及染料激光器，都是发展得比较早和较为成熟的激光器。除此之外，还有一些新发展起来的、且有较好应用前景的激光器，如准分子激光器、自由电子激光器、化学激光器、光纤激光器等。本节对准分子激光器、自由电子激光器、化学激光器和声子激光器做简要介绍，光纤激光器将在第 11 章中进行介绍。

8.4.1　准分子激光器

准分子激光器的介质是准分子气体，准分子是一种在激发态能够暂时结合成不稳定分子，而在基态又迅速离解成原子的缔合物，因而也称"受激准分子"，英文称为"Excimer"，是 Excited Dimer（受激二聚物）的缩写。

自 1970 年第一台准分子激光器问世以来，人们研制成功了多种准分子激光器，在同位素分离、光化学、核聚变、泵浦染料激光器等方面获得了广泛应用。在激光武器研制方面，它也是很有发展前途的激光器之一。用准分子激光器治疗近视眼也取得了很好的经济和社会效益。目前，准分子激光器越来越多，激励方式也不断改进，功率和效率不断提高，其脉冲输出能量已达百焦耳量级，脉冲峰值功率达千瓦以上，重复率达 200 次/秒，光束发散角为 0.15 mrad。

准分子激光器主要分为惰性气体准分子激光器和惰性气体卤化物准分子激光器两种类型。现在制成的准分子激光器，输出的激光波长已遍及可见光区和紫外区，并伸展到真空紫外区，激光波长也能在一个较小的波长范围内调谐。表 8-1 列出了几种常用的准分子激光器和它们的主要输出波长。

表 8-1　准分子激光器及其波长　　　　　　　　　　　　　单位（nm）

稀有气体类	Ar₂（126.1）Xe₂（169~176）Kr₂（145.7）
稀有气体氧化物类	ArO（557.6）XeO（550）KrO（557.8）
稀有气体卤化物类	Cl（308）XeF（351.1）ArF（193.3）Xe₂F（610）
	Xe₂Cl（490）Kr₂F（420）Ar₂F（285）
金属蒸气卤化物类	HgCl（558.4）HgBr（498.4）

1．准分子激光器的工作原理及泵浦方式

（1）工作原理

准分子激光器的工作气体中大部分是缓冲气体（占 88%~99%），主要使用的缓冲气体有氦和氖，有时也用氩气。而用于真正构成准分子的惰性气体含量是很低的，一般占总气压的 0.5%~12%；而卤素施主的浓度则更低，通常为总气压的 0.5%或更低。

准分子跃迁产生激光是基于原子相互吸引形成准分子激发态和排斥（或弱束缚）基态之间的势能曲线的特殊分布。图 8-19 所示为准分子的能级结构，图中曲线 A 表示较高激发态能级，B 表示激光上能级，C

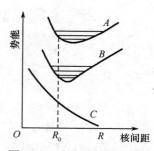

图 8-19　准分子的能级结构

表示分子基态，即为激光跃迁的下能级。

由于基态为排斥态或弱束缚态，很不稳定，它沿着自己的位能曲线 C 极快地向核间距 R 增大的方向移动，直至最终离解成独立的原子，基态分子也就消失。基态分子的寿命极短，为 10^{-13} s 量级。激发态为束缚态，其能级寿命为 10^{-8} s 量级，比基态稳定，因此在核间距 R_0 处很容易形成 B、C 间的粒子数反转分布。

准分子从激发态向基态的跃迁可以说是从束缚态向自由态（弱束缚态或排斥态）的跃迁。这种跃迁，由于下能级近似是空的，因此不存在低能级被充满而终止粒子数反转分布的问题。也就是说准分子跃迁不是"自终止"型跃迁，只要有一定数量的准分子存在，粒子数反转就存在，故容易积累相当数量的粒子数，并有可能获得较大的粒子反转数和较高的增益。

（2）泵浦方式

常用的泵浦方式主要有如下两种。

① 电子束泵浦。用电子枪产生能量高、上升时间短的电子束脉冲，将电子束射向准分子区，对激活介质进行激发。这种泵浦方式的优点是产生的泵浦脉冲上升时间快，单脉冲能量大，可大面积泵浦。缺点是要求庞大的电子束源，结构复杂，造价高，制造难度大。

② 快速放电泵浦。快速放电泵浦方式多采用布鲁姆莱（Blumlein）电路。它具有体积小、结构简单、可高重复频率工作等优点，因此得到广泛应用。为了提高放电的稳定性，可采用电子束控制放电泵浦系统。激发、激活粒子主要靠快速放电，电子束只控制放电，使放电均匀、可靠。这种电路对电子束的功率要求低，可减小泵浦源体积。但与其他快速放电方法相比，这类泵浦方法的缺点是结构复杂，成本高。

2. 准分子激光器的特点

① 准分子是一种以激发态形式存在的分子，不同于一般的分子，这种分子寿命很短，仅有 10^{-8} s 量级，基态（即激光跃迁下能级）的寿命更短，约为 10^{-13} s，因此，只能以其特征辐射谱的出现为标志，来判断准分子的生成。这些特征辐射谱对应于低激发态到排斥（或弱束缚）基态之间的跃迁，其荧光谱为一连续带，因此可做成频率可调谐器件。

② 由于基态寿命很短，即使是超短脉冲情况下，基态也可被认为是空的，因此准分子体系对产生巨脉冲特别有利。

③ 由于激光下能级是基态，基本上没有无辐射损耗，因此量子效率很高，这是准分子激光器可能达到高效率的主要原因。

④ 由于激光下能级的离子迅速离解，因而拉长脉宽和高重复频率工作都没有困难。

⑤ 由于激光上能级寿命很短，为了实现粒子数反转，要求泵浦脉冲上升时间短。因此，对于工作在短波段紫外激光的准分子系统来说，要实现有效的泵浦，不仅要求有大的泵浦功率，而且要求有快的上升时间。

⑥ 准分子激光器的输出激光波长主要处在紫外区到可见光区，具有波长短的特点。

8.4.2 自由电子激光器

自由电子受激辐射的原理早在 1951 年莫茨（Motz）就提出过，他指出运动速度接近光速的电子（称为相对论电子）通过周期变化的磁场或电场时会产生相干辐射，称这种辐射为韧致辐射，辐射的频率取决于电子的速度。电子能量从 1 MeV～1 GeV 的范围可以产生从微波到 X 射线的频谱，但直到 1974 年才首次在毫米波段实现受激辐射。1976 年在红外波段（10 μm）实现受激辐射之后，大大推动了对自由电子受激辐射的进一步研究。

经过 20 世纪 80 年代到 90 年代对这种激光器所应用的各种技术的研究，自由电子激光器才逐步走向成熟阶段。当前，自由电子激光器（Free Electron Laser，FEL）的研究方向分为两个领域，即可见光到紫外线的短波区和微波到红外线的长波区。通过已有的加速器或专用 FEL 加速器的开发，各种波长区的 FEL 发射装置逐渐变得高性能化、紧凑化，并推动了它在半导体加工、光诱导化学、医用、原子能等领域的应用研究。

FEL 的介质是自由电子束，通过相对论电子束（通常有 $10^8 \sim 10^9$ 个电子）在周期电磁场中运动时产生受激辐射放大而形成相干电磁波。严格地说，自由电子激光器中的电子并非是"自由"的，因为电子受到周期电磁场的作用。说它是自由的，是因为它不像普通激光器那样，介质内的电子是被束缚在原子、分子中。从本质上看，自由电子激光器是一种把相对论电子束的动能转变成相干辐射能的装置。由于自由电子激光器的发射波长不受原子、分子等特定能级的束缚，因此具有波长连续可调的特点。

1. 自由电子激光器的结构及工作原理

FEL 是将同步加速器的辐射光作为自发辐射光，通过共振式的相互作用而导致轫致辐射。当高速运动的电子束在磁场作用下产生弯曲时，同步加速器的辐射光便沿轨道切线方向发射。为了使这种周期性的辐射光得以聚束，需要使用一种称做摆动器（或波荡器）的装置，它可以使电子束做螺旋运动。

图 8-20 表示了 FEL 的基本结构，它由高能电子加速器、摆动器、光学谐振腔三部分构成。加速器又分静电加速器、感应直线式加速器、射频直线式加速器等。这里所示的摆动器是由永久磁铁周期排列而成的平面摆动器，可产生平面电磁波。产生的自发辐射光通过共振形成轫致辐射光，沿轴向输出并同时得以放大。由谐振腔反射镜反射回来的光继续重复性地与电子束相互作用，从而使光强度不断增加。射频直线式加速器的情况是，电子束由称做微脉冲的短脉冲序列组成，发出的光脉冲在谐振腔内反复振荡，为了使其持续不断地与后续而至的微脉冲电子束相互作用，可调整微脉冲间隔和谐振腔反射镜间距。最后，由输出镜输出放大的激光。

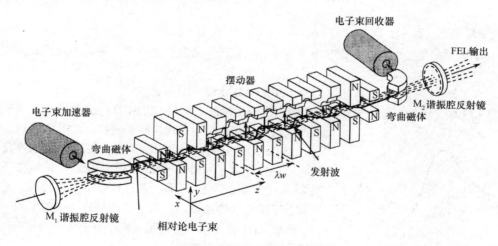

图 8-20 FEL 的基本结构

2. 自由电子激光器的特点

（1）输出的激光波长可在相当宽的范围内连续调谐，原则上可从厘米波一直调谐到真空紫外波段，甚至 X 射线的波段，在目前电子加速器可利用的能量范围内，已实现的调谐范围是 100 nm～1 mm。

（2）由于自由电子激光器的介质是电子束本身，而不是固体、液体或气体等物质，因而它不会出现自聚焦、自击穿等非线性光学损伤现象，只要电子能量足够大，就可以获得极高的光功率输出。

（3）具有极高的能量转换效率，理论上可高达 50%。

8.4.3 化学激光器

化学激光器是基于化学反应来实现粒子数反转，从而使化学反应产生的能量转变为受激辐射的激光器。化学激光器的介质可以是气体或液体，但目前大多数用气体。

1. 引发方式

我们知道，激光器都需要外界提供泵浦能源，才能实现粒子数反转，但化学激光器不需要外界泵浦源，而是利用其介质本身的化学反应所释放出来的热能作为泵浦源。在化学反应中，若参加反应的物质是分子状态，则化学反应进行得很慢或者甚至不发生反应。为了使化学反应能快速进行，必须要有大量的自由原子，通常把产生自由原子的方法称为引发技术。常用的引发化学反应的方法有下面几种。

（1）光引发：利用适当波长和能量的光辐射，使分子分解为自由原子。常用的引发光源是闪光灯（氙灯或氩灯），闪光灯的光谱成分要尽可能多地落在体系的吸收带内；同时，光脉冲的前沿上升时间要尽可能短。

（2）电引发：利用气体放电方式在体系内产生电子或离子，然后利用它们与分子碰撞，使分子离解。引发用的电脉冲宽度要窄，峰值功率要足够高。

（3）化学引发：利用一种化学反应去引发所需的另一种化学反应，用这种引发方式运转的激光器不需要外界的能源，因此又称为"纯化学激光器"。例如 F_2 与 NO 两者一接触则发生快速的化学反应，反应后产生大量氟原子。

（4）热引发：利用高温引发化学反应的方法称为热引发。例如，在连续波 HF 激光器中，在高温平衡条件下，热解离是产生高浓度 F 原子的有效方法。而且要获得高功率的 HF 连续激光，最好的方法是将氟化物的热解离与一个快速绝热膨胀到超声速流的技术相结合，这是产生高功率激光输出的最佳方案。

2. 化学激光器的基本原理

（1）化学激光产生的机理：在化学激光器中，实现粒子数反转的化学反应，一般为放热的原子交换反应

$$A+BC \rightarrow AB^* + C \tag{8-1}$$

A 原子和 BC 分子混合，使 B—C 键断裂，生成受激的 AB^* 和 C。BC 和 AB 结合能之差就是化学反应所放出的能量。化学反应中能量变换示意图如图 8-21 所示。图中，ΔE 表示反应过程中释放出的能量，它最初包含在反应产物 AB^* 和 C 中，并以不同比例分配在电子、振动、转动和平动 4 个激发态中。因为化学反应所释放的总能量一般比较小，不足以造成产物分子的电子态激发，多数是引起产物分子的振动—转动态激发。例如，HF 激光器，是利用双原子分子的交换反应，通过振动—转动跃迁而发射激光的。

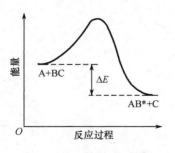

图 8-21　化学反应中能量变换示意图

（2）弛豫（去激活）过程的影响：由化学反应形成的非平衡能量分布，通过分子碰撞在交换能量的同时，迅速趋于热平衡分布，这就是弛豫（去激活）过程，它对激光器的输出功率和性能具有强烈的影响。其原因在于，要使泵浦反应进行，实质上要求分子发生碰撞，但分子发生碰撞又会使生成的激发产物去激活，这种过程对于能量在激发态上积累和储存的限制大大超过了自发辐射。

（3）化学反应动力学：化学激光器按激发方式分为直接激发和间接激发两种类型，直接激发是指直接从化学反应的产物分子产生激光；间接激发是指化学反应产物分子将其激发态的振动能转移给另

一类分子，使其受激而产生激光。

3. 化学激光器的特点

（1）激光波长丰富。对于化学激光器来说，产生激光的介质可能是原来参加化学反应的成分，也可能是反应过程中新形成的原子、分子、活泼的自由原子、离子或不稳定的多原子自由基等；通过化学反应能发射激光的化学物质也是多种多样的。因此，化学激光器激射的波长相当丰富，从紫外到红外，一直进入微米波段。

（2）能把化学能直接转换成激光。化学激光器原则上不需要电源或光源作为泵浦源，而是可以利用介质本身化学反应中释放出来的能量作为它的激发能源。因此在某些特殊条件下，例如在高山或野外缺乏电源的地方，化学激光器就可发挥其特长。现有的大部分化学激光器工作时，虽然也要用闪光灯或放电方式等供给一部分能量，但这些能量仅仅是为了引发化学反应的。

（3）在某些化学反应中可获得很大的能量，可望得到高功率激光输出。实质上，某些化学激光器的介质本身，就是一个蕴藏着巨大能量的激发源。例如，氟—氢化学激光器，每公斤氢和氟作用就能产生 1.3×10^7 焦耳的能量。

根据以上特点，化学激光器有着广泛的应用前景，特别是在要求大功率的场合，如同位素分离及激光武器等方面。

8.4.4 声子激光器

自从激光问世以来，几乎所有的激光都使用光波。早在激光发明后不久，人们就在寻求在其他波段中形成激光，比如使用声波替代光波。声子是晶格振动的能量量子，光和声在许多方面是相似的，它们都是电磁波，都具有量子态，即光子和声子，这些相似性表明激光也可以用声来实现。这样的激光器被称为声子激光器（Sound amplification by stimulated emission of radiation，Saser），其结构与光学谐振腔类似，能够产生受激辐射声放大。

有关声子激光的理论方案有很多，比如离子阱，半导体系统，纳米机械系统，纳米磁系统等。1990年，首先提出了一种在双势垒半导体异质结中产生相干声子的方案。在双势垒结构中，电势能在晶格振动模式中的转换得到显著增强，基于这一点，科学家们致力于寻找能够形成受激辐射大于自发辐射的材料，这是主要的限制因素。2009 年，英国诺丁汉大学与美国加州理工学院的两个科研小组独立地提出了两种不同的可在兆赫兹到太赫兹的任意波段产生相干光子的器件。诺丁汉大学的器件可产生大约 440 GHz 频率的波，加州理工学院的器件工作在兆赫兹范围。这两种器件具有互补性，并且有可能用其中的一个器件在兆赫兹到太赫兹的任意波段产生相干光子。这两种器件表明受激辐射声放大可以在很宽的频率范围产生。

1. 超晶格谐振腔

能够对声子进行反馈放大的装置即声子激光器中的谐振腔，一个典型的例子是超晶格层，可以反射声子并使其在其中反复地往返反射从而进行声音放大（如图 8-22 所示）。超晶格由许多个薄片组成，这些薄片由两个交替的半导体材材料组成，每层只有几个原子那么厚。当被泵浦源激励，声子在晶格层中反射时形成倍增，直到它们从晶格结构中逸出，形成超高频率的声子束。也就是说，声子的受激辐射可以形成相干声音，声子受激辐射的一个例子是来自量子阱的辐射。这与大量原子的光受激辐射形成激光原理类似。声子激光器把电势能转换为晶格（声子）的单个振荡模式。例如，诺丁汉大学的研究小组使用两种化合物（砷化铝和砷化镓）的 50 个交替叠加的膜层（每层只有几个原子的厚度）作出这种谐振腔。器件的上部被一束强激光照射，在材料中激发出激子，然后，释放出声子。这些声子在两层之间往返振荡。设定层与层之间的间距和方向，使所有由反弹产生的弱回声最终能够逐渐形成增强的高方向性的声音，其中每个声子都是同步的。

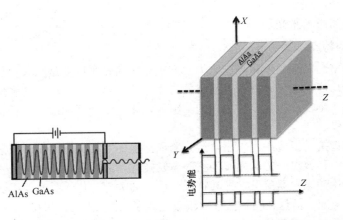

（a）砷化镓/砷化铝超晶格声子激光器结构示意图　（b）砷化镓/砷化铝超晶格及其导带和价带分布

图 8-22　声子激光器

2. 极化声子激光器

1996 年 Imamoglu 及其合作者提出了极化声子激光器的概念。他们是基于一种叫激子极化声子的准粒子提出此概念，这种准粒子由光和物质组成，产生于适当设计的半导体晶体结构中。极化声子激光最有前途的材料是宽带隙半导体氮化镓和氧化锌（ZnO），可在室温下研究。

激子极化声子产生于激子（由约束电子空穴对产生的中性准粒子）和光子（例如，困于半导体结构的可见光）。作为玻色子，激子极化声子可形成凝聚，类似于在冷原子气中观察到的玻色爱因斯坦凝聚。这些凝聚（大量激子极化声子聚集在一个单一的量子态中）是形成极化声子激光器的基础。激子极化声子的寿命远远小于纳秒，并且它们通过将能量传给光子进行衰变，从而逃离晶体。因为产生于相同的激子极化声子，这些散发的光子形成单色相干光。

极化声子激光器已经在半导体微腔中得以实现：在多层晶体结构中，限于两面平行镜间的光与晶体中的基态激子具有强相互作用。1998 年，在液氦温度下观察到极化激光。2007 年实现了采用光泵浦的第一个室温极化声子激光器。嵌入氮化铟镓（InGaN）/氮化镓量子阱（QW）的基于氮化镓（GaN）微腔的电泵浦极化声子激光器优化方案如图 8-23 所示。

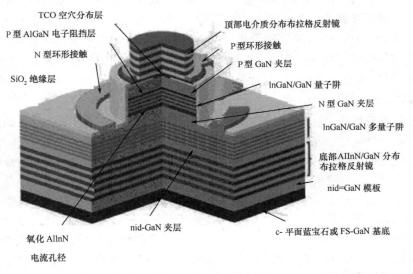

图 8-23　基于嵌入氮化铟镓（InGaN）/氮化镓量子阱（QW）的氮化镓（GaN）
微腔的电泵浦极化声子激光器（TCO：透明导电氧化物；nid：非故意掺杂；FS：独立）

极化声子激光器比传统半导体激光器阈值更低。然而，它的输出功率却十分有限，因为极化声子激光器在强泵浦下分离。当前极化声子激光器的两个前景良好的应用方向是：高速光偏振开关和紧凑的太赫兹辐射源。

光偏振或旋转开关使圆偏振光能够在光电装置中打开和关闭。传统切换方法通常是基于非线性光学效应，这需要高功率和外部光学元件。而基于极化声子激光器的旋转开关则是利用激子极化声子的自旋性质和激子极化声子之间通过物质（激子）组件诱导的强相互作用。同光子一样，激子极化声子有两个自旋极化值，分别对应左和右圆偏振光。极化声子激光器发出的光的偏振由激子极化声子凝聚的自旋控制，可在外部控制。在 2010 年，实现了第一个基于半导体微腔的光学旋转开关，这种开关速度达到吉赫兹。一个低功率连续波激光器使系统处于准备状态，以便小的外加探测激光打开极化声子激光器。这种旋转开关是极化声子集成电路的重要基础，能够作为自旋激子极化声子域而携带信息。与传统电子电路相比，极化声子集成电路的优势在于能量损失更小并且信息传递速度更快。

在基于极化声子激光器的垂直腔表面发射太赫兹激光器中，激子极化声子冷凝会刺激发射出太赫兹辐射。与许多其他类型的太赫兹激光不同的是，这种设计产生太赫兹光子不需要波导或激光腔，从而使得整个结构非常微小。发射频率的调谐可通过在一个梯度微腔中改变光激发光束来实现。可调谐太赫兹激光器可广泛应用于医学、通信技术和安全领域。

8.4.5　纳米激光器

纳米技术的发展把激光器的研究提高到了一个新的阶段，半导体激光器与纳米技术的有效结合研发出一种新型的激光器——纳米激光器。

纳米激光器一般是指尺寸等于或者小于所涉波长的微型化激光器。最初的纳米激光器是基于氧化锌、硫化镉等半导体激光器，通过引入半导体纳米线或纳米阵列实现的，但是随着研究的深入，该类微型纳米激光器达到衍射极限的水平，限制了半导体激光器的最小尺寸。随后，人们开始研究基于表面等离子体的纳米激光器，它在克服衍射极限方面取得了很大的进展。

由于纳米激光器具有尺寸小、低阈值、高效等优点，使得其可应用于超级计算机芯片、高敏感度生物传感器、疾病的治疗与研究以及下一代通信技术的研发等多个领域，具有广阔的发展前景。

1.　分类

纳米激光器中，最常见的有两种类型：半导体纳米线激光器和基于表面等离子体的纳米激光器。前者是基于单根纳米线或者阵列所构成的激光器；后者则是基于受激辐射引起的表面等离子体放大的原理构成的激光器，并可进一步细分为纳米粒子表面等离子体激元激光器、纳米线表面等离子体激元激光器、圆柱形金属纳腔面发射纳米激光器、金属—介质—金属结构纳米激光器和基于 Whisper-Gallery 效应的纳米激光器等类型。

2.　工作原理

（1）半导体纳米线激光器的工作原理

典型的半导体纳米线是直径为 $10\sim100$ nm，长度 $1\sim100$ μm 的准一维结构。典型的光学纳米线由 III-V 或 II-VI 族化合物半导体材料制成，其生长通常是基于所谓的蒸气—液体—固体机制，或简称气液固机制。纳米线具有尺寸小和对比度高的折射率，是具有高光限制因子的纳米激光器的理想材料。而且，单个纳米线既可作为增益介质，同时还可作为波导，保证了电子和光子模式之间有很大的空间交叠，进一步增大光限制因子。用纳米线制作纳米激光器的另一个重要好处是，可利用宽度很宽的半导体带隙。

通常半导体纳米线激光器是基于法布里—珀罗腔原理工作的，而且不管是单根纳米线或者纳米阵列激光器，一般都采用光泵浦的方式，电注入相当困难。以 2001 年报道的室温下运行的世界最早的纳米线激光器为例，其结构如图 8-24 所示，介质是直径为 150 nm、截面为六边形的 ZnO 纳米线，同时

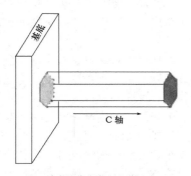

注：纳米线作为激光器谐振腔，
两端的六边形截面为谐振腔的反射面[68]

图 8-24　半导体纳米线激光器示意图

ZnO 纳米线又是一个天然的谐振腔，无须像一般激光器那样装配上半反和全反的反射镜。Nd：YAG 激光器作为激励系统，其受激辐射发出的光便沿着 ZnO 纳米线中心轴的方向在纳米线的末端表平面上汇聚。

（2）基于表面等离子体的纳米激光器的工作原理

虽然基于半导体纳米线的激光器尺寸已经很小，但是发出的光仍然是普通的远场发光，其传播受到衍射极限的限制。为了突破衍射极限的限制，2003 年，Bergman 和 Stockman 首次提出了基于表面等离子体的纳米激光器（Surface plasmon amplification by stimulated emission of radiation，SPASER），形成了新的研究热点。

SPASER 的初始思想如图 8-25（a）所示。图 8-25（a）表述这种系统的一个最简单的例子，它只由一个金属结构和在其紧邻（距离比所涉波长小得多）的一个如量子点、染料分子或二能级原子等增益材料所组成。当增益材料中的电子受到激发后，其紧邻存在的是金属，使这电子的能量更有可能转移到金属，而不是向真空中辐射一个光子，如图 8-25（b）所示。转移来的能量就能够在金属中激发一个等离子体模式，如图 8-25（b）中红色波折线所示。当金属中的等离子体振荡仍未消逝，而发生另一个增益介质中电子被激发时，如图 8-25（c）所示，振荡中的等离子体模式很可能迫使（受激）这个激发电子将能量给予已存在的同一等离子体模式，而不是发射一个光子到真空中如图 8-25（d）所示。这个过程与通常激光器中一个腔模中的光子在光腔中传播时，触发一个激发电子而使得电子发射同一腔模的光子过程非常相似。因此，表面等离子体发射过程与通常激光中的激射过程非常相似。其唯一差别就是振荡的等离子体模式代替了腔模。

   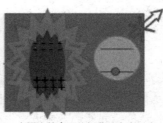

(a) 系统的初态：金属　　(b) 受激电子自发地将能量转　　(c) 在金属中仍存在等离子　　(d) 金属中等离子体振荡的存在诱发
中无等离子体振荡　　　　移来激发金属中的等离子体而　　体振荡时原子受到再激发　　　能量转移到以增强同一等离子体模
　　　　　　　　　　　　不是将一个光子发射到真空中　　　　　　　　　　　　　　式，而不是将光子发射到真空中

图 8-25　SPASER 过程中不同阶段的示意[69]：深蓝椭圆表示金属结构；浅灰椭圆表示有源材料（如量子点）

由于 SPASER 不激发光子，因此不受衍射极限的限制。在 SPASER 中，光子被表面等离子体替代，共振腔被纳米颗粒或者纳米结构替代。与激光相似，SPASER 也需要从外场吸收能量在介质中形成粒子数反转，不同的是，SPASER 从亚稳态能级跃迁时会把能量转移到金属-绝缘界面形成表面等离子体。

图 8-26 给出了增益介质、激子与表面等离子体间激元的能量传递过程。在基于表面等离子体的纳米激光器中，增益介质的作用依然提供光增益和粒子数反转。电子空穴对（激子）被外界能量泵浦激发后，在激子能级跃迁的复合过程中，靠近金属表面的电子跃迁更多地耦合成为表面等离子体，从而沿着金属表面传播，而不形成光子，这就是黑暗模式（dark mode）。黑暗模式沿着金属与介质的界面传输而没有辐射损耗。换言之，表面等离子体激光器产生相干强近场，而不必辐射光子，且不能通过

远场方式观测。由于该模式耦合成为表面等离子体的自发辐射，没有向外界辐射光子，因此可以用来提供噪声很小的光学放大和较大的损耗补偿。通过打破纳米结构的对称性，可以使得表面等离子体从黑暗模式转变为发光模式。

在 SPASER 中，表面等离子体的工作原理和激光器中的光子相似，这是因为他们的物理性质是相似的：首先，表面等离子体和光子一样，是玻色子，并且具有自旋；第二，表面等离子体是电中性的；第三，表面等离子体是电子的集体振荡，类似于晶格中电子气在光学频率的集体振荡，是一种简谐运动，谐振子之间相互作用很弱。这样的表面等离子体受到激发后，以特定的模式大量积聚在一起，这就是 SPASER 的物理基础。

3. 典型结构

（1）纳米线表面等离子体激元激光器

纳米线表面等离子体激元激光器，如图 8-27 所示其增益介质是纳米线，纳米线产生的光子与金属层耦合形成表面等离子体，该表面等离子体沿纳米线方向传播，在纳米线两端反射形成的 F-P 腔内传输振荡，被增益介质放大并实现激射。由图可见，其组成自下而上可分为 3 个部分，依次为一层金属银、MgF$_2$ 间隙层和高增益 CdS 半导体纳米线。CdS 纳米线是通过化学气相沉积和溶液旋涂等方法制备于 MgF$_2$ 薄膜上。使用 405 nm 波长的激光器进行光泵浦，激射波长为 489 nm。该结构实现了较强的模式限制，激子自发辐射速率提高到原来的 6 倍，自发辐射因子达到 0.8，这使得阈值大幅降低，几乎为零。

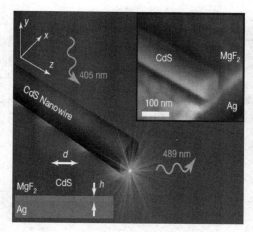

（a）纳米线表面等离子体源元激光结构示意图，插图为 SEM 图片　（b）表面等离子模式受激发射电场的空间分布

图 8-27　纳米线表面等离子体激元激光器[72]

这类结构能够实现远程表面等离子体波传输，原因在于实际传输的模式主要位于间隙层形成的微腔中，这样金属中的能量损耗大大降低，再加上微腔增强效应使得表面等离子体波传播得更远。

（2）圆柱形金属纳腔面发射激光器

圆柱形金属纳腔面发射激光器是利用金属层包裹的纳米柱状体构成的谐振腔，增益介质位于纳米柱中。其典型结构如图 8-28 所示，其中一个半导体圆柱被包裹在 Si3N4 绝缘层和金属腔中，增益介质为 InGaAs/InP 双异质结结构，位于圆柱体的中间，上下为掺杂的低折射率 InP 波导层。光子在金属腔内震荡，被顶面的金属反射镜反射，在底面出光。由于微腔增强效应，器件的自发辐射因子达到 0.46，光限制因子约为 0.2，器件阈值最低达 3.5 μA（10 K）。出光波长为 1418 nm，纳米柱直径约为 (260±25) nm，高度 $h = 300$ nm，Si_3N_4 厚度约为 25 nm。器件的半导体纳米柱结构采用金属—化学气相沉积（MOCVD）方法生长，然后采用自上而下的电子束曝光和反应离子刻蚀工艺制备而成，随后通过等离子体增强化学气相沉积法（PECVD）制备 Si3N4 绝缘层并生长金层。

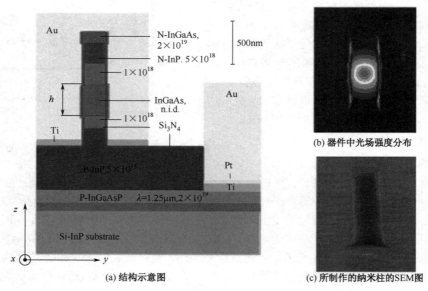

(a) 结构示意图

(b) 器件中光场强度分布

(c) 所制作的纳米柱的SEM图

图 8-28　圆柱形金属纳腔面发射激光器[73]

（3）金属—介质—金属结构纳米激光器

金属—介质—金属结构纳米激光器的特点是利用表面等离子体只能在金属表面传播的横波特性，使得两层金属表面等离子体耦合在一起，在中间的介质层中传播，从而构造深亚波长光波导结构，其典型结构如图 8-29 所示。器件的半导体脊状波导由电子束曝光和干法刻蚀等工艺制备而成，上表面有电流注入窗口，侧面为绝缘介质 Si3N4。器件外包覆金属银，增益介质为 InGaAs /InP 双异质结。侧壁的银层和光子相互作用，形成表面等离子体，沿着银侧壁在介质和半导体内传播，被一端的银反射镜反射，在另一端的端面实现边发光。

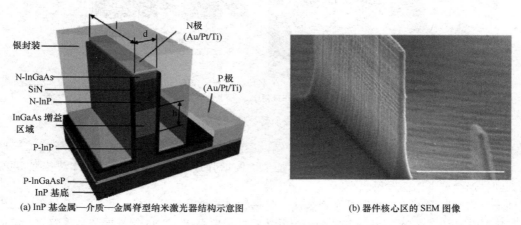

(a) InP 基金属—介质—金属脊型纳米激光器结构示意图

(b) 器件核心区的 SEM 图像

图 8-29　金属—介质—金属结构纳米激光器[74]

8.4.6　生物激光器

生物激光器是一种新型激光器，它采用生物体物质，甚至是活体来产生激光，它的应用前景非常广阔。生物激光器目前主要分两类，单一细胞生物激光器和细胞内的微型激光器。下面，对两类生物激光器进行相应的介绍。

1. 单一细胞生物激光器

2011 年 6 月，美国科学家们宣布他们成功制成了全世界首个"生物激光器"，这是一种经过基因工程处理的特殊细胞能产生激光。

（1）单一细胞生物激光器的增益介质

对大部分激光器而言，常用的激光增益介质有：掺杂晶体、半导体、合成染料以及纯净气体等。而单一细胞生物激光器中，其增益介质为绿色荧光蛋白（Green fluorescent protein, GFP）。

GFP 是 1962 年在一种学名为维多利亚多管发光水母（Aequorea victoria）中首次发现的。GFP 分子的形状呈圆柱形，就像一个桶，负责发光的基团位于桶中央，因此，GFP 可形象地比喻为一个装有色素的"油漆桶"。装在"桶"中的发光基团对蓝色光照特别敏感。当它受到蓝光照射时，会吸收蓝光的部分能量，然后发射出绿色的荧光。

GFP 的光学特性出色，具有更好的成熟度、亮度和稳定性，发射能带覆盖整个可见光谱，从而成为受激发射和生物激光发射中最有前途的增益介质，GFP 可支持双光子激发发射激光。

（2）单一细胞生物激光器的构成及性能

单一细胞生物激光器采用人类肾脏细胞取代普通激光器中常用的增益介质，这些细胞需要经过特殊处理——被事先注射了 GFP。图 8-30 给出了单一细胞生物激光器的结构：经处理的活体人类肾脏细胞被置于高 Q 值的谐振腔内充当增益介质，谐振腔由两块间隔为 d 的高反射率分布式布拉格反射器（DBR）构成。当波长为 465 nm（蓝光）的光学参量振荡脉冲通过显微镜物镜对独立的细胞进行泵浦时，位于高 Q 值谐振腔内的细胞产生了明亮、定向且窄频带的绿色激光。而且具有典型的横模和纵模，经过长时间的激光发射后该细胞仍是活的。图 8-31 给出了显微镜下观察到的正在产生绿色激光的一个肾脏细胞的图片。

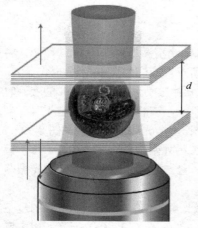 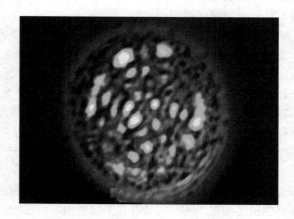

图 8-30　单一细胞生物激光器结构图　　图 8-31　显微镜下观察到的正在产生绿色激光的一个肾脏细胞

单一细胞生物激光器的输出功率随泵浦功率的变化如图 8-32（a）所示，当泵浦能量超过 1 nJ 时，激光器输出功率呈线性增长。图 8-32（b）给出了泵浦能量为 0.9 nJ 和 5.0 nJ 时，生物激光器的归一化输出光谱。当泵浦能量刚刚超过激光阈值时，单一细胞生物激光器的输出光谱包括单一窄线宽发射峰，表明是单模振荡，如图 8-32（b）中上图所示。当泵浦能量增加，额外的发射谱线出现，且谱线间的间隔是任意的，如图 8-32（b）中下图所示。

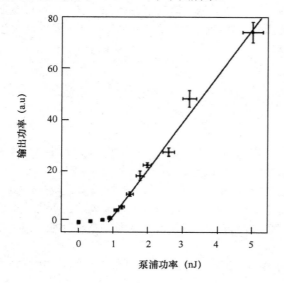 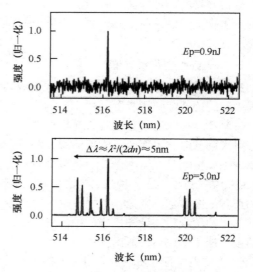

注：箭头代表所预期的连续纵模的波长间隔。

（a）单一细胞生物激光器的输出功率随泵浦功率的变化　　（b）泵浦能量为 0.9nJ 和 5.0nJ 时，生物激光器的归一化输出光谱

图 8-32　单一细胞生物激光器数据分析

2. 细胞内的微型激光器

细胞内的微型激光器是将细胞放置于一对镜子中间，或者是细胞借助镜子的反射形成激光。这一技术在 2015 年得到了进一步发展，向细胞中注入混合了荧光染料的油滴或脂肪液滴，然后利用短脉冲光激活荧光染料，借助油滴或脂肪液滴的光反射和增强作用，成功地将细胞变成了微型激光器。

细胞内的微型激光器可以利用两种不同类型的微腔——支持回音壁模式（Whispering Gallery Mode，WGM）的软微腔和硬微腔。回音壁模式是指在微腔中由于表面的全反射在满足一定的条件下，光波在腔中形成的稳定传播模式。

（1）软回音壁模式微型谐振腔

第一种 WGM 软微腔，是以细胞内油滴的形式构成的。注入油滴型激光器如图 8-33 所示，将尼罗红染料混合的聚苯醚（PPE）液滴注入细胞内，如图 8-33（a）所示。液滴的大小控制在 4～20 μm 的范围内，相应的体积为 30～4000 fl，如图 8-33（b）所示。采用脉冲激励泵浦大于 7 μm 的液滴时有激光输出，其阈值低至每脉冲几个纳焦，如图 8-33（c）和（d）所示，该能量水平对细胞无害。当液滴处于单轴应力状态时，其形状偏离了球体，该形变表现为发射光谱上激光线的分裂，如图 8-33（e）所示。所有模式都是第一个径向模式，其中两个模式具有 TE 偏振，另外两个具有 TM 偏振。每个模式分裂成多个子模式。对于一个小的形变，形状可近似为一个球体，它支持在赤道平面上的激光振荡（具有最低的曲率，因此光损耗最小）。

第二种 WGM 软微腔，采用含自然脂滴的细胞，脂肪细胞激光器如图 8-34 所示。从猪的皮下组织提取新鲜的脂肪细胞，该细胞具有几乎完美的球面形状，如图 8-34（a）、（b）、（c）所示。用亲脂荧光染料孵育它且用脉冲激光泵浦时，细胞会有 WGM 的激光输出[见图 8-34（d）]以及明显的阈值[见图 8-34（e）]，说明存在完全天然的细胞内光学谐振腔。此外，在组织原处的脂肪细胞也可以产生激光。由于脂肪中的脂肪细胞紧密堆积且具有随机的形状[见图 8-34（f）]，谐振腔 Q 值低且需要更高的泵浦能量形成激光。为了降低阈值，可将胶原酶与脂溶性的尼罗红染料的混合物注入皮下脂肪。胶原酶从

组织基质中释放脂肪细胞，且获得球形形状。通过针穿刺孔插入光纤，采用脉冲激光激发脂肪细胞并收集来自组织的光[见图 8-34（g）]。光纤尖端附近的脂肪细胞很容易就形成激光[见图 8-34（h）]。在某些情况下，脂肪组织周围的脂肪细胞（具有更圆的形状）也可以形成激光发射，从而消除了对胶原酶的需要。

(a) 将油注入细胞的细胞质中的示意图

(b) 尼罗红染料（红色）温合的聚苯醚（PPE）液滴，其注入细胞后的共聚焦荧光图像。其中，细胞核（蓝色）成为肾形，给液滴让出若干空间

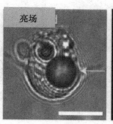

(c) 高于激光阈值，含有液滴（箭头所示）的细胞的亮场（左）和激光输出（右）图

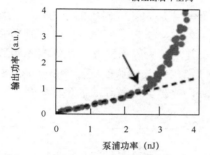

(d) 来自液滴的输出光强随泵浦能量的变化，给出了激光阈值（箭头）。虚线：低于阈值的荧光输出的线性拟合

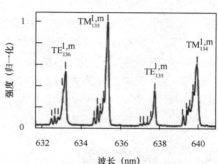

(e) 典型的激光模式的输出光谱

图 8-33　注入油滴型激光器

（a）典型的具有脂质液滴的成熟皮下脂肪细胞示意图

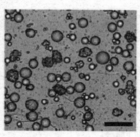

（b）从猪的皮下脂肪中提取出来的单个脂肪细胞

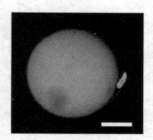

（c）含有大脂滴（橙色的脂肪细胞的共聚焦图像，大脂滴占了细胞体积的）大部分，靠近脂滴的是细胞核（草稿蓝色

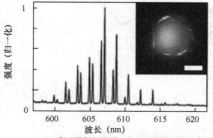

（d）高于激射阈值时，45μm 脂肪细胞的光谱，勾画出典型的 WGM 谱峰。插图高于激光阈值时，细胞的荧光图像

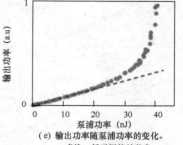

（e）输出功率随泵浦功率的变化。虚线：低于阈值的荧光输出的线性似合

图 8-34　脂肪细胞的激光器

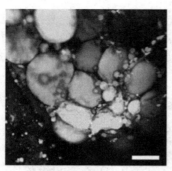

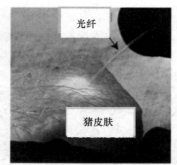

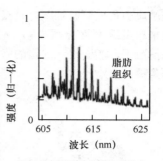

（f）在皮层内注入尼罗河红染料（黄色）后，皮下脂肪组织原处的脂肪细胞的双光子共聚焦图像

（g）组织内的细胞洲光发射的产生。泵浦激光通过光纤引导过注射过胶原酶和尼罗红染料混合物后的皮下脂肪层

（h）来自组织的光纤收集的光的光谱

图 8-34　脂肪细胞的激光器（续）

（2）硬回音壁模式微型谐振腔

实心微球（如聚苯乙烯微球），提供一种设计非形变细胞内激光器的简单方法，如图 8-35（a）所示。聚苯乙烯珠子很容易通过内噬作用被吸收同化，如图 8-35（b）所示。巨噬细胞和非吞噬细胞（如 HeLa 和 NIH3T3）吞噬直径 d 达 20 μm 的珠子，由于其足够大因而能够在低的泵浦能量作用下产生激光。在吞噬一个或多个聚苯乙烯珠（>6 μm）24 小时后的 HeLa 细胞的存活率是（98.4 ± 0.6）%，而没有吞噬珠子的细胞其存活率为（99.4 ± 0.2）%。WGM 激光器为增益介质的位置提供了多种选择：主要有在谐振腔内部、在谐振腔外部和在珠子表面。

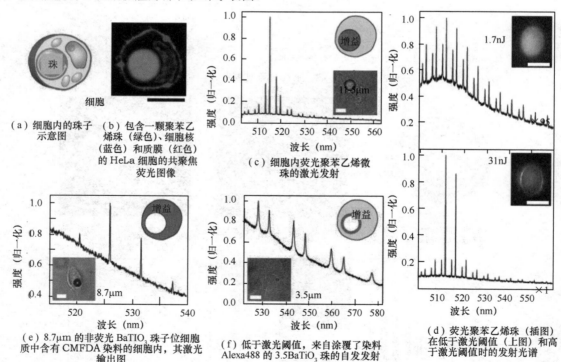

（a）细胞内的珠子示意图　（b）包含一颗聚苯乙烯珠（绿色）、细胞核（蓝色）和质膜（红色）的 HeLa 细胞的共聚焦荧光图像

（c）细胞内荧光聚苯乙烯微珠的激光发射

（d）荧光聚苯乙烯珠（插图）在低于激光阈值（上图）和高于激光阈值时的发射光谱

（e）8.7μm 的非荧光 BaTIO₃ 珠子位细胞质中含有 CMFDA 染料的细胞内，其激光输出图

（f）低于激光阈值，来自涂覆了染料 Alexa488 的 3.5BaTIO₃ 珠的自发发射

图 8-35　三种不同类型的硬细胞内微腔

对这三种情况进行测试：首先，荧光染料嵌入的聚苯乙烯珠可以提供增益。珠子直径大于 $d = 11$ μm 时，在泵浦能量水平低于几个纳焦时就可支持细胞内的激光发射，如图 8-35（c）、（d）所示。利用探

针分子，珠子表面也可以功能化，例如，用于细胞内分子检测的抗体或 DNA。在第二种情况，细胞追踪染料 5-氯甲基双乙酸盐（CMFDA），保留在细胞质中，是 BaTiO3 珠子的增益介质。当珠子尺寸小至 8 μm 时，可观察到激光发射，如图 8-35（e）所示。增益介质与细胞自由地相互作用，产生的放大信号由微腔调制。第三，高折射率（$n=1.9$）BaTiO$_3$ 珠子的表面涂有荧光染料。虽然单层的染料无法提供激光发射所需的足够增益，它的发射光谱被高 Q 值的谐振腔强烈调制，该谐振腔位于尺寸降至 $d=3.5$ μm 的珠子内，如图 8-35（f）所示。三个增益位置的任何组合都是有可能的。此外，增益和传感介质可以位于同一位置或是分离。

该研究是全世界所有报道中首个基于单个细胞的生物激光成功案例。尽管这种单个激光脉冲持续时间非常短，仅有几纳秒，但是这已经足够被探测到，并且携带有大量有用的信息，这些信息将可能帮助找到了解细胞的新途径。

3．应用前景

最新成果有助拓展光学手段在医疗诊断和治疗方面的应用。在未来，这种"生物激光器"将能被进一步开发，植入活的动物体内，这能将大大提高显微镜扫描的精确度。将这种激光细胞植入身体内，可以制造出体内激光光源，帮助科学家观察组织结构和诊断疾病。此外，找到能植入病人体内的可兼容生物激光技术对于医学诊断意义重大，有了这项技术，未来病人体内的用药何时起作用可以由光来控制，并且它对于医学诊断成像也将产生重大影响。

习题与思考题八

1．试按照激光输出波长的顺序，列举出气体激光器的种类。

2．列举激光输出波长在可见光范围内的激光器，并指出各个波长所对应的颜色。

3．列举出波长在红外波段的激光器。

4．比较 YAG、红宝石两种激光介质的特性。说明为什么 YAG 可以连续工作，而在室温下，红宝石固体激光器只能工作于脉冲状态。

5．在 He-Ne、CO$_2$ 激光器中，充以 He、Ne 气的作用是什么？

6．分别说明染料激光器和钛宝石激光器波长可调谐的原因。

7．画出 Nd^{3+}：YAG 的能级图，试说明 Nd^{3+}：YAG 激光器的谱线竞争。

8．试说明氦氖激光器的谱线竞争。

9．已知一脉冲红宝石固体激光器，当输入能量 $E_{in}=60$ J 时，其绝对效率 $\eta_t=1.4\%$。斜率效率 $\eta_s=1.6\%$。试求该激光器的阈值能量。

10．氦氖激光器的 632.8 nm 激光谱线相应的跃迁上能级自发辐射寿命 $\tau_s=7.2\times10^{-7}$ s，谱线为非均匀增宽，$\Delta n_0=1.3\times10^9$ Hz，单模振荡，腔长 $l=10$ cm，忽略介质损耗，试对 $R_1=1$，$R_2=0.98$ 和 $R_1=R_2=0.98$ 两种情况计算阈值反转粒子数 Δn_t。（R_1，R_2 为谐振腔两反射镜的反射率）

11．试分析 CO$_2$ 激光器效率高的原因。

12．准分子激光器、化学激光器及自由电子激光器有各哪些特点？

第9章 半导体激光器

随着信息化社会的到来，高速率信息流的载入、传输、交换、处理及存储成为技术的关键，半导体光电子技术是这些核心技术的支柱之一，而半导体光电子器件，特别是半导体激光器是心脏。半导体激光器又称为激光二极管（Laser Diode，LD）是指以半导体材料为介质的一类激光器。

半导体激光器的突出优点为：

① 低功率低电流（一般为 2V 电压时 15mA）直接抽运，可由传统的晶体管电路直接驱动。

② 可用高达 GHz 的频率直接进行电流调制，以获得高速调制的激光输出。

③ 半导体激光器是直接的电子－光子转换器，因而它的转换效率很高。理论上，半导体激光器的内量子效率可接近 100%，实际上由于存在某些非辐射复合损失，其内量子效率要低很多，但仍可达到 70%以上。

④ 半导体激光器覆盖的波段范围最广。通过选用不同的半导体激光器有源材料或改变多元化合物半导体各组元的组分，可得到范围很广的激光波长以满足不同的需要。

⑤ 输出光束在大小上与典型的硅基光纤相容，能调节输出光束的波长使其工作在这类光纤的低损耗和低色散区域。

⑥ 半导体激光器的工作电压和电流与集成电路兼容，因而可以与之单片集成，形成集成光电子电路。

⑦ 半导体激光器基于半导体的制造技术，适用于大批量生产。

⑧ 半导体激光器的使用寿命最长，目前用于光纤通信的半导体激光器，工作寿命可达数十万乃至百万小时。

⑨ 半导体激光器的体积小，容易组装进其他设备中，质量小，价格便宜。

半导体激光器主要缺点是激光束发散角比较大，在平行 PN 结方向的发散角是几度到十几度，垂直 PN 结方向的发散角为十几度到二十度（锁相阵列器件的发散角可以减小到 1°）；其次，激光振荡的模式比较差。

最早进入实用的半导体激光器，其激光波长为 0.83～0.85μm。这对应于光纤损耗谱的第一个窗口，多模光纤的损耗可低于 2dB/km。围绕着提高光纤通信的容量，在 20 世纪 70 年代末期，在 1.3μm 波长处得到了损耗更小（0.4dB/km）、色散系数接近于零的单模光纤，不久又开发出损耗更小的 1.55μm 单模光纤窗口。早在 20 世纪 60 年代后期开始研究的长波长（1.3μm）InGaAsP/InP 激光器也随着单模光纤的开发而进入实用系统。激光波长为 1.55μm 的半导体激光器也很快达到实用化。

发展可见光（$\lambda < 0.78\mu m$）半导体激光器的动力来自光盘、光复印和光信息技术的发展。因为晶片上的存储容量反比于激光波长，为提高信息存取密度，需使用波长尽可能短的激光源。最早使用的是波长 $\lambda = 632.8\mu m$ 的氦氖激光器，但因其体积大和寿命有限，故 1982 年上市的 CD 唱机采用了波长为 780nm 的半导体激光器。近几年来，波长更短（例如 $\lambda = 630\mu m$）的半导体激光器已成商品。体积小、价格低和寿命长的半导体激光器在光信息存储与处理上占据了大部分市场。

20 世纪 80 年代初发展起来的用半导体激光器泵浦 Nd：YAG 等固体激光器的研究促进了大功率半导体激光器（包括阵列激光器）的发展。掺钕固体有源介质，如 Nd：YAG、Nd：YVO$_4$ 等在波长为 808nm 左右有较强的吸收峰，因此用体积小、激光波长 808nm 的半导体激光器代替通常的氙灯（脉冲）或氪灯（连续）来泵浦固体激光材料，可得到体积小、泵浦效率高的固体激光器。

随着掺稀土元素光纤放大器的发展，用作泵浦源的高功率半导体激光器又获得了另一个重要的应用。例如，用波长为 980nm 或 1480nm，功率为数十毫瓦的半导体激光器泵浦掺铒光纤，可以得到高的增益系数，从而使光信号得到 30dB 以上的增益。光纤放大器已在光纤通信中得到重要应用。

目前，半导体激光器已经是光纤通信、光纤传感、光盘记录存储、光互连、激光打印和印刷、激光分子光谱学以及固体激光器泵浦、光纤放大器泵浦中不可替代的重要光源。此外，在光学测量、机器人与自动控制、医疗、原子和分子物理的基础研究等方面也有广泛应用。它已经是需要高效单色光源的光电子系统中不可缺少的光学器件。

本章将介绍半导体激光器的工作原理、基本结构和主要特性，最后介绍几种重要的新型半导体激光器。

9.1　半导体激光器物理基础

9.1.1　半导体的能带结构和电子状态

1. 能带的基本概念

半导体是由一种（或几种）原子周期性规则排列而成的晶体材料。图 9-1 是最常用的半导体激光材料 GaAs 的晶格结构，这种结构属金刚石结构，其中每个原子都位于由 4 个最邻近的相同原子所构成的 4 面体的中心。晶体中形成原子按一定周期排列的结合力称为"共价键"。

孤立的原子可以处在一系列不同的运动状态中，这些不同的运动状态，对应原子的不同能级。但当大量的孤立原子彼此靠得很近时，原子之间有相互作用，致使原子的每个能级（主要是与外层电子相应的能级）分裂为能量稍有不同的若干能级。如果是一个具有 N 个粒子相互作用的晶体，则每一个原子的能级将分裂为能量差异很小（9^{-22}eV 数量级）的 N 个能级。N 值通常很大（10^{23}cm^{-3} 左右），因此这 N 个能级彼此非常靠近，形成一个能量上准连续的能带，称为允许能带，简称允带。所以孤立原子中的每个能级在固体中变成一个能带，固体的能带如图 9-2 所示。由不同原子能级所形成允许能带之间是禁止能带，简称禁带。

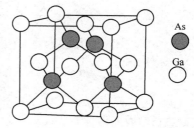

图 9-1　GaAs 的晶格结构

由 N 个原子形成的固体，每个能带包含 N 个能级。根据泡利（Pauli）不相容原理，每个原子能级上能够容纳自旋方向相反的两个电子，因此由 N 个原子能级组成的能带中能容纳 $2N$ 个电子。然而，由于存在"轨道杂化"（波函数组合），实际情况并非如此简单。以两种重要的半导体材料 Si 和 Ge 为例，每个原子有 4 个价电子，在原子状态中 s 态和 p 态各 2 个。在晶体状态中应产生两个能带，一个与 s 态对应，包含 N 个状态；另一个和三重 p 态对应，包含 $3N$ 个状态。但由轨道杂化重新组合的两个能带中各含 $2N$ 个状态，较低的一个正好容纳 $4N$ 个价电子，称为价带。在绝对零度下，价带全为电子所占据，故又称为满带。价带之上的允带在绝对零度下不存在电子而为空带，也称为导带。价带与导带之间没有允许电子存在的状态，即为禁带。

禁带宽度用 E_g 表示，它是决定晶体性质的一个很重要的参量。一般来说，$E_g > 2eV$ 的晶体呈现绝缘体性质；$E_g \approx 0$ 的晶体呈现金属性；E_g 在（0～2）eV 之间的晶体材料具有半导体性质。E_g 也是决定半导体激光器激光波长等性质的重要参数。

本征（纯净）半导体材料，如单晶硅（Si）、锗（Ge）等，在热力学温度为零度的理想状态下，能带由一个充满电子的价带和一个完全没有电子的导带组成，二者之间是禁带，本征半导体的能带如图 9-3 所示。这时半导体是一个不导电的绝缘体。而随着温度的升高，由于电子的热运动，总有少数电子的热运动能量大于禁带宽度（E_g），这部分电子由于热运动，可以由价带激发到导带中，成为在导带底的自由电子。同时价带顶少了一个电子就产生一个空穴，相当于一个与电子电量相等的正电荷。导带中的电子与价带中的空穴在外电场作用下产生定向运动而导电，故电子与空穴统称为载流子。

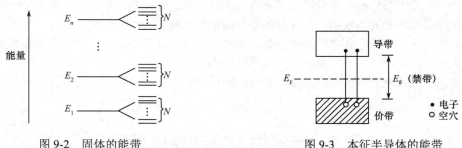

图 9-2　固体的能带　　　　　　　　　　　图 9-3　本征半导体的能带

2. 半导体中的电子状态

用量子力学确定孤立原子的电子能量和运动状态是通过求解薛定谔方程实现的。然而，由于固体中所含原子数量极大，对每个电子求解薛定谔方程是不可能的，只能采取某种近似的方法。下面利用建立在单原子基础上的能带论来对单个电子求解薛定谔方程

$$\nabla^2\psi(r)+\frac{2m}{\hbar^2}[E-V(r)]\psi(r)=0 \tag{9-1}$$

式中，E 为总能量；$\hbar=\dfrac{h}{2\pi}$，h 为普朗克常数；$\psi(r)$ 为波函数；∇ 为 Laplace 算符。将所有其他电子对某一电子的相互作用视为叠加在原子实周期势场上的等效平均场，用 $V(r)$ 表示。为简单起见，考虑一维的情形，式（9-1）化为

$$\frac{\mathrm{d}^2\psi(r)}{\mathrm{d}x^2}+\frac{8\pi^2 m}{\hbar^2}[E-V(x)]\psi(r)=0 \tag{9-2}$$

设势场的周期为晶格常数 a，即

$$V(x)=V(x+na) \tag{9-3}$$

其中，n 为整数。则对于满足式（9-2）的波函数 $\psi(x)$，$\psi(x+a)$ 必为与 $\psi(x)$ 属于同一能量本征值的波函数，即二者只能相差一个模为 1 的相因子。若将 $\psi(x)$ 写成

$$\psi(x)=u_k(x)\mathrm{e}^{\mathrm{i}kx} \tag{9-4}$$

式中，k 为波数，则容易证明 $u_k(x)$ 也为以 a 为周期的函数，即

$$u_k(x+a)=u_k(x) \tag{9-5}$$

式（9-4）中的 $\mathrm{e}^{\mathrm{i}kx}$ 表示平面波，与其相应的能量本征值为

$$E=\frac{\hbar^2 k^2}{2m_e}+V \tag{9-6}$$

动能部分为

$$E_k=\frac{\hbar^2 k^2}{2m_e} \tag{9-7}$$

式中，m_e 为电子质量。

在 k 足够小的范围内，可将 E_k 展开为麦克劳林级数，且只保留前两项，得到

$$E_k=E(0)+\frac{\hbar^2 k^2}{2m_{\mathrm{eff}}} \tag{9-8}$$

式中，m_{eff} 为电子的有效质量，与 m_e 不同，m_{eff} 既可取正值，也可取负值。

式（9-8）表明，在 $k=0$ 附近，$E(k)$ 按抛物线规律随 k 变化，抛物线的开口方向由 m_{eff} 的符号决定。当 $m_{\mathrm{eff}}>0$ 时，开口向上，相应的能带为导带，此时式（9-8）变为

$$E_c(k) = E_c(0) + \frac{\hbar^2 k^2}{2m_c}, \quad m_c > 0 \tag{9-9}$$

式中，m_c 为导带中电子的有效质量。

当 $m_{eff} < 0$ 时，开口向下，相应的能带为价带，此时 $E \sim k$ 关系为

$$E_v(k) = E_v(0) + \frac{\hbar^2 k^2}{2m_v}, \quad m_v < 0 \tag{9-10}$$

m_v 为价带中电子（或空穴）的有效质量。电子与空穴的有效质量不同于自由电子质量 m_e，它们取决于所在能带极值处的曲率。一般情况下，导带电子比价带空穴的有效质量要小一个数量级。例如，对于 GaAs，$m_v = 0.4m_e$，$m_c = 0.067m_e$。

对于同一波矢 k，从导带底算起的导带中电子态的能量 E_c，从价带顶算起的价带中相应的电子态的能量 E_v 分别为

$$E_c = \frac{\hbar^2 k^2}{2m_c} \tag{9-11}$$

$$E_v = \frac{\hbar^2 k^2}{2m_v} \tag{9-12}$$

可见，对于同一个波矢 k，可以是电子在导带中占据能级 E_c，也可以是电子在价带中占据能级 E_v。

比较式（9-9）和式（9-10）可知，导带底和价带顶对应着相同 k 值，即 $k = 0$ 点。导带底和价带顶的能量间距称为禁带宽度。这种导带和价带的极值位于 k 空间同一点（但一般不要求是 $k = 0$ 点）的半导体称为直接禁带半导体，其 E-k 关系如图 9-4（a）所示。如果导带底和价带顶不在 k 空间同一点，称为间接禁带半导体，其 E-k 关系如图 9-4（b）所示。半导体激光器通常只涉及直接禁带材料。

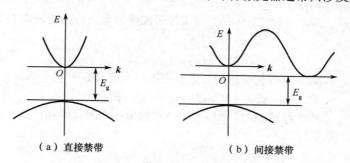

（a）直接禁带　　　　　　　　（b）间接禁带

图 9-4　半导体中电子能量与波数的关系曲线

9.1.2　半导体中载流子的分布与复合发光

1. 热平衡状态下半导体中的载流子

热平衡状态是指半导体中具有统一的费米能级 E_F，也就是说半导体中的自由载流子浓度——即电子和空穴的浓度，保持动态平衡的常数。费米能级并非实在的可由电子占据的能级，而是半导体能级的一个特征变量，它由半导体材料的掺杂浓度和温度决定，反映电子在半导体内能带上的分布情况。对于本征半导体，费米能级在禁带的中间位置，价带能级低于费米能级，导带能级高于费米能级，即 $E_c > E_F > E_v$。

热状态平衡时，电子在能带中能级上的分布不服从玻耳兹曼分布，而是服从费米分布。能级 E 被电子占据的概率为

$$f(E) = \frac{1}{e^{\frac{E-E_F}{k_b T}} + 1} \tag{9-13}$$

被空穴占据的概率为

$$f_h(E) = 1 - f(E) = \frac{1}{e^{\frac{E_F - E}{k_b T}} + 1} \tag{9-14}$$

式中，k_b 为玻耳兹曼常数，T 为热力学温度，E_F 为费米能级。

于是，导带能级被电子占据的概率为

$$f_c(E) = \frac{1}{e^{\frac{E_c - E_F}{k_b T}} + 1} \tag{9-15}$$

被空穴占据的概率为

$$f_{ch}(E) = \frac{1}{e^{\frac{E_F - E_e}{k_b T}} + 1} \tag{9-16}$$

价带能级被电子占据的概率为

$$f_v(E) = \frac{1}{e^{\frac{E_v - E_F}{k_b T}} + 1} \tag{9-17}$$

被空穴占据的概率为

$$f_{vh}(E) = \frac{1}{e^{\frac{E_F - E_v}{k_b T}} + 1} \tag{9-18}$$

$T = 0K$ 时直接能隙半导体的能带结构及电子占据能级的状况如图 9-5 所示。图中两条抛物线上的圆点表示电子在导带和价带中的能级，实心圆点表示该能级为电子所占据，空心圆点表示没有被电子占据的能级。

当 $T = 0K$ 时，由式（9-15）和式（9-16）可得导带能级被电子占据的概率 $f_c(E)$ 和被空穴占据的概率 $f_{ch}(E)$ 分别为

$$f_c(E) = 0, f_{ch}(E) = 1$$

由式（9-17）和式（9-18）可得价带能级被电子占据的概率 $f_v(E)$ 和被空穴占据的概率 $f_{vh}(E)$ 分别为

$$f_v(E) = 1, f_{vh}(E) = 0$$

也就是说，在热力学温度为 0K 时，本征半导体中的电子全部集中在价带，而导带中没有电子，电子分布函数如图 9-6 所示。

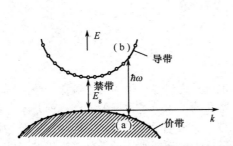

图 9-5　$T = 0K$ 时直接能隙半导体的能带结构及
电子占据能级的状况

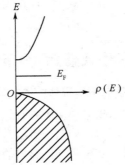

图 9-6　$T = 0K$ 时本征半导体中电子分布函数

当 $T > 0K$ 时，由于玻耳兹曼常数 k_b 只有 $10^{-4} eV \cdot K^{-1}$ 的量级，即使 T 达到 300K，$k_b T$ 也只有 $10^{-2} eV$ 的量级，因而一般仍可假定

$$E_c - E_F \gg k_b T, E_F - E_v \gg k_b T$$

于是，由式（9-15）和式（9-16）可得

$$f_{ch}(E) \approx 1, f_c(E) = e^{-\frac{E_V - E_F}{k_b T}} \ll 1$$

即导带中只有很少量电子，且服从玻耳兹曼分布定律，集中在相对靠近 E_F 的导带底部。

由式（9-17）和式（9-18）可得

$$f_v(E) \approx 1, f_{vh}(E) = e^{-\frac{E_F - E_v}{k_b T}} \ll 1$$

即价带基本被电子占满，只有少量空穴，且按照玻耳兹曼分布定律，集中在相对靠近 E_F 的价带顶部。

由以上讨论可知，纯净的半导体中，导带基本为空带，而价带基本被电子充满，因而导电性很差。在其中掺入适当杂质，可提供附加的自由电子或空穴，从而大大提高电导率，使电流更容易形成。因此，用来制作电子器件或激光器件的半导体很少用本征半导体，而多数是 N 型和 P 型杂质半导体。在四价的半导体晶体材料中掺以五价元素，取代四价元素在晶体中的位置，这种掺杂的半导体叫作 N 型半导体。若在四价半导体晶体材料中掺以三价元素，这种掺杂的半导体叫作 P 型半导体。N 型半导体中，多出来的电子不能参与组成共价键，很容易成为自由电子，这使得在导带下方靠近导带的地方形成新的能级，此能级离导带底很近，杂质能级上的电子在常温下很容易激发到导带中去，增加导带中的电子数，这种杂质叫施主（或 N 型）杂质，相应的能级称为施主能级，如图 9-7 所示。P 型半导体中，由于三价元素少一个电子，其中一个共价键出现空穴，电子占据价带的概率增大，这使得在价带的上方靠近价带的地方增加出来新的能级，价带中的电子在常温下很容易被激发到空着的新能级上去，从而增加价带中的空穴数，这种杂质叫作受主（或 P 型）杂质，相应的能级叫作受主能级，如图 9-8 所示。

图 9-7　施主能级　　　　　　　　　　图 9-8　受主能级

杂质半导体中费米能级的位置与杂质类型和掺杂浓度有密切关系。图 9-9 画出了在极低温度时，本征半导体和杂质半导体中费米能级的位置和电子态的分布，由图表明，P 型杂质浓度越高，费米能级越低[图 9-9（b）]；N 型杂质浓度越高，费米能级越高[图 9-9（d）]。重掺杂时费米能级甚至移动到价带[图 9-9（c）]或导带[图 9-9（e）]之中。这里已经假设温度极低，因此重掺杂 P 型半导体中低于费米能级的能态都被电子填满，高于费米能级的能态都是空的，导带中出现空穴，这种情况叫作 P 型简并半导体。反之，重掺杂 N 型半导体中低于费米能级的能态都被电子填满，尽管温度极低，导带中也有自由电子，这种情况叫作 N 型简并半导体。

2. 非热平衡状态下半导体中的载流子与复合发光

当半导体偏离热力学平衡状态时，由于载流子寿命比它们的弛豫时间长得多，即导带电子或价带空穴与晶格发生能量交换的概率比起电子与空穴相互作用的概率大得多，因此可以认为电子与晶格、或空穴与晶格相互独立地处于热平衡状态。这时对电子和空穴可以分别用准费米能级 E_{Fc} 和 E_{Fv} 代替热平衡状态下的单一费米能级 E_F 来描述系统。这时可认为，电子和空穴在各自的导带和价带内仍处于平衡状态，尽管电子和空穴总的分布是不平衡的。非热平衡状态下直接带隙半导体的能带结构及电子、空穴占据能级的状况如图 9-10 所示。这种情况下，电子处于导带中 E 能级的概率 $f_c(E)$ 为

$$f_c(E) = \cfrac{1}{e^{\frac{E-E_{Fc}}{k_b T}} + 1} \tag{9-19}$$

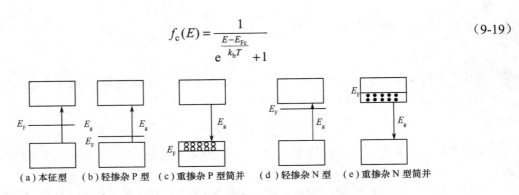

(a)本征型 $\qquad$ (b)轻掺杂 P 型 $\qquad$ (c)重掺杂 P 型简并 $\qquad$ (d)轻掺杂 N 型 $\qquad$ (e)重掺杂 N 型简并

图 9-9　本征半导体和杂质半导体费米能级的位置和电子态分布

电子处于价带中 E 能级的概率 $f_v(E)$ 为

$$f_v(E) = \cfrac{1}{e^{\frac{E-E_{Fv}}{k_b T}} + 1} \tag{9-20}$$

由以上讨论可知，当材料受到激发时，价带中的部分电子跃迁到导带，并在价带中形成与激发电子等量的空穴，电子分布函数如图 9-11 所示，图 9-11（b）具有与图 9-11（a）不同的形状，是由于部分动能较高的电子从价带中较低的部分跃迁到导带形成的。导带中的电子可以自发地，或受激地向下跃迁回到价带，与其中的空穴复合，导致复合发光。

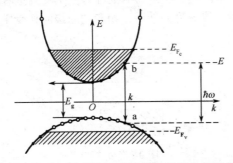

图 9-10　非热平衡状态下直接带隙半导体的能带结构
及电子、空穴占据能级的状况

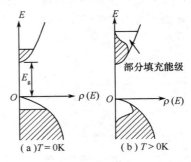

图 9-11　半导体受到激发时电子分布函数

当电子处于导带中某一能级[其能量 E_c 由式（9-11）给出]，且价带中有一个空穴[与 E_c 表达式中 k 相应的空穴的能级 E_v 由（9-12）式给出]时，若有一频率为 ω_0 的光子入射到此半导体介质中，且其能量满足

$$\hbar\omega_0 = E_c + E_v + E_g = \frac{\hbar^2 k^2}{2}\left(\frac{1}{m_c} + \frac{1}{m_v}\right) + E_g = E_g + \frac{\hbar^2 k^2}{2m^*} \tag{9-21}$$

式中，E_g 为禁带宽度，$1/m^* = 1/m_c + 1/m_v$ 为电子的约化质量。则处于导带中能级 E_c 上的电子便会在光子的作用下，跃迁到价带中空穴占据的能级 E_v 上而发出一个与原入射光子状态相同的受激跃迁光子。电子填充空穴的过程称为电子和空穴的复合。半导体激光器就是利用半导体材料里导带中的电子和价带中的空穴的复合来产生受激辐射的。可见，半导体材料中的导带和价带分别相应于原子系统中的激光上、下能级。

9.1.3　PN 结

由同一基体材料制成的 P 型半导体和 N 型半导体，虽然禁带宽度相同，但它们的费米能级并不在同一水平上。如图 9-9（c）、和（e）所示，在重掺杂的 N 型半导体中，费米能级高于导带底；在重掺杂的 P 型半导体中，费米能级低于价带顶。当把二者制作在一起时，则在 P 型与 N 型连接处形成一个 PN 结。如果两种材料为同一种衬底中分别掺以施主或受主杂质，则形成的 PN 结称为同质结；如果两种材料的衬底不同，则得到异质结。

未加电场时，由于 N 区和 P 区的费米能级不等，引起 N 区电子向 P 区扩散，一直到两区的费米能级相同为止，这样造成能带的弯曲，形成"空间电荷场"，如图 9-12 所示。这时 P 区的能带相对 N 区整体提高了 $E_{NF}-E_{PF}$，构成一个势垒（称为"自建场"），阻挡电子继续扩散。这时在 P 区和 N 区分别出现 P 型简并区和 N 型简并区，P 区的价带顶充满了空穴，而 N 区的导带底则充满了电子。

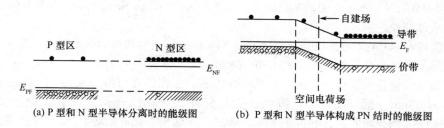

(a) P 型和 N 型半导体分离时的能级图　　(b) P 型和 N 型半导体构成 PN 结时的能级图

图 9-12　PN 结的能级图

在 PN 结两端加上一个差不多与禁带宽度相等的正向电压 V 时，外电场部分抵消自建场的作用，使 PN 结的势垒下降，N 区的费米能级相对于 P 区升高了 eV。由于外加正向电压破坏了原来的平衡，此时有正向电流流过 PN 结（即从 N 区向 P 区注入电子；从 P 区向 N 区注入空穴，总的形成正向电流），这种现象称为"载流子注入"。

在这种非平衡状态下，结区附近统一的费米能级不复存在。这时在半导体中 PN 结区存在两个费米能级，形成双简并能带结构。价带中电子占有情况类似 P 型简并，导带中类似 N 型简并，这两个费米能级分别以 E_F^+、E_F^- 表示。PN 结加正向电压时形成的双简并能带结构如图 9-13 所示，在 P 区的 E_F^+ 就是 E_F，在 N 区的 E_F^- 也就是 E_F，而在结区 E_F^+ 与 E_F^- 分别是倾斜的，这表示电子与空穴在 PN 结区不是均匀分布的。这样，在结区的一个很薄的作用区，同时有大量导带电子和价带空穴。

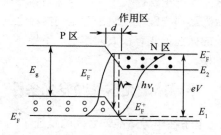

图 9-13　PN 结加正向电压时形成的双简并能带结构

现在考虑频率为 v 的光波通过半导体时，会发生什么情况。半导体受光波的影响时，只能使电子向没有被电子占据的空态跃迁。如果半导体中只有一个费米能级，在它之上没有电子，在它之下已充满电子，因此不会发生电子向没有被电子占据的空态跃迁，而只会将外来光子吸收。但在 PN 结区，两个费米能级使得导带中有自由电子，价带中有空穴。如果外来光子的能量与上能带中电子和下能带中空穴之间的能量差相同（即满足 $E_F^- - E_F^+ > hv > E_g$），则会诱导导带中电子向价带中空穴跃迁而发出一个与外来光子一样的光子，从而这种频率的光得到放大。因此，在半导体中存在双简并能带是产生光放大的必要条件。

9.1.4　半导体激光材料

制作半导体激光器成功与否，在很大程度上取决于所选用材料的特性。对于双异质结构，必须找到至少两种可匹配的材料，一种用于覆盖层，另一种用于有源区。对于更为复杂的结构，可能需要三或四种不同带隙的材料。对这些不同材料的基本要求是它们具有相同的晶体结构，以及几乎相同的晶格常数，这样便可以在一种材料上用外延方式生长另一种材料的单晶、无缺陷薄膜。各种缺陷通常会成为非辐射复合中心，从而窃走许多原本可以提供增益和荧光的注入载流子。

半导体激光器所涉及的半导体材料有很多种，但目前最常用的有两种材料体系，这两种材料体系均属于Ⅲ～Ⅴ族半导体。

一种材料体系是以 GaAs 和 $Ga_{1-x}Al_xAs$（下角标 x 表示 GaAs 中被 Al 原子取代的 Ga 原子的百分数）为基础的。这种激光器的激光波长取决于下角标 x 及掺杂情况，一般为 0.85μm 左右。这种器件可用于短距离的光纤通信和固体激光器的泵浦源。

另一种材料体系是以 InP 和 $Ga_{1-x}In_xAs_{1-y}P_y$ 为基础的。这种激光器的激射波长取决于下角标 x 和下角标 y，一般为 0.92～1.65μm，但最常见的波长是 1.3μm、1.48μm 和 1.55μm。其中 1.3μm 和 1.55μm 是光纤通信的最佳波长。

近年来，以 $Ga_{1-x}Al_xAs/GaAs$ 和 $In_{0.5}(Ga_{1-x}Al_x)_{0.5}P/GaAs$ 材料体系为基础的可见光半导体激光器也得到迅速发展，其波长分别为 780nm 和 630～680nm。

近年来发展了一些Ⅱ～Ⅳ价化合物，典型的如 ZnSe，低温工作可得到 0.46～0.53μm 的辐射，室温输出 0.50～0.51μm。而 GaN 可望得到蓝光和紫外半导体激光器。在长波段，以 GaSb 和 GaInAsSb/AlGaAsSb 为介质的激光器可在 30℃ 下连续工作输出 2.2μm 的辐射，而基于价带内不同能量位置的跃迁，可望得到 50～250μm 连续可调的输出。

9.2　半导体激光器的工作原理

半导体激光器形成激光的必要条件与其他激光器相同，也须满足粒子数反转、谐振、阈值增益等条件，半导体中的电子与光子间的相互作用也有三个基本过程——受激吸收、自发辐射和受激辐射，但是这三类电子跃迁发生在半导体材料导带中的电子态和价带中的空穴之间，而不像原子、分子和离子激光器那样发生在两个确定的能级之间。半导体激光器的激光振荡模式与前面讨论的开放式光学谐振腔的振荡模式有很大的差别，半导体二极管激光器的光学谐振腔是介质波导腔，其振荡模式是介质波导模。

9.2.1　半导体激光器受激发光条件

1. 电子在半导体能带之间的跃迁

光子与半导体内部电子（或空穴）的相互作用主要表现为三个物理过程：自发辐射、受激吸收和受激辐射。首先讨论一下影响以上三种跃迁速率的因素：

① 跃迁初态电子占据的概率，跃迁终态电子空缺的概率。电子在半导体能带之间的跃迁，始于电子的占有态，终于电子的空态。因此，跃迁速率正比于与跃迁有关的初态电子占据的概率和终态未被电子占据的概率。

② 电子态密度。半导体中的电子跃迁不是发生在孤立的两个能级之间，因此对于某一特定能量的光子可以使半导体能带中一定能量范围内的电子跃迁。即使对单色光，若光子与电子互作用时间越短，则按量子力学测不准原理，跃迁所涉及的能量范围就越宽。因此，有必要考虑单位能量间隔中参与跃迁的电子态密度。

电子在某一能带中的态密度取决于电子在该能带的有效质量和在能带中所处能量，它是依能量从低至高而分布的。导带和价带的电子态密度分别表示为

$$\rho_c = \frac{m_c (2m_c E_c)^{1/2}}{\pi^2 \hbar^3}$$

（9-22）

$$\rho_v = \frac{m_v \left[2m_v \left(-E_g - E_v \right) \right]^{1/2}}{\pi^2 \hbar^3} \tag{9-23}$$

这里需要注意，空穴是电子的空缺，因此价带的态密度仍可合理地称为电子态密度。

③ 光子能量密度。半导体激光器的工作原理是基于光子与电子的相互作用，因此，跃迁速率还应该正比于激励该过程的入射光子密度。单位体积、单位频率间隔内的光子能量密度为

$$P(h\nu) = \frac{8\pi n_R^3 h\nu^3}{c^3} \cdot \frac{1 + (\nu/n_R)(\mathrm{d}n_R/\mathrm{d}\nu)}{\mathrm{e}^{h\nu/k_b T} - 1} \tag{9-24}$$

式中，$h\nu$ 为光子能量；ν 为光波频率；n_R 为材料折射率。

④ 跃迁概率。包括：受激吸收跃迁概率 B_{12}，受激辐射跃迁概率 B_{21}，自发辐射跃迁概率 A_{12}。这些参数是决定半导体材料吸收系数和增益的一个基本参量。

（1）自发辐射跃迁

导带内能量为 E_2 的电子向价带内一个能量为 $E_1 = (E_2 - h\nu)$ 状态发生复合跃迁，辐射光子，这种过程属于自发辐射跃迁，它产生非相干光。单位体积、单位能量间隔内，自发辐射跃迁速率为

$$r_{21}(sp) = A_{21} f_c \left(E_2 \right) \rho_c \rho_v \left[1 - f_v \left(E_1 \right) \right] \tag{9-25}$$

总的自发辐射速率为

$$R_{sp} = -\left(\frac{\mathrm{d}n_2}{\mathrm{d}t} \right)_{sp} = r_{21}(sp)n_2 \tag{9-26}$$

式中，n_2 为处于高能级 E_2 的电子数。

（2）受激吸收跃迁

在未加电场的平衡状态下，导带中的电子数远小于价带中的电子数，此时半导体对光子表现为显著的受激吸收。电子在能量为 $h\nu$ 的光子作用下吸收其能量并由价带中的 E_1 能级跃迁到导带中的 E_2 能级。单位体积、单位能量间隔内受激吸收跃迁速率为

$$r_{12}(st) = B_{12} f_v \left(E_1 \right) \rho_v \rho_c \left[1 - f_c \left(E_2 \right) \right] P(h\nu) \tag{9-27}$$

（3）受激辐射跃迁

电子在能量为 $h\nu$ 的光子作用下由导带能级 E_2 跃迁到价带能级 $E_1 = (E_2 - h\nu)$ 上，同时发出能量为 $h\nu$ 的光子，这个过程为受激辐射跃迁，其辐射光与激发光子属于同一模式。单位体积、单位能量间隔内受激辐射跃迁速率为

$$r_{21}(st) = B_{21} f_c \left(E_2 \right) \rho_c \rho_v \left[1 - f_v \left(E_{21} \right) \right] P(h\nu) \tag{9-28}$$

2. 半导体激光器的粒子数反转条件

在半导体有源介质中，实现粒子数反转分布的条件是由伯纳德和杜拉福格首先在 1961 年推导出来的，因此称为伯纳德－杜拉福格条件。

由爱因斯坦关系，有 $B_{12} = B_{21}$，如果忽略半导体激光器中本来就很小的自发辐射速率，要得到净的受激辐射光放大，必须有

$$r_{net}(st) = r_{21}(st) - r_{12}(st) > 0 \tag{9-29}$$

$r_{net}(st)$ 为净受激发射速率。将式（9-27）和式（9-28）代入式（9-29），则有

$$f_c(E_2) > f_v(E_1) \tag{9-30}$$

由式（9-30）可见，半导体激光器的粒子数反转分布的条件是：在结区导带底（即上能级）被电子占据的概率，大于价带顶（即下能级）被电子占据的概率。

考虑激光器工作在连续发光的动平衡状态，非平衡载流子的寿命足够长，在作用区，导带底电子的占据概率可以用 N 区的准费米能级来计算

$$f_c(E_2) = \frac{1}{e^{\frac{E_2 - E_F^-}{k_b T}} + 1} \tag{9-31}$$

价带顶电子的占据概率可用 P 区的准费米能级来计算

$$f_v(E_1) = \frac{1}{e^{\frac{E_1 - E_F^+}{k_b T}} + 1} \tag{9-32}$$

将式（9-31）和式（9-32）代入式（9-30），并化简可得

$$E_F^- - E_F^+ > E_2 - E_1 \geqslant E_g \tag{9-33}$$

其中考虑到带间跃迁的受激辐射需满足 $h\nu \geqslant E_g$。由此可见，在半导体 PN 结中实现导带底和价带顶电子数密度反转分布的条件是 N 区（电子）与 P 区（空穴）的准费米能级之差大于禁带宽度，也即电子和空穴的准费米能级分别进入导带和价带。这只有在 PN 结两边的 N 区和 P 区高掺杂才能做到，这同时也是半导体激光器和一般半导体器件的区别所在。双异质结半导体激光器可以利用异质结势垒很好地将注入的载流子限制在有源区中而得到高的非平衡电子浓度，无须高掺杂就可满足式（9-33）。

在 PN 结上加适当大的正向电压 V，使 $eV \approx E_F^- - E_F^+ > E_2 - E_1 \geqslant E_g$ 时，在 PN 结的作用区实现粒子数反转分布，若能量 $h\nu = E_2 - E_1$ 满足式（9-33）的光子通过作用区，就可以实现光的受激辐射放大。

9.2.2　半导体激光器有源介质的增益系数

当半导体有源介质中实现了粒子数反转，该介质就具有正增益，可以使频率处在增益带宽范围内的光辐射得到放大。有源介质的增益系数可表示为

$$G(h\nu) = \frac{\Gamma n_R}{c} r_{net}(st) = \frac{\Gamma n_R}{c} B_{21} \rho_c \rho_v [f_C(E_2) - f_v(E_1)] P(h\nu) \tag{9-34}$$

式中，Γ 为模场限制因子。式（9-34）已经包含了粒子数反转条件式（9-30）。如果 $f_v(E_2) < f_v(E_1)$，即未达到粒子数反转，增益系数为负值，有源介质处于损耗状态；当 $f_c(E_2) = f_v(E_1)$，材料的损耗与增益刚好持平，此时注入的载流子浓度称为透明载流子浓度。只有当 $f_c(E_2) > f_v(E_1)$ 时，增益系数为正值。因此，增益系数并非有源介质本身的属性，它是与半导体有源区的注入电流或注入载流子浓度相关的。

9.2.3　阈值条件

激光器产生激光的前提条件除了粒子数反转分布之外，还需要满足阈值条件，即必须使增益系数大于阈值。与其他激光器一样，半导体二极管激光器也包含一个光学谐振腔和有源介质。当光在腔中传播时，除受激辐射过程对光的增益外，还会经历各种损耗。只有当增益大于所要克服的损耗时，光才能被放大或维持振荡。

由激光器增益和损耗决定的阈值可表示为

$$G_{th} = \alpha_i + \alpha_{out} \tag{9-35}$$

式中，G_{th} 为阈值增益；α_i 为内部损耗因子，主要包括衍射、自由载流子等引起的非本征吸收等各种半导体激光器谐振腔的内部损耗；α_{out} 是激光器的输出损耗因子，是由端面部分反射系数 R_1、R_2 所引起的损耗。

长度为 L 的腔，初始强度为 I_0 的光在腔内一次往返后变为

$$I = I_0 R_1 R_2 e^{(G - \alpha_i) 2L} \tag{9-36}$$

由此可得阈值增益系数为

$$G_{th} = \alpha_i + \frac{1}{2L} \ln \frac{1}{R_1 R_2} \tag{9-37}$$

其中，输出损耗因子 $\alpha_{\mathrm{out}} = \dfrac{1}{2L}\ln\dfrac{1}{R_1 R_2}$。半导体和空气界面处的功率反射系数 R 为

$$R = (\frac{n_{\mathrm{R}}-1}{n_{\mathrm{R}}+1})^2 \tag{9-38}$$

如果谐振腔两个镜面的功率反射系数等于上述界面处的反射系数 R，即 $R_1 = R_2 = R$，则式（9-37）可写为

$$G_{\mathrm{th}} = \alpha_{\mathrm{i}} + \frac{1}{L}\ln\frac{1}{R} \tag{9-39}$$

式（9-39）的意义是，当激光器达到阈值时，光子从每单位长度介质中所获得的增益必须足以抵消介质对光子的吸收、散射等内部损耗和从腔端面的激光输出等引起的损耗。显然，尽量减少光子在介质内部的损耗，适当增加增益介质的长度和对非输出腔面镀以高反射膜，都能降低激光器的阈值增益。

除阈值增益外，激光器在阈值点所对应的其他参数，如注入电流、注入载流子浓度等，均可作为阈值条件。前面讨论了在半导体中实现粒子数反转，使其成为增益介质的条件，但是，半导体作用区的粒子数反转值通常难以确定，而粒子数的反转通常是靠外加注入电流来实现的，因此增益系数是随注入的工作电流 I 变化的，因此阈值振荡条件也常用电流密度表示为

$$J_{\mathrm{th}} = (\frac{G_{\mathrm{th}}}{\beta} + J_0)\frac{d}{\eta_{\mathrm{i}}} \tag{9-40}$$

式中，d 为电流方向有源区厚度，η_{i} 为辐射复合速率与总复合速率之比，称为内量子效率。而 β 和 J_0 是随温度变化的两个参量。表 9-1 给出本征 GaAs 中 β 和 J_0 在不同温度下本征 GaAs 的取值。

表 9-1 本征 GaAs 不同温度下的 β 和 J_0

T/K	80	160	250	300	350	400
$\beta(\mathrm{cm \cdot A^{-1}})$	0.160	0.080	0.057	0.044	0.039	0.036
$J_0(\mathrm{A \cdot cm^{-2} \cdot \mu m^{-1}})$	600	1600	3200	4100	5200	6200

9.2.4 半导体激光器的速率方程及其稳态解

讨论半导体激光器的稳态、动态特性与器件各参数的关系时，可用速率方程进行描述。速率方程建立了光子和载流子之间的相互作用联系。本节给出半导体激光器的耦合速率方程及其稳态解。对半导体激光器的动态特性进行分析时，也可以借助速率方程。

1. 速率方程

为简化分析，更容易、简明地理解速率方程的物理意义，在给出速率方程时做了一些简化假设：①忽略载流子的侧向扩散；②认为是在理想的光腔中具有均匀的电子、光子分布和粒子数反转，电子和光子密度只是时间的函数；③忽略光子渗入有源区之外的损耗，即 $\Gamma = 1$；④忽略非辐射复合的影响；⑤谐振腔内只有一个振荡模式。这时电子密度 n 和单个模内光子密度 s 随时间变化的耦合速率方程组为

$$\frac{\mathrm{d}n}{\mathrm{d}t} = \frac{J}{ed} - \frac{n}{\tau_{\mathrm{sp}}} - R_{\mathrm{st}}s \tag{9-41}$$

$$\frac{\mathrm{d}s}{\mathrm{d}t} = R_{\mathrm{st}}s + \frac{n}{\tau_{\mathrm{sp}}} - \frac{s}{\tau_{\mathrm{ph}}} \tag{9-42}$$

式中，J 是注入电流密度；d 是有源区厚度；τ_{sp} 是电子的自发辐射复合寿命；τ_{ph} 是光子寿命；R_{st} 为受激辐射速率，它是增益系数与光的群速之积，在不考虑色散情况下有

$$R_{st} = \left(\frac{c}{n_R}\right) G \qquad (9\text{-}43)$$

从速率方程组可以看出，引起有源区电子密度和光子密度变化的主要因素有三个：①电流注入。注入电流增加了有源区的电子密度。②自发辐射和受激复合过程。这两个过程使电子密度减少而使光子密度增加。③光子寿命有限。光子可能从谐振腔端面逸出或在腔内被吸收，从而减少光子密度。速率方程式（9-41）和式（9-42）是腔内载流子和光子的供给、产生和消失之间关系的简单描述。

2. 速率方程的稳态解

电子密度和光子密度达到稳态值 $\overline{n}$ 和 $\overline{s}$ 时，有 $\dfrac{d\overline{n}}{dt} = 0$，$\dfrac{d\overline{s}}{dt} = 0$，此时速率方程式（9-41）和式（9-42）可分别写为

$$\frac{d\overline{n}}{dt} = \frac{J}{ed} - \frac{\overline{n}}{\tau_{sp}} - R_{st}\overline{s} \qquad (9\text{-}44)$$

$$\frac{d\overline{s}}{dt} = R_{st}\overline{s} + \frac{\overline{n}}{\tau_{sp}} - \frac{\overline{s}}{\tau_{ph}} \qquad (9\text{-}45)$$

下面分几种情况进行讨论：

①$J < J_{th}$：在阈值以下，$\overline{s} = 0$，由式（9-44）求得

$$J = \frac{ed\overline{n}}{\tau_{sp}} \qquad (9\text{-}46)$$

由式（9-46）可看出，在阈值以下时，有源区的电子密度随注入电流密度的增加而升高，从而使增益随注入电流的增大而加大。

②$J = J_{th}$：此时 $\overline{n} = n_{th}$，可得

$$J_{th} = \frac{edn_{th}}{\tau_{sp}} \qquad (9\text{-}47)$$

这时激光器开始产生受激辐射。

③$J > J_{th}$：此时受激辐射占主导地位，可以忽略式（9-43）中的自发辐射项，得到

$$G = \frac{1}{\tau_{ph}}(\frac{n_R}{c}) = G_{th} \qquad (9\text{-}48)$$

式（9-48）说明，激光器达到阈值以后，增益系数达到饱和，不再随注入电流而变化。而增益饱和说明腔内电子密度被锁定在饱和值，$\overline{n} = n_{th}$，因而自发辐射速率也达到饱和。

稳态解的另一结果是：阈值以上，光子密度与注入电流之间呈线性关系。由式（9-44）和式（9-45）可以得到

$$\overline{s} = \frac{\tau_{ph}}{ed}(J - J_{th}) \qquad (9\text{-}49)$$

根据以上分析，可画出理想半导体激光器的输出功率—注入电流曲线（$P\text{-}I$ 曲线），如图9-14所示。

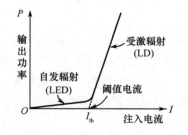

图9-14 半导体激光器的 $P\text{-}I$ 曲线

9.3 半导体激光器有源区对载流子和光子的限制

半导体激光器结构的一个重要特点是要将受激辐射限制在其有源层中。这种限制作用通过选择形

成 PN 结的材料和控制有源层结构来实现。对载流子和光的限制效率越高，半导体激光器的效率也就越高。

根据形成 PN 结的材料和结构，可分为同质结、单异质结、双异质结型及量子阱结构。

1962 年最早研制成功的半导体激光器是同质结结构，即在同一种衬底的不同区域分别掺入施主杂质和受主杂质，而形成 N 型区和 P 型区。其特点是，为产生明显的复合辐射所要求的电流密度很高，容易导致材料损伤。此外，由载流子向相邻材料渗透距离决定的电流方向结区厚度达数微米，为能提供足够激励会产生多余而有害的热量。因而，同质结激光器只能在非常低的温度下工作，目前已很少用。

9.3.1 异质结半导体激光器

为了制造室温下运转的半导体激光器，美国的 H.Kroemer 和前苏联的 Zn.I.Alferov 等人早在 1963 年就提出了异质结二极管激光器的设想，I.Hayashi 等人于 1970 年首次实现了 GaAs/AlGaAs 异质结激光器室温下的连续工作，之后，半导体激光器就大量采用异质结结构。双异质结结构的载流子限制效应是现代半导体激光器最重要的特征之一，双异质结结构的出现使得半导体激光器进入实用化。虽然许多现代的半导体激光器采用比双异质结更为复杂的横向载流子和光子限制结构，如量子阱结构等，但是双异质结的基本概念仍然有效。

1. 异质结

异质结是由不同材料的 P 型半导体和 N 型半导体构成的 PN 结，形成 PN 结的两种材料沿界面具有相近的结构，以保持晶格的连续性。但一般要求材料具有不同的禁带宽度和电子亲和势（导带底能量和电子真空能级之差），它们是决定结区能带结构及特性的主要因素。

最早实现室温连续工作的是 GaAs/Al$_x$Ga$_{1-x}$As 异质结激光器，图 9-15 所示即为在 N 型 GaAs 衬底上形成的 GaAs/Al$_x$Ga$_{1-x}$As 异质结结构。在这种结构中，有源区厚度由 P 型 GaAs 层决定，在 Al$_x$Ga$_{1-x}$As 导带势垒作用下，只有 P 型 GaAs 层允许电流流过，也只有该层可发生激发和复合辐射。而 P 型 GaAs 层的厚度由制造决定，可以只有 0.1～0.2μm 或更小（量子阱情形）。这种结构称为单异质结。

为进一步改善载流子和光波场的约束效果，可采用双异质结（Double Heterojunction，DH）结构，如图 9-16 所示，其中，P 型 GaAs 激活区上、下分别为 P 型和 N 型 AlGaAs。与单异质结相比，双异质结可以阻挡空穴向 N 区的扩散，形成的波导进一步把激光束压缩在一个较狭窄的波导内，使光波传输损耗大大减小，从而使阈值电流进一步减小。典型情况下，室温双异质结阈值电流密度具有 10^2～10^3A·cm^{-2} 的量级，而同质结则具有 10^4A·cm^{-2} 的量级。

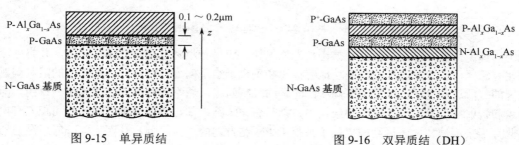

图 9-15　单异质结　　　　　　　　　　图 9-16　双异质结（DH）

图 9-17 所示为双异质结结构及其对载流子和光子的限制作用示意图，以及能隙、折射率和所产生的穿透 DH 区的光模式分布的横向图。在这种简单的三层结构中，有源层的典型厚度约为 0.1～0.2μm。在这种 DH 结构中，对于在正向偏置下分别从 N 型和 P 型区域注入的电子和空穴，在横向（x 向）存在一个势阱，如图 9-17（b）所示。该势阱将这些电子和空穴一起捕获并限制于此，由此增加了它们相互复合的概率。事实上，我们希望激光器内所有的注入载流子都在其有源区内复合形成光

子。如图9-17（c）所示，带隙较窄的有源区的折射率通常要高于覆盖层的折射率，因此以z向为轴向构成一个横向的介质光波导，将光子限制在有源区内。图9-17（d）为所产生的横向光能量密度分布形状（与光子密度或电场振幅的平方成正比）。可见，双异质结能有效地把载流子（电子和空穴）约束在有源区内，从而为有效地进行光受激辐射放大提供了有利的条件。

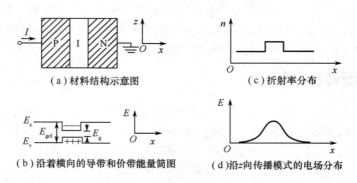

（a）材料结构示意图　　　　　（c）折射率分布

（b）沿着横向的导带和价带能量简图　　（d）沿z向传播模式的电场分布

图9-17　双异质结结构及其对载流子和光子的限制作用示意图

2. 双异质结（DH）半导体激光器

双异质结AlGaAs/GaAs激光器的典型结构如图9-18所示，其中GaAs薄层为有源区，它在x方向上的厚度为（0.1～0.2）μm。有源区上、下分别为厚度可在（0.005～1）μm范围变化的P型和N型AlGaAs附加层，它们与GaAs形成双异质结。受激辐射的产生与光放大就是在GaAs有源区中进行的。激光器轴向或产生激光辐射的方向典型长度为（0.2～1）mm，在这一长度上材料提供均匀增益。

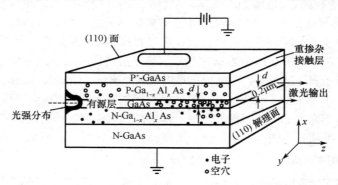

图9-18　双异质结AlGaAs/GaAs激光器的典型结构

在半导体激光器内部，为避免热损伤和光能损耗，应尽量限制电子－空穴复合区，并将电流及光束约束在有源区内。双异质结结构成功地解决了在垂直于结平面方向对载流子和光子的限制问题。针对有源区的载流子和光子在结平面方向（y向）的限制问题，通常用两种方法达到这一目的，即增益波导约束和折射率波导约束。这两种结构中，都只有PN结中部与解理面垂直的条形面积上有电流通过，因此称为条形结构。条形结构提供了平行于PN结方向的电流限制，从而大大降低了激光器的阈值电流，改善了热特性。

（1）增益波导结构

增益波导激光器结构如图9-19所示，在侧面方向（y向）有一对窄金属电极，长度一般为（5～15）μm，它决定了有源区的长度；在纵向方向，有源区由一对平行的部分反射镜面限制，并形成了激光器的谐振腔，反射镜面是沿半导体晶体的自然解理面切割形成的，反射率约为0.3～0.32。从图9-19可以看到，P型AlGaAs的上方，只有中间一窄条与金属电极接触，其他区域则被氧化物绝缘层与电极分开。因此，电流被限制在这一窄条中，光束也相应被约束。有源区相当于 F-P 谐振腔，光由受激辐射产生并在谐振腔内振荡，正如同在波导中一样。两个端面都有光输出，通常一个面用于耦合光纤或一些器件，如光隔离器或调制器等，另一个面用于监视并控制光功率。这种带有电极并由电极大小决定有源区范围的激光器称为增益波导激光器（gain-guided laser）。由于这种结构是用高速质子流轰击条形电极以外的其余部分，增加其电阻率，从而将注入电流限制在未被轰击的条形之内，因此也称为质子轰击条形激光器。

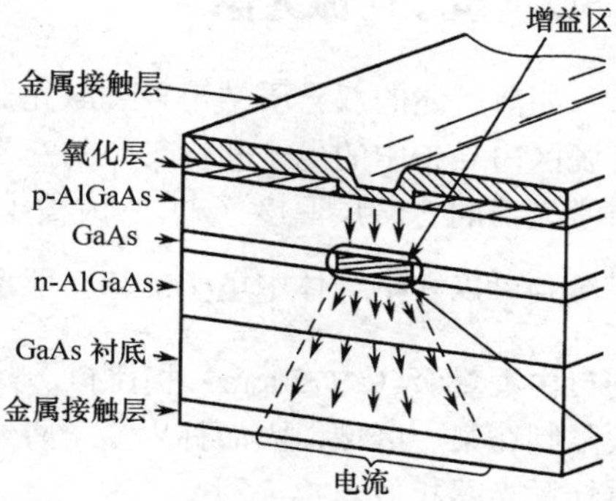

由于增益波导没有可靠的折射率导向，侧向光场的漏出还是比较严重的，这不仅增加了谐振腔的损耗，而且不利于控制激光器的横模性质。

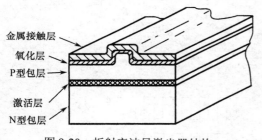

图 9-19　增益波导激光器结构

（2）折射率波导结构

限制电流和光束的另一种方法是折射率波导（Index-waveguide），折射率波导激光器结构如图 9-20 所示。其中，有源层仍为 GaAs 材料，P 型 AlGaAs 在它的上面，并在中央区域形成隆起，再上面是氧化物层。后者相对于 P 型材料具有较低折射率，二者界面处形成折射率垒，从而对激光横向有源层上方的扩展起到约束作用。这样，激光在波导膜中的传播由折射率垒的宽度决定，也就是说，这种结构由较高折射率的有源区和环绕有源区周围的折射率较低的材料构成，形成波导结构，也称为隐埋条形结构。这种激光器对光的限制更强，使光的方向性更好，具有低阈值电流、高输出光功率和高可靠性等优点，而且能得到稳定的基横模特性，从而受到广泛的重视。

表 9-2 列出了半导体激光器有源区对载流子和光子进行限制的不同结构的比较。

图 9-20　折射率波导激光器结构

表 9-2　半导体激光器对有源区载流子和光子进行限制的不同结构

激光器类型	激光器结构	受激辐射限制作用
同质结	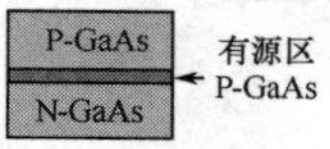 P-GaAs　有源区 N-GaAs　P-GaAs	 xy 平面很弱的限制作用
单异质结	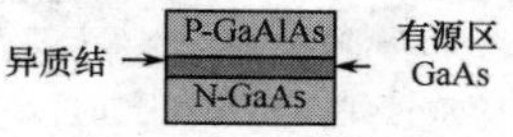 异质结→P-GaAlAs　有源区 N-GaAs ←GaAs	 x 方向的一侧具有很好的限制作用
双异质结	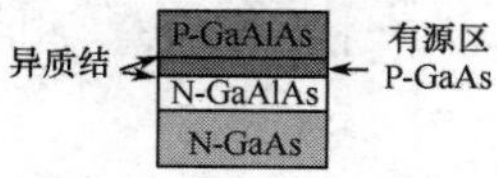 异质结→P-GaAlAs　有源区 N-GaAlAs ←P-GaAs N-GaAs	 x 方向的两侧具有很好的限制作用
增益波导结构	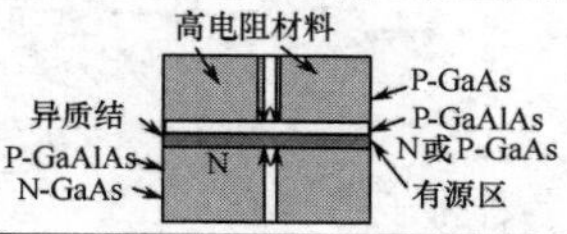 高电阻材料 异质结→P-GaAs P-GaAlAs　N 或 P-GaAs N-GaAs　N　有源区	x 和 y 方向都具有较好的限制作用
折射率波导结构	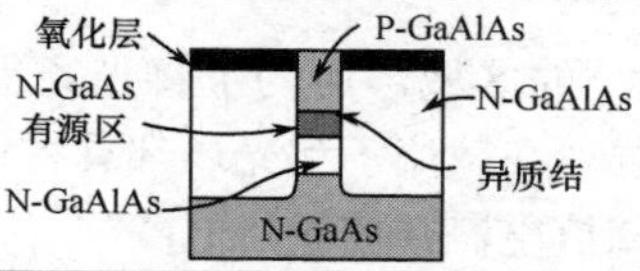 氧化层　P-GaAlAs N-GaAs 有源区　N-GaAlAs N-GaAlAs　异质结 N-GaAs	

9.3.2 量子阱激光器

如前所述的双异质结半导体激光器，其 PN 结中的有源层（激活区）厚度通常为 1μm 左右，这时有源区内导带中的电子和价带中的空穴都可完全看成是自由的。量子阱半导体激光器是把一般双异质结激光器的有源层厚度（d）做成数十纳米以下的结构，即半导体双异质结中，中间夹层的窄带隙材料薄到可以和半导体中电子的德布罗意（De Broglie）波长（$\lambda_d = \dfrac{h}{p} \approx 50\text{nm}$，或更小 10nm）或电子平均自由程量级（约 50nm）相比拟，此时它的量子效应变得明显起来，这时载流子，即电子和空穴，被限制在某一区域，因而称为量子阱结构。除了有源层厚度外，这种激光器在许多方面都与普通双异质结激光器相似。

量子阱结构由一个到几个非常薄的窄带隙半导体层和宽带隙半导体层交替组成。具有一个载流子势阱和两个势垒的量子阱激光器称为单量子阱（Single Quantum well，SQW）LD，即带隙小的半导体极薄层被带隙大的半导体夹住的结构。该结构的导带和价带形成如图 9-21（a）所示的阱状电势，所以把薄膜区称为阱，夹着阱的层称为势垒。具有 n 个载流子势阱和（$n+1$）个势垒的量子阱 LD 称为多量子阱（Multiple Quantum well，MQW）LD，能带图见图 9-21（b）。把量子阱作为有源层就能实现量子阱激光器，图 9-22 所示的是各种量子阱结构。

（a）量子阱中导带和价带的能量关系　　（b）多量子阱激光器的能带图

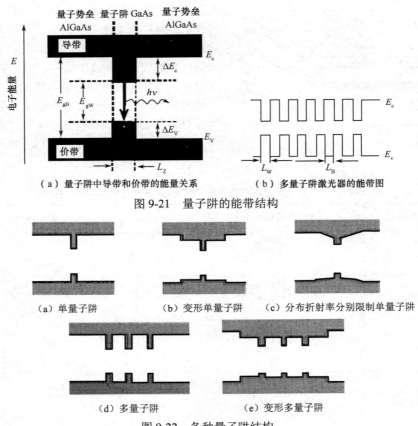

图 9-21　量子阱的能带结构

（a）单量子阱　　（b）变形单量子阱　　（c）分布折射率分别限制单量子阱

（d）多量子阱　　（e）变形多量子阱

图 9-22　各种量子阱结构

量子阱可以相当有效地将载流子约束在很小的区域，而为了将光场也约束在一个相应小的范围内，则往往需要在有源层和包层之间增加导波层。在载流子和光场都具有很强约束的条件下，量子阱激光器实现非常高的增益和低至 0.5mA/cm^2 的阈值电流密度。

量子阱激光器减少了实现粒子数反转所需的载流子的数目，所以阈值电流大大降低，仅为普通双异质结结构激光器的十分之一左右。此外，量子阱激光器的增益较高，线宽较窄，光相干性较好。量子阱半导体激光器调制带宽达数十吉赫兹。

量子阱结构已成为当代大多数高性能半导体光电子器件的典型结构。多量子阱结构可以用于 F-P 型激光器中提高 F-P 型激光器的性能，也广泛应用于 DFB、DBR 激光器中，使这些激光器性能大大提高，主要表现在降低阈值电流、降低功耗、改善温度特性、使谱线宽度更窄、减小频率啁啾、改善动态单模特性和提高横模控制能力等方面。量子阱结构使垂直腔表面发射激光器成为现实。

量子阱可以是一维结构，也可以是二维或三维结构，具有一维量子阱结构的量子阱激光器称为常规量子阱激光器，目前在通信系统中所使用的量子阱激光器（包括单量子阱激光器和多量子阱激光器）都是属于一维量子阱结构的激光器。如果对载流子进一步限制，如在 10nm×10nm PN 结的 x 方向也制造出量子阱，则常规量子阱就变成量子线（Quantum Wire，QWR）激光器。如果更进一步，在 PN 结的 x 方向和 y 方向把波导区的尺寸都减小到电子的德布罗意波长的量级（如将载流子限制在边长为 12nm 的立方体内），则量子阱激光器变成量子点或量子盒（Quantum Box，QB）激光器，这样的激光器具有非常低的阈值电流密度（约为几十安培每平方厘米）。图 9-23 分别给出了量子阱、量子线和量子盒激光器的结构示意结构。

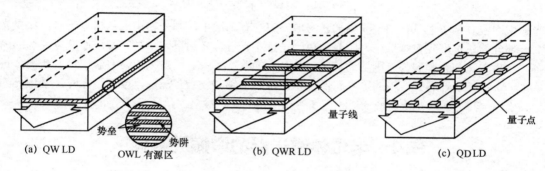

(a) QW LD　　　　　　　　(b) QWR LD　　　　　　　(c) QD LD

图 9-23　量子阱（QW）、量子线（QWR）和量子盒（QB）激光器的结构示意图

9.3.3　光约束因子

从半导体激光器的结构可以知道，它相当于一个多层介质波导谐振腔。与一般的介质波导不同的是，激光器不是无限长波导，而是波导谐振腔。半导体激光器的结构不同，所形成的介质波导谐振腔的物理模型也不同。考虑 F-P 腔激光器：对于宽面激光器，可以作为介质平板光波导来处理，条形激光器可作为矩形介质波导来求解；同质结平面条形激光器的有源区在垂直于结和平行于结的方向上折射率是连续变化的，异质结平面条形激光器仅在平行于结的方向上折射率才是连续变化的，而隐埋条形激光器的有源区可以认为是均匀的，折射率在有源区的边界上发生突变。因此，在分析激光器的模式时，应根据具体激光器的结构和边界条件，采用不同的物理模型来求解波动方程。

半导体双异质结激光器利用异质结的光波导效应将光场限制在有源区内，使光波沿有源层传播并由腔面输出。双异质结的有源层和相邻的两个包层之间存在折射率差是产生光波导效应的基础。因此，双异质结的三层结构就是一个典型的介质平板波导（或称平板折射率波导）结构，如图 9-24 所示。

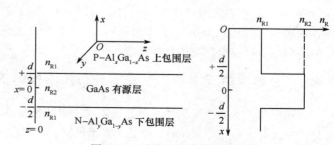

图 9-24　对称三层介质平板波导

半导体激光器介质波导腔与前面讨论过的开放式光腔不同。对于开腔，在满足稳定性条件的情况下，光场被有效地约束在腔的轴线附近。一般情况下，腔镜面上的光斑半径远小于镜的横向尺寸，振荡模的体积远小于激活介质（有源区）的体积。这是通过反射镜的曲率半径与腔长的适当组合来实现的。但是，对于双异质结半导体激光器中的介质波导腔，总有一部分能量扩展到有源区以外，特别是在有源区厚度较小或有源区与包围层的折射率之差不太大时更是如此。光场不能完全约束在有源层内是所有半导体激光器的共同特点，这对激光器的输出特性，如振荡阈值、效率和输出功率等都有重要的影响。通常以一个称为光约束因子的量 Γ_{m} 来定量描述模指数（光场在有源区内零点的数目）为 m 的光场在有源层内约束的程度，它定义为有源区内 m 模的光能量（或光功率）与该模的总光能量（或光功率）之比，即

$$\Gamma_{\mathrm{m}} = \frac{\int_{-d/2}^{d/2} E_y^2(x,y,z)\mathrm{d}x}{\int_{-\infty}^{\infty} E_y^2(x,y,z)\mathrm{d}x} \tag{9-50}$$

在对称三层介质波导的情况下，式（9-50）可以写成

$$\Gamma_{\mathrm{m}} = \frac{\int_{0}^{d/2} E_{2y}^2(x,z,t)\mathrm{d}x}{\int_{0}^{d/2} E_{2y}^2(x,z,t)\mathrm{d}x + \int_{d/2}^{\infty} E_{1y}^2(x,z,t)\mathrm{d}x} \tag{9-51}$$

显然光约束因子总是小于 1。如果光场被紧密地约束在有源层中，则光约束因子接近于 1；如果光场相当大一部分能量扩展到包围层中，则光约束因子远小于 1。光约束因子与有源层厚度以及场的横向分布有关，后者又与有源层与包围层的折射率差及模的阶次有关。一般来说，有源层厚度越大，折射率差 $\Delta n_{\mathrm{R}} = \Delta nR_2 - \Delta nR_1$ 越大，模的阶次越低，光约束因子越大。当有源层厚度 d 很大时，基模光约束因子趋近于 1，表明这时光场几乎全部约束在有源层内。

9.4　半导体激光器的谐振腔结构

现代的半导体激光器采用各种不同的腔体结构。9.3 节介绍了通常使用的横向和侧向波导结构，但未讨论轴向结构。气体和固体激光器中，由于没有侧向的波导结构，整个腔体由轴向镜面来确定。本节将着重讨论半导体激光器的轴向形状及相应的谐振腔结构。

9.4.1　FP 腔半导体激光器

图 9-25 所示为普通 FP 腔双异质结激光器的结构简图。在 x 方向上，核心部分是以有源层为中心、两侧有限制层的双异质结三层平板波导结构。其下面是衬底和金属接触电极，上面是氧化层和金属接触电极。在有源区的侧向（y 向），形成增益波导或折射率波导结构对载流子进行限制。在轴向（z 向），两端衬底材料的解理面形成反射率约为 0.3～0.32 的谐振腔端面反射镜，从而构成 FP 型谐振腔，并在腔面上蒸镀抗反射或增透膜以改善腔面的光学性能。

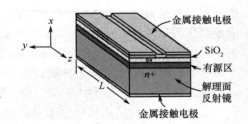

图 9-25　FP 腔双异质结激光器结构简图

9.4.2　分布反馈式半导体激光器与布拉格反射式半导体激光器

普通结构的 F-P 腔半导体激光器很难实现单波长或单纵模工作，即使在直流状态下能实现单纵模工作，但在高速调制下工作时，会发生光谱展宽。在用作光纤通信系统的光源时，由于光纤具有色散，

光谱展宽会使光纤传输带宽减小，从而严重限制了信息传输速率。因此，研制在高速调制下仍能保持单纵模工作的激光器是十分重要的，这类激光器统称为动态单模（Dynamic Single Mode，DSM）半导体激光器。实现动态单纵模工作的最有效的方法之一，就是在半导体激光器内部建立一个布拉格（Bragg）光栅，靠光的反馈来实现纵模选择。

分布反馈（Distributed Feedback，DFB）半导体激光器（DFB-LD）与分布布拉格反射器（Distributed Bragg Reflector，DBR）半导体激光器（DBR-LD）是由内含布拉格光栅来实现光的反馈的。它们激射时所需光反馈，不由激光器端面的集中反射提供，而是在整个腔长上靠光栅的分布反射提供的。光栅是由一个折射率（有时是增益）周期变化的阵列构成的。两者的结构简图见图 9-26 所示。由图可见，DBR-LD 中，光栅区仅在两侧（或一侧），只用来作反射器，增益区内没有光栅，它是与反射器分开的。而在 DFB-LD 中，光栅分布在整个谐振腔中，所以称为分布反馈。此处的"分布"还有一个含义，就是与利用两个端面对光进行集中反馈的 F-P 腔半导体激光器相对而言的。因为采用了内置布拉格光栅选择工作波长，所以 DFB-LD 和 DBR-LD 的谐振腔损耗就有明显的波长依存性，这一点决定了它们在单色性和稳定性方面优于一般的 F-P 腔 LD。

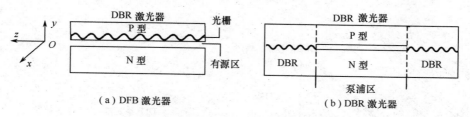

图 9-26　DFB 激光器和 DBR 激光器结构简图

1. 分布反馈半导体激光器

分布反馈的实现是基于布拉格衍射原理，在一半导体晶体的表面上，做成周期性的波纹形状，如图 9-27（a）所示。设波纹的周期为 Λ，根据布拉格衍射原理，一束与界面成 θ 角的平面波入射时，它将被波纹所衍射，如图 9-27（b）所示。按布拉格衍射原理，衍射角 $\theta' = \theta$，入射平面波在界面 B、C 点反射后，光程差

$$\Delta l = BC - AC = 2\eta\Lambda\sin\theta' \tag{9-52}$$

式中，η 为材料等效折射率。若 Δl 是波长的整数倍，即

$$2\Lambda\eta\sin\theta' = m\lambda \tag{9-53}$$

反射波加强。

由于在介质内前向、后向传播的光波都可以认为有 $\theta' = \theta = 90°$ 的关系，因而式（9-53）可改写成

$$2\Lambda = m\lambda/n \tag{9-54}$$

式中，n 为半导体介质的折射率。

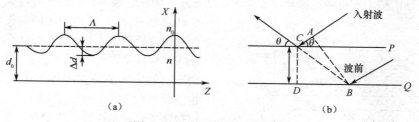

图 9-27　分布反馈原理示意图

式（9-54）表明，由于波纹光栅提供反馈的结果，使前向和后向两种光波得到了相互耦合，由于晶体表面波纹结构的作用，使光波在介质中能自左向右或自右向左来回反射，即实现了腔内的光反馈，

起到了没有两端腔反射镜的谐振腔作用。

当介质实现了粒子数反转时，这种光波在来回反射中得到不断的加强和增大，当增益满足阈值条件以后（即增益大于所有损耗），激光就出现了。这种光栅式的结构完全可以起到一个谐振腔的作用，它所发射的激光波长，完全由光栅的周期 Λ 来决定。所以，可以通过改变光栅的周期来调整发射波长，甚至可以使 DFB-LD 在自发辐射的长波端或短波端附近激射。这一点，F-P 型 LD 是不可能做到的，F-P 型 LD 的发射波长只能位于自发辐射的中心频率附近。由此可见 DFB-LD 和 F-P 型 LD 相比，其发射频率的选择范围很宽，可以在自发辐射频率范围内自由地选择发射波长。

在任何一种异质结构激光器的有源层或邻近波导层上刻蚀所需的周期光栅，均可制成 DFB 半导体激光器。图 9-28 为一个采用 GaAs/GaAlAs 结构的分布反馈激光器的示意图。波导层和有源层都是 P 型 GaAs 层，反馈是通过 P 型 $Ga_{0.93}Al_{0.07}As$ 和 P 型 $Ga_{0.7}Al_{0.3}As$ 之间的波纹界面形成的，主折射率的不连续性导致波导的形成。

通过制作不同光栅周期的 DFB-LD 并通过一个光波导耦合便可输出多种不同波长的光，如图 9-29 所示。这样的多频道集成化的激光器在多频道高速数据传输中特别有用。此外，还可利用这种激光器来实现混频。

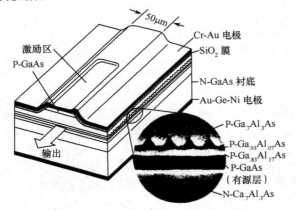

图 9-28 分布反馈式激光器的基本结构

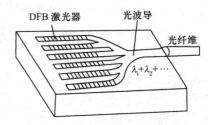

图 9-29 多频道 GaAs/AlGaAs DFB-LD

目前，DFB-LD 已成为中长距离光纤通信应用的主要激光器，特别是在 1.3μm 和 1.55μm 光纤通信系统中。在光纤有线电视（CATV）传输系统中，DFB-LD 已成为不可替代的光源。

2. 分布布拉格反射半导体激光器

尽管 DFB-LD 有很多优点，但由于 DFB 激光器中的波纹光栅是直接刻在有源区（激活区）上，而使光损耗大、器件发光效率低，工作寿命短，通常只能以脉冲方式工作。为改进这种不足，发展了分布布拉格反射式半导体激光器（DBR-LD）。图 9-30 为 DBR-LD 的结构示意图，它和 DFB-LD 的差别在于它的周期性沟槽不在有源区波导层表面上，而是在有源波导层两外侧的无源波导上，将有源区与波纹光栅分开，这两个无源的周期波纹波导充当布拉格反射镜作用，在自发辐射光谱中，只有在布拉格频率附近的光波才能提供有效地反馈。由于有源波导的增益特性和无源周期波导的布拉格反射，使只有在布拉格频率附近的光波能满足振荡条件，从而发射出激光。

由于将激活区与波纹光栅分开，因而布拉格激光器可减小损耗，提高发光效率，降低阈值电流，实现室温连续工作。

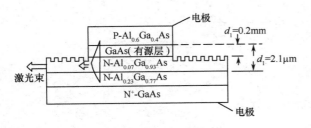

图 9-30 DBR-LD 结构示意图

激光波长可调谐对于光网络和 WDM 非常重要，可调谐性能大大提高光网络的灵活性。DBR 激光器的潜在调谐性是其具有重要价值的主要原因之一。半导体材料随着注入载流子浓度的变化，其折射率会改变，这是调谐的最基本的物理基础。DBR 可分为三个区：有源区（增益区）、相移区和光栅区，可将 3 个独立的控制电极置于各区域之上，可调谐单频三段式 DBR 激光器的示意图如图 9-31 所示。有源区提供增益，调节输出功率；相移区的作用是使谐振波长 λ_m 与布拉格波长 λ_b 一致，即满足相位条件 $\Phi_1 = \Phi_2 + 2m\pi$，其中 Φ_1 是光栅区的相位变化，Φ_2 是增益区和相移区的相位变化；光栅区用来选出单纵模。通过在光栅区上施加控制电流或电压，其折射率 n_{DBR} 改变，从而光栅的中心波长移动。通过在相位控制电压上施加电流或电压，相移区的折射率 n_p 改变，从而改变谐振波长。因此，通过在光栅区和相位区上联合施加控制信号，可以实现较宽的波长调谐范围。由于有源区的载流子密度被锁定，该区内的电流变化对其折射率 n_g 只有二阶影响，从而只能轻微地改变最终的模式波长。

图 9-32 波长可调谐激光器表示激光器有源区的增益曲线、光腔谐振模式及光栅反射率与波长的关系。λ_m 和 λ_b 分别通过相位区和光栅区的注入电流来调谐，输出功率通过改变增益区的注入电流来调节。

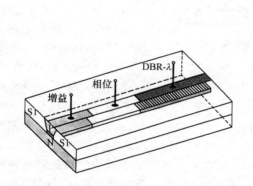

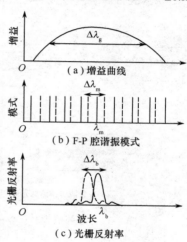

图 9-31　可调谐单频三段式 DBR 激光器的示意图　　　　图 9-32　波长可调谐 DBR 激光器

具体地说：如果仅改变 λ_b，则只能得到不连续调谐并出现跳模；如果仅改变 λ_m，则只能在 λ_b 附近极小范围内得到周期性连续调谐，可避免跳模；如果同时改变 λ_m 和 λ_b，则有可能在较大范围内得到无跳模的连续调谐或有跳模的连续调谐（准连续调谐）。

虽然半导体材料有着极宽的增益带宽，但光栅区内注入电流能引起的有效折射率最大变化范围限制了波长的调谐范围。布拉格光栅的中心波长 $\lambda_b = 2n_{DBR}\Lambda$，$\Delta\lambda_b$ 正比于光栅区有效折射率的变化 Δn_{DBR}，因此最大调谐范围 $\Delta\lambda_b/\lambda_b$ 与 $\Delta n_{DBR}/n_{DBR}$ 相近。对于 InGaAsP/InP 材料系，这个值约为 1%。一般情况下，$\Delta\lambda_m$ 的最大值比 $\Delta\lambda_b$ 要小，因此连续调谐范围由 $\Delta\lambda_m$ 决定

$$\frac{\Delta\lambda_m}{\lambda_m} = \frac{\Delta n_g L_g}{n_g (L_p + L_g)} + \frac{\Delta n_p L_p}{n_p (L_p + L_g)} \tag{9-55}$$

式中，n_g 和 n_p 分别是有源区和相移区的有效折射率，L_p 和 L_g 分别是两个区的长度。增益区和相移区的半导体材料几乎相同，可认为 $n_g = n_p$。由于增益区的载流子浓度几乎被固定在阈值以上，趋于饱和，因此式（9-55）中第二项占优势。$\Delta n_p/n_p$ 的最大值约 1%，但由于 $L_p/(L_p + L_g)$ 的存在，连续调谐范围比 1% 要小 2～5 倍。调谐范围随注入电流的增加而变大，但过大的电流注入产生的热效应会影响器件的正常工作，所以注入电流不宜过大。

随着大容量长距离传输的 DWDM 系统或城域网、接入网的大量采用，对 DFB-LD 和 DBR-LD 提

出更高要求，如窄线宽、低啁啾、可调谐、波长可选择和集成光源。单片集成光源是包括 DFB 和 DBR 激光二极管在内的所有半导体激光光源的发展方向，它不仅保留 DFB 或 DBR 激光器工作稳定的优点，而且是避免与其他器件如光波分复用器、EA 调制器、光放大器等单元的输出/输入光纤的损耗，同时还减少各种单元器件的封装环节，降低器件的价格。目前，不仅可实现数十个单元 DFB 激光器的单片集成，而且还可实现多个信道 DFB 激光器和 EA 调制器和/或放大器等单元器件的单片集成。

3. 单频激光器

对于高性能、低色散和间隔较小的光信道来说，激光发射必须限制在单模（或者说单频）状态。DFB 和 DBR 激光器常用于产生单一、固定的波长，谱线相当窄。此外，输出波长可精确调谐的单频激光器也正引起人们更多的兴趣，这种激光器可用于 WDM 系统中。图 9-32 示出了这三种单频激光器的光腔结构。

在 DFB 和 DBR 激光器中，光栅间隔是均匀的，因此它们仅将一窄波长范围的光反射回激光器的有源层，激光器的有源层只放大这一被选中的波长范围，产生非常窄的谱宽，即所谓"单频"，其波长取决于光栅的条纹间隔和半导体的折射率，如图 9-33（a）和图 9-33（b）所示。另一种产生单频激光的方法是通过附加一个或两个外部腔镜来延伸谐振腔，同时将波长选择元件也加到激光腔中。在图 9-33（c）所示的激光器中，调谐元件是衍射光栅，它相当于一个外部腔镜，能以与波长相关的角度反射光（通过在激光腔中插入一个棱镜或其他波长选择器件也能得到同样效果，但使用衍射光栅更容易实现）。激光器芯片自身发射一定范围波长的光，但当光入射到光栅上时，大部分光以不同的角度被反射离开激光器芯片，只有一个范围非常窄的波长被反射回激光器芯片中，并得到进一步放大，这就使输出限制在"单频"状态。

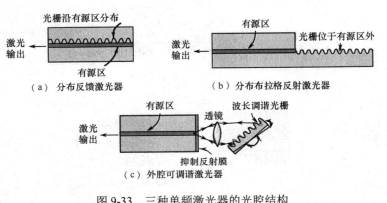

图 9-33　三种单频激光器的光腔结构

9.4.3　垂直腔表面发射半导体激光器

随着并行光通信、大容量光存储、光计算与光互联等信息技术的迅速发展，迫切要求获得均匀一致的二维阵列激光束，以用来进行并行的光信息存储、传输、处理与控制。以解理腔为基础的半导体激光器不能进行二维甚至三维的集成，为此，提出了从垂直于衬底方向出光的面发射激光器。

从 20 世纪 70 年代末期发展起来的这种激光器越来越显示出它的优越性。

1. VCSEL 的结构与特点

普通半导体激光器是从激活区侧面输出激光，而表面发射激光器（SEL）与普通解理腔激光器的根本区别在于它的激光输出方向垂直或倾斜于衬底（激活区平面）。在面发射激光器中，垂直腔表面发射激光器是最有前途的一种。所谓垂直腔是指激光腔的方向（光振荡方向）垂直于半导体芯片的衬底，有源层的厚度即为谐振腔长度。

VCSEL 是英文 Vertical Cavity Surface Emitting Laser（垂直腔表面发射激光器）首字母的缩写，形象地说，VCSEL 是一种电流和光束发射方向都与芯片表面垂直的激光器。图 9-34 是 VCSEL 的结构原理图。

它是在由高与低折射率介质材料交替生长成的分布布拉格反射器（DBR）之间连续生长单个或多个量子阱有源区所构成，与常规激光器一样，它的有源区位于两个限制层之间，并构成双异质结。在顶部镀有金属反射层以加强上部 DBR 的光反馈作用，激光束可从透明的衬底输出，也可从带有环形电极的顶部表面输出。构成谐振腔的两个反射镜不再是晶体的解理面，两块反射镜分别位于结层的上、下方，因而激光输出与结层垂直，这导致它与端面发射器件具有极不相同的特性。

两反射镜之一为全反镜，另一个为激光输出镜，但透过率也只有 1% 左右。VCSEL 的结构在细节上可以是多种多样的，但共同点是必须有一对高反射率的反射镜，原因是在发光方向增益介质非常短，只有高反射率才能使增益超过损耗。其结果是输出功率低于端面发射激光器，一般为毫瓦量级。

VCSEL 当前的一个发展方向是波长可调谐。谐振波长与谐振腔的长度有关，然而改变腔长对边发射激光器的影响并不大，因为它们的腔长通常是几百微米，纵模间隔不到一个纳米。但是，由于 VCSEL 的腔可以做得非常短（几微米），因此改变腔长能显著调谐 VCSEL 的输出波长。对于腔长足够短的激光器而言，仅有单个纵模落在激光器的增益带宽内，这使得可调谐 VCSEL 成为可能。可调谐 VCSEL 如图 9-35 所示，在这种结构中，通过一个可移动的微电机械系统（MEMS）器件把一个半透明地薄镜固定在 VCSEL 上面，VCSEL 镜的垂直移动改变了 VCSEL 腔中的谐振波长。实验室中已实现了 30nm 以上的波长调谐。

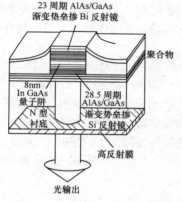

图 9-34　VCSEL 结构原理图

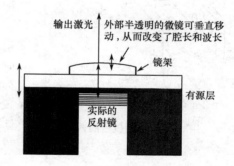

图 9-35　可调谐 VCSEL

表面发射结构便于制成二维阵列，VCSEL 可大规模集成在同一晶片上，目前可在 $1cm^2$ 的芯片上集成上百万个 VCSEL 激光器，每一个的直径只有几微米。如果阵列中的每个激光器可单独开关，则相当于很多独立放大器，可被应用于光记忆、光计算机及光学数据存储等。此外，当阵列中的大量二极管激光器同时发射时，可产生很高（几十瓦）的功率输出，非常适合泵浦固体激光器。分段间隔层输出不同波长，可应用于波分多路传输（WDM）。VCSEL 还可实现与其他光电子器件（如调制器、光开关）等的三维堆积集成，并且与大规模集成电路在工艺上具有兼容性，因此对光子集成和光电子集成都非常有利。

VCSEL 具有圆形截面，从而可较好地控制光束尺寸和发散度，有利于在局域网应用中与光纤匹配。VCSEL 对所有不同芯径的光纤（从单模光纤到 1mm 左右的大口径光纤）都有好的模式匹配。

由于在 VCSEL 中谐振腔腔长很短，因而纵模间隔很大，易实现动态单纵模工作。VCSEL 不仅可以单纵模方式工作，也可以多纵模方式工作，这一特点十分重要，因为 VCSEL 主要应用于以多模光纤为传输媒介的局域网中。

VCSEL 是一种发光效率很高的器件。以 850nm 波长的 VCSEL 为例，在 10mA 驱动时可以获得高达 1.5mW 的输出光功率。适当地使用 VCSEL，可更加容易地设计接收电路，因为从 VCSEL 的输出端可得到更高的光功率，从而使得接收电路灵敏度的设计不必太严格，即使在高速光传输中有噪声干扰，仍可保证所需的信噪比。

VCSEL 的工作阈值极低，从 1mA 以至接近 1μA，因此它的工作电流也不高，一般为 5～15mA，这样低的工作电流可以由逻辑电路直接驱动，从而简化驱动电路的设计。

VCSEL 的工作速率很高，其速度极限大于 3Gb/s，在超过测试条件下其光脉冲的上升和下降时间的典型值为 100ps。

VCSEL 具有高的温度稳定性，并且工作寿命长。

2．VCSEL 的应用

VCSEL 具有从紫外到 1.55μm 的宽光谱发射。因此，VCSEL 可作为光纤通信的光源（1300nm 和 1550nm 波长），作为光互联的光源（980nm 波长）以及作为信息处理用光源（0.78～0.88μm，0.63～0.67μm）。主要的应用领域如下。

（1）吉比特局域网。吉比特局域网将是 VCSEL 的一个前途广阔的应用领域。在光纤吉比特以太网中，VCSEL（850nm）主要用于工作在 250m 距离范围内的多模光纤的光源。

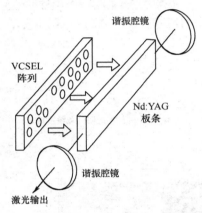

图 9-36　用 VCSEL 泵浦板条固体激光器

（2）中心波长为 808nm 的 VCSEL 阵列，很适合于泵浦板条固体激光器。这不但使 VCSEL 阵列与固体激光材料之间能高效率地耦合，同时由于其有均匀的远场特性，基横模工作有利于提高泵浦效率和泵浦的均匀性。这将成为发展高效率和高功率的固体激光器的一种有效途径，如图 9-36 所示。

（3）用于光信息并行处理。在光计算或光交换中，使用二维 VCSEL 阵列不但能提高各信道的光学均匀性，同时也能简化整个处理系统。已经开始研究采用 VCSEL 阵列来形成太字节存储器。此外，由于 VCSEL 的波长范围覆盖了紫外到近红外波段，用 VCSEL 作为红、绿、蓝（R、G、B）三色光源，可用于照明器、显示器和激光打印机等领域。

9.5　半导体激光器的特性

9.5.1　阈值特性

半导体激光器是一个阈值器件，它的工作状态随注入电流的不同而不同。当注入电流较小时，有源区不能实现粒子数反转，自发辐射占主导地位，激光器发射普通的荧光，其工作状态类似于一般的发光二极管。随着注入电流的加大，有源区实现了粒子数反转，受激辐射占主导地位，但当注入电流小于阈值电流时，谐振腔里的增益还不足以克服损耗，不能在腔内建立起一定模式的振荡，激光器发射的仅仅是较强的荧光，这种状态称为"超辐射"状态。只有当注入电流达到阈值以后，才能发射谱线尖锐、模式明确的激光。

阈值电流是半导体激光器最重要的参数之一。阈值电流是使半导体激光器产生受激辐射所需要的最小注入电流。图 9-37 所示为半导体激光器输出的光功率（P）与正向注入电流（I）之间的关系，即所谓 $P\text{-}I$ 曲线；图 9-38 所示为加在激光器两端的电压（V）与注入电流（I）之间的关系，即 $V\text{-}I$ 曲线。从 $P\text{-}I$ 曲线可看出，当注入电流小于阈值电流时，输出光功率随电流的增加变化较小；当电流超过阈值电流时，激光器输出的光功率随电流的增加而急剧上升。

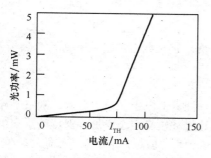

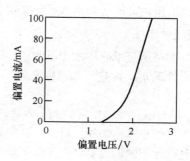

图 9-37　LD 的 *P-I* 特性曲线　　　　　　　图 9-38　LD 的 *V-I* 特性曲线

对于绝大多数半导体激光器，阈值电流在 5mA 到 250mA 之间。在阈值状态下，电压为 1.2～2V。如图 9-38 所示，注入电流随激光器两端所加电压的增加而迅速增加，超过阈值以后，电压只要略微增加一点就可以使电流达到预定的工作点。

阈值电流与许多因素有关，如 9.3 节所述，由于采用双异质结结构对载流子和光场进行限制，使半导体激光器的阈值电流大幅度降低。除此之外，器件的结构形状对阈值电流也有影响，由于阈值电流受温度的影响很大，合理地设计器件的结构形状可以改善器件的散热条件，从而降低阈值电流。激光器的阈值电流还和器件的工作寿命有关，器件使用久了以后，阈值电流会上升，因此，可由器件的阈值电流上升情况来判断激光器的老化情况。

另外，半导体激光器对温度敏感，其阈值电流随温度的升高而指数上升，长波长激光器受温度的影响比短波长激光器更厉害。阈值电流与温度的依赖关系可以用下面的经验公式近似来表示

$$J_{th}(T) = J_{th}\left(T_r\right) \exp\left(\frac{T - T_r}{T_0}\right) \tag{9-56}$$

其中，$J_{th}(T)$ 为室温 T_r 时的阈值电流密度；T_0 为表征半导体激光器的温度稳定性的物理参数，称为特征温度，由半导体激光器的材料和器件结构决定。特征温度 T_0 越高，阈值电流密度 $J_{th}(T)$ 随温度 T 的变化越小，激光器也就越稳定。在量子阱激光器中，由于量子阱结构对注入载流子的限制，大大减小了电流的泄漏，因而其温度稳定性好得多，特征温度 T_0 可以高达 150K 以上，这也是量子阱激光器的优点之一。

9.5.2　半导体激光器的效率与输出功率

半导体激光器是一种高效率的电子—光子转换器件。由于半导体激光器是将电能直接转换为光能的光发射器件，与气体、固体激光器相比它具有很高的转换效率，转换效率也是标志半导体激光器质量水平的一个重要特征。半导体激光器的转换效率通常用"功率效率"和"量子效率"来度量。

1. 功率效率

这种效率表征加于激光器上的电能（或电功率）转换为输出的激光能量（或光功率）的效率。功率效率的定义为

$$\eta_p = \frac{激光器所发射的光功率}{激光器所消耗的电功率} = \frac{P_{out}}{P_{in}} = \frac{P_{out}}{IV + I^2 r} \tag{9-57}$$

式中，P_{out} 为激光器所发射的光功率，I 为工作电流，V 为激光器 PN 结正向电压降，r 为串联电阻（包括半导体材料的体电阻和电极接触电阻等）。

由式（9-57）可见，降低 r，特别是制备良好的低电阻率的电极接触是提高功率效率的关键。改善管芯散热环境，降低工作温度也有利于功率效率的提高。对于一般的半导体激光器，并不测量这一

功率效率，但用户可以从半导体激光器制造厂家提供的 *P-I* 和 *V-I* 特性曲线分析激光器的质量。

2. 量子效率

量子效率是衡量半导体激光器能量转换效率的另一尺度。它又分内量子效率 η_i，外量子效率 η_{ex} 和微分量子效率 η_D。内量子效率定义为

$$\eta_i = Q_{out}/q_{in} \tag{9-58}$$

式中，Q_{out} 是有源区每秒发射的光子数目，q_{in} 是有源区每秒注入的电子－空穴对数。制造半导体激光器的材料为直接带隙的半导体材料，其中导带和价带的跃迁过程没有声子参加，保持动量守恒，即复合过程为发射光子的辐射复合，从而使激光器有高的内量子效率。但是，由于原子缺陷（空位、错位）的存在以及深能级杂质的引入，不可避免地会形成一些非辐射复合中心，降低器件的内量子效率。内量子效率是激光二极管一个尚未明确的量，从大量测量结果来推断，在室温条件下 η_i 约为 0.6～0.7。

考虑到一个注入载流子在有源区域内辐射复合的内量子效率 η_i，可将受激辐射所发射的功率写成如下表达式

$$P_e = \frac{(I - I_t)\eta_i}{e} h_\nu \tag{9-59}$$

其中，部分功率在激光谐振腔内被消耗掉了，而其余功率则通过一个端面反射镜耦合到腔外。根据式（9-39），这两部分的功率分别与内部损耗 α_i 和外部损耗 $\frac{1}{L}\ln\frac{1}{R}$ 成正比，于是可将输出功率表达为

$$P_{out} = \frac{(I - I_t)\eta_i h_\nu}{e} \frac{(1/L)\ln(1/R)}{\alpha + (1/L)\ln(1/R)} \tag{9-60}$$

外量子效率定义为

$$\eta_{ex} = Q_L/q_{in} \tag{9-61}$$

式中，Q_L 是激光器每秒发射出的光子数目。由定义可知，η_{ex} 是考虑到有源区内产生的光子并不能全部发射出去，腔内产生的光子会遭受散射、衍射和吸收，以及反射镜端面损耗等。典型半导体激光器每个面的外量子效率是 15%～20%，高质量的器件可达 30%～40%。

由于激光器是阈值器件，当 $I < I_{th}$ 时，发射功率几乎为零，而 $I > I_{th}$ 时，输出功率随 I 线性增加，所以 η_{ex} 是电流的函数，使用很不方便。因此，外微分量子效率定义为

$$\eta_D = \frac{(P_{out} - P_t)/h\nu}{(I - I_{th})e} \approx \frac{P_{out}}{(I - I_{th})V} \tag{9-62}$$

式中，P_t 是激光器在阈值振荡时发射的光功率，I_{th} 是阈值振荡电流，实际上，η_D 是输出-输入曲线在阈值以上线性范围的斜率，故也称为斜率效率。η_D 可以用来直观地比较不同激光器之间性能的优劣。η_D 与电流 I 无关，仅仅是温度的函数，并且其对温度的变化也不甚敏感，例如 GaAs 激光器，绝对温度为 77K 时，η_D 约为 50%，当绝对温度上升到 300K 时，η_D 约为 30%。因此，实际上都采用外微分量子效率来表示某一温度下的器件转换效率。

9.5.3 半导体激光器的输出模式

从半导体激光器的结构可以知道，它相当于一个多层介质波导谐振腔，当注入电流大于阈值电流时，激光器呈一定的模式振荡。与一般的介质波导不同的是，激光器不是无限长波导，而是波导谐振腔。在纵向，光场不是以行波的形式传输，而是以驻波的形式振荡。因此，在分析激光器的模式时，与其他激光器一样，往往用横模表示谐振腔横截面上场分量的分布形式，用纵模表示在谐振腔方向上光波的振荡特性，即激光器发射的光谱的性质。

1. 纵模与线宽

激光器的纵模反映激光器的光谱性质。对于半导体激光器，当注入电流低于阈值时，发射光谱是导带和价带的自发辐射谱，谱线较宽；当激光器的注入电流大于阈值后，激光器的输出光谱呈现出以一个或几个模式振荡，这种振荡称为激光器的纵模。

（1）纵模

在半导体激光器工作过程中，当电子和空穴到达结区并复合时，电子回到其在价带的位置，并释放出它处于导带时的激活能。这部分能量既可以通过碰撞弛豫（声子相互作用）转移给晶格，也可以以电磁辐射的方式向外界释放。在后一种情况下，发射光子的能量等于或近似等于半导体材料的禁带宽度 E_g，于是，辐射波长为

$$\lambda = \frac{hc}{E_g} \tag{9-63}$$

可见，只要给出带隙 E_g，即可得到波长 λ。

【例9-1】 已知 GaAs 材料禁带宽度为 1.55eV，求激光波长。

解：
$$\lambda = \frac{hc}{E_g} = \frac{6.626 \times 10^{-34} \times 3 \times 10^8}{1.55 \times 1.6 \times 10^{-19}} \approx 8 \times 10^{-7} (\text{m}) = 0.8 \mu\text{m}$$

然而这一波长也必须满足谐振腔内的驻波条件 $2\eta L = q\lambda$，谐振条件决定着激光激射纵模模谱，有可能存在一系列振荡波长，每一波长构成一个振荡模式，称之为一个纵模。这些纵模之间的波长间隔及相应的频率间隔为

$$\Delta\lambda = \frac{\lambda^2}{2n_R L} \tag{9-64}$$

$$\Delta\nu = \frac{c}{2n_R L} \tag{9-65}$$

式中，L 为谐振腔腔长；c 为光速；λ 为激光波长；n_R 为增益介质的折射率。

半导体激光器的腔长典型情况下小于 1mm，因而，纵模频率间隔可达 100GHz 量级，相应的波长间隔约为 1nm，是腔长范围在 0.1～1m 的普通激光器纵模间隔的 100～1000 倍。然而激活介质的增益谱宽约为数十纳米，因而有可能出现多纵模振荡。即使有些激光器连续工作时是单纵模的，但在高速调制下由于载流子的瞬态效应，而使主模两旁的边模达到阈值增益而出现多纵模振荡，而传输速率高（如大于 622Mbit/s）的光纤通信系统，要求半导体激光器是单纵模的，因此，必须采用一定措施进行纵模的控制，从而得到单纵模激光器。

在实用中，半导体激光器的纵模还具有以下性质：

① 纵模数随注入电流而变。当激光器仅注入直流电流时，随注入电流的增加纵模数减少。一般来说，当注入电流刚达到阈值时，激光器呈多纵模振荡，注入电流的增加，主模的增益增加，而边模的增益减小，振荡，模数减少。有些激光器在高注入电流时呈现出单纵模振荡。

② 峰值波长随温度变化。半导体激光器的发射波长随结区温度而变化。当结温升高时，半导体材料的禁带宽度变窄，因而使激光器发射光谱的峰值波长移向长波长。

（2）线宽

和其他激光一样，半导体激光辐射也有一定线宽。最基本的原因是电子－空穴的复合需要一定时间，这类似于自由电子的自发辐射寿命。对大多数半导体激光器，上述辐射衰减寿命具有 10^{-9}s 的量级，相应的辐射跃迁速率为 10^{-9}s^{-1}。如果存在明显的碰撞，则衰减速率加快，固态材料中典型碰撞弛豫时间为 $10^{-14} \sim 10^{-13}$s。此外，如果存在杂质，衰减速率也会大大提高，这是应该尽量避免的，因而，在半导体的生长过程中应尽量保持清洁，使不希望的杂质最少。

半导体激光器的线宽和它的驱动电流有密切关系，当驱动电流小于阈值电流时，半导体激光器发出的光是自发辐射引起的，线宽很宽，达 60nm 左右；当驱动电流超过阈值电流以后，光谱宽度迅速变窄，至 2～3nm 或更小；当驱动电流进一步增加时，输出光功率进一步集中到几个纵模之内。此外，半导体激光器的线宽与温度有关，温度升高时，线宽会增加。随着激光器的老化，其线宽也会变宽。

由于半导体激光器腔长短，腔面反射率低，因而其品质因数 Q 值低，并且有源区内载流子密度的变化引起的折射率变化增加了激光输出中相位的随机起伏（相位噪声），因此，半导体激光器的线宽比其他气体或固体激光器宽得多。在不采取特殊措施的情况下，典型半导体激光的线宽具有 10^{13}Hz 或 20nm 的量级。窄线宽的获得可通过使器件工作在单模来实现。

由于光纤有材料色散，即不同波长的光在其中传播速度不同，因此，包含有不同波长的一个光脉冲，经过光纤传输后脉冲将展宽。为了减小这种因光波波长不同引起的脉冲展宽，用作光纤通信系统光源的半导体激光器线宽越小越好，否则会限制光通信系统传输速率的提高。

多模激光器输出激光的光谱宽度是由它的输出功率频谱曲线决定的，测量输出功率频谱曲线的半峰值全宽度（FWHM）即为激光二极管的光谱宽度。单模激光二极管的光谱宽度则等于光谱线的半峰值全宽度。

2. 横模与光束发散角

（1）横模

半导体激光器的横模表示垂直于谐振腔方向上的光场分布。激光器的横模决定了激光光束的空间分布，或者是空间几何位置上的光强分布，也称为半导体激光器的空间模式，如图 9-39 所示。通常把垂直于有源区方向的横模称为垂直横模，平行于有源区方向的横模称为水平横模。

通常将半导体激光器输出的光场分布分别用近场与远场特性来描述，如图 9-40 所示。近场分布是激光器输出镜面上的光强分布，由激光器的横模决定；远场分布是指距离输出端面一定距离处所测量到的光强分布，不仅与激光器的横模有关，而且与光束的发散角有关。远场分布就是近场分布的傅里叶变换形式，即夫琅禾费衍射图样。

由于半导体激光器发光区几何尺寸的不对称，其光束的远场分布一般呈椭圆状，其长、短轴分别对应垂直于有源区的方向及平行于有源区的方向。由于有源层厚度很薄（约为 $0.15\mu m$），因此垂直横模能够保证为单横模；而在水平方向，其宽度相对较宽，可能出现多水平横模。如果在这两个方向都能以基横模工作，则为理想的 TEM_{00} 模，此时出现光强峰值在光束中心且呈"单瓣"。这种光束的发散角最小，亮度最高，能与光纤有效地耦合，也能通过简单的光学系统聚焦到较小的光斑，这对激光器的许多应用是非常有利的。在许多应用中需用光学系统对半导体激光器这种非圆对称的远场光斑进行圆化处理。

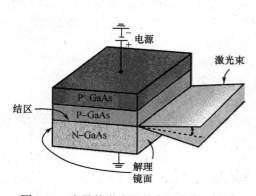

图 9-39　半导体激光器的空间模式示意图

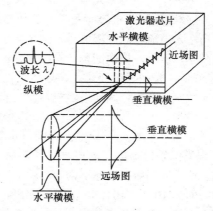

图 9-40　半导体激光器的近场与远场图样

由于半导体激光器发光区几何尺寸的不对称，其光束的远场分布一般呈椭圆状，其长、短轴分别对应垂直于有源区的方向及平行于有源区的方向。由于有源层厚度很薄（约为 0.15μm），因此垂直横模能够保证为单横模；而在水平方向，其宽度相对较宽，可能出现多水平横模。如果在这两个方向都能以基横模工作，则为理想的 TEM_{00} 模，此时出现光强峰值在光束中心且呈"单瓣"。这种光束的发散角最小，亮度最高，能与光纤有效地耦合，也能通过简单的光学系统聚焦到较小的光斑，这对激光器的许多应用是非常有利的。在许多应用中需用光学系统对半导体激光器这种非圆对称的远场光斑进行圆化处理。

在光纤通信系统中，激光束的空间分布直接影响到器件和光纤的耦合效率，因此，为提高光源和光纤的耦合效率以及保持单纵模特性，通常希望激光器工作于基横模 TEM_{00} 振荡的情况。

（2）光束发散角

由于半导体激光的光强分布（光斑形状）不对称，远场并非严格的高斯分布，因此在平行于有源区方向和垂直于有源区方向的光束发散角也不相同。由于半导体激光器谐振腔厚度与辐射波长可比拟，因此中心层截面的作用类似于一个狭缝，它使光束受到衍射并发散，输出光束发散角很大。把平行和垂直于有源区方向的光束发散角定义为半极值强度上的全角，分别用符号 $\theta_\parallel$ 和 $\theta_\perp$ 表示，一般 LD 的 $\theta_\parallel$ 和 $\theta_\perp$ 是不相等的。

半导体激光器在垂直于有源区方向（横向）的发散角 $\theta_\perp$ 可表示为

$$\theta_\perp = \frac{4.05(n_{R2}^2 - n_{R1}^2)d/\lambda}{1 + [4.05(n_{R2}^2 - n_{R1}^2)/1.2](d/\lambda)^2} \tag{9-66}$$

式中，n_{R2} 和 d 分别为激光器有源层的折射率和厚度；n_{R1} 为限制层的折射率；λ 为激射波长。当 d 很小时，可忽略式（9-66）分母中的第二项，则有

$$\theta_\perp = \frac{4.05(n_{R2}^2 - n_{R1}^2)d}{\lambda} \tag{9-67}$$

由式（9-67）可见 $\theta_\perp$ 随 d 的增加而增加，这可解释为随着 d 的减少，光场向两侧有源层扩展，等效于加厚了有源层，从而使 $\theta_\perp$ 减少。当有源层厚度能与波长相比拟，但仍工作在基横模时，可以忽略式（9-66）分母中的 1 而近似为

$$\theta_\perp \approx \frac{1.2d}{\lambda} \tag{9-68}$$

由于半导体激光器在平行于有源区方向（侧向）有较大的有源层宽度 w，其发散角近似为

$$\theta_\parallel = \lambda/w \tag{9-69}$$

侧向折射率波导与增益波导相比，有较小的 $\theta_\parallel$。

由于半导体激光器的谐振腔反射镜很小，所以其激光束的方向性比其他典型的激光器要差得多。由于有源区厚度与宽度差异很大，所以光束的水平方向和垂直方向发散角的差异也很大。通常，垂直于结平面方向的发散角 $\theta_\perp$ 达 30°～40°，平行于结平面的发散角 $\theta_\parallel$ 较小，为 10°～20°。采取一定的措施，垂直方向的发散角能控制在 ±15°以内，水平方向的发散角能控制在 ±5°以内。

由于半导体激光器的发散角很大，因此，在实际应用中往往需要使激光聚焦或准直，特别是对于光纤通信系统来说，光源的光束发散角是一个非常重要的参数，光束发散角越小，光源所发出的光越容易耦合进光纤，实际得到的有用光功率越大。可以通过外部光学系统来压缩半导体激光器的发散角以实现相对准直的光束，但这是以一定的光功率损耗为代价。利用透镜将光聚焦到光纤上，能明显提高激光器的耦合效率，例如，将光纤的末端熔成一个小球，以形成一个球形透镜，可使耦合效率提高一倍。

9.5.4 动态特性

半导体激光器最重要的特点之一在于能被交变信号直接调制。目前在光纤通信系统中，质量好的半导体激光器能完成 20Gb/s 信号的直接调制。然而与工作在直流状态的半导体激光器不同，在直接高速调制情况下会出现一些有害的效应，从而成为限制半导体激光器调制带宽能力的主要因素。

1. 电光延迟时间

激光输出与注入电脉冲之间存在一个时间延迟，称为电光延迟时间，一般为纳秒的量级。当阶跃电流 I（$I > I_{th}$）注入激光器时，有源区的自由电子密度 n 增加，即开始了有源区导带底电子的填充。有源区电子密度 n 的增加与时间呈指数关系，当 n 小于阈值电子密度 n_{th} 时，激光器并不激射，从而使输出光功率存在一段初始的延迟时间，在图 9-41 中，用 t_d 表示电光延迟时间。

电光延迟过程发生在阈值以下，受激复合过程可以忽略，有源区载流子密度的速率方程可以写为

$$\frac{\mathrm{d}n}{\mathrm{d}t} = \frac{J}{ed} - \frac{n}{\tau_{sp}} \tag{9-70}$$

式中，n 为有源区中自由电子密度；J 为注入电流密度；e 为电子电荷；d 为有源区厚度；τ_{sp} 为自发复合的寿命。则

$$\int_0^{t_d} \frac{\mathrm{d}t}{\tau_{sp}} = -\int_0^{n_{th}} \frac{\dfrac{\mathrm{d}n}{\tau_{sp}}}{\dfrac{n}{\tau_{sp}} - \dfrac{J}{ed}}$$

可得

$$t_d = -\tau_{sp} \ln\left(\frac{n}{\tau_{sp}} - \frac{J}{ed}\right)\bigg|_0^{n_{th}} \tag{9-71}$$

利用稳态关系可得

$$t_d = \tau_{sp} \ln \frac{J}{J - J_{th}} \tag{9-72}$$

式（9-72）说明，电光延迟时间与自发复合的寿命时间同一数量级，并随注入电流的加大而减小。

对激光器进行脉冲调制时，减小电光延迟时间的行之有效的方法是加直流预偏置电流。直流预偏置电流在脉冲到来之前已将有源区的电子密度提高到一定程度，从而使脉冲到来时，电光延迟时间大大减小，而且弛豫振荡现象也能得到一定程度的抑制。

设直流预偏置电流密度为 J_0，由于直流偏置电流预先注入，当脉冲电流到来时，有源区的电子密度已达到

$$n_0 = \frac{J_0 \tau_{sp}}{ed} \tag{9-73}$$

这时电光延迟时间为

$$t_d = -\tau_{sp} \int_{n_0}^{n_{th}} \frac{\dfrac{1}{\tau_{sp}}}{\dfrac{n}{\tau_{sp}} - \dfrac{J}{ed}} \mathrm{d}n = -\tau_{sp} \ln\left(\frac{n}{\tau_{sp}} - \frac{J}{ed}\right)\bigg|_{n_0}^{n_{th}} \tag{9-74}$$

式中，$J = J_0 + J_m$，J_m 为调制脉冲电流密度。利用稳态关系式，电光延迟时间可表示为

$$t_d = \tau_{sp} \ln \frac{J - J_0}{J - J_{th}} = \tau_{sp} \ln \frac{J_m}{J_m + J_0 - J_{th}} \tag{9-75}$$

可见，对激光器施加直流预偏置电流是缩短电光延迟时间，提高调制速率的重要途径。

2．弛豫振荡

半导体激光器在脉冲工作时，也存在与 6.5 节所述的脉冲红宝石固体激光器的弛豫振荡类似的瞬态现象。当电流脉冲注入激光器以后，输出光脉冲表现出衰减式的振荡，即弛豫振荡。弛豫振荡的频率一般在几百 MHz 到 2GHz 的量级。弛豫振荡是半导体激光器内部光电相互作用所表现出来的固有特性。

下面利用图 9-41 来定性说明半导体激光器产生弛豫振荡的原因。

有源区电子密度达到阈值以后，激光器开始发出激光。但是，光子密度的增加也有一个时间过程，只要光子密度还没有达到它的稳态值，电子密度将继续增加，造成导带中电子的超量填充。当 $t=t_1$ 时，光子密度达到稳态值 $\bar{s}$，电子密度达到最大值。

在 $t=t_1$ 以后，由于导带中有超量存储的电子，有源区里的光场也已经建立起来。结果使受激辐射过程迅速增加，光子密度迅速上升，同时电子密度开始下降。当 $t=t_2$ 时，光子密度达到峰值，而电子密度下降到阈值。

光子逸出腔外需要一定的时间（光子寿命 τ_{ph}），在 $t=t_2$ 以后，有源区里的过量复合过程仍然持续一段时间，使电子密度继续下降到 n_{th} 之下，从而使光子密度也开始迅速下降。当 $t=t_3$ 时，电子密度下降到 n_{min}，受激辐射可能停止或减弱，于是重新开始了导带底电子的填充过程。只是由于电子的存储效应，这一次电子填充时间比上次短，电子密度和光子密度的过冲也比上次小。这种衰减的振荡过程重复进行直到输出光功率达到稳态值。

数字信息（以"0"或"1"编码）直接调制的半导体激光器，如电流突然上升到高电平（相应于"1"码），则在电流脉冲前沿与被其激励的光之间会有一时延，同时所产生的光需经过一个弛豫过程才能达到稳态，这类似于电学中开关突然开启或关闭时出现的过渡过程。弛豫振荡在数吉赫脉冲调制下出现。当直流偏置在阈值以上（即 $I_0 > I_{th}$，如 CATV 工作情况），弛豫振荡可发生在脉冲的上升沿和下降沿，阶跃脉冲调制下的弛豫振荡如图 9-42 所示。在一般脉冲调制光通信中，LD 工作在 $I_0 < I_{th}$，此时弛豫振荡仅出现在脉冲的上升沿，下降沿单调衰减。

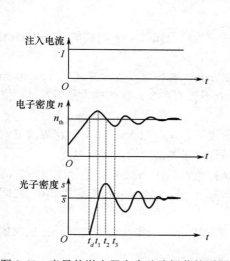

图 9-41　半导体激光器产生弛豫振荡的原图

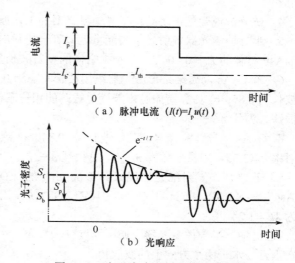

图 9-42　阶跃脉冲调制下的弛豫振荡

3．啁啾限制

将信号调制到半导体激光器发射的光束上，一种最简单的方法是改变驱动电流的直接调制。但是，不论是单纵模还是多模激光器，也不论是 GaAlAs 还是 InGaAsP 半导体激光器，在对其进行高速直接调制时出现"啁啾限制"。所谓啁啾效应是指激光器频率（波长）随调制信号大小而改变的现象，用激光器的输出激光的频率与其中心频率之间的偏差来度量。啁啾是由于在瞬态过程的阻尼弛豫振荡期

间，载流子密度起伏产生折射率调制，它使光脉冲的前沿和后沿相对于中心波长发生漂移。波长的改变量为

$$\Delta\lambda = \frac{2(\Delta n_R L)}{N} \tag{9-76}$$

式中，Δn_R 是折射率的改变量；L 为腔长；N 是整数，为在腔内完成一次往返所需要的波数。

尽管波长的改变量很小，但这种改变在每个激光脉冲中都会发生，因此每个脉冲的波长范围都被加宽了，由此产生的色散能对速率超过 1Gbit/s 的长途传输系统造成破坏。

解决啁啾的办法是，利用恒流驱动激光器，然后通过将电流加到调制器上，对稳定的光束进行外部调制，因此激光器的输出随调制信号正比例地变化。外调制器的速度非常快，能工作在 40Gbit/s 的速率，它们通常用于传输 2.5Gbit/s 或更高速率的长途系统中。

4. 自脉动现象

在研究激光器的瞬态性质时，人们还发现某些激光器在某些注入电流下（即使在直流电流下也如此），输出光出现持续脉动现象。脉动频率大约在几百 MHz 到 2GHz 的范围，这种现象称为自脉动现象。自脉动现象作为一种高频干扰严重地威胁着激光器的高速脉冲调制的性能，因此，这种现象也成为高速调制中值得注意和值得研究的问题之一。

习题与思考题九

1. 为什么目前多采用双异质结半导体激光器？它与同质结激光器相比，有什么特点？

2. 半导体激光器实现光放大及粒子数反转的条件是什么？

3. 半导体激光器的结构与 PN 结二极管什么异同？它的激光产生过程与其他激光器相比有有什么特点？

4. 试分析说明量子阱结构半导体激光器的工作原理。

5. 半导体激光器发射光子的能量近似等于材料的禁带宽度，已知 GaAs 材料的 $E_g = 1.43\text{eV}$，某 InGaAsP 材料的 $E_g = 0.96\text{eV}$，分别求它们的发射波长。

6. 若 GaAs 同质结条形激光器纵模波长间隔为 $0.625\lambda^2/\text{mm}$，材料自发辐射谱线宽度为 40nm，中心波长为 0.85μm，估算谐振腔内能满足振荡的相位条件的纵模数有多少？这些模式是否都能建立起稳定振荡？为什么？

7. GaAs 半导体激光器的工作波长 $\lambda = 0.84\mu\text{m}$，跃迁谱线线宽 $\Delta\nu = 200\text{cm}^{-1}$，有源区厚度 $d = 2\mu\text{m}$，折射率 $\eta = 3.35$，内量子效率 $\eta_i = 1$，总损耗 $\delta = 20\text{cm}^{-1}$，试计算激光器的输入阈值电流。

8. 若要制作发射红光谱线（$\lambda = 0.65\mu\text{m}$）的 LD，试问可以采用下面哪种半导体作为激活层：GaAs($E_g = 1.43\text{eV}$)，InGaAlP($E_g = 1.91\text{eV}$)，GaN($E_g = 3.39\text{eV}$)。其中，波长 $\lambda(\mu\text{m})$ 与能量 $E(\text{eV})$ 之间的关系为 $\lambda E = 1.24$。

9. 已知一半导体激光器有源区厚度 $d = 15\mu\text{m}$，宽度 $W = 25\mu\text{m}$，工作波长 $\lambda = 0.9\mu\text{m}$。试求该激光器在垂直与水平两个方向上的发散角。

10. 与气体激光器相比，半导体激光器的激光输出空间分布为什么较差？在使用时应采取什么措施？

第 10 章　光通信系统中的激光器和放大器

所谓光通信，就是利用光波束来载送信息，实现通信。以激光为传媒的光通信技术，可实现大容量数据的高速传输，成为多媒体时代的技术基础。利用激光进行通信包括光纤通信和无线激光通信两种方式。光纤通信系统是指利用激光作为信息的载波信号并通过光纤来传递信息的通信系统。光纤通信的实现引起了信息传输的革命性变化，如今光纤通信已成为信息社会的神经系统，而光通信也成为激光最有前途的应用领域。无线激光通信是指利用激光束作为载波在空间（陆地或外太空）直接进行语音、数据和图像信息双向传送的一种技术。

激光器和低损耗光纤的发明与发展是光纤通信产生与发展的基础。作为光纤通信系统的光源，半导体激光器是现代光纤通信系统中不可替代的关键器件；近年来诞生的光纤激光器因其耦合效率高和激光阈值低等优点，也越来越广泛地应用于光纤通信系统中；在长距离传输过程中，光信号会发生衰减和劣化，需要在通信线路中插入光放大器，通过信号放大来补偿光纤引起的损耗，因此光放大器技术也是光纤通信系统中不可缺少的关键技术。光纤通信系统的基本组成框图如图 10-1 所示。

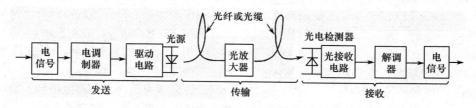

图 10-1　光纤通信系统的基本组成

本章首先是在第 9 章的基础上，介绍半导体激光器在光通信系统中的应用；然后介绍光通信系统中的关键激光器件：光放大器、光纤激光器以及新近发展起来的光子晶体激光器，同时还简要介绍了用于无线激光通信的激光器。

最后通过工程实例分析来阐明激光器和光放大器在光通信系统中的实际应用，以及自由空间光通信系统的结构和设计。

10.1　半导体激光器在光纤通信中的应用

光源是光纤通信系统中不可缺少的部分，它完成将电信号转变为光信号并耦合入光纤中进行传输的任务，其性能的好坏直接影响光纤通信系统的特性。光纤通信系统中两种最主要的光源是发光二极管（LED）和半导体激光器（LD）。半导体激光器由于其调制速率高、单色性好、色散小、与光纤耦合效率高等优点，是大容量、高速和长距离光纤传输系统中最接近理想的光源。

10.1.1　作为光纤通信光源的半导体激光器

由于光纤通信系统具有不同的应用层次和结构，因而需要不同类型的半导体激光器。例如，信息传输速率在 2.5Gbit/s 以下的光纤接入网和本地网，需要大量结构简单、性能价格比合适的半导体激光器，如 F-P 激光器。而在中心城市的市区建设城域网中，由于其传输距离短、信息量大，要求光源速率为 2.5~10Gbit/s，需要直接调制的分布反馈（DFB）半导体激光器。在干线传输网络中，对光源的调制速率和光信号的传输距离都有较高的要求，目前主要用分布反馈半导体激光器（DFB-LD）加电吸收型（EA）外调制器的集成光源。此外，近几年研制的垂直腔面发射激光器（VCSEL）由于具有二维集成、适于大批量及低成本生产的优点，在光的高速数据传输和接入网等领域有广阔的应用前景。

1. 法布里-珀罗激光器（FP-LD）

目前光纤通信中采用的 FP-LD 的制作技术已经相当成熟。在光通信领域中，至少要求激光器工作在基横模状态，对于 FP-LD 来说，基横模的实现比较容易，主要通过控制激光器有源层的厚度和条宽来实现，纵模控制有一定的困难。对于一般的 FP-LD，当注入电流在阈值电流附近时，可以观察到多个纵模；进一步加大注入电流，谱峰处的某个波长首先超过阈值电流产生受激辐射，这个过程消耗了大部分载流子，抑制其他模式的谐振，有可能形成单纵模工作。但是对 FP-LD 进行高速调制时，原有的激光模式会发生变化，出现多模工作，这就决定了 FP-LD 不能应用于高速光纤通信系统。

相对于其他结构的激光器来说，FP-LD 的结构和制作工艺最简单，成本最低，适用于调制速率小于 622Mbit/s 的光纤通信系统。目前商用的 1.3μmFP-LD 的阈值电流（I_{th}）在 10mA 以下，输出功率在 10mW 左右（注入电流为 2~3I_{th} 时），因此它适合于信息传输速率较低的情况。

2. 分布反馈半导体激光器（DFB-LD）

DFB-LD 的特点是，光栅分布在整个谐振腔中，光波在反馈的同时获得增益，因此其单色性优于一般的 FP-LD。

直接调制 DFB-LD 的最大优点是在高速调制（2.5~10Gbit/s）的情况下仍能保持动态单模，非常适合高速短距离的光纤通信系统。目前商用的直接调制 DFB-LD 的阈值为 5mA 左右，在 2.5Gbit/s 的调制速率时能传输上百千米。由于干线光纤通信继续向高速、大容量的方向发展，40Gbit/s 或更高速率的 DFB-LD/EA（电吸收）调制器集成光源就成为目前的研究热点。

DFB-LD 的单频特性虽然很好，但波长的准确控制却比较困难，而且在高速调制下的线宽展宽比较严重，因此在超高速、超长距离通信系统中，需要使用外调制激光器。外调制是外加调制器对光源输出光进行强度调制，这种调制后的信号啁啾小，因而能够支持长距离传输，但结构比较复杂，损耗大，激光器的成本很高。

3. 分布布拉格反射半导体激光器（DBR-LD）

和 DFB-LD 一样，DBR-LD 也需要使用外调制器才能满足长距离传输的需要。1999 年，法国 France Telecom 公司报道了他们制作的 DBR-LD/EA 调制器集成光源，它由一个两段 DBR-LD 与一个 EA 调制器构成，并采用相同的应变补偿 InGaAsP 多量子阱层作为 DBR-LD 的有源区和 Bragg 光栅区以及 EA 调制器的吸收层。通过改变 Bragg 光栅区的注入电流，其输出波长可以覆盖 12 个信道，共 5.2nm 的波长调谐范围。同时，该集成器件的调制带宽达到 15GHz，可以应用于 10Gbit/s 通信系统。

由于 DBR-LD 是通过改变光栅区的注入电流实现调谐的，这导致了较大的谱线展宽。另外 DBR-LD 需要调节至少两个以上电极的电流，才能将激射波长固定下来，不利于实际应用，而且 DBR-LD 纵模的模式稳定性相对较差，极易出现跳模现象，所以近年来有关波长可调谐 DBR-LD 的研究活动有所减弱。而由于 DFB-LD 的激射波长相对稳定，人们就将多个波长不同的 DFB-LD 集成起来，组成波长可选择光源。

4. 垂直腔面发射激光器（VCSEL）

在低成本激光器中，垂直腔面发射激光器（VCSEL）是最有前途的半导体激光器。VCSEL 的一个前途广阔的应用领域是吉比特局域网络，由于它具有光束特性好、易耦合、调制速率高、价格低廉的优势，很多人认为 VCSEL 必将取代 LED 和 FP-LD 在局域网中的地位。在光纤吉比特以太网中，VCSEL（850nm）主要用于工作在 250m 距离内的光源，如 IEEE 802.3 吉字节以太网 1000BASE-SE 系列标准中采用低成本 VCSEL 作为光源。

然而由于器件结构及生长材料等原因，VCSEL 依然存在着基横模输出功率不高、散热困难、极化控制困难及在长波方面表现不理想等问题，因此限制了其在长途干线通信等领域的应用。

5. 量子阱半导体激光器

量子阱结构的半导体激光器可以使激射的阈值电流大大降低。阈值电流降低意味着工作电流降低，从而改善发射机整机性能，降低功耗，这对于多个光信道的光发射机尤为重要。量子阱结构已成为应用于长距离大容量光纤通信系统中的光源的首选有源区结构。

考虑到 DFB 半导体激光器和量子阱半导体激光器的优点，将两者优点结合的 DFB 量子阱长波半导体激光器，其阈值电流较低，量子效率较高，其输出光谱是动态单纵模结构，啁啾效应较小，特别适宜于 Gbit/s 级数字光纤通信使用。

10.1.2 半导体激光器在光纤通信中的应用与发展

最早进入实用的半导体激光器，其激光波长为 0.83～0.85μm，这对应于光纤损耗谱的第一个窗口，多模光纤的损耗达 2dB/km。围绕着提高光纤通信系统的容量，在 20 世纪 70 年代末期，在 1.3μm 波长处得到了损耗更小（0.4dB/km）、色散系数接近于零的单模光纤，不久又开发出损耗更小的 1.5μm 单模光纤窗口。因此，早在 20 世纪 60 年代后期开始研究的 1.3μm InGaAsP/InP 激光器，以及波长为 1.55μm 的半导体激光器也很快达到实用化。为进一步实现激光器低阈值、良好的动态单纵模、高的特征温度和长期工作的稳定性，相继出现了很多结构不同、性能优良的半导体激光器，如隐埋条形异质结（BH）激光器、分布反馈（DFB）激光器、分布布拉格反射（DBR）激光器、解理耦合腔（C^3）激光器和量子阱激光器等。

1.3μm 和 1.55μm 分别是硅光纤零色散和最低损耗窗口，相应的半导体激光器主要用于长距离、大容量干线光通信。在 1981—1986 年间，主要采用 1300nm 波长的 F-P 腔半导体激光器与单模光纤的系统构成陆地和部分越洋长距离光通信干线。在此期间，大约用了 10 万只长波长激光器，总价值近 2 亿美元，绝大部分市场集中在美、日和欧洲发达国家及地区，其中美国占 60%。经历数年的 40%以上的快速增长后，由于这些国家的长途通信市场饱和，使对长波长激光器的需求量进入稳定期，光纤通信系统转入短距离的城市网、局域网及综合服务网的发展。

1986 年，器件性能更加优越的分布反馈（DFB）激光器和双沟道平面掩埋异质结构（DC-PBH）激光器开始商品化。日本电气公司于 1988 年研制成功具有 λ/4 相移的 DFB 激光器，实现了单频工作，抑制了跳模现象，大大降低了光纤通信系统的误码率，并于 1989 年推出了具 2.4Gbit/s 传输速率的产品；日本东芝公司也宣告采用 MO-CVD 技术生长出 1.3μm 超高速、波长 1.3μm 的 DFB 激光器，主要瞄准的是迅速出现的多路传真和视频数据传输领域；日本电气公司研制成功的波长 1.5μm MQW-DFB 激光器，工作在 2.4Gbit/s，其波长漂移只有 0.4nm。此后，美国电报电话公司于 1990 年推出 2.5Gbit/s 系列产品用于同步光纤网；英国电信设备技术公司推出 10GHz 激光器用于光纤电视分配综合数字服务网；英国标准电信公司生产的 DFB 激光器则瞄准海底光通信和光缆电视。

波长介于 1.3μm 至 1.55μm 之间的 1.48μm 激光器是近年来随着掺铒光纤放大器所需泵浦光源出现的，其输出功率已达（50～100）mW 以上。

随着光通信系统传输容量和传输速度要求的不断提高，固定波长激光器的缺点逐渐显露出来，如综合成本高、每只激光器的使用率低等，因此，用于通信系统的半导体可调谐激光器成为新的研究热点。半导体可调谐激光器有不同的方案，主要包括可调谐 DFB 激光器、可调谐 DBR 激光器、微机电系统垂直腔面发射激光器（MEMS-VCSEL）和外腔半导体激光器（ECDL）。可调谐激光器可实现全波长交换、光交叉连接、光分插复用、光包交换以及基于波长的个人虚拟网络等功能，从而为实现易升级和可重构的网络结构提供了可能。

10.2　光　放　大　器

　　光放大器的出现，是光纤通信发展史上的重要里程碑。任何光纤通信系统的传输距离都受到光纤光学损耗或色散的限制，因此，光纤长途传输系统需要每隔一定的距离就增加一个中继器以保证信号的质量。在光放大器出现之前，光纤通信的中继器都是采用光-电-光变换方式，这种中继放大模式导致通信系统复杂化，进而导致系统的效率降低、造价提高及其他一些问题的出现。光放大器直接对光信号进行放大，无须进行光/电及电/光转换，只要光信号的波长落在光放大器的有效增益区，便可被放大。光放大器解决了衰减对光网络传输距离的限制，从而使超高速、超大容量和超长距离的全光传输成为现实。

　　光放大器并不能产生光信号，而是放大从它的输入端进入的弱光信号，这种放大需要的能量来源于泵浦激光器，从某种意义上讲，光放大器是将能量从泵浦光转移到被放大的信号光中。

　　光放大器在光纤通信领域中主要有以下几个方面的功能：

　　① 光功率放大。将光放大器置于光发射机前端，以提高入纤的光功率，如图 10-2（a）所示。

　　② 在线中继放大。在光纤通信系统中作为中继放大器，如图 10-2（b）所示。

　　③ 前置放大。在接收端的光电检测器之前先将微弱的光信号进行预放，以提高接收信号的灵敏度，如图 10-2（c）所示。

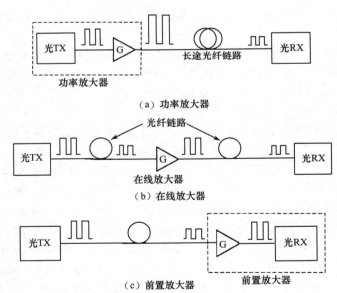

图 10-2　光放大器的三种典型应用

　　此外，光放大器还可以用作远程泵浦提升放大器和远程泵浦前置放大器，用以弥补分配网、环形网和基于 WDM 的中继网等网络的损耗，弥补光学器件（如光连接器）的损耗。

　　光放大器从结构上可分为半导体激光放大器和光纤激光放大器。

10.2.1　半导体光放大器

　　半导体光放大器（Semiconductor Optical Amplifier，SOA）的结构同通信中使用的半导体激光器相似。由半导体激光器的原理已经知道，由某些半导体材料所形成的 PN 结有源区（注入电流时），在外来光子的作用下会产生受激辐射而产生光放大，半导体的这种光放大作用是制作半导体激光器的基础。半导体激光器有源区两端的解理面形成了一个法布里-珀罗（F-P）谐振腔，被放大的光在两腔面中来回反射形成驻波，而半导体光放大器不需要 F-P 谐振腔的反馈和选频作用。

半导体激光放大器有两种，一种是将通常的半导体激光器当做光放大器使用，称法布里-珀罗激光放大器（FP-SOA），其基本结构如图 10-3（a）所示，FP-SOA 与半导体激光器所不同的是，其驱动电流低于其阈值，即未产生激光，这时向其一端输入光信号，只要这个光信号的频率处于激光器的频谱中心附近，它便被放大而从另一端输出；另一种是相当于没有镜面反射的激光器，称为行波激光放大器（TW-SOA），其基本结构如图 10-3（b）所示，TW-SOA 是在半导体激光器的两个镜端面涂敷或蒸镀一层防反射膜，使其反射率很小（＜10^{-4}），而形成透明区，因为不产生反射，所以无法形成法布里-珀罗谐振腔，这时光信号通过有源波导层时将边行进边放大，因此通过半导体放大器的光波为行波，半导体行波光放大器原理如图 10-4 所示。因为行波光放大器的带宽比法布里-珀罗型光放大器大三个数量级，其 3dB 带宽可达 10THz，因此，可放大多种频率的光信号。FP-SOA 的光信号增益对放大器温度及入射光频率变换都很敏感，而 TW-SOA 则不会发生内反射，饱和功率高，偏振灵敏度低，所以 TW-SOA 比 FP-SOA 使用广泛。因此，大多数情况下，半导体光放大器（SOA）都是指行波半导体光放大器。

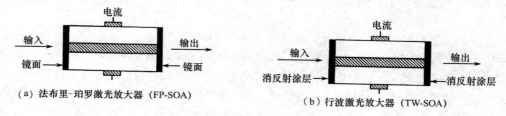

（a）法布里-珀罗激光放大器（FP-SOA）　　　（b）行波激光放大器（TW-SOA）

图 10-3　半导体光放大器基本结构

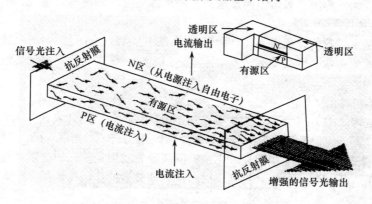

图 10-4　半导体行波光放大器原理

与半导体激光器一样，当给半导体行波放大器注入正向电流时，N 区自由电子增多并不断进入 PN 结中与空穴复合，再以光子形式释放能量，该光子在输入光信号的作用下形成受激辐射，释放出的光子和入射光子完全相同，并在前进中继续引起更多受激辐射而产生新的光子，从而使光越来越强，使输入光信号在有源区中得到放大。

半导体行波放大器受激辐射的光频率由有源区材料决定，因此，放大器输入光频率应与半导体行波放大器所能辐射的光波段一致，可通过适当选择半导体材料得到所需光波段的放大器，如 1.55μm 和 1.31μm 的光放大器等。

半导体光放大器的优点是：体积小，长度在 $100\mu m\sim1mm$ 之间；增益高，一般在 $15\sim3dB$；频带宽，一般在 $50\sim70nm$；可充分利用现有的半导体激光器技术，制作工艺成熟，且便于与其他激光器进行集成。其缺点是：与光纤耦合困难，耦合损耗大，一般为 $5\sim8dB$，这一点不如光纤放大器；对光的偏振特性较为敏感；噪声及串扰较大；增益的恢复时间为皮秒量级，这对高速传输的光信号产生不利影响；输出功率小。这些缺点影响了半导体光放大器在光纤通信系统中的应用。

半导体光放大器主要用于全光波长变化、光交换、谱反转、时钟提取和解复用等方面，它覆盖了 $1300\sim1600nm$ 波段，既可用于 1300nm 窗口的光放大，又可用于 1550nm 窗口的光放大。

10.2.2　光纤放大器

光纤放大器可分为基于受激辐射的掺杂光纤放大器和基于非线性效应的光纤拉曼放大器、光纤布里渊放大器等。

1. 掺铒光纤放大器

在通常情况下，石英光纤对光的传输是线性的，但是在一般石英玻璃为基质的光纤芯中掺杂少量稀土元素离子，可使光纤激活，成为活性光纤，即有源光纤。若为其提供适当的泵浦，即可用这种光纤制作出激光放大器。若再进一步引入适当的反馈机制，还可以制作出光纤激光器。由于掺杂光纤放大器在噪声低、频带宽、造价便宜、容易与传输光纤耦合等方面占有明显优势，因此格外受到人们重视。

掺杂光纤放大器是利用光纤中掺稀土物质引起的增益机制实现光放大的，放大器的特性主要由掺杂元素决定。铒（Er）、钬（Ho）、钕（Nd）、钐（Sm）、铥（Tm）、镨（Pr）和镱（Yb）等稀土元素都可用于实现不同波长的放大，这些波长覆盖了从可见光到红外的很宽范围。光纤通信系统中最感兴趣的掺杂光纤放大器是工作波长为 1550nm 的掺铒（Er）光纤放大器（EDFA）和工作波长为 1300nm 的掺镨（Pr）光纤放大器（PDFA）。PDFA 的放大波段为 1300nm，这与光纤的零色散点相吻合，在 $1.3\mu m$ 光通信系统中有着巨大的应用前景，但因掺镨光纤的机械强度，以及与普通光纤熔接困难等因素，尚未获得广泛的商业应用。

目前，EDFA 是最成熟的、已商品化并大量应用于通信系统的光纤放大器，其在光通信中的广泛应用已导致了光纤通信技术的巨大变革。本节主要介绍掺铒光纤放大器，掺杂其他稀土元素的光纤放大器工作原理与之类似。

（1）EDFA 的结构与工作原理

EDFA 的基本结构如图 10-5 所示，它主要由三部分组成：长度为几米到几十米的掺铒光纤，以构成激光介质；泵浦光源，提供适当波长的能量以激励掺入的铒离子；光耦合器、光隔离器和光滤波器。光耦合器将泵浦光和信号光耦合进掺铒光纤中；光隔离器的功用是使光的传输具有单向性，它以极小损耗通过正向传输光，而以很大的损耗抑制反射光；光滤波器的作用是滤掉光放大器中的噪声，提高系统的信噪比。

光纤放大器的工作原理与固体激光器的工作原理非常相似。石英光纤中铒离子（Er^{3+}）的相关能级及吸收和增益谱如图 10-6 所示。石英的非晶特性使铒离子的能级展宽为带状，许多跃迁可以用来泵浦铒离子，其中最有效的泵浦波长是 980nm 和 1480nm。

以 980nm 的半导体激光器作泵浦源时，处于基态 $^4I_{15/2}$ 的 Er^{3+} 吸收了泵浦光跃迁到 $^4I_{11/2}$ 能级，然后又通过无辐射跃迁到达 $^4I_{13/2}$ 能级，该能级为寿命长达 10ms 的亚稳态。因此在 $^4I_{13/2}$ 和基态间形成粒子数反转，可将波长为 $1530\sim1565nm$ 间的信号光放大。上述过程对应于典型的三能级系统。

当采用波长为 1480nm 的泵浦光时，基态（E_1）Er^{3+} 被激励至 $^4I_{13/2}$ 能带中的高能级（E_3），然后通过无辐射跃迁到达 $^4I_{13/2}$ 能带中的低能级（E_2），在 E_2 和 E_1 能级间形成粒子数反转。E_2 和 E_3 能级上的

Er^{3+}数分布服从玻耳兹曼分布。由于E_2和E_3的能量差较小，E_3能级上的粒子数不为零，这是和典型的三能级系统不同的，可称为准三能级系统。

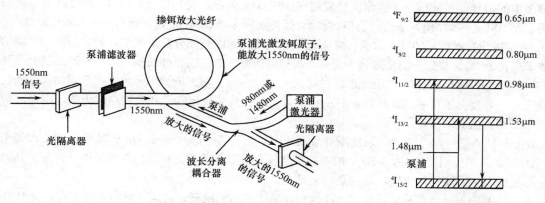

图 10-5　EDFA 的基本结构示意图　　　　图 10-6　石英光纤中 Er^{3+} 的相关能级及吸收和增益谱

（2）EDFA 的泵浦方式

目前，大多采用量子阱半导体激光器作为 EDFA 泵浦源。在商品化 EDFA 中，应用最多的是 980nm 泵浦源，因为 980nm 的激光二极管作泵浦源具有泵浦效率高（每 mW 泵浦功率增益超过 10dB）、噪声低和驱动电流小等优点。根据泵浦光和信号光传播方向的相对关系，EDFA 有三种泵浦方式：同向泵浦、反向泵浦和双向泵浦。如果信号光和泵浦光以同一方向进入掺铒光纤，则称为同向泵浦（或前向泵浦），这种泵浦方式具有良好的噪声性能；如果信号光与泵浦光从两个不同的方向进入掺铒光纤，则称为反向泵浦（或后向泵浦），这种泵浦方式具有输出信号功率高的特点；如果使用双泵浦源，两个泵浦源从两个相反方向进入掺铒光纤，则称为双向泵浦，这种泵浦方式的输出信号功率比单泵浦源高 3dB，且放大特性与信号传输方向无关。图 10-7 示出了这三种泵浦方式的 EDFA。

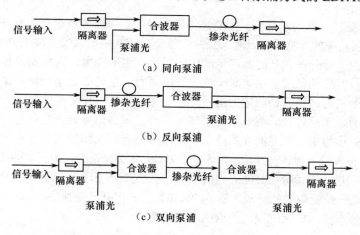

图 10-7　三种泵浦方式的 EDFA

（3）EDFA 的特点

EDFA 的工作波长恰好落在光纤通信的最佳波长 1330～1600nm 范围之内。工作于光纤损耗最低窗口 C 波段（1530～1565nm）的 EDFA 已获广泛应用。为了充分利用光纤的带宽资源，人们又致力于发展 L 波段（1570～1610nm）的 EDFA，L 波段处于 EDFA 增益谱的尾部，因此 L 波段 EDFA 必须采用更长的光纤和更高的泵浦功率，或采用高掺杂的光纤。

EDFA 的增益高（大于 30～50dB），在较宽的波段内（达 30nm）提供平坦的增益，因此能放大多个光信道中的信号，尤其适合于密集波分复用（DWDM）系统。噪声低（4～8dB），接近量子极限。当应用于 WDM 系统时，使各信道间的串扰极小，且可级联多个放大器。具有较高的饱和输出功率（10～20dBm），可用作发射机后的功率放大，提高无中继线路传输距离或分配的光节点数。所需的泵浦功率低（数十毫瓦）。增益与光纤的偏振状态无关，故稳定性好。与传输光纤易耦合，与光纤的耦合损耗小（＜1dB）。除泵浦源外，EDFA 都由无源器件组成，因此，与复杂昂贵的电子再生中继器相比，系统成本明显下降，并提高了可靠性。此外，EDFA 的放大特性与系统比特率和数据格式无关，因而对数字和模拟信息都可以放大传输。

EDFA 的缺点是：尺寸较大；泵浦源寿命不长；不能与其他器件集成，这限制了 EDFA 在光电子集成（OEIC）中的应用。此外，EDFA 的增益带宽仅覆盖石英单模光纤低损耗窗口的一部分，从而制约了光纤能够容纳的波长信道数，这也是其不足之处。

利用 EDFA 的波分复用传输技术，已成为当今高速率和长距离光通信发展的主要方向。表 10-1 为商用 EDFA 的典型参数。

表 10-1　商用 EDFA 的典型参数

输出功率（输入>-3dBm）	13dBm、15dBm、18dBm 或 24dBm
增益（输入>-35dBm）	25dB、30dB、33dB 或 35dB
噪声系数（输入>-35dBm）	<7dB
带宽	约 30nm

2. 非线性光纤放大器

普通石英光纤在合适波长的强泵浦光作用下会产生强烈的非线性现象，非线性光纤放大器就是利用光纤中的非线性效应，如受激拉曼散射（SRS）和受激布里渊散射（SBS），来实现受激光放大。当信号光与泵浦光沿着光纤一起传输时，泵浦光能量就会通过 SRS 效应或 SBS 效应传送到信号光上去，使信号光获得放大作用。

图 10-8 为光纤拉曼放大器的示意图。拉曼光纤放大器的工作原理是建立在光纤的拉曼效应的基础上。当向光纤中射入强功率的光信号时，输入光的一部分能变换成比输入光波长更长的光波信号输出，这是由于输入光功率的一部分在光纤的晶格运动中消耗所产生的现象，这种现象称之为拉曼散射，它具有散射光和使光波长发生偏移的作用。对于传输光纤而言，拉曼散射是一种不希望出现的非线性效应，当用光纤传输两个具有适当波长间隔的信号时，受激拉曼散射作用能将其中一个波长的能量转移到另一个波长上。然而，当通过光纤将一束强泵浦光束与一束弱信号光一起传输，受激拉曼散射作用能将在不断发生散射的过程中，把泵浦光的能量转交给信号光，从而使信号光得到放大。例如，在光纤中射入小功率 1550nm 光信号时，光纤输出的光是经光纤传输衰减的光，如图 10-9（a）所示；此时，如果另外在输入端同时再射入强功率的 1450nm 光信号时，则 1550nm 的光功率会明显增加，如图 10-9（b）所示，这说明是由于光纤拉曼散射的缘故，使 1450nm 光的一部分已变换成 1550nm 的光。由此不难理解，拉曼放大是一个分布式的放大过程，即沿整个线路逐渐放大的。

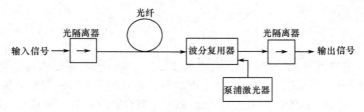

图 10-8　光纤拉曼放大器

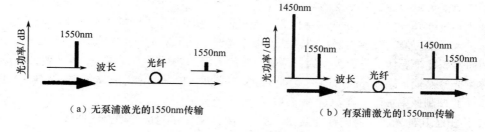

（a）无泵浦激光的1550nm传输　　　　　　　　（b）有泵浦激光的1550nm传输

图 10-9　光纤拉曼放大示意图

拉曼光纤放大器的结构与 EDFA 相似，包括光纤、泵浦源和波分复用器，主要区别是，在拉曼放大器中使用的是普通单模光纤。

拉曼光纤放大器的增益波长由泵浦光波长决定，因此它的工作带宽是很宽的，几乎不受限制。如果用多个波长同时泵浦拉曼光纤放大器，就可获得波长位移几十纳米到 100 纳米左右的超宽带放大波段。这使得拉曼光纤放大器可以在 EDFA 不能放大的波段实现放大，甚至可以在 1270～1670nm 整个波段内提供放大。拉曼光纤放大器已在三个波段内获得成功：第一是在 1.3μm 波段对 CATV 光纤线路提供光放大；第二是对全波（all wave）光纤在 1.40μm 波段窗口的 DWDM 系统提供有用放大；第三是对真波（true wave）光纤在 1.55μm 波段窗口的光放大。由于拉曼光纤放大器中的光放大是沿着光纤分布作用而不是集中作用，所以输入光纤的光功率大为减小，从而使非线性效应尤其是四波混频效应大大减弱，因此适用于大容量 DWDM 系统。拉曼光纤放大器与普通 EDFA 混合使用时，可大大降低系统的噪声系数，增加传输距离，可实现长距离无中继传输和远程泵浦的功能，特别适合于海底光缆通信等不方便设立中继器的场合，因而已经成为研发的热点。这种光放大器已开始商品化，不过相当昂贵。

拉曼光纤放大器的不足之处在于需要特大功率的泵浦激光器，为了得到宽增益带宽需要多个泵浦激光器。此外，因为目前商用大功率激光器的波长一般为 1470～1550nm，因此信号光波长必须大于1570nm 才能使拉曼放大器获得最佳增益，然而在这一波长，光纤损耗并不是最小，所以放大器增益将被光纤损耗的增加抵消掉。

布里渊光纤放大器的工作原理同拉曼光纤放大器很相似，唯一区别是在布里渊光纤放大器中，光放大是通过受激布里渊散射，而不是受激拉曼散射实现的。光纤中的受激布里渊散射使散射光波相对原始光波有一个小的频率偏移（对于 1550nm 的信号，偏移量为 11GHz，约为 0.09nm），散射光向后传输。在布里渊光纤放大器中，主要问题是信号光的波长和泵浦光的波长需要匹配，两者波长差必须在0.1nm 以内。由于布里渊光纤放大器的带宽较窄，因此不适合于在通信系统中作功率放大、前置放大及在线放大。然而在相干通信及多信道系统中，这一特性可以得到利用。

10.2.3　半导体光放大器和光纤放大器的比较

半导体激光放大器体积小、效率高，但将光从光纤传输到平面波导中非常困难，因此半导体光放大器难以与光纤耦合。此外，半导体光放大器中的噪声比光纤放大器中的噪声高，这个问题非常重要，因为噪声能通过一系列光放大器不断累积。再一个问题是半导体放大器对输入光的偏振态敏感，因此对不同偏振态的光的放大程度也不同，这样会引入噪声。这些因素导致半导体光放大器的发展不如 EDFA 成熟，应用也不及 EDFA 广泛。但是，半导体光放大器具有一些能弥补其弱点的优势：半导体光放大器能与其他平面光学器件集成在一块基底上，这使得通过无源波导在器件间导光成为可能；半导体光放大器对驱动电流变化的响应非常迅速，因此能调制和切换信号。半导体行波光放大器又比法布里-珀罗放大器性能优越，如增益波长特性平稳，饱和输出功率大，噪声低等。

光纤放大器是光纤，能较容易地与其他光纤耦合。掺铒光纤放大器（EDFA）是实际应用中最重要的一种光放大器。掺铒光纤放大器具有增益高、噪声低、饱和输出大、插入损耗小、增益与输入信号的偏振性无关等优点。但光纤放大器需要较长的掺铒光纤（几十米至一百多米），还需要一个半导体泵浦光源，因而体积比半导体激光放大器大。拉曼光纤放大器的泵浦阈值很高，一般为数百毫瓦到数瓦，只能用固体激光器泵浦，因此，应用受到限制。布里渊光纤放大器的增益带宽很窄，在 100MHz 以下，所以放大信号的调制速率被限制在数百 Mbit/s，仅限于窄带工作。

表 10-2 给出了几种光放大器的性能指标，图 10-10 还给出了对应的增益谱曲线。

表 10-2　几种光放大器的性能指标

光放大器类型	半导体型		光纤型		
	法布里—珀罗	行波式	掺铒	拉曼	布里渊
小信号增益（dB）	25～30	20～30	40～50	～50	～30
饱和输出功率（dBm）	～8	～9	>10	20	～
带宽（Hz）	1～3G	>3T	0.5～4T	～1T	～50M
噪声指数	6～9	5.2	3～5	—	—
泵浦（电流或功率）	10mA	～100mA	20～100mW	～2W	10mW
与光纤的耦合损耗	大	大	小	小	小
与偏振状态的关系	有	有	无	有	有
畸变特性	有	有	无	—	—

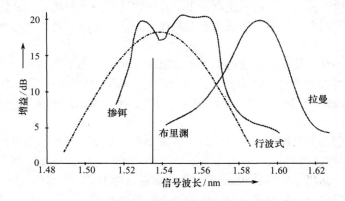

图 10-10　几种光放大器的增益谱曲线

10.3　光纤激光器

半导体激光器的一个缺点是与光纤之间耦合困难，增大了腔内插入损耗，导致其效率低、阈值高，为了解决这个问题，光纤激光器应运而生。激光器实际上是带有反馈的光放大器，因此在光纤放大器的基础上可以实现光纤激光器。

光纤激光器按其激射机理可分为稀土掺杂光纤激光器、光纤非线性效应激光器、单晶光纤激光器、塑料光纤激光器和光孤子激光器，其中以稀土掺杂光纤激光器的开发最为成熟，并已应用于光纤通信系统。因此，本节主要讨论稀土掺杂光纤激光器，其他类型光纤激光器仅作简要介绍。

光纤激光器实质上是一种特殊形态的固体激光器，也是一种有源光纤器件，具有以下显著特点：

① 可以直接连到普通光纤上，插入损耗很小，与光纤的耦合效率高。

② 光纤的纤芯很细（10～15μm），泵浦光被束缚在光纤中，易形成高的泵浦光功率密度，且单模

状态下激光与泵浦光可充分耦合，因此光纤激光器的能量转换效率高，激光阈值低。

③ 介质可以做得很长，而且采用低损耗光纤，因此可获得大的单程增益。

④ 单模光纤激光器的谐振腔具有波导的特点，容易实现模式控制，获得高质量的激光束。

⑤ 其结构紧凑，具有良好的柔韧性，可与方向耦合器等器件构成各种柔性谐振腔，有利于光纤通信系统的应用。

⑥ 光纤基质具有很宽的荧光光谱，并且还具有相当多的可调参数和选择性，因此，光纤激光器可以获得相当宽的调谐范围和好的单色性。

光纤激光器是一种多波长的光源，以掺杂光纤为基质的光纤激光器不仅能够产生连续激光输出，而且能够实现皮秒（ps）、甚至飞秒（fs）超短光脉冲的产生。光纤激光器在降低阈值、扩展振荡波长范围和波长可调谐等方面已取得了长足进步，它可以利用现有的通信系统支持更高的传输速率和带宽，目前已被广泛地应用于密集波分复用（DWDM）系统中。

10.3.1 掺杂光纤激光器

稀土掺杂光纤激光器是指以光纤的纤芯为基质，掺入某些稀土元素离子作激活离子作为介质的激光器。掺入的稀土元素主要有钕、铒、钇和钛等。掺杂离子浓度在 10^{-6}，质量在 0.25%左右。

图 10-11 所示为典型光纤激光器的基本结构。与其他激光器一样，光纤激光器由激光介质、光学谐振腔和泵浦源三部分组成。其中激光介质为掺有稀土离子的光纤；掺杂光纤夹在两个经仔细选择的反射镜之间，从而构成 F-P 谐振腔；泵浦光从反射镜①耦合进稀土掺杂光纤中，反射镜①对于泵浦光全部透射并且对于激光全反射，激光从反射镜②输出，反射镜②相对于激光部分透射。

图 10-11　典型光纤激光器的基本结构

泵浦波长的光子被介质吸收，形成粒子数反转，反转后的粒子产生受激辐射而输出激光。从某种意义上讲，光纤激光器实质上是一个波长转换器，即通过它将泵浦波长光转换为所需的激射波长光。

要建立粒子数反转分布，要求泵浦光所提供的能量高于激光上能级的能量，即泵浦光光子的频率必须大于激光光子的频率，激光波长应比泵浦光的波长长。这一特点为光纤激光器的实用化提供了十分有利的条件，可以用价廉的、成熟的 GaAs 激光器作为泵浦光源，从光纤激光器获得 1.3μm、1.55μm 和 2～3μm 的激光输出。

光纤激光器有三能级系统和四能级系统两种，一般而言，三能级系统的阈值功率高于四能级系统，因此，总是希望选取四能级系统。此外，能级数直接影响激光器的阈值功率和掺杂光纤的长度。在四能级系统的激光器中，阈值功率随光纤长度增加而下降，想获得低的阈值功率，应增加光纤的长度。而在三能级系统的激光器中，在最低阈值功率时有一个最佳光纤长度。

下面介绍两种重要的稀土掺杂光纤激光器。

1. 双包层掺镱激光器

掺镱（Yb^{3+}）光纤激光器是 1.0～1.2μm 的通用光源，Yb^{3+}具有相当宽的吸收带（800～1064nm）和相当宽的激发带（970～1200nm），故其泵浦源的选择非常广泛且泵浦源和激光都没有受激态吸收。

常规的光纤激光器的泵浦光和激光同处于光纤芯内，如图 10-12 所示。为了获得较好的激光模式，掺杂单模光纤通常只有 5～8μm。由于纤芯很细，耦合进纤芯的泵浦功率有限，因此常规光纤激光器的输出功率只有几十毫瓦，其应用主要限制在光通信领域作为光源。为了得到高功率输出，发展了一种双包层掺杂光纤激光器，其结构如图 10-13 所示。双包层光纤比常规光纤增加了一个内包层，内包层包绕在单模纤芯的外圈，其横向尺寸和数值孔径均远大于纤芯。泵浦光在内包层中反射并多次穿越纤芯被掺杂离子所吸收，从而极大地提高了泵浦光的耦合效率，并可采用大功率多模半导体激光器或半导体激光列阵作泵浦源。

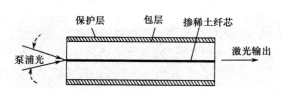

图 10-12　普通掺杂光纤结构示意图

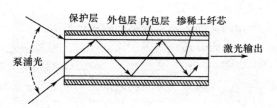

图 10-13　双包层掺杂光纤激光器示意图

双包层光纤横截面结构及折射率分布如图 10-14 所示，它包括纤芯内包层、外包层和保护层四部分，其折射率满足 $\eta_1 > \eta_2 > \eta_3 > \eta_4$。折射率为 η_2 的内包层既起到单模纤芯的低折射率包层的作用，又成为传输大功率多模泵浦光的通道。

　　泵浦光吸收效率与内包层的几何形状和纤芯在内包层中的位置有密切关系。圆形同心结构的双包层光纤制作最为简单，但由于其完美的对称性，泵浦光在内包层中形成大量的螺旋光，它们在传输时不经过纤芯，因此限制了泵浦光的转化效率。为了消除螺旋光以提高泵浦光效率，研制出了各种具有不同内包层形状的双包层光纤，如方形、矩形、多边形、梅花形和 D 形。实验证明，不规则、非对称性的内包层形状能使泵浦吸收效率得到有效提高，其中以矩形和 D 形效果最佳。图 10-15 给出含矩形、D 形和梅花形内包层的双包层光纤截面示意图。

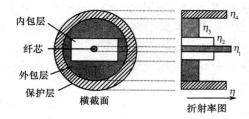

图 10-14　双包层光纤横截面结构及折射率分布

　　由双包层光纤激光器的原理可知，同其他激光系统相比，双包层光纤激光器具有一些明显的优点：结构简单、体积小巧和使用灵活方便；易于实现高效率和高功率；易达到单横模激光输出，输出激光束质量好，例如连续输出功率为 100W 的掺 Yb^{3+} 双包层光纤激光器，输出激光的光束质量因子 M^2 接近于 1。

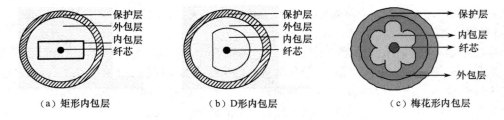

（a）矩形内包层　　　　　　（b）D形内包层　　　　　　（c）梅花形内包层

图 10-15　双包层光纤横截面示意图

　　掺各种稀土元素的双包层光纤都可构成双包层光纤激光器。由于掺镱的光纤激光器具有量子效率高、增益带宽大、吸收带宽、无激发态吸收、无浓度淬灭，以及可以采用波长在 915nm 或 980nm 附近的多模大功率半导体激光器泵浦的特点，尤其适合于高功率器件。因此在双包层光纤激光器家族中尤为重要，其单色输出功率已达 300W，多台组合后的输出功率可达数千瓦。

图 10-16 给出石英光纤中 Yb^{3+} 的能级图。Yb^{3+} 能级结构十分简单，与激光跃迁相关的能级只有两个多重态能级 $^2F_{5/2}$ 和 $^2F_{7/2}$。当 Yb^{3+} 掺入石英光纤后，这两个能级将因基质材料的电场引起的斯塔克效应而分裂，在室温下 $^2F_{5/2}$ 分裂成两个可分辨的能级，$^2F_{7/2}$ 分裂成三个可分辨的能级。

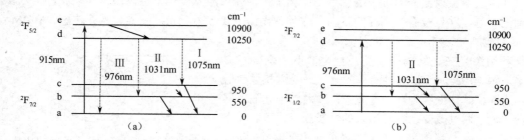

图 10-16　石英光纤中 Yb^{3+} 激光跃迁机制的示意图及能级图

当泵浦光波长为 915nm 时，存在三种可能的激光跃迁，如图 10-16（a）所示。过程 I 对应的跃迁为 d→c，发射的中心波长为 1075nm；过程 II 对应的跃迁是 d→b，发射的中心波长为 1031nm；过程 III 对应的跃迁是 d→a，发射的中心波长为 976nm。其中过程 III 的激光下能级为基态，属三能级系统。过程 I 和 II 的激光下能级（c 或 d）均为分裂产生的处于基态子能级之上的子能级，具有四能级系统的特点。

但是由于子能级 b 或 c 距基态较近，在泵浦光不充分的情况下，能级 b 或 c 上仍可能存留较多的粒子，因此严格说来它们属于准四能级系统。

当泵浦光波长为 976nm 时，只可能存在过程 I 和 II 对应的跃迁，相应的发射中心波长为 1075nm 和 1031nm，属准四能级系统，如图 10-16（b）所示。

如果要产生 976nm 附近的短波长激光，需采用 915nm 波长泵浦。采用 915nm 波长的光泵浦时，虽然也能产生长波长激光，但由于在 976nm 波长附近会产生很强的放大的自发辐射，对长波长激光的产生不利。所以要产生波长 1031nm 和 1075nm 附近的激光，宜采用 976nm 波长的泵浦光。

采用双包层泵浦技术能使光纤激光器具有高功率、宽泵浦波长范围、效率高和高可靠性等优点，已逐渐发展成为光通信、高精度激光加工、激光雷达系统、空间技术和激光医学等领域中的重要光源。目前已研制出输出功率 200W 以上，光－光转换效率接近 70% 的高功率双包层光纤激光器。

2. 主动锁模掺铒光纤激光器

掺铒光纤激光器是在掺铒光纤放大器（EDFA）的基础上发展起来的，它在 1.55μm 波长处具有很高的增益，故发展非常迅速。掺杂光纤除了可构成输出连续激光的连续激光器，还可构成调 Q 激光器和锁模激光器。主动锁模掺铒光纤激光器因可输出波长在 1.55μm 波段的高重复率超短光脉冲，可应用于高速光通信而备受青睐。

主动锁模（环形腔）掺铒光纤激光器结构示意图如图 10-17 所示。波长为 980nm 或 1480nm 泵浦的掺铒光纤提供增益，微波信号驱动的 $LiNbO_3$ 波导强度调制器或相位调制器提供主动锁模所必需的振幅调制或相位调制。由于 $LiNbO_3$ 调制器对偏振敏感，腔内插入了偏振控制器。隔离器保证激光的单向运行。可调谐滤波器用以选择激光波长。

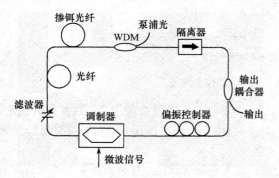

图 10-17　主动锁模（环形腔）掺铒光纤激光器结构示意图

10.3.2 其他类型的光纤激光器

1. 光纤受激拉曼散射激光器

光纤受激拉曼散射激光器最大的优点是比稀土掺杂光纤激光器具有更高的饱和功率，可以在原有光纤基础上扩容，并且没有泵浦源的限制。这类激光器主要应用于光纤陀螺、光纤传感、WDM 及相干光通信系统中。

这是利用激光在光纤内产生受激拉曼散射为基础建立的激光器。图 10-18 所示是一种简单的全光纤受激拉曼散射激光器示意图，其谐振腔为环形行波腔，腔内有一光隔离器使光单向传输。通过改变在纤芯掺入的物质成分，可获得不同激光振荡波长，一般典型的受激拉曼分子主要有 GeO_2、SiO_2、P_2O_5 和 D_2。实现 $1.55\mu m$ 拉曼激光大致有两种途径：

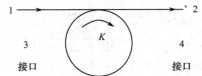

图 10-18　光纤受激拉曼散射激光器示意图

$1.064\mu m$ 的 Nb：YAG 固体激光器泵浦 D_2 分子光纤；$1.46\mu m$ 的二极管激光泵浦 GeO_2 光纤。

2. 光纤光栅激光器

光纤光栅激光器是光纤通信系统中一种很有前途的光源。半导体激光器的波长较难符合 ITU-T 建议的 DWDM 波长标准，且成本很高，而稀土掺杂光纤光栅激光器利用光纤光栅等能非常准确地确定波长，且成本较低。

近年来，随着紫外（UV）光写入光纤光栅技术的日趋成熟，已可制作出多种光纤光栅激光器，并可使用不同的泵浦源，输出多种特性的激光。单波长光纤光栅激光器主要有两种：分布布拉格反射（DBR）光纤光栅激光器和分布反馈（DFB）光纤光栅激光器。

图 10-19 是 DBR 光纤光栅激光器的基本结构示意图。利用一段稀土掺杂光纤和一对相同谐振波长的光纤光栅构成谐振腔，能够实现单纵模工作。利用光纤光栅与纵向拉力的关系，采用拉伸光纤光栅可以实现波长的连续调谐，调谐范围可达 16nm 以上。

图 10-19　DBR 光纤光栅激光器基本结构示意图

图 10-20 是 DFB 光纤光栅激光器的基本结构示意图。利用直接在稀土掺杂光纤写入的光栅构成谐振腔，有源区和反馈区同为一体。DFB 光纤光栅激光器只用一个光栅来实现光反馈和波长选择，因而频率稳定性更好，它还避免了稀土掺杂光纤与光栅的熔接损耗。

图 10-20　DFB 光纤光栅激光器基本结构示意图

虽然可直接将光栅写入稀土掺杂光纤中，但是，由于光纤含锗（Ge）量少或没有，致使光敏性差，因此 DFB 光纤光栅激光器实际上并不容易制作。相比之下，DBR 光纤光栅激光器可将掺锗光纤光栅熔接在稀土掺杂光纤的两端，因此制作较为简单。

DBR 和 DFB 光纤光栅激光器共同存在的主要问题是：由于谐振腔较短，使得对泵浦光的吸收效率低；谱线比环形激光器宽；有模式跳变现象。这些问题正在不断地解决之中，提出的改进措施有：采用 Er-Yb 共掺杂光纤作增益介质；采用共振泵浦；采用主振荡器和功率放大器一体化和有源反馈技术。

3. 单晶光纤激光器

单晶光纤激光器是由红宝石、Nb：YAG、Cr：Al$_2$O$_3$：LiNbO$_3$、Ti：蓝宝石、Yb：LiNbO$_3$ 和 Nb：MgO：LiNbO$_3$ 等单晶材料拉制成光纤构成的光纤激光器。输出的激光波长与相应激光晶体激光器相同。由于激活离子在晶体基质光纤中的能级比较窄，因此用晶体基质光纤可以避免发生受激态吸收；此外，激活离子在晶体基质光纤中的荧光谱线宽度比在玻璃基质光纤中窄约 20 倍，因此晶体基质光纤激光器的单位抽运功率增益比玻璃光纤激光器高，能量转换效率也高。

4. 塑料光纤激光器

塑料光纤激光器是由塑料光纤制成的光纤激光器，为了使光纤有增益特性，在塑料纤芯或包层塑料中充入染料。一种用 N$_2$ 分子激光器泵浦的塑料光纤激光器是采用聚苯乙烯作纤芯，聚异丁烯甲酯做包层的光纤激光器，其激光振荡波长为 410～420nm。这类光纤激光器目前还未得到有效的应用。

近年来，光纤激光器的发展越来越受到人们的关注，各种高功率光纤激光器、超短脉冲光纤激光器和窄线宽可调谐激光器层出不穷。未来光纤激光器的主要方向是：进一步提高光纤激光器的性能（如提高输出功率、改善光束质量）；扩展新的激光波段，拓宽激光器的可调谐范围；压窄激光线宽；开发极高峰值的超短脉冲（皮秒和飞秒量级）高亮度激光器，以及进行整机小型化、实用化和智能化的研究。

10.4　光子晶体激光器

10.4.1　光子晶体

1987 年，Yablonovitch 和 John 分别在讨论周期性电介质结构对材料中光传播行为的影响时，各自独立地提出了"光子晶体"这一概念。我们知道，在半导体材料中由于周期势场作用，电子会形成能带结构，带与带之间有能隙（如价带与导带）。光子的情况其实也非常相似，光子晶体的空间结构如图10-21 所示，如果将具有不同介电常数的介质材料在空间按一定的周期排列，由于存在周期性，在其中传播的光波的色散曲线将成带状结构，带与带之间有可能会出现类似于半导体禁带的"光子禁带"，如图 10-22 所示，频率落在禁带中的光是被严格禁止传播的。如果只在一个方向具有周期性结构，光子禁带只可能出现在这个方向上。如果存在三维的周期结构，就有可能出现全方位的光子禁带，落在禁带中的光在任何方向都被禁止传播。将这种具有光子禁带的周期性电介质结构称为光子晶体（Photonic Crystal）。光子晶体可分为一维光子晶体、二维光子晶体和三维光子晶体。绝大多数光子晶体都是人工设计制造出来的，但是自然界也存在光子晶体的例子，如蛋白石和蝴蝶翅膀等。

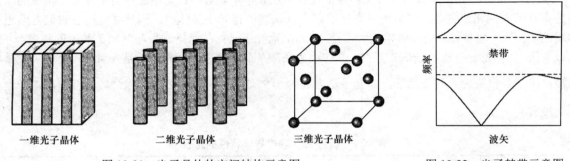

一维光子晶体　　　二维光子晶体　　　三维光子晶体　　　波矢

图 10-21　光子晶体的空间结构示意图　　　　　图 10-22　光子禁带示意图

光子晶体的最根本特征是具有光子禁带，落在禁带中的光是被禁止传播的。光子晶体可以抑制自发辐射。这是因为，自发辐射的概率与光子所在频率的态的数目成正比，当原子被放在一个光子晶体里面，而它自发辐射的光频率正好落在光子禁带中时，由于该频率光子的态的数目为零，因此自发辐射的概率为零，自发辐射也就被抑制。反过来，光子晶体也可以增强自发辐射，只要增加该频率光子的态的数目便可实现，如在光子晶体中加入杂质，光子禁带中会出现品质因子非常高的杂质态，具有很大的态密度，这样便可以实现自发辐射的增强，光子禁带对原子自发辐射的影响如图 10-23 所示。

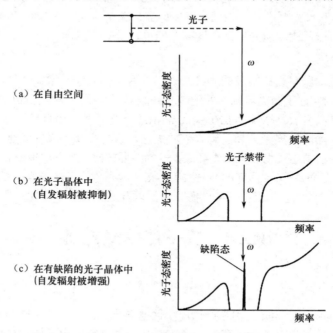

图 10-23　光子禁带对原子自发辐射的影响

　　光子晶体的另一个主要特征是光子局域。如果在光子晶体中引入某种程度的缺陷，和缺陷态频率吻合的光子有可能被局域在缺陷位置，一旦其偏离缺陷处，光就将迅速衰减。当光子晶体理想无缺陷时，根据其边界条件的周期性要求，不存在光的衰减模式。但是，一旦晶体原有的对称性被破坏，在光子晶体的禁带中央就可能出现频宽极窄的缺陷态，如图 10-23（c）所示。光子晶体有点缺陷和线缺陷。在垂直于线缺陷的平面上，光被局域在线缺陷位置，只能沿线缺陷方向传播。点缺陷仿佛是被全反射墙完全包裹起来。利用点缺陷可以将光"俘获"在某一个特定的位置，光就无法从任何一个方向向外传播，这相当于微腔。

　　表 10-3 给出了光子晶体和半导体特性的比较。从表中不难看出：光子晶体与半导体在构成的物理思想上有惊人的相似之处，可以将半导体的研究方法移植到光子晶体中。当然必须注意它们之间也有本质的不同：一般晶体中的晶格常数大约是 $0.1\mu m$，而光子晶体的晶格常数与其相关波长同数量级（微米或亚微米）；光子服从 Maxwell 方程，晶体中电子服从薛定谔方程；光子波是矢量波，而电子波是标量波；电子是自旋为 $\frac{1}{2}$ 的费米子，而光子是自旋为 1 的玻色子；电子之间有很强的相互作用，而光子之间没有。

表 10-3　光子晶体和半导体特性的比较

	光子晶体	半导体
结构	不同介电常数介质的周期分布	周期性势场
研究对象	电磁波（光）在晶体中的传播，玻色子	电子的运输行为，费米子

	光子晶体	半导体
本征方程	$[\nabla \times (\frac{1}{\varepsilon(r)}\nabla \times)]H(r) = \frac{\omega^2}{c^2}H(r)$	$[-\frac{\hbar^2}{2m}\nabla^2 + V(r)]\varphi(r) = E\varphi(r)$
本征矢	电场强度、磁场强度：矢量	波函数：标量
特征	光子禁带 在缺陷处的局域模式 表面态	电子禁带 缺陷态 表面态
尺度	电磁波（光）波长	原子尺寸

10.4.2　光子晶体激光器简介

　　传统光电器件尺寸的缩小已经接近物理发展的极限，光子晶体为突破这一瓶颈带来了曙光。随着元器件不断微细化，半导体激光器由于体积的相对庞大，慢慢不能适应需要。同时，由于自发辐射的存在，激光出射的方向总会和自发辐射的方向成一定的角度，这样只有在驱动电流达到一定阈值时才能产生激光。而在激光器中引入带有缺陷的光子晶体，使缺陷态形成的波导与出射方向成一样的角度，自发辐射的能量几乎全部用来发射激光，将大大降低激光器的阈值。

　　光子晶体激光器可以分为两类：一类基于缺陷态光子晶体的特征；另一类基于光子晶体的理想反射特性。

　　在光子晶体中引入特定的缺陷形成波导，可以保证自发辐射的能量几乎全部用来发射激光，从而大大降低激光器的阈值，理论上可以制作出无阈值激光器。另一方面，若在光子晶体中引入缺陷，可使光子禁带内产生高密度的缺陷态。只有缺陷模式波长的光才可不断地在光子晶体中振荡和增强，从而构成可实现自发辐射增强的光子晶体单模微谐振腔激光器。这就是第一类光子晶体激光器的工作原理。

　　基于光子晶体的理想反射特性的激光器，其工作原理与传统的激光器非常类似，不同的是这种激光器以光子晶体构成谐振腔，其品质因数非常高，而且体积非常小，约为传统微型激光器的十分之一。

　　光子晶体从空间形态上可分为一维、二维和三维结构。同样，光子晶体激光器也有一维、二维和三维结构之分。一维分布反馈式微型激光器实质上就是一维光子晶体激光器，理论和实践上都已经做了较多研究，三维光子晶体激光器的制作工艺比较复杂，因此，目前进行的多是二维光子晶体激光器的研究。

　　从工作特点上看，光子晶体激光器可以分为半导体光子晶体激光器、光子晶体光纤激光器、光子晶体激光二极管和有机聚合物光子晶体激光器。从结构特点上看，已研制出的有光子晶体带间缺陷模激光器、表面发射型光子晶体激光器、脊型波导光子晶体激光器、六角波导环形谐振腔光子晶体激光器、光子晶体分布反馈式（PCDBF）激光器、垂直腔面发射光子晶体激光器和光子晶体带边激光器等等。

1. 光子晶体激光器的结构

　　这里主要介绍的光子晶体激光器是基于二维光子晶体平板的微谐振腔结构的光发射器件。最具实用的二维光子晶体平板结构是具有二维空气孔图案的光学介质平板，即在光学介质薄膜上排列着周期结构的空气孔阵。这样的平板结构类似于半导体的晶格结构，从而构成光子带隙（PBG），空气孔中心间距 a 就是 PBG 结构的晶格常数，通常约为 500nm，空气孔半径 r 比 a 小，通常约为 150～300nm。PBG 的晶格结构可以是正方形、三角形、蜂窝形和六角形，实际中使用得最多的是三角形晶格结构或六角形晶格结构。尤其是三角形排列形式晶格结构，它不仅可以降低光子晶体弯曲波导的损耗，而且它的 TE 偏振的带隙比矩形晶格结构的还宽。这样的二维光子晶体平板具有局域光的特性。如果在这样的平板中引入一个环形缺陷，便可构成一个环形谐振腔，光波可以在环形微腔中振荡。如果在这种平板中引入一个点缺陷，便可构成一个点微腔，利用这个点微腔便可构成一个点微腔谐振腔。

线缺陷和点缺陷的引入非常简单，只要破坏光子晶体的周围结构即可。例如，丢失一排或一个空气孔便可构成线性光波导或点缺陷微腔。

目前研究最多的光子晶体激光器有两类结构：一类是具有中心缺陷的纳米腔结构的激光器，如图10-24（a）所示。这种结构是使中心孔的半径小于环绕它的空气孔半径，从而在中心引入缺陷而形成点缺陷微腔。由于中心缺陷的纳米腔光子晶体激光器具有极小的腔尺寸，可获得更低或者无阈值泵浦功率和更高的腔的品质因子。另一类是基于光子晶体波导的六角形波导环形腔结构的激光器，如图10-24（b）所示。这种结构的激光器中，它的谐振腔是一个六角形的环形腔，它由六段直波导和 6 个120°角弯曲波导构成。这个六角形环形腔是通过丢失六角形框线上的空气孔而形成的，尽管六角形波导环形腔光子晶体具有比纳米腔激光器更大的尺寸（环形腔直径约 8μm）和较高的阈值泵浦功率（约3mW），但从制作和泵浦角度考虑，这种激光器结构更易做到腔尺寸的精确控制和更方便的光学泵浦。此外，由于六角形谐振腔的波导和光子晶体集成电路中的光波导有类似的模式图案，从谐振腔激发出的光波很容易耦合到与之相连的光子晶体光波导中，这意味着波导环形腔激光器更加适合于光子晶体集成电路应用。所以，作为实用的器件，更多采用这类结构的激光器。

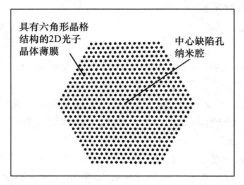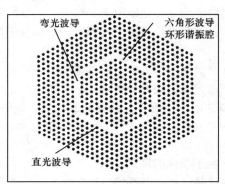

（a）具有中心缺陷的纳米腔结构的激光器 　（b）基于光子晶体波导的六角形波导环形腔结构的激光器

图 10-24　光子晶体激光器结构

1999 年 O.Painter 等人首次报道的可以在室温下工作的 1.55μm 2D 光子晶体缺陷模式激光器的截面图如图 10-25 所示。

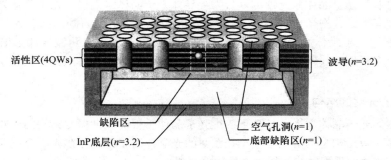

图 10-25　1.55μm 2D 光子晶体缺陷模式激光器的截面图

2. 脊波导光子晶体反射镜激光器

在光子禁带中没有任何光学模式存在，频率落在光子禁带中的光子不能在光子晶体中传播，只能发生反射和衍射，因此，选择没有吸收的介电材料制成的光子晶体可以实现入射光的全反射。这与传统的金属反射镜完全不同，传统的金属反射镜可以反射较宽频率范围的光，但在红外和可见光波段存在较大的吸收。利用光子晶体的这个性质，可以制备宽频率范围和低吸收率的光子晶体反射镜。把这种反射镜代替解理面作为谐振腔的腔镜与脊波导激光器集成在一起，就构成脊波导光子晶体反射镜激光器。第一只这种结构的激光器是 J.O'Brien 等人研究出来的，激光波长 1μm。这种激光器的基本结构是在脊波导的一端刻蚀周期分布的空气孔，形成的二维光子晶体作为谐振腔的后腔镜，前腔镜由解理面构成。光子晶体反射镜增强了谐振腔对光场的约束作用，使激光器的有源层更易实现粒子数反转，因此具有比普通脊波导激光器更低的阈值电流密度和更高的微分量子效率。图 10-26 为 T.D.HaPp 研制出的激光波长为 1.55μm 的 InP 基短腔脊波导光子晶体反射镜激光器的俯视图。

3．光子晶体垂直腔面发射激光器

光子晶体还可用于垂直腔面发射激光器。这类激光器的基本原理有两种：一种是利用二维光子晶体对光在非平面传播时的波导作用；另一种是利用二维光子晶体的光子带隙效应，两种作用的结果都是控制光在二维平面内传播和分布而使光在第三维方向上激射。

波导原理的光子晶体垂直腔面发射激光器的基本结构是在普通 VCSEL 中引入带有点缺陷的二维三角形晶格结构光子晶体，激光由缺陷部分出射，在折射率引导作用下这种结构的 VCSEL 既保证单横模激射又能增加光的出射面积。光子晶体垂直腔面发射激光器结构示意图如图 10-27 所示。

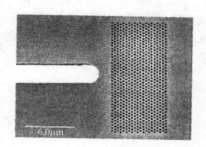

图 10-26　　1.55μm 的 InP 基短腔脊波导
光子晶体反射镜激光器的俯视图

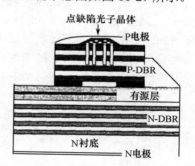

图 10-27　　光子晶体垂直腔面发射激光器

10.4.3　光子晶体激光器的应用前景

目前，光子晶激光器的超微型化、低阈值化和可集成性，在很多领域中都将有很好的应用前景。光子晶体激光器可以用作光纤通信系统的紧凑光源，这是因为它的谐振模类似偶极子，且在平面内的辐射是高度方向性的，完全可以制作出相互间距小于 5μm 并以不同波长工作的光子晶体激光器。通过光刻蚀方法改变缺陷腔的几何尺寸，可以实现不同的发射波长。

光子晶体以其可以控制或定域光子态的独特特性，已经能够制作出许多种光子控制器件。由于其优越的性能，极有可能取代大多数传统的光学器件。工作于可见光波段的光子晶体器件典型尺寸为微米和亚微米量级，可以实现导光、分光、滤光及波分复用等诸多功能，非常有利于光路集成。特别是半导体光子晶体激光器的实现，不仅可以降低激光阈值，提高激光转换效率与输出功率，改善线宽，而且还可以实现激光光源的阵列化和集成化。那么可以预见未来的发展趋势，可能是用光子晶体做成的光子集成芯片来取代现在的集成光电子芯片。它可以像集成电路对电子的控制一样对光子进行控制，从而实现全光信息处理，在全光通信网、光量子信息和光子计算机等许多领域都有着广阔的应用前景。

10.5　用于无线激光通信的激光器

自由空间光通信（Free Space Optical communication，FSO）或称无线光通信是一种宽带接入方式。自由空间光通信可在地面站间、太空站与地面站间，以及太空站之间进行信息的双向传递，提供无线、高带宽的通信链路。激光的调制、数据的传输和光纤通信有一定的相似性，只不过用光束在大气中的传输代替了光束在光纤信道中的传输。地面 FSO 技术以小功率的红外激光束为载体，在位于室外或窗内的收发器间传输数据，传输距离主要受气候条件影响，从几百米到几公里不等。

虽然现在的空间通信主要是采用无线电波，但是随着通信业务量的成倍增长，狭窄的无线电波波段已不能满足进一步增加通信业务的要求，所以人们开始利用激光在空间通信网络内各个通信站之间传递信息。

10.5.1　无线激光通信

空间光通信的应用领域可以分为三个方面：①轨道之间通信，用来从低地球轨道的飞行器（如地球卫星、人造空间站等）向同步地球轨道飞行器（通常是数据中继卫星）传输数据的；②卫星之间通信，在两个同步地球通信卫星之间形成星际链路；③深层空间任务，从行星（如火星，距地球 70 000 000km，土星，距地球 1 278 000 000km）到同步地球卫星之间的高速数据传输。由于对这方面的需求不断增加，空间通信的发展非常迅速。目前，这些系统大多使用微波作为通信手段。光通信系统因为容量大且传输距离长，所以越来越具有吸引力。随着激光通信系统及光学器件技术的发展，大容量空间光通信已经成为可能。空间光通信系统的应用如图 10-28 所示。

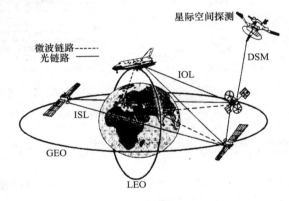

图 10-28　空间光通信系统的应用

同微波通信相比，空间光通信具有明显的优点。微波通信和光波通信的一个主要区别是波长的不同。光波的波长要短得多，所以光束发散角很小，光斑也很小。从图 10-29 可以看到，光束从火星传到地球的光斑大小只有地球直径的十分之一，而同样距离微波的发散直径是地球直径的 100 倍。光斑直径小，使得接收到的功率大大增加，也就提高了检测灵敏度。在光波频段所具有的可利用带宽大约是无线电射频波段的 10^5 倍，当传输大容量信息时，光波传输具有巨大的吸引力。FSO 速率高，可以提供高达 10Gbit/s 量级的数据传输率，远远高于目前无线电及微波通信传输速度。因为激光的发散角小和方向性强，所有 FSO 具有极高的安全性，对激光通信进行监测、拦截、干扰都非常困难。FSO 不受电磁干扰。而且，由于工作在光波波段，系统中的器件和零部件尺寸将比相应的电子器件尺寸小得多，可以大大降低卫星的有效载荷、功耗和终端体积。

与光纤通信相比，FSO 也具有其优势：成本低廉，以大气为传输介质，免去了昂贵的光纤铺设和维护工作；部署方便，由于只在通信点进行设备安装，系统安装很快，而且安装灵活。

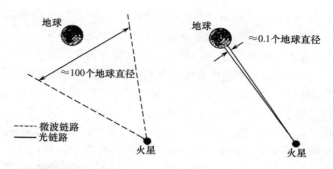

图 10-29　微波束和光束从火星传播到地球的发散斑大小

因此，可以说 FSO 兼有光纤通信和无线通信的优点。

然而 FSO 也存在一些缺陷，如两个通信点之间视线范围内必须无遮挡；距离受限，受激光产品安全标准、数据速率和天气等条件的限制，通信距离较短；可靠性不高，意外遮挡和天气因素会影响通信链路的可靠性。

空间光通信系统的载波是从光频段中选择，包括红外光、可见光和紫外光频率。通常，调制带宽与载波频率成正比，增加载波频率可增加可利用的传输带宽，因此也就增加了整个系统的信息容量。FSO 主要有两种工作波长：850nm 和 1550nm。850nm 的设备相对便宜，一般应用在传输距离不太远的场合；1550nm 的设备价格要高一些，但在功率、传输距离和视觉安全方面有更好的表现。FSO 和光纤通信一样，具有频带宽的优势，能支持 155Mbit/s～10Gbit/s 的传输速率，传输距离可达 2～4km，但通常在 1km 有稳定的传输效果。FSO 在传输带宽方面比除光纤外的其他宽带接入方式有着明显优势。

激光大气通信的一些技术上的难题正在逐步得到解决，各类器件技术和工艺技术的不断完善成熟，成为半导体激光大气通信系统得以实用化的有力保证。目前，用于大气激光通信的半导体激光器和接收器件就发射功率和探测灵敏度而言，完全能满足 15km 以内的大气通信系统需求。

10.5.2　用于无线激光通信的激光器简介

自由空间光通信对激光器的要求远比光纤通信的复杂，主要体现在三个方面：

① 波长必须满足大气传输的低损耗窗口，目前主要是 820～860nm 和 1.06μm 波长区。

② 大功率。轨道卫星之间的距离为数千米至数万千米，传输过程存在着严重损耗，轨道卫星之间的发射与接收信号能量差一般达 9 个数量级。

③ 窄光束。目前的系统一般要求数十微弧度。

有三种类型的激光器可用于空间光通信系统：

① CO_2 气体激光器，工作波长为 1.06μm（红外光）。

② 激光泵浦的 Nb：YAG 激光器，工作波长为 1064nm，并且可以倍频。

③ 半导体激光器，工作波长为 0.78～1.55μm。

最早用于空间光通信的是 CO_2 激光器，因为它们的电光转换效率较高，寿命较长，这种激光器的缺点是可靠性较差。自从 1980 年以来，固体及半导体激光器技术的发展非常快，从而改变了这一状况。目前最主要的光源是半导体激光器（或半导体激光器阵列）和 Nd：YAG 激光器。

半导体激光器的 820～860nm 激光波长对大气透光，损耗小，而且半导体激光器可靠性好、效率高、体积小、重量轻，因而成为空间光通信系统最理想的选择。可直接作光源，也可作固体激光器的泵浦光源。它的主要缺点是通常单只激光管不能产生足够的功率，解决的办法是将几只半导体激光管合并在一起，其目的是提高光源的亮度而不是功率。因为光源的亮度越高（而不是功率越大），探测器接收到的功率越强。

在空间光通信系统中，如果背景噪声或接收机噪声很大，接收机的性能会受到严重影响。这一问题可以通过使用脉冲激光器解决。所用的脉冲激光器平均输出功率与连续运转激光器相同，但瞬时功率很强。最小脉冲宽度由接收机的带宽决定，最大功率由光源的最大峰值功率决定。半导体激光器的峰值功率较低，在脉冲运行时其输出功率要比连续运行时低得多。在所有激光器中，Nd：YAG 激光器最具吸引力，它是一种固体激光器，既可工作于连续方式，也可工作于脉冲方式。它的最佳泵浦波长是 0.81μm，制作产生这一波长的半导体 AlGaAs 激光器比较容易。虽然 Nd：YAG 激光器工作于脉冲方式（采用调 Q 开关及锁模技术），但它的泵浦光是连续工作的。泵浦光源通常为半导体激光器阵列，可以看作是高效的连续/脉冲转换器。此外，在 Nd：YAG 激光器中，强度噪声小得可以忽略。它的主要缺点是光电转换效率较低（小于 0.5%），这一缺点已经得到了一定程度的改善，目前已经研制出转换效率为 8.5%～17%的激光器。

10.6　光通信系统设计与实例

本节具体介绍光纤通信系统的总体结构，及其各功能模块与主要部件的功能、特点和设计要求，阐明激光器和光放大器在光纤通信系统中的应用。并以一个工程实例简要介绍空间光通信系统的设计。

10.6.1　光纤通信系统的设计

光纤通信是指利用激光作为信息的载波信号并通过光纤来传递信息的通信系统。光纤通信系统的基本结构如图 10-30 所示。

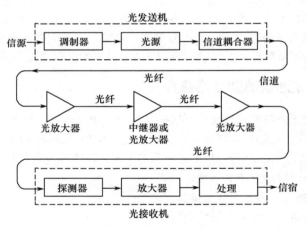

图 10-30　光纤通信系统基本结构

在现行的光通信系统中，将低速电信号进行复用变成高速电信号，在光发信端把此电信号转换成光强；强度被调制的光信号，通过光纤传输；在光收信端中，利用具有平方检波作用的光检波器，检测出传输光信号强度而接收信号，这样，把被检波出的快速电信号用多路变换装置分离为原来的慢速电信号，以完成通信。长距离光纤通信系统中，为了补偿因光纤（缆）传输的损耗，在光纤线路上配置光放大器，最具吸引力的光放大器是与传输光纤相匹配的光纤放大器。例如，应用于 1.55μm 光纤系统的掺铒光纤放大器（EDFA）和应用于 1.3μm 光纤系统的掺镨光纤放大器（PDFA）。为了在单根光纤上实现大容量传输，在光纤线路上还可以配置波分复用器/解复用器（WDM/DEMUX）、1×N 星形耦合器和矩阵光开关等。为了实现光器件（包括光有源器件和光无源器件）与光纤线路间的连接还使用大量的光连接器。

1．光发送机

光发送机主要由光源、调制器和驱动电路组成。但在实际的光发送机中，为了工作稳定、使用和维护方便，还必须增加一些辅助电路，如功率自动控制（APC）、温度自动控制（ATC）以及各种保护电路。

（1）光源

光源是光发送机的核心，它产生的光载波特性的好坏直接影响光纤通信系统的性能。

光纤通信系统对光源的要求主要有以下几个方面：光源的发光波长必须在石英光纤的三个低损耗窗口（0.85μm、1.31μm 和 1.55μm）内；光源有合适的输出功率，其大小取决于通信距离、光纤损耗和接收机灵敏度等因素；光源与光纤的耦合效率要高，以使入纤光功率较大；光源要具有较高的可靠性和较长的寿命；光源的谱线要窄，以减少色散与噪声；光源的调制特性与温度特性要好；光源的体积要小、重量要轻，并在经济上符合推广应用的要求。光纤通信系统中使用的光源是半导体激光二极管（LD）和半导体发光二极管（LED）。

在理想情况下，光源应能够提供稳定、单频的光波，而且应有足够的功率以满足远距离传输的需要。实际上，LD 和 LED 与理想情况相距甚远。一般情况下，所发射的光包含了一定范围的频率，发射的平均功率只有几毫瓦。但在多数情况下，因为接收机灵敏度很高，这样的功率已经足够了。然而，传输损耗使得光纤中的功率连续降低，所以光源的功率不足仍是所有光通信链路传输距离的限制因素。真正意义上的单频光源的缺乏，也使得系统的性能明显降低，这导致在给定路径长度上可能传输的信息量受到限制。

（2）光调制器

光纤通信系统对调制的要求是：高的调制速率和宽的调制带宽；低的驱动电压；高消光比；低的插入损耗。实现光强度调制的方法有 LD 直接调制和外部调制，两种调制方法的结构和特点如表 10-4 所示。

表 10-4　两种调制方法的结构和特点

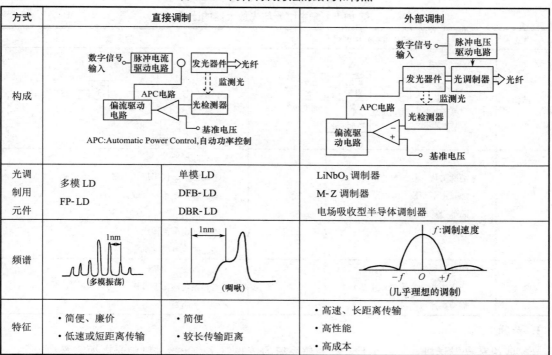

方式	直接调制		外部调制
构成	\<图\> APC:Automatic Power Control,自动功率控制		\<图\>
光调制用元件	多模 LD FP- LD	单模 LD DFB- LD DBR- LD	LiNbO₃ 调制器 M- Z 调制器 电场吸收型半导体调制器
频谱	\<图\>（多模振荡）	\<图\>（啁啾）	\<图\>（几乎理想的调制）
特征	·简便、廉价 ·低速或短距离传输	·简便 ·较长传输距离	·高速、长距离传输 ·高性能 ·高成本

在 LD 直接调制中，把发光器件的半导体激光器（LD）注入电流按照发信信号序列进行调制，因此与信号光的振荡同时完成强度调制。在光纤通信系统要求较高速率时，半导体光源的调制特性满足不了要求，必须使用外部调制器。目前，在光纤通信系统中使用的外调制器通常是铌酸锂（LiNbO₃）电光调制器，它采用了一个集成光学的 Mach-Zehnder（缩写为 M-Z）构形，实现对光信号的强度调制，因此，称这种外调制器为 M-Z 强度调制器。如表 10-3 所示，数字电信号不是直接加在激光二极管光源上，而是把数字电信号加在 LiNbO₃ 调制器的电极上，通过电光调制器的 M-Z 构形把来自 LD 的单偏振连续波（CW）光转换成一个随时间变化的光输出信号。

在 LD 直接调制中，有时用多模振荡的 FP-LD，此时，虽有可能以低成本组成系统，但因光谱加宽而受传输距离短的限制。用单模振荡的 DFB-LD 时，与光纤搭配起来，可能的传输距离为数十公里长，此时，与直接调制相伴的光振动波长发生变化，产生波长啁啾作用，因而谱线变宽，这是传输距离受限制的主要因素。因此，若采用直接调制，虽然系统的组成简单，但传输距离受限制。

当采用外部调制时，LD 只是用作振荡光源，因此能够严格控制调制时的信号光谱。在超长距离传输系统中采用外部调制法。用外部调制器的发送机成本高，但性能优。应在成本和性能两者权衡利弊的基础上，在适用范围内选择使用合适的调制方法。

2．光放大器

当光波在光纤中传输一定距离之后，由于光纤的损耗致使光功率减弱，要使光波继续向前传播，必须对光波进行放大。较早的办法是使用光（再生）中继器，这是光-电-光的放大方式，即使用两次光电转换过程放大光信号，这种方式的光放大不仅装置复杂、成本高，而且带来不利的后果。光放大器出现之后，不再使用光中继器，依靠光放大器直接将光信号进行线性中继，以完成长距离传输。光中继器和光放大器的比较如表 10-5 所示。

对光放大器的主要要求是：高的增益；低的噪声系数；高的输出功率；低的非线性失真。

再生中继器中，在中继区间产生的信号劣化在再生中继器中全部被清除，但是光放大器中，波形变形和噪声等劣化因素全部积累起来，因此光放大器需考虑系统整体来进行设计。

表 10-5　光中继器与光放大器的比较

方式	光（再生）中继器	光放大器
结构	整形 ～⟶▷⟶识别再生⟶光发信部 光检测器（OE变换）⟶参考时钟 （OE变换）	掺铒光纤 ～⟶○⟶▦⟶～ 泵浦光源
优点	·清除劣化（稳定操作） ·加长中继距离 ·总体设计容易 ·容易监视	·具有通用性 ①比特率、代码形式不限 ②能够多波长一并放大 ·结构简单 ①由低速电路构成 ②能减少系统成本
缺点	·中继器规模大，成本高 ·通用性差（与比特率相关） ·需要高速电路技术	·噪声、变形积累 ·需要系统整体上设计 ·中继间距短

3．光接收机

光接收机和光发送机一样，也是光纤通信系统的核心部件。光接收机由光电探测器和放大、处理电路两个主要部分组成。光接收机的基本结构及其特点如表 10-6 所示。

表 10-6　光接收机的结构和特点

方式	PIN 光电二极管检测器	APD 检测器	光前置放大监测器
结构	PIN-PD	APD 过剩倍增噪声指数 x： Ge APD　$x=1$ InGaAs　$x=0.7$ Si　　　$x=0.2$(短波长)	信号光 光前置放大器（EDFA等）　PIN收信器
特点	• 小型、简便、廉价 • 容易实现集成化（波导型）	• 小型 • 较高灵敏度 • 必要高压动作	• 高灵敏度（使用窄带光滤波器时） • 构成复杂、高价

光电探测器的主要功能是检测出已被信息调制过的光信号并将其转换成电信号，它相当于电通信系统中的检波。用于光纤通信的光电探测器主要有两种：一种是 PIN 光电二极管（PIN-PD）另一种是雪崩光电二极管（APD）。光纤通信用光电探测器的主要要求是：高的灵敏度；低的噪声；快的响应速度；足够的带宽；对温度变化不敏感；尺寸小并能与光纤匹配；价格合理，寿命长。

在光接收机中，由于光电探测器的输出电信号通常比较小，必须经放大才能使用。在光接收机中，最常使用的放大器是 GaAs 场效应晶体管（FET），称为 FET 放大器。在光接收机中为了知道光输入功率和光输入损耗情况，还设置有光输出监视和告警电路。

4．光无源器件

在光纤通信系统中还包括大量不可缺少的光无源器件，分别介绍如下。

（1）光耦合器

光耦合器用于将输入信号分成两路或多路输出，或将两路或多路输入合并成一路输出。利用连接器和熔接方法可以将两段光纤连接起来，这样可以满足两个器件之间的光信号传输，但是在很多应用中，需要连接的不止两个器件。耦合器用来连接三个或更多的点。按结构形式可分为熔接型、研磨型和集成光路型。在光纤系统中多采用 $1 \times N$ 星形耦合器。

（2）光隔离器

光隔离器是在光通路中防止光反射回光源，即只允许光单向传输的无源器件。常用的隔离器主要由起偏器、检偏器和旋光器三部分组成。起偏器与检偏器的透光轴成 45°角，旋光器使通过的光发生45°的旋转。例如，当垂直偏振光入射时，由于该光与起偏器透光轴方向一致，所以全部通过。经旋光器后，其光轴旋转 45°角，恰好与检偏器透光轴一致而获得低损耗传输。如果有反射光出现且反向进入隔离器的只是与检偏器光轴一致的那部分光，这部分光经过旋光器被旋转 45°，变成水平线偏振光，正好与起偏器透光轴垂直，所以光隔离器能够阻止反射光的通过。图 10-31 是光隔离器的工作原理图。

对光隔离器的主要要求是：低的插入损耗（对正向入射光）；大的隔离度（对反向反射光）。

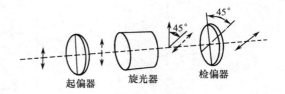

图 10-31　光隔离器的工作原理图

（3）光衰减器

利用光衰减器可以改变光纤中的光强。光衰减器是光滤波器的一种，它对系统传输的所有波长的光的影响应该相同。主要用于调整光强防止接收机饱和，测试接收机上的各种光功率值（例如确定接收机的动态范围），或者在信号发射进 WDM 系统之前均衡载波功率。分为可变光衰减器和固定光衰减器两种。前者主要用于调节光线路电平，后者主要用于电平过高的光纤通信线路。图 10-32 所示为光纤通信用的光可变衰减器示意图，光纤输入的光经自聚焦透镜变成平行光束，平行光束经衰减片送到自聚焦透镜并耦合到输出光纤。

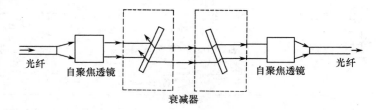

图 10-32　光可变衰减器示意图

衰减片通常是表面蒸镀了金属吸收膜的玻璃基片，为减小反射光，衰减片与光轴可以倾斜放置。对光衰减器的主要要求是：高的衰减精度；好的衰减重复性；低的原始插损。

（4）光纤连接器

光纤连接器是光纤系统最基本的无源器件，它起着各种设备和部件与光纤之间的连接作用。

光连接器的主要技术要求是：低的插入损耗；好的重复性；好的互换性；低的反射损耗和长的寿命。

（5）波分复用/解复用器

随着信息量的不断扩大，必须提高光纤的传输比特（bit）率。早期系统是采用电子时分复用技术，即在发送方面，把低比特率的电信号用时分复用逐级合成为高速率的电信号，然后以强度调制 LD；在接收方面，由光电探测器检出电信号，再分路。目前的光纤通信系统是采用光波分复用（WDM）技术，就是按照一定的波长间隔，把若干路经过调制的光信号通过波分复用器合并在一起，由一根光纤传输。根据各路波长之间的间隔把波长间隔在 200GHz（1.6nm）以上的复用称为粗波分复用（CWDM）；把波长间隔在 200GHz（1.6nm）以下的复用称为密集波分复用（DWDM）。目前复用上百个信道的密集波分复用（DWDM）技术已被光纤通信系统大量采用。

WDM 基本结构如图 10-33 所示。复用器和解复用器可以看成是同一装置的镜像，复用器接收分离的波长并将它们合成一路，而解复用器接收合路信号并将它们分离。

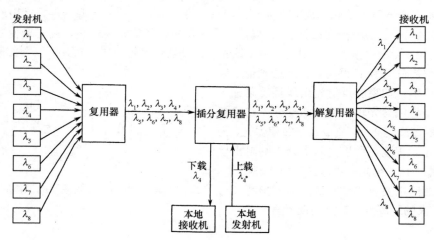

图 10-33　WDM 基本结构

（6）光开关

光开关是光纤通信系统不可缺少的器件，它不仅可用于光源备份的光路切换，还可用于逻辑、数字光通信系统中的光路选择和光交换。光开关分为机械式和非机械式两类。机械式光开关是采用移动（机电式）光纤或反射镜的方法来转换光路，如图10-34所示，其优点是插入损耗小、串扰低，缺点是磨损大、速度慢、功耗大、寿命短。非机械式光开关正好克服机械式光开关的缺点，主要有三大类：液晶光开关、电光式光开关和热光式光开关。液晶式光开关是通过施加电场可改变液晶分子的排列方向，从而改变它们对透射光的偏振态来工作的；电光开关是通过对电介质施加电场使其折射率分布发生改变，从而导致偏振光反射特性改变，实现光的开关，其速率可达微秒（μm）量级；热光效应光开关是利用加热光波导，改变光波导的折射率，引起主波导与需要的分支波导间的光耦合，从而实现光的开关。

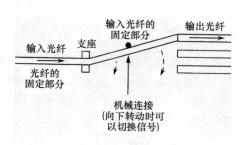

图 10-34　机械式光开关

无论哪种光开关，对它们的共同要求是：小的串音；大的消光比；低的插入损耗；小的驱动电压（或电流）；无极化依赖性；与光纤有高的耦合效率；紧凑的器件结构；根据需要而定的开关速度和频率带宽。

10.6.2　空间光通信系统设计实例

本小节以南京邮电大学光通信研究所研制的"无光纤激光通信系统"为例，简要说明空间光通信系统的设计方法。

设计要求：300m 传输距离，155MHz 传输速率的 FSO 系统，主要用于在企业大楼间建立通信链路，要求简单、廉价和良好的天气适应能力。

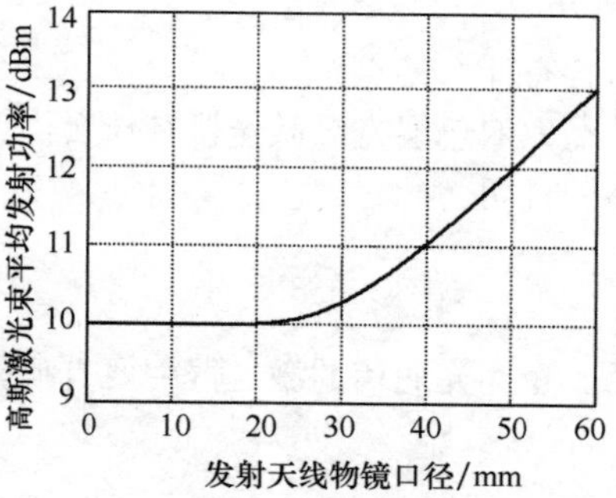

激光器选择：与 850nm 波长相比，1510nm 波长下 FSO 系统的背景噪声和大气衰减系数小，安全标准允许的激光发射功率大。所以，此 FSO 系统选 1510nm 为工作波长。

此外，FSO 系统的激光发射功率受限于激光产品安全标准，本 FSO 系统满足国标中的 1 类激光产品标准：没有生物危害，即使长时间照射或使用仪器观察也是安全的。符合 1 类激光产品标准的 FSO 发射天线物镜口径与高斯激光束平均发射功率的关系，如图 10-35 所示。由图可见，选用 50mm 口径的发射天线物镜时，选用平均发射激光功率不大于 13dBm 的激光器，可使 FSO 系统符合国标规定的 1 类激光产品标准。

图 10-35　符合 1 类激光产品标准的 FSO 发射天线物镜口径与高斯激光束平均发射功率的关系

综合以上考虑，本系统选用 1510nm/13dBm 激光器。

光学收发天线：光学收发天线的目的是对已调激光进行准直发射和接收，结构如图 10-36 所示。

光学收发天线各由两组透镜组成。光电二极管（PD）光敏面尺寸过小可能引起光能量衰减，如天线基座晃动使收发天线不能完全准直、大气湍流使激光偏离原来方向等等，都将导致接收天线组汇聚的光斑不能完全落在 PD 光敏面上。本系统选用 300μm 光敏面直径的 PIN，50mm 口径发射天线物镜和 100mm 口径的物镜口径，接收天线的视场角为 1mrad。

图 10-36　FSO 收发天线示意图

　　光束发散角：设计合适的发射天线可以增加激光发散角解决基座晃动问题。在风力和其他因素的作用下，如建筑物受高温影响，尤其是太阳在一边照射时会产生晃动，这会导致激光不能对准。增加激光发散角可以提高 FSO 系统抗基座晃动的能力，但采用光束发散技术需要更高的激光发射功率，因此应采用合适的束散角。

　　此外，设计收发天线时必须使激光的发散角和接收视场角基本一致，否则会造成不必要的激光能量浪费。综合以上考虑，本系统中选择发散和接收视场角相同，为 1mrad。

　　窄带光学滤波器：FSO 系统中较小的接收天线视场角可以去除绝大部分情况下城市灯光产生的背景噪声。使用窄带光学滤波器可以将直射灯光和早晚时段的直射阳光产生的背景噪声抑制 15dB 以上。对于 1510nm 工作波长的 FSO 系统，DWDM 滤波片的通带带宽是 nm 量级，具有极好的滤波特性，但对激光波长稳定度提出了过高的要求增加了 FSO 系统的复杂性。所以可采用廉价的通带带宽为 15nm 的 CWDM 滤波片来抑制背景噪声，同时 CWDM 滤波片引入的插损仅为可以忽略的 0.3dB。

习题与思考题十

　　1．光纤通信中采用哪些半导体激光器？其中哪些是多纵模激光器？哪些是单纵模激光器？如何有效地实现半导体激光器的动态单纵模工作？

　　2．光纤激光器的工作原理是什么？光纤激光器有哪两种？各有什么特点？

　　3．双包层光纤激光器与单包层光纤激光器的不同之处是什么？双包层光纤激光器有什么优点？

　　4．光放大器在光纤通信领域中主要有哪些功能？并分别举例说明。

　　5．半导体光放大器和光纤放大器有何异同？

　　6．EDFA 的泵浦方式有几种？各有什么特点？

　　7．空间光通信技术有什么优点？它的主要应用有哪些？用于空间光通信的激光器主要有哪些？

第 11 章　激光全息技术

全息技术是利用光的干涉和衍射原理，将物体发射的特定光波以干涉条纹的形式记录下来，并在一定条件下使其再现，形成原物体逼真的三维像。由于记录了物体的全部信息（振幅和相位），因此称为全息技术或全息照相。

全息技术是英国科学家丹尼斯·加伯（Dennis Gabor）在 1947 年为提高电子显微镜的分辨率，在布拉格（Bragg）和泽尼克（Zernike）工作的基础上提出的。1971 年，瑞典诺贝尔奖委员会为了表彰加伯对全息术的发明和发展所做的开创性贡献，授予他该年度诺贝尔物理学奖。由于需要高度相干性和大强度的光源，直到 1960 年激光出现，以及 1962 年利思（Leith）和厄帕特尼克斯（Upatnieks）提出离轴全息图以后，全息术的研究才进入一个新阶段，相继出现了多种全息方法，开辟了全息应用的新领域，成为光学的一个重要分支。

全息技术的产生与发展还带动了光学信息处理技术的发展及其潜在应用，其意义已不局限于狭义的光学成像技术。

11.1　激光全息技术的原理和分类

全息技术是实现真实三维图像的记录和再现的技术，该图像称作全息图。与其他三维图像不一样的是，全息图提供了视差。视差的存在使得观察者可以通过前后、左右和上下移动来观察图像的不同侧面——好像有个真实的物体在那里一样。全息照相和普通照相不同，在底片上记录的不是三维物体的平面图像，而是光场本身。普通照相只记录了被拍物体表面光强的变化，即只记录光波的振幅，全息照相则记录光波的全部信息，除振幅外还记录了光波的相位。即把三维物体光波场的全部信息都储存在记录介质中。

11.1.1　激光全息的原理

1．全息图的拍摄

激光全息图的拍摄过程如图 11-1 所示。

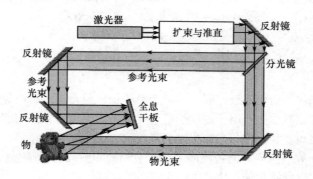

图 11-1　激光全息图的拍摄过程

为记录物体光波的相位，全息图的拍摄是基于光波的干涉原理。激光器发出的光束由分光镜分为两束，其中一束经反射镜或反射镜组直接照射在全息干板上，作为参考光束；另一束经反射镜或反射镜组照射到被拍摄物体上，该光束被物体反射后向各个方向散射，部分散射光射到全息干板上，称为物光束。参考光束和物光束在全息干板上形成干涉条纹，这些条纹的密度和位置反映物体各部分散射光的相位变化，条纹的明暗对比（即反差）与散射光的强度对应。因此，全息干板上记录的全息图就包括了被拍摄物体的全部信息。

拍摄全息图需要注意的是：参考光束和物光束经由不同的路径到达全息干板；参考光束和物光束的相干条件是，两束光的光程差不大于所使用的激光的相干长度；全息干板上所记录的只是干涉条纹，在全息干板上并不能看到图像，除非用与参考光束相同的光来照射；被摄物体和光束的位置有多种排列方式，但是，必须有一束参考光束和一束物光束。

设传播到记录介质上的物光波前为

$$O(x,y) = O(x,y)\exp[-\mathrm{j}\varphi(x,y)] \tag{11-1}$$

传播到记录介质上的参考光波波前为

$$R(x,y) = R(x,y)\exp[-\mathrm{j}\psi(x,y)] \tag{11-2}$$

则被记录的总光强为

$$\begin{aligned} I(x,y) &= |R(x,y) + O(x,y)|^2 \\ &= |R(x,y)|^2 + |O(x,y)|^2 + R(x,y)O^*(x,y) + R^*(x,y)O(x,y) \end{aligned} \tag{11-3}$$

或者

$$I(x,y) = |R(x,y)|^2 + |O(x,y)|^2 + 2R(x,y)O(x,y)\cos[\psi(x,y) - \varphi(x,y)] \tag{11-4}$$

常用的记录介质是银盐感光干板，对两个波前的干涉图样曝光后，经显影、定影处理得到全息图。因此，全息图实际上就是一幅干涉图。式（11-4）中的前两项是物光和参考光的强度分布，其中参考光波一般都选用比较简单的平面波或球面波，因而 $|R(x,y)|$ 是常数或近似于常数，而 $|O(x,y)|$ 是物光波在底片上造成的强度分布，它不是均匀的，但实验上一般都让它比参考光波弱得多。前两项基本上是常数，作为偏置项。第三项是干涉项，包含有物光波的振幅和相位信息。结果，$|O(x,y)|$ 的振幅和相位二者的信息均被记录。参考光波作为一种高频载波，其振幅和相位都受到物光波的调制（调幅和调相）。参考光波的作用正好完成使物波波前的相位分布转换成干涉条纹的强度分布的任务。

全息干板的作用相当于一个线性变换器，它把曝光期间内的入射光强线性地变换为显影后负片的振幅透过率，其振幅透过率为

$$t(x,y) = t_0 + \beta E = t_0 + \beta[\tau I(x,y)] = t_0 + \beta' I(x,y) \tag{11-5}$$

式中，t_0 和 β 均为常数，β 是 $t\sim E$ 曲线直线部分的斜率（E 为曝光量），β' 是曝光时间 τ 和 β 之乘积，对于负片和正片，β' 分别为负值和正值。假定参考光的强度在整个记录表面是均匀的，则

$$\begin{aligned} t(x,y) &= t_0 + \beta'(|R|^2 + |O|^2 + R^*O + RO^*) \\ &= t_\mathrm{b} + \beta'(|O|^2 + R^*O + RO^*) \end{aligned} \tag{11-6}$$

式中，$t_\mathrm{b} = t_0 + \beta'|R|^2$，表示均匀偏置透过率。

2. 全息图的再现

全息图的再现基于光波的衍射原理，曝光后的全息干板上包含有人眼所看不到的干涉条纹，全息干板上记录的干涉条纹可以看作是一组无规则的衍射光栅。如果用与拍摄时的参考光束完全相同的激光束作照明光，照明光束与底片的夹角同拍摄时参考光束与底片的夹角相等。这样，照明光束照到全息图上发生衍射，产生一列沿照明方向传播的零级衍射光波和两列一级（±1 级）衍射光波。其中一列衍射光波与位于原物体位置的实际物体发出的光波（物光束）完全相同，当这个光波被人眼接收时，就等于看到了原物体的再现三维虚像。另一列衍射光波再现了原物体的共轭实像，它位于观察者的同侧。如果在这个共轭实像的位置放一接收屏，则满足一定的光路条件时可在屏上直接得到一个实像。对两个物体的全息图的拍摄以及全息图的再现光路如图 11-2（a）、图 11-2（b）所示。

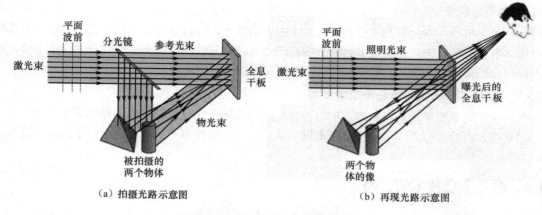

图 11-2 两个物体全息图的拍摄与再现

当观察者的眼睛相对于底片移动时，可以看到物体不同的图像，因为从不同角度看到的是物体不同部分的干涉图样。

假设照明光束在全息图平面上的复振幅分布为 $C(x,y)$，则透过全息图的光场为

$$U(x,y) = C(x,y)t(x,y) = t_bC + \beta'OO^*C + \beta'R^*CO + \beta'RCO^*$$
$$= U_1 + U_2 + U_3 + U_4 \tag{11-7}$$

可将 C, O, O^* 看作波前函数，它们分别代表照明光波的直接透射波、物光波及其共轭波，而将它们各自的系数分别看作一种波前变换或一种运算操作。

U_1 的系数 $t_b = t_0 + \beta'|R|^2$，其中 t_0 为常数。由于参考波通常采用简单的球面波或平面波，故 R 近似为常数，于是 U_1 中两项系数的作用仅仅改变照明光波 C 的振幅，并不改变 C 的特性。U_2 的系数中含有 O^2，是物光波单独存在时在底片上造成的强度分布，它不是均匀的，故 $U_2 = \beta'O^2C$ 代表振幅受到调制的照明波前，这实际上是 C 波经历 $O^2(x,y)$ 分布的一张底片的衍射，使照明波多少有些离散而出现杂光，是一种"噪声"信息。这是一个麻烦问题，但实验上可以想些办法，例如适当调整照明度，使 O^2 与 R^2 相比而成为次要因素。总之，U_1 和 U_2 基本上保留了照明光波的特性。这一项称为全息图衍射场中的 0 级波。

当照明光波是与参考光波完全相同的平面波或球面波时（即 $C = R$），透射光波中的第三项为

$$U_3(x,y) = \beta'R^2O(x,y) \tag{11-8}$$

因为 R^2 是均匀的参考光强度，所以除了相差一个常数因子外，U_3 是原来物波波前的准确再现，它与在波前记录时原始物体发出的光波的作用完全相同。当这一光波传播到观察者眼睛里时，可以看到原物的形象。这一项称为全息图衍射场中的 +1 级波。

透射光波中的第四项为

$$U_4(x,y) = \beta'R^2O^*(x,y) \tag{11-9}$$

我们称 U_4 项为全息图衍射场中的 –1 级波。由共轭光波 U_4 所产生的实像，对观察者而言，该实像的凸凹与原物体正好相反，因而给人以某种特殊感觉，这种像称为赝像。

11.1.2 全息照相的特点

1. 立体感强

由于记录了物光波的全部信息，所以通过全息干板所看到的虚像是逼真的三维物体。如果从不同角度观察全息图，就像通过窗户看室外景物一样，可以看到物体的不同侧面，有视差的效果和景深感。

2．具有可分割性

因为物体上每一点的散射光可照射到全息干板上的各点，反过来说，全息干板上的每一点都接收到来自物体各点的散射光，即记录来自物体各点的物光波信息。所以把全息照片分成许多小块，其中每一小块都可以再现整个物体。但面积越小，再现图像的清晰度越差。

3．同一张全息干板上可重叠多个全息图

如果对于不同景物采用不同角度入射的参考光束，在同一底片上经过多次曝光重叠几个影像，则对应不同角度入射的照相光束，就将再现不同的景物，各个影像可不受其他影像的干扰而单独地再现出来。

11.1.3　激光全息技术的分类

人们研究了拍摄和再现激光全息图的多种方法，因此，对于激光全息图有多种分类方式。

1．按照明方式分类

按照明方式分类，可分为透射全息图和反射全息图。

当物光束与参考光束从全息干板的同一侧入射时，所记录的全息图称为透射式全息图；当物光束和参考光束分别从全息干板的两侧入射时，所记录的全息图称为反射式全息图。观察再现图像时，对于透射式全息图，衍射光波与照明光波分别在全息图的两侧；对于反射式全息图，衍射光波与照明光波则在全息图的同一侧，即照明光波犹如在全息图上反射而成像。

2．按全息图的特性分类

由于全息图复振幅透射系数（或反射系数）不同，全息图的特性也不一样，据此，可将全息图分为振幅全息图和位相全息图。

由卤化物制成的感光介质只能对光强（光振幅）发生反应，而物光的位相信息是通过与参考光的干涉而转化为振幅信息记录下来的，所以在记录过程中只是记录了物光和参考光的振幅。这类感光乳胶的光学吸收系数是与曝光量相对应的，再现时光波透射率也与记录时的曝光量相对应来改变透射光的振幅，也就是说，再现光波被全息图吸收的量与曝光量有关，所以把这种全息图称为吸收全息图，也叫振幅全息图。另一种全息图则相反，它只改变光波的位相而不改变它的振幅。也就是说，全息图能够以与记录时的曝光量相对应的方式改变光波的位相，使全息干板上的感光介质与位相对应的空间产生周期性变化，这种全息图称为"位相全息图"。实际的记录介质有振幅型、位相型和混合型三种。

位相全息图又有两种类型：一种是记录介质的厚度改变，折射率不变，称为表面浮雕型；另一种是记录介质的厚度不变，折射率改变，称为折射率型。

3．按记录的物光波特点分类

按照记录的物光波特点，可分为菲涅耳全息图、夫琅禾费全息图和傅里叶变换全息图。

在衍射理论中，把离发光体有限距离的衍射现象称菲涅耳衍射；而把离发光体无限远处的衍射现象称夫琅禾费衍射。与此类似，在全息照相中，如果把记录介质放在离物体有限远处，形成的全息图称为菲涅耳全息图，实际使用中大部分是属于这一类全息图。对于夫琅禾费全息图，由于物体放在无限远处一般不大可能，如果用一透镜放在物体与记录介质之间，物体位于透镜的焦面上，则每一物点就产生一平行光，这样，物体就等于放在无限远处，这样获得的全息图叫夫琅禾费全息图。

如果透镜使物光波分布在记录介质平面上产生一个二维空间傅里叶变换，则得到一张傅里叶变换全息图。如果漫射物体和一个参考点光源离记录介质是等距的，而且达到记录介质平面上的参考光波和物光波均为发散光波，曲率半径也基本相等，这样得到的是一种准傅里叶变换全息图。

4. 按记录介质的厚度分类

按照全息干板的记录介质的膜厚分类，可分为平面全息图和体积全息图。

当全息干板的记录介质的厚度小于所记录干涉条纹的间距时，称为平面全息图或薄全息图；当全息干板的介质厚度与所记录的干涉条纹间距为同一数量级或更大一些时，得到的全息图称为体积全息图或厚全息图。

平面全息图与体积全息图的主要区别在于它们对再现光束的入射方向的敏感程度。平面全息图再现光束方向与记录时参考光束方向相差几度时，仍然能够形成再现像，而体积全息图则不能，只有再现光束方向与参考光束方向相同时，才能形成再现像。如果再现光束方向差几度，就可以使再现像的亮度下降为零，而不能出现再现像。这一特性能使我们每次记录时，适当地改变参考光的方向，而把许多不同的全息图记录在同一张全息干板上。底片的记录介质膜越厚，记录的全息图就越多。

5. 按再现时对照明光的要求分类

按照再现时对照明光的要求分类，可分为激光再现和白光再现。

以上几种分类方式实际上又是相互渗透的。例如，按记录的物光波特点分类的全息图都属于平面全息图。

11.2　白光再现的全息技术

若全息照片需要激光才能再现，就大大限制了其应用。实用中大部分全息图用白光，即普通光源便可再现，这使得全息技术能够走出实验室，在日常生活中有广泛应用。能够在白光下观看全息图像是使全息技术适合于显示方面应用的极其重要的一步。本节介绍几种典型的白光再现全息图。

11.2.1　白光反射全息

白光反射全息图是一种较为简单的白光再现全息图，其记录和再现光路如图 11-3 所示。扩束后的激光直接照射至全息干板上作为参考光，其透过底片的光照明紧靠于底片后的物体，由物体反射的光构成物光，与参考光在全息干板上干涉。由于物光和参考光的夹角很大，因此产生的干涉条纹间距很小。曝光后经处理得到反射全息图。当用白光再现时，这种全息图相当于一个干涉滤光片，它使白光中满足再现条件的波长产生再现像，即它对波长具有选择性，仅形成单色再现像。

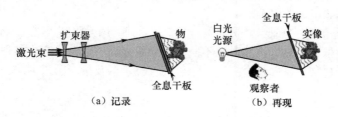

（a）记录　　　　　　　　　　　　（b）再现

图 11-3　白光反射全息图的记录与再现

11.2.2　像面全息

像面全息图需要利用透镜，记录的是物体的几何像，也就是把成像光束作为物光波，相当于"像"与全息干板重合。图 11-4 所示为像面全息图的记录与再现，把激光照明的成像光束作为物光束，全息干板放在物体几何像的位置，再引入参考光进行干涉，完成全息图的记录。其特点在于记录全息图时，物距几乎为零。这个记录条件降低了对再现光源单色性的要求，即可用非单色光波再现全息图，产生的各波长再现像都位于全息图附近，但其像模糊和色模糊很小，不易观察出来，因此像面全息可用白光再现。

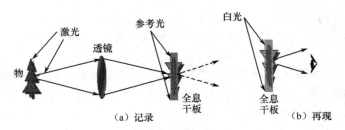

图 11-4　像面全息图的记录和再现

此外，还有多种记录光路。干板的位置可根据需要稍有离焦，可在像面后，也可在像面前；参考光入射方向可与物光在同侧制成透射全息，也可以在相对方向制成反射全息；成像的方式可以如图 11-4 所示通过透镜获得，也可以先对物体记录一张菲涅耳全息图，然后用参考光波的共轭光照明全息图，再现形成物体的赝实像，两步法像面全息图的记录和再现如图 11-5 所示。

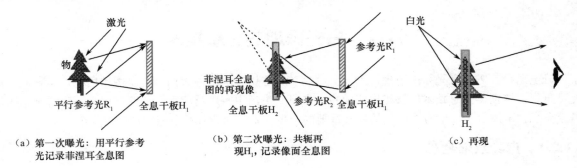

图 11-5　两步法像面全息图的记录和再现

11.2.3　彩虹全息

彩虹全息属于透射体全息，因其再现像存在彩虹般的色彩而得名。彩虹全息图是显示全息术的一个重要进展，它提供了一种用白光照明观看全息图的方法，并且没有像面全息中那样要求成像光束的像面与记录干板的距离非常小的限制。

彩虹全息是在拍摄光路中的适当位置加入一条狭缝，其作用为限制再现光波，以降低像的色模糊，从而实现白光再现单色像。用白光再现时，不同波长的狭缝因色散而分开，排列在垂直于狭缝长轴的方向上。彩虹全息技术包括二步彩虹全息、一步彩虹全息，以及条形散斑屏法、零光程差法和像散彩虹全息等技术。

1．二步彩虹全息

1969 年，本顿（Benton）受到全息图碎片可以再现完整的物体像的启发，提出二步彩虹全息。

如图 11-6 所示，二步彩虹全息的第一步是制作一张菲涅耳全息图作为母版，如图 11-6（a）所示；第二步如图 11-6（b）所示，以第一步生成的全息图 H_1 为母版，在全息母版 H_1 后放置一个狭缝 S，激光 R_1^* 透过水平放置的狭缝 S（缝宽 1～2mm）照射全息母版，产生的实像作为物光波，全息干板置于实像前，在全息干板上得到的物光波仅是从狭缝 S 中透过的光波。参考光束 R_2 从第一步中参考光束的反方向照射全息母版。也就是说，第二步中所生成的全息图所记录的是全息母版的实像。经曝光处理后的全息就是彩虹全息图。再现光路如图 11-6（c）和图 11-6（d）所示，图 11-6（c）所示为用记录时的参考光的共轭光再现时的情况；图 11-6（d）所示为用白光再现的情况。

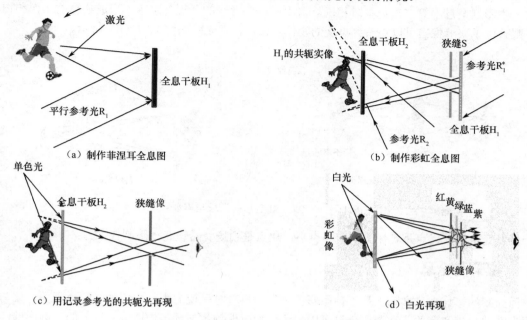

（a）制作菲涅耳全息图

（b）制作彩虹全息图

（c）用记录参考光的共轭光再现

（d）白光再现

图 11-6 二步彩虹全息的基本原理

再现光源的每个不同颜色的窄光谱带将在不同的竖直位置上生成狭缝的像（并且有不同的放大率），红光在竖直方向上衍射最多而蓝光衍射最少。一个位于狭缝像平面内的观察者事实上将通过一条狭缝（它只对应于光谱中很窄的一条颜色带）观看，并且不会遇到这条光谱带以外的光。因此再现像将没有色模糊，而具有一种颜色，具体的颜色取决于观察者眼睛在竖直方向的位置。用白光再现彩虹全息图时，当眼睛在狭缝的某一波长像位置时，便能看到此波长的物体再现像。当眼睛依次从上向下移动时，可依次看到再现像的颜色呈现出红、橙、黄、绿、青、蓝、紫的色彩。因此，加到全息图 H_2 中的色散性质对于消除色模糊以及允许用白光观看全息像是有利的。狭缝的竖直位置和放大率两方面都随颜色的变化而变化。由于再现时用到了所有波长的光，所以彩虹全息图的再现像非常清晰。

彩虹全息的优点是视场大和立体感强。但是，在拍摄彩虹全息图时，物光受到狭缝短轴方向的限制，其再现像也将部分地失去原物体垂直轴方向上的立体感，只保留其水平方向上的立体感。可以说，彩虹全息能用白光再现，是以放弃一个维度上的视差信息为代价，以使透射全息图中色散引起的模糊最小化。

二步彩虹全息的优点是视场大，但由于在制作彩虹全息图时，需要经过两次采用激光光源的记录过程，斑纹噪声大，故直接应用有困难。

2. 一步彩虹全息

1978 年，美籍华人陈选和杨震寰提出了一步彩虹全息术，使制作程序大大简化，且降低了噪声，并在实用方面取得了进展。

从二步彩虹全息的记录和再现过程可知，彩虹全息图的本质是要在观察者与物体再现像之间形成一个狭缝像，使观察者通过狭缝看物体，以实现白光再现。根据这一原理，一步彩虹全息借助于一个透镜，使物体和狭缝分别成像，全息图所需的物光不是来自另一全息图的共轭再现像，而是由物直接成像得到。

光路如图 11-7（a）所示，在物 A 及透镜 L 之间的适当位置放置一狭缝 S。透镜使物体和狭缝分别成像，全息干板位于两个像之间的适当位置。图 11-7（a）所示的情况，狭缝位于透镜的焦点以内，在狭缝同侧得到其放大正立虚像。若物体在焦点以外，则物体的像在透镜另一侧，这时的光路结构，本质上与二步彩虹全息中第二次记录时相同。再现时用参考光的共轭光照明，形成狭缝的实像和物体的虚像，眼睛位于狭缝像出可以观察到再现的物体虚像。再现光路如图 11-7（b）所示。

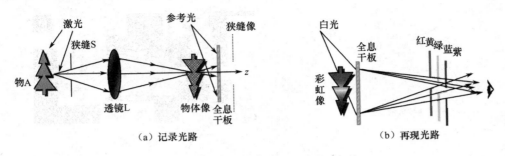

图 11-7　一步彩虹全息的记录与再现

一步彩虹全息的优点是制作简单，噪声小；缺点是视场受透镜孔径限制较大。

11.2.4　真彩色全息

前面介绍的彩虹全息实际上是一种假彩色全息，再现时呈现的彩色与原物的颜色无关，仅与再现时照明光的波长带宽有关。真彩色全息可用来记录和再现颜色与真实物体十分接近的三维图像。与拍摄彩色照片类似，真彩色全息要用到红、绿、蓝三基色的混合。在同一张全息干板上，分别用三种颜色的激光来照射产生三张全息图，真彩色全息图由这三张全息图组成。当用三种颜色的光束来再现图像时，每束光再现其相应颜色的图像，三种颜色的图像合在一起，就形成三维真彩色图像。

常采用的产生三基色的激光器有：He-Ne 激光器产生红光（632.8nm），氩离子激光器产生绿光（514.5nm），He-Cd 激光器产生蓝光（442nm）。

11.3　几种特殊的全息技术

11.3.1　计算全息

不是用光学方法产生，而是用人工的方法通过数学公式制作的全息图，称为计算全息图（Computer Generated Hologram，CGH）。对于实际不存在的物体，当知道物体光波的数学描述时，可以利用计算机模拟仿真物光波和参考光波的干涉图样，并通过计算机控制绘图仪或其他记录装置（例如阴极射线管、电子束扫描器等），将模拟的干涉图样绘制和复制在透明胶片上。

计算全息图是指用计算机设计最终制作出物体的全息图，其制作和再现过程主要分为以下几个步骤：

① 抽样。得到物体或波面在离散样点上的值。

② 计算。计算物光波在全息平面上的光场分布。

③ 编码。把全息平面上光波的复振幅分布编码成全息图的透过率变化。

④ 成图。在计算机控制下，将全息图的透过率变化在成图设备上成图。如果成图设备分辨率不够，再经光学缩版得到实用的全息图。

⑤ 再现。这一步骤在本质上与光学全息图的再现没有区别。

傅里叶变换全息图的分布是有序的，因此计算全息多用傅里叶变换全息图，图 11-8 所示为傅里叶变换计算全息图的制作流程。

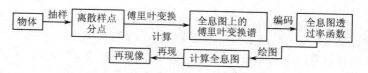

图 11-8   傅里叶变换计算全息图制作流程

计算全息图可以记录物理上不存在的虚拟实物,只要知道物体的数学表达式就可以用计算全息图记录下这个物体的光波,并再现该物体的像。这个特点非常适于信息处理中空间滤波的合成、干涉计量中特殊参考光波面的产生及三维虚构物体的显示等。

这种全息图虽然制作工序较普通全息图麻烦,但它的优点是可以在物并不存在的情况下先产生其全息图,只要利用原参考光再现,便可显示出实际并不存在的物。此外,可以灵活地控制波面的振幅和相位。并且二元计算全息图可以直接复制,因此,它在许多方面获得广泛的应用。

随着计算技术和成图技术的进一步发展,计算全息在三维显示、光学信息处理、干涉计量、数据存储和光计算等领域得到越来越多的应用。

11.3.2   数字全息

数字全息技术是以 CCD 摄像机等光电探测器件作记录介质,用数值方法重现全息图。它依然是基于光学全息记录理论,但以 CCD 摄像机等电子成像器件做记录介质获取全息图,并将其存入计算机,然后用数字方法来对此全息图进行再现。数字全息技术是全息术、计算机技术及电子成像技术相结合的产物。

数字全息技术的波前记录和数值重现过程如图 11-9 所示。主要分为三部分:

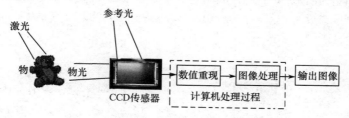

图 11-9   数字全息技术的波前记录和数值重现过程

(1)数字全息图的获取。将参考光和物光的干涉图样直接投射到光电探测器上,经图像采集卡获得物体的数字全息图,将其传输并存储在计算机内。

(2)数字全息图的数值重现。本部分完全在计算机上进行,需要模拟光学衍射的传播过程,一般需要数字图像处理和离散傅里叶变换的相关理论,这是数字全息技术的核心部分。

(3)重现图像的显示及分析。输出再现图像并给出相关的实验结果及分析。

相对于光学全息术,数字全息技术具有以下优点:

(1)省去了光学全息术中必需的曝光、显影和定影等复杂的物理化学处理过程,整个记录和重现过程都数字化,并且所需要的记录时间短,可以连续记录运动物体的各个瞬间过程,而且重现过程简单,重现周期得以缩短,有利于实现实时化。

(2)计算机技术和数字图像处理技术的引入,可以很方便地在数字全息图的处理过程中加入图像处理方法。这样,就可以消除噪声以及干板特性曲线的非线性等因素带来的影响,提高全息图重现像的质量。

(3)全息图在计算机内经数值重现后,得到的是物场的复振幅分布,可以同时获得物体振幅和相位灰度图像。并且数字全息技术适用于不具备光学设备的其他领域,能够离开光学实验室看到被记录的物体。

（4）数字全息的数值重现可以方便地进行数字聚焦，容易实现三维物体的观测。

但是，现有的电子成像器件的分辨率相对传统全息记录胶片来说还非常低。譬如常用的银盐干板的分辨率可达每毫米 5000 线，可记录全息图的物光参考光夹角为 0° 到 180°，而一般 CCD 的分辨率只有每毫米几十线到几线，从而也使得其所能允许的物光参考光的夹角非常有限。另外，由于 CCD 有限的像素数和尺寸的影响，再现像在视场的大小和清晰程度都受到了制约。

11.3.3 合成全息

合成全息是将一套带有视差信息的二维图片合成为三维全息活动显示的技术。其方法是将每一幅二维图片，拍摄制成一个单元全息图，在全息照片上占一个窄条的位置，依次将一套二维图片连续地记录下来便形成合成全息图。再现时人眼与全息图之间若有相对运动，由于人眼的体视效应和视觉暂留现象，就感觉到是一种活动的三维景象。

最大的合成全息系统的例子是地球及其大气层的全息图，这种合成全息图是由气象卫星拍摄的，从中可以看到云层变化过程的三维活动图像。合成全息实际上多是白光再现全息，它在艺术领域和医学、军事等方面有着广泛应用。

1. 360° 全息

360° 全息可以显示物体 360° 一周的像，三维立体感极强。

360° 全息的记录分两步，第一步是将被拍摄的物置于可绕中心轴旋转的平台上，用普通白光照明，当平台转动时，用电影摄影机对物体连续拍摄，也可用普通照相机拍摄，每转过一定角度拍摄一张底片。第二步是合成过程，用激光作光源，利用狭缝将每一张底片摄制成条形像面全息（实际上是彩虹全息），用全息干板或全息软片记录。图 11-10（a）和图 11-10（b）分别示出了以上两步制作的光路。

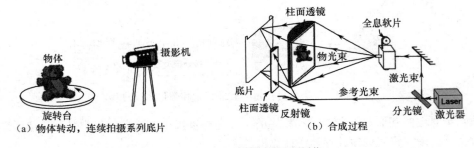

图 11-10　360° 全息的两步制作

再现分两种形式，如果是干板，则观察者须把眼睛从全息图的一端移至另一端；如是软片，则可将其卷成圆柱形，置于可转动平台上，如图 11-11 所示。观察者能见到一个转动着的立体像，像的颜色和彩虹全息的像相同。

360° 全息由于每个子全息图的宽度很窄，在毫米量级，因而在水平方向的立体感已经失去，视差的产生便不依赖于再现波前的位相信息，而是靠两眼对应于不同的窄条全息图，是一种体视对效应。

360° 全息由于是白光拍片激光合成，因而也可制成动态的，大场景的，用于全息显示。

2. 利用光纤传像束制作合成全息图

360° 合成全息也可用光纤传像束利用一步法制作，记录光路如图 11-12 所示。物由激光照明，经透镜 L_1 输入光纤传像束，在输出端可得到物的实像。再经透镜 L_2 成像于散射屏 D 上，得到全息图所需物光。全息软片前放置狭缝使成条形全息图。这种方法的优点是手续简便，物可以是静态的，也可以是动态的。缺点是由于直接用激光照明和传像，故物不可太大，像的分辨率和对比度有所降低，再现视场角小。

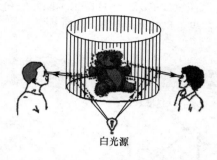

图 11-11　360°全息的再现形式之一

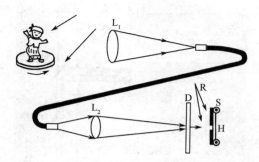

图 11-12　利用光纤传像束制作合成全息图

3. 纵向多层合成全息法

对于某些不透明的物体，如人体，要想使其内部结构立体地显示在人们眼前是比较困难的，而 X 射线片只能显示二维平面图像。若能将其与全息技术结合起来实现准三维图像显示，则在医学等领域具有应用前景。纵向多层合成全息就是这两种技术的结合。

记录时第一步拍摄目标物的 X 射线二维系列片，如图 11-13 所示，每一层的纵向间隔在 $d=3\sim5$mm 之间，根据被研究区域的大小，可拍摄 18～20 张二维黑白照片。第二步拍摄合成全息图，光路图如图 11-14 所示。依次将二维黑白片放入光路，位置是纵向移动的，间隔为 d，并与漫射屏 D 紧贴，形成物光。在同一张全息底片上多次曝光记录 18～20 个相应的全息图。再现时用原参考光照明，可得到一系列的二维再现像，纵向分层，再现光路如图 11-15 所示。由于每个像之间纵向间隔很小，综合的结果可得到近似三维的立体像，称为准三维显示。又因拍摄时用了散射屏，所以多个再现像之间不会发生干扰。

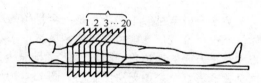

图 11-13　拍摄目标物的 X 射线二维系列片

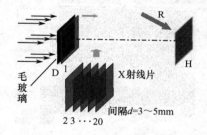

图 11-14　拍摄合成全息图

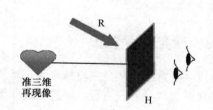

图 11-15　原光路再现

4. 数字合成全息

20 世纪末，美国的 Zebra Imaging 公司发明了数字式合成全息图，在全息术研究领域掀起了一场数字化革命。

Zebra 全息图的制作过程如下：

① 利用强大的计算机图形软件，产生一系列带有视差的二维图像，并用电寻址的透射液晶屏以相干光图像的形式显示出来；

② 将每一幅二维视差图像在光致聚合物胶片上记录一个 2mm×2mm 的反射式像素全息图，这个保留了水平和垂直方向全视差的像素全息图被称为一个"Hogel"；

③ 利用计算机控制的分步重复技术，将上万个"Hogels"排列成一个60cm见方的部件全息图；

④ 将一个个部件全息图拼装在一起，构成一个尺寸可以任意大的 Zebra 合成全息图。

一种用数字微反射器（DMD）作空间光调制器的数字合成全息的光路如图11-16所示。

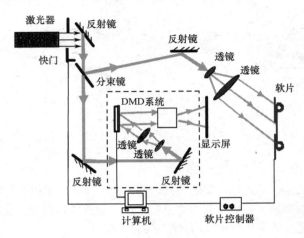

图 11-16 用 DMD 作空间光调制器的数字合成全息光路

数字合成全息的主要特点是：全息图的尺寸可以任意大；由于是数字合成，所以无须使用真实物体，不仅可合成任意虚拟的物体和场景，还能透视物体内部结构；全视差、大视场、大景深，它的垂直和水平方向的视场角均超过 100°，景深达 2m 左右；无论从任何角度都可观察到不失真的真彩色像，这是普通彩虹全息图无法做到的。图 11-17 所示为 Zebra Imaging 公司制作的数字合成全息图。

图 11-17 数字合成全息图

11.3.4 激光超声全息

可以将全息技术从光波段推广到超声波段，同样可以得到理想的全息图，这种技术称为超声全息。由于再现时仍在光波段进行，而且借助于激光，因而称为激光超声全息。这项技术可用于对光不透明而对超声波"透明"的物体，使它以三维的形象显示出来。

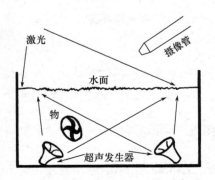

图 11-18 激光超声全息记录与再现装置

激光超声全息记录与再现装置示于图 11-18 中，整个装置放在水池中，底部放置两个超声波发生器，其中一束射向物体，另一束作为参考波，当物波和参考波相遇时发生干涉（设两束波满足相干条件）。用水做记录介质，水面上产生干涉图，这就是超声全息图。用激光作为再现光照射水面，使原始像被摄像系统接收，传输到电视屏幕，显示出三维立体像来。这种方法对于探知不透明物体内部情况提供了一种可行的手段，因而激光超声全息可用于金属部件内伤的三维探测；还可进行水下、地下的监视和探测；医学上可以利用它对人体的内脏做全面检查，这对于早期癌症的诊断有重要意义。

11.3.5 瞬态全息

在科学研究中，观察和捕捉短暂的闪光是研究高速、瞬态过程的重要手段，采用大功率固体激光器的瞬态全息术，已经有可能在皮秒、甚至飞秒的时间尺度上进行观察，这是组成物质的原子、分子和电子的最基本的相互作用时间尺度，这些相互作用决定了重要的化学和生物过程。此外，应用瞬态全息干涉术，还可以使某些不可见的超快过程可视化，这对科学技术的发展将产生巨大的影响。

目前超快激光光源主要有调 Q 的红宝石固体激光器，Nd：YAG 锁模脉冲激光器（可倍频输出 532nm 激光，脉宽可达几十皮秒），掺钛蓝宝石锁模激光器（$\lambda=762$nm，脉宽可达几十飞秒）。

11.4 激光全息技术的应用

全息图用途很广，可做成各种薄膜型光学元件，如各种透镜、光栅和滤波器等。可在空间重叠，十分紧凑和轻巧，适合于宇宙飞行使用。使用全息图储存资料，具有容量大、易提取和抗污损等优点。全息照相的方法从光学领域推广到其他领域，如微波全息、声全息等得到很大发展，成功地应用在工业和医疗等方面。

11.4.1 全息显示和全息电影

激光全息所显示的三维图像可应用于许多领域，尤其是一些特殊物品的展示。例如，在博物馆中，一些稀有的珍贵展品必须在特殊条件下保存和保护，如古文物需要避光和防潮，因此，可以展出这些展品的三维全息图像而不是实物本身，全息三维图像可以显示展品的全部信息，而且可以复制在多个地点。激光全息三维显示使得各种大小的物体都能够被很好地展示，非常小的物体可以通过全息成像后以较大尺寸显示，从而可以观察其细节；非常大的物体可以通过全息成像后显示为原始物体的微缩像，而且不损失任何信息。在商店橱窗里，摆放用激光全息技术拍摄的商品模型，它们在灯光的照明下，显示出精美的三维立体图像，从而可以激发顾客观赏和购买的热情。

激光全息三维显示也可应用于地理地形、地质勘测和气象观察等领域。利用全息技术，可以将不同高度和角度的地形地貌拍摄成多幅全息图，通过再现得到三维立体图像，从而可取得更直观的观测效果。在地质结构、矿藏、石油和天然气等勘探中，用钻井或管道提取不同地下深度的样本，并分析其地质组分和含量，依据这些数据制成全息图，便可三维显示各地质面的地质结构、矿产或油气含量。将不同区域或不同时刻拍摄的大气气压、云层气流和对流图等直接做成全息图，或者记录相关的大气数据，据此产生数字全息图。再现时将显示出三维立体图像，因此可非常直观地观察和研究大气运动变化的规律。

利用真彩色显示在军事上可进行军事模拟训练和模拟演习，三维的立体场景将显著地增强现场的真实感和实战气息。此外，利用激光全息三维显示可以把人体器官三维地显示出来，便于研究和诊断，在口腔医学中还可用来检查牙齿的变形程度。

当前，从市场应用和需求的角度来看，激光全息三维显示技术的研究和发展方向主要包括以下几个方面。

1. 激光全息防伪新技术

第一代激光防伪技术主要用于制作激光模压全息图像防伪标贴，但随着激光全息图像制作技术的迅速扩散，很快就被造假者从各个方面攻破，激光全息防伪标贴几乎完全失去了防伪能力。改进后的第二代技术主要有三种：一是应用计算机图像处理技术改进全息图像；二是透明激光全息图像防伪技术；三是反射激光全息图像防伪技术。第三代的加密全息图像防伪技术采用诸如激光阅读、光学微缩、低频光刻、随机干涉条纹和莫尔条纹等光学图像编码加密技术，对防伪图像进行加密而得到的不可见或变成一些散斑的加密图像。当前的第四代激光全息防伪技术包括组合全息图和真三维全息图。组合全息图是将几十甚至几百个不同的二维图像通过几十甚至几百次曝光所记录的全息图。真三维全息图就是利用真实三维雕刻模型制作的全息图。

2．大面积全息显示和全息显示一体化产品

目前的激光全息显示产品存在两个需要解决的问题：一是面积太小，作为高档艺术挂图必须制作大面积全息图，这对全息记录材料和图像制作技术提出了更高要求；二是全息图的显示必须在室内装有白炽灯或激光器并以特定的角度照明，才能显示出三维立体图像的最佳观赏效果，而目前的全息图产品没有与之匹配的照明显示装置，得不到良好的显示效果。

因此，研制大面积全息显示和全息显示一体化产品，是显示全息图像市场化的前提条件。

3．激光全息立体显示屏的研究

目前所采用的显示屏只能呈现振幅变化的图像，即二维图像，而缺乏能接收和显示立体图像的全息屏。数字全息图和全息立体电视显示系统的研究，将促进全息电视或真正意义上的全息电影的问世。

4．计算全息三维显示技术

计算全息将计算机引入光学处理领域，具有独特的优势和极大的灵活性，能够将复杂的或虚拟的物体用三维图像完整地显示出来。例如，显示汽车的三维 CAD 模型。在这种全息三维显示中，并没有用真实的物体来拍摄全息图，而是以计算全息技术制作的二维视觉图按次序排列形成三维全息图，尽管全息记录过程是平面的，但由于视差的存在，最终图像组合起来看却是三维的。计算全息图还有动画效应，例如，可以看到汽车三维 CAD 模型中空气的缓慢流动或排气过程。随着计算机技术的发展，计算全息三维显示技术必将展现出更大优越性，拓展到更多的应用领域，这也是当今全息显示技术的重要研究课题。

11.4.2　全息干涉计量

全息干涉计量是全息应用的一个重要方面，是将全息显示和干涉计量结合在一起的技术，也叫三维干涉测量技术。

普通干涉只能测量抛光的透明物体或反射面，全息干涉不仅可以测量透明物体，也可以测量不透明物体，并且表面可以是散射体。此外，还可以通过表面的变化来检测物体内部的缺陷，即所谓无损检测。

全息干涉与普通干涉十分相似，只是获得相干光的方法不同。普通干涉中获得相干光的方法总体说来有两大类：分振幅法和分波阵面法。分振幅法是将同一束光的振幅分为两部分或多部分，如迈克尔逊干涉仪和法布里—珀罗干涉仪等；分波阵面法是将一束光的同一波阵面分为两部分或多部分，如双棱镜干涉、双缝干涉及多缝干涉等。全息干涉则是将同一束光，在不同的时间记录在同一张全息干板上，然后使这些波前同时再发生干涉，所以全息干涉的相干光波是采用时间分割法而获得。时间分割法的特点是相干光束由同一光学系统产生，因而可以消除系统误差，这样对光学元件的精度要求可以较低，这一点是很重要的。

全息干涉计量技术的实质，是把被测物体在两种不同的状态下所现实的全息图进行比较，用这种方法可以发现同一物体在不同状态下的微小变化。以无损检测为例，先拍摄被测物体在不受力状态下的全息图，这个全息图上的干涉条纹，反映了不受力的物体表面轮廓。然后加力到物体上，并拍摄物体在受力状态下的全息图。物体由于受力而表面轮廓发生变化，因此，第二个全息图上的干涉条纹对于第一个全息图上的干涉条纹来说就发生了移动。用激光照射两个全息图，即一同再现，这时除了再

现出原来的物体的全息像外，还产生较为粗大的干涉条纹（称为波纹图样），这是因为在用激光照射两个全息图时，每一个全息图显示出被物体表面所反射的物光波的原来的波面，即两个相位和振幅不同的波面相干涉的结果。这样，就可以通过条纹间距算出物体表面的位移大小。由于物体有一定的形状，所以在同样的力作用下，物体表面不同部位所发生的位移便各不相同，因而各处所对应的干涉条纹的形状和间距也不相同。如果物体内部不含有缺陷，则干涉条纹的形状和间距的变化是连续的，是与物体外形轮廓的变化同步的。如果物体内部有缺陷，则波纹图样在对应于有缺陷的局部地区，就出现不连续的、突变的形状变化和间距变化。通过测算这些变化——微差位移，便可查明物体内部缺陷及其位置。

最常用的全息干涉方法有单次曝光法，二次曝光法和时间平均法。

1. 单次曝光法

单次曝光法是通过一次曝光把初始物光波面记录在全息图上，底片经处理后用变形后的物光波面和参考光同时照射全息图，参考光可以再现初始物光波面，这个初始物光波面与直接透过全息图的变形后的物光波面相干涉，产生干涉条纹，这样可以通过观察干涉条纹的连续变化，分析整个变形过程。为了使再现的标准波前与实际的波面重合，对全息图的复位有严格要求，通常采用就地显影、定影，或用精密复位装置。也可以采用干显影的记录介质，如光导热塑料和光致变色材料等。

单次曝光法又称为实时法，其优点是可进行实时观察，以了解物体形变的中间过程，或用于产品的标准化实时检验。单次曝光法可用于对植物生长速度的监测，也可用于产品外形加工质量的检验，或对光学表面加工精度的检测，还可用于对光学元件内部折射率分布进行实时测量等。

2. 二次曝光法

二次曝光法是通过二次曝光将标准物光波前和变形后的物光波前，按不同时刻记录在同一张全息图上，再现时，通过两个波面之间的干涉条纹了解波面的变化，从而分析两次曝光之间物体的变形。二次曝光法全息图的记录与再现如图11-19所示。

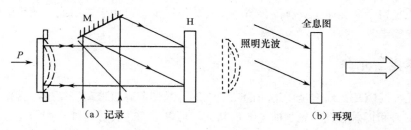

图 11-19 二次曝光法全息图的记录与再现

二次曝光全息术可以对任意形状的物体表面进行测量，所以它的应用很广泛，目前已经成功地应用于材料力学测量，并发展成一门独立的技术学科——全息光弹技术。应用这一技术可以研究材料的力学特性，如检测机床和桥梁的刚度特性，飞船外壳材料在超低压下的力学性能等。还可以进行应力分析，用于对地壳运动的研究，为地震预报提供数据；此外还可进行无损探伤，如轮胎内气泡的检测、飞机各金属部件内部缺陷的检测和雷达天线的检测等。采用脉冲激光作为光源，可以用二次曝光法对某些瞬态现象（如冲击波、流场、飞行粒子等）进行分析。二次曝光法还在医学领域内得到广泛应用，例如，用于早期乳腺癌的诊断；在口腔医学中还可用来检查牙齿的变形程度等。

3. 时间平均法

时间平均法就是连续曝光法，它是通过对振动物体进行连续曝光，由再现时观察到的干涉条纹来研究其振动状态的一种方法。因此，时间平均法可以用来进行振动分析。

记录振动物体的全息图时，物体的位置每时每刻都在变化，我们记录的实际上是振动物体位于不同位置时物光波前与参考光波前干涉结果的时间平均，即得到时间平均全息图。它的再现像就是时间平均全息干涉条纹图样，由条纹的形状和强度分布可以确定振动的模式及振动物体表面各点的振幅。

研究振动物体的振动模式在实际应用中具有重大意义，例如，拍摄汽车发动机的时间平均全息图，可以找出噪声源，以便采取有效措施降低噪声；对机床拍摄时间平均全息图，可以分析机床在工作时各部件的耐振特性；再如研究飞机螺旋桨振型、扬声器振型和各种乐器共鸣箱的振型等，对于改进螺旋桨、扬声器和乐器等都具有十分重要的意义。

由于全息图具有三维性质，因此，全息干涉计量方法可以从许多不同的角度去观察同一个复杂的物体，这对高速风洞实验室中流体力学的参量测量特别有用。全息干涉计量还可以在各个不同时刻对同一物体进行测量，因而能探测到物体在某一段时间内发生的变化。

11.4.3　全息显微技术

全息显微技术是全息与显微相结合的技术，它与一般显微技术相比的优点是能够存储所观察标本物的整体，无须制备标本物的切片。尤其是对一些活动的标本物，可以用脉冲激光拍摄全息图来记录某些快速过程，然后可以详细地对每一幅"冻结"的全息图进行三维观察。

普通显微技术可以将显微镜聚焦到视场的不同深度，但每次只能聚焦在一个深度，观察到聚焦深度所在平面处的那部分视场。而全息显微技术可以记录具有所有深度信息的全部视场。

全息与显微相结合的技术多采用下面两种方法：一种是用普通显微镜将物体的像放大以后记录其全息图，然后观察再现像，这种方式称为预放大；另一种是先拍摄物体的全息图，再用显微镜观察其再现像，这种方式称为后放大。

全息显微技术中全息再现像的分辨率只与记录材料的分辨本领和尺寸有关，因而可以控制这两个因素以获得较大的分辨率。此外，如果在全息图的拍摄和再现时采用不同波长的激光，还可以实现放大。例如，用电子束或 X 射线来拍摄全息照片，然后用波长较长的可见光束再现，可以获得很高的分辨率。这些特点使得全息显微镜具有高分辨率和高成像质量，已用于透明或不透明的生物细胞、分子和医学器官等的三维放大和显示。

11.4.4　全息光学元件

普通光学元件（COE）通常是用透明的光学玻璃、晶体或有机玻璃等制成，其作用是基于光的直线传播、光的反射和折射等几何光学的定律，其功能可以成像、转像、准直和分光等。全息光学元件（Holographic Optical Elements，HOE）是在感光薄膜材料上制成的，它的作用是基于光的干涉和衍射等物理光学的原理，也可以完成普通光学元件的功能，制作方法可以采用光学全息或计算全息的方法，或者两种方法相结合。全息光学元件也称为衍射元件。

1．全息透镜

全息透镜（Holographic Lens，HL）是一张点光源的全息图，相当于一张菲涅耳波带片，具有透镜成像的特性。全息透镜易于制成较大的尺寸，造价低，制造方法简单，质量小，因此在某些场合有它独特的用途。

（1）准直全息透镜

准直全息透镜的功能是使球面波转变为平面波。最早是利用同轴方法制作的，记录光路如图 11-20（a）所示，用同轴的平面波与会聚球面波记录。当用平面波再现时，可得到会聚球面波（原始像），这与凸透镜的会聚功能相同，但同时也出现一组发散球面波（共轭像），这又类似于凹透镜的功能，可见它具有凸、凹透镜的双重功能，如图 11-20（b）所示；当用会聚球面波再现时，可得到平面波，如图 11-20（c）所示。

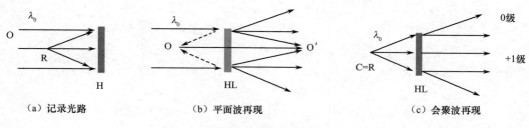

（a）记录光路　　　　　（b）平面波再现　　　　　（c）会聚波再现

图 11-20　同轴准全息透镜

同轴准全息透镜的缺点是再现光和再现像分不开，互相干扰，使用不便。为克服上述缺点，采用离轴型全息透镜。其记录光路如图 11-21（a）所示，物光和参考光离轴入射到全息片上，再现时两者在空间分开，如图 11-21（b）所示。当用会聚球面波再现时，可得离轴的平面波。

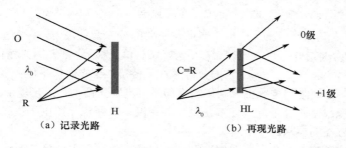

（a）记录光路　　　　　　（b）再现光路

图 11-21　离轴型全息透镜

（2）全息成像透镜

全息成像透镜的功能是使实物成实像。图 11-22（a）、图 11-22（b）分别是同轴型和离轴型透镜的记录光路与再现光路举例。可见离轴型全息透镜具有成像和转像的双重功能。

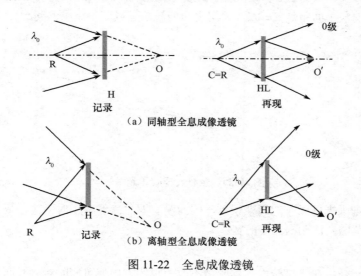

（a）同轴型全息成像透镜

（b）离轴型全息成像透镜

图 11-22　全息成像透镜

（3）多焦点全息透镜

由于全息透镜的功能完全依赖于制作时的光路设计，因而与普通透镜相比有很大的灵活性和随意性。例如，可以利用图 11-23（a）所示的光路制作多焦点全息透镜，图 11-23（b）是其再现时的情况。

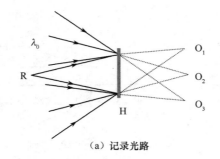

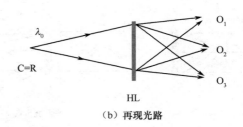

（a）记录光路 （b）再现光路

图 11-23 多焦点全息透镜

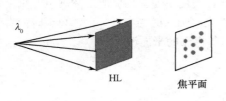

图 11-24 点阵列全息透镜

根据使用要求还可只做成各种点阵列，如图 11-24 所示，在光计算中可做光逻辑门，在光学矩阵运算和光互连中都将起特殊作用。

2. 全息光栅

光栅是主要的分光元件之一，许多重要的光学仪器，例如摄谱仪、光谱仪和单色仪等，都要用光栅作为主要的分光器件，它的分辨率优于棱镜；在光通信中用光栅作耦合器，某些激光器用光栅作选频元件等。但是用传统工艺制作的光栅——刻画光栅，其工艺复杂、制作困难、成本高，且使用时其杂散光和鬼线都不易消除，尤其是制作高密度、大面积光栅由于受光刻机尺寸和精度的限制，已不能满足某些方面的要求。

由两平面波相干涉所制成的全息图就相当于一块刻画光栅。全息光栅（Holographic Grating，HG）是用两平行光束在光敏层上产生干涉条纹制作而成的，常见的最简单的光路如图 11-25 所示。当针孔与干板的距离足够远时，干板上接收到的可近似为平行光，两束平行光对称入射，得到的干涉条纹分布是明暗相间的均匀的平行直条纹。曝光后经线性处理，得到一个呈余弦型分布的振幅透射率，这个全息图称为余弦光栅。其光栅间距 $d = \lambda/2\min\theta$，改变 θ 角可得不同间距。因为 θ 的理论值最大是 $90°$，所以用这种方法获得的最小间距是 $d = \lambda/2$，使用更短的波长可以获得更小的间距。

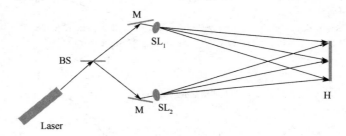

图 11-25 全息光栅制作光路

全息光栅不存在刻画光栅固有的周期误差，因而没有罗兰鬼线。同时，生产周期短，杂散光也很少，而且光谱的适用范围要比刻画光栅的宽。

3. 平视显示器

所谓平视显示器，是指在飞机舱内，驾驶员不改变视线方向便可同时看到外面的景物和显示仪表所显示的图像。平常的平视显示器除显示仪表、中继透镜外都有一块镀膜的半反半透的析光玻璃，使其同时能看到外面的景物和仪表所显示的图像，但析光玻璃只能使 50% 的光能被利用，同时视场也受限制。如果把析光玻璃换为全息反射滤光片，它可以对阴极射线射出的光几乎全部被反射，对外面景物的光绝大部分透过。另外，系统中利用全息元件衍射成像的特点还可以提高瞬时视场，扩大出射光瞳，能允许驾驶员的头部自由活动。

全息光学元件除了以上介绍的几种，还有全息空间频率滤波器、全息光互连元件和偏振全息元件等。

全息光学元件具有体积薄、质量轻的优点，特别适合于军事、航空和航天中的光学系统。

11.4.5　全息技术的其他应用

1．全息技术制造集成电路

采用普通照相方法制造集成电路时，由于照相底片上的缺陷（划痕、污染等），不仅降低集成电路的质量，而且使成品率很大地减少。由于全息图上任一点都包含被记录物体的全部信息，因此使用底片上任何一部分都可使物体完全再现。再现时，全息图上的划痕不会产生干扰影响。因此在集成电路制造过程中，如果采用全息图，就能大幅度地提高成品率。

2．全息防伪

拍摄全息图需要特殊的装置和条件，因此全息图可用于一些重要文件的防伪。全息防伪已经用于信用卡、身份证、机密文件、贵重商品甚至钞票等。

用于全息防伪的全息图通常是彩虹全息图，可用白光再现。全息母版制作好以后，全息图的复制成本很低，因此用于全息防伪并不需要太高的费用。

除上述应用外，激光全息还可用于光学信息的存储，将在 13.1 节进行介绍。

习题与思考题十一

1．激光全息照片和普通照片都是用记录介质进行拍摄的，两种照片在本质上有何不同之处？激光全息照片记录与再现的原理是什么？

2．激光全息照相技术与普通照相技术相比，有何特点？

3．举例说明激光全息技术有哪些应用。

4．若把整张《人民日报》（78cm×54cm）用激光全息技术记录在 1mm 见方的全息照片上，并重现可以清晰阅读其上刊登的文章（五号字排版）。试设想出两种记录与再现光路，说明记录与再现的原理。根据你设计的光路，估算一下所需要的记录介质的分辨率。

5．彩虹全息照相中使用狭缝的作用是什么？为什么彩虹全息图的色模糊主要发生在与狭缝垂直的方向上？

6．散射物体的菲涅耳全息图的一个有趣性质是，全息图上局部区域的划痕和脏迹并不影响像的再现，甚至取出全息图的一个碎片，仍能完整地再现原始物体的像，这一性质称为全息图的冗余性。

（1）应用全息照相的基本原理，对这一性质加以说明。

（2）碎片的尺寸对再现像的质量有哪些影响？

第 12 章 激光与物质的相互作用

激光与我们周围日常所见到的普通光源（自然光）不同，具有十分特殊的性质，表现在单色性、干涉性、方向性、聚焦性、超短脉冲、超高功率等方面。正是因为这些特性，使得激光与物质作用过程中产生各种各样的现象。

本章将介绍激光与物质的各种相互作用，从激光在物质中传播时产生的吸收、散射等非线性光学现象到物质表面的加热、损伤，以及激光诱导光化学反应等。

12.1 激光在物质中的传播

12.1.1 激光在物质中的传播和吸收

激光在物质中传播时，一部分被吸收，剩余部分透过物质，此时激光给物质施加光压。有关这一现象的定律与普通光源一样，所不同的是，激光的单色性及相干性非常好，因而表现出明显的干涉、衍射现象。

当入射强度为 I_0 的光照射到厚度为 d 的物体时，假设物质每单位长度的吸收系数为 μ，透射光的强度为 I，则该物质的透射率 T 为

$$T = \frac{I}{I_0} = \mathrm{e}^{-\mu d} \tag{12-1}$$

式（12-1）称为朗伯—比尔（Lambert-Beer）定律，它适用于液体、气体的吸收。$\lg\left(\dfrac{I}{T}\right) = E$ 为吸光度。

如果入射光强 I_0 增大到激光的程度，透射强度 I 不再遵从式（12-1）与 I_0 成正比，而是产生吸收饱和。假设上例中物质是固体情况，当入射光通过厚度 d 的物质的反面后，一部分被反射回到正面并再次逆向反射，如此反射光程重复多次。若物质的正面和反面的平行性非常好，则会产生干涉。因此，在测定物质的透射率 T 及反射率 R 时，或计算物质的吸收系数、折射率的时候，必须考虑多次反射、干涉效应。

光的吸收通常是在构成物质的原子、分子、离子或电子的各量子化的固有能级间产生的。此时，若下能级和上能级的能量分别为 E_1、E_2，光的频率为 ν，普朗克常量为 h，则有下列关系式成立

$$h\nu = E_2 - E_1 \tag{12-2}$$

但是，因为产生了光的吸收，所以在入射波的作用下，下能级和上能级的波动函数叠加，必然产生振动的偶极矩。

图 12-1 表示 $k = 630 \sim 710 \ \mathrm{cm}^{-1}$ 的光穿过大气的透射谱线。谱线表明各吸收线是按照式（12-2）在大气中的 CO_2 分子的振动—转动能级间进行的跃迁。

另外，导体受光照射时，其表面的自由电子在光波电场的作用下被加速。结果在导体表面产生电流，造成焦耳热量损耗。这种现象是由于光吸收，即光能转换成物质结构中的原子、分子、离子及电子等振动、转动能量或是转换成动能而产生的。

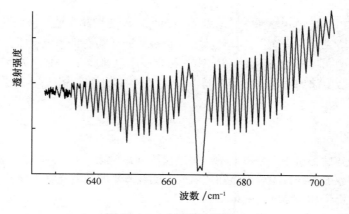

图 12-1　大气的透射谱线

12.1.2　激光的散射

光的散射现象是指当光入射至散射体后，在某处发生极化，并由此发出散射光。散射光的波长与入射光的波长相同时，称为弹性散射。当散射体的尺寸比光波长小得多时，称为瑞利（Rayleigh）散射；而散射体的尺寸与光波长尺寸相差不多时，称为米氏（Mie）散射。散射光的波长不同于入射光时，称为非弹性散射，如拉曼（Raman）散射和布里渊（Brillouin）散射。光与自由电子的弹性散射称为汤姆孙（Thomson）散射，与自由电子的非弹性散射称为康普顿（Compton）散射。

当物质受到光的照射时，其表面电子在光电场的作用下，沿作用力方向移动，其移动速度方向与光的磁场方向垂直，即光的行进方向受到力的作用。从量子理论角度来说，量子化的光子在与物体的碰撞过程中，将相当于动量变换的力传递给物体，这个力称为放射压或光压。例如，1 W 的激光垂直入射物体并产生完全反射时，光压只有 6.7×10^{-9} N，虽然非常小，但在微小的空间却不能忽略，它被用来进行微粒子的操纵，如激光手术钳。诸如此类的现象正是因为激光的出现才变为现实，并迅速带动了相关物理现象的研究及其在工程上的应用。

1. 米氏散射和瑞利散射

球状粒子的散射光强分布（入射光波长：550nm）如图 12-2 所示，在散射体粒子比较大的米氏散射中，前部的散射很强，与散射角有关的散射光强分布随粒子的形状及大小而变化。而在散射体粒子非常小的瑞利散射中，散射光的强度与入射光的四次方成反比，其强度分布前后对称。

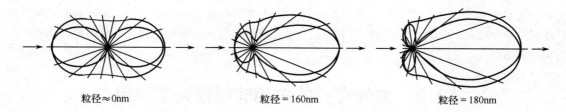

粒径≈0nm　　　　粒径=160nm　　　　粒径=180nm

内侧曲线：与入射线偏振光垂直的偏振光分量
外侧曲线：与入射线偏振光垂直和平行的偏振光分量之和

图 12-2　球状粒子的散射光强分布（入射光波长：550nm）

大气中的烟雾散射属于米氏散射，微粒子呈不规则分布的胶态溶液中的丁铎尔（Tyndall）现象属于瑞利散射。

2．布里渊散射

由于密度的变化而导致极化率改变时，其中的非传播性改变就是瑞利散射，这如同媒质中不同折射率的粒子形成的散射。另一方面，传播性改变（声波）即伴随有声子出现时，就是布里渊散射。

入射波受到声子的布喇格（Bragg）反射，声子在媒质中以速度 V_p 传播，从而产生多普勒（Doppler）偏移。如果入射波和散射波的角频率分别为 ω_0、ω_B，真空中的光速为 c，入射波与散射波行进方向的夹角为 θ，则有

$$\omega_B = \omega_0 \pm \frac{2nV_p}{c}\omega_0 \sin\frac{2}{\theta} \tag{12-3}$$

由于声子在各向异性物质中三个方向的传播速度不同，因此，在无频率变化的瑞利散射光的两侧，分别出现三条布里渊散射谱线。相对于瑞利散射光，低频率侧的散射光称为斯托克斯（Stokes）光，高频率侧的散射光称为反斯托克斯（anti Stokes）光。

3．拉曼散射

由于分子振动、转动或电子跃迁而导致极化率改变的情况称为拉曼散射。以分子的同一电子状态的振动能级为例，如图 12-3 所示，分子在入射光的作用下被激励到虚线所示的假想能级，并发射出散射光，与此同时，几乎所有的分子返回至原来的能级[图 12-3（a）瑞利散射]。但是，同时还可以观察到拉曼散射现象，即一部分分子由下能级激励到上能级[图 12-3（b）斯托克斯光]，或者由上能级辐射回到下能级[图 12-3（c）反斯托克斯光]。如果假想能级接近偶然分子的能级，则会出现共振拉曼散射（图 12-3（d）），此时的散射光非常强。

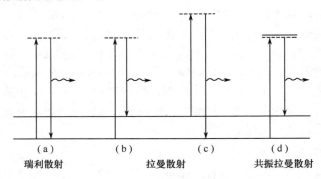

（a）　　　　　　　（b）　　　　　　（c）　　　　　　（d）

瑞利散射　　　　　　拉曼散射　　　　　　　共振拉曼散射

图 12-3　瑞利散射和拉曼散射

4．汤姆孙散射

作用于自由电子的光散射是指，电子以入射光同样的频率振动并发射光。此时，散射光的强度分布与散射角 θ 存在 $(1+\cos^2\theta)/2$ 的比例关系。并且，随着入射光波长的缩短，逐渐转变为伴有波长变化的康普顿散射。

12.2　激光在晶体中的非线性光学现象

所谓"非线性"是指施加的外力与其作用结果之间不成线性关系。例如，弹簧的伸长量随外力成正比变化，但当外力增大到一定值时，弹簧被拉断，线性关系不复存在。非线性光学现象就与此类似。非线性光学正是利用了物质本身的非线性特征。

当物质受到激光这种特殊光作用时，就呈现出非线性光学现象。与普通光相比，激光的相干性好、强度高。这样的强光入射到透明晶体材料时，不会像普通光那样简单地透射出去。由于光的强度很高，

光与晶体材料必然发生强烈的相互作用，导致出射光性质的改变，如射入的一部分光的波长会缩短一半输出。也就是说，如果射入的是红色激光，那么，它的一部分光将变成蓝色输出。如果入射光强度较弱，那么，物质的响应仅在线性区变化，也就不会产生这种光学现象。

12.2.1　倍频光的产生

从微观角度看，透明的光学材料是由众多的原子和电子构成的，电子和离子间以库仑力结合，犹如处在一种弹性状态。另一方面，光又是电磁波，比如波长 1 μm 的近红外光，其电场正、负强度以 3×10^{14} Hz/s 这样高的速度变化着。这种动态电场的光进入光学材料时，材料中的原子因质量较大而固定不动，但是电子相对较轻，因此会跟从光电场的正、负周期变化，以 3×10^{14} Hz 的频率发生振动。一旦电子振动起来就会产生周期性的电磁波。也就是说，电子一旦吸收了入射光，又以同一频率（波长）的光辐射出去。因此，外表上什么也看不出，似乎入射光又一次射出。

当入射光较弱时，电子的移动较小，可以视为是单一振动（线性运动），可当入射光的强度达到像激光那样强时，光本身的电场强度也非常大，电子振动也就变得剧烈起来。即从单一振动变为非线性振动。由此产生了入射光频率以外的振动分量，也就是倍频。例如，频率 3×10^{14} Hz 的入射光，通过光学材料后，必将产生频率 6×10^{14} Hz，即波长 0.5 μm 的光。

在非线性光学上，将上述相当于两倍频率的光称作“双倍频光”。随着激光强度的进一步增大，除“双倍频光”外，还会产生“三倍频光”、“四倍频光”这样的高频率光。不过，因为转换效率将降低，所以实际应用上还是以“双倍频光”为主。

正是因为高强度激光的出现，双倍频、三倍频光波（称为谐波）产生技术才得以实现。既然可以产生二次谐波、三次谐波这样两种频率不同的倍频光，同理也可以产生相当于这两种频率之和或之差的和频光或差频光。

12.2.2　相位匹配

前面讲述了利用非线性效应获得倍频光的原理，但是要想得到真正的强倍频光，还必须满足“相位匹配”的条件。

下面以双倍频光的产生为例进行说明。如前所述，入射光通过透明的晶体时，光传播到哪里，倍频光也同时在哪里产生。此时，最重要的是入射光所到之处产生的倍频光波相位是否匹配，并形成同步振荡输出。为此，入射激光的传播速度必须是谐波速度的 2 倍，如图 12-4（a）所示。假设入射光的速度低于谐波的两倍速度，那么在晶体各处产生的倍频波相位将引起相消干涉，其结果是降低了倍频光的强度，如图 12-4（b）所示。

这个条件就称为相位匹配条件。但是，只有使晶体对应入射光和倍频光的折射率相等，才能实现相位匹配。不过，对于一般光学物质而言，通常波长越短，折射率越大，因此并不能满足这一相位匹配条件。因此，需要采用具有双折射特点的材料。

双折射晶体对应于入射光的偏振方向有两个不同的折射率，也就是说，某一方向的偏振光的折射率和与之垂直的偏振光的折射率不同。如果充分利用这一特点，就可能满足相位匹配。简而言之，只要入射光相对于晶体成某一角度，就可以做到入射光的折射率与倍频光的感应折射率相等。双折射晶体的折射率如图 12-5 所示，当入射光方向与光轴夹角为 θ_0 时，即可满足相位匹配。该状态下，基频波寻常光的折射率 n_1^o 与倍频光非常光的折射率 n_2^e 相等。

具有双折射特性的晶体有水晶、KDP（磷酸钾）、铌酸钾、铯锂硼酸盐等。

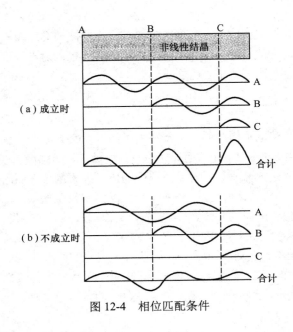

图 12-4 相位匹配条件

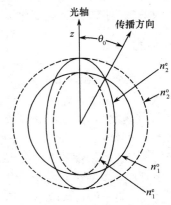

n_1^o：基频波寻常光的折射率　n_1^e：基频波非常光的折射率
n_2^o：倍频波寻常光的折射率　n_2^e：倍频波非常光的折射率

图 12-5 双折射晶体的折射率

12.3　激光对物质的加热与蒸发

　　激光最重要的特征之一就是高的准直性，利用这一特征通过透镜可以将激光聚焦成非常小的一个点，从而得到比普通光源高得多的照射强度。另外，若使激光形成脉冲振荡，那么光能瞬间就可集中在很小的区域，因此可以达到更高的照射强度。前者属于空间性能量集中，后者属于时间性能量集中。

　　经过空间性、时间性集中的激光照射到材料的表面时，材料表面在激光的作用下将会向外溅射，这一现象称为激光蒸发。图 12-6 示意出经透镜聚焦的激光作用在材料表面引起的蒸发情形。

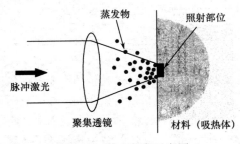

图 12-6　激光蒸发示意图

　　激光蒸发的发生机理非常复杂，至今还有许多现象无法解释。根据入射激光的波长以及光致物质的种类（比如金属或是高分子材料），其发生机理大致分为热效应激光蒸发和光化学效应激光蒸发。通常，当激光波长处于红外区，或光致物质是金属时，容易发生热效应激光蒸发。而当激光波长处于紫外区且光致物质是高分子材料时，往往发生光化学效应激光蒸发。

12.3.1　激光热蒸发

　　图 12-7 是热效应激光蒸发的产生过程示意图。在激光照射下，材料表面被加热，当表面温度达到熔点时，材料表面首先发生熔化。若提高激光的入射功率密度（单位：J/cm^2），使表面温度上升至沸点，材料表面将开始蒸发。若进一步提高入射激光功率密度，表面气化的气体温度随之升高，会引起物质爆炸性地喷溅，形成烟雾状。

　　如果再进一步提高入射激光功率密度，将会观察到喷发的等离子体云（原子核最外层的电子挣脱了原子，分离成带正电的离子和带负电的电子，形成具有导电性的气体状态）。这种因激光照射瞬间喷发出的高温气体或等离子体的现象称为热效应激光蒸发。

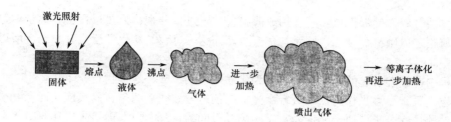

图 12-7　热效应激光蒸发的产生过程

引起热效应蒸发的条件是，入射激光的功率密度超过某一阈值，否则将不发生。通常，连续输出激光器的能量不可能达到这一阈值，因此，只有脉冲激光才会发生热效应激光蒸发。

激光热蒸发的阈值与激光的脉冲宽度、材料对光的吸收率、光的穿透深度（激光射入物质中，光强变为 1/e 处的深度）、热传导率、比热容、热容量等参量有关。由于加热部位的深度随激光的穿透深度而变化，所以，选用尽量使穿透深度缩小的波长，并与材料合理匹配，就可以降低激光蒸发阈值。例如，氯化钠和石英玻璃，外观看起来是同样的透明物质，但是，前者对于 CO_2 激光是透明的，因此不会发生激光蒸发，而后者对 CO_2 激光是不透明的，且吸收波长较短，所以会引起显著的激光蒸发。

在激光加热期间，热量向非加热部位的扩散很少，这就是说，进行有效加热的条件是，激光的脉冲宽度要小于热辐射时间。因此，激光的脉冲宽度越短，材料的热导率越低，越容易诱发激光蒸发，同时，所需要的激光入射功率密度的阈值也降低。

12.3.2　光化学效应激光蒸发

波长短、光子能量高的紫外光，其光化学作用非常强。因此，在超过阈值的照射强度作用下，由于光化学作用而引起激光蒸发，称为光化学效应激光蒸发。

激光热蒸发是整个照射部位被加热，并按照液相、气相这样的顺序变化着，光化学效应激光蒸发可认为是光子切断了物质内部的分子键，使材料处于松散状态，致使材料蒸发。因此，导致光化学效应蒸发的必要条件是：光子的能量>分子的结合能。图 12-8 表示了这种蒸发过程。

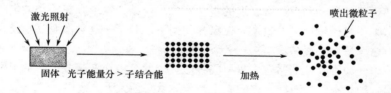

图 12-8　光化学效应激光蒸发过程

此时，不仅是光化学作用，同时还会发生激光的热吸收，所以，如果进一步提高激光的入射功率密度，就会引起微粒子的爆炸性喷溅，这就是光化学效应激光蒸发。将紫外区的脉冲激光以一个光子的能量照射高分子塑料时便可观察到上述蒸发现象。

特别是，KrF 准分子激光（波长 248 nm）、Nd：YAG 激光的四倍频波（波长 266 nm）、ArF 准分子激光（波长 193 nm）均可在大气中使用，并且这几种脉冲激光器很容易获得较高的入射功率密度，因此它们常作为光化学效应激光蒸发的光源。但是，如果是比 KrF 准分子激光更短的波长，因易被空气吸收而必须在真空环境下使用，使用条件反而变差。

12.4　激光诱导化学过程

半导体芯片是经过了许多的薄膜加工过程制作而成的。在热分解、等离子体、离子束等能源作用下，分子首先被分解，然后再重新组合制成薄膜，这一过程分别称为热过程、等离子体过程等。如果使用激光，薄膜可以做得更微细、杂质含量更少。而这一过程是从化学反应开始的，所以称之为激光诱导化学过程。

在该过程中，最初引起的化学反应表现为化学过程的诱导，这里也包含了热作用，但主要是光化学反应，这也是区别于激光作为热源进行激光加工的地方。热反应是正向反应，而激光引起的光化学反应通过有效地进行分子（原子）选择、反应场或空间的选择，以及微粒子操作等方式即使在不升高温度的情况下也可以发生。

12.4.1　激光切断分子

切断分子的第一步是使分子吸收光，称为激励光子。切断分子的首要条件使分子具备的能量要大于解离能，因此激光切断分子的过程也称为光解离反应。表 12-1 所示为光解离反应的具体实例，下面分别对这几种过程进行具体分析。

表 12-1　光解离反应的具体实例

反应类型	具体实例	反应速度等效/s^{-1}
直接解离	$CH_3Cl \xrightarrow{ArF\ 193nm} CH_3 + Cl$	10^{14}
前期解离	$\bigcirc SiH_3 \xrightarrow{ArF\ 193nm} \bigcirc + SiH_2$	10^{11}
热分子解离	$\bigcirc CH_3 \xrightarrow{ArF\ 193nm} \bigcirc CH_2 + H$	10^{7}
红外多光子解离	$UF_6 \xrightarrow{氢态拉曼激光16\mu m} UF_5 + F$	10^{7} （激光的脉冲宽度）

1. 直接解离

臭氧、众多的 CFC（chlorohydro carbon）的光分解都属于这种情况。由于处于分子结合间的电子偏离位置不同，从而形成结合和反结合轨道的电子状态。在结合轨道存在极小的能量值。相反，反结合轨道对于分离态来说是比较稳定的轨道。在激光作用下，分子一旦被激励到反结合轨道，分子结合键便会瞬间断裂，这就是直接解离。

在解离过程中，光激励时间非常短，只有飞秒级，因此，电子在接收能量的过程中，相对较重的原子核处于近似静止的状态。切断结合键的激光光子能量必须大于分离能。

2. 前期解离

首先，在结合轨道（具有能量的极小值）引起激发。然后，激发的粒子迁移到反结合轨道（分离后相对稳定）上，从而导致结合键断裂。前期解离的寿命是 ps～ns 级。

3. 热分子解离

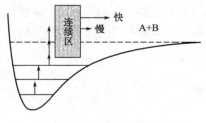

图 12-9　红外多光子解离

与前期分离类似，甲苯、Co$_{60}$ 等具有很高分子量的不饱和碳化物的光解离就属于这种情况。在结合轨道产生激励，处于基底状态的结合轨道上的粒子发生迁移。因为激发粒子具有很高的振动能量，所以称为热分子。其解离速度较慢，只有 ns～μs 级。

4. 红外多光子解离

利用红外光依次提高振动能级，可以使振动能量最终超过解离能。这一技术被用在 UF$_6$、Si$_2$F$_6$ 以及同位素的分离，如图 12-9 所示。

虽然振动能级可从 j 迁移到 $j\pm1$ 上，但是，使分子同时吸收两个能级以上的能量并发射光子并非易事。为此，采用阶梯式激励。起初，只有适合于分子振动的激光才能被吸收，之后，随着能级的增加，任何波长都起作用。关键一点是分子内的能量争夺。这一过程是在极短时间内发生的（称为分子内部振动再分配）。因此，吸收了红外激光的众多分子是在最薄弱处断裂的。据此，可以有目标地切断某一结合键。

12.4.2　激光引起的多光子吸收

红外多光子解离实质就是激光照射下的多光子被吸收的过程。此时的能级就像阶梯一样上升。从量子力学的角度只考虑两个光子吸收的中间状态，如图 12-10 所示。

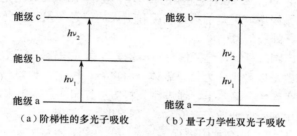

图 12-10　激光引起的多光子吸收

实际上，由于测不准原理，能量在短时间内迅速扩散，可以认为所到之处都存在能级，在一瞬间内，多光子吸收的效率大大增加。

12.4.3　液体、固体的光化学反应

前面所讲述的内容只考虑了气体中的反应，一般而言，液体中的反应效率比气体中的要小（这里的效率是指量子吸收量，用单个光子的反应比例表示）。这是因为能量迁移造成了弛豫，产生了再复合的逆反应。

光子的能量一部分用于光解离，一部分转变为热能。一旦产生解离，周围的溶质争相返回形成再复合，称为"回笼效应"，这也是溶液等物质的量子吸收量变小的另一个原因，如图 12-11 所示。此外，在氧化钛的表面还有可能发生触媒反应。

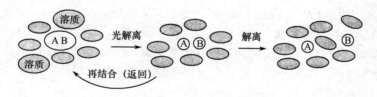

图 12-11　回笼效应导致量子吸收量变小

习题与思考题十二

1. 简述拉曼散射与布里渊散射的区别。
2. 作为非线性晶体，进行波长变换时必须满足两个条件，试列举出这两个条件。
3. 试说明多光子吸收的原理。如果光源是 CO_2 激光或 10^{-15} s 级的钛蓝宝石激光，会发生怎样的多光子吸收？

第 13 章　激光在其他领域的应用

13.1　激光在信息领域的应用

在信息领域，激光作为信息载体显示出无比的优越性。光器件的开关响应时间非常快，大约为 $10^{-12}\sim10^{-15}$ s，比电子快 4~6 个数量级；光波的频率是 $10^{14}\sim10^{15}$ Hz，比无线电波（包括微波）高几个数量级，也表明它有比无线电波更宽的频带宽度和更大的信息容量；在通常条件下，光子彼此之间不产生相互作用，具有平行处理信息的能力。

信息领域是一个十分广阔的领域，包括信息的产生、发送、传输、探测、存储和显示等许多方面。激光在信息领域的应用，就是以激光作为信息载体，将声音、图像、数据等各种信息通过激光传送出去，通过激光将信息存储在光学存储器里，通过激光将信息打印或显示出来，等等。

激光在信息领域的应用涉及光通信、光存储、光打印、光印刷、光显示、光计算等许多重要的领域。激光在光通信中的应用已在第 10 章中进行了较全面的介绍，本节主要介绍激光在其他信息领域的应用。

13.1.1　激光存储

随着社会的发展，信息量急剧增加，人们力图找到更好的方法来存储信息。20 世纪 70 年代，出现了一种新的记录信息技术——激光存储技术。激光存储技术是光学、光电子学和计算机技术中的一个重要交叉领域，也是一种潜力无穷的新兴信息产业。数字系统中的信息是二值化的，即被定义为"1"和"0"两种状态，每一个二值化的数字称为一"位"。计算机中的基本存储单元由 8 位组成，称为 1"字节"。一般的书中一页文字约可存储为 2~4 KB，一本 200 页的书约可存储为 400~800 KB，而一张光盘存储信息的容量可达 10 GB（10^{10} 字节）以上。

激光存储主要包括光盘存储和全息存储两大类，此外，还有蛋白质存储、探针存储等新型存储方式。

1. 光盘存储

激光光盘的英文缩写是 CD（Compact Disk），是一种用激光写入/读出的信息存储器。第一代光盘存储的光源用 GaAlAs 半导体激光器，波长为 0.78 μm（近红外），5 英寸光盘的存储容量为 640 MB，即 CD 系列光盘；第二代光盘存储的光源用 GaAlInP 激光器，波长为 0.65 μm（红光），存储容量为 4.7 GB，即数字多功能光盘（DVD）系列；第三代光盘存储使用 GaN 半导体激光器，波长为 0.41μm（蓝光），即 HD-DVD 光盘（蓝碟）。

根据读/写功能，激光光盘可分为如下四类：

① ROM（Read Only Memory）只读光盘，用于数据记录与分配，用户不能追加和改写信息。

② DR（Direct Read After Write）一次性写入光盘，这类光盘具有读、写两种功能，用户可以自行一次写入，写完即可读，但信息一经写入便不可擦除，也不能反复使用。

③ RW（Rewritable）可擦写光盘，是一种类似硬盘的可重复擦写的存储器，用户可以对写入的信息进行追加和改写。一般 CD-RW 光盘可重复擦写 1000 多次。

④ OW（Overwrite）直接重写光盘，一次动作在完成写入新信息的同时自动擦除原有信息。

（1）CD-ROM 光盘

在现有的光存储技术中，应用最广价格最低的是 CD-ROM——只读存储光盘。标准 CD-ROM 可存储 650 MB 信息，也就意味着它可以存储下列内容之一：约 80 万页书（以一页书 1600 字计算）；15000 张图片；380 张 1.44 MB 软盘所能存储的所有信息。

CD 光盘技术的发展始于荷兰的菲利浦（Philips）公司和日本的索尼（Sony）公司，这两个公司共同制定了第一个光盘数字存储标准，主要包括以下内容：可以连续存储 99 个音乐文件；文件长度可各不相同，使用特殊符号作为相邻两个文件之间的间隔；时间信息嵌入在所记录的文件中；最小探测时间单位是 1/75 秒；每张 CD 光盘可记录音乐的最大长度是 74 分钟。

① CD 光盘的结构

CD 光盘的结构如图 13-1 所示。CD-ROM 光盘由沉积有记录介质的基片、金属反射层（一般为 Al 膜）和保护层（有机塑料）组成。光盘的直径为 120 mm（如图 13-1（a）所示），被分为许多轨道（如图 13-1（b）所示）。在光盘上以二进制（"0" 和 "1"）的形式记录信息，信息以小凹坑（信息斑）的形式沿螺旋形轨道记录在存储介质上，信息斑越小，光盘的存储密度越大。

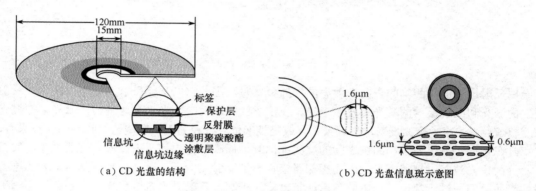

图 13-1　CD 光盘的结构示意图

与 CD 光盘的结构有关的数据如下：轨道总长度约 5 km；凹坑总数约 2×10^9（20 亿）；凹坑宽度约 0.6 μm；每个凹坑的长度为 0.83～3.05 μm，分为 9 个离散的量级；每个凹坑的深度为 0.11 μm；相邻轨道间的距离为 1.6 μm；轨道密度约为 16000 TPI（Tracks Per Inch，每英寸的轨道数）；读取 CD 光盘的半导体激光器的波长为 780 nm（打在 CD 光盘表面的激光光斑尺寸约为 1 μm）。

② 光盘信息的写入

激光存储是利用材料的某种对光敏感性质，当带有信息的光照射材料时，材料的这种性质发生改变，且能够在材料中记录这种改变，这就实现了光信息的存储。用激光对存储材料读取信息时，读出光的性质随存储材料性质的改变而发生相应变化，从而实现对已存储光信息的读取。

二进制形式的信息首先传递给调制器，调制器用来控制从激光器输出的光，使之成为携带有待存储信息的调制光束。激光的相干性极好，可以将光束聚焦到直径只有 0.6μm 左右的焦斑上，使处于焦点微小区域内的记录介质（通常是碲和碳等混合物的薄膜或有机薄膜）受高功率密度光的烧灼形成小凹坑，被烧蚀的凹坑表示二进制的 "1"，而未烧蚀处为 "0"。这样，受到存储信息调制的光束在记录介质上产生光化学作用，记录下相应的信息，形成 "1" 和 "0" 等一系列编码就是信息的写入记录过程。这样就制成光盘的母盘。利用母盘可通过模压的方法复制大量的 CD 光盘，复制信息的速度比磁盘高几个数量级。

为获得最高的信息存储密度，在制作母盘时，凹坑应尽可能地小。由于激光光斑尺寸受到衍射极限的限制，增加信息存储密度的最好方法是使用较短波长的激光。

③ 光盘信息的读取

读取光盘信息的设备是光驱，光驱是一个结合光学、机械及电子技术的产品。从 CD 光盘上读取信息，是通过将激光二极管发出的激光束聚焦后照射光盘来实现的。激光二极管发出的激光束经光学系统聚焦为一个很小的光斑，打在 CD 光盘的表面。

最早的一种 CD 光盘信息读取系统是基于穿过 CD 光盘上的小孔透射的激光，作为探测器的光电探测器阵列位于光盘的背面。现在的 CD 光盘读取系统是基于 CD 光盘上金属反射层反射的激光，探测器和激光器位于 CD 光盘的同一侧，光盘信息读取系统的光学结构如图 13-2 所示。

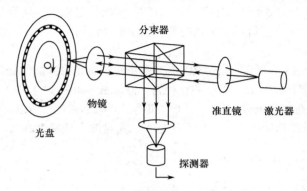

图 13-2   光盘信息读取系统的光学结构

金属反射层表面和凹坑的表面都镀有同样的金属膜，因此它们都能反射激光束，由金属反射层表面反射的激光和凹坑反射的激光将发生干涉。在信息读取过程中，光盘高速旋转，激光束扫描光盘上的螺旋轨道。当光束被金属反射层表面反射，或是被凹坑底部反射时，探测器接收到的光波只有一束；当光束打在金属反射层表面和凹坑之间的过渡部位时，探测器接收到两束光波，这两束光波的相位差为 π，这两束光波发生相消干涉，因而探测器接收不到反射光信号。因此，当探测器遇到凹坑和金属反射层表面之间的过渡部位，读出的信息就是"1"；否则，反射光来自金属表面，不存在相消干涉，读出的信息就是"0"。

监测器所得到的信息只是光盘上凹凸点的排列方式，驱动器中有专门的部件把它转换并进行校验，然后才能得到实际数据。激光二极管发射连续光束，光学系统用来将激光束聚焦于 CD 光盘的表面。光盘在光驱中高速转动，激光头在伺服电动机的控制下前后移动读取数据。CD 光盘的转速不是常数，一套特殊的控制系统对驱动光盘旋转的电动机进行控制，以调整光束的位置，使之精确地指向信息轨道。

（2）DVD 数字多功能光盘

DVD 在 1997 年开始进入市场，DVD 技术利用新的刻录技术和半导体激光器，缩小记录点及其间距，从而提高光盘的记录密度。

开发之初，DVD 的意义为 Digital Video Disc（数字视频光盘），只能存储视频、音频信息。而当 DVD 扩展其功能之后，DVD 不但可以存储 MPEG-2 的视频、音频信息，而且可以存储计算机程序、文件数字信息，满足人们对大存储容量、高性能的存储媒体的需求。这种集计算机技术、光学记录技术以及影视技术为一体的媒介便成为 Digital Versatile Disk（数字多功能光盘）。

直径为 120 mm 的 DVD 光盘单面容量 4.7 GB，双面容量 9.4 GB，如果改成双面双层，容量可达到 18 GB，组成了标称容量为 5 GB、9 GB、10 GB、18 GB 的 DVD-5、DVD-9、DVD-10、DVD-18 的光盘系列。由于 DVD 系列产品仍以传统的光盘制造技术为基础，基本工作原理没有改变，只是将信息符坑点的尺寸从原来的 0.83 μm 降低到 0.4 μm，信道间距从原来的 1.6 μm 降低到 0.74 μm。DVD 吸引人们的不仅仅是数据储存方面，而在影像方面，DVD 影像可以提供比 CD 影像清晰好几倍的效果，并且支持 5.1 声道，相比 CD 的立体声，DVD 可以说是占有绝对优势。

下一代 DVD 技术目前主要有两种：一是"蓝光 DVD"，Blue-Ray Disk（简称 BD）；二是 "Advanced Optical Disk"，也就是平时所说的 HD-DVD。

当前 DVD 在存储的密度及读写速度方面和往日的 CD 相比，都有了长足的进步，但目前主流的 DVD 光存储采用的是波长为 650 nm 的红色激光，采用 NA（Numerical Aperture，数值孔径）值为 0.6 的聚焦镜头，NA 表示物镜聚集激光的能力。激光在光盘上的照射光斑（形成数据记录点）的直径（d）与光波长（λ）成正比，与数值孔径（NA）成反比，即

$$d = \frac{0.61\lambda}{\text{NA}}$$

（13-1）

所以激光波长越小，NA 数值越大，越有利于缩小信息点宽度，提高存储密度。而蓝光 DVD 技术采用波长为 450 nm 的蓝紫色激光，采用 NA 值为 0.85 的聚焦镜头，成功地将聚焦的光点尺寸缩得极小。此外，蓝光 DVD 的盘片结构中采用了 0.1 mm 厚的光学透明保护层，以减少盘片在转动过程中由于倾斜而造成的读写失常，这使得盘片数据的读取更加容易，并为极大地提高存储密度提供了可能。

蓝光 DVD 盘片的轨道间距减小至 0.32 mm，仅仅是红光 DVD 盘片的一半；而其记录单元——凹槽（或化学物质相变单元）的最小直径是 0.14 mm，也远比红光 DVD 盘片的 0.4 mm 凹槽小得多。蓝光 DVD 单面单层盘片的存储容量被定义为 23.3 GB、25 GB 和 27 GB，其中最高容量（27 GB）是当前红光 DVD 单面单层盘片容量（4.7 GB）的近 6 倍，这足以存储超过 2 小时播放时间的高清晰度数字视频内容，或超过 13 小时播放时间的标准电视节目（VHS 制式图像质量，3.8 MB/s）。这些也仅仅是单面单层实现的容量，就像传统的红光 DVD 盘片一样，蓝光 DVD 同样还可以做成单面双层、双面双层。如 Matsushita 和 Hitachi 已经展示了容量约为 50 GB 的双层蓝光 DVD 盘片。

蓝光 DVD 更强大的市场推动力是高清晰度数字电视（HDTV）业务在全球范围内的陆续启动。高清晰电视的数据传输率至少为 23Mbit/s，如果要录制 133 分钟的高清晰电视节目，光盘的可用空间势必超过 20GB，传统 DVD 的容量是无法满足要求。

2. 激光全息存储

光盘存储系统虽然在巨大容量（或称海量）存储信息方面具有许多优点，但它和磁鼓、磁盘或磁带一样都要求光学头相对记录介质做机械运动，这就使记录信息位的密度被限制在机械调节的精度内，并使存取时间只能限于毫秒范围。为此，要寻求一种既能减少存取时间（如减少一个数量级），又能在降低信息位价格的情况下增加存储容量的海量存储技术。激光全息存储是 20 世纪 60 年代随着激光全息术的发展而出现的一种大容量高存储密度的存储方式。激光全息存储系统理论上可在存储信息容量和存取时间上提供潜在的改善，而且有希望在信息位价格上与其他海量存储器相竞争。

将全息技术运用在存储上面，理论上可以达到 1000 GB（1 TB）以上的数据，目前的全息存储产品已经达到了 300 GB 的容量，是下一代 DVD 存储容量的 6 倍。

激光全息存储记录的是携带信息源的物光和参考光相干叠加所形成的干涉图。信息的写入就是全息图的记录，信息的读出就是全息图的再现。

全息存储（Holographic Memory，也叫做 Holostore）除了不是反射物体光，与全息照相的工作原理完全相同。它不但提供更大的容量，而且存取速度很快，它最大的优点在于：几乎没有移动部件，也不要求接触式读/写。

全息存储系统的工作原理如图 13-3 所示，将 530 nm 氩离子激光分成两束，一束经扩束后通过空间光调制器，在记录介质表面与参考光束相遇，形成干涉图像。该干涉图像在记录介质里面引起相应的折射率变化，并被记录下来。空间光调制器上有一系列二进制的编码小孔，光通过小孔，代表"1"，光被挡住，代表"0"，空间光调制器的编码信息由输入通道输入，代表某个信息。信息不同，空间光调制器的图样不同，所产生的全息图也不同。在全息

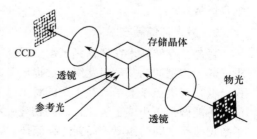

图 13-3　全息存储的工作原理

图产生之后，用参考光束按拍摄全息图的角度射入记录介质，就可产生原来的编码图样，经 CCD 接收和输出通道输出，经电子学解码，便可恢复原来的信息。

当信号源光束和参考光束在晶体中相遇后，晶体中就会展现出多折射角度的图案，这样在晶体中就形成了光栅。一个光栅可以储存一批数据，称为一页。全息存储用一个小的 LCD 显示一页的数据，通过改变入射光的角度，有可能在同一平面上存储许多页的数据。使用全息存储技术制成的存储器称为全息存储器，全息存储器在存储和读取数据时都是以页为单位。

最常见的三维全息存储材料有光折变材料，如铌酸锂（LiNbO$_3$）、铌酸锶钡（SBN）和钛酸钡（BaTiO$_3$），以及有机光敏聚合物材料等，它们的灵敏度是三维全息存储的关键技术。

以开发出全息光存储技术而闻名的日本 Optware 公司将使用全息记录技术的光盘称为全息通用光盘（Holographic Versatile Disc，HVD），2006 年存储容量可达 1 TB 的 HVD 已进入测试阶段。

HVD 的光盘采用蓝色或绿色激光用来记录/读取全息数据，而红色激光用来读取地址信息，地址与数据记录在不同的层面。为此，采用了突破性的设计，在一个光束中使用两种波长（颜色）不同的激光，一种激光用来记录数据，另一种用来寻址。光盘里则在信息记录层与地址层之间，根据激光的波长设置一个分光层（Dichroic Mirror Layer），用来寻址的激光可以透过分光层寻址到下面的预制地址信息（凹坑或平台，与 DVD-ROM 上的信号记录方式一样），另一个激光则用来记录/读取数据。由于分光层的存在，它不会"看到"预制的凹坑或平台，从而使用同线全息记录成为可能。目前，Optware 所开发出来的 HVD 驱动器，用来记录和读取数据及提供参考的是 532nm 的绿色激光，用来读取地址信息的是传统红色激光。

2006 年，以色列公司 Matteris 宣布研发出存储容量达到 1 TB 的全息光盘。他们的全息存储装置采用纳米技术。这种方法和目前光盘采用的感光聚合物完全不同，无材料收缩效应，可以在记录数据过程当中进行数据读取，不怕阳光照射，高存储容量等。除了存储容量达到 1 TB 之外，Matteris 表示这种全息存储盘数据传输速度最高可以达到 Gbit/s 级别，非常适合企业数据库存储或者未来的高清晰音频/视频存储。

全息存储的优点在于：
① 可对不同页的并行存取。
② 数据库查找和数据挖掘快，因为数据能以光的形式比较，而不必取回它。理想应用是快速的数据库查找，如指纹匹配或相片识别。
③ 没有移动部分，因此有较快的存取速度。
④ 非挥发性，能作为内、外存储器。

全息存储技术要实用化，还需解决以下问题：
① 目前读数据时很难做到不对被记录的数据造成损害，相同的问题也出现在写操作时引起原先相同的区域中写入数据的损害。
② 制造高质量的大尺寸晶体有困难。
③ 寻找合适的存储材料仍是一个尚待解决的问题，至今还没有一种材料具有性能、容量和价格的综合优势。

3．激光存储新技术

目前，存储技术在通信领域得到了广泛应用，现代通信技术也对存储技术提出了更高、更新的要求，其中大型通信基站对网络存储提出了高可靠、高传输率的要求，而手持式设备对存储单元的小体积、低功耗提出了要求。在不久的将来，半导体存储、磁盘存储和光盘存储将会达到其存储极限，它们不可能做得更小或更快速，因为物理上不能把数据包装如此紧密。对光盘来说，所用光的波长限制了数据位元之间的距离，而新的存储技术有望解决这些问题。

（1）蛋白质存储

蛋白质存储是基于从细菌中抽取的 Bacteriorhodopsin。Bacteriorhodopsin 是一个能以多种化学状态存在的有机分子，每种状态有不同的光吸收率，因此比较容易检测出分子处于哪一种状态。通过选择两种状态，一种为二进位的 0，另一种为二进位的 1，可使用这种特性作为一存储装置。

Bacteriorhodopsin 与惰性的透明胶化体结合在一起，而且储存在立方体中。二束激光挨着立方体放置，一束垂直地经过立方体（红色的激光），另一束水平地经过（绿色的激光）。每束激光有 LCD 显示屏置于激光立方体之间。

绿色的激光（页面 LCD）照明一个垂直的薄切片，叫做"页存储"；红色激光（写激光）把显示在 LCD 上的图样（是数据的二进位表示）投射到立方体的介质上。被绿色的激光照明的同时也被红色的激光射中的介质会改变状态。要改变状态同时需要两束激光，只被绿色的激光或红色的激光照明的介质部分的状态不受影响。在红色的激光之前的 LCD 上显示图样，就这样被转移到了被照明了的存储页上。

在立方体的相反边上，在红色的激光之前，有一个 CCD（电荷耦合器件）探测器用来读出存储器中的数据。在绿色的激光照射分子前，它们的光吸收率相同。当绿色的激光照射存储页的时候，CCD 探测器能测量出被绿色激光照明的物质的光吸收程度，从而重建存储页的数据。还有一束蓝色的激光抹去存储页的数据。

已展示的一个原型样机，用了 $1 \times 1 \times 2$ 英寸的立方体，能够存储 100 Mbit/s 的数据。这个原型的开发者估计两个立方英寸装置最后可以存储 125 Gbit/s 的数据。

蛋白质存储器的优点在于：

① 因为它是基于蛋白质建立的，所以批量生产所需的成本很低。

② 可以在很宽的温度范围内工作，这个温度范围比半导体存储器要大得多的。

③ 不同的页可以并行存取。

④ 非挥发性，能作为内存和大容量存储器。

蛋白质存储器有待解决的问题：

① 把蛋白质凝聚在一起的聚合胶化体分解的速度比蛋白质本身还要快。蛋白质能抵抗激光，但是胶化体在一会儿之后就分解了，这是蛋白质存储器的一个主要障碍。

② 生物异变会影响蛋白质的光化学性质。

（2）探针存储

探针存储是基于原子刻度上的操作。它基本上是一个穿孔卡片系统，但在原子的尺度上，在某个特定点的原子的特性表示二进位的 0 或二进位的 1。

可使用先进的装置在原子的水平上移动和感知原子群体，这些装置包括扫描隧道显微镜（Scanning Tunnelling Microscope，STM）、区域发射探针（Field Emission Probe，FEB）和原子力显微镜（Atomic Force Microscope，AFM）。这些原子群体原子点的加热可从一个状态变成另外一个状态（例如，从无晶态到结晶态）。当加上电压时，探针尖发出一束电子到一个特定的区域上，这束光线写或抹去个位。一束较弱的光线通过检测与电特性相关的特征值（如电阻）来读出数据。

探针存储的优点在于：

① 用于便携式装置最理想。

② 不工作时没有电力消耗。

③ 极小空间内获得极高容量。

探针存储有待解决的问题：

① 状态必须在室温下保持稳定，并可容忍某一特定温度范围。

② 材料必须有两个明显的状态。

③ 器件必须与其他的电子线路集成在一起。

④ 工作部件必须在真空或受控的环境中，以减少电子散失，并且减少数据点之间的热流动。

⑤ 当前的技术速度还非常慢，比现在的硬盘慢。

13.1.2 激光计算机

现有的电子计算机远不能满足信息时代不断发展的要求，于是人们将注意力转移到光子计算机的研制上。所谓光子计算机，就是以光子作为主要信息载体，以光学系统作为计算机主体的一种新型计算机，光子计算机中的光源是激光。与电子计算机相比，它具有运算速度高、处理信息量大、不受电磁干扰等优点。理论上，光子计算机每秒钟可运算 100 万亿（10^{22}）次，在技术上可实现 $10^{12} \sim 10^{15}$ bit/s 的运算，比当今最好的电子计算机还快 1000 倍以上。此外，光子计算机具有并行工作能力，因为光子之间互不干扰，可以相交而不互相影响。

光计算机可分为模拟式与数字式两类。光模拟计算系统通常由激光器、透镜组、空间光调制器、色散光栅、显示器及其他附件组成，其关键元件是空间光调制器。模拟光计算虽然能高速并行地处理二维图像，但精度不高，且通用性差。1990 年，美国贝尔（Bell）实验室报道了世界上第一台数字光学处理器，向数字光计算迈出了重要的一步。近年来，光学逻辑元件、光存储器件、光学互连、算法和体系结构都有了很快的发展。目前光子计算机在功能等方面还赶不上电子计算机，但是从发展潜力来说，尤其在实时图像处理、目标识别和人工智能等方面，光子计算机将比电子计算机具有更大优势。

1. 光学逻辑运算

光学双值逻辑器件是数字光计算的最基本器件，光学双值逻辑如图 13-4 所示。图 13-4（a）是光双稳器件作存储器的原理，设输入初态和输出初态为"0"，当输入光脉冲为"1"时，输出也为"1"，输入光脉冲消失，输出仍保持"1"状态不变，即具有存储器的功能。图 13-4（b）是用光非线性阈值器件作逻辑门的原理，当作为"与门"时，取阈值为（and），当作为"或门"时，取阈值为（or），该器件所实现的逻辑运算关系在图中列出。

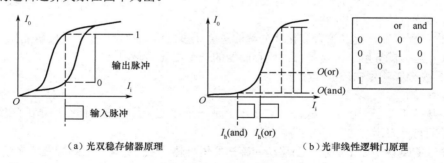

（a）光双稳存储器原理　　　　　　　　（b）光非线性逻辑门原理

图 13-4　光学双值逻辑

下面以液晶光阀（LCLV）为例，说明具体的光学器件是怎样实现逻辑运算的。实现逻辑运算必须具有非线性阈值特性的元件，美国南加州大学的 A.A.Sawchuk 等采用休斯公司的一种液晶光阀构成一套组合逻辑系统。休斯 LCLV 是一种光学图像转换器，它接收低强度输入的空间图像后，通过来自另一光源的读出光将输入图像转变为输出图像。LCLV 的结构如图 13-5 所示，它由很多个薄层构成，有一 CdS 光电导体层，一 CdFe 光阻挡层，一介质反射镜，和一个介于铟锡氧化物透明电极之间的双苯基液晶层。一个加在电极间的交流偏压使得这一元件处于工作状态。LCLV 输入/输出响应测量系统如图 13-6 所示，一个输入图像对光电导体的阻抗进行空间调制，这样就改变了降在液晶物质上的电压分布，从而使其电光特性产生相应的分布，输入图像的信息就储进了液晶物质。当另一面射入的读出光穿过液晶又被介质反射镜反射出来后，就把液晶中的入射光信息带了出来。由于输入光的调制，各处液晶产生的对读出光（线偏振光）的偏振方向的改变不同，转过 45°或 0°，这就是非线性处理。这样通过第二块偏振片后输出图像是一明暗分明的图像。

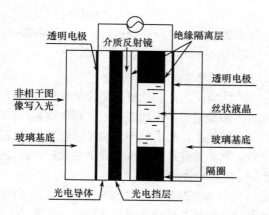

图 13-5　LCLV 的结构

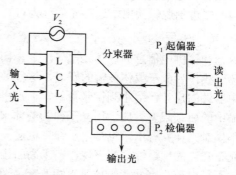

图 13-6　LCLV 输入/输出响应测量系统

图 13-7 是由图 13-6 所示系统测试出的实现"或非"运算的输入-输出特性曲线。其输出具有两种状态"0"和"1"，由输出光的两种强度级别表示，对应二进制逻辑门输出。逻辑运算过程如下：二输入光强度叠加后产生 0、1 或 2 三种强度状态，经 LCLV 非线性处理得到二进制输出 0 或 1，通过调节 LCLV 的参数，就可以实现各种逻辑运算。

LCLV 实现各种逻辑运算如图 13-8 所示。如果输入 1 和输入 2 的图样如图 13-8（a）所示，就可以得到如 13-8（b）所示的各种图样，它们代表六种不同的逻辑运算。实际上，只要实现了一种逻辑运算，如或非

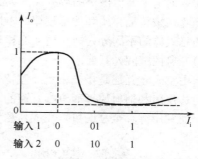

图 13-7　LCLV 输入-输出特性（实现或非运算）

门，就可以由此组合出其他任何一种所需的逻辑门。一片 LCLV 的大小是厘米数量级，然而这样一块基片上却可以划分出 $10^5 \sim 10^6$ 个逻辑门，而且所有运算都是并行完成的。

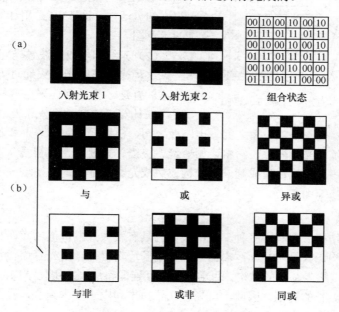

图 13-8　LCLV 实现各种逻辑运算

以上介绍的只是品种繁多的逻辑元件中的一种,比如还有另一种不同的液晶图像转换器,它是利用输入光调制液晶使其成为空间频率随图像变化的相位光栅,读出光经其衍射后,再经不同的滤波得到不同的二进制逻辑输出,这种元件称为可变光栅模(Variable grating Mode)逻辑元件。

2. 光学互连

现行计算机中信息的载体是电子,逻辑门之间、芯片之间、芯片和插板之间的信息必须通过内部或外部引线作为电子载体传输的媒质,这就受到回路 RC 参数延迟效应的限制。在极大规模的门阵列芯片中器件的尺寸已缩小到微米量级,内部引线的阻值相应提高,延迟时间增加,这就导致超快信息流传输中的瓶颈阻塞效应。用光子作为载体来传递逻辑运算的信息是突破瓶颈限制的最好途径,光学互连不仅对光计算有用,也是电子计算机进一步发展中必然的一种应用。

光子互连的优越性主要表现在:①高的传播速度,不受 RC 参数延迟效应的限制。②光子属于玻色子,不带电荷,因此,光束可以相互交叉通过而不会相互影响,具有并行处理能力。③光子互连具有大的空间和时间带宽积,光子载频约 10^{14} Hz,能利用的带宽可达 10^{13} Hz,这意味着可能的传输数据速率比目前电子通信最快的数据速率大三个数量级。

光互连按传播介质和传播规律的不同可分为自由空间光互连,以及光纤和光波导互连两类。也可以按信息载体的不同分为纯光型互连和光电混合互连。

(1)自由空间光互连

自由空间光互连是指光束不经过特殊传播介质,按自由空间传播的规律传播,通过光学元件时遵守折射、反射和衍射原理而进行互连的一种方法。利用普通的光学元件,可以实现比较有规则的互连网络,而利用计算全息图可以完成任意结构的互连网络。计算全息图实际上就是一个束控元件,它将多路输入光束按要求分成很多束,并控制其方向输出到不同的接收位置。这些联络光束可以是平行的,也可以是交叉的,它们交叉时几乎互不干扰,没有电子导线联络的局限性,因而可以纵横来往,自由自在。可编程的计算全息图是写在空间光调制器上的全息图,可以按需要进行改变,从而改变联络关系,具有很大的灵活性。图 13-9 是用计算全息图作为光学互连的示意图。

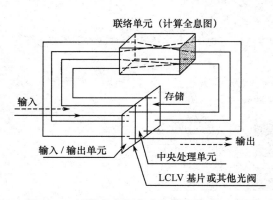

图 13-9　计算全息图作为光学互连的示意图

(2)光纤和集成光波导光互连

这种光互连是指光束通过光纤或集成光波导进行传播的互连。光纤互连采用多模或单模光纤作导光介质。在计算机中,由于光子互连具有的高速、大带宽等优点,它可用于计算机与外部设备之间、电路板之间、模块之间、芯片上和芯片之间等各层次的互连。集成光波导器件是微光学器件,它将诸如透镜、棱镜、光栅、光调制器、光耦合器、光开关、双稳器件、模数转换器等基本元件集成到一起,构成集成光学的基本部件,这种部件具有体积小、质量轻、性能稳定、功能强等优点。

3. 数字光计算机

数字光计算机的结构方案有许多种,其中被认为具有较大开发价值的有两种。一种是采用电子计算机中已经成熟的结构,只是用光学逻辑器件取代电子逻辑器件,用光互连代替导线互连。另一种是全新的,以光学神经网络为基础的结构。目前,光学互连即将达到实用化结构,但全光 CPU 的实用化还有待更大的投资和更长的周期。因此,可先将光子技术和电子技术结合,发展数字光电计算机。下面说明数字光电计算机的工作原理。

这种光电计算机的光电处理器中有 8 套由 64 个半导体激光器组成的激光器阵列，8 套准直和放大光学系统，以及一套由 7 个分束立方体组成的光束多路传输系统。图 13-10 所示为数字光电计算机中一套激光器阵列和一套准直放大光学系统的示意图，图中未画出分束立方体。来自每套 64 个独立控制的激光器的光束经准直和放大后，由分束立方体将光束投射到第一个变形透镜转像系统，之后经过 64 通道磷化镓空间光调制器（SLM）（每个通道的带宽为 400 MHz），对每一个二进制位的光进行选择偏转，再通过第二个变形透镜转像系统，投射到 128 元雪崩光电二极管（APD）线阵上。APD 线阵带有放大器和阈值处理电路。光电计算机以 SunSPARCIIUNIX 工作站为系统主机，控制激光器和 SLM 的输入并按规定的路线发送 APD 阵列的输出信号。

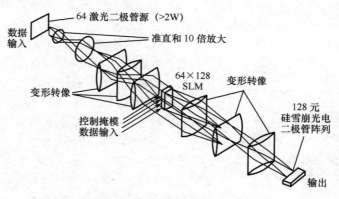

图 13-10　数字光电计算机示意图

此系统包括 8192（64×128）个自由空间平行互连，数据输入通过分别调制 64 个独立的激光源来实现，控制逻辑加于 64 通道声光空间光调制器。控制逻辑与数据字的乘积按照香农原理可形成任意的开关函数或计算机指令。每个通道中的二元信号在 1.28 μs 内传播通过它们各自的时间孔径，系统时钟速率为 100 MHz，输入数据速率为 12.8 Gbit/s。这种光电计算机一般用途的减少指令组码运算的峰值速度可达 10^{12} bit/s。

13.1.3　激光扫描

计算机技术的不断进步和日益普及同时促进了激光扫描技术的发展，它广泛地应用于印制板曝光、激光打印机、图像传真、图像处理、激光照排、制作微缩胶片、扫描光栅频谱仪、红外探测仪、激光扫描显微镜、激光标记机、尺寸检测仪、条形码扫描器等仪器中。

以条形码扫描器为例，条码扫描器是用于读取条码所包含的信息的设备。条码是由一组按一定编码规则排列的条、空符号，用以表示一定的字符、数字及符号组成的信息。图 13-11 所示为通用商品条形码的结构。条码扫描器的结构通常包括：光源、接收装置、光电转换部件、译码电路、计算机接口。其基本工作原理为：由光源发出的光线经过光学系统照射到条码符号上面，被反射回来的光经过光学系统成像在光电转换器上，使之产生电信号，信号经过电路放大后产生一模拟电压，它与照射到条码符号上被反射回来的光成正比，再经过滤波、整形，形成与模拟信号对应的方波信号，经译码器解释为计算机可以直接接受的数字信号。

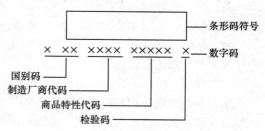

图 13-11　通用商品条形码结构

13.1.4　激光打印机

激光打印技术最初出现在 20 世纪 60 年代，而真正投入实际应用是在 70 年代初期。最早的激光打印机中的激光发射器是充有氦—氖气体的电子激光管，体积较大，所以在实际应用过程中受到了不少限制。伴随着高灵敏度感光材料的不断出现，以及激光控制技术的不断发展，激光打印技术迅速成熟，并投入了实际应用中。

激光打印机是一种将激光扫描技术与电子显像技术相整合的输出设备。计算机的输出信号对激光器的输出进行调制，带有字符和图形信息的激光束在涂有光导材料并均匀带电的鼓面上扫描，使光照部分电荷消失，未照部分电荷保留，即是曝光。再经过显影使光照部分吸附墨粉形成图像。经过定影，转印，就在纸上得到清晰的输出。

激光打印机的基本结构如图 13-12 所示。

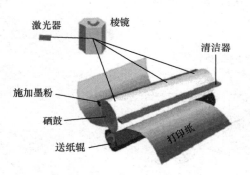

图 13-12　激光打印机的基本结构

当计算机通过电缆向打印机发送数据时，打印机首先将接收到的数据暂存在缓存中，当接收到一段完整的数据后，再发送给打印机的处理器，处理器将这些数据组织成可以驱动打印引擎动作的类似数据表的信号组，对于激光打印机而言，这个信号组就是驱动激光头工作的一组脉冲信号。

激光打印机的核心技术是电子成像技术，这种技术融合了影像学与电子学的原理和技术以生成图像，核心部件是一个可以感光的硒鼓。激光打印机的感光硒鼓是一个光敏器件，有受光导通的功能。

该硒鼓表面的光导涂层在进行扫描曝光之前，会自动由充电辊充上一定量的电荷。一旦激光束通过点阵形式扫射到硒鼓表面上时，被扫描到的光点就会因曝光而自动导通，这样电荷就由导电基对地快速释放。而没有接受曝光的光点仍然保持原有的电荷大小，这样就能在感光硒鼓表面产生一幅电位差潜像，一旦产生电位差潜像的感光硒鼓旋转到装有墨粉磁辊的位置时，那些带相反电荷的墨粉就能被自动吸附到感光硒鼓表面，从而产生了墨粉图像。

要是装有墨粉图像的感光硒鼓继续旋转，到达图像即将转移的装置时，事先放置好的打印纸也同时被传送到感光硒鼓和图像转移装置的中间，这个时候图像转移装置会自动在打印纸背面放出一个强电压，将感光硒鼓上的墨粉像吸附到打印纸上，然后再将装有墨粉图像的打印纸上传到高温定影装置处来进行加温、加压，以便让墨粉熔化到打印纸中，这样指定的打印内容就会显示在打印纸上。

13.2　激光在工业领域的应用

激光在工业领域具有极其广泛的应用，如电子学与电气工程领域，可利用激光进行超微型焊接、电路掩模制备、高压电流测量，计算机数据传输和存储等；土木工程与机械工程领域，可利用激光进行准直、测量、精密测长、测速、应变测量、非破坏性检验、应力测量、测速及振动分析等；金属制造领域，利用激光进行超微型焊接、打孔、材料去除、切割金属板、金属板材焊接及表面处理等；非金属制造领域，可利用激光进行纸板工业胶合板模具的打孔和切割、合成橡胶穿孔、钻石拉丝穿孔、纺织品切割、玻璃的切割和焊接、塑料的切割和焊接、切纸及表面处理等。其中利用激光进行精密计量和材料加工是目前最为重要和广泛的应用，本节主要介绍激光在这两方面的应用。

13.2.1　激光在精密计量中的应用

激光干涉性高，振幅、相位、频率、偏振方向以及传播方向等具有非常高的精度。因此，在极限性的物理计量方面，激光计量的灵敏度、精度比其他的计量法高几个数量级，具有无与伦比的优点。因为激光具有优良的方向性、单色性、相干性和高亮度，所以利用激光计量技术可以解决常规技术无法解决的问题，包括大距离、纳米级微小尺寸、高精度、非接触测量等。

激光精密计量涉及的领域包括光检测、干涉计量、激光分析、光纤传感器、测定距离、测定位置和方向、测定流量、非破坏性检测、激光显微镜等。激光精密计量技术包括激光干涉计量、激光衍射计量、双频激光干涉计量和全息计量。

1. 激光干涉计量

激光干涉计量的原理是利用激光的干涉性，对相位变化的信息进行处理，是一种最典型的激光计量方法。通常利用基准反射面的参照光和观测物体反射的观测光产生的干涉，或者是参照光和通过观测物体后相位发生变化的光之间的干涉，就可以非接触地测定至被测物体的距离以及物体的大小、形状等，其测量精度可以达到光的波长量级。

普通光源由于单色性差因而相干长度短（一般只有毫米量级），即使是单色性最好的氪灯，相干长度也只有 38.5 cm，这就大大限制了可测长度。此外，普通单色光源的亮度低，观察和记录很不方便，而具有稳频装置的氦氖激光器，由于其单色性好，最大相干长度可达几十千米，完全能够满足一般范围内的精密测长要求，再加之其亮度高，使得观测和记录都比较方便，因而成了精密计量的理想光源。

（1）激光干涉测长仪的结构

激光干涉测长仪的基本结构如图 13-13 所示，其核心部分是迈克尔孙干涉仪。

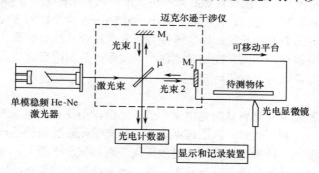

图 13-13　激光干涉测长仪

其结构主要包括以下几个部分。

① 激光光源：一般是单模稳频 He-Ne 激光器，为提高光源单色性，对激光器要采取稳频措施。

② 迈克尔孙干涉仪：产生干涉条纹。

③ 可移动平台：携带迈克尔孙干涉仪的一块反射镜和待测物体一起沿入射光方向平移，从而使干涉仪中的干涉条纹移动。

④ 光电计数器：对干涉条纹的移动进行计数。

⑤ 显示和记录装置：显示和记录光电计数器中记下的干涉条纹移动的个数或与之对应的长度。

⑥ 光电显微镜：对准待测物体，分别给出起始信号和终止信号。当光电显微镜对准待测物体起始端时，它就向显示和记录装置发出一个起始信号，使显示器和光电计数器开始计数，并由记录仪记下起始值。当光电显微镜对准物体末端时，它发出一个终止信号，使显示器和记录仪停止工作，并记下终止值。

（2）激光干涉测长仪的工作原理

由 He-Ne 激光器发出的激光束到达半透半反射镜 P 后被分成两束，一束（图中光束 1）经固定反射镜 M_1 反射回来，另一束（图中光束 2）经可动反射镜 M_2（也叫"测量镜"）反射回来，两束光经过镜 P 后汇合产生干涉。光束 1 的光程不变，而光束与平台一起移动的 2 的光程则随着 M_2 的移动而改变。

当两束光的光程相差激光半波长的偶数倍时，它们相互加强，在计数器的接收屏上形成亮条纹；当两束光的光程相差激光半波长的奇数倍时，它们互相抵消（两束光强度相等时），在接收屏上形成暗条纹。因此，M_2 沿光束 2 方向上每移动半波长（$\lambda/2$）的长度，光束 2 的光程就改变了一个波长 λ，于是干涉条纹就产生一个周期的明、暗变化。这个变化由光电转换装置变成一个电信号而被光电计数器技术，并由显示和记录装置加以显示和记录。显然，只要记下 M_2 移动时干涉条纹变化的周期数 N 就可以得到被测长度（即 M_2 移动的距离）为

$$L = N \cdot \frac{\lambda}{2} \tag{13-2}$$

被测长度 L 也可通过运算和显示电路直接显示出来。

由式（13-2）可知，如果不考虑计数 N 的误差，则由于波长的不稳定性所造成的测长 L 的相对误差为

$$\frac{\Delta L}{L} = \frac{\Delta \lambda}{\lambda} \tag{13-3}$$

式中，$\Delta\lambda$ 为激光波长的变化，ΔL 为由于 $\Delta\lambda$ 引起的 L 的绝对测量误差。

（3）激光干涉计量的应用

① 坐标精密定位

坐标精密定位在微电子工业技术中十分重要。在大规模集成电路的制作过程中，一般来说，必须反复进行多次光刻，而每次光刻的图形自然必须严格套准，误差不能大于 1 μm。用普通的机械精密丝杆定位，误差在 4~5 μm，而激光测量长度的误差小于 0.2 μm。激光精密定位仪要使工件精确地移动到一定的位置上，因此它与激光测长仪相比，需要有较复杂的传动控制装置。当工件安放在活动平台上时，平台不但能大幅度地移动，而只能细微地移动。实际上是利用直流伺服电动机达到大幅度移动和利用步进电机和压电陶瓷达到细微移动的。

② 光学平面检测

许多高级的光学仪器要求有高质量的光学镜头或平面镜，不论是平面镜的平面度，还是透镜球面的准确度都要求十分严格。利用光的干涉原理可以测量出光学元件表面的不规则程度。检查时，将待测平面放在一个标准平面上，让激光垂直地入射到待测平面和标准平面上，在两个平面上分别产生反射光束，再使这两束反射光在观察屏重叠而发生干涉。如果待测平面是一个理想平面，则干涉条纹是一些理想的平行直线，如果待测平面某处出现不平整凸起或者凹陷，该处附近待测面与标准平面之间的间隙也就不同，那么待测平面该处附近的反射光束与标准平面的反射光束之间的光程差也就不同，干涉条纹的形状也就随着发生变化。从干涉条纹的不规则程度，就可以判断待测平面某处是凸起还是凹陷，以及凸起或凹陷的程度。目前，用激光平面干涉仪测量平面度时，精度高于 $\lambda/10$，用激光球面干涉仪测量球面度时，精度达到 0.05 μm，曲率半径的精度为 0.15~1.0 μm。

③ 地震预测

一般来说，地震在产生之前，会先引起地面变形，如果能够觉察到这种地面的变化，就可能预报地震。激光干涉测长可以精确地测量微小的长度变化，因而成为预测地震的一种重要手段。实际上可采用法布里—珀罗（F-P）干涉仪来测量地面的形变，在 F-P 干涉仪的两个互相平行的反射镜 M_1 和 M_2 之间放一密封的箱子，以保证管内空气和成分的稳定，并防止气流的影响。如果 M_1 和 M_2 之间的距离变化，就会产生干涉条纹的移动，并可由光电探测器进行测量，这样通过对干涉条纹变化的监测就能精确地测量出 M_1 和 M_2 之间任何微小的地面形变。

2. 激光测速

（1）激光测速基本原理及结构

激光测速利用光的多普勒效应，用一束单色激光照射到运动物体上，一部分激光被物体散射，由

于多普勒效应，散射光的频率相对于入射光的频率偏移，测出两者的频差，就可以进而确定运动物体的速度。然而，在一般的低速下，多普勒效应造成的频率变化比单色光的频率宽度要小得多。因此，在激光出现之前，光的多普勒效应通常只是用来测量具有较高速度的发光天体的运动速率。激光具有极好的单色性，它的频率宽度不仅比普通单色光要小得多，而且比一般的低速下多普勒效应的频率变化来得小。因此，激光使得利用多普勒效应测量普通的较低速度成为可能。

激光测速仪的结构有多种，典型的有参考光束型和双散射光束型两种，前者是检测散射光与入射光之间的频差，后者是检测两束散射光之间的频差。图 13-14 所示为双散射光束型测速仪，它将激光分为两个光束，使光束 1 和光束 2 成夹角 θ 入射到被测物体上，两个光束照射在物体后都会产生散射光束。如果选择夹角 θ 的平分线方向为两个光束散射光的共同方向，并且

使这个方向垂直于物体的流动方向。在光电探测器上可以测出两个散射光束之间的频差 $\Delta \upsilon_D$，就可以计算出液体或者气体的流动速度 v

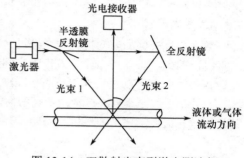

图 13-14　双散射光束型激光测速仪

$$v = \frac{\lambda}{2n} \cdot \frac{\Delta \upsilon_D}{\sin \dfrac{\theta}{2}}$$

（13-4）

激光测速仪与其他测速仪相比有下列优点：

① 激光测速精确，而且是绝对测量，原则上不必校准。

② 激光测速是非接触式测量，不会影响被测物体的运动，还可以方便地对有毒、有腐蚀性和高温的运动物体进行测量。

③ 激光测速具有很高的空间分辨率，测量区域极小，可以测量流速场的速度分布和速度梯度。

④ 激光测速能在两个或三个互相垂直的方向上同时测量运动物体的速度，即在二维面积内或三维空间内测量运动物体的速度，因此可以精确地辨别出物体运动的方向。

目前，已用激光测速仪测量风速、水速，研究燃烧过程、喷气过程，测量金属板材、皮革、纸张、布匹、塑料、橡胶等物体在生产加工中的移动速度，测量汽车的车速等。

（2）激光测速应用举例

① 血液流速计

利用多普勒测速的原理，可以测量人体血液的流动速度，用于血液流速测量的光纤激光多普勒测速仪的原理图如图 13-15 所示。由于光纤很细，可以插入人体的微血管内，以测量血液流动的速度。将一束激光分为两束，一束为参考光束，另一束为测量光束，通过插入血管内的光纤射到红细胞上，经过流动着的红细胞的反射，反射光束激光的频率发生了变化，并且沿着光纤传播回去，再让测量光束和参考光束会合，入射到光电探测器上，测量出两个光束的频率差 $\Delta \upsilon_D$，就能计算出血液流动的速度。

利用激光多普勒测速技术产生出了第一幅人眼血流图像。通过血流流速测量可以很好地揭示出受动脉硬化影响的人体重要组织中血液流动情形、深度烧伤组织的变化、新植皮层的生长以及其他重要

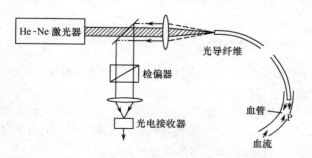

图 13-15　用于血液流速测量的光纤激光多普勒测速仪的原理图

信息。

② 振动测量仪

利用多普勒原理可以测量物体的振动，在水利电力、建筑、机械、地震测量以及科学研究中具有较广泛的应用。不论是机械振动还是地面、建筑物的振动，都伴随着振动物体位置的变化，即产生了速度的突变。当照射在振动物体的光被反射或散射后，光的频率将发生变化。从光的频率变化的大小，可以知道振动物体振动的程度，从光的频率变化地周期，可以知道振动物体振动的频率。

3. 激光准直

激光具有极好的方向性，一个经过准直的、连续输出的激光光束，可以认为是一条粗细几乎不变的直线，因此，可以用激光光束作为空间基准线。这样的激光准直仪能够测量平直度、平面度、平行度、垂直度，也可以做三维空间的基准测量。由于激光准直仪与平行光管、经纬仪等一般的准直仪相比较，具有工作距离长、测量精度高和便于自动控制、操作方便等优点，所以广泛地应用于开凿隧道、铺设管道、盖高层建筑、造桥、修路、开矿以及大型设备的安装、定位等。

激光准直仪的基本结构如图 13-16 所示。

激光准直仪主要由下列几部分组成：

① 激光器，发出波长为 632.8 nm 的连续单模（TEM_{00}）激光。

② 发射光学系统，它是一个倒置的望远镜，可用来压缩激光束的发散角。

③ 光电目标靶，它把对准的激光信号转换成电信号。通常用的四象限光探测器，如图 13-17 所示，它是由上、下、左、右对称装置的四块硅光电池组成。当激光束照射到光电池 1、2、3、4 上时，

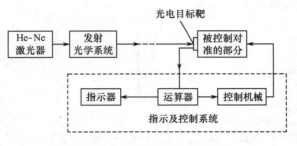

图 13-16　激光准直仪基本结构

它们分别产生电压 V_1、V_2、V_3、V_4。当光束正好对中时，$V_1 = V_2 = V_3 = V_4$。当光束向上偏时 $V_1 > V_2$，当光束向下偏时 $V_2 > V_1$。把 V_1、V_2 输入到运算电路，经差分放大后由指示电表就可指示出光束上、下的偏移量。同理，将 V_3、V_4 输入到另一个运算电路，经差分放大后，由另一组指示电表就可以指示出光束的左、右偏移量。运算电路根据上、下（或左、右）偏离量的大小输出一定的电信号驱动一个机械传动装置，使光电接收靶回到光准直方向，从而可实现自动准直或自动导向的控制。

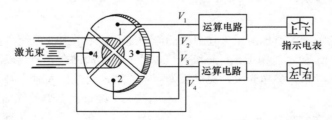

图 13-17　四象限光探测器

在上述的激光准直仪中，只是利用了激光的良好的方向性，还可以进一步利用激光的良好单色性。让激光束通过一定图案的波带片，产生便于对准的衍射图像，如产生亮的细十字交叉线，从而进一步提高对准精度。波带片是一块具有一定遮光图案的平玻璃片，如图 13-18 所示。这种应用衍射原理的激光准直仪称为"衍射准直仪"，其基本结构如图 13-19 所示。如果采用精密的光电接收器对准十字亮线的中心，则可以在较长的距离（如几百米）达到只有几微米的对准精度。

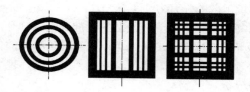

图 13-18　波带片示意图

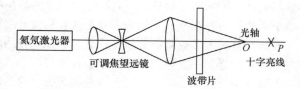

图 13-19　激光衍射准直仪的基本结构图

4. 激光环境计量

使用激光的雷达称为激光雷达（laser radar），或光雷达（optical radar）。

激光雷达对大气中的微粒子的探测灵敏度非常高，利用分光方法，可以测定特定的大气成分的分布，因此成为大气环境计量的最有效手段。如果使用皮秒级的脉冲激光，其空间分辨率可达到 10 cm以下。图 13-20 所示为激光雷达。

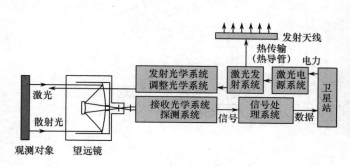

（a）结构图　　　　　　　　　　　　　　　　（b）示意图

图 13-20　激光雷达

当光传播遇到折射率不连续处时，将以该处作为新的光波源产生散射现象。按照光子的能量是否变化，散射分为非弹性散射和弹性散射两种类型。弹性散射又有瑞利散射和米氏散射之分。相对于激光波长而言，当散射体的尺寸非常小（空气中的分子）时，为瑞利散射；与激光波长相当（空气中悬浮粒子）的散射，为米氏散射。瑞利散射强度与照射激光波长的散射也有拉曼散射和布里渊散射两种。激光雷达在大气环境观测中的应用，正是利用这些散射计量技术。

向空中发射的激光束能够对距离数百千米外的空中悬浮物（气体，微粒子）进行主动性的远距离计量。通过计量散射光，就可以测定空气中是否有紊乱气流（米氏散射），以及 CO，NO，N_2O，SO_2，H_2S 等各种大气污染物的种类及数量（拉曼散射）。对所有这些物质的鉴定主要是通过观测瑞利散射、米氏散射或拉曼散射进行的。

拉曼散射是指光遇到原子或分子发生散射时，由于入射光把一部分能量转移给原子或分子，致使散射光的频率发生变化的现象。拉曼散射所表现出的特征，因组成物质的分子结构的不同而不同。因此，将接收的散射光谱线进行分光，通过光谱分析法可以很容易地鉴定分子种类。

通过激光雷达，可以获得空气中的悬浮分子的种类、数量及距离，利用短脉冲激光可以按时间序列观测每个脉冲所包含的信息，即可获得对象物质的三维空间分布，以及移动速度、方向等方面的信息。因此，激光雷达技术在解决环境问题方面占据着举足轻重的位置。

激光雷达可以用于从地表向空中的观测，还可以用于从宇宙对地球大气进行观测。该技术的核心是：搭载有激光雷达的人造卫星从宇宙向地球发出激光，并在宇宙中接收来自大气的反射光或散射光，对其进行分析，再利用无线电波将分析结果传回至地面。正是由于激光雷达技术的进步，才可以跨越国界获取全球范围的大气信息，因此激光雷达成为解决环境问题的强有力的工具。

由于激光的带宽很窄，所以采用合适波长的滤光器可将背景光和激光以及散射光准确地区分开，并能够去除对高灵敏计有害的背景光成分。因此，使用激光系统即使在白天也可以进行高信噪比的信号处理。而且激光光束发散角非常小，目标选择性非常好，即使低输出功率（几毫瓦）的激光，也可以在白天进行 10 km 以上的距离测定以及大气成分的光谱分析。

5. 其他精密计量

（1）直径测量

如何在生产线上实时测量各种线、棒、管材的外径，是生产中经常遇到的一个重要问题。例如，如何在高温状态、高速运动的生产条件下，测量光学纤维、钟表游丝、电缆、碳丝、玻璃丝及各种金属细丝的直径。测量的方法有扫描法、衍射法、散射法和干涉法，使用最多的是扫描法和衍射法。

激光在线测径扫描法是以匀速扫描的激光束由上而下地扫过待测件，其工作原理如图 13-21 所示，另一边的探测器收集激光束。当激光束平行匀速地扫过被测工件时，在激光束被待测工件阻挡的时间内探测器接收不到激光，探测器的输出是一个矩形脉冲，宽度为 t。设激光束（光路以虚线表示）从上而下的扫描速度为 v_0，则待测工件的直径 D 为

$$D = v_0 t \tag{13-5}$$

这种方法通常用于测量直径较大的材料，如电缆、电线、木材等。

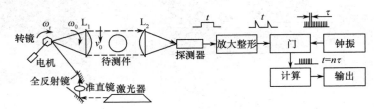

图 13-21 扫描法的工作原理

衍射法利用光的衍射现象进行测量。由于普通光源的单色亮度较小，光的衍射现象不易被人们所观察。激光具有高的单色亮度，使衍射现象的观察变得十分容易。当平行的激光束垂直射向待测细丝时，在距离细丝 L 处的观察屏上会出现一系列明暗相间的亮斑，在中心处亮斑的亮度最大，两侧对称地分布着一系列亮斑和暗点，两个相邻暗点之间的距离为 a。根据衍射原理，待测细丝直径 d 和相邻暗点间隔 a 有如下关系

$$d = \frac{\lambda L}{a} \tag{13-6}$$

式中，λ 是激光的波长。由此可见，λ 和 L 是已知的，只要测量到 a 的大小，就很容易算出细丝的直径 d。

激光衍射法适合于测量 0.2 mm 以下的不透明材料的细丝直径，分辨力可达 0.2 μm，测量精度可达 0.1 μm。

（2）电流测量

激光电流计利用激光束在高压输电线和测量仪器之间传递信息，进行无接触的电流测量，既省去了庞大的绝缘设备，又不受电磁干扰的影响。

激光电流计利用法拉第磁光效应，即诸如铅玻璃、火石玻璃、钇铁石榴石等磁光物质，在磁场作用下，使得通过它的偏振光的振动方向发生旋转，偏振光旋转的角度正比于磁场的强度。由于电流能够产生磁场，所以，将磁光物质置于电流产生的磁场中，使从地面发出的偏振激光束通过磁光物质后返回地面，测量出偏振光的振动方向旋转的角度，就可以测量出相应的电流强度。

（3）电压测量

电压的测量和电流一样，都是对电力系统的监控所必需的。激光电压计利用电光效应测量电压，

因为电压可以产生电场，电场引起物质的双折射，使得通过电光晶体或液体的光的偏振状态发生变化，测量出这种偏振状态的变化，就可以测量出相应的电压变化。这种激光电压计可以测得几十万伏的高压，误差仅为 1% 左右。

13.2.2　激光在材料加工中的应用

激光的方向性好，能量比较集中，如果再利用聚焦装置使光斑尺寸进一步缩小，可以获得很高的功率密度，足以使光斑范围内的材料在短时间内达到熔化或汽化温度。因此，激光加工是将激光作为热源，是一种热加工方法。激光功率密度高，甚至可以加工高熔点、高硬度材料。另外，激光加工是非接触加工，即使加工微小的零件时也不会产生作用力，因此，既适用于微细部位的加工，也能够对显像管、水晶振子这种被密封在透明容器里的产品进行焊接、修补。激光加工主要包括切割、焊接、打孔、弯曲成形、表面处理等加工方式；激光微细加工；激光快速成型等。

激光加工与其他加工方法比较，具有很多优越性，如光点小、能量集中、对加工点位置以外的热影响小；无接触加工，对工件不污染；能穿过透光外壳对密封的内部材料进行加工；加工精度高，适于自动化。

1.　激光加工的一般原理

（1）激光束特性

用于激光加工的激光束通常是基模（TEM_{00}），因为基模光束具有轴对称的光强分布，能达到最佳的激光束聚焦。当高斯光束入射到焦距为 f 的透镜面的光束截面半径为 ω，则由短焦距透镜聚焦后，焦点处的光斑截面半径 ω_0' 近似为

$$\omega_0' \approx \frac{\lambda f}{\pi \omega} \tag{13-7}$$

从而可以算出经透镜聚焦后焦平面上的功率密度。

【例 13-1】　CO_2 激光器，输出功率为 200 W，设聚焦前在透镜前表面上的光斑尺寸 $\omega = 10$ mm，透镜焦距 $f = 10$ mm，求聚焦后焦点处光斑有效截面内的平均功率密度为多大（输出功率指有效截面内的功率）。

解：CO_2 激光器的波长为 $\lambda = 10.6$ μm，由式（13-7）知：

$$\omega_0' \approx \frac{\lambda f}{\pi \omega}$$

所以

$$I = \frac{P_0}{\pi \omega_0'^2} = \frac{P_0}{\pi \left(\dfrac{\lambda f}{\pi \omega}\right)^2} = \frac{\pi \omega^2 P_0}{\lambda^2 f^2} = 5.6 \times 10^8 \, (\text{W/cm}^2)$$

可见聚焦后，光束在焦平面上的功率密度是很高的，足以使任何材料达到热破坏程度。

如果激光是高阶横模，光束具有非轴对称结构，光斑尺寸比基模显著增大，在激光总功率相同的情况下，焦点处的功率密度将减小。

在激光打孔与切割中，人们往往不去注意激光的总功率而更重要的是所能达到的最大功率密度。与此相反，在激光焊接中，为了使材料很好地熔接，必须在一定的宽度和深度范围熔化。为此，要消耗一定的总能量，而不必要强调缩小光斑尺寸。在多数情况下，为防止局部过热和强烈气化，调节焦点使其稍处于工件之外是有益的。

可用于材料加工的激光器主要有红宝石固体激光器、YAG 激光器、钕玻璃激光器和 CO_2 激光器。

（2）材料的反射、吸收和导热性

当光照射在不透明物体表面时，使一部分光被反射，另一部分光被吸收。对多数金属来说，在光

学波段上有高的反射率（70%～95%），大的吸收系数[（10^5～10^6）/cm]。一般认为光在金属表面层，能量就被吸收掉了，并把吸收的光能转化为热能，使材料局部温度升高，然后以热传导方式把热传到金属内部。此外，金属的反射率与金属的表面状况有关，粗糙的表面和有氧化物膜层的表面较之光滑表面有更小的反射率。非金属材料的反射率和吸收系数则在很大的范围内变化。

因为金属表面层吸收的光能转化为热能，而热能又以热传导的方式继续向材料深处传递，所以金属的导热性对材料的加热影响很大。根据热传导理论可以计算激光照射下被加工材料表面的温度和内部的温度分布。知道温度场分布对判断能进行什么加工提供依据。如进行焊接必须达到材料的熔化温度，而打孔、切割一般必须达到气化（沸点）温度。长脉冲或连续激光正入射时，光点中央的温度上升值 ΔT 与被吸收的光功率、导热系数之间的关系为

$$\Delta T = \frac{P}{\pi \omega_0' K} \tag{13-8}$$

式中，P 为被表面吸收的光功率，ω_0' 为光斑半径，K 为导热系数。

在一个脉冲作用时间内，材料通过单位面积吸收，使深度为 h 的材料温度升高到气化所需要的能量（未考虑传导、辐射等损耗）为

$$W = \rho h [C_s(T_m - T_0) + C_p(T_B - T_m) + L_m + L_r] \tag{13-9}$$

式中，T_0 是起始温度，T_m 是熔化温度，T_B 是沸点温度，C_s 是固体的比热，C_p 是液体的比热，L_m 和 L_r 分别是熔解热和汽化热，ρ 是材料密度，h 是孔的深度。

2. 激光打孔、切割、焊接

（1）激光打孔

激光打孔是最早达到实用化的激光加工技术，也是激光加工的主要应用领域之一。随着近代工业和科学技术的迅速发展，使用硬度大、熔点高的材料越来越多，而传统的加工方法已不能满足某些工艺要求。例如，在高熔点金属钼板上加工微米量级孔径；在硬质碳化钨上加工几十微米的小孔；在红宝石、蓝宝石上加工几百微米的深孔，以及金刚石拉丝模具、化学纤维的喷丝头等。这一类的加工任务用常规机械加工方法很困难，有时甚至是不可能的，而用激光打孔则不难实现。激光束在空间和时间上高度集中，利用透镜聚焦，可以将光斑直径缩小到微米级从而获得（10^5～10^{15}）W/cm^2 的激光功率密度，如此高的功率密度几乎可以对任何材料进行打孔。

激光打孔机的基本结构包括激光器、加工头、冷却系统、数控装置和操作盘，如图 13-22 所示。加工头将激光束聚焦在材料上需加工孔的位置，适当选择各加工参数后，通过激光器发出的光脉冲就可以加工处所需要的孔。

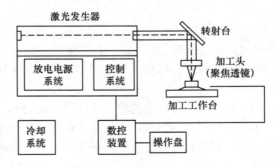

图 13-22　激光打孔机的基本结构示意图

（2）激光切割

激光切割具有非接触加工、切缝非常窄、邻近切边的热影响区小等特点。加工对象按照加工难易

程度排序有布、木材、陶瓷、钢板、铝板、复合材料等。

几乎所有的金属材料在室温下都对红外光有很高的反射率。例如，对于 $10.6~\mu m~CO_2$ 激光的吸收率仅有 $0.5\%\sim10\%$。但是当功率密度超过 $10^6~W/cm^2$ 的聚焦光束照在金属表面上时，能够在微秒级的时间内使表面开始熔化。大多数熔融态的金属的吸收率会急剧上升，一般可提高到 $60\%\sim80\%$。因此，CO_2 激光器已经成功地用于许多金属的切割实践。

现代激光切割系统可以切割的碳钢板的最大厚度已经超过了 20 mm，利用氧化熔化切割方法切割碳钢板，其切缝可以控制在满意的宽度范围内，对薄钢板的切缝可窄至 0.1 mm 左右。激光切割对于不锈钢板是一种有效的加工手段，它可以把热影响区控制在很小的范围内，从而很好地保持其耐腐蚀性。大多数合金结构钢和合金工具钢都能够用激光切割方法得到良好的切边质量。铝激光切割需要很高的功率密度以克服它对 $10.6~\mu m$ 波长的激光的高反射率。$1.06~\mu m$ 波长的 YAG 激光束由于有较高的吸收率，能够大幅度地提高铝激光切割的切割质量和速度。

$10.6~\mu m$ 的 CO_2 激光束很容易被非金属材料所吸收，它的低反射率和蒸发温度使吸收的光能几乎全部传入材料内部，并在瞬间引起气化形成空洞，进入切割过程的良性循环。塑料、橡胶、木材、纸制品、皮革、天然织物及其他有机材料都可以用激光进行切割。但是木材的厚度需有所限制，木板厚度在 75 mm 内，层压板和木屑板约为 25 mm。无机材料中石英和陶瓷可以用激光进行切割，后者宜用控制断裂切割且不可采用高功率。玻璃和石头一般不宜用激光切割。

（3）激光焊接

激光焊接是一种材料连接方法，主要是金属材料之间连接的技术。因为激光能量高度集中，加热、冷却的过程极其迅速，一些普通焊接技术难以加工的脆性大、硬度高或柔软性强的材料，用激光很容易实施焊接。激光还能使一些高导热系数和高熔点金属快速熔化，完成特种金属或合金材料的焊接。另一方面，在激光焊接过程中无机械接触，易保证焊接部位不因受力而发生变形，通过熔化最小数量的物质实现合金连接，从而大大提高焊接质量，提高生产率。

激光焊接通常用的激光器是 CO_2 激光器和 Nd：YAG 激光器。CO_2 激光器最适于钢铁材料的焊接。而像铜、铝等材料，由于材料表面对激光的反射率一般都超过 80% 以上，加之热传导率又比较高，通常认为这些材料的焊接比较困难。但是，最新的技术开发，使铝合金的焊接已达到了实用化水平。铝合金焊接技术的实用化，更为汽车产业带来契机。正是铝合金的应用，实现了汽车车体的轻量化，有效控制了汽车的燃料消耗。

此外，Nd：YAG 激光器在微型焊接方面有其特殊的优势。在微型焊接领域，利用脉冲式 Nd：YAG 激光器对电子零部件进行组焊。例如，显像管电子枪组装、照相机零件、磁盘读写头、继电器触点等的焊接。

3．激光微细加工

激光微细加工是指用激光对微电子、光电子、微机械、微机电及相关领域的零部件进行的微区切割、焊接、打孔、刻蚀、清洗及毛化等加工过程。

例如，当集成电路尺寸进一步减小、线路进一步复杂时，激光微加工技术的应用就变得越来越重要。当微处理器和控制芯片的引脚数量超过 208 个时，就需要在印制电路板上打非常小的孔以连接线路，这样的打孔需求可用激光技术实现。

在计算机硬盘技术方面，柔性印制线路正在代替细线作为 4 针头和驱动线路间的电互连，同样要求在印制线路板上打小孔和切除印制线路板上不必要的连线。实践证明，采用激光技术可使产品的产量、质量得到提高。

微波器件的陶瓷加工、划片是激光的另一个重要应用领域。CO_2 激光器正在这一领域发挥作用。准分子激光器光刻技术发展很快，有可能利用这种激光器产生 $0.18~\mu m$ 线宽的集成电路。

固体激光器可用来刻蚀和沉积光学掩膜，这种薄金属氧化膜可用于高级存储器件。

将激光辐射到半导体晶片的表面，可清除埃量级深的尘埃与污物。在制造微电机器件时，常需要进行硅体材料和表面加工，所有激光器都可用于硅的加工，以代替传统的光刻技术。

在数据存储器件领域，从磁阻到磁光领域，都在使用激光器。激光微调连接磁头和驱动线路的连线；激光打孔用于柔性印制线路；激光雕刻空气轴承以确保磁头在一定的高度运动。高密度磁盘表面毛化可用 LD 泵浦固体激光器来实现。

在通信和计算机领域，激光微加工正被用来制作光纤光栅、波分复用器、中继回路。当光纤到户，数字电视普及时，这一技术将会得到更大发展。在蜂窝电话的发展过程中，用激光微通道打孔技术可使电话更轻、更坚固。

显示技术正在迅速地从 CRT 转向各种平板显示如液晶和电致发光显示，而激光在生产彩色液晶显示器的过程中起着关键作用。

（1）光刻

在高度信息社会中，超大规模集成电路被广泛应用，光刻是制造集成电路的主要工序之一，也是芯片制造成本的主要部分。

准分子激光器的输出波长很短，在紫外波段范围，可以达到的空间分辨率为 10^{-7} m，而且更易引起许多光化学反应的发生。用准分子激光照射放在卤素气体中的硅片，只有激光照射到的部分才发生光化学反应，产生腐蚀，其他未被照射的部分则不发生化学反应。这样就可以按需要在硅片上刻蚀出线宽为纳米级的超大规模集成电路的电路图形。采用激光不需要使用感光剂，而且很大地省略了传统工艺的工序。硅片在曝光的同时，腐蚀也就形成了，只需要一道工序就完成。

在半导体工业中，光刻采用 248 nm KrF 准分子激光器（产生 250 nm 线），以及 193 nm ArF 激光器和 157 nm F_2 激光器。193 nm 光刻与其他新技术结合，可产生小于 100 nm 的线宽。

（2）激光清洗硅片

在微电子加工过程中，沾污是个严重的问题，它常使 50% 的集成电路失效。有效的清洗技术可促进半导体技术、计算机磁盘技术、光盘技术的发展。集成电路的尺寸在不断减小，要求清除的粒子尺寸也在不断减小。

目前，主要有两种激光清洗方法：一是利用激光蒸发很薄的液体层，同时清除粒子；二是利用激光辐射清洗，不需要任何液体。实践证明，这些技术不仅能够清除粒子，而且成本也很低。

典型的激光清洗系统是用脉冲工作的 CO_2 激光器通过 30 cm 焦距的透镜照射样品。样品放在计算机控制的支架上，光束可在样品上扫描。用纯氮通过加热的去离子水（40 ℃），让水凝结在冷的片子上，同时，计算机命令光束工作。

另一种激光清洗技术是利用光辐射压力原理：光是有动量的，因而光照射到物体上能产生使物体运动的力，使粒子脱离物体表面。

（3）激光磨蚀

当高功率脉冲激光照射在固体表面时，若超过某一阈值能量密度会产生磨蚀。

激光磨蚀技术在激光量子化质量分析、磨蚀加工、表面改质、表面清洁、激光涂敷、有机薄膜的亲水性附加、提高黏结性等广泛的领域中应用。

薄膜电子零件的重新配对与修边中利用激光磨蚀的微细加工。在欧洲，有很多绘画和大理石等制造的雕刻，经多年后会变质或因大气污染引起表面恶化，这些人类遗产的表面激光修复上利用的就是激光磨蚀。

现在不仅对有机材料，还对无机陶瓷、无机晶体等的激光磨蚀也在进行中。生物体软组织（眼睛的角膜）、硬组织（骨、牙齿）的激光烧蚀等技术应用于激光治疗。

4. 激光快速成型技术

（1）快速成型技术的基本原理

快速成型技术是应用离散/堆积的概念来制造零件的，通过离散获得堆积的路径、限制和方式，通过堆积将材料"叠加"起来形成三维实体。离散/堆积的工作过程由 CAD 模型开始，先将 CAD 模型离散化，沿某一方向（常取 z 向）切成许多层面，即分层，这一步属于信息处理过程。然后在分层信息控制下顺序加工各片层并层层结合，堆积出三维零件，该零件作为 CAD 模型的物理体现与之对应，为物理堆积过程。

离散/堆积成型着眼于从制造的全过程上消除专用工具以提高柔韧性。从成型角度看，零件可视为一个空间实体，它由若干非几何意义的"点"或"面"叠加而成。从 CAD 模型中获得这些点、面的几何信息（离散），再把它与成型工艺参数信息结合，转换为控制成型机工作的 NC 代码，控制材料有规律地、精确地叠加起来（堆积）而成零件，这就是离散/堆积的原理。离散/堆积通过离散把三维制造问题转化为一系列二维制造的叠加，是一个分解—组合过程。

（2）快速成型技术的应用——汽车发动机活门体的成型加工

汽车发动机活门体的成型加工是激光熔覆成型技术的成功应用。它取代了以往将烧结活门压入汽缸头的方法，将粉末原料直接堆焊在发动机基体上。图 13-23 是汽缸头的激光熔覆成型加工原理图，送粉末喷嘴输送原料的同时，受到激光谐振腔振荡发射的激光作用，结果在汽缸头处形成熔覆层。通常，使用 Cu‐Ni‐Si 合金粉作为粉末原料，以满足热传导性、耐热性、韧性、耐磨性、润滑性等性能要求。

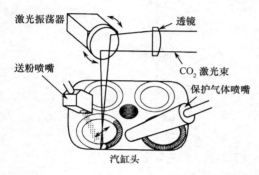

图 13-23　汽缸头的激光熔覆成型加工原理图

13.3　激光在生物医学领域的应用

生物医学光子学是光子学与生命科学相互融合、相互促进的学科新分支。生物医学光子学分为诊断和治疗两个组成部分，前者以光子作为信息的载体，后者以光子作为能量的载体。激光由于具有单色性好、高亮度、高密度、辐射方向性强等特点，多以其作为光诊断和光治疗的光源。激光技术已成为现代生命科学的重要研究工具，并为生物工程技术开拓带来革命性的变化。

13.3.1　激光与生物体的相互作用

1. 生物体的光学特性

当激光与生物体相互作用时，被生物体吸收的激光多少是不同的。生物体（人体）的主要成分是水，此外还有蛋白质、脂肪、无机质等皮肤、肌肉、内脏的软组织中的水分，水总共占生物体质量的70%左右。水对红外光有着很强的吸收带，因此，若在这些软组织上照射红外光，可以高效地把光能转换成热量。在生物体中除了水以外的典型的光吸收体，有血液内红细胞中的血红蛋白。血红蛋白有被氧化的状态与未被氧化的状态，这两种状态的吸收光谱是相同的，不论哪种状态，都会使 600 nm 以下波长带的吸收增大。蛋白质对紫外光表现出很强的吸收。汇总以上这些特性，可得软组织上各种物质的吸收系数与波长的关系如图 13-24 所示。

由图 13-24 可知，在 700～1500 nm 范围的红外线谱带上的吸收比较小，因此该光谱带称为生物体光谱学窗口。光在生物体内受到散射的同时也能到达组织的比较深处，光能到达组织的深度称为光穿透深度（Optical Penetration Depth），指入射光强衰减到初始值的 1/e 时的深度。图 13-25 所示为软组织中典型激光波长的光穿透深度。光穿透深度在近红外附近较深，在 3 μm 以上的红外区或 300 nm 以下的紫外区较浅。组织的种类不同，光穿透深度与波长的关系也不同，例如，牙齿、骨等硬组织中，蓝绿色波长的穿透深度深。

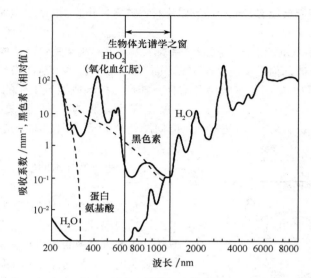

图 13-24　软组织上各种物质的吸收系数与波长的关系

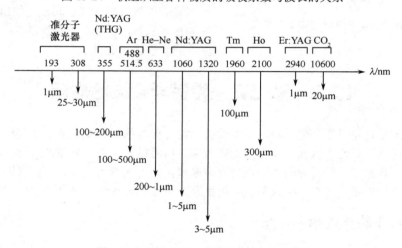

图 13-25　软组织中典型激光的穿透深度

2. 激光对生物体的作用

激光能够诊断和治疗疾病是因为激光可以与生物体作用而产生多种效应，包括光热效应、光压效应、光化效应、光电磁效应和光激活效应等，激光正是通过这些效应达到诊断和治疗疾病的目的。当不同频率的激光照射到生物体上时，会产生不同的效应。高功率激光照射到生物体上时，会使生物体温度升高，引起光热效应，随着温度的升高，生物体组织会依次出现蛋白变性、蛋白退化、凝固、蒸发等光生物效应，这是激光手术的基础；中功率激光照射生物体之后，会使生物体温度升高，但不会出现蛋白变性，只能产生光化效应，这是激光动力学治疗的基础；低功率激光照射生物体之后，不会引起生物体温度升高，但能产生激活效应，这是激光针灸的基础。

3．激光对生物体应用的优点

第一，人们在光的世界中生活，除特殊情况外光对生物体的损害较少。对生物体给予的某种伤害叫做侵袭，与放射线相比，光对生物体一般是无侵袭或低侵袭的。

第二，利用激光在大气中直线传播的特点，可非接触地对生物体应用，也可以利用光纤导入到生物体的内部。

第三，激光的高聚光性能使微观的治疗和高空间分辨率的测定成为可能。

13.3.2　激光在生物体检测及诊断中的应用

1．激光多普勒诊断

激光多普勒诊断的方法是将激光光源（多用透射较深的 He-Ne 激光器）发射的激光通过光纤传送到探头，激光射入人体组织一小段距离，其中一部分被散射回皮肤表面，并被另外两个光纤所收集。作为检查对象的红细胞所散射的光频率将发生多普勒效应，红细胞向着入射光运动时，散射光频率增加；反向时，频率减小；静止时，频率不变。而且红细胞的速率越大，散射光频率的变化越大。改变了频率的散射光在两个探测通道里混频而获得差频信号。通过电子技术对差频信号进行比较、选择、分析，从而得出最终的诊断。目前，应用激光多普勒效应可以在 10μm 左右的探测区上测量单一细胞的流动信息，可以实时地观察和分析生物系统的瞬变过程，为微循环研究、血液流变研究、血液循环系统的疾病诊断等方面提供重要的证据。

2．激光光谱诊断

如果能够测出激光照射生物体时的吸收、散射及荧光等光谱，则在活的状态进行各种各样的生物体信息的测量就成为可能，进而疾病的诊断（病理诊断）也就成为可能，这种诊断称为光学活检。传统的活检（biopsy）是指将组织的一部分切除并做切片，利用显微镜等对它的病理进行诊断，若用光谱测量的方法进行无侵袭的诊断，则称为光学活检（optical biopsy）。

光学活检的基本原理如图 13-26 所示，通过对组织中的反射光、透射光、散射光，或者是组织被激发光激发后所产生的荧光（包括自体荧光和药物荧光）进行实时检测或成像来实现对不同组织体的鉴别。下面介绍近红外吸收光谱及荧光光谱的两个应用实例。

（1）利用近红外吸收光谱测量代谢功能

含氧丰富的动脉血呈鲜红色，相反缺氧的静脉血则呈暗红色，这是因为血红蛋白的氧化状态（oxy-Hb）与脱氧状态（deoxy-Hb）的吸收光谱存在微小差别所致，即在 600～800 nm 范围氧化血红蛋白的吸收小而呈鲜红色，而在 800 nm 以上脱氧血红蛋白的吸收小而呈暗红色，血红蛋白的吸收光谱如图 13-27 所示。测量两者不同的吸收率可以知道组织的氧化程度。因为这些波长带的光穿透深度深，因而从体外照射后测定其透射光或反射光（散射光）的光谱强度，就可无侵袭地监视一定深度的体内组织的氧化程度。

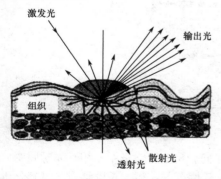

图 13-26　光学活检的基本原理示意图

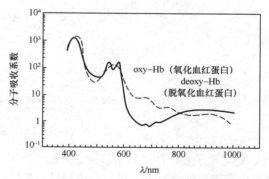

图 13-27　血红蛋白的吸收光谱

目前脑氧监视装置（脉冲测氧计）已经实用化，若在多点进行这样的测定，就能得到肢体活动与脑部活动对应关系等空间功能信息，因而备受人们的关注。但是，因为生物体对光来说是很强的散射体，特别是对于深处组织，信号光变得很微弱，因而信号检测比较困难。

（2）利用荧光光谱确定病变部位

治疗时准确地知道病变部位很重要，但是在很多情况下又难以准确诊断。如果在生物体组织上照射激光时病变部位能显示出特有的荧光，那么就能准确地确定病变部位。摄得光敏感性物质的荧光图像，对癌组织和动脉硬化部位的确定十分有效。

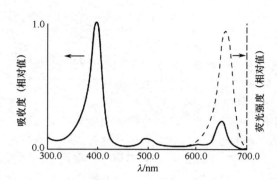

图 13-28　光敏物质 NPe6 的吸收光谱与荧光光谱

采用的光敏物质是 NPe6，其吸收光谱与荧光光谱如图 13-28 所示。如果使用其吸收峰附近的光来激励 NPe6，则在 662 nm 处出现荧光峰值（磷酸溶液中）。NPe6 易聚积于肿瘤及脂肪组织上，对病变组织以 664 nm 的光来激励，则在 670 nm 处出现峰值荧光，因此很容易确定病变部位。实际的荧光测定是先在静脉注射所需量的 NPe6，数小时后，Npe6 从正常组织中排出，但仍滞留在病变组织出，此时照射功率密度约为 1 mW/cm^2 的半导体激光，使用 CCD 摄像机对荧光范围摄像，经过图像处理就可确定病变部位。利用内窥镜，则可进行生物体深处病变部位的观察。

3．光学相干层析技术

光学相干层析技术（Optical Coherence Tomography，OCT）与超声成像类似，只是以红外线代替了超声波，能够获得组织微结构的高分辨横截面成像。

OCT 系统采用几何光学层析成像原理，其结构示意图如图 13-29 所示。光束聚焦照射到组织后，用干涉测量法可测量到组织体内部不同深度微结构所反射的光的时间延迟。当光束扫过组织时，在不同的横向位置反复进行轴向测量，从而获得图像信息，组成二维后向散射或反射图像，该图像反映了组织内部结构形态和细胞结构。

只有当样品观测面的后向散射光与参考光近似等光程（小于光源的相干长度 L_c 时，才会产生光混频，得到拍频为 $f_0 = 2v/\lambda_0$ 的信号光，其中 v 为参考镜移动的速度，λ_0 为弱相干光源的中心波长。通过探测光束在纵横两个方向上扫描，就可以恢复样品横截面上的结构图像。因此 OCT 得到的图像有两个方向的分辨率，其纵向分辨率由光源的相干长度 L_c 决定（$L_c \approx \lambda_0^2 / \Delta\lambda$，$\Delta\lambda$ 为光辐射的半功率线宽），横向分辨率受限于探测光束的光斑大小。

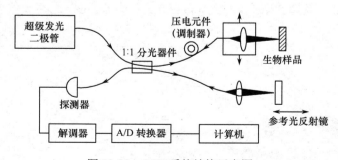

图 13-29　OCT 系统结构示意图

OCT 是运用了多种技术的新型成像系统。为了保证高纵向分辨率，它采用弱相干光源照明，因为在样品折射率确定的情况下，纵向分辨率只与光辐射的相干长度有关，相干长度越短，纵向分辨率越高。为保证系统的灵敏度，采用外差探测的方法，在频域检测信号光和参考光的相干信号中的差频部分，精确地复原调制信号，即反映物体内部的结构信息和光学参数信息。对于外差检测中要求的参考频率与信号频率之间的差值，可利用多普勒原理，令参考光臂的反射镜以一定速度运动，在参考光的频率上附加一个频率变化，提供频差，该频率就是检测时带通滤波器的中心频率。最后，将得到的光信号转换为电信号，处理后显示为灰度图像或伪彩色图像，这就是我们所看到的 OCT 图像。

4．激光扫描共焦显微技术

超声、CT、磁共振等成像技术虽然都能够获得人体组织的各种表像，但达不到细胞级的分辨率。为了以细胞级即以微米级的空间分辨率来观察生物体，通常要先做组织切片标本，再利用光学显微镜观察，不能做活组织成像。激光扫描共焦显微镜则可进行光学断层分析，取得生物样本的三维图像，以观察细胞与细胞相互作用、组织再生、光与组织的物理技术和生物效应、细胞内的生化成分和离子浓度等。这种方法已成为生物学和医学研究细胞的新技术和新手段。

图 13-30 为激光扫描共焦显微镜（laser confocal microscope）的原理图。激光器发出的光经针孔并经透镜聚焦成线度接近单个分子的极小斑点，照射样品，以产生荧光。在样品内形成针孔的一次像，再经物镜和空间滤波器在检测器上成二次像。可探测到焦点处的荧光，离开焦点的荧光因受空间滤波器的阻碍，不进入探测器，从而可获得样品细胞一个层面的图像。连续改变激光的焦点，就可以扫描一系列层面，获得整个样品细胞的三维图像。

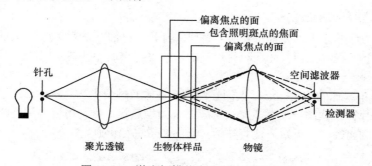

图 13-30　激光扫描共焦显微镜的原理图

目前，利用多光子技术，近红外光激发可减少单光子激光扫描共焦显微镜对细胞的损伤，能得到样品更深层的高分辨率荧光图像。利用这种技术研制成的激光视网膜层面分析仪，可对视盘表面 1～3 mm 深度进行 32 层面的扫描，再由计算机制成视盘表面的三维地形图用于诊断青光眼。

13.3.3　激光医疗

由于激光的物理特性决定了其具有明显的生物效应。激光的热作用对生物组织进行气化、切割、热凝、热敷，它的作用大小取决于激光束的波长、功率、模式、照射时间、聚焦程度及靶面积大小；激光的光化作用则是由激光作用于生物体而产生体内的化学反应；当生物组织吸收激光能量密度超过某一确定阈值时，就会产生气化并伴有机械波；激光又是一种电磁波，也就是变化着的电磁场，人的机体作为一种介质具有电导和电容，在激光电场作用下会发生许多相应的变化，如电致伸缩；在低强度激光照射下，会刺激机体加速细菌生长和蛋白质合成，利于骨折愈合、消炎、镇痛、血管扩张等。需要注意的是，不论哪种治疗，不一定只利用单一作用，如利用紫外激光的烧蚀时主要起作用的是光热作用，但光子能直接切断组织的分子结构时光化学作用也参与其中，该治疗同时利用了光热作用及光化学作用，甚至还有其他作用参与。

1．激光手术

激光手术是利用高功率或中等功率的激光在与组织相互作用时所产生的热量将组织气化、凝固、烧灼或切开。当激光束以一定的速度移动时，就可以连续切开组织，同时激光的能量还能把组织中的血管烧结起来，起到止血的作用，所以激光束可称为"激光手术刀"。

波长 10.6 μm 的 CO_2 激光是极易被水吸收的红外光，这正是它作为手术刀使用的原因，像皮肤这样的软组织受到激光照射时，激光的能量只是被皮肤表面吸收，并没有穿透到深处。但是，由于角质层以下的组织比皮肤表面的角质层含水量高，这里的水分会瞬时蒸发膨胀，使皮肤破裂，从而可以进行切开、切除手术。CO_2 激光手术的优点是可以进行无血手术，因为毛细血管（直径≤1 mm）这样的细血管在激光照射下，由于热效应导致血管收缩断裂，而断裂处又会立即凝结，因此，即使切开布满毛细血管的内脏器官如肝脏时，也不会出血。此外，该手术不接触人体便可实施，省去了金属手术刀杀菌消毒的麻烦。但是，激光手术也有缺点，由于切开是在热作用下进行的，因而无法避免切开边周边的炭化现象。

在临床应用中，用得最多的是 CO_2 与 Nd：YAG 激光治疗仪。近年来，半导体激光手术刀已开始进入市场，用来治疗前列腺疾病等方面疗效非常好。发射紫外线的准分子激光器也被作为手术刀使用，它是利用了紫外激光的光化学效应分离、切断生物体中的高分子，切口非常锋利，并且切口处炭化可控制在最小限度内。但是，由于热效应少，所以做不到无血手术，因此，常用于含血管少的骨、牙的切断及钻孔。由于准分子激光的热损伤小，切割精细，用其治疗近视安全、有效，适合于眼科的近视眼矫正手术。

2．激光医疗在眼科中的应用

激光眼科在激光医学中占领先地位，由于眼球本身就是一部"光学仪器"，因此用激光来治疗眼科疾病具有优势，激光一经诞生便首先在眼科疾病的治疗上获得成功并得到广泛应用。

（1）眼底治疗

图 13-31 所示是眼球的构造。通常人们看到的是物体通过角膜和晶状体（起透镜作用）在网膜上所成的倒像，并由视神经读出。入射激光在网膜上聚光为点状，可利用这种原理在眼底的疾病部位上照射激光，加热被剥离的网膜组织，使其黏结（凝固）或进行止血。

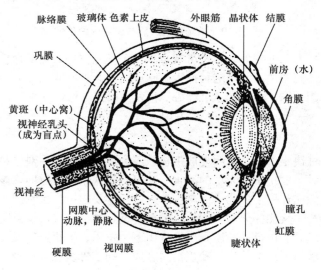

图 13-31　眼球的构造

光所通过的角膜、晶状体、玻璃体等，主要成分都是水，对可见光，特别是蓝光、绿光的透射率高，因此光源多采用 514.5 nm 的 Ar 离子激光器。但是最佳波长的选择与治疗目的、病变部位、特别是组织的深度有关。如血管瘤的直接凝固中采用对血红蛋白吸收率高的 577 nm 的激光；脉络膜等眼底深部的治疗中采用光穿透深度更长的 630 nm 的激光。在这些治疗中利用了可见光对眼睛的透射系数大的特点，因此要防止这些光意外或过量地入射到眼镜，否则有损伤网膜的危险。比 2 μm 长的波长，则由于水的吸收减小了眼睛的透射系数，因此这类激光器称为人眼安全激光器，被应用在激光雷达等激光束在大气中传播的场合。

（2）近视眼治疗

治疗近视是利用烧蚀作用对角膜表面进行精密加工，控制折射状态的过程。眼睛对光的折射由角膜与晶状体完成，因为晶状体与前房和玻璃体相邻，三者折射率接近，因此折射作用不大。而角膜的一侧与大气接触，二者折射率相差较大，因此折射作用大，因而只对角膜手术就能有效地矫正近视。目前近视矫正有对角膜表面进行二维去除手术使其曲率半径增大（做成平坦的）PRK（photorefractive keratectomy）方法和将角膜表面辐射状切开的 RK（radial keratotommy）方法两种，以副作用小的 PRK 方法为主流，激光角膜手术示意图如图 13-32 所示。

图 13-32　激光角膜手术示意图

光源一般采用能得到高质量烧蚀表面的 193 nm ArF 准分子激光器，该波长的光穿透深度小（参见图 13-25）且能精密烧蚀，又因光子能量大，所以存在光化学的作用，这也是能得到高质量烧蚀表面的原因之一。为了使照射表面上得到均匀的烧蚀，必须均匀地照射激光，因此采用强度分布均匀的大口径光束或用小口径光束进行二维扫描。在实际治疗中，先进行角膜形状的测定，确定烧蚀量后再进行激光照射。这种治疗方法不仅应用于近视、远视和散光的矫正，还应用于角膜疾病的治疗，目前已有很多商品化的仪器。

3. 皮肤科及整形外科领域中的应用

皮肤科及整形外科领域主要是利用激光的选择性吸收原理。针对不同的色素性病变组织，只要选择合适的激光能量、照射时间、功率密度等参数都可以使病变组织达到有效的治疗效果。激光在皮肤科的应用目前的焦点集中在色素性病变、血管性病变等。

图 13-33 所示是皮肤组织的断面构造。决定皮肤颜色的典型色素有黑色的黑色素与红色的血红蛋白。黑痣、蓝痣是黑色素引起的局部增生皮肤病变，可分为表皮上的增生（扁平痣等）与真皮内的增生（太田痣等）。一般肉眼能看到的真皮或皮下组织血管的扩张和增生（血管瘤），因为存在许多红细胞看似红色，被称为红痣。

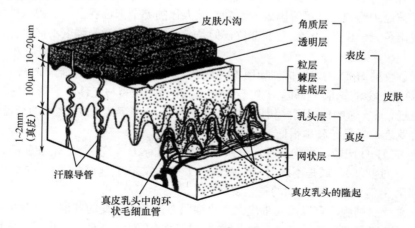

图 13-33　皮肤组织的断面构造

可以利用激光使这些色素和病变细胞有选择地吸收其热量，而使病变组织产生变形以至破坏。但

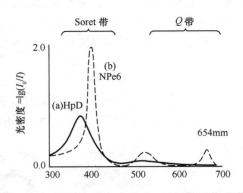

图 13-34　光敏物质血卟啉（HpD）的吸收光谱

是激光照射后，皮肤色调的变化（褪色）需要很长的时间，这是由于被破坏的病变细胞被巨噬细胞所吞食，再送到淋巴结需要很长时间。为了有选择地破坏病变细胞（色素），必须选择吸收系数大的激光波长。氧化状态的血红蛋白在 418 nm、542 nm、577 nm 波段具有吸收峰值，而黑色素是在短波段增大吸收（参见图 13-24），另外，病变部位在组织深处时，必须考虑皮肤组织的光穿透深度，即在波长的选择上，同时还必须考虑病变细胞的吸收系数与皮肤组织的光穿透深度两个因素。例如，血红蛋白在 418 nm 附近吸收系数最大，但考虑光穿透深度后多使用 577 nm，甚至使用波长更长的激光。

此外，激光照射时间（脉宽）也是重要的参数。即使激光对病变细胞是有选择性地吸收，但如果照射时间太长，则会由于热扩散而使周围组织受到热影响。因此激光照射要比热扩散时间（热衰减时间）短。例如，黑素体的热衰减时间为 1 μm 左右，根据病变部位的深度可在脉宽为数纳秒至 100 ns 的红宝石固体激光器（694 nm）、金绿宝石激光器（755 nm）、Nd：YAG 激光器（1064 nm）等各种 Q 开关固体激光器和脉冲染料激光器中进行选择。但这不说明脉宽愈窄愈好，治疗血管瘤，有必要使血管壁也受热变形，而吸收主体为红细胞（血红蛋白），因此，若脉宽太窄则只能破坏红细胞，对血管壁的热扩张不起作用。

4. 光动力治疗

光动力治疗（photodynamic therapy），也称为光化学治疗，是利用光敏剂和光照射治疗肿瘤的一种新方法。其基本原理是：在肌体内注射某种光敏物质，由于肿瘤细胞和正常细胞与光敏物质的亲和力不同，使光敏物质只集中在肿瘤组织中，经过一段时间后肿瘤内的含量相对较高。然后用高功率激光照射肿瘤区域，通过光化学作用杀死肿瘤细胞，杀伤作用有选择性，对正常组织损伤小，所以它是一种较好的治疗方法，尤其对浅表肿瘤疗效较好。目前这种方法已用来治疗早期肺癌和食道癌的治疗。这种方法的缺点是激光透入人体的深度太浅，在肿瘤的深层无法进行光敏化学作用，因此这种方法还在进一步研究之中。

典型的光敏物质是一种称为血卟啉（HpD）的色素，它在紫外区上具有称为 Soret 带的强吸收带，又在可见域中具有称为 Q 带的弱吸收带，如图 13-34 所示。该色素溶液通过静脉注射注入人体，它比正常细胞更容易被癌细胞侵吞，虽说肉眼看不到它被人体的哪个部位吞食，但用紫外线照射时，只有被侵吞的部位发出荧光，由此可诊断癌变部位，但是，此时照射的激光强度不能过强，否则会对非癌部位造成损伤。

被癌细胞所吞食的 HpD 的作用机理如图 13-35 所示。HpD 的电子状态有一重态（S：singlet）和三重态（T：triplet）。一般 S 态寿命较短，T 态寿命较长。寿命的长短与迁移的难易有关。短寿命的情况，容易向下能级跃迁，长寿命的情况刚好相反。S-S 间的跃迁为允许跃迁，S-T 之间的跃迁为禁止跃迁（实际上是部分允许跃迁，只是迁移率很低）。

处于基态 S_0 的 HpD 吸收外来光后跃迁至激发态 S_1（过程①）。激发至 S_1 态的 HpD 发出荧光并立即返回到基态 S_0（过程②），或是不发射光子而移至 T 的激发态 T_1（过程③）。由于 T_1 的寿命较长，所以经过④迁移至 S_0 时伴随有长时间的磷光发射。

为了用激光杀死癌细胞，可以用高强度激光集中照射诊断为癌变的部位。究竟癌细胞是如何被杀死的，目前还不十分清楚其机理，不过有如下解释。被癌细胞吞食的 HpD，由于高强度的激光照射，T_1 增多。这一状态的 HpD 不仅经过了④，在长寿命期间，还发生了⑤：即将其能量转移给周围的氧分子。与普通分子不同，氧分子的基态是三重态 T_0，所以，它从 HpD 的 T_1 获取能量后即从 T_0 跃迁至一

重态 S_1。处于 S_1 的氧分子同臭氧和氧化氢一样，是一种非常容易参与反应的活性氧。该活性氧还有一个反应过程，就是经过⑥返回到 T_0，不过，由于 S_1-T_0 的迁移率很低，所以 T_1 寿命较长。在该寿命期间，激光可以和细胞中的分子发生化学反应，使细胞的代谢能力降低，从而杀死了癌细胞（过程⑦）。

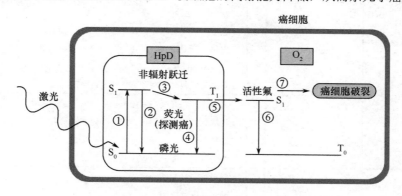

图 13-35　被癌细胞吞食的 HpD 的作用机理

在光动力治疗中，光敏物质起着重要作用。HpD 在 400 nm 附近有一个较大的吸收带，如果使用这一波长区域的激光进行照射，效果将更好。人们正在研究另外一些适合于现有激光波长的光敏物质，称为第二代光敏物质，其中之一就是 Npe6。Npe6 不仅代谢快，而且在 Q 带的 650 nm 附近具有大的吸收峰值，接近此波长的半导体激光器和可调谐激光器都适用。

13.3.4　医用激光光源

激光首次应用于医疗领域是在发明激光的第二年，即 1961 年，实施了激光凝结治疗视网膜剥离手术。此前的治疗方法是利用氙气灯，而激光的出现也只不过是更换了光源而已。此后的一段时间也并没有更大的进展，直到 20 世纪 70 年代，开发出了 CO_2 激光手术刀，激光在医疗领域的应用获得迅猛的发展。到目前为止，随着各种激光器的开发，激光已用于各种各样的治疗。

最近，固体激光器和半导体激光器技术的进步使激光医疗受益匪浅。一般来说医用激光器必须是小型、可移动且可操作性好、容易检修等，比工业用激光器要求更严格，固体激光器和半导体激光器具有这些特性，成为医疗用激光器的主流。表 13-1 对激光在医疗领域的应用进行了汇总。

表 13-1　医用激光器及其应用实例

激光器	波　　长	应用实例
CO_2 激光器	10.6 μm	整形外科（色素斑、血管瘤、皮肤癌）
		骨外科（骨切开）
		胸外科（心血管手术）
		脑外科（髓膜肿瘤、听神经肿瘤）
		耳鼻喉外科（支气管系统及声带治疗）
		口腔外科（舌切除、口腔癌）
		眼科（晶体摘除）
		牙科（蛀牙除菌）
		妇科（宫颈癌、阴道癌）
		泌尿外科（肛门及外生殖器癌）
		消化外科（大肠、盲肠的吻合、消化道切断）
		一般外科（乳腺癌、肿瘤切除、皮肤移植）

激光器	波　　长	应用实例
氩离子激光器	488 nm 514 nm	眼科（眼底治疗：视网膜剥离、白内障） 脑外科（听神经肿瘤） 整形外科（酒色斑、各种整形） 内科（胃溃疡） 皮肤科（除痣、老年斑、文身） 耳鼻喉外科（支气管系统及声带治疗）
YAG 激光器	1.06 μm	内科（非切开凝结治疗消化道出血、息肉切除） 泌尿外科（去除膀胱肿瘤、障碍物及结石） 妇科（子宫出血） 激光针灸（光刺激效应）
红宝石固体激光器	694 nm	整形外科（皮肤障碍） 眼科（青光眼） 牙科（去牙石、窝洞整形）
染料激光器	波长可调	眼科（青光眼） 内科（内窥镜选择凝结）
氪原子激光器	351 nm 531 nm	组织选择凝结、光化学治疗
氮分子激光器	337 nm	生物学基础研究、光化学治疗
He-Ne 激光器	633 nm	激光针灸（激光刺激效应）
ArF 准分子激光器	193 nm	眼科（角膜曲率矫正）

13.4　激光在国防科技领域的应用

随着激光技术的迅速发展，激光已广泛地应用于军事上，从战术武器、常规武器到战略武器，陆海空各军兵种都装备了与激光有关的武器。

激光在军事方面的应用，可以根据所使用的激光器的能量和功率的大小来划分。一般中、小功率的激光器用来制造激光测距仪、激光雷达、激光制导和激光报警等；大能量、大功率的激光器则可直接用作激光武器，或是用来作为战略防御武器。

13.4.1　激光测距

激光最初在军事上的应用是测距。激光测距发展速度最快、最成熟。在常规战场上，为了有效地消灭地方，保存自己，就需要准确地击中敌方目标，为此，首先要知道敌方目标的位置、距离多远。激光测距与普通测距相比，具有测距精度高，测距仪体积小、重量轻，分辨率高，抗干扰能力强等优点。

1. 激光测距原理

激光测距按原理大致可分为三类。

（1）脉冲激光测距法：测距精度大多为米量级，在军事及工程测量中精度要求不高的场合使用。

（2）相位测距法：通过测量连续激光的调制波在待测距离上往返传播所发生的相位变化，间接测量时间，达到测距目的。这种方法测量精度高，通常在毫米量级。

（3）干涉测距法：也是一种相位法测距，但不是通过测量激光调制信号的相位来测定距离，而是通过测量激光光波本身的干涉条纹变化来测定距离，所以距离分辨率可达到半个激光波长，通常达到微米量级。

下面以脉冲激光测距为例来具体介绍激光测距的原理。

脉冲测距的原理是对准目标发射激光脉冲，激光遇目标后反射，由于光的传播速度为常数，只要测出激光脉冲从发射至收到回波的渡越时间，即可算出目标距离，如图 13-36 所示。由于激光输出可产生极窄的脉冲，因此测距可达到很高的精度。另外，窄激光脉冲的能量在时间上高度集中，可达 10^{10} W 以上的瞬时功率，可用于漫反射的非合作目标测距。

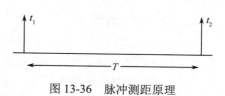

图 13-36 脉冲测距原理

由图 13-36 可以看出，若测出脉冲往返时间 T，则目标距离为

$$R = \frac{1}{2}cT \qquad (13\text{-}10)$$

其中 c 是光速。为了准确测量渡越时间 T，必须精确地确定发射和接收时刻 t_1、t_2。这是通过发射、接收脉冲触发电子门来实现的。由于电子门存在固有模糊区，所以激光脉冲越陡峭，确定 t_1、t_2 的精度就越高。由于激光可以比较容易地产生纳秒级甚至皮秒级脉冲，因此激光测距比无线电测距有更高的精度。

图 13-37 为激光测距仪的组成原理框图。其中光电系统包括光电转换、放大整形电路；计数部分包括电子门、时钟脉冲发生器和计数器。对于大多数测距设备，收发均使用同一光学系统进行准直和聚焦。

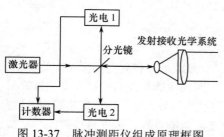

图 13-37 脉冲测距仪组成原理框图

所测量的脉冲渡越时间可表示为

$$T = N_0 T_0 \pm T_0 \qquad (13\text{-}11)$$

式中，T_0 为时钟周期；N_0 计时脉冲的个数。

因为接收脉冲与时钟是异步的，所以测量有一个时钟周期的误差。因此目标距离可表示为

$$R = \frac{1}{2}c(N_0 T_0 \pm T_0) = \frac{c}{2f_0}(N_0 \pm 1) \qquad (13\text{-}12)$$

由此可知一般脉冲测距方法的距离分辨力为

$$\Delta R = \pm c / 2f_0 \qquad (13\text{-}13)$$

由式（13-13）可见，激光脉冲测距的原理十分简单，激光脉冲只起开、关计数门的作用，而距离由计数器决定。军用激光测距仪的计数频率一般为 15 MHz、30 MHz、75 MHz、150 MHz 等，相应的测距精度为 10 m、5 m、2 m、1 m 等。计数器频率越高，测距精度就越高，但这样不仅使计数器的技术难度增加，同时要求激光脉冲的宽度越窄，激光器的技术难度也增加。

目前脉冲法非合作目标测距在大气层内的最大测距距离约 30 km，精度可达几十厘米，但受环境影响很大，主要是大气吸收、雾、雨、烟尘等散射限制了作用距离。在外层空间，不存在大气吸收和各种散射因素，激光测距在卫星定位、天体测量中有十分重要的应用价值。

2. 常用的激光军事测距仪

第一代红宝石激光测距，隐蔽性差（发红光），对人眼有损伤，且效率低，已被淘汰。第二代 Nd：YAG 激光测距已经广泛使用，其体积小、功率高、寿命长，但对人眼也有一定损伤，而且由于这种激光器发射的激光波长为 1.06 μm，不能穿透烟雾，使得精确测距受到影响。第三代小型 CO_2 激光测距，其功率和体积可以和 Nd：YAG 激光器相媲美，寿命也足够长，对人眼无伤害，而它发射的 10.6 μm 的

激光，正好位于"大气窗口"，也就是说，这种波长的光在大气里衰减很少，因而受烟雾影响小，而且与常规的红外线成像瞄准仪的工作波长一致，可以组成测距瞄准系统。此外，掺铒（Er）或掺钬（Ho）固体激光器，激光波长分别为 1.54 μm 和 2.1 μm，对人眼安全，将逐步取代第二代 Nd：YAG 测距仪。

13.4.2　激光雷达

1. 激光雷达的优点

激光测距仪能够非常精确地测定目标的距离，实际上可以认为已是一种最简单、最基本形式的激光雷达了。如果再加一个自动跟踪系统，用来测定目标的方位、形状和运动速度等，便成了一台激光雷达。激光雷达与微波雷达相似，用窄激光束对某一地区进行扫描，并得出雷达图。激光雷达在高精度和成像方面占有优势，其测距精度可达厘米甚至毫米级，比微波雷达高近 100 倍；测角度精度，理论上比微波雷达高一亿倍以上，现在已做到高 1000~10000 倍。军用激光雷达最成功的应用是辅助导航，特别是速度计，激光速度计可给机载导航计算机提供超精度测量，其测速误差可达 0.5 mm/s。激光雷达最适于远距离高分辨率成像。激光束很细不易受到地面反射波的影响，因而不存在"盲区"，因此特别适宜于对导弹初始阶段的跟踪测量。而且激光束能穿过核爆炸产生的电脉冲而对目标进行跟踪测量，这些都是用无线电雷达难以实现的。此外，激光雷达的整个发射和接收系统比无线电雷达的天线轻巧，便于隐蔽和移动。

2. 激光雷达原理

激光雷达和激光测距的原理极为相似，所不同的是，还必须具有跟踪目标和测定目标速度的功能，更先进的还有目标成像识别功能。用四象限结构的光电探测器，即四块性能相同的扇形光电二极管拼成圆形结构。当回波波束的光斑均匀照射每一象限时，方位和俯仰误差信号为零；当光斑位置偏离时，给出相应的方位和俯仰误差信号，通过伺服系统调整望远镜天线重新对准目标，实现目标跟踪。从雷达座上的经纬度就能读出目标的方位角和俯仰角。

目标速度的测量，通常是利用光学多普勒效应。当发射激光遇到运动目标后，只要目标相对雷达有径向运动（远离或接近雷达的运动），其反射的激光回波频率就发生减小或增大的变化，利用外差接收探测这个变化，就能知道目标的运动速度。由于光频很高，对于每秒仅千分之几厘米的超低速运动目标，激光雷达都能精确测定，而微波雷达是无能为力的。如果使用激光扩束发射光学天线，使目标均匀照射，采用 CCD 摄像接收，很容易获得目标的图像，而目标的距离则通过激光调制波的相位变化来测量。

3. 激光气象雷达与激光成像雷达

大气气象活动非常复杂，尤其是雷雨、风暴、湍流活动等都具有强的力学效应，是飞机起落和飞行中的大敌。激光雷达正是利用激光大气传输中的不利因素（即受到大气湍流的强烈散射），能很好地传感这些异常气象现象。激光雷达将成为航空安全的必备设备。

由于激光的优异特点，从原理上讲，只要激光脉冲重复频率足够高，激光束质量较好，接收信噪比比较高时，均能通过机械扫描实现目标成像，这种雷达称为扫描激光成像雷达。若采用距离门信号处理方式，可以显示某一距离内的目标像，能实现目标与背景分离；如果只提取运动目标的多普勒信息，则可将强度信息改为多普勒信息显示，这样便可获得目标的多普勒图像。用激光束作为照明光源，焦平面阵列探测器作为目标像探测器，即可构成非扫描激光成像雷达。

13.4.3　激光制导

所谓制导，是指控制和导引飞行器，使其按照选择的基准飞行路线进行运动的过程。激光制导是指以激光作为传递信息的介质的制导。目前激光制导武器包括激光制导导弹，激光制导炮弹和激光制导鱼雷等，其原理相同。如激光制导导弹，就是在普通导弹上装上一个激光寻的头和特殊的尾翼。这种导弹能依靠寻的器，自动跟踪激光目标指示器射向目标反射回来的激光束。激光目标指示器发射的激光始终瞄准所要攻击的目标，弹头的光探测器锁定在反射激光束上。探测器接收的信息经处理控制尾翼，使导弹调整其飞行路线，精确命中所要攻击的目标。

与普通炸弹相比，激光制导炸弹的成本约为非制导炸弹的 4～5 倍，但由于命中率高，通常使用 200 枚普通炸弹才能摧毁的目标，使用一枚激光制导炸弹就能达到目的。制导炸弹的成本效益约为常规投弹方式的 50 倍，是计算机投弹的 40 倍。

1. 激光制导原理

目前已有大量激光制导武器装备部队，其主要制导方式有：

（1）半主动制导。即由地面部队或飞机发射激光照射目标，被制导的武器上装有激光寻的器，接收目标被照射后散射回来激光，从而自动控制武器寻向目标。

（2）主动制导。把激光目标指示器和激光寻的器同时装在武器上，目标指示器不断地向目标发射激光，寻的器自动接收目标散射回来的激光，将武器寻向目标。

（3）波束制导。当目标出现后，发射攻击导弹，同时制导站不断发射红外激光束，装在攻击导弹尾部的 4 块对称的红外接收器，不断接收制导波束，使导弹沿着激光波束飞行，如有偏差，4 块接收器收到的信号大小不一，弹内自动控制系统就纠偏，使导弹沿激光波束中心寻向目标。

激光制导可同时攻击多个来袭目标，即把激光信号经过编码以数个指示器分别控制数枚导弹，打击来袭目标。为提高激光制导全天候作战能力，各国都在研制先进的激光目标指示器，以保证昼夜作战使用。

目前激光制导技术的发展趋势：制导体制仍以半主动寻的制导和波束制导为主；发展高性能目标捕获跟踪和激光指示系统，提高武器系统的抗干扰能力和生存能力；开发小型化激光雷达导引头，以实现"打了不管"能力的激光自主制导；CO_2 激光频段的制导有取代 YAG 制导系统的趋势，特别是 CO_2 雷达成像技术；发展双式多模制导系统等。

2. 激光制导导弹

激光导弹的构造如图 13-38 所示，它由装有激光搜索器的前端、导弹体、尾翼三部分组成。从功能上可分为搜索部分，其核心是激光感应器；控制器和前部信管，它控制导弹和引燃；导航部分，由自动导航仪和控制尾翼组成。激光感应器装在一个保护套里，由一个收集光的光学系统和对红外激光特别灵敏的光电探测器组成，它将目标上反射的激光接收后转换为电压信号，送给控制器中的微型计算机。计算机不断地将送来的信号进行处理，核实反射光的方向，并发出调整航向的指令。这指令送到尾部的导航部分，使翼片和尾部喷管按照指令调整航向。

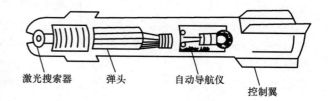

激光搜索器　　弹头　　　自动导航仪　　控制翼

图 13-38　激光导弹的构造

同样可将这种激光导弹改装成反坦克导弹，但这种反坦克导弹本身发射激光，一般用半导体激光，一旦目标上的反射光被激光感应器捕捉到，就紧紧跟踪目标坦克。

13.4.4　激光陀螺

激光陀螺可以精确地测定旋转角速度，由于激光陀螺没有活动部件，具有寿命长、性能好、可靠性高，以及不受环境影响等特点，目前已应用于各种惯性导航、精密测量、姿态控制、定位等领域。1982 年，美国霍尼威尔公司首创的激光陀螺惯性基准系统进入航线使用，标志着激光陀螺的成熟，目前，波音 757、波音 767、波音 737 等新型客机都已采用了激光陀螺系统。

萨格奈克（Sagnac）效应表明：一个闭合光路，只要绕一垂直于它所在平面的轴转动，就会导致以相反方向传输的两光束干涉条纹的变化。在实际过程中，当物体转速固定时，干涉条纹不变化，只有在转动速度发生变化时，干涉条纹才发生变化。

激光陀螺以萨格奈克效应作为工作原理，图 13-39 所示为环形激光陀螺的原理图。它是一个三镜

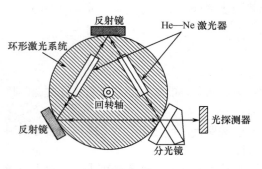

环形 He-Ne 激光器，两个阳极使环形腔内实际存在两个相反方向传输的激光束。这两个光束在输出镜处交会产生干涉。如果环形腔不动，干涉条纹也不动；如果环形腔绕垂直腔面的轴旋转（相当于出现航向偏转），两束光出现相对论程差，干涉条纹就发生相应的移动，移动的方向由腔面转动方向确定，移动的快慢和大小由转动角速度决定。将三个这样的环形腔结构相互垂直组合，就成为能检测三维旋转的激光陀螺。

图 13-39　激光陀螺仪的原理图

激光陀螺呈圆形，两束激光在圆中逆向传播。激光的工作波长按照光圆周传播的总距离为波长的整数倍关系自动调整。如果使整个装置以角速度 ω 绕圆的中心轴旋转，当旋转同方向的激光束绕圆周一周时，其传播的光程距离比静止时的稍长，而旋转反方向的激光束的光程距离比静止时的稍短。于是，两列波因干涉产生差频，通过测定该差频可知旋转角速度，差频可表示为

$$\Delta f = \frac{4\omega S}{\lambda L} \tag{13-14}$$

式中 S 为环形腔所构成的三角形的面积，L 为三角形的周长。

例如，整体装置的激光波长 $\lambda = 632.8$ nm，三角形的单边边长为 0.1 m，以角速度 $\omega = 0.1°/h$（$= 4.85 \times 10^{-7}$ rad）旋转。此时，三角形的面积为 $S = \sqrt{3} \times 10^{-2}/4$ m^2，所以

$$\Delta f = \frac{4\omega S}{\lambda L} = \frac{4 \times 4.85 \times 10^{-7} \times \sqrt{3} \times 10^{-2}/4}{3 \times 0.1 \times 632.8 \times 10^{-9}} = 0.044 \text{ Hz}$$

计算结果表明，即使旋转非常缓慢，利用激光陀螺也可以充分计量。

环形激光陀螺在低转速下产生"模式锁定"现象，即萨格奈克效应极小时（对应转速很低），两个相反方向传输的激光模式锁成一个中间单一频率，陀螺失去作用，这会带来所谓零点漂移，使导航误差产生积累。实验证明，光纤环路中不存在"模式锁定"现象，因此，用光纤作为传光介质，以增加光纤匝数（即增大环路面积）的方法来增大系数因子，可以得到高灵敏度的光纤陀螺。

13.4.5　激光武器

激光武器光束传输速度快、精度高、作战距离远、灵活性强，可用于洲际弹道导弹飞行四个阶段（助推段、末助推段、中段和再入段）的防御。它摧毁或杀伤弹道导弹的机理是在激光作用下使导弹丧失作战功能。激光器将光束投射到目标上，使目标被照射的部位急剧升温、熔化或汽化。被照射部位在被烧穿以前，由于应力集中，其结构可能发生机械破坏，还可能点燃助推器燃料箱引起爆炸，致使整个目标被摧毁。

不同激光器的功率密度、波长、脉冲结构不同，杀伤破坏机制也不同。功率密度 $I_0 > 10^8$ W/cm^2，以冲击破坏机制为主；功率密度 $I_0 < 10^7$ W/cm^2，以热烧蚀破坏机制为主；连续波或重复脉冲激光，主要是热烧蚀破坏机制。

1. 激光武器的构成与分类

激光武器主要由高能激光器、精密瞄准跟踪系统和光束控制与发射系统组成。高能激光器用于产生高能激光束；精密瞄准跟踪系统用来捕获、跟踪目标，引导光束瞄准射击及判定毁伤效果；光束控制与发射系统则将激光器产生的高能激光束定向发射出去，并通过自适应补偿来矫正或消除大气效应对激光束的影响。

激光武器按用途分为战术激光武器和战略激光武器；按部署方式分为天基激光武器、地基激光武器、机载激光武器、舰载激光武器和车载激光武器。

激光战术武器主要用于近程战斗，一般都在大气层内，打击距离在几千米至 20km 之间，用于常规战争中直接杀伤敌方人员、击毁坦克、飞机、战术导弹等。激光战术武器就是将其制成如同枪和炮一样，发射的是一束束激光束，用更大能量的激光器可以制成激光炮。研制激光战略武器的关键是制造具有足够能量和功率的激光器。最有希望的是大功率 CO_2 激光器和化学激光器，它们的脉冲输出能量为几千焦耳，功率为几千万瓦，足以击毁导弹、飞机。随着大功率准分子激光器和自由电子激光器的研究进展，激光波长推进到紫外，尤其是 X 射线激光器，发出的激光波长在 X 射线波段。这种激光即使远距离传输也不会散焦，而且当它击毁目标时，除了热作用，还对目标表面产生巨大的压力，形成冲击波，将目标撕裂，或者将部件剥落。同时 X 射线激光具有强大的穿透力，在内部产生热量，使导弹的关键部分烧毁或者自毁，避免了激光在目标上被吸收和反射的缺点。

战略激光武器主要用于远程战斗，一般部署在大气层外的空间作战平台，打击距离近则数百千米，远则达到数千千米，用于对付远程导弹、洲际导弹、空间武器等。作为战略武器，如何将激光武器部署到有效的位置上，是一个重要问题。一种方法是与传统的战略导弹一样以陆地为基地，激光直接飞向目标，但如此大能量的激光束穿过大气时，足以将大气电离，能量损失很大，而且这种方式对于实战也不方便。另一种方法是以空间为基地，也就是发射一个"空间平台"，将符合要求的化学激光器、准分子激光器，加上雷达、计算机以及太阳能发电站、小型核电站等一起安装在"空间平台"上，这样居高临下，在导弹尚未达到最高点时便可予以击毁。

2. 激光致盲武器

激光武器用于杀伤敌方人员和破坏某些仪器设备时，所需发射的能量一般要求不高，称为低能激光武器，它主要使敌方人员致盲和使某些光电测量仪器的光敏元件受到破坏甚至失效，或可用来在城市、森林大面积点火。现在发展最快、最受重视的低能激光武器是激光致盲武器。

激光致盲武器的射击对象是人眼，以及光学和光电装置等目标。它一般由激光器、精密瞄准跟踪系统、光束控制和发射系统组成。激光器是激光武器的核心，用于产生起致盲作用的激光光束，如 CO_2 激光器，平均输出功率一般在 1000～10000 W 之间；精密瞄准跟踪系统用于跟踪瞄准所要攻击的目标，引导激光束对准目标射击，如采用红外跟踪仪、电视跟踪器或激光雷达等光电瞄准跟踪系统；光束控制和发射系统的作用是将激光束快速准确地聚焦到目标上，其主要部件是反射镜。

激光致盲武器射击人眼，可造成暂时失明或永久性致盲，甚至使视网膜爆裂，眼底大面积出血。脉冲功率 100 MJ 的激光，可使 500 m 处人眼的玻璃体溢血，在 2 km 处可烧坏视网膜。目前已研制出激光致盲武器，可使 500 m 处的人永久失明，使 2 km 处的人暂时失明。

激光致盲武器也可对光电系统和光电装置造成损伤，使其失去观测能力，它可使导弹导引头中的光电传感致盲，从而失去跟踪目标能力，使光电引信过早或不能引爆，从而使弹头失去杀伤作用。在反坦克、反潜艇作战中，激光致盲武器也有很大的发展潜力。坐在坦克里的敌人，全身都处在厚厚的铁甲的保护下，潜水艇则有很深的海水掩护，要杀伤他们不大容易，但只要对准潜望镜的入口发射激光，它沿着潜望镜的光路进入，就会把用潜望镜观察外界情况的指挥员的眼睛损伤。

激光致盲武器与一般常规武器相比，具有高速、准确、灵活和抗干扰等独特优点。它能以 $3\times10^5 \text{ km/s}$

的速度射击目标，瞬发即中，几乎没有后坐力，变换方向迅速，射击频率高，可在短时间内对付多个目标。它可准确瞄准某个方向，选择杀伤目标集中的位置，甚至射击目标上的某个部分或元器件，而对其他目标或周围环境没有破坏作用，并且抗干扰能力强，现有的电子干扰手段对它不起作用或影响很小。

3．高能激光武器

激光武器用于杀伤敌重武器装备时，需要较高的能量，通常称为高能激光武器或称激光炮。目前已研制出机载和车载激光炮。激光炮的威力强大，命中率极高。由于强激光束具有很强的烧蚀作用、辐射作用和激光效应，因而对武器装备具有很大的破坏力。激光武器可以破坏制导系统、引爆弹头和毁坏壳体、拦击制导炸弹、炮弹、导弹、卫星、飞机、巡航导弹和破坏雷达、通信系统等。激光摧毁卫星可由地面、空中和空间进行。目前一个激光器的能量还无法将高轨卫星摧毁，但能用几个激光器同时对准 1 颗卫星进行攻击将其摧毁。空间激光反卫星是将激光器装在卫星或航天飞机上，攻击对方的卫星；空中激光反卫星是将激光器装在飞机上攻击卫星，它可克服地面发射激光攻击卫星的许多缺点，但不如航天器攻击卫星那么理想，因航天器比飞机平稳，没气流和飞行振动的干扰，激光的能量可充分发挥。

13.5　激光在科学技术前沿中的应用

激光在物理、生化等科学研究领域的应用从一开始就显示出它是最先进和最有开发潜力的应用领域。激光为科学家提供了卓有成效地开发其他许多新的发明创造和技术革新的强有力的工具。激光在各领域的新应用层出不穷，发展难以预料，激光的发明人也并没有想到他们的发明会以千姿百态的方式贡献于科学和技术。

激光束照亮了超微世界，它呈现的超快或超窄脉冲（时间域）帮助人们了解微观世界中的原子、分子结构，导致了激光光谱学，纳米科学技术的诞生和发展。

在微小的原子水准，事件的发生都在 $10^{-9} \sim 10^{-12}$ s 时间尺度内，利用激光脉冲可测出皮秒时间内的亚原子速度发生的事件。超短（或超窄）脉冲被用于半导体材料中电子移动速度和发动机中燃烧化学过程研究。它不仅提供了激励光的测量，同时还提供皮秒时间刻度的测量分辨率。用超短脉冲构造的开关器件使计算机、通信仪器和其他半导体器件速度大大提高、体积明显减小。

科学家利用激光光谱研究原子能级之间的跃迁，使效率大大提高。在天文学上，认为"大爆炸"或宇宙后留下的"外来"原子也可以用激光光谱研究，并且检验那些难以捉摸的亚原子，如中微子等。对这些问题的研究有助于解答宇宙是怎么诞生的，它由什么组成，以及它怎样表示等基础科学问题。

激光化学也是激光的重要应用领域，无论在研究所还是在工业界，化学产品要到达成功，必须做到两件事情：理解所用到的物质的化学结构；而且能够高速产生化学变化。在这两个方面，激光都能起到至关重要的作用。

下面具体介绍激光在科学技术前沿中的几种重要应用。

13.5.1　激光光谱学

光谱是电磁辐射按照波长的有序排列，每种物质都有其吸收和辐射光谱特性，光谱学是光学的一个分支学科，它主要研究各种物质的光谱的产生及其同物质之间的相互作用。通过光谱的研究，人们可以得到原子、分子等的能级结构、能级寿命、电子的组态、分子的几何形状、化学键的性质、反应动力学等多方面物质结构的知识。光谱学技术不仅是一种科学工具，在化学分析中它也提供了重要的定性与定量的分析方法。光谱学是研究物质的微观结构及其微观动力学过程的最有力手段之一。

利用激光做光源或激发源，或利用激光与物质相互作用的非线性效应获得物质光谱的技术称为激光光谱技术。激光在光谱学中的应用，是由于激光的高强度和窄频宽的性质决定的，所以激光能够有选择地激发原子或分子到达特殊的能级。并进一步被用来研究这些受激态其后的衰变。激光光谱学，包括激光拉曼光谱学、高分辨率光谱和皮秒超短脉冲，以及可调谐激光技术的出现，已使传统的光谱学发生了很大的变化，成为深入研究物质微观结构、运动规律及能量转换机制的重要手段。它为凝聚态物理学、分子生物学和化学的动态过程的研究提供了前所未有的技术。

激光引入光谱分析后，至少从 5 个方面扩展和增强了光谱分析能力：

（1）分析的灵敏度大幅度提高。

（2）光谱分辨率达到超精细程度。

（3）可进行超快（10～100 fs 量级）光谱分析。

（4）把相干性和非线形引入光谱分析。

（5）光谱分析用的光源波长可调谐。

根据研究光谱方法的不同，习惯上把激光光谱分为激光发射光谱、激光荧光光谱、激光吸收光谱与激光散射光谱学。这些不同种类的光谱方法，从不同方面提供物质微观结构知识及不同的化学分析方法。

1. 激光发射光谱

从发射光谱的研究中可以得到原子与分子的能级结构的知识，包括有关重要常数的测量，原子发射光谱广泛地应用于化学分析中。

利用激光束的能量把样品蒸发，然后用电火花或者无电极高频放电激发该蒸汽，即可获得样品的发射光谱。已有专门的仪器获取激光发射光谱，激光微区光谱仪就是其中一种，其工作原理是：用显微镜聚光系统把激光束（功率一般在兆瓦量级）会聚在样品的微小区域上（10～100 μm）。在高能量密度的激光束作用下样品气化，蒸汽在通过其上方处于临界放电状态的辅助电极时再次受到放电激发，产生强烈的光发射。用光谱仪分析这些光辐射，便得到样品的发射光谱。

这种光谱技术的主要特点是：分析速度快，分析灵敏度高（绝对分析灵敏度 10^{-6}～10^{-12} g，相对灵敏度 0.001%～0.1%）；仅需要微量的样品（一般为微克量级），分析区域极小（10～100 μm）；不需要预处理即可对导体、非导体、透明体、非透明体、矿物、有机物及生物样品等进行分析；样品受污染小。

2. 激光荧光光谱

激光荧光光谱法，是指物质在激光作用下发射荧光，用光谱仪测量该荧光波长和强度，从而分析样品成分，以及原子、分子有关参数。

荧光光谱法，是比吸收光谱和发射光谱分析灵敏度更高的分析方法。激光出现之前，由于缺乏足够强的光谱光源，荧光光谱法仅限于应用在少数荧光物质中。激光的引入，使荧光光谱法有了充分发展，特别是利用可调谐激光对原子或分子进行共振激发，可望得到极高的检出灵敏度。共振荧光光谱法的检出极限，最终取决于荧光与背景光之比（即信噪比），用超短脉冲激光，可以使检测系统的激发信号和发射信号分开，从而可以消除荧光光谱中作为噪声最大来源的散射光的影响，进一步提高检出极限。

激光荧光光谱技术可用于生物分子和细胞的研究。例如，生物遗传工程基因结构的剪裁，即利用荧光染料转移能量的方法，先将荧光染料分子黏结在 DNA 键的特定的部位上，用紫外脉冲激光照射此部位，激励荧光染料分子，然后染料分子通过发射荧光，将能量传递给 DNA，使得在黏接部位断开基因键。脉冲荧光光谱也可用于生物分子的动力学和结构的研究，例如用线偏振的激光脉冲去激发生物分子的荧光，对其进行偏振性的检测分析，由于其各向异性是与分子吸收和发射时的方向有关，因此，生物分子在吸收和发射荧光之间的时间间隔内，由于碰撞等引起的转动变化，将造成荧光偏振特性的变化。

3．激光吸收光谱

当一束具有连续波长的光通过一种物质时，光束中的某些成分便会有所减弱，当经过物质而被吸收的光束由光谱仪展开成光谱时，就得到该物质的吸收光谱。几乎所有物质都有其独特的吸收光谱，原子的吸收光谱所给出的有关能级结构的知识同发射光谱所给出的是互为补充的。

吸收光谱的光谱范围是很广阔的，约为 10 nm～1000 μm。这些吸收有的是连续的，称为一般吸收光谱；有的显示出一个或多个吸收带，称为选择吸收光谱，所有这些光谱都是由于分子的电子态的变化而产生的。

选择吸收光谱在有机化学中有广泛的应用，包括对化合物的鉴定、化学过程的控制、分子结构的确定、定性和定量化学分析等。分子的红外吸收光谱一般是研究分子的振动光谱与转动光谱的，其中分子振动光谱一直是主要的研究课题。

20 世纪 50 年代以来，应用原子吸收光谱的化学分析法，得到了迅速发展，成为微量分析中应用最为广泛的一种方法。把激光引入原子吸收光谱法，不仅克服了经典原子吸收光谱法难以同时进行多元素分析的缺点，而且可以把分析灵敏度提高几个数量级。

例如，基于激光在物质中产生饱和吸收现象为基础建立的激光饱和吸收光谱，可以消除多普勒效应的影响，能观察到原先被多普勒宽度掩盖的谱线超精细结构。

图 13-40 所示为饱和吸收光谱法的原理图。可调谐的激光光束经半透射镜片分为较强的激发光束和较弱的探测光束，以几乎相反的方向通过气体样品。用斩波器调制激发光束，当激发光束和原子作用时，由于光束非常强，使原子的吸收能力饱和，即把能够吸收光子的原子激发到激发态，从而不能更多地吸收其他光子，这时另一路光束（探测光束）通过气体样品到达接收器。这里有一个条件，就是两束光必须是和同一群原子发生相互作用时才会出现以上情况，而只有那些轴向速度分量为零的原子才能有贡献，因为这些原子对于相向而行的两束光均没有多普勒频移。由于激发光束是受到调制的，所以在调谐激光波长时，通过锁定放大器接收到相应的光谱。这样饱和吸收光谱就把那些对光束无多普勒频移的原子挑选出来，其光谱是无多普勒增宽的。图 13-41 是用饱和吸收光谱法测出的氢巴耳末谱系的一根谱线 Hα 的细节。可见，从饱和吸收光谱测到的精细结构非常细致。

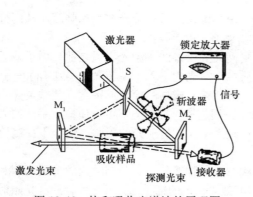

图 13-40　饱和吸收光谱法的原理图

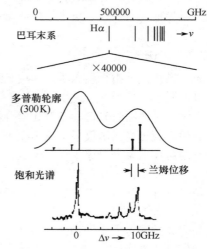

图 13-41　用饱和吸收光谱法测出的氢巴耳末谱系谱线 Hα

4．激光散射光谱

在散射光谱中，拉曼光谱是最为普遍的光谱技术。拉曼散射的强度极小，大约为瑞利散射的千分之一。拉曼频率及强度、偏振等标志着散射物质的性质，从这些资料可以导出物质结构及物质组成成分的知识，这就是拉曼光谱具有广泛应用的原因。

拉曼散射强度十分微弱，在激光器出现之前，为了得到一幅完善的光谱，往往很费时间。自从激光器得到发展以后，利用激光器作为激发光源，拉曼光谱学技术发生了很大的变革。激光器输出的激光具有很好的单色性、方向性，且强度很大，因而它们成为获得拉曼光谱的近乎理想的光源，特别是连续波氩离子激光器与氪离子激光器。于是拉曼光谱学的研究又变得非

常活跃了，其研究范围也有了很大的扩展。除扩大了所研究的物质的品种以外，在研究燃烧过程、探测环境污染、分析各种材料等方面拉曼光谱技术也已成为很有用的工具。

拉曼效应起源于分子振动（和点阵振动）与转动，当分子内部的结构发生变化和内部相互作用改变时，都会对拉曼光谱的频率和强度有影响。因此，拉曼光谱是研究分子振动的有力工具，生物分子的拉曼光谱中包含着关于这些分子的结构和动力学的信息。

例如，利用单纯拉曼光谱法可以在医学上用来测量人呼出气体的成分及含量，预测眼睛发病前的白内障等。研究表明，健康人的血液不受荧光干扰，而癌症、败血症和肝炎患者的血液拉曼光谱线有荧光谱线出现，因此，利用荧光拉曼光谱法检查血液，可以区分出健康人与病人的拉曼光谱的差别。生物样品自发拉曼散射效率低，谱线强度弱，同时受自发荧光的干扰，给拉曼光谱的探测带来困难，近年来大多采用共振拉曼光谱，可将所需要的振动从复杂的生物大分子的振动模中区分开来。共振拉曼效应的特点是某些拉曼谱线强度显著增大，可增到 10^6 倍，所以灵敏度高，可检测低浓度微量样品。在共振拉曼光谱偏振测量中，有时可以得到在正常拉曼效应中不能得到的关于分子对称性的情况，因此，共振拉曼光谱法已经成为研究有机和无机分子、离子、生物大分子甚至活体组织的有力工具。用波长 488 nm 的 Ar^+ 激光作为激发光源，可以分析血液和尿液中微量有色物质，从而获得有关血红素的种类、氧化状态和旋转状态等方面的信息。

13.5.2　激光核聚变

激光核聚变就是利用激光照射核燃料使之发生核聚变反应。它是模拟核爆炸物理效应的有力手段。由于激光核聚变与氢弹的爆炸在许多方面非常相似，所以，20 世纪 60 年代，当激光器问世以后，科学家就开始致力于利用高功率激光使聚变燃料发生聚变反应，来研究核武器的某些重要物理问题。

激光核聚变主要有三种用途：一是可为人类找到一种用不完的清洁能源；二是可以研制真正的"干净"核武器；三是可以部分代替核试验。因此，激光核聚变在民用和军事上都具有十分重大的意义。

1. 激光核聚变原理

氘、氚等较轻元素的原子核相遇时，聚合为较重的原子核，并释放出巨大能量的过程称为核聚变。人工控制的持续聚变反应可分为磁约束核聚变和惯性约束核聚变两大类。后者又可分为激光核聚变、粒子束核聚变和电流脉冲核聚变三类。

激光核聚变是利用高功率激光束作用于由氘、氚或氘-氚制成的靶丸，使氘、氚核发生聚合，同时释放出巨额核能量的技术。因为整个聚变过程是在极短时间内完成，氘、氚燃料丸来不及膨胀，因此它又称惯性约束聚变。

（1）核聚变反应

在宇宙中，核聚变是产生能量的主要机制，核聚变反应的一般过程如图 13-42 所示。两个氘核聚合成氦原子核，释放 3.2 MeV 的能量，一个氘核和一个氚核聚合成氦原子核，释放出 17.6 MeV 的能量。所以，用它们做燃料产生的燃烧值非常高，1kg 这种核燃料产生的热量相当于 2×10^7 kg 煤燃烧产生的热量。在海水中蕴藏着大量的氘和氚，数量约为 2×10^{13} T（20 万亿吨）。所以，核聚变技术能为人类提供几乎是用之不尽的能源。

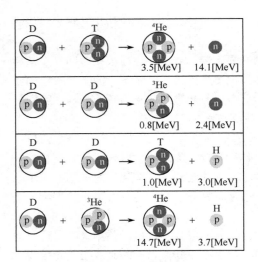

图 13-42　核聚变反应

核聚变反应仅在原子核相互靠得很近的情况下才能发生。原子核带相同性质的电荷，它们之间互相排斥，需要对原子核施加充分大的初始动能，使它们之间克服静电斥力，达到短距吸引力发生作用（核子之间距离达到 10^{-13} cm 时就发生强的吸引）时，才能发生核聚变。核聚变所必需的等离子体温度，即使是最低条件的氘-氚（D-T）核聚变反应，也要 1 亿摄氏度左右。此时粒子的平均动能达 10 keV 以上，远远超过了氢原子的电离能 13.6 eV，因此，核聚变反应物质是一种称为等离子体的离子和电子的混合体。

为了让由核聚变时释放出来的能量超过或相当于供给核燃料丸维持核聚变反应及它们在高温时辐射损失掉的能量（这个条件称为"得失相当"），要求加热成的核燃料等离子体的密度 n 和等离子体的保持时间 τ 满足一定条件，此条件通常以 $n\tau$ 形式出现，也就是说，获取核聚变能量的首要条件是 $n\tau$ 必须超过临界值

$$n\tau \geq \frac{3T}{\dfrac{n}{1-\eta}\dfrac{Q_{DP}}{2}\langle\sigma v\rangle - \alpha T^{1/2}} \tag{13-15}$$

此条件是英国科学家劳森（T.D.Lawson）首先得到的，所以通常又称劳森条件。式中的 T 是等离子体温度，Q_{DP} 是聚变反应的激光功率密度，η 是聚变反应释放的热能转变成电能的热功率效率，$\langle\sigma v\rangle$ 是反应截面对速度的平均值，$\alpha = 1.6 \times 10^{-27}$。假定 $\eta = 1/3$，那么，对 D-T 核聚变，要求 $n\tau \geq 10^{16}$ s/cm³。

（2）激光核聚变过程

激光核聚变指的是用高能量、短脉冲的强激光作为驱动源的惯性约束聚变。在塑料制作的小球中装入核聚变燃料氘和氚，称为核燃料丸，通过点燃固化的燃料丸使之产生核聚变燃烧等离子体。压缩点燃的方式有两种：一种是直接照射方式——多束激光以球对称方式直接照射在丸表面；另一种是间接照射方式——将燃料丸放入由金等重金属制成的空腔中，通过激光照射空腔内表面产生的 X 射线再照射燃料丸。图 13-43 表示了受控激光核聚变从压缩点燃到核聚变点火、燃烧的全过程。

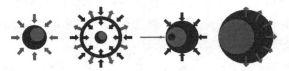

图 13-43　受控激光核聚变过程

① 激光照射：多束激光从各个方向同时照射 D-T 气体燃料丸。

② 燃料丸压缩：燃料丸表面温度升高并且产生高温高密度的等离子体，它使燃料丸表面物质不断往外喷射，同时产生巨大反冲压力，构成向心聚爆冲击波，使核燃料向中心急剧加速，燃料丸内物质被压缩。压强可达 1 亿大气压，利用这个过程，大约可以把内层 D-T 燃料密度增大 2000 倍。

③ 点燃：燃料丸压缩的结果导致中心区温度升高，达到上亿度时，发生核聚变燃烧。

④ 核爆炸：核聚变过程产生的巨大能量在瞬间（微秒量级）向空间各个方向释放（相当于一个微型氢弹）。

2. 激光核聚变的应用

（1）提供清洁能源

随着石油和煤炭等矿物燃料资源日渐枯竭，人类对替代能源的需求正变得更为迫切。 通过激光核

聚变，人类就可以利用激光控制核聚变反应，使核聚变按照人类的需要释放出相应的能量，从而获得可控的核聚变能源，使人类彻底摆脱能源短缺的困扰。

利用激光核聚变原理建造的发电站称为可控聚变能电站。这种电站的主要燃料是氢的同位素——氘，氘大量存在于海水的重水之中，特别是海洋表层 3 m 左右的海水里。我们日常使用的水中也含有大量的氢，另外，从地壳中开采的氢也可以为聚变反应堆提供大量的燃料。随着激光核聚变研究的不断深入，在不远的将来，人类可以用安全、清洁、廉价、丰富的聚变能发电。这种能源是除了传统的石油、煤等以外，人类最有希望获得的干净能源。

目前核电站主要是利用铀核裂变反应释放出的能量来发电的，而铀核裂变会产生放射性裂变产物，如果处置不当，就可能污染环境和威胁人类健康。而利用激光核聚变建造的聚变能电站由于聚变反应本身不会产生放射性污染，而诱发聚变反应的又是不产生污染的激光，因此，聚变能是一种没有污染的干净能源。

（2）发展"干净"核武器

激光核聚变在军事上的重要用途之一是发展新型核武器，特别是研制新型氢弹。通过高能激光代替原子弹作为氢弹点火装置实现的核聚变反应，可以产生与氢弹爆炸同样的等离子体条件。采用激光作为点火源后，高能激光直接促使氘氚发生热核聚变反应，这样，氢弹爆炸后，就不产生放射性裂变产物，所以，人们称利用激光核聚变方法制造的氢弹为"干净的氢弹"。

传统的氢弹属于第二代核武器，而"干净的氢弹"则属于第四代核武器，它的发展不受《全面禁止核试验条约》的限制。由于不会产生剩余核辐射，因此，它可以作为常规武器使用。

一旦激光核聚变技术成熟，制造干净氢弹的成本将是比较低的。这是因为不仅核聚变的燃料氘几乎取之不尽，而且，激光核聚变还能使热核聚变反应变得更加容易。通过激光核聚变，可以在实验室内模拟核武器爆炸的物理过程及爆炸效应，模拟核武器的辐射物理、内爆动力学等，为研究核武器物理规律提供依据，这样就可以在不进行核试验的条件下，继续拥有安全可靠的核武器。

3. 激光核聚变发展现状

目前惯性约束核聚变的研究进入了快点火机制的研究阶段。利用皮秒超短脉冲激光器实施激光压缩燃料丸区的快点火，已经成为受控核聚变的研究热点。美国已经实现了拍瓦级（1 拍瓦＝10^{15} 瓦）功率、千焦耳能量的亚皮秒超短脉冲激光输出。日本和英国也已得到接近这一数量级的激光脉冲。人类已经处在受控核聚变的门槛上，用激光实现受控核聚变的曙光即将显现。

就模拟核试验技术总体而言，美国仍居世界领先地位。美国不仅拥有世界上最大的"诺瓦"激光器、世界上功率最大的 X 射线模拟器，而且，早在 1998 年，美国能源部就开始在劳伦斯利弗莫尔国家实验室启动"国家点火装置工程"，这项军民两用的高能激光核聚变研究工程于 2003 年投入运行。其中的 20 台激光器是研究工作的大型关键设备。法国激光核聚变研究以军事化为主要目标。早在 1996 年，法国原子能委员会就与美国合作实施一项庞大的模拟计划——"兆焦激光计划"，即高能激光计划，预计 2010 年前完成。其主要设施是 240 台激光器。这些激光器可在 20 纳秒内产生 1.8 兆焦能量，产生 240 束激光，集中射向一个含有少量氘、氚的直径为毫米的目标，从而实现激光核聚变。

日本大阪大学和英国的科学家最近联合在激光核聚变研究上开发出一种新的方法：使用激光照射由重氢和碳制成的中空燃料球（直径大约 500 μm），并对它进行超高密度的压缩，然后使用输出功率为 100 MW 的超高强度激光，在一兆分之一秒的时间内把它加热到数百万摄氏度，进而引发核聚变。这种方法与使用激光照射同时进行压缩和加热的"爆缩加热"方式相比，可节约大约一半的能源，它只用约 1.3 kJ 的能量就能引发核聚变反应。科学家认为这种方法适合于制造小型廉价的核聚变反应堆，另外实验装置的制造成本因此也有可能大大降低。

我国著名物理学家王淦昌院士 1964 年就提出了激光核聚变的初步理论。1974 年，我国采用一路激光驱动聚氘乙烯靶发生核反应，并观察到氘氘反应产生的中子。此外，著名理论物理学家于敏院士在 20 世纪 70 年代中期就提出了激光通过入射口、打进重金属外壳包围的空腔、以 X 光辐射驱动方式实现激光核聚变的概念。1986 年，我国激光核聚变实验装置"神光"研制成功。1993 年，经国务院批准，惯性约束核聚变研究在国家 863 高技术计划中正式立项。从而推动了我国这一领域工作在上述三个方面更迅速地发展。由中国科学院和中国工程物理研究院联合研制的功率更高的神光 II 号固体激光器问世，它在国际上首次采用多项先进技术，将成为我国第九个和第十个五年计划期间进行惯性约束核聚变研究的主要驱动装置。另一方面，比神光 II 号技术更先进、规模更大的新一代固体激光器的设计工作已经开始，有关的多项单元技术已取得显著进展，一些重要技术达到国际水平。此外，作为另一种可能的驱动源，氟化氪准分子激光器的研究也取得重大进展。

13.5.3　超短脉冲激光技术

超短脉冲激光是目前人类观察发现微观世界，揭示超快运动过程的重要手段，而且众多科学技术的研究因此获得了突破性发展。飞秒（$1 \ fs = 10^{-15} \ s$）激光是人类目前在实验室条件下所能获得最短脉冲的技术手段，它在瞬间发出的巨大功率比全世界发电总功率还大。

1．超短脉冲激光技术的发展现状

超短脉冲激光技术的发展过程大致如图 13-44 所示。自 20 世纪 70 年代起，开始对超短脉冲激光技术进行研究，70 年代和 80 年代染料激光技术开辟了飞秒时间的研究领域，90 年代飞秒固体激光器的发展打开了新应用的宽广领域，近年来，出现了全光纤的超短脉冲激光器。

超短脉冲激光技术当前达到的水平大体如下：固体激光器直接产生的脉冲宽度已达到 5 fs，经压缩的最短脉冲为 4 fs；出现了用半导体激光器泵浦的全固体化的飞秒激光器，使飞秒激光器体积更小、工作更稳定、寿命更长、使用更方便；开发了多种激光介质和放大介质；拓宽了飞秒激光的波长可调谐范围；出现了全光纤的超短脉冲激光器；发展了单次或重复频率 10 Hz 的桌面型太瓦级固体飞秒激光器。

目前，超短脉冲激光技术的发展趋势是向更短的脉宽迈进，正在研究新的介质、机理和技术，向阿秒（$10^{-18} \ s$）量级发展。同时，积极扩展飞秒激光的波长范围，将飞秒激光的波长向软 X 射线及中红外、远红外方向扩展，以适应多种学科的使用要求。

2．飞秒激光的应用

根据飞秒激光超短和超强的特点，大体上可以将其应用研究领域分为超快瞬态现象的研究和超强现象的研究。它们都是随着激光脉冲宽度的缩短和脉冲能量的增加而不断得以深入和发展。

物质中的分子和原子不是静止的，都在快速地运动，这是微观物质的一个非常重要的基本属性，飞秒是组成物质的原子、分子和电子的最基本的相互作用的时间尺度，这些相互作用决定了重要的化学和生物过程，以及电子学和光子学的终极速率。飞秒激光的出现使人类第一次在原子和电子的层面上观察到这一超快运动过程，对于这些相互作用现象的观察和更好的理解，将对广阔范围的技术发展有巨大影响。图 13-45 为 200 fs 的时间内，视紫红质分子结构的快速变化。

光通信系统是超短脉冲应用的广阔领域，如光孤子传送、光开关、全光网络、波分复用（WDM）、超高速数据处理以及时钟分布等都从超快光学的进展中得益。

飞秒脉冲激光与纳米显微术的结合，使人们可以研究半导体的纳米结构（量子线、量子点和纳米晶体）中的载流子动力学。

物质在高强度飞秒激光的作用下会出现非常奇特的现象：气态、液态、固态的物质瞬息间变成了等离子体，这种等离子体可以辐射出各种波长的射线的激光。高功率飞秒激光还可以将大气击穿，从而制造放电通道，实现人工引雷，避免飞机、火箭、发电厂因天然雷击而造成的灾难性破坏。利用飞秒激光能够非常有效地加速电子，使加速器的规模得到上千倍的压缩。高功率飞秒激光与物质相互作

用，能够产生足够数量的中子，实现激光受控核聚变的快速点火，从而为人类实现新一代能源开辟一条崭新的途径。

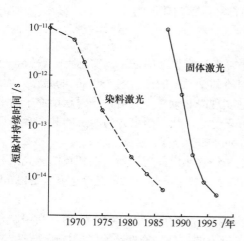

图 13-44　超短脉冲激光技术的发展过程

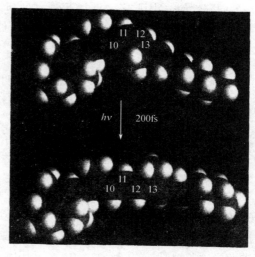

图 13-45　200 fs 的时间内，视紫红质分子结构的快速变化

飞秒激光还可对细胞进行操控。用显微镜把飞秒激光会聚成微小光点，利用激光产生的冲击波将分裂的细胞分离开的实验已经取得了成功。在细胞、分子生物学研究领域，在不损伤细胞的条件下，将 DNA 导入细胞内的技术对于身体治疗具有重大意义。用飞秒激光将细胞膜开一个微孔，即可在不损伤细胞结构的情况下，将 DNA 导入各种哺乳类动物的细胞中。用飞秒激光照射人的角膜，可以进行比 ArF 准分子激光更细微的视力矫正手术。

13.5.4　激光冷却与原子捕陷

温度高于绝对零度（0 K）的物体中的原子都处于运动状态，即具有热运动。操纵、控制孤立的原子一直是物理学家追求的目标。由于原子不停地热运动，要想实现操纵、控制的目的，首先必须使原子"冷"下来，即降低其运动速度至极低，这样才能方便地将原子控制在某个空间小区域中。20 世纪 80 年代，借助于激光技术获得了中性气体分子的极低温（如 10^{-10} K）状态，这种获得低温的方法就叫激光冷却。

1. 激光冷却原子的物理机制

所有用激光去影响原子运动（冷却、捕陷等）的过程，都基于原子对光子的吸收、再发射，或广义地说散射而导致的反冲。

（1）多普勒冷却

激光冷却中性原子的方法是汉斯（T.W.Hänsch）和肖洛（A.L.Schawlow）于 1975 年提出的，20 世纪 80 年代初就实现了中性原子的有效减速冷却，这种方法称为多普勒冷却。

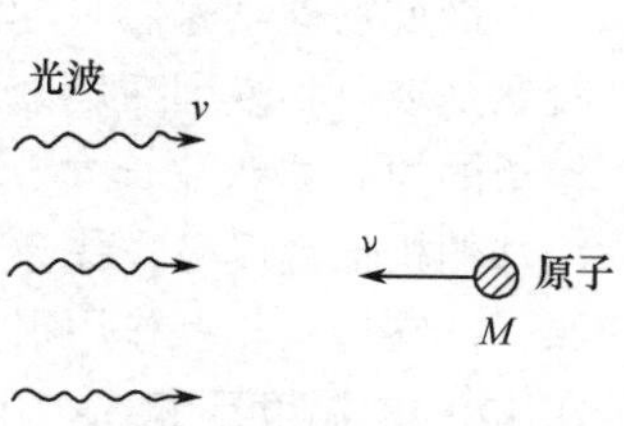

考虑一种对激光冷却原子最为重要的情况，即原子共振吸收与其运动方向相对的光子，然后自发辐射的过程，多普勒冷却原理如图 13-46 所示。

原子静止时的吸收频率为 ν_0，由于多普勒效应，当它以速度 v 相对光波运动时，被共振吸收的光波的频率应该是

图 13-46　多普勒冷却原理

$$\nu = \nu_0 \left(1 - \frac{v}{c}\right)$$

吸收后原子以自发辐射的方式发出光子回到基态，然后再吸收光子，再自发辐射……，每次吸收一个光子，原子都得到与其运动方向相反的动量；而每次自发辐射，发射光子的方向却是随机的（自发辐射是各向同性的）。因此多次重复下来，吸收时得到的动量随吸收次数增加，而自发辐射损失的动量平均为零，原子因此被减速。平均每次吸收—自发辐射循环降低的速度为

$$\Delta\upsilon = -\frac{h\nu_0}{Mc} \tag{13-16}$$

经过多次吸收和自发辐射之后，原子的速度明显减小，而温度也就降低了。实际上一般原子一秒钟可以吸收发射上千万个光子，因而可以被有效地减速。对冷却钠原子的波长为 589 nm 的共振光而言，这种减速效果相当于 10 万倍的重力加速度。由于这种减速实现时必须考虑入射光子对运动原子的多普勒效应，所以这种减速就叫多普勒冷却。由于原子速度可正可负，就用两束方向相反的共振激光束照射原子。这时原子将优先吸收迎面射来的光子而达到多普勒冷却的结果。

实际上，原子的运动是三维的。1985 年贝尔实验室的朱棣文小组就用三对方向相反的激光束分别沿 x，y，z 三个方向照射钠原子，在 6 束激光交汇处的钠原子团就被冷却下来，温度达到了 240 mK。

（2）光学黏胶

理论表明，多普勒冷却有一定限度（因为入射光的谱线有一定的自然宽度），例如，利用波长为 589 nm 的黄光冷却钠原子的极限为 240 mK，利用波长为 852 nm 的红外光冷却铯原子的极限为 124 mK。但研究者们进一步采取了其他方法使原子达到更低的温度。1995 年达诺基小组把铯原子冷却到了 2.8 nK 的低温，朱棣文等利用钠原子喷泉方法曾捕集到温度仅为 24 pK 的一群钠原子。

在朱棣文的三维激光冷却实验装置中，在三束激光交汇处，由于原子不断吸收和随机发射光子，这样发射的光子又可能被邻近的其他原子吸收，原子和光子互相交换动量而形成了一种原子光子相互纠缠在一起的实体，低速的原子在其中无规则移动而无法逃脱。朱棣文把这种实体称做"光学黏团"，这是一种捕获原子使之集聚的方法。更有效的方法是利用"原子阱"，这是利用电磁场形成的一种"势能坑"，原子可以被收集在坑内存起来。一种原子阱叫"磁阱"，它利用两个平行的电流方向相反的线圈构成。这种阱中心的磁场为零，向四周磁场不断增强。陷在阱中的原子具有磁矩，在中心时势能最低，偏离中心时就会受到不均匀磁场的作用力而返回。这种阱曾捕获 10^{12} 个原子，捕陷时间长达 12 分钟。除了磁阱外，还有利用对射激光束形成的"光阱"和把磁阱、光阱结合起来的磁—光阱。

朱棣文（S.Chu）、达诺基（C.C.Tannoudji）和菲利浦斯（W.D.Phillips）因在激光冷却和捕陷原子研究中的出色贡献而获得了 1997 年诺贝尔物理奖，其中朱棣文是第五位获得诺贝尔奖的华人科学家。

2．激光冷却和原子捕陷的应用

激光冷却和原子捕陷的研究在科学上有很重要的意义。例如，由于原子的热运动几乎已消除，所以得到宽度近乎极限的光谱线，从而大大提高了光谱分析的精度，也可以大大提高原子钟的精度。

（1）玻色—爱因斯坦凝聚（Bose- Einstein condensation）

最使物理学家感兴趣的是激光冷却和原子捕陷使人们观察到了真正的玻色—爱因斯坦凝聚。这种凝聚是玻色和爱因斯坦分别于 1924 年预言的，但长期未被观察到。这是一种宏观量子现象，指的是当粒子的德布罗意波长大于粒子的间距时，宏观数目的粒子（玻色子）处于同一个量子基态。在被激光冷却的极低温度下，原子的动量很小，因而德布罗意波长较大。同时，在原子阱内又可捕获足够多的原子，它们的相互作用很弱而间距较小，因而可能达到凝聚的条件。1995 年观察到了 2000 个铷原子在 170 nK 温度下和 5×10^5 个钠原子在 2 mK 温度下的玻色—爱因斯坦凝聚。

一旦原子都处在同一量子态，温度的概念就不再有效。这种新的物质状态现在正被人们以极大的兴趣研究着，预言这一领域会怎样发展为时尚早，但很可能会从这些研究中出现重要的应用。与原子玻色子有相同量子统计力学性质的光子，已经可以被"凝聚"到激光束中，也许会像激光发射光子那

样，玻色—爱因斯坦凝聚态被用作高强度原子发射源。就像激光的出现使光的应用方式发生革命性的改变一样，玻色—爱因斯坦凝聚也可能使原子的应用出现革命性的改变。

（2）用光控制原子

现在，气相原子可以用激光冷却到 mK 温度，这时它们的速度为 1 cm/s 的量级，因此，原子一旦被冷却后就比较容易被操纵。在研究激光束与中性原子的相互作用力的基础上，已形成所谓"原子光学"（atom optics）的新分支，借助于光场已可使中性原子束聚焦、准直、反射、分束、偏转。

激光冷却和捕陷原子的技术，还使一切从事精密测量的工作受益，特别是最精密的频率测量。在新一代的原子钟内，原子从基板上被往上沿着弹道轨迹抛起，好像喷泉，称为原子喷泉。原子喷泉钟的原型达到的短期稳定性的数量级，已经比热原子射线束基础上制成的原子钟提高一个量级，利用最先进的激光冷却技术，可望将目前的原子钟的精度提高 2 个量级。

控制原子就能创造物质的新状态。例如，激光束干涉仪形成的驻波干涉图案造成能使原子陷落其中的周期性势阱。这种所谓光学晶格提供了"凝聚态物质"概念唯一的模型系统，费米子或玻色子的特性都可以放在其中测试。

借助于光陷阱的技术，可制成能控制住 20 nm～10 μm 尺度的微粒的"光镊"，这对生物学和高分子聚合物的研究十分有价值，已有用这种技术控制住 DNA 分子进行长时间细致研究的报道。

另外，原子陷阱也可以用来保存核物理研究用的放射性同位素，以及用于试验宇宙核时间等自然界的基本对称性。

（3）原子蚀刻技术

在很多实验中要求原子束的速度不是零，而是要求原子束速度分布非常窄、亮度高且被平行矫正，称为高辉度原子束。这样的原子束是将射束聚成更小，因此期待在微细加工等领域有广泛应用。

利用称为原子漏斗（atomic funnel）的激光冷却技术可以产生平均速度约为（1～5）m/s（温度约为 200 μK）的高辉度原子束，能够实现尺寸比光波长小若干数量级、直接堆积形成微细结构的原子蚀刻加工技术。已在 20 分钟内实现表面上形成宽 65 nm、间距等于二分之一光波长（约 212.8 nm）、高度约 34 nm 的微细结构。另外，还用两组正交驻波形成了二分之一极值全宽度 FWHM 为 80 nm 的量子点。

13.5.5　利用激光操纵微粒

光学在生物学中一个新的应用是使用光来主动地操纵决定生物学功能的分子、机理及结构。利用激光束可用来形成光学陷阱或"镊子"，用来俘获核操纵细胞，甚至细胞的细胞器。光学镊子甚至用来确定单个生物分子在移动中涉及的力。

1. 光俘获

光俘获是指利用光的力学作用，对微米以下的微小物体，用激光束夹住并使其移动的技术。光的力学作用，即光压（light pressure），或称为放射压（radiation pressure），是 17 世纪由牛顿预测的，19世纪末麦克斯韦用电磁场理论证明了光的这种力学作用，即光压的存在，20 世纪初列别捷夫进行了光压测量，第一次从实验中发现的光压，直至激光发明以后才被注目。

光产生的力，即使利用功率为 10 W 的激光，其压力最大也只有 10^{-8} N，比起重力、摩擦力、空气阻力来说小得可以忽略。但是，如果将直径为 n 毫米的激光束通过透镜会聚到直径为 n 毫米的物体上，则光子数密度增加到 10^6 倍，并且受力物体的直径将从毫米缩小到微米量级，此时黏性阻力减小 10^3 倍，重力减小 10^9 倍。因此，当微小物体作为作用对象时光就可以表现出较为显著的力学效应。1970年，Ashkin 成功地用对置的两束激光捕捉到了微粒，同时用原子喷泉的方法也捕捉到了微粒，此后，激光作为光学镊子被广泛应用，特别是应用于分子生物学领域中对微生物、染色体、细胞的操作。

2. 微粒操纵的应用

光压力在较大的生物体尺度上是微不足道的，但在大分子、细胞器、甚至整个细胞的尺度上是举足轻重的。10^{-11} N 的力，能够在水中拖动一个细菌使之游动加快，能够在精子细胞的行进路线上终止它的游动，或者停止细胞内水疱的搬运。这样大小的力同样可以拉伸、弯曲或者以另外的方式扭转单个大分子，诸如 DNA 及 RNA，或者大分子的组合。所以，光俘获特别适于研究细胞及亚细胞水平的力学或动力学。

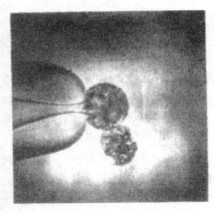

图 13-47　用光微型钳俘获细胞，进行细胞黏结时的显微照片

利用光俘获观测一对一的细胞接触也已成为可能，如图 13-47 所示，将一个细胞用微型钳俘获，使这个细胞与由光俘获所捕捉的另一个细胞经一定时间接触。从观测停止光俘获时的黏接性或者从拉开细胞所需俘获用的激光光压，可估计黏结力。

在许多领域，预期可利用光学镊子提供视觉图像，或者对运动的生物过程提供更深入的认识。例如，可以观察到 DNA 修饰酶（诸如 DNA 和 RNA 聚合酶）的微力学以及在最基础水平上操纵蛋白质的合成；通过物理上约束反应物从而操纵受体—配体的相互作用；构造神经末梢这样的微小结构；可以确定使细胞蠕动的力或者使染色体活动的力。

习题与思考题十三

1．激光光盘存储的基本原理是什么？目前商用的光盘有哪几类？它们各有什么特点和用途？

2．激光光盘存储与磁盘存储相比有哪些优势和不足？目前正在发展的高密度存储方法有哪几种？

3．一种光盘的几率范围为内径 50 mm，外径 130 mm 的环形区域，记录轨道的间距为 2 μm。假设各轨道记录位的线密度均相同，记录微斑的尺寸为 0.6 μm，间距为 1.2 μm，试估算其单面记录容量。

4．简述激光打印机的基本工作原理。

5．激光多普勒测速的基本原理是什么？有哪些主要应用？

6．激光加工的特点是什么？可分为哪两大类？各自的基本原理和主要应用领域是什么？

7．激光雷达与微波雷达相比有何异同？

8．激光对生物体的作用有哪几个方面？激光用于生物及医学上有什么优点？试举例予以说明。

9．目前在医学生常用的激光器有哪几种？请分别说明它们的应用范围。

10．激光核聚变作为新型能源有什么优点？

11．激光冷却的基本原理是什么？激光冷却在科学研究领域有什么意义？

12．简述激光光谱学的分类及其应用。

13．运用所学过的有关激光的知识，畅想一下未来——光的时代的情形，激光造福于产业及人类生活的可能成就。

附录 A 典型气体激光器基本实验数据

激光器种类	He-Ne (632.8 nm)	He－Cd(441.6 nm)		Ar$^+$		CO^2(纵向) (10.6 μm)
		单一同位素	天然 Cd	(514.5 nm)	(488 nm)	
Δv_D/GHz	1.6	1.8	4.0	6～7	6～7	0.06～0.1
α/(MHz/Pa) ($\Delta v_L = \alpha p$)	0.75					0.049
I_s/(W/mm^2)	0.1～0.3	～0.7		～7	～2	1～2
J_m/d/(mA/mm)	6	40～50		25×10^3	25×10^3	2.5
pd/(Pa·m)	0.4～0.67	1.33		0.13～0.24	0.13～0.24	13.3～33.3
$K(g_m = K/d)$	3×10^{-4}	3×10^{-3}	2.5×10^{-4}	20×10^{-4}	50×10^{-4}	1.4×10^{-2}
每米输出功率/(W/m)	0.03～0.05 (TEM$_{00}$)	0.05～0.1		1～5	3～5	50～70
效率/(%)	0.1	0.03		0.02	0.02	15
每厘米管压降 × d/ (V/cm^2·mm)	90	70		10	10	$(1～2) \times 10^3$

注：J_m 为最佳放电电流；d 为放电管直径；p 为放电管内充气压强。

附录 B 典型固体激光介质参数

材料名称	红宝石	钛宝石	掺钕钇铝石榴石（Nd：YAG）	钕玻璃
基质	Al$_2$O$_3$	Al$_2$O$_3$	Y$_3$Al$_5$O$_{12}$	硅酸盐或磷酸盐玻璃
激活离子	Cr^{3+}	Ti^{3+}	Nd^{3+}	Nd^{3+}
泵浦波长/nm	360～450 510～600	400～600	750，810，808.5(主波长)	750，810
吸收线宽/nm			30 4(半导体激光二极管泵浦)	30
激光波长/nm	694.3	600～1160	1064(主波长) 1319	1060(主波长) 1370
荧光寿命/ms	3	3.8×10^{-3}	0.23	0.6～0.9
受激辐射截面/ ($\times 10^{-20}$cm^2)	2.5	30	88	3
总量子效率	0.5～0.7		～1	0.3～0.7
荧光线宽/nm	0.53	300	0.5	22
折射率	1.763($E \perp c$) 1.755($E /\!/ c$)	1.746($E /\!/ a$) 1.748($E /\!/ b$) 1.756($E /\!/ c$)	1.823	～1.54

参 考 文 献

[1] 周炳琨，高以智，陈倜嵘．激光原理．5版．北京：国防工业出版社，2004.

[2] 陈钰清，王静环．激光原理．杭州：浙江大学出版社，1992.

[3] 俞宽新，江铁良，赵启大．激光原理与激光技术．北京：北京工业大学出版社，1998.

[4] 陈家璧．激光原理及应用．北京：电子工业出版社，2004.

[5] 李相银，姚敏玉，等．激光原理技术及应用．哈尔滨：哈尔滨工业大学出版社，2004.

[6] 中井贞雄．激光工程．北京：科学出版社，2002.

[7] 朱林泉，朱苏磊．激光应用技术基础．北京：国防工业出版社，2004.

[8] Rami Arieli.TheLaserAdventure.http://web.phys.ksu.edu/vqm/laserweb/.

[9] 王青圃．激光原理．山东：山东大学出版社，2003.

[10] 神保孝志．光电子学．北京：科学出版社，2001.

[11] 吴强，郭光灿．光学．合肥：中国科技大学出版社，2001.

[12] 姚启钧．光学教程．3版．北京：高等教育出版社，2002.

[13] S.O.Kasap. Optoelectronics and Photonics Principles and Practices．北京：电子工业出版社，2003.

[14] 阎吉祥．激光原理与技术．北京：高等教育出版社，2004.

[15] 蓝信钜．激光技术．北京：科学出版社，2000.

[16] 李适民，黄维玲．激光器件原理与设计．北京：国防工业出版社，2005.

[17] 马养武，陈钰清．激光器件．杭州：浙江大学出版社，1994.

[18] A.Yariv．现代通信光电子学．陈鹤鸣，施伟华，张力，译．5版．北京：电子工业出版社，2004.

[19] 李福利．高等激光物理学．2版．北京：高等教育出版社，2006.

[20] M.Young. Optics and Lasers．5版．北京：科学出版社，2007.

[21] Larry A. Coldren．二极管激光器与集成光路．史寒星，译．北京：北京邮电大学出版社，2006.

[22] 张书练．正交偏振激光原理．北京：清华大学出版社，2005.

[23] 顾畹仪，李国瑞．光纤通信系统．北京：北京邮电大学出版社，1999.

[24] 阎吉祥，崔小虹等．激光原理技术及应用．北京：北京理工大学出版社，2006.

[25] 吕百达．固体激光器件．北京：北京邮电大学出版社，2002.

[26] 姚建铨，于意仲．光电子技术．北京：高等教育出版社，2006.

[27] 黄章勇．光纤通信用光电子器件和组件．北京：北京邮电大学出版社，2001.

[28] 丁俊华．激光原理及应用．北京：清华大学出版社，1987.

[29] J.H.Franz，V.K.Jain．光通信器件与系统．徐宏杰等，译．北京：电子工业出版社，2002.

[30] 江剑平．半导体激光器．北京：电子工业出版社，2000.

[31] 雷华平．光子晶体激光器设计和有源层多量子阱的光学性质研究．上海：中国科学院上海微系统与信息技术研究所，2004.

[32] 谢树森，雷仕湛．光子技术．北京：科学出版社，2004.

[33] 赵梓森．光纤通信工程．修订本．北京：人民邮电出版社，1994.

[34] 于美文．光全息学及其应用．北京：北京理工大学出版社，1996.

[35] 王惠文．激光与生命科学．北京：北京理工大学出版社，1995.

[36] 张国威，王兆民．激光光谱学原理与技术．北京：北京理工大学出版社，1989.

[37] 美国国家研究理事会编. 驾驭光. 上海应用物理研究中心，译. 上海：上海科学技术文献出版社，2000.

[38] Jeft Hecht. 光纤光学. 贾东方，余震虹，王肇颖，刘俭辉，译. 北京：人民邮电出版社，2004.

[39] 梅遂生，杨家德. 光电子技术——信息装备的新秀. 北京：国防工业出版社，1999.

[40] 朱若谷，陈本永，郭斌. 激光应用技术. 北京：国防工业出版社，2006.

[41] 叶声华. 激光在精密计量中的应用. 北京：机械工业出版社，1980.

[42] 川小原实，神成文彦，佐藤俊一. 应用激光光学. 北京：科学出版社，2002.

[43] 干福熹. 信息材料. 天津：天津大学出版社，2000.

[44] Joseph CPalais. 光纤通信. 5版. 王江平等，译. 北京：电子工业出版社，2006.

[45] 菊池和朗. 光信息网络. 玄明奎等，译. 北京：科学出版社，2005.

[46] 纪越峰. 现代光纤通信技术. 北京：人民邮电出版社，1997.

[47] Gerd Keisen.李玉权等译. 光纤通信. 3版. 北京：电子工业出版社，2002.

[48] 雷肇棣. 光纤通信基础. 成都：电子科技大学出版社，1997.

[49] 陈海清. 现代实用光学系统. 武汉：华中科技大学出版社，2003.

[50] 孙强，周虚. 光纤通信系统及其应用. 北京：清华大学出版社，北方交通大学出版社，2004.

[51] 杨同友，杨邦湘. 光纤通信技术. 北京：人民邮电出版社，1995.

[52] 石守勇. 光纤通信导论. 厦门：厦门大学出版社，1991.

[53] 吴翼平. 现代光纤通信技术. 北京：国防工业出版社，2004.

[54] 末松安晴，伊贺健一. 光纤通信. 金轸裕，译. 北京：科学出版社，2004.

[55] Michael Bass. 光纤通信——通信用光纤、器件和系统. 胡先志等，译. 北京：人民邮电出版社，2004.

[56] 朱伟利，盛嘉茂. 信息光学基础. 北京：中央民族大学出版社，1997.

[57] 苏显渝，李继陶. 信息光学. 北京：科学出版社，1999.

[58] 郑光昭. 光信息科学与技术应用. 北京：电子工业出版社，2006.

[59] 余拱信. 激光全息技术及其工业应用. 北京：航空工业出版社，1992.

[60] 郭欢庆等. 数字合成全息系统中空间光调制器 DMD 的研究. 光电子. 激光.2004，1，9-12.

[61] 钱晨等. 短距离 FSO 系统研究. 南京邮电学院学报. V01.24No.3，86-89.

[62] D.Bimberg 等. 激光在工业与技术中的应用. 孙义雁，译. 北京：科学出版社，1980.

[63] 叶声华. 激光在精密计量中的应用. 北京：机械工业出版社，1980.

[64] 陈日华. 激光技术的军事应用. 军事电子. 2002，12，11-12.

[65] 王乐. 激光在现代军事中的应用. 光机电信息. 2002，6，23-24.

[66] 孙嵘，李华青. FSO 无线激光通信技术与应用探讨. 南昌：江西通信科技. 2002，12，42-44.

[67] 朱大勇. 激光概要与习题. 北京：电子工业出版社，1986.

[68] Michael H. Huang, Samuel Mao, Henning Feick, Haoquan Yan, Yiying Wu, Hannes Kind, Eicke Weber, Richard Russo, Peidong Yang. Room- temperature ultraviolet nanowire nanolasers. 地：Science, 2001，292（8）：1897- 1899.

[69] 宁存政. 半导体纳米激光. 南京：物理学进展，2011，31（3）：145- 160.

[70] Mark I. Stockman. Spasers explained. 地：Nature Photonics, 2008，2: 327- 329.

[71] 陈泳屹，佟存柱，秦莉，王立军，张金龙. 表面等离子体激元纳米激光器技术及应用研究进展. 长春：中国光学，2012，5（5）：453- 463

[72] Rupert F. Oulton, Volker J. Sorger, Thomas Zentgraf, Ren- Min Ma, Christopher Gladden, Lun Dai, Guy Bartal, Xiang Zhang. Plasmon lasers at deep subwavelength scale. 地：Nature.2009，461（1）：629- 632.

[73] Martin T. Hill, Yok- Siang Oel, Barry Smalbrugge, Youcai Zhu, Tjibbe De Vries, Peter J. Van Veldhoven, Frank W. M. Van Otten, Tom J. Eijkemans, Jaroslaw P. Turkiewicz, Huug De Waardt, Erik Jan Geluk, Soon- Hong Kwon, Yong- Hee Lee, Richard Notzel, Meint K. Smit. Lasing in metallic- coated nanocavities. 地: Nature Photonics. 2007, 1: 589- 594.

[74] Martin T. Hill1, Milan Marell, Eunice S. P. Leong, Barry Smalbrugge, Youcai Zhu, Minghua Sun, Peter J. van Veldhoven, Erik Jan Geluk, Fouad Karouta1, Yok- Siang Oei, Richard N? tzel, Cun- Zheng Ning, Meint K. Smit. Lasing in metal- insulator- metal sub- wavelength plasmonic waveguides? 地: Optical Express, 17 (13): 11107- 11112.

[75] Malte C. Gather, Seok Hyun Yun, Single- cell biological lasers. 地: Nature Photonics, 2011, 5: 406- 410.

[76] Matjaz Humar, Seok Hyun Yun, Intracellular microlasers, 地: Nature Photonics. 2015, 9: 572- 577.